快乐植棉

Enjoyable Cotton Cultivation

喻树迅　姚　穆　马峙英　周治国　李保成　主编

中国农业科学技术出版社

图书在版编目（CIP）数据

快乐植棉 / 喻树迅等主编. —北京：中国农业科学技术出版社，2016.4
ISBN 978-7-5116-2083-5

Ⅰ. ①快… Ⅱ. ①喻… Ⅲ. ①棉花—农业产业—概况—中国
Ⅳ. ① F326.12

中国版本图书馆 CIP 数据核字（2015）第 090704 号

责任编辑 李 雪 徐定娜
责任校对 马广洋

出　　版 中国农业科学技术出版社
北京市中关村南大街 12 号　　邮编：100081
电　　话 （010）82109707　82105169（编辑室）
（010）82109702（发行部）（010）82109709（读者服务部）
传　　真 （010）82106650
网　　址 http://www.castp.cn
经　　销 各地新华书店
印　　刷 北京富泰印刷有限责任公司
开　　本 787 mm × 1092 mm　1/16
印　　张 36.25
字　　数 761 千字
版　　次 2016 年 4 月第 1 版　2016 年 4 月第 1 次印刷
定　　价 178.00 元

《快乐植棉》

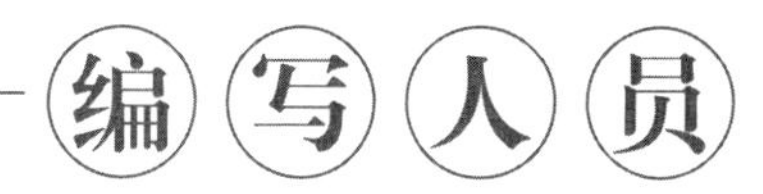

主　　编：喻树迅　姚　穆　马峙英　周治国　李保成

副 主 编：李付广　宋国立　毛树春　范术丽　周亚立

马富裕　刘金海　冯文娟　魏恒玲　张　雷

参编人员：（按姓氏笔画排序）

马峙英　马富裕　王　力　王国平　王海江

王寒涛　毛树春　冯文娟　刘向新　刘呈坤

刘金海　孙润军　李付广　李亚兵　李保成

李雪源　杨长琴　杨北方　来　侃　余　渝

宋国立　张　杰　张　雷　张文韬　张昭环

张桂寅　陈美玉　范正义　范术丽　周亚立

周关印　周治国　庞朝友　赵新民　姚　穆

贾　彪　高中琪　郭香墨　黄殿成　董承光

韩迎春　喻树迅　温浩军　魏恒玲

编　　务：梁　冰

序

快乐植棉是根据现代农业发展而提出的棉花生产新理念。当前，随着我国经济的快速发展，农业生产从生产方式到农民思想理念都发生了翻天覆地的变化。农业生产由简单集约逐步取代了精耕细作，而棉花生产费工费时、成本高，要跟上现代农业的发展步伐必须走“五化”之路，即规模化、信息化、精准化、全程机械化、社会服务化。

规模化是基础，如果还是每个农户一亩三分地分散管理，规模化无从谈起。根据现实经验，要实现“五化”，必须走规模经营的道路，通过土地流转等方式扩大规模，如小农场大户承包经营、建设合作社等方式。

信息化：以数据库为基础，对棉花生产的产前、产中、产后的各个环节的相关信息进行汇总，供棉花生产过程的辅助决策。使用该技术后，可极大地提高棉花生产各环节的工作效率。

精准化：新疆兵团棉花生产将现代通信与信息技术、计算机网络技术和各种棉花生产技术结合，智能控制棉花技术汇集，在棉花生产中应用，能远距离遥控各种生产过程，提高工作效率，极大减少人工。

全程机械化：棉花生产费时、费力，播种、苗期、花蕾期、结铃期、吐絮期各个程序管理繁多、复杂。随着现代生产生活节奏加快，棉农自然选择种植省工的农作物，进而棉花种植面积大幅度下降，省工作物如玉米、小麦等种植面积大幅度增加。如果棉花生产不改变这种局面，将会逐步萎缩。为了保护棉花产业，全程机械化是棉花生产的必然选择。

社会服务化：新疆生产建设兵团在棉花生产社会化方面作出了榜样，当地棉田耕地、播种、种子处理、田间生产等各种环节统一管理安排。棉农开着小车种棉花，他们只需做两种工作：一是给各种管理服务付工钱，二是年终到棉花加工厂收钱。一年下来最先进的团厂每亩地用工不到一个，一般为三个工，而每个棉农承包 50 亩地一年收入为 6 万～ 8 万元。因为各种棉花生产管理都由社会服务管了，所以种棉花很潇洒，故兵团办工厂很难招收工人，兵团人不愿当工人，反而更愿当农民。因此，管理社会化是“五化”中非常重要一环。

发展棉花生产只要做好“五化”，除国家收购政策对棉花价格影响外，“五化”管理将对棉花生产起到稳定恢复作用。内地棉花生产实现“五化”任务更为繁重。山东滨州多年来坚持在沿海滩涂地实施“五化”种棉花，显示出了良好的效果；江苏盐城以南京农大周治国教授为代表的团队在沿海滩涂利用短季棉品种中50在大麦茬后机播机收连续几年也取得成功，让人们看到实现“五化”植棉的希望。

此次组织各方面专家编写本书的目的，就是要为棉花生产树立信心、稳定大局、指明方向，希望凝聚大家力量，对棉花生产起到稳定作用，为棉业复苏振奋精神，为棉花产业再创辉煌而奋斗！

喻树迅

2016年2月

目　录

第一章　导　言

一、快乐植棉的内涵

棉花是关系国计民生的重要战略物资，在国民经济发展中具有重要地位。我国是世界上最大的棉花生产国和消费国，也是最大的纺织品、服装生产国和出口国。我国的棉花生产和可持续发展关系着 6 000 万农村劳动力和 2 000 万纺织工人的命运。

从 1965 年来棉花种植业的发展可以看到，棉花的生产发展几经考验：

20 世纪 70 年代，随着人口的不断增加，可耕地面积的日益减少，粮棉争地矛盾日益突出，争取粮棉双丰收的需求异常迫切。中国农业科学院棉花研究所响应农业部“不与人争粮，不与粮争地”的倡导，根据棉花与小麦作物的生长特性，率先开展了早熟棉的研发育种工作，培育出了多个早熟棉品种，实现了麦棉双丰收。

20 世纪 90 年代，棉铃虫的大面积暴发，使我国棉花产业濒临绝境。在这种情况下，我国棉花育种工作者选择自主研发转基因抗虫棉之路，于 1998 年成功培育出国产单价转 Bt 抗虫棉新品种中棉所 29 号，2002 年又培育出国产双价转 Bt 抗虫棉新品种中棉所 41 号，打破了国外抗虫棉垄断，成为世界上第二个拥有自主知识产权转基因抗虫棉的国家，稳定了国内棉花生产。

近几年，棉花种植面积逐年锐减，特别是黄河流域和长江流域传统棉区。一方面是由于劳动力的转移速度加快，另一方面是因各类种粮补的不断增加和农业科技的应用，减轻了种粮的劳动强度，而棉花种植劳动强度大，比较效益低的问题越来越明显，棉农不愿意种棉了。

在这样的形势下，为了切实稳定棉花生产，保障棉花供给，增加农民收入，中国工程院院士喻树迅提出了“快乐植棉”的概念，并指出快乐植棉的基本内涵是：全程实现机械化生产，降低劳动强度，百姓愉快植棉；以高科技提高产量，降低生产成本，提高植棉收益，使得百姓心里高兴，乐意植棉。

二、快乐植棉的意义

目前我国棉花生产处在两难状态：一方面棉花生产成本大幅度上升，植棉比较效益下降，棉农不愿意种棉花，棉花生产处于滑坡状态，种植面积逐年下降。另一方面国内棉花需求量大幅增加，棉花价格大幅高于国际棉花价格，严重影响原棉及棉纺产品的国际市场竞争力。

我国棉花生产方式落后、生产成本高、植棉效益低是造成这种现象的根本原因。据测算，我国棉花生产每公顷需 300 个工时，从种到加工成皮棉，我国生产 100 kg 皮棉用工量为美国的 4 ～ 5 倍，而美国早在 20 世纪 70 年代中期就已基本实现了棉花的全程机械化。

由于收获期长、用工量大、劳动条件差、劳动强度大、成本高等诸多问题导致棉花生产率低，规模效益差，极大地阻碍了棉花产业的发展。

“快乐植棉”可以提高植棉全过程的机械化，机械代替人工，生产成本降低，让棉农从体力劳作中解脱出来，让植棉的过程变得真正快乐起来。

“快乐植棉”可以充分利用现有的土地资源，在保证不与粮争地的前提下，稳定棉花产业。棉花作为最耐盐的作物之一，在盐碱地上推广“棉麦（油）轮作”，探索一年两熟模式，推进全程机械化，实现经济效益、社会效益和生态效益的统一。

“快乐植棉”可以保证国内棉花市场的供给需求，促进国家经济的繁荣发展。由于近几年棉花生产成本不断提高，较其他作物的效益比较低，棉花的种植面积逐年降低，棉花的产量也受到相应的影响。实行“快乐植棉”，使农民种棉的积极性得到很大提高，植棉面积稳定下来，产量也就有了保证。

因此，在当前农村劳动力大量转移的形势下，棉花生产方式必须向“快乐植棉”的方式转变，大幅度提高劳动生产率和产出，降低生产成本，以确保棉花产业的可持续发展。

三、实现快乐植棉的途径

要实现快乐植棉的目标，首先必须从棉花生产的规模化、机械化、和社会服务化入手，减少棉花生产全过程的劳动强度，降低生产成本，使棉花种植的比较效益得以提高，使棉农打心眼里喜欢种植棉花，在农民棉粮双丰收的笑脸上看到“快乐植棉”的真正意义。

（一）棉花生产规模化

从 20 世纪 80 年代初农村推行联产承包责任制以来，农民种田的积极性得到很大的提高。但随着农村经济形式的逐渐改变，劳动力的大量转移，这种分散的小农经济越来越显现出不利于农业产业走市场化的道路，同时也限制了大型农业机械的应用，不利于生产过程的规模化管理，造成生产成本高，体力劳动繁重等问题。在这样的背景下，棉花的生产必须要从转变棉花生产过程中存在的一家一户分散种植的状况入手，实现棉花生产的规模化种植，在成片集中的土地上采用先进的棉花生产技术，运用高效的农业机械进行耕作、采收等作业。

1. 现阶段我国棉花种植模式

新疆维吾尔自治区（以下简称新疆）棉区是我国棉花种植的主要地区，其中生产建设兵团的棉花种植面积占主要部分，每年高达 800 万亩（1 亩≈ 667 m^2，1 hm^2=15 亩），同时其规模化种植水平在我国各棉区也是最高的。生产建设兵团种植棉花的模式与原来农业合作社相似，即以大面积集中土地为基础，以生产建设兵团为一个大集体，主要包含棉农、专业农机工、以及棉花收购和加工等产后企业。这样的结构使生产建设兵团内的棉花种植实现了棉花播种、施肥、收获、销售加工等统一管理。最重要的是这种规模化种植有利于机械化的进行，降低了棉花生产过程的劳动强度和生产成本，同时在生产建设兵团内部还实现了产销一体化。

内陆棉区一直实行一家一户的分散种植模式，精耕细作的传统管理模式让棉花种植较其他作物在劳动量和劳动强度投入方面处于劣势，且随着用工成本的上涨，棉花种植利益大幅度降低，导致棉农不愿意种棉，棉花种植面积逐年缩减。例如，山东德州的部分棉区平均每亩棉花的收入在 1 800 元左右，去除人工、种子、化肥、农药等成本费用，净收入仅有 500 元左右。江苏射阳的部分地区棉花种植的收益更低，平均每亩净收入仅为 361.8 元，远远低于新疆生产建设兵团棉花种植收益的平均水平。2013 年，中国棉花协会对棉农种棉意愿的调查结果显示，全国棉农平均植棉意愿减少了 6.4%，内陆大多数棉区都普遍存在棉农把原来棉花种植地块改种玉米、小麦、水稻等机械化程度较高、管理简单且政府补贴优厚的农作物的现象。

鉴于新疆兵团棉花规模化集中种植的成功范例，并结合内地棉区棉花种植工序多、劳动强度大、劳动力价格持续上涨、成本高、相对其他作物比较效益低、种植面积逐年下降等现状，想要想保证棉花种植业的稳定持续发展，棉花的种植业必须走规模化发展之路，这样单个棉农经营的土地面积扩大，棉花生产过程的机械化使用增加，可以有效提升棉花生产资本的合理分配。所以，规模化种植是棉花生产的必由之路，这也是最近几年来棉花种植业不断在新疆另辟疆土的主要原因。

2. 规模化种植可采取的形式

第一，土地转让。这种形式主要适用于新形势下因青壮棉农的大量外出而造成的广大农村劳动力转移、土地大量闲置等情况。转让主要是以村或小组为单位，统一的划分出只种植棉花的区域，而对这一区域范围内不愿植棉的农户，可将土地转让给承包方或者棉花种植大户，由植棉大户来统一管理，转让棉田的农户只需收取自已应得的转让款即可；第二，土地转包。依法按照自愿有偿的原则，通过协商，征得棉农的同意，按一定的偿还条件把棉农的土地统一起来，再转包给棉花种植企业大户，依法签订相关的转包合同，承包方对承包的土地进行统一耕种、统一管理、统一收获，棉农可以在承包方的土地上以打工的形式进行劳作，按劳得酬，也可以选择外出务工，在有效合同期内棉农不再管理转包的土地，只需收取自已的相关土地转包款；第三，土地租赁。棉农把全部的土地或者留少部分土地作为生活用田，其余的田地租赁给植棉公司。租赁棉田的公司则按土地面积一次性，或分年支付租金，而租赁土地的期限由双方协商决定，到期后可通过协商收回或续租；第四，土地入股。依照股份公司或者专业合作社的运作形式，对农户棉田的经营权进行合理评估后，作为股份入股，以集中经营的棉田为基础组建成一个新股份公司，制定公司运营的相关章程，最主要是明确公司和棉农双方的权利、义务、利益分配方式等。公司或者棉花专业合作社要对棉花的产前、产中、产后全过程进行全方位的管理，每年根据收益的多少，对入股农户进行利益分红，同时也要进行风险共担。

（二）棉花生产机械化

作物生产机械化是利用作物生产机器和农业机械工具，以及现代化的管理平台，使作物的生产形式变得更加便捷，更加简单，在实现作物生产高效化的同时，获得农业的生态、安全、高产、优质和可持续发展。棉花生产机械化不仅能够实现精确的定位播种，还能够实现中耕，施肥，除草、采收等多项工作的联合完成，是提高劳动生产率和经营效率的关键途径。

1.我国棉花生产机械化现状

据棉花产业技术体系调研数据分析表明，我国目前棉花生产中仅耕地和播种两个环节机械化率超过了50%，分别为86.6%和56.4%，采摘收获环节为13.1%，喷药、铺膜、施肥环节分别为42.5%、33%、24.1%，整枝打顶环节为7.5%。据毛树春和周亚立按国家农业行业标准测算，2010年全国棉花耕、种、收综合机械化水平为38.3%，远远低于全国农业机械化水平（52.3%）。

从全国三大棉花主产区来看，我国棉花生产机械化程度由高到低依次为：西北内陆棉区、黄河流域棉区和长江流域棉区。三大产棉区机械化率差异很大，西北内陆棉区为73.6%，黄河流域为25%，长江流域只有10%。在棉花机械播种方面，黄河流域棉区只有河北、陕西、山西、山东等省实现了大面积棉花机播，机播水平34%～97%不等；长江流域棉区是三大棉区中机播水平最低的（不到1%）。

农村人口减少，加上农村劳动力转移，对于费时费力且效益低的棉花，急需提高机械化水平。

2. 棉花生产机械化涉及的环节

棉花生产从3月份田间土地耕整开始，4月播种育苗，5月大田移栽，5—9月进行大田中耕、除草、灭茬、施肥、化调、整枝、起垄、排渍、抗旱、防病和治虫等田间管理，从

8—10月多次采摘，共历时250天左右。每公顷的用工量多达300个，约为小麦用工的3倍，玉米、水稻的2倍，精耕细作的高产棉田用工更多。因此，棉花生产机械化涉及环节颇多，是“快乐植棉”要解决的核心问题。

（三）棉花生产社会服务化

农业生产社会化是指转变原来农业生产过程的孤立性、封闭性、自给性成为分工细密、开放型、协作广泛的社会化生产农业的过程。随着棉花生产的商品化、专业化等程度的不断提高，其生产过程对社会化服务的依赖程度也越来越高。棉花生产的社会服务化主要包括科学技术和生产手段的使用，结合统一的高质量服务，使生产、运输、销售等各个环节不断地实现社会化，同时还能按照市场需求，引导一家一户的低水平、分散生产向专业化、区域化的方向发展，推进棉花的产业化进程，加快形成棉花产业集群的步伐，促进现代棉花产业的发展。

棉农作为棉花这种商品的生产者和经营者对社会化服务的需求将随着棉花产业的快速发展而不断增长，需要将由原来的产中服务扩大到产前、产中、产后等系列化的服务，服务范围和质量也有更高的要求。

四、实现快乐植棉面临的问题

（一）土地规模化进程缓慢

推进农村土地承包经营权流转，实行适度规模经营，是发展现代农业、建设社会主义新农村的客观要求，是稳定农村土地承包经营制度、发展农村经济、增加农民收入的重要举措，也是实现快乐植棉的必要条件。

除新疆棉区外，我国其他棉区种植较为分散，规模小，生产方式落后，既不利于统一品种，也不便新技术的推广，更不适宜机械化耕种。随着劳动力转移，加快土地流转，改善基础设施，实现规模化种植，也是大势所趋。

自从2008年《中共中央推进农村改革发展若干重大问题的决定》和2009年“中央一号文件”明确鼓励农村土地合理流转以来，全国各地掀起了土地流转风潮。但大部分地区农村土地流转效率不高，主要存在如下两个问题。

第一，农村土地流转行为不规范及流转保障机制未形成。目前大多以农户家庭间的自发流转为主，农民流转随意性较强、流转合同主要是采取口头协议形式，并未遵循法定程序及未履行必要手续，土地流转缺乏合同来约束双方的权利和义务，且易产生流转纠纷隐患。土地市场的流转机制未形成，直接影响了农村土地流转效率。

第二，土地流转的中介服务组织匮乏。虽然政府提出鼓励进行土地流转，但是仍未形成统一规范的土地流转市场，缺乏土地流转中介和流转价格评估机构，导致流转信息在土地的供求双方不对称，价格机制和供求机制不成熟，流转双方权益难以平衡，直接影响了农地流转的范围、效益及效率。

为保证土地合理、合法流转，需要各级政府从有利于发展农业、稳定农村、富裕农民的观点出发，建立健全农村土地流转机制，促进农业和农村经济的健康发展。

（二）缺乏适合机采的棉花品种

机采需要重点选择早熟、衣分高、株型通透、果枝始节高、吐絮集中、含絮较好、抗倒伏、纤维品质优的棉花品种。当前棉花生产中应用的品种虽然通过栽培、化学调控等措施可以达到适合机采的要求，但是熟相偏晚、成铃不集中、含絮力差、始节位低等仍是棉花机械采收的不利因素。因此，选育适合机采的棉花品种势在必行。根据现有机采棉特性和生产方式，培育机采棉要重点改良棉花的熟性、纤维品质、吐絮期、株型等农艺性状。

（三）机械化技术和社会服务化水平跟不上

在耕地资源稀缺、棉花成本不断上涨的背景下，技术和服务成为棉花夺取高产，与粮食和其他经济作物竞争的手段。

棉花生产中收获环节是劳动强度最大、耗费人力最多、投入成本最高的环节，已经成为影响我国棉花生产的瓶颈。

在引进吸收国外先进技术的同时，结合我国棉花种植特点，我国自行研发的采棉机及清花设备也取得了较大成果，先后研制出了气流加机械振动的采棉工作部件、小型单行间歇式水平摘锭采棉机和双行平面式水平摘锭采棉机、真空气吸式采棉机等产品。随着采收面积的不断增加，棉花的储运成为关键。因此，在研制采棉机的同时，也需同时研制与采棉机配套的棉花打模、开模及清花等设备。

据棉花产业技术体系调研数据分析，我国棉花综合机械化水平仅为47.83%，其中机耕为76.84%，机播为54.18%，机收为2.81%，而同期小麦、大豆、玉米和水稻的综合机械化水平分别为89.4%、68.9%、60.2%和55.3%。

与我国其他作物的机械化水平相比，我国棉花生产的机械化水平偏低，由此造成了植棉面积的不断下降。除此之外，棉花产业的社会化服务水平也跟不上，棉花产业的社会化服务水平应由原来的产中服务扩大到产前、产中、产后等系列化的服务，服务范围和质量也有更高的要求。

（四）国家政策引导和财政扶持力度不够

根据我国的国情，实现快乐植棉光靠市场调节是不行的，还必须依赖政府的正确引导和财政扶持，持续化地推进机械的研制与生产、机械化的示范推广、社会化服务平台的建立，快乐植棉进程的推进，从中央到地方，都必须有政府的大力支持和财政投入。

另外，还应逐步完善农业机械购置补贴政策，加大补贴力度。仅在新疆实施目标价格补贴，其他棉区棉花生产完全放开，靠市场定价，我国植棉面积必定会大大减少，棉花产业必将遭受国际棉花市场的严重冲击。

五、本书的写作目的

本书涉及早熟棉育种、中熟棉育种、工厂化育苗、机械化移栽、麦/油后植播棉栽培技术、棉花全程机械化技术及装备、棉花种子产业化体系、棉花现代生产组织与社会服务体系等内容。为了让读者全面了解棉花产业整个产业链的情况，本书最后还特别阐述了世界及我国纺织产业的基本形势、我国纺织产业可持续发展的方向及战略等内容。

本书既具有一定的专业性，供专业技术人员查阅相关技术，又具有一定的科普性，供读者了解我国棉花产业的整体情况。因此，编著本书的主要目的就是让不同层次的读者，包括育种家、生产者、消费者、决策者等从不同方面了解棉花产业的发展现状及发展方向，让大家共同推进快乐植棉的实施进程。

参考文献

陈林，龙自云．2010．规模化生产：中国农业的产业转型对策[J]．山西财经大学学报（3）：75-80．

陈令梅，周亮，崔太昌．2006．论农业信息化在农业发展中的重要作用[J]．中国农业科技导报，8（6）：57-60．

封俊．2003．棉花营养钵育苗机械化移栽技术[J]．河南农业科学（1）：17-18．

官春云．2012．作物轻简化生产的发展现状与对策[J]．湖南农业科学（2）：7-10．

赫明涛，吴承东，王军，等．2013．江苏沿海棉区棉花生产实行机械化分析与展望[J]．棉花科学，35（5）：3-6．

黄志兵．2011．新疆吹响棉花机械化采收号角[J]．农机市场（11）．

柯梁，吕凤琴，熊辉．2012．棉花生产主要育苗移栽技术概述[J]．棉花科学，34（1）．

李爱新，周志宏，卢振亚，等．2011．对构建新型农业社会化服务体系的思考[J]．河南农业（6）：50．
李大凤．2006．新时期农业机械化在农业生产中的地位作用及发展趋势 [J]．农业装备与车辆工程（5）：50-52．
李飞，李庠，李育强，等．2014．湖南省棉花生产机械化的发展思路 [J]．湖南农业科学（9）：75-77．
李冉，杜珉．2012．我国棉花生产机械化发展现状及方向 [J]．中国农机化（3）：7-10．
李旭龙．2014．抗虫棉轻简化高产栽培技术规程 [J]．现代农业科技（10）：34．
李云，赵映利．2014．棉花简化高效栽培技术 [J]．现代农业科技（7）．
李中阳，吴峰．2009．农村土地集约化经营、规模化种植探析 [J]．安徽农学通报，15（11）．
刘北桦，雷钧．詹玲，等．2014．全程机械化：新疆棉花产业发展的必然选择——以新疆博乐市达勒特镇呼热布呼村为例 [J]．中国农业资源与区划，35（1）：8-12．
刘翠华，李浩，王志伟，等．2012．棉花商品种子脱绒包衣技术 [J]．中国种业（6）：63-65．
马新军．2014．影响酒泉地区棉花产量的主要因素及调控对策 [J]．中国棉花，41（3）：43-44．
毛树春，韩迎春，王国平，等．2007．棉花工厂化育苗和机械化移栽技术研究进展 [J]．中国棉花，34（1）：6-7．
苗兴武．2014．棉花“七改一增”简化栽培技术 [J]．中国棉花，41（3）：40．
彭海兰，邹勇，李明昊，等．2013．长江流域棉花生产现状及其育种对策 [J]．中国棉花（2）：12-15．
生意社．2013. 我国棉花规模化生产潜力巨大 [J]．农产品市场周刊：23．
孙巍，杨宝玲，高振江，等．2013．浅析我国棉花机械采收现状及制约因素 [J]．中国农机化学报，36（6）：9-13．
孙岩，胡延峰．2014．黄河三角洲棉花生产机械化发展现状及对策 [J]．农业工程，4（2）：14-17．
滕华灯．2011．3FDD-1800 型棉花打顶机仿形机构的设计与研究 [D]．乌鲁木齐：新疆大学．
王金城．2008．棉花规模种植高产优质栽培技术 [J]．北京农业（12）：1-3．
王顺领，王永华．2005．棉花高产高效简化栽培技术 [J]．安徽农业通报，11（7）．
吴喜朝，吴梦佳．2010．实行规模化种植是我国棉花生产发展壮大的客观需要 [J]．中国棉麻流通经济（1）：23-25．
新疆自治区计委成本队课题组．2004．规模化种植：新疆植棉业的发展方向 [J]．价格理论与实践（7）.
杨道宝. 2014. 棉花轻简化育苗施肥技术 [J]. 现代农业科技（7）：88-90.
曾广伟. 2006. 规模化种植——河南植棉业高产高效与现代化的方向 [J]. 种业导报（12）.
曾小林，陈宜，柯兴盛，等. 2014. 长江流域棉花种植机械化现状与发展对策 // 中国棉花学会 2014 年年会论文汇编 [C]：54-57.
张中锋. 2014. 机械化收获成为棉花产业的迫切需求 [J]. 农机科技推广（3）：38-39.
赵其斌. 2013. 棉花铺膜直播机械化技术要点 [J]. 农机科技推广（6）：43-44.
郑曙峰，周晓箭，路曦结，等. 2014. 安徽省发展机采棉的探讨 [J]. 安徽农学通报，20（6）：118-120.
郑以宏，徐京三，李玉兰，等. 2007. 滨海盐碱地棉田规模化种植配套技术研讨 // 中国棉花学会 2007 年年会论文汇编 [C].
周桂鹏，张晓辉，范国强，等. 2014. 棉花打顶机械化的研究现状及发展趋势 [J]. 农机化研究（4）：242-245.
邹茜，王欣悦，向凤玲，等. 2014. 棉花育苗移栽机械化生产研究新进展 [J]. 农学学报（4）：79-82.

第二章　早熟棉育种

第一节　早熟棉育种目标与遗传特性

一、棉花早熟育种的意义

早熟棉（Short season cotton）是生长发育期相对较短的陆地棉（*Gossypium hirsutum* L.）种植类型，早熟棉包括适宜长江棉区多熟制、黄河棉区两熟制和西北特早熟棉区一熟制种植的棉花类型。早熟棉在特定的生态环境条件和农业种植制度下，与一定的社会经济条件、生产水平和科学技术水平相适应，而逐步形成和发展起来的，是以早熟品种为基础，以配套栽培技术为保证的技术体系。早熟棉品种特征特性，一是生育期较短，早熟，生长发育进程快，一般生育期在 120 d 以内。二是株型较矮，较紧凑。第一果枝节位较低，一般为第 4 ～ 6 节或更低，主茎与果枝的夹角小，节间短。叶小而薄，色淡，气孔多。三是开花结铃吐絮较集中。中下部结铃较多。铃期短、铃壳薄、易脱水、吐絮早而集中。四是对温光反应较迟钝。如发芽所需温度较低，在低温条件下发芽早而快。在长日照条件下，生育期不延长或延长不多等。

（一）提高复种指数

陆地棉原产于热带、亚热带，喜温、好光，经过长期人工选择和培育，逐渐扩大到温带栽培，20 世纪 80 年代以前，我国棉田一年只能种植一季棉花。缩短棉花生育期，改良提高棉花早熟性，使长江流域棉区和黄河流域棉区的许多地方，能够发展粮（油）棉两熟乃至多熟，大大提高了复种指数，特别是麦棉两熟，已向北延伸至大约 N 38°，即石家庄至德州一线，使粮棉复种面积大大增加。而且，由于棉花早熟性的提高，早熟棉的选育、开发和应用，使无霜期短、气温春季气温低、秋季气温下降快、光热量条件较差、降水少的我国北部地区，如新疆、甘肃以及辽宁等地的棉花霜前花率明显提高，产量品质得到较好改良。早熟棉的选育、开发和应用，使植棉区域迅速扩展，向北扩展到近 N 46°，海拔高度已近 1 500 m。

（二）缓解粮棉争地

我国人均耕地资源不断减少、人均农产品消费不断增加，农业资源紧缺的矛盾日益突出。随着社会经济的发展，“人增地减”，生态环境面临恶化等，使农业供需矛盾突出，粮棉争地问题日趋尖锐。减少粮田发展棉花或压缩棉花发展粮食都是不可取的。只有把传统农业与现代科技创新相结合，优化种植业系统结构，把粮棉争地矛盾，转化为相互促进的良性循环，因地制宜地增加复种指数，充分利用现有资源，实现粮棉同步增长。短季棉的选育及其配套技术的应用，克服了粮棉争地矛盾，实现了粮（油）棉一年两熟。

（三）节本省工

由于早熟棉生育期较短，对温光反应迟钝，播种期弹性较大。不仅可晚春播、初夏播或夏播，避开早春干旱、晚霜低温及其引起的苗期病害等，实现一播全苗，减少田间管理用工，为丰产打好基础；而且能基本避开苗蚜和二代棉铃虫为害，减少农药施用和虫害损失，节本省工；还可等雨播种，为旱薄、盐碱及荒地等扩大植棉带来契机。

（四）植棉全程机械化

棉花人工收获费工耗时、劳动强度高、劳动生产率低，人力成本不断增加已经成为棉花生产环节冲减棉花利润的主要因素，也是限制棉花生产实现规模化经营的主要障碍之一，因此，棉花生产需要减少对劳动力数量的依存关系，早熟棉开花吐絮集中，利于机械化采摘，选育和推广早熟棉花品种，推动植棉全程机械化势在必行。首先，棉花采摘快慢对棉花品级有很大的影响，必须及时采摘才能保证棉花的品质。使用机械化采棉技术能够有效地缩短棉花采摘时间，提前结束收获期，不仅可以避免早霜等自然灾害的风险，保证丰产丰收，还可以及时腾出土地，对棉田进行秋翻冬灌。其次，棉花机械化收获技术能够有效地提高劳动生产率，降低劳动生产成本，增加经济效益。一般情况下，1 台采棉机每天可完成 10 ～ 16 hm^2 的棉花收获，相当于 600 个拾花工，机械化采收成本每公顷约 1 800 元，而人工采摘成本每公顷为 2 925 元，仅此一项，棉农即可每公顷少投入 1 125 元。

综上所述，早熟棉的选育和应用，不仅扩大了棉花种植区域，提高了棉田复种指数，缓解了粮棉争地矛盾；而且能提高农业自然资源利用率，改善棉田生态环境，使植棉能躲避自然灾害，减少农药污染等。实现经济效益、社会效益和生态效益协调发展和共同提高。

二、早熟棉育种目标

根据棉花生产发展、科技进步与社会变革的需要，早熟棉育种目标可归纳为早熟、高产、优质和抗逆四个方面。

(一)早 熟

早熟性是早熟棉育种最基本的性状。在生育期较短，9月、10月温较快的地区，如北部特早熟棉区和北疆——河西走廊棉区，棉花的早熟性显得特别重要。棉花晚熟不仅影响产量，同时也影响纤维品质，就需要种植特早熟和早熟品种类型；南疆适合种植中早熟品种类型，但在少数山前高寒棉区也需要特早熟和早熟品种类型。长江、黄河流域的两熟棉区，为了确保两熟作物都能有足够的生育时间，要求能适当推迟播种期而又能及早收花完毕的品种。由于棉花育苗移栽、预留棉行和地膜覆盖等促早栽培技术的发展，当前在两熟棉区对棉花品种的早熟性仍有一定的保留空间。而随着棉田全程机械化栽培技术向两熟棉区的发展，两熟连作对棉花品种能适于晚播早收的要求会十分严格。早熟性一般用生育期表示，生育期越短，早熟性状越好。但棉花的生育期与产量呈正相关，而人们对品种的要求不但要早熟，而且要高产。因此，对早熟性的要求是：选择早熟不早衰，青枝绿叶吐白絮，铃期短、铃壳薄，且吐絮集中的早熟品种较为理想；而早衰类型则低产、质劣、抗逆性差，不宜选用。

(二)高 产

高产是指单位面积的皮棉产量，为完成育种任务的基本目标。影响单位面积皮棉产量的因素很多，与其直接相关的是单位面积铃数（单株结铃数 × 密度）、单铃子棉重和衣分。对这三要素重要性评价的不同，会影响确立高产育种目标的重心。高衣分品种往往铃较小，大铃品种的单株结铃性较差，且衣分偏低。所以，这三要素很难圆满协调地构成实际的高产品种。20世纪70年代以来，我国棉花育种比较重视衣分的提高。衣分是个相对数字，只有在高子棉产量的基础上，高衣分才有实际的经济意义。在制订育种目标时，应根据地区条件、对新品种的要求及原始材料的特点而有所侧重。如在相同密度条件下，结铃性是棉花高产育种目标中应主要考虑的因素，单铃种子数对产量构成也起相当作用。当铃重不变时，子指降低会增加单铃种子数；而较小种子的单位种子重比大种子有较多的表面积，提供了更多的种子表皮细胞延伸成纤维的机会。同时，从经济效益出发，宜优先选择投入较少、管理简化和获得高产概率较多的材料。

高产棉花的生育进程是：壮苗早发、稳长多结（铃）、早熟不早衰。从而需要从多方面来保证棉花群体的营养生长和生殖生长的协调发展。对一个具体的棉花品种，一般说高产和优质是相对的，在遗传上是一对比较难以统一的矛盾，应给予一定的调整空间。而原棉作为纺织工业的主要原料，对纤维品质应有一个基本要求。

棉花品种的产量形成与生育期长短密切相关，同时与叶片功能期长短、光合效率高低及日照时数有密切的关系。一般叶功能期长、早熟不早衰的品种在大田生产情况下，加大密度可与春播品种产量相当。中国农业科学院棉花研究所毛树春用早熟品种中棉所 24、中棉所 27 于 5 月上中旬在安阳进行麦棉套晚春播试验，单产高达 1 200 kg/hm^2，与中早熟品种中棉所 19 相当，霜前花率达 95%，显著高于春播中棉所 19 的 70%。因此，在早熟棉育种中要求叶片功能期长，且早熟不早衰是达到高产的选择目标。同时也可将提高生育日皮棉产量作为早熟品种的选育目标。在不同栽培条件下形成的产量差异没有可比性，但是生育日皮棉产量有差距，缩小这一差距，是早熟育种努力的方向。麦后移栽品种和麦后直播棉品种的育种目标可定为使生育日皮棉产量提高到 9 kg/hm^2 的水平，即相当于生育期 145 d 品种皮棉单产为 1 305 kg/hm^2 的水平。

（三）优　质

优质主要指纤维品质，特别是纤维的内在品质优异。棉纤维的长度、强度、细度代表了优质棉的主要性状。但是，原棉作为棉纺原料，用途多种多样。不同种类的棉纺织品要求的原棉品质也不同。所以，单一纤维品质类型的原棉不能适应种类繁多、款式频变、风格各异的棉纺织品的需求，况且还有配棉等最佳经济效益问题。例如，针织用纱为了保持织物的柔软性，捻度比机织用纱少的多；并且棉纱是通过钩针编结织物，钩针的空隙小，为了保证棉纱完好地通过，对棉纱的条干和均匀度要求特别高。所以，供针织用纱的原棉，其长度、强度、细度、成熟度和整齐度都要求比同类纱支的机织用棉高一个档次。80 ～ 120 支的高档纱原棉需要超级长绒棉，要求长度 35 ～ 37 mm，过长也无必要，反而牵伸不开，易出“橡皮纱”。起绒织物，如灯芯绒用纱，对原棉的要求杂质含量少而小，否则不利于割绒；纤维长度 25 ～ 27 mm，细度偏粗，才易于竖毛和抱合，否则纹路不清，不能显示灯芯绒的特色，并且成品经摩擦容易脱毛；对强力要求不高，纬纱又比经纱要求低；但特别强调成熟度，死纤维不得超过 12%。牛仔布系列用纱是气流纺的粗低支纱。气流纺比环锭纺的转速快几倍，并且工序复杂，处理程序多，机械打击多，虽对原棉的长度要求不高，但强力要求较高，细度一般，成熟度要求达到标准，但要求弹性好。总之，优质棉的标准绝不能一刀切，应因棉纺织品对象的不同而有所不同。这就要求育种材料的纤维品质多样化，这是在确定优质棉棉花育种目标时应该掌握的原则。

纤维品质根据不同用途有不同的要求。我国目前棉纺工业对纤维长度的总体要求为：纤维长度 27 mm 以下的粗短绒棉占 10%，纤维长度在 28 ～ 30 mm 的中绒棉占 75%，纤维长度 31 mm 以上的中长绒棉占 15%。早熟棉区的生育期较短。对纤维品质的要求宜安排在 28 mm 以下的粗短绒和一部分中绒棉的档次。

(四)抗　逆

棉花是遭受病虫害较多的作物，并且危及的棉区愈来愈广，为害程度也愈来愈重，病虫害的发生已成为棉花减产、降质的重大威胁。虽然某些病害、虫害，采用药物防治或其他防治方法可收到一定效果，但要从根本上解决问题，最经济有效且不污染环境的方法则有赖于抗病、抗虫育种。我国棉区的棉花病害有立枯病、炭疽病、轮纹斑病、角斑病、烂铃病、棉枯萎病、棉黄萎病和红叶茎枯病等。因病害造成棉花减产、降质的损失很大。20世纪 80 年代以来棉花枯、黄萎病迅速蔓延，目前棉花抗枯萎病育种成果显著，基本控制了该病的为害。但抗黄萎病育种难度较大，尤其是抗落叶型（T-9）黄萎病育种进展缓慢。

在我国经常为害棉花的害虫有 30 余种，特别严重的有棉铃虫、红铃虫、玉米螟和棉蚜，特别是新疆棉区的伏蚜和秋蚜，后者已成为原棉外糖含量高的主要原因。近年来运用转基因生物技术开展棉花抗棉铃虫及其他鳞翅目害虫育种的进展较快，在生产上也已收到实际成效，但对其他主要害虫的抗性育种尚待加强。运用转基因生物技术对抗除草剂育种已取得一定进展。同时，应积极进行棉花耐旱育种，以降低对灌溉用水的需求。

棉花育种的理想结果是，将所有要求表达的目标性状成功地协调组合在一个新品种实体上。从目前的育种水平看，要达到这一结果有一定的难度。主要原因不是缺乏这些性状的种质材料，而在于众多经济性状间的不协调性，即这些目标性状之间存在负的遗传关联。如皮棉产量与纤维强度、长度，早熟性与皮棉产量、纤维品质、铃重、衣分等。这是在棉花生产过程中，人们为了自身的目的而对棉花选择的标准，同棉花这一物种为了繁衍后裔而经长期自然选择的要求存在矛盾、不统一的结果。因此，在育种中需要通过多种途径加以解决。

三、早熟棉的遗传特性

早熟棉株型较矮，较紧凑，生育期较短、早熟、生长发育进程快，在早熟棉育种过程中，研究分析早熟棉早熟性与全生育期的遗传、早熟性与其他主要经济性状的相关性，有利于从株型方面选择短季棉品种，有助于协调早熟棉产量、品质与早熟性的关系。

(一)分枝类型的遗传

棉花分枝类型决定其株型是否紧凑，棉花分枝类型主要有单轴式、假轴式和零式。山东农业大学研究结果表明，基因型纯合的单轴式分枝型与假轴式分枝型杂交，其 F_1 表现为假轴式分枝型，其 F_2 假轴式与单轴式分离比例为 15∶1，控制该单位性状的可能是两对具重叠作用的基因，而且是独立遗传的，只有基因型为隐性纯合的植株个体表现为单轴式分枝型，基因型为显性纯合或显性杂合的植株个体表现为假轴式分枝型。应用基因型纯合的假轴式分枝型与零式分枝型（海岛棉）杂交时，F_1 仍表现为假轴式分枝型，其 F_2 分离群体假轴式分枝型与零式分枝型的比例为 3∶1。棉花假轴式分枝类型中果枝型是个稳定的遗传性状。因而根据果枝型分为两种类型，一种是有限果枝型（单果节），另一种是无限果枝型；在无限果枝型中根据果节间距的长短，又可分为若干亚型。山东农业大学研究结果表明，基因型纯合的有限果枝型与无限果枝型杂交，F_1 表现为无限果枝型，其 F_2 群体中无限果枝型与有限果枝型个体数比例约 3∶1。当无限果枝型的亚型之间进行相互杂交时，果节间距长者为相对显性，各亚型间不同果枝类型这一性状，除受主效基因控制外，还受若干修饰基因的影响。

中国农业科学院棉花研究所以海岛棉零式果枝品种新海 18 和陆地棉品系 TM-1 为材料，研究零式果枝性状的遗传基础。结果表明新海 18 的零式果枝性状受单隐性位点控制。通过高通量测序的方法，在新海 18 和 TM-1 间检测到 SNP 位点 7 332 个，以雷蒙德氏棉 D5 基因组序列为参考，可以将 3 600 个标记定位到 D5 基因组。通过 bulked segregant analysis（BSA）分析，发现染色体 D1 约 9Mb 的区间为零式果枝基因的候选区间。通过群体基因型分析，将零式果枝基因定位与 Chr16 上两个相距约 600Kb 的 SNP 标记之间。该区间内包含一个金鱼草 CENTRORADIALIS 基因的同源序列。该基因可能是零式果枝基因的候选基因。

（二）矮化型遗传

矮秆型是在不同的棉花种中出现的一种特矮植株，它的主茎和分枝的节间显著变短。海岛棉中的矮化型植株表现为叶片皱缩并有花纹，通称之为哈兰德皱缩矮化。陆地棉中的矮化型植株具有红茎和长叶柄的特点，靠近主茎的棉铃被叶片遮盖着，其基因型由单显性基因（R_1R_1）控制。当基因型纯合的矮化型陆地棉与植株正常型陆地棉杂交，F_1 为矮化型，即矮化对正常为简单的显性，但也有隐性矮化型。中国科学院遗传研究所选育的矮早棉 1 号，其矮化性状就是由两对隐性基因（$d_1d_1d_2d_2$）控制。该品种的主要性状特点是：植株矮、早熟、节间短、自封顶、叶柄短、叶片小、叶色深绿、花小、柱头和花柱短。遗传所用矮早棉 1 号分别与陆地棉遗传标准系 TM-1 和中棉所 12 杂交，分析了 F_1 自交及测交子代矮化早熟株与高秆晚熟株的分离，其中“矮早棉 1 号 ×TM-1”的 F_2 群体中，正常高株 615，矮化早熟株 43，分离比符合 15∶1；“中棉所 12× 矮早棉 1 号”的 F_2 群体中，正常高株 644，矮化早熟株 49，也符合 15∶1。用早熟棉 1 号测交，其子代正常高株与矮化早熟株的分离符合 3∶1。

（三）早熟性的遗传

棉花早熟性是一个复合性状，该性状与各生育阶段的长短、铃期的长短、棉株中下部结铃率的高低，以及吐絮集中性的程度等多种性状有关。同时，第一果枝节位的高低也是成熟早晚的一个标志性状。所以棉花早熟性的遗传，也可说是上述几个相关性状遗传的集中反映。

Godoy 等对陆地棉早熟性的遗传分析表明，见花期和见絮期表现极显著的加性效应；第一果枝节位、株高及平均成熟期则表现出显著的加性和显性效应，但以显性效应为主。赵伦一等对陆地棉早熟性指示性状的遗传力研究后提出，棉花出苗期、现蕾期、开花期、初絮期的遗传力，分别和“第一次子棉产量 %”的相关系数有依次增加的趋势。同时，现蕾期和盛花期的遗传力较之其他性状较高，而且两者各和第一次子棉产量 % 的相关系数又呈极显著水平，因而以现蕾期或盛花期作为评定陆地棉早熟性的指示性状是较为合适的。从育种的要求来说，以现蕾期作为指示性状，对当年选择更有现实意义。牛永章通过对特早熟陆地棉品种的农艺性状和经济性状的广义遗传力研究提出，各供试性状广义遗传力大小的顺序，从高到低依次是：生育期＞衣分率＞果枝节间长度＞植株高度＞纤维长度＞子指＞主茎节间长度＞叶片宽＞铃重＞第一果枝节位＞果枝成铃数＞单株子棉产量＞单株总铃数。由于各供试性状的基因效应不同，有的性状以加性基因效应为主，有的性状则以显性基因效应或上位性基因效应各有所偏重等等，因而各供试性状的狭义遗传力大小的顺序，是不会与广义遗传力尽同的。林昕对麦后夏播的棉花早熟品种，系统地进行了早熟性、丰产性与农艺性状之间，以及早熟性、丰产性与经济性状之间的相关性研究。Tiffany 等利用 12 种测定棉花早熟性的方法进行了广义遗传力和狭义遗传力估算，结果表明：用皮棉产量计算的平均成熟期，用棉籽产量计算的平均成熟期 -S 和用铃数计算的平均成熟期等 3 个方法的广义遗传力和狭义遗传力估值均较高，变异系数最低，一般配合力（GCA）与特殊配合力（SCA）之比值最高。

喻树迅对棉花的霜前花率、苗期、蕾期、铃期、全生育期、第一果枝节位、株高、铃重和脱落率 9 个性状进行遗传研究表明，蕾期和脱落率两个性状遗传率很低（3.86，12.3），易受环境影响。而结铃性较大地受遗传所控制。在棉花种植过程中，使蕾期稳健，减少脱落，对提高早熟性有明显的效果。在棉花早熟育种中其他 7 个遗传率高的性状作为鉴定早熟性的指标，且选择有效。苗期、铃期、第一果枝节位、株高和霜前花率的遗传相关大于环境相关，遗传率高，它们之间的关系主要受基因遗传控制，可作为测定早熟性的指标。第一果枝节位是鉴定棉花早熟性的可靠形态指标，它对霜前花率的直接效应和通过蕾期对霜前花率的间接效应都很高，第一果枝节位低的品种一般表现早熟，但还要求蕾脱落率也低才能显示出早熟性好。霜前花率和全生育期是早熟性最终表现的性状，遗产率高，能稳定遗传，在棉花早熟育种中可将这两个性状作为主要指标性状。脱落率影响早熟性的主要性状，受多基因控制并易受环境影响，蕾脱落率高，则霜前花率低。通径分析还表明，苗期对全生育期的直接正效应高于蕾期与铃期；蕾期脱落率的间接正效应也十分明显，所以，在棉花育种中可将苗期、蕾期及脱落率作为鉴定早熟性的指标。

（四）早熟性与主要经济性状的相关性

1. 早熟性与纤维品质的关系

早熟性与纤维品质间的相互关系，随表示早熟性的性状（产量性状或物候学性状）不同而有不同，用物候学性状表示早熟性与纤维品质性状呈正相关，即生育期和铃期长、见花期和吐絮期迟的品种，纤维较长，整齐度和比强度均较高，细度降低；用产量性状表示的早熟性与纤维品质性状呈负相关。尽管早熟性与纤维品质之间的相关系数随表示早熟的性状不同而异，但两者的结论是一致的，即纤维品质随着生育期的缩短（早熟）而有下降的趋势。然而，这种相关关系也不是一成不变的，随着育种技术的进步，是可以打破的。我国于 20 世纪 80、90 年代后期培育的一些早熟棉新品种中棉所 36、中棉所 16 等，不但生育期短，而且纤维品质也好。

2. 早熟性与产量、产量构成因素的关系

早熟性与产量之间的相关关系，同早熟性与纤维品质之间的相关关系的趋势颇为相似。用物候期性状（如生育期、开花期等）表示的早熟性与产量之间呈正相关关系，即生育期越长（迟熟）则产量高，反之（早熟）则产量低；用产量性状表示的早熟性与产量之间呈负的相关关系，即第 1 次或第 1、第 2 次收花率越高（表示早熟）则产量越低。

虽然表示早熟性的性状不同，早熟性与产量之间的相关系数符号相反，但所反映的早熟性与产量之间关系是一致的，即品种越早熟，其产量下降越明显。产量与株高和单株果枝数分别呈高度正相关关系。这就要求育成品种有相当的生长量，才能保证一定的产量水平，但生长量增大后必然相应延长生育期，这就促使育种者去寻求各个生育阶段上发育较快的亲本，以达在相对短的时间内有最大生长量的目的。

第二节　早熟棉种植区与育种方向

由于中国棉区地域辽阔，不同棉区生态环境条件相差很大。因此，不同棉区就有与之相适应的早熟棉生态类型。喻树迅等将中国早熟棉分为三种主要生态类型，为中国早熟棉区域化种植奠定了基础。

一是北部特早熟生态型。中国北部特早熟棉区早熟棉作为一熟春棉种植（西北内陆棉区的北疆——河西走廊亚区属于同一类型），具有气温前期低、后期下降快的特点，形成棉花早熟生育期短俗称早熟棉。二是黄河流域生态型。这是20世纪80年代发展起来的新类型，主要用于麦（油）棉两熟，一般在5月25日至6月初小垄套种的俗称夏棉，6月中旬麦后直播的俗称直播棉。三是长江流域生态型。这是20世纪70年代逐步发展形成，主要用于麦（油）后移栽或直播的棉种，俗称麦后棉，且前者为主要种植方式。

根据黄河流域棉区京、津、唐亚区的气候等资源特点，如早春干旱、低温等，及受灌溉条件的制约，不能灌溉或不能及时灌溉播种等问题，张存信等（1989）研究推广的短季棉晚春播，是上述北部特早熟生态型与黄河流域生态型两者之间过渡地带的种植类型（黄河流域棉区的黑龙港亚区属同一类型）。

一、黄河流域棉区早熟棉育种方向

（一）自然生态条件

本区位于长江流域棉区以北，北界自山海关起，沿河北境内的内长城向西，沿太行山东麓向南，再经河南境内的天台山（济源县以北）、山西境内的霍山（霍县以西）、陕西境内的北山（蒲城、凤翔以北），直至甘肃南部的岷山一线；西以陇南为界；东至滨海。包括河北（除长城以北）、山东、河南（除南阳、信阳两地区）、山西南部、陕西关中、甘肃陇南、江苏的苏北灌溉总渠以北、安徽的淮河以北地区，以及北京、天津两市郊区、县。

本棉区地处南温带的亚湿润东部季风气候区，气候特点为，全年无霜期180～230 d，年平均温度11～14℃，棉花生育期4—10月平均温度19～22℃，≥10℃活动积温4 000～4 600℃，≥15℃活动积温3 500～4 100℃，年降水量500～800 mm，但降水分布不均匀，且年际变幅也大，常易发生旱涝灾害。全年日照2 200～3 000 h，较为充足，年平均日照率为50%～65%，热量条件尚好。

本区气候常年春旱，各地对棉田蓄水灌溉和冬、春保墒甚为重视。春末夏初气温上升较快，日照充足，有利于棉花发棵稳长。进入伏天，雨水集中，高温多湿，往往加重盛花期的蕾铃脱落。常年秋高气爽，阴雨年份较少，有利于棉花成铃吐絮，但秋末降温较快，部分秋桃常为霜后花，尤其是北部与特早熟棉区相邻的地区，青铃花和霜后花比例较高。棉花苗期易发生立枯病、炭疽病、根腐病、铃病较轻，枯、黄萎病混生传播蔓延很快。虫害以棉蚜、棉铃虫为主，害虫发生世代较少，棉铃虫一年发生3～4代，红铃虫发生2～3代。

黄河流域根据生态条件、生产布局及品种生育特点，可划分为华北平原、黄淮平原、黑龙港、黄土高原、京津唐5个亚区。

（二）育种方向

黄河流域棉区各地对短季棉的使用有很大差异。该棉区北部的京津唐亚区和黑龙港亚区等地，使用短季棉进行晚春播，主要是为了避开晚霜低温、早春干旱、盐碱、苗病、苗蚜等为害，是一项减灾措施。在N 38°（大约石家庄至德州一线）以南水肥条件较好的地区，使用短季棉进行棉麦两熟栽培，从北向南随着温度的增加，形成套种、育苗移栽及直播等栽培方式。其育种目标与其他棉区相比，有其特殊之处。在一般棉区要求的适期早熟、高产、优质、抗病虫的基础上，特别强调早熟、适播期长、优质、抗病虫。

1. 早　熟

综上所述，若棉花品种没有很好的早熟性，就不能实现高产、稳产、抗病虫、优质等。因此，该区育成的棉花品种，必须是生长发育快，早熟性很好。具体要求，在河南安阳地区麦棉夏套（5月中下旬播种），生育期110～115 d。霜前花率达70%以上。

2. 抗病虫

品种的抗病虫性好，是棉花丰产、稳产、优质的基础。当前，主要是抗棉铃虫、抗枯萎病和抗黄萎病。具体要求是：枯萎病病指≤10；黄萎病病指≤30。抗棉铃虫减少化学防治投资80%以上。

3. 优　质

该棉区短季棉种植，以棉麦两熟为主，其生育期短，必须强调优质。具体指标是：比强度≥29 cN/tex，马克隆值3.8～4.9，纤维长度28～29 mm。

4. 适播期较长

该棉区棉麦两熟早熟棉栽培方式有：套种、育苗移栽及直播等，还有一熟晚春播。要求品种适播期较长，以便安排生产。

5. 丰产、稳产

丰产和稳产是棉花育种的首要目标。一般要求霜前皮棉单产达1 050～1 125 kg/hm^2。育成新品种霜前皮棉产量比推广品种增产10%以上，稳产性好即可。

6. 耐寒、耐旱和耐盐碱

该棉区包括北部京津唐和黑龙港亚区等地，常有晚霜低温、早春干旱，棉田大部分为旱薄盐碱地。为此，要求品种在苗期有一定的耐低温、耐干旱、耐盐碱、耐瘠薄。

二、长江流域棉区早熟棉育种方向

（一）自然生态条件

长江流域棉区位于中亚热带至北亚热带湿润区。北以秦岭、伏牛山、淮河、苏北灌溉总渠为界；南从戴云山、九连山、五岭、贵州中部分水岭到大凉山为界；东起海滨；西至四川盆地西缘。在 N26° ～ 33° 、E103° ～ 122° 。包括上海市、浙江、福建北部，江苏及安徽淮河以南地区，江西、湖南、湖北，河南南阳地区，陕西汉中地区，四川、贵州北部，云南东北部等地。商品棉生产主要集中在江苏的沿海和沿江棉区，上海的长江口棉区、浙江的钱塘江口棉区、安徽的沿江棉区、江西的鄱阳湖棉区、湖南的洞庭湖棉区、湖北的江汉平原棉区，跨河南、湖北的南襄盆地棉区及四川盆地棉区等。

本棉区无霜期 227 ～ 278 d，年平均气温 15 ～ 18℃，棉花生育期 4—10 月平均温度 22.5℃，≥ 10℃活动积温 4 000 ～ 4 500℃，年降水量 1 000 ～ 1 600 mm，全年日照 2 000 h 上下。棉花主要生长在沿海、沿江、沿湖等冲积平原，部分生长在丘陵坡地。土壤类型有水稻土、潮土、黄棕壤、紫棕壤、红壤等。棉田种植制度为一年两熟，大都为畦作。品种属中熟陆地棉。

本区地处中亚热带至北亚热带的湿润气候区，热量条件较好，雨水较充沛，土壤肥力较高，但日照条件较差，除伏天有较充足的日照外，其他生长季节均感不足。棉花主要生长在沿海沿江沿湖冲积平原，部分生长在丘陵坡地。大部分地方具有春季多雨高湿，初夏常有梅雨，入伏高温少雨，秋季多连阴雨的气候特点。棉花病虫害发生较重，苗期有根病、叶病为害，铃病为害较重，枯萎病蔓延普遍。虫害以红铃虫、棉叶螨为主，棉铃虫偶有暴发。害虫发生世代较多，棉铃虫一年发生 5 代，红铃虫 3 ～ 4 代，棉叶螨约发生 18 代，可出现 3 ～ 5 次高峰。长江流域为我国仅次于黄河流域的重要主产棉区。按自然生态条件与棉花生育特点的地域差异，可分为长江上游、长江中游沿江、长江中游丘陵、长江下游及南襄盆地 5 个亚区。

（二）育种方向

在长江流域棉区，各地的生态条件有一定的差异，早熟棉主要用于棉麦（油）两熟种植，即麦后棉。其主要栽培方式为麦（油）后直播或移栽，主要集中在长江中、下游平原及南襄盆地。

其育种目标与其他棉区相比，有其独特之处。在一般棉区要求的适期早熟、高产、优质、抗病的基础上，在本棉区特别强调早熟，适播期较长、优质。

1. 早 熟

早熟性同产量及品质的关系密切，有决定意义。即使在生育期较长的地区，若中后期有干旱或秋涝，或后期病虫严重，早熟品种往往产量较高又稳，且质量较好。该区大部分是早熟棉麦（油）棉两熟，要求有适合晚播早熟的品种。具体要求是：在当地全生育期120 ～ 125 d，并要求铃期短，吐絮集中，10 月 20 日前收花率在 80% 以上。

2. 高产、稳产

丰产和稳产是棉花育种的首要目标。一般要求霜前皮棉单产达 1 200 ～ 1 275 kg/hm^2。

3. 优 质

该棉区早熟棉种植，以棉麦（油）两熟为主，其生育期短，必须强调优质。具体指标是：比强度≥ 29 cN/tex，马克隆值 3.8 ～ 4.9，纤维长度＞29 mm。

4. 抗病虫

品种抗病虫性好，是棉花丰产、稳产、优质的基础。当前，主要是抗棉铃虫、抗枯萎病和黄萎病。具体要求是：枯萎病病指≤10；黄萎病病指≤30。抗棉铃虫减少化学防治投资 80% 以上。

5. 适播期较长

该棉区早熟棉主要栽培方式是：麦（油）后育苗移栽或直播等。要求品种适播期较长，以便安排生产。

6. 抗 逆

长江下游多阴雨和暴风雨，且多盐碱，要求品种耐阴湿，抗倒伏，耐盐碱，耐肥；长江中游降水较多，要求品种耐涝耐瘠薄；四川盆地多阴雨多雾，要求品种耐阴湿、耐肥等。总之，应针对不同的实际问题，选育抗逆品种。

三、西北内陆棉区早熟棉育种方向

（一）自然生态条件

西北内陆棉区主要包括新疆棉区和甘肃河西走廊棉区，该区地域辽阔，地处欧亚大陆腹地，属干旱半干旱荒漠灌溉农业生态区，具有气候干旱，降水量少，蒸发量大，日照充足，温差大的典型大陆性气候特点。由于复杂的地理特征，形成了多样性的生态环境，特别是天山山脉东西横断，形成南疆和北疆两个大的生态区。该区棉花生产从南疆的 N 36° 51′ 的于田县到北疆的 N 46° 17′ 的第十师 184 团（新疆和布克赛尔蒙古自治县）均有分布，由于较大的跨度和复杂的地形，使得南北疆区域内又有不同的气候类型。气候类型的多样性，积温多少和无霜期长短的不同，形成了 4 个明显不同的生态亚区，既中熟棉亚区、早中熟棉亚区（含叶塔次亚区和塔哈次亚区）、早熟棉亚区（包括甘肃河西走廊棉区）、特早熟棉亚区。

1. 早熟棉亚区

该亚区主要集中在北疆棉区、南疆的部分棉区及甘肃河西走廊棉区。北疆棉区位于天山北坡、准葛尔盆地西南缘、古尔班通古特沙漠以南，包括博乐市东部、精河、乌苏、奎屯、沙湾、石河子、玛纳斯、克拉玛依市等县市的大部分以及农五师 81-82 团、89-91 团，农七师、农八师的大多数团场，农六师芳草湖、新湖总场。该区域≥10℃积温 3 500 ～ 3 800℃，无霜期≥175 d，7 月平均温度 25.5 ～ 27.8℃。该区属典型的早熟棉产区，也是新疆主要的优质棉产区。适宜种植早熟细绒棉，其中热量条件相对较好的县团可集中种植早熟中长绒陆地棉。本亚区的南疆片主要分布在塔里木盆地西部和西南沿山一带，包括喀什市、疏勒县西部、疏附县西部、阿克陶县、英吉沙县西部、叶城县、温宿县南部以及农三师 41 团、农一师 5 团等狭长地带。该区的≥10℃积温均在 4 000℃以上，但处于昆仑山脚下，海拔较高，实际有效积温较低，因此仅适宜种植早熟细绒棉品种。甘肃河西走廊棉区主要包括敦煌、金塔、安西、民勤等市县，气候特点、栽培品种与北疆棉区类同。

该区枯、黄萎病日渐加重，棉蚜，棉叶螨也时有大发生年份，且无霜期年际间变幅较大，均成为该区棉花高产的制约因素。

2. 特早熟棉亚区

该区主要集中在准葛尔盆地南部，以及南北疆零星地区，包括北疆的博乐市大部、乌伊公路沿线以南各乡镇、呼图壁县、昌吉市、阜康市、吉木萨县、以及农四师各团，农五师 83-86 团，农六师 101-102、103、105、共青团、红旗等团场；南疆的焉耆县、和硕县、和静县、博湖县、农二师 21-27 团，农一师 4 团等零星棉区。

该亚区≥10℃积温在 3 100 ～ 3 550℃，无霜期≥165 d，7 月平均温度在 23 ～ 25.5℃，热量条件较差，无霜期较短，只适宜种植特早熟细绒棉品种。较短的无霜期和终初霜时间较大的变幅，最热月温度强度的不足和频繁的灾害性天气是该新兴棉区丰产稳产的主要限制因素。

（二）育种方向

该棉区是一个生态环境非常特殊的棉区，其育种目标与其他棉区相比，有其特殊之处。在一般棉区，要求熟性恰当，高产、优质、抗病的基础上，在本棉区特别强调早熟，同时要求优质、抗病、苗期耐低温、耐旱碱、适宜机采等。

1. 早　熟

在这个特殊生态棉区，如果棉花品种没有很好的早熟性，高产、稳产、抗病虫、优质就不能实现。因此，本棉区育成的品种，必须是生育期发育快、早熟性好。具体要求，生育期小于 125 d，霜前花率在 90% 以上。

2. 抗　病

品种的抗病性好，是棉花丰产、稳产、优质的基础。当前，主要是抗枯萎病和抗黄萎病。具体要求是：枯萎病病指≤10；黄萎病病指≤35。

3. 优　质

该棉区生产的原棉主要是出口和销往内地，加上本棉区地处西北边陲，运距远。这就要求所产原棉质量优，才有市场竞争力。具体指标是：比强≥30 cN/tex, 马克隆值 3.7 ～ 4.6，纤维长度≥30 mm，纤维整齐度＞85%，纤维含糖微到轻量，黄色度≤8。

4. 丰产、稳产

丰产和稳产是棉花育种的首要目标。育成的新品种霜前皮棉产量比推广品种增产 5% 以上，稳产性好。具有特殊优良性状的新品种，其霜前皮棉产量与对照品种接近或持平。

5. 耐　寒

该棉区在 4 月下旬到 5 月初，常有倒春寒。要求品种在苗期要有一定的耐低温能力。

6. 耐旱耐盐碱

该棉区位于干旱荒漠地带，不但缺水而且盐碱地比较多，在育种目标中应考虑耐旱耐盐碱的问题。

7. 机械采收

该棉区具有得天独厚的植棉优势，国家已确定为我国的大型棉花生产基地。但新疆地广人稀，劳力匮乏。因此，本棉区的棉花育种目标还应包含适合机械采收。机采棉品种主要应具有以下性状，植株茎秆坚韧不倒伏，始果节位 5 ～ 6 节，始果节位高度达到 20 cm 以上，果枝类型为Ⅰ－Ⅱ式果枝，株型紧凑，叶枝较少，叶片大小适中，茸毛少或无，苞叶较小，叶倾角较小适于喷施落叶剂，对落叶剂较敏感或后期有自然落叶特性。结铃部位集中在内围，吐絮集中，含絮力适中，机械采收不易碰落，但又不影响采棉机的采净率。

第三节　早熟棉育种技术

一、棉花早熟育种技术路线

在棉花早熟育种工作中，存在着不同的技术路线。喻树迅等收集到 198 份短季棉品种，其中主推品种主要是辽棉品种系列和中棉所品种系列。经分析研究表明，辽宁是我国最早开展早熟棉育种的地区，从 20 世纪 50 年代初开始用系统育种和杂交育种选育早熟棉品种；

而中棉所从20世纪70年代末才开始选育早熟棉品种，随着科技进步合育种技术提高，至20世纪90年代发展较成熟的生化遗传育种技术。辽棉以缩短棉花前期营养生长，提高早熟型，以延长铃期，增加铃重，提高产量和纤维品质；而中棉所在缩短生育期的前提下，适当延长前期营养生长期，增加光合产物积累，延缓棉株早衰，增加后期光合作用；靠大幅度提高衣分，增加皮棉产量；靠缩短生殖生长等提高早熟型，靠提高SOD酶等抗氧化酶系统，提高抗性和延缓衰老，达到各性状综合协调提高。因以上两种技术路线，适应不同自然生态条件和物质技术条件，具有不同的特点和经验，对其全面深入的分析总结十分必要。

二、生化辅助育种技术

喻树迅等采用SOD酶类和荧光动力学曲线，对早熟棉品种离体子叶和田间植株第10叶片真叶的研究结果表明，早熟不早衰品种中棉所16和中427的叶绿素、蛋白质降解慢，荧光动力学分析说明其光合磷酸化、CO_2同化力以及PSⅡ和PSⅠ电子传递能力较强，前期SOD酶活性也高于其他类型，离体子叶与大田叶片结果趋向一致，说明该品种自由基清除酶类能及时清除体内有毒自由基，保护了细胞器、核酸、蛋白质等的活性，使其免受伤害，从而能充分吸收养分和光能，植株抗逆性强，且达到早熟不早衰和高产、优质的目的。

中国农业科学院棉花研究所选择SOD酶类活性强的不早衰品种作为亲本，有SOD酶类对杂种后代进行选择，比较有效地缓解了早熟早衰地遗传负相关，育成的中棉所24、27、36品种早熟不早衰，比对照中棉所16增产24%以上，抗枯黄萎病性强，纤维长度29～33 mm，强力达23 g/tex。而中棉所10号早熟早衰、抗逆性差、产量低，这与SOD/POD/CAT活性差，叶绿素和蛋白质降解快有关。辽棉7号根系深，植株高大，生长旺盛，晚熟，霜前皮棉产量低，与其清除酶类活性强，叶绿素、蛋白质降解慢且稳定有一定关系。

棉花早熟性不够是棉花生产中存在的主要问题之一。特别是黄河流域棉区两熟或多熟制条件下，棉花迟发晚熟，霜后花率高，影响棉花的产量和纤维品质。要提高棉花早熟性，改善棉花纤维品质是早熟棉育种的重要目标。

以棉株的生长发育状况和其生产潜力可将棉花品种划分为早熟不早衰（early maturity without senescence）、早衰（early senescence）和晚熟（lately maturity）3种类型。棉花早熟不早衰的实际涵义是指在一定的气候栽培条件下，能充分利用光热水候资源，生产出符合要求的经济产品的能力；短季棉早衰即“未老先衰”，不是指棉花成熟期的自然衰退，而是在有效的生育期内，过早地停止了光合作用。衰老过程过早出现，致使棉株体内生理生化过程的衰老比正常棉株提前，植株生长发育不良，甚至停止生育活动，棉叶枯黄脱落，棉株过早死亡。短季棉晚熟是指在棉株有效生长期内不能正常成熟，其生长发育处在旺盛期，植株营养生长过旺。棉花早衰造成棉花铃重减轻，衣分、纤维强度和成熟度下降，从而使棉花产量锐减、纤维品质低劣；这种早衰现象发生越早，对棉花产量和品质影响越大。要达到棉花既早熟而又不早衰这一目标，最有效途径就是协调短季棉品种中营养生长和生殖生长的关系，克服早熟棉花品种的早衰。目前中国农业科学院棉花研究所短季棉育种组已培育出一批在生产上应用的早熟不早衰短季棉新品种，该课题组对早熟不早衰的生化物质遗传特性进行了初步探讨。

在育种上，早熟与早衰存在遗传正相关、与丰产优质存在遗传负相关，用常规育种方法难以解决。生化辅助育种（biochemical assistant breeding technology）是从亲本到后代进行抗氧化系统酶（the anti-oxidant system enzymes）（超氧化物岐化酶 superoxide dismutase SOD、过氧化物酶 peroxidase POD 和过氧化氢酶 catalase CAT 等）的活性和激素（hormone）（生长素 auxin IAA 和脱落酸 abscisic acid ABA）的含量进行选择，选育出早熟不早衰、青枝绿叶吐白絮的短季棉花系列品种中棉所 24、27 和 36。该系列品种较好地缓解了棉花早熟与早衰的遗传正相关，将早熟、优质、高产、多抗结合一体，解决了新疆棉区由于气温造成纤维强力下降，及黄河流域棉区麦棉争地而低产、质差等问题。该系列品种的育成，为稳定新疆一些风险棉区棉花生产提供有利保证，为协调发展黄河流域棉区麦棉两熟和长江棉区麦棉（菜、豆）多熟制奠定了基础。

（一）短季棉的早熟不早衰生化遗传机理研究

植物体内的生化物质多种多样，除初生生化物质外，还有次生生化物质；这些生化物质在植物发育的不同阶段、不同部位、不同环境条件下，执行着不同的生理功能。仅与棉花早熟、早衰特性有关的生化物质也有多种，目前，起作用较大且研究热点的生化物质主要指抗氧化系统酶类（SOD、POD、CAT 酶）及其氧化产物之一丙二醛含量和激素（IAA、ABA）和叶绿素等，另外还有一些次生物质参与调节棉花的早熟与早衰，如多胺类、油菜内脂类。

在短季棉育种中，早熟性是最主要的性状，但早熟品种容易过早出现衰老，从而影响短季棉的产量和纤维品质的提高。姜瑞云等认为，棉花早衰即“未老先衰”，是衰老过程即早出现，致使棉花体内生理生化过程的衰老较正常植株提前发生。喻树迅研究了不同短季棉品种在相同的条件下对外界的反应和敏感程度不同。对中棉所 10 号、中棉所 16 等短季棉品种的研究表明，品种是否早衰和后期棉花叶片内的活性氧自由基清除酶如 SOD、POD、CAT 酶等活性有关。不早衰的品种在生长后期活性氧自由基清除酶活性高，能及时清除有害氧自由基对细胞膜的破坏，叶绿素降解慢；而早衰品种，后期棉花叶片中活性氧清除酶活性低，叶绿素降解快，对外界环境条件变化反应较敏感。同时早熟不早衰品种中棉所 16 等品种光合磷酸化、CO_2 同化力、光系统 PSⅡ 与光系统 PSⅠ 电子传递能力较强。相反，中棉所 10 号较弱，从而导致后期早衰。肯定了短季棉育种选择早熟不早衰的品种作亲本，在后代的选择中对 SOD 酶活性进行选择，比较有效地打破了早熟与早衰的遗传相关，由此育成了中棉所 24、27 和中棉所 36 等品种。该品种早熟不早衰，青枝绿叶吐白絮，丰产性强，比中棉所 16 增产 24% 以上，抗枯黄萎病，品质好。

植物的生长发育除受自身的遗传因素外，还受外界因子的多方面调节。受各种环境因素如强光、低温、高温、干旱、脱水、冻害、臭氧、NO、SO_2、紫外辐射、高盐浓度、空气污染等影响，植物体内会产生 O^{-2}、·OH、H_2O_2 和 COOH 等活性氧（AOS），活性氧与另一些自由基在有氧环境中代谢被转化成超氧化物，H_2O_2、单线态氧和羟自由基，即通常说的活性氧，需氧生物的很多部位，特别是代谢旺盛的部位（如呼吸链和光合电子传递链）有大量的活性氧产生。羟自由基和单线态氧具有很强的化学活性，它们对需氧生物有害，而超氧化物和过氧化氢能引发一系列反应，产生羟自由基和其他破坏性物质（如脂类过氧化物）。由此可见，氧对需氧生物有潜在的毒性，因而必须及时清除。

对短季棉早熟不早衰的生化性状的遗传研究结果：控制短季棉早熟不早衰的生化遗传性状为数量性状。对短季棉亲本及其后代的 CAT 酶活、SOD 酶活、POD 酶活及丙二醛含量变化等生理生化的研究发现，早熟不早衰亲本及其后代在棉花盛花期的 CAT 酶活、SOD 酶活、POD 酶活和丙二醛含量变化：CAT 酶活在 8 月中旬出现高峰值，此时两亲本酶活相差最大，为 301.4 unit/gFW，之后下降；SOD 酶活在 8 月上旬和 9 月上旬出现高峰值，此时两亲本酶活相差并不大，至 8 月中旬和 9 月上旬两亲本酶活相差最大，分别为 227.2 unit/gFW 和 414.6 unit/gFW；POD 酶活逐渐升高，至 9 月上旬达高峰值，两亲本酶活相差最大值出现在 8 月下旬和 9 月上旬，分别为 283.8 unit/gFW 和 675.3 unit/gFW；正反交 F_1、F_2 代有一定的中亲优势和超亲优势。由此说明，抗氧化保护酶系统在棉花盛花期的前期以 CAT 酶活和 SOD 酶活为主，在棉花盛花期后期以 SOD 酶活和 POD 酶活为主。

抗氧化系统保护酶之间的遗传和表型相关关系的研究结果：棉花在生长发育过程中形成完善的抗氧化酶保护系统，CAT、POD 和 SOD 3 种代表性的抗氧化保护酶之间存在着内在遗传关系，CAT 酶与 POD 酶存在着遗传和表型负相关，且显性相关达显著水平，与 SOD 酶存在着遗传和表型正相关，且与 SOD 酶加性相关关系较小；POD 酶与 SOD 酶存在着遗传和表型负相关，且显性相关和表型相关达显著水平；由此说明 CAT 酶与 SOD 酶存在协同关系，CAT 酶与 POD 酶存在着可遗传的加性相关关系。

抗氧化系统保护酶与激素之间相关关系，CAT 酶与生长素 IAA 存在显著的遗传和表型正相关，且显性相关系数达最大，与脱落酸 ABA 存在遗传和表型负相关，这一点符合棉株生长发育规律；POD 酶与生长素 IAA 和脱落酸 ABA 存在着遗传和表型负相关，但相关系数小；SOD 酶与生长素 IAA 存在着遗传负相关和脱落酸 ABA 存在着显著遗传和表型正相关；MDA 与生长素 IAA 存在着显著遗传和表型正相关，与脱落酸 ABA 存在着显著遗传和表型正相关；叶绿素与生长素 IAA 和脱落酸 ABA 存在着遗传和表型负相关；生长素 IAA 与脱落酸 ABA 存在着显著的遗传和表型负相关，且加性相关系数和显性相关系数达到极显著水平。由此说明，抗氧化系统保护酶与激素之间存在着复杂的遗传关系，IAA 对抗氧化系统保护酶 CAT 起着正调节作用，ABA 对 CAT 起着负调节作用，而 SOD 酶正相反，IAA 对 SOD 酶起着负调节作用，ABA 对 SOD 酶起着正调节作用，激素 IAA 和 ABA 在棉株发育不同时期起着不同的信号传导作用。

抗氧化系统保护酶与氧化产物之一丙二醛含量的相关关系，CAT 酶和 SOD 酶与 MDA 含量呈遗传和表型负相关，POD 酶与 MDA 含量呈遗传和表型正相关，且加性相关系数都很小；CAT 酶和 SOD 酶与叶绿素含量呈遗传和表型负相关，POD 酶与叶绿素含量呈遗传和表型正相关，且加性相关系数都很小；MDA 含量与叶绿素含量呈遗传和表型正相关。由此说明，短季棉早熟不早衰的生理生化基础是：在棉株生长发育前期，棉株生长旺盛，CAT 和 SOD 酶活性高，MDA 含量低；在棉株生长后期，棉株趋向衰老，POD 酶起主要作用，其活性较高。

（二）短季棉早熟不早衰生化辅助育种技术

1. 生化物质的最佳选择时期

由朱军的加性—显性—母体效应模型（ADM）分析计算，在 8 月上旬至 9 月上旬这个花铃期时间段内，不同酶的酶活表达量不同。根据该酶在某一期表达量较大，且能稳定遗传给后代，来确定该酶的最佳选择时期。

CAT 酶活母体效应在这个时间内都很明显（遗传方差比率为 4.13% ～ 42.63%），达极显著水平。并随着棉株的生长发育，显性效应逐渐增加，至 8 月下旬以后最大（遗传方差比率为 61.73%），达极显著水平。而加性效应较小，至 9 月上旬才测到加性效应（遗传方差比率为 27.41%）。

POD 酶活在 8 月上旬至 8 月中旬这个时间段内以显性效应为主（遗传方差比率为 62.81% ～ 72.70%），达极显著水平，8 月中旬以后即棉株生长后期以母体效应为主（遗传方差比率为 16.81% ～ 45.44%），在 8 月下旬以后加性效应才检测出来（遗传方差比率为 43.03% ～ 27.30%）。

SOD 酶活在这个时间段内以母体效应主，母体效应随着棉株的衰老越来越明显（遗传方差比率为 16.82% ～ 40.13%），达极显著水平；显性效应在 8 月中旬达最大，为 64.82%，以后逐渐降低，至 9 月上旬，SOD 酶活显性效应又较明显；随着棉株的衰老，SOD 酶活加性效应至 9 月上旬才检测到，为 18.51%，达显著水平。

丙二醛（MDA）含量的遗传变化，表明 MDA 含量在这个时间内以母体效应为主（遗传方差比率为 19.31% ～ 46.87%），一直处于极显著水平；其次为显性效应（遗传方差比率为 7.70% ～ 45.80%），随着棉株的衰老显性效应逐渐增加；MDA 含量也存在着一定的加性效应，在 8 月上旬和 8 月中旬最大，分别为 37.51% 和 58.62%，达极显著水平。

由此，在 8 月上旬至 9 月上旬这个花铃期时间段内，对抗氧化系统酶（CAT、POD、SOD）的选择最好在 8 月下旬以后进行，而对 MDA 的选择在 8 月上旬至中旬，这样选择效果较好。

2. 标准品种棉株体内生化物质的变化规律

选择大面积推广的短季棉品种早熟早衰类型、早熟不早衰类型、晚熟类型三种，进行早熟不早衰的生化物质的变化规律研究。SOD 酶活性：为了探讨三种类型的衰老特性与 SOD 酶之间关系，我们研究了叶片在暗处理过程中 SOD 酶的变化。结果表明衰老与 SOD 酶活性存在负相关。暗处理分 0、5、11 天。暗处理 0、5 天的 SOD 酶的活性大小依次为晚熟类型、早熟不早衰类型、早衰类型，分别为 177.3 unit/gFW、149.7 unit/gFW 和 144.2 unit/gFW，早熟不早衰类型的品种明显优于早衰类型品种和晚熟类型品种，暗处理 11 天早熟不早衰类型和晚熟类型品种的 SOD 酶活性最高，早熟早衰类型最低。测定大田真叶 SOD 酶活性，早熟不早衰类型品种的 SOD 酶活性前、中、后期均高于早熟早衰类型品种。说明早熟不早衰类型品种 SOD 酶活性强且稳定，而早衰类型品种 SOD 酶活性低且不稳定，晚熟类型品种前期 SOD 酶活性居首位，后期次于其他类型品种。POD 酶活、CAT 酶活早熟不早衰类型品种、晚熟类型品种在棉株生长的前、中、后期均高于早熟早衰类型品种。叶绿素含量：叶绿素降解是植物衰老的主要生化指标之一。试验表明，早衰类型品种的叶绿素降解速度快，早熟不早衰类型品种叶绿素降解缓慢，其速度明显慢于早衰类型品种。从叶绿素降解的时间进程看出，早熟不早衰类型品种比早衰类型品种晚 5 天衰老。晚熟类型品种叶绿素绝对含量最高，但降解速度最快。

总之，早熟不早衰类型品种叶绿素、蛋白质降解慢，SOD、POD、CAT 酶活性强，说明该品种抗氧化系统保护酶能及时清除自由基，保护细胞器、核酸、蛋白质等物质免受伤害，使棉株本身能充分发挥其潜能，充分利用光、温和水，使棉株在有限的生长发育期内既早熟而又不过早衰老。早衰类型品种叶绿素、蛋白质降解快，SOD、POD、CAT 酶活性低，该类型品种抗性差、产量低，使棉株在有限生长期内过早衰老，因此，早衰类型品种产量低。

3. 生化物质的选择标准

经过多年的研究和田间选择经验，确定了黄河流域棉区短季棉早熟不早衰品种生化物质的相对选择标准，主要有以下指标：

选择范围：在亲本选配方面，选择早熟不早衰品种作亲本；在杂种后代鉴定方面，由于不同酶活的遗传特性不同，因此，POD 酶活的选择应在品系的早代进行，CAT 酶活、SOD 酶活、MDA 含量的选择应在品系的高代进行。

选择酶活量：一般认为早熟不早衰品种的 CAT 酶活和 POD 酶活较早衰品种高 30% ～ 50%，SOD 酶活较早衰品种高 5% ～ 8%，MDA 含量较早衰品种低 6% ～ 10%。ABA 含量较早衰品种低 15% ～ 20%，IAA 含量较早衰品种高 30% ～ 50%。根据该标准来选择早熟不早衰的亲本和后代材料是必要的。

选择时间：在棉株生长发育时期对 CAT 酶活、POD 酶活、SOD 酶活选择应在 8 月中下旬进行，对 MDA 含量的选择可在 8 月上中旬，这样选择效果较好。

（三）生化辅助育种技术在短季棉育种中的应用

采用生化遗传辅助育种与常规育种方法结合的技术，有效地克服了早熟、优质与丰产的遗传负相关以及早熟与早衰的遗传正相关，育成了早熟不早衰、丰产、优质、抗病性强的棉花系列新品种中棉所 24、27 和 36。棉株体内延缓衰老生化物质的活性高，在全生育期进程中，该系列品种的抗氧化系统酶（POD、SOD 和 CAT）活性始终高于早衰棉花品种，而导致早衰的氧化产物丙二醛（MDA）含量比早衰品种低，从而延长叶绿素的功能，提高光合作用效率。

以早熟为基础，重点突破早熟与优质的负相关，兼顾多抗与高产，并结合生化遗传在早期进行抗氧化系统酶（SOD、POD、CAT）的检测，克服早熟与早衰的弱点，做到青枝绿叶吐白絮，为早熟、优质、高产创造物质基础；把早熟、丰产、优质、抗逆性等优良性状较好地结合起来，并得以协调发展。基于棉花遗传性比较复杂，故在杂种后代的处理上，我们适当扩大杂种后代群体，加大选择压力，以有效地提高优良基因重组型的入选概率。

收集国内外优良种质，鉴定、筛选可利用的亲本材料，中棉所 24 是以丰产、抗病、适应性广的中 343 为母本，以高强力的优质材料（中 10× 美 B 早）n 代为父本进行杂交，将美国品种的高强、优质性状转入国内自育中间材料，使之重组，育成早熟、优质、多用型的新种系中 621。中棉所 27 是以具有美 B 早为亲缘的早熟优质新品系中 0710 为母本，与出苗快、长势旺、抗病性好的中 5427 为父本杂交，杂种后代进行南繁加代和异地选择。中棉所 36 在优质、早熟的基础上，通过引进陕早 2786、徐州 209 和岱福棉的优良植株形态，进行适于机械采摘的株型育种。

采用生化辅助育种技术体系，即选用早熟不早衰材料作母本，从 F_2 代开始跟踪检测棉株体内的抗氧化系统酶活性，选择高产、优质、早熟不早衰的后代材料，进行多代选择和抗病锻炼，最后选择稳定优良品系参加区试品比试验。

采用生态适应性鉴定，高世代品系同时在黄河流域、西北内陆棉区不同生态区进行生态适应性鉴定、抗病锻炼与选择。F2代在本所试验地和病圃进行抗性锻炼，增加选择压力；F_3、F_5代在海南加代并选育，选择目标以早熟为前提，兼顾铃数、铃重与衣分诸因素的协调与多菌系下的抗病性表现。建立配套栽培技术体系，根据品种的特异性，各棉区的生态条件，总结出一套与中棉所24、中棉所27和中棉所36相适应的配套栽培技术，使其优良种性得到充分发挥。

通过生化辅助育种技术已选育短季棉系列品种中棉所16、中棉所24、中棉所27和中棉所36。这些品种先后通过全国及河南省、天津市、新疆维吾尔自治区品种审定委员会审定；中棉所16先后获得农业部和国家科学技术进步一等奖；中棉所36和中棉所27被列入国家重点推广计划项目，分别获得国家"九五"攻关棉花新品种一等和重大"后补助"；中棉所36得到国家跨越计划重点支持，目前中棉所36已成为新疆早熟棉区的主推棉花新品种。该系列品种均表现早熟不早衰、丰产、优质，抗病性强，生育期仅为110 d左右，霜前花率85%以上，有效缓解了早熟与早衰的遗传正相关，解决了早熟棉产量低、纤维品质差的重大科技问题，为我国农业结构调整提供了技术支撑，已累计推广213.3 hm^2万亩，取得显著的经济效益和社会效益。

三、分子标记辅助育种技术

传统的棉花育种是在不甚明了基因背景的条件下，通过杂交和各种育种技术，根据分离群体的形态表现和育种者的经验等对表现型进行多代选择，从而实现对基因型的改良。生物技术的发展给作物遗传育种研究带来了巨大的变化，DNA分子标记技术的应用是其最显著的变化之一。分子标记育种不同于传统的育种手段，它的发展为提高棉花遗传育种的效率和精确度提供了一个新的途径，也是遗传育种发展的方向。

（一）分子标记及其研究方法

DNA分子标记育种技术，是通过利用与目标性状紧密连锁的DNA分子标记对目标性状进行间接选择的现代育种技术。它能反映棉花个体或种群间基因组中某种差异的特异性DNA片段。该技术对目标基因的转移，不仅可在早代进行准确、稳定的选择，而且可克服再度利用隐性基因时识别难的问题，从而加速育种进程，提高育种效率。与常规育种相比，该技术可提高育种效率2～3倍。利用鉴定到的分子标记进行辅助选择育种也取得了一定的进展。在水稻、小麦、大豆、油菜等重要作物上已鉴定了一些与重要农艺性状连锁的分子标记；通过分子标记辅助选择，已选育出高抗白叶枯病的水稻品种。进一步加快分子标记辅助育种的研究，将为大幅度提高农作物产量和品质提供有效途径。

DNA 分子标记是基因组 DNA 水平上遗传多态性的直接反映。DNA 分子标记技术主要可分为以分子杂交为基础的分子标记技术、以 PCR 为基础的分子标记技术、以 DNA 芯片为基础的分子标记技术和电泳核型技术 4 种类型。

1. 以分子杂交为基础的分子标记技术

这类分子标记包括限制性片段长度多态性（Restriction Fragment Length Polymorphism，RFLP）和数目可变串联重复多态性（Variable Number of Tandem Repeats，VNTR）。前者是发展最早的分子标记技术，它所代表的是基因组 DNA 在限制性内切酶消化后产生片段在长度上的差异，也就是真核生物基因组中散布的非编码重复序列。而后者所代表的是真核生物基因组中串联的非编码重复序列，根据其重复单位大小又分为小卫星序列（Minisatellite）和微卫星序列（Microsatellite）或简单重复序列（Simple Sequence Repeats，SSR）。

2. 以PCR为基础的分子标记技术

建立在 PCR 技术基础上的分子标记主要有随机扩增多态性 DNA（Random Amplified Polymorphism DNA，RAPD）、特定序列位点（Sequence-Tagged Site，STS）、DNA 单链构象多态性（Single Strand Conformation Polymorphism，SSCP）和扩增片段长度多态性（Amplified Fragment Length Polymorphism，AFLP）4 种。在它们的基础上又发展出了各种各样的分子标记技术。

3. 以DNA芯片为基础的分子标记技术

单核苷酸多态性（Single Nucleotide Polymorphism，SNP）是以 DNA 芯片为基础的分子标记技术。它是指同一位点的不同等位基因之间个别核苷酸的差异或只有小的插入、缺失等，又被称为第三代多态性标记。检测 SNP 的最佳方法是 DNA 芯片技术，如果能将所有 SNP 全部信息载入 DNA 芯片，就可制造基因组扫描仪，用来扫描各个个体并分析它们在基因组成上的差异。DNA 芯片具有极高的特异性和灵敏度，重复性好，假阳性率非常低，是目前世界上最先进的分子标记技术。因其具有强大的检测功能，已被广泛地应用于基因表达分析、基因分型和健康诊断等研究，大大加速了人类以及其他模式生物基因组学研究的进程。

4. 电泳核型技术

脉冲场电泳（Pulsed Field Gel Electrophoresis，PFGE）能够区分大小在 20 ～ 1 200 kb 的 DNA 分子。PFGE 技术利用交变电场使 DNA 改变方向，DNA 分子改变方向的时间依赖于分子的大小。大 DNA 分子需要较多的时间重新定向。分辨率由脉冲时间来决定，而且可以通过改造装置和实验方法提高分辨率。目前常用的方法是等压同源电场电泳，六角形排列的电极产生完全一致的电场，从而导致垂直电泳带和良好的分辨率。

（二）分子标记在早熟棉育种中的应用

随着分子生物学的发展，标记辅助选择育种通过减少选育品种的时间而加快育种进程，在水稻、小麦、西瓜等作物的抗病性上已取得了重大进展。育种学家希望培育出性状优良的早熟棉品种，而实现这一目标的关键是对诸如高产、优质、抗病虫与早熟性协调统一。长期以来育种家们大多是借用易于鉴别的形态学和同工酶等遗传标记来辅助育种，并在作物育种中取得了很大成功。但是这类标记的最大不足之处在于其数量有限，要找到与目标性状密切相关的标记往往很困难。而且由于环境影响，应用这类标记于育种实践，要求育种家必须有丰富的育种经验，花费较长的时间才能选育出具有优良目标性状的品种。因此育种家们一直希望能找到一类数量丰富、选择响应高的标记，以提高育种效率和育种过程的预见性。

1. 早熟棉遗传纯度测定

利用分子标记可以快速对早熟棉等品种或品系进行遗传纯度的检测，去杂留纯，加强管理，以确保新品系和品种的产量和品质优势。如利用限制内切酶，将 DNA 酶切、电泳、进行 Southern 吸印转移到硝酸纤维素膜上，用 DNA 探针与酶切的 DNA 杂交，从而可揭示出 DNA 的多态性。因不同品种或混杂种子的 DNA 是不同的，具有不同的酶切位点，可产生不同的酶切片段而加以鉴别。

2. 早熟棉杂种优势选择

预测杂种优势是几代科学家梦寐以求的事业。但是由于无法对遗传物质的杂合性（heterozygosity）作准确而精细的分析，始终未能如愿。分子标记的开发与应用，为改良现有组合的杂种优势，提高对杂种优势的预测能力带来希望。

无论显性学说还是超显性学说，都基于杂种优势来源于亲本有利等位基因的杂合性。利用共显性标记（如 RFLP），从潜在种质资源中系统鉴别分别与现有杂交组合的两个亲本表现杂合互补的染色体区域，借助计算机分析杂种优势组合与 RFLP 位点杂合性之间的相关性，则有可能检测出产生杂种优势所必需的杂合性染色体区域。在此基础上，可以将这些染色体区域渐渗导入相应的亲本品系，并运用分子标记来监测渐渗过程，不断有计划地增加两个亲本品系间显性互补程度，以获得杂种优势更强的 F_1，达到改良现有杂优组合的目的。从某种程度上来说，两亲本品系具有的与杂种优势有关的 DNA 区域纯合度越高，其 F_1 杂种优势就可能越大，因此可以根据各品系在这些可能与杂种优势有关的 DNA 区域上的多态性，构建杂种优势群，指导杂交组合的选配和杂种优势的分析与预测。

3. 早熟棉亲缘关系及种质资源遗传多样性分析

利用分子标记可以确定亲本之间的遗传差异和亲缘关系，可以确定亲本间的遗传距离，进而划分杂交优势群，提高杂种优势潜力。在棉花上可以进行早熟棉系谱分析和分类，研究早熟棉核心种质等。分子标记用于早熟棉在内的棉花系谱分析，一方面，分子标记用于亲缘关系分析。另一方面，分子标记应用于遗传背景分析。南京农业大学棉花遗传育种研究室 1996 年对我国 21 个棉花主栽品种（包括特有种质）以及 25 个早熟棉品种进行了 RAPD 遗传多样性分析。根据 18 个引物在 21 个棉花品种（种质）基因组的扩增产物，经琼脂糖电泳产生的图谱中 DNA 条带的统计，利用聚类分析程序建立了它们的树状图。研究结果发现，棉花的 RAPD 指纹图谱分析结果与原品种的系谱来源基本相似。对我国有代表性的 3 种生态型（北部特早熟生态型、黄河流域生态型、长江流域生态型）的 25 个早熟棉品种利用 18 个随机引物的遗传多样性分析表明，大部分早熟棉品种与其系谱吻合，主要是从来自美国的金字棉中选育而成。这一结果反映了我国现在推广的早熟棉品种遗传基础比较狭窄，亟须发掘早熟棉基因供体。因此，应用分子标记鉴别棉花种质，将为利用棉花的地方种、野生种、近缘种以丰富我国棉花品种的遗传基础提供依据。刘文欣采用 RAPD 分子标记、遗传距离和聚类分析方法，通过对不同棉种、不同品种类型、不同时期、不同种植区域和不同来源的棉花品种（系）遗传差异的比较，探讨我国棉花品种的遗传基础。研究表明，在我国主栽棉花品种中，海岛棉品种遗传基础窄于陆地棉品种；我国自育陆地棉品种的遗传基础窄于国外引进品种；杂交陆地棉品种的遗传基础窄于常规品种；20 世纪 80 年代以后陆地棉品种遗传基础窄于 70 年代品种；长江棉区品种遗传基础窄于黄淮棉区品种，西北内陆棉区品种窄于长江棉区品种。以上为我们如何在我国棉花育种的全局和不同层面上把握和制定拓宽棉花育种遗传基础的策略和手段提供了启示。第三方面，分子标记用于遗传多样性分析。武耀廷利用 RAPD.ISSR 和 SSR 三种分子标记方法和两年田间实验对国内外 36 个陆地棉栽培品种的遗传多样性进行了研究。其聚类结果把供试品种大致分为国外品种、新疆品种、早熟类型品种和我国的中熟棉品种等几个类群；类群内进一步分组表明，分子标记确定的遗传关系基本上与品种系谱的种质系统一致，但并不能按系谱或种植生态区域简单地归属；尽管分子标记数据计算的相似系数矩阵和表现型计算的遗传距离矩阵存在极显著的相关关系，但以遗传距离进行聚类分析的类内分组的组间特征不明显。

喻树迅首先用分子标记技术对早熟棉种质资源进行评价。对我国不同年代、不同生态区的 29 份早熟棉代表性品种的遗传差异进行了比较分析。结果表明：早熟棉种质资源遗传差异相对较小，从 900 条 RAPD 引物中选取 600 个随机引物用于分析，共得到的带型清晰且重复性好的多态性引物共计 122 个（20.3%）；从 302 对 SSR 引物中筛选出的多态性引物 41 对（13.6%）。通过成对相似系数分析，29 个早熟棉品种间成对相似系数大部分分布在区间 [0.60，0.69] 和 [0.70，0.79] 之间，供试的 29 份材料中有 21 份种质的 DNA 水平上的遗传差异相对较小，这与我国早熟棉的遗传基础非常狭窄相一致。RAPD、SSR、RAPD+SSR

分析结果表明，前苏联早熟棉品种间的 DNA 水平上的遗传差异最大，因为其成对相似系数最小；其次是河南省的早熟棉品种（豫棉 9 号和豫棉 12 号等），中棉所系列早熟棉品种间的成对相似系数最大，表明它们在 DNA 水平上的遗传差异较小。用 SSR 的分析结果则表明：新疆的新陆早系列早熟棉品种之间的成对相似系数最小，其 DNA 水平上的遗传差异较大；河南省的豫棉系列和中棉所系列早熟棉品种间的成对相似系数较大，同样说明它们在 DNA 水平上的遗传差异较小。

4. 基于图谱克隆早熟棉相关基因

传统的育种方案局限于通过种内或种间杂交、回交、自交等手段来实现基因流动，在作物遗传改良的广度和深度上都是有限的。随着分子生物学的发展，一大部分控制重要性状的基因相继被定位到饱和的分子标记图谱上，可以利用图谱分离和克隆这些基因，最终用基因工程手段来改良品种，从而在作物遗传改良的广度、深度以及速度上产生巨大的飞跃。

对于作用机制与产物均属未知的性状，如与抗病、抗逆及各种与产量、品质有关的性状来说，基于图谱克隆基因的方法有着广阔的应用前景。该方法的基本前提是：将基因精确定位于高密度的分子图谱上，然后以紧密连锁的分子标记为起点，运用染色体步行（chromosome walking）等方法，逐渐向目标基因靠近，最终克隆该基因。

分子标记为植物遗传育种开辟了新途径。在实际工作中能否应用这些技术，依赖于分子标记与目标基因的连锁程度，以及直接选择和分子标记选择的相对花费。分子标记的普遍利用因目前所需成本较高，操作复杂，使之受到很大限制。随着分子生物学的发展，建立有效简单的实验方法和实验步骤的自动化，分子标记的成本也将会降低，分子标记在植物遗传育种中必将发挥越来越重要的作用。

5. 开花反应相关基因

Kohel 等在 *G.barbadense*×*G.hirsutum* 种间杂种后代中发现开花反应受多基因控制，因而推论在海岛棉（*G.barbadense*）和陆地棉（*G.hirsutum*）这 2 个种中，控制开花反应的基因是非同源系统的基因。Kohel 于 1973 年最先鉴定出一种突变性状，并将其基因符号命名为 ob（open bud）。张天真将获得的开放花蕾与 Kohel 鉴定定名的开放花蕾系“ob”杂交，结果表明，开放花蕾和 ob 杂交的 F_1、F_2 均表现为开放花蕾，说明两者具有遗传上的等位性。Endriggi 介绍，经证明开放花蕾（ob_1）和黄色花瓣（Y_2）基因分别定位于第Ⅹ，Ⅺ连锁群，第 18 染色体的短臂和长臂上，ob_1 离着丝粒 3.4 图谱单位，Y_2 基因离着丝粒 8 图谱单位。因此这两个基因位点至少相距 11 个图谱单位。

6. DNA指纹库的建立

分子标记可以用来建立 DNA 指纹库。在同一物种的各个品种间存在大量的多态性标记，某一品种具有区别于其他品种的独特标记即一些特异性 DNA 片段的组合就称为该品种的“指纹”，各品种的独特的指纹片段构成该物种的 DNA 指纹库。DNA 指纹库在作物育种中的应用范围十分广泛。

一方面，根据种质资源 DNA 指纹的多态性，可以对育种材料的变异丰富度作出总体评价。在杂交育种中，选择到各个目标性状互补程度最大的亲本，后代中才有可能选到综合性状最佳的单株。但环境因素的影响使得选择过程操作起来很不容易。而各品种的 DNA 指纹差异则可直接提供与目标性状有关的 DNA 水平的信息，避免了环境的干扰，从而能大大提高杂交育种中对亲本及后代理想单株的选择效率。显然，配制强优势杂交组合时选择亲本也可以利用 DNA 指纹提供的信息。DNA 指纹也为远缘杂交种真伪的鉴定提供了可靠的证据。另一方面，作物品种包括 F_1 代杂交种必须具有较高的纯度。通过检测品种是否只具有该品种特有的标记指纹片段，可以很有效地鉴定品种纯度，以对种子质量进行监测。新品种登记和专利保护是品种 DNA 指纹的又一应用。在西方发达国家，育种过程中培育的新品种在申请登记时，必须出示 DUS（distinction，uniformity and stability）证明，以说明此品种不同于其他现有品种。通过 DNA 指纹的比较可以方便地提供分子水平的直接证据，有利于品种获得专利保护。Mailer 和 Wratten 用 RAPD 方法鉴定了澳大利亚甘蓝型油菜的所有栽培品种。RAPD 扩增产物经电泳分离产生数目与长度不同的差异带，这些多态性带即可作为种或品种的特征带（即指纹），从而为鉴别品种、配置强化优势组合等提供了有价值的信息。Charters 等运用 5′ –锚定 SSR 引物（anchored SSR primer）分析了 20 个甘蓝油菜品种，指出锚定 SSR-PCR 法是一种多态性很高、重复性很好的指纹库构建方法。Hongtrakul 等用 AFLP 标记得到了向日葵的指纹图谱，并评估了优良近交系间 AFLP 多态性信息含量等指标，用于指导杂交育种中的亲本选配。

7. 分子标记辅助选择（Molecular marker assisted selection，MAS）

与目标性状基因紧密连锁的分子标记的分析，可以判断目标基因是否存在，进一步将其定位、绘制遗传图谱后，可对目标性状进行跟踪的分子标记辅助选择（MAS）。Lande 和 Thompson 为 MAS 的理论做了开创性工作，首次提出了基于多元回归的标记指数选择法。此后许多学者在此基础上加以发展，对制约标记选择的因素加以研究，为 MAS 在育种实践中的应用提供了理论依据。

分子标记育种需要以下 3 个方面的技术支撑：第一，用多态性高的分子标记绘制的遗传图谱，其中标记间的遗传距离不应大于 20 cM；第二，与目标农艺性状基因紧密连锁的经济有效的分子标记；第三，高效、准确、低成本和实用的自动化技术。欲大规模开展 MAS，其成本与可重复性是首要考虑因素。因此，采用稳定、快速的 PCR 反应技术、简化 DNA 抽提方法、改进检测技术是最终努力的方向。

选择是育种工作的中心环节，但传统的选择方法多依赖于植株性状表现型的鉴别，选择要有丰富的经验和较长的时间；此外，对一些特殊性状的选择还受其他许多条件的限制等。但通过与目标性状基因紧密连锁的分子标记的分析，便可以判断目标基因是否存在，进一步将其定位、绘制遗传图谱后，可对目标性状进行跟踪的分子标记辅助选择。另外，因分子标记不受基因表达时间、显隐性关系和环境条件等的影响，因而可在杂种的早期世代，利用分子标记进行选择，或在播种前用不含胚的半粒种子进行选择，确定目标性状基因存在后，含胚的半粒种子，还可用以播种。这样可以大大减少育种工作的盲目性，缩小杂种群体规模，提高选择效率，缩短育种年限。我国已在开展棉花纤维品质、丰产性和抗病性等基因的分子标记筛选及基因定位的研究项目，拟通过与纤维品质、产量、抗病性紧密连锁的分子标记与定位，探讨这些性状的遗传基础及其与环境的互作效应，将分子标记转化为可用于棉花育种实践的技术，以提高棉花的产量、抗病性、改良纤维品质，创造出优良的种质材料，建立相应的分子标记辅助选择育种体系。

袁有禄等通过221对SSR引物、1 864个RAPD引物、77个ISSR引物对7235×TM-1的多世代在我国的南京、海南和美国种植材料的纤维品质性状分析指出：在10染色体上有8个标记（2个SSR标记，6个RAPD标记）紧密连锁，并可能与绒长、强度和细度等性状有关。如$FLRI_{1550}$为长度的主效位点，能解释长度1.39%～9.54%的遗传变异；$FSRI_{937}$能解释强度的35.0%～57.8%的表型变异；FMRI603是马克隆值的一个主效位点，能解释7.8%～25.4%的表型变异。这些QTL在多种环境下，表现稳定，效应大，可用于分子标记辅助育种。

分子标记技术用于辅助选择育种不仅可快速获得目标性状，还可以克服某些特殊困难。例如，在回交育种中，克服连锁累赘，加速轮回亲本基因型同质化过程。在回交导入目标基因的同时，常会遇到并难以解决的问题是：有利基因（目标基因）与不利基因的连锁。因此，回交时不仅会转移目标基因，而且也可能转移与之相连锁的其他基因，即连锁累赘（linkage drag），这样常会使经回交改良后的品种与原订目标不符，如用分子标记进行选择，可明显减轻连锁累赘的程度，获得理想的效果。

在棉花分子标记研究领域中的热点如抗虫（棉铃虫、棉红铃虫、棉蚜、棉红蜘蛛）、抗病（棉黄萎病、枯萎病、细菌性病害）、抗广谱除草剂、抗环境胁迫（抗旱、耐盐、耐高温、抗涝、抗寒、抗缺钾、抗缺氮）、雄性不育以及纤维品质改良等都需要加强深入研究。同时，亦要重视基因工程与常规农业育种的结合，促使基因工程研究成果迅速产业化，而简便的基因转移技术（如花粉管通道技术）对高技术的基因工程在农业领域迅速产业化具有重要的推动力。基因工程的兴起给棉花育种注入新鲜血液，基因工程育种已超越了传统育种的界限，有着宽广的前景。

四、转基因技术

转基因育种技术就是根据育种目标，从供体生物中分离与提取目的基因，经 DNA 重组与遗传转化，或直接运载进入受体作物，经过筛选，获得稳定表达的遗传转化体，进入田间试验与大田选择，形成转基因新品种或新种质资源。它涉及目的基因的分离与改造、载体的构建及其与目的基因的连接等 DNA 重组技术，农杆菌介导使重组体进入受体细胞或组织及其转化体的筛选、鉴定等遗传转化技术，以及与之相配套的组织培养技术。遗传转化体在有控条件下的安全性评价以及大田育种研究直至育成品种。

与常规育种技术相比，转基因育种虽然在技术上十分复杂，要求也很高，但也有常规育种不可企及的优点，这就是转基因育种中基因的利用不受种间隔离的限制，可以利用生物界的所有有用基因，甚至人工合成的基因。由此可见，利用转基因育种一方面可大大拓宽有用基因的来源，另一方面可大大提高选择效率，加快育种进程。在棉花遗传改良中应用最成功的生物技术就是转基因育种技术，通过遗传转化，育成 30 多个早熟抗虫棉花品种。早熟棉的细胞工程的发展潜力十分巨大，需要在降低操作难度、提高植株再生率等方面完善其体系，取得突破性的进展，以服务于早熟棉育种研究。

（一）早熟棉转基因技术平台

中国农业科学院棉花研究所成功建立了中棉所 24、中棉所 27 和中棉所 394 早熟棉的农杆菌介导遗传转化体系。并将中棉所 24 的转化体系进行了系统研究，建立了外源基因在棉花中的快速功能验证平台。

农杆菌介导遗传转化是棉花转基因的主要技术方法，应用最广泛，原理最清晰。但该转基因方法严重依赖棉花组织培养技术。

基因型对棉花体细胞胚发生和植株再生能力具有决定性作用。首先表现在棉属中不同棉种之间体细胞胚发生和植株再生能力不同。棉属共有 50 个种，而到目前为止仅克劳茨基棉、戴维逊氏棉、陆地棉、海岛棉、亚洲棉、草棉、雷蒙德氏棉、夏威夷棉等 8 个种获得了体细胞胚，其中陆地棉、海岛棉、草棉和戴维逊氏棉获得了再生植株；直到 2003 年，Hamidou 等人报道了亚洲棉的体细胞胚发生和植株再生。

在体细胞胚发生和植株再生能力上，棉花品种间也存在着差异。Trolinder 对陆地棉 28 个品种进行了研究，结果表明只有珂字 312、T25 具有较高的体细胞胚发生能力，而其他品种较难或不能进行体细胞胚发生。董合忠等根据成胚数量和发育成植株的多少将陆地棉品种分为四类：第一类是体细胞发生能力强，易成苗的品种，如珂字 312、珂字 201 等；第二类具有一定的体细胞胚发生能力，成苗数量中等，经多次继代筛选后可得到较多的体细胞胚和部分再生植株，如岱字 15、岱字 16 等；第三类体细胞胚发生能力差，畸形胚多，经长时间继代筛选后方可得到个别植株，如鲁棉 1 号、7 号；第四类为体细胞胚极难或不能发生，如斯字棉 215、斯字 506 等。棉花种质资源丰富，目前仅珂字棉系列，中棉系列、鲁棉系列等少数品种获得了体细胞胚和再生植株。

研究表明，不同外植体类型之间在愈伤组织诱导和分化方面存在着差异。因此，棉花组织培养体系的改良与外植体的筛选历来是组织培养工作者的注重点之一。棉花下胚轴比子叶或叶作外植体优越。子叶节附近是下胚轴最易形成愈伤组织的部分。成熟植株的茎、叶、叶柄作外植体比用无菌苗诱导愈伤组织困难。未授粉胚珠产生的愈伤组织不如受粉胚珠。外植体的放置方向很重要，利用下胚轴作外植体时，必须使表皮与培养基接触，若使切口与培养基接触，会产生生长缓慢的红色愈伤组织。下胚轴最易，中胚轴和上胚轴次之，子叶较差，叶片和茎段最差，近年来研究毛根能够再生，但难易程度缺少比较。2002 年，张海等人报道了棉花子叶离体培养与植株再生，但再生频率不是很高。

这些问题导致棉花组织培养体系不稳定、试验不能重复，遗传转化效率低、周期长。同样的实验室、同一个人、同样的培养基、同样的试验条件，同一批次的转化事件，能不能使愈伤组织发育成再生植株不能确定。因此进行大规模、多种培养基同时使用，才能保证转化成功。但是远远满足不能满足国内快速功能验证的技术需求，严重制约了我国棉花基因工程育种的研发进程。

由于棉花没有纯系，同一品种内各个体间（即种子）的遗传背景也存在一定差异。这是导致棉花组织培养体系不稳定、重复性差的根源之所在。而棉花织培养体系常用外植体，是无菌苗幼苗下胚轴或子叶，能满足进行组织培养的同时，还要保留个体的需求。因此，我们针对中棉所 24 建立了叶柄组织培养体系。利用田间活体棉株的叶柄作为外植体，进行组织培养可有效避免其遗传个体的丢失，选育高分化效率材料的后代。建立的“棉花叶柄组织培养与高分化率材料选育方法”获国家发明专利（ZL200610089439.1）。

在叶柄组织培养技术体系基础上，又逐步建立了田间活体棉株叶片、枝条组织培养再生技术体系。以成熟组织外植体组织培养分化率为依据，通过多代自交选择，从中棉所 24 中选育出 W10 等高分化率棉花株系 20 个，大幅度提高了农杆菌介导转化棉花的转基因效率，有效缩短了转基因周期。

以 W10 等株系的无菌苗下胚轴进行遗传转化，其转化率稳定在 32.9%，是原来下胚轴转化率的 2.88 倍；以叶柄进行遗传转化，其转化率为 51.8%，是原来下胚轴转化率的 4.5 倍；转基因周期基本稳定在 5 个月左右。彻底解决了“转基因体系不稳定、重复性差”的历史问题，避免了大量的无谓劳动。利用 W10 进行遗传转化，用农杆菌一次侵染 1 000 个外植体，就可以达到 100 个以上的独立转化体，节约了大量人力、物力。每年能够获得

3 000 株左右的转基因植株。

利用中棉所 24 这一高效转化材料，先后转化验证了抗病基因 10 个、抗旱基因 11 个、耐盐碱基因 8 个、抗棉铃虫基因 10 个、抗蚜虫基因 7 个、彩色纤维基因 5 个、纤维改良基因 49 个。通过系统评价，已明确在棉花中具有一定功能的外源候选基因 23 个。经过 150 多个基因遗传转化验证，再生植株分子检测阳性率可稳定在 60% ～ 70%。

（二）转基因早熟棉材料创制

美国是最先研究出可在生产上利用转基因抗虫棉材料的国家，它们首先是在实验室内通过农杆菌介导法和基因枪法将不同类型的 Bt 基因导入到棉花植株中，获得转基因抗虫棉材料。澳大利亚采用两种方法培育适合于该国栽培的转基因抗虫棉，首先它们分离和合成自已的抗虫基因，然后通过农杆菌介导法转入本国的优良品种 Siokra 1-3、Siokra 1-4 等中。

我国抗虫基因工程棉花品种的培育起步较晚，但发展迅速。1990 年，中国农业科学院生物技术研究中心分子生物学室范云六等从苏云金芽孢杆菌亚种 zizawai7-29 和 kurstaki HD-1 中分离克隆出了 Bt 基因，并且与江苏省农业科学院经济作物研究所合作。1991 年，谢道昕等首次报道通过花粉管通道法将 Bt 基因的两个变种 B.t.aizawai 7-29 和 B.t.kurstaki HD-1 转化导入我国棉花品种（无毒棉、中棉 12，3118，3414）中。结果表明，其后代出现了杀虫晶体蛋白基因片段，说明基因已经整合到棉花基因组中，但是后代植株虽具有一定的抗虫性，但抗虫性较差，不足以致死害虫。1992 年，范云六、郭三堆等根据植物偏爱的密码子设计和改造了 Bt 基因，添加一系列增强基因转录、翻译和表达的元件，首先成功完成了 Bt 基因的人工全合成和高效植物表达载体的构建。与此同时，豇豆胰蛋白酶抑制剂（CpTI）等抗虫基因也相继分离和克隆。在此基础上，与有关单位合作，于 1993 年采用农杆菌介导法和外源基因胚珠直接注射法成功将该基因导入中棉所 12、泗棉 3 号、晋棉 7 号等大面积推广品种中，获得了国产 GK 系列转 Bt 基因抗虫棉材料，成为世界上掌握该项技术的第二个国家，进而又将豇豆胰蛋白酶抑制剂基因（CpTI）和 Bt 基因进行重组，并成功导入棉花，育成了转双价基因（CpTI+Bt）SGK 系列抗虫棉。中国农业科学院棉花研究所与生物技术所合作，以早熟棉中 394 为受体，通过抗虫基因转化，育成 SGK 中 394，先后参加河南省和国家早熟棉区试，并于 2006 年和 2007 年分别通过河南省和国家品种审定，定名为中棉所 50。

我国转基因棉花育种技术发展迅速，基因转化主要通过农杆菌介导法、基因枪轰击法和花粉管通道法。随着农杆菌介导转化效率的提高和周期的缩短，逐渐替代了另外两种方法，成为主要方法。目前生产上应用的转基因材料，主要是采用农杆菌介导法创制的。

目前，转基因早熟棉的研究，除抗虫棉外，已经涉及抗旱、抗病、纤维改良、早熟等多个性状。中国农业科学院与北京大学合作，将 GhACO3、GhKCS、BnRRM2 等纤维改良基因转入早熟棉中棉所 24 中，得到纤维长度增加 2 mm 的转基因纤维改良材料；利用转基因技术提早棉花开花时间，创造早熟材料的工作也在开展中。

第四节　早熟棉品种的演变与育种成效

陆地棉（*G.hirsutum* L.）引入中国，已经有百余年的历史，经过不断引种选育，栽培驯化，形成了许多品种类型，成为中国短季棉的重要种质资源。特别是金字棉（King's）的引入，成为中国短季棉的主要早熟基因源。随着科技、生产及社会经济的迅速发展，经过不断引种、选育及栽培驯化，在中国辽阔的植棉区形成了品种类型十分丰富的短季棉品种，经过不断研究，完善其配套栽培技术，终于形成独具特色的中国短季棉。

一、中国短季棉的产生与发展

在中国引入陆地棉之前，种植的是草棉（*Gossyhium herbaceum* L.）和亚洲棉（*Gossyhium arboreum* L）。经过长期的栽培驯化，形成了许多品种类型，特别是亚洲棉在中国种植区域广，形成品种类型十分丰富，特称之为中棉（*Gossypium arboreum* race *sinense*），成为中国短季棉的重要种质资源。陆地棉（upland cotton *Gossypium hirsutum* L）起源于中美洲墨西哥南部的高原及加勒比海地区。几千年前就被当地土著族的先辈们栽培利用。由于其产量高、纤维品质好等优点，在全世界广泛扩展，并不断排挤当地的栽培棉种，现在已成为全世界种植面积最大的栽培种，是各产棉国的主栽类型。

陆地棉引入中国是农作物从国外引种的重要成功实例，对中国现代纺织工业建设与国民经济发展起到了重大作用。根据考证，中国自 1865 年开始引入陆地棉以来，距今已近 140 年。中国人最早有计划地引种美棉的文字记载，是 19 世纪 70 年代末或 80 年代初。在半个多世纪里，先后 12 次引入近 10 个品种，尽管成效不大，但总是适应生产发展要求，完成了陆地棉作为一个新物种引入中国的历史性第一步，其推广面积约占全国棉田面积的 12%，为陆地棉发展奠定了初步基础。1919 年上海华商纱厂联合会与南京金陵大学合作，从美国农业部引入金字棉等 8 个标准品种，在 26 处同时进行品种观察试验，对表现好的品种、次年即批量引入。其中主要有脱字棉（Trice）在黄河流域推广，爱字棉（Acala）在长江流域推广。这是首次较正规地从国外引种棉花。1919 年前后，从朝鲜引入金字棉系统的木浦 113-4 特早熟品种，主要在东北棉区推广。上述引入的美棉品种，虽然大多数为中熟品种，但日后大多成为种质资源，特别是金字棉系统，与中国短季棉有血缘关系。

自此，我国开始短季棉的品种选育，如在北部特早熟棉区金字棉生长期 130 ～ 140 d，为特早熟品种。引入晋中后，汾阳县狄家庄（现属文水县管辖）农民于 1923 年前后从中选得变异单株，繁殖育成霸王鞭，其生育期 135 d，属特早熟品种类型。辽宁省复州农事试验场 1925 年开始从改良金字棉中采用连续单株选择法，于 1930 年育成关农 1 号，其生育期 140 d，属特早熟品种类型。辽宁锦州农事试验场又以其为早熟源亲本与中熟品种斯字棉、隆字棉、爱字棉等杂交，选育出锦育 1 号至 9 号等特早熟品种类型。另外，还从中早熟品种类型中选育出早熟品种类型。如在长江流域脱字棉生育期 128 d，属于中早熟品种类型，湖南省澧县棉业试验场从中用系统育种法，于 1937 年育成澧县 72，其生育期 112 d，属早熟品种类型，为脱字棉系统中的重要种质资源。我国以上自育品种，也都被推广应用。另外，这个时期西北内陆棉区植棉面积不大，20 世纪 30 年代以前种植过来源不明的陆地棉种黑子棉和退化洋棉。20 世纪 30 年代开始，从前苏联引进的陆地棉品种有史莱德尔 1306、纳夫罗斯基等陆地棉品种。

20 世纪 50 年代初，从前苏联引入早熟陆地棉品种涡及 1 号、司 1298 等在北部特早熟棉区推广应用。1953—1956 年先后从前苏联引进早熟陆地棉品种 611 波（6116）、司 3173（C-3173）、克克 1543（KK-1543）等，在西北内陆棉区及北部特早熟棉区试验推广，取得成效。同时，打破了美棉独占中国陆地棉的局面，为中国短季棉育种引入了新的种质资源。1972 年辽宁棉麻研究所马洪彬首先从非洲马里将低酚种质资源引入，1974 年、1975 年又有美国、法国的低酚棉材料引入为中国短季棉低酚育种，提供了种质资源。

二、中国短季棉的主要育种成就

利用短季棉种质资源，广泛开展了短季棉育种，以系统选育、杂交育种等为主要的育种方法，以早熟、丰产为主要育种目标，选育了许多适合北方早熟棉区、黄河流域麦棉两熟棉区和西北棉区种植的优良早熟棉品种。其中影响较大的品种主要有：黑山棉 1 号、中棉所 10、16、20、24、27 和 36 等。

（一）棉花生育期缩短

适合北方特早熟棉区种植的黑山棉 1 号，是由辽宁省黑山县示范农场，于 1964—1968 年从锦棉 1 号中用系统选择法选育成优良品系 68-3，1974 年定名为黑山棉 1 号。在辽宁和其他省作为早熟棉花品种或作为麦茬和油菜茬连作棉花品种，推广面积最多时近 10 万 hm^2，获得国家重大科技成果奖。在 20 世纪 70 年代，黄河流域棉区各地科研单位，开展麦（油）棉两熟复种研究，棉花品种多采用黑山棉 1 号。它也是短季棉育种的优良亲本。虽然其有许多优点，但在麦后栽培条件下，衣分和纤维长度都明显降低，不耐旱薄，感枯、黄萎病。

在特早熟棉区的自然条件下，霜后花率仍偏高。

（二）棉花早熟性改良

黄河流域棉区不仅是棉花生产区，同时也是粮食主产区，随着“人增地减”和生产发展，粮棉争地日益突出，改一年一熟为粮棉两熟，势在必行。适合黄河流域麦棉两熟棉区种植的中棉所 10 号是中国农业科学院棉花研究所，自 1975 年起，从黑山棉 1 号中选出 23 号长绒变异株后，又从中选出变异株 509，1980 年定名为中棉所 10 号。在有条件的棉区能适合耕作改制，实现粮棉双丰收，具有较好突破性的品种。由此，掀起了黄河流域棉区耕作改制的高潮。不仅成为中国黄河流域和长江流域两大棉区，麦（油）棉两熟栽培的主要短季棉品种；同时，也在北部特早熟棉区迅速推广。1984 年推广面积近 70 万 hm^2；该品种还是中国短季棉育种的早熟源。根据王惠萍等统计，中国用中棉所 10 号的变异株，经系统选育而成的品种有两个，其中鄂棉 13（鄂 545）在长江流域短季棉品种第四轮区试中产量居第一位。以中棉所 10 号作亲本杂交育成的短季棉有：中棉所 14、中棉所 16、豫棉 5 号、鲁棉 10 号等。都在生产上大面积推广应用。虽然中棉所 10 号促进了中国粮（油）棉两熟栽培的发展，但其适播期短、纤维成熟度差、易感病，仍需改进。这个时期，在短季棉品种不断改良的基础上，其配套栽培技术也不断完善，使中国短季棉迅速发展。

（三）抗病性提高

进入 20 世纪 80 年代，中国主要棉区枯、黄萎病日益蔓延为害，尤其是随着黄河流域棉区的棉花常年种植，枯、黄萎病在棉区逐步蔓延，中棉所 10 号的缺点暴露出来，主要是早熟早衰、感枯、黄萎病。在系统选育的基础上，开展了、杂交育种，中棉所 16 是中国农业科学院棉花研究所以中棉所 10 号优系中 211 为母本，辽 4086 为父本杂交组合后代中，连续选育，于 1987 年育成。初步实现了将早熟、丰产、优质、抗病等诸多性状较好地结合，解决了中棉所 10 号早熟早衰、感枯、黄萎病等问题，有力地促进了粮（油）棉两熟制迅速发展。从 20 世纪 90 年代，中棉所 16 一直为黄河流域棉区当家品种，在 N 38° 以南为麦油棉两熟种植，在 N 38° 以北为晚春播一年一熟种植。并连续多年被列为国家品种区试的对照品种。是中国短季棉具有再次突破性的优良品种。1994 年推广面积最大，达 93.3 万 hm^2，1989—1994 年累积推广面积达 367.06 万 hm^2，1995 年获国家科技进步一等奖。

（四）早熟与早衰协调改良

短季棉最基本的特性是早熟，但早衰与早衰性状呈极显著或显著遗传，表型正相关，与丰产、优质性状呈显著遗传，表型负相关。为此，用上述常规育种方法难以解决，必须开拓新途径。为此，中国农业科学院棉花研究所开展了生化辅助育种。从亲本到后代进行抗氧化系统酶和激素的活性进行筛选，选育出早熟不早衰、青枝绿叶吐白絮的短季棉系列品种中棉所 24、27 和 36 等，较好地解决了上述问题，将早熟、优质、高产、多抗结合一体，使中国短季棉育种上升了一个新台阶，大大促进了棉花生产。特别是中棉所 36（中 394）是中国农业科学院棉花研究所以 H109 为母本，中 662 为（中棉所 16 选系）为父本，杂交选育而成。早熟不早衰，实现了早熟、高产、优质、多抗于一体，成为新疆早熟棉区主推品种，已累计推广 213.3 万 hm^2。

（五）抗虫棉培育成功

20 世纪 90 年代棉铃虫为害猖獗，又促使转基因抗虫棉的选育。中棉所 30（R93-6），是中国农业科学院棉花研究所应用高新技术，将 Bt 基因导入中棉所 16，结合常规育种技术选育而成。其对鳞翅目害虫具有高度抗性，用于防治棉铃虫的用药比对照减少 60% ～ 80%，一般情况可不用化学防治。该品种兼顾抗虫、抗病、早熟、丰产、优质等特性，2000 年推广面积近 20 万 hm^2。之后又育成了中棉所 50、鲁研棉 19、豫早棉 9110 等转基因抗虫棉。

三、各棉区早熟棉育种与品种更换

中国植棉历史悠久，植棉地域辽阔。早熟棉的种植始于北方特早熟棉区的辽宁，已有 400 多年的植棉历史。中国早熟棉生产上经历了 6 次换种。

（一）替换了历史上长期种植的亚洲棉和草棉（20 世纪 30 年代至 40 年代）

北方特早熟棉区：辽宁植棉有 400 余年历史，在未引进陆地棉（G.hirsutum）以前一直种植亚洲棉（G.arboreum），品种有赤木黑、法库白籽、郑家屯白籽、中棉 6 号和辽阳 1 号等。这些品种多是通过铃选、株选育成的。1919 年从朝鲜引进陆地棉改良金字棉木浦 113-4 后，生产上逐渐替代了亚洲棉。改良金字棉属特早熟类型，株小、铃小、纤维短，生育期 120 d（全生育期 140 d 左右）。辽宁省复州农事试验场 1925 年采用连续单株选择法于 1930 年从改良金字棉中育成了关农 1 号，于 20 世纪 30—40 年代替换了历史上长期种植的亚洲棉。

黄河流流棉区：植棉伊始种植的棉种为亚洲棉，在 1919 年引入金字棉引入种植后，面积迅速扩大。1923 年汾阳狄家庄农民从金字棉的突变体中选育成“霸王鞭”棉花新品种。该品种在汾阳、文水、太谷、平遥、介休等县种植。真正有计划、大规模开展棉花早熟育种工作是从新中国成立后开始的。

西北内陆棉区：短季棉种植以北疆——河西走廊亚区为主。20 世纪 50 年代前，北疆只有小面积零星种植棉花，总面积不足 26 hm²。使用的品种是很早以前引进的土种草棉，即非洲棉（*G.herbaceum* L）和名称不详的混杂棉种。1937 年由原苏联引入两个陆地棉品种，从此开始了引入陆地棉。

长江流域棉区：历史上种植的棉种为亚洲棉。随着中国金字棉（King's）的引进利用和长江流域复种指数的提高，短季棉育种应运而生。1918 年引入脱字棉、金字棉种植于江苏、浙江、湖北等地。1937 年由湖南省澧县棉业试验场从脱字棉中用系统育种法育成短季棉品种澧县 72，生育期 112 d，属早熟品种类型，是该棉区短季棉育种的重要种质资源。

（二）铃重纤维长度增加的育种阶段（20 世纪 50 年代初至 60 年代末）

由于当时棉花种质资源缺乏，在育种方法上，由过去的系统选育、单交逐步转向了回交、复交、多父本杂交。1957 年选育出第一批棉花新品种，在生产上大面积推广应用的品种有辽棉 1 号、锦育 5 号、涡及 1 号和司 1298 共 4 个品种；1961 年选育出第二批品种，在生产上推广应用的有辽棉 2 号、锦棉 1 号、熊岳棉 51 号、朝阳棉 1 号共 4 个品种；1968 年先后用辽宁省经济作物研究所的辽棉 3 号、4 号和锦州市农业科学研究所的锦棉 2 号以及朝阳水土保持研究所育成的朝阳棉 2 号，换掉了第一和二次推广的品种。通过此次换种实现了可纺 42 支纱的目标，这在辽宁棉花育种史上是个突破性的进展。

黄河流流棉区：至 20 世纪 50 年代末陆地棉普及，主要为岱字棉 15，从此结束了种植亚洲棉的历史。此阶段主要是引进并积累材料，1950—1958 年引入关农 1 号、涡及 1 号和 611 波、克克 351 和司 3173 等。1963—1964 年由新疆调入的克克 1543 在交城、祁县、榆次等地推广。1964—1969 年为解决引入品种过多、品种混杂问题，开展了自选自育工作包括：山西晋中农科站的晋中 200，同时育成的品种有晋中 169、晋中 10 号、晋中 270 以及山西农学院育成的农学院 1 号。

西北内陆棉区：于 20 世纪 50 年代初，用以前苏联陆地棉品种 C3173 更换了草棉和混杂退化的陆地棉，使棉花单产提高了 25% 左右，纤维长度增加 2 ～ 4 mm，衣分提高 2% ～ 4%。50 年代末，又以前苏联陆地棉品种 611 6 和 KK1543 代替了 C3173，使棉花单产提高了 30% 左右，纤维长度增加 2 ～ 3 mm，衣分提高 1% ～ 2%。直到 20 世纪 60 年代中期，这两个品种都是北疆棉区的主栽品种。20 世纪 60 年代开始自育，新疆生产建设兵团农七师车排子实验站，利用系统选育法于 1961 年从 KK1543 品种中，选育出车 61-72；又于 1964 年从车 61-72 品种中，选育出车 66-241，比 KK1543 产量增加 10% 以上，纤维长度增加 3 ～ 4 mm。20 世纪 60 年代末至 70 年代中期，为引入品种 KK1543 等与自育品种车 66-241 等的同时并用时期。1965 年甘肃省农业科学院选育出甘棉 1 号、2 号和甘肃靖远棉试站选育出靖棉 1 号等品种。

长江流域棉区：在 20 世纪 50 年代除引进短季棉良种外，广泛开展了以系统选育为主的短季棉育种。即从原有品种的群体变异中进行选择，以提高产量和纤维长度为主要目标，育成了一些高产良种华东 6 号、宁棉 12、赣棉 1 号、黔棉 465 和鄂棉 1 号。种植面积逐渐扩展，育种单位相应增多。其中，以宁棉 12 为代表的短季棉品种在长江下游表现早发稳长，直至 20 世纪 80 年代仍为浙江平湖地区主要当家品种。之后早熟棉在产量和品质上有一定的提高和改善，育成的主要品种有鄂棉 4 号、浙棉 3 号和岱福 1309。

（三）丰产育种阶段（20 世纪 70 年代初至 80 年代初）

北方特早熟棉区：用黑山县棉花原种场育成的黑山棉 1 号和辽宁省经济作物研究所育成的抗病品种辽棉 5 号实现的。黑山棉 1 号打破了棉花大铃与早熟之间的负相关，其子棉单铃重 6.5 g，比关农 1 号增重 1.9 g，提高 41.3%；单铃绒重比关农 1 号增加 0.95 g，提高 64.3%，达到了当时国内中熟棉花品种的大铃水平。早熟性仍符合特早熟棉花品种育种目标，霜前花率为 74.4%，比锦棉 1 号皮棉产量增加 19.0%。仅用 3 年就普及全省，至此辽宁全部种上了自育的棉花品种。辽宁省育成品种除在特早熟区种植，还被黄河流域夏播棉区大面积引种。

黄河流域棉区：为从根本上解决黄河流域粮棉争地矛盾，适应耕作改制的要求，早熟棉育种被列入国家重大科技攻关计划，并由中国农业科学棉花研究所主持国家棉花“六五”攻关。1978 年该所从黑山棉 1 号变异株中 23 决选出 784509；1979—1981 年参加了黄河流域耕作改制区试；1980 年在山东等 6 省 12 县试种成功；1981 年定名为中棉所 10 号，中棉所 10 号培育成功是黄淮海棉区早熟棉育种成就的开始。20 世纪 70 年代的自育品种较多，有山西省经济作物研究所的晋中 148、晋中 235、晋中 352、晋棉 1 号、晋棉 5 号；山西省农业科学院作物遗传研究所的晋棉 6 号和忻县地区农业科学研究所的忻卫 6901 等。在加强自选自育的同时，先后引入朝阳棉 1 号和黑山棉 1 号。同时还引入车 66-241、农垦 5 号。黑山棉 1 号，由于其铃大、早熟、种源充足，发展迅速，自选自育的品种晋中 200 和晋中 169 已成为晋中地区主栽品种。

西北内陆棉区：于 20 世纪 70 年代自育品种增多，到了后期，自育品种 61-72、66-241、农垦 5 号和新陆早 1 号推广面积占北疆——河西走廊亚区棉田总面积的 95%。种植品种主要是新疆生产建设兵团农八师下野地试验站于 1976 年从农垦 5 号选育出的新陆早 1 号，比克克 1543 早熟 3 ～ 5 d，霜前花率一般 85% 以上。河西走廊种植甘棉 1 号及靖棉 1 号等。

长江流域棉区：于 20 世纪 70 年代在注重产量提高的同时，在纤维品质方面特别是纤维长度有较大提高，江苏棉 1 号纤维 2.5% 跨长达到 32.7 mm，单纤强力达到 4.2 g，符合中国纺织工业要求，基本达到优质棉标准。但由于枯、黄萎病蔓延，产量没有明显提高，抗病抗虫品种日渐兴起，江苏棉 1 号钱江 9 号、鄂棉 1 号、苏启 1 号、赣棉 4 号及 5 号等品种进入 20 世纪 80 年代逐渐被淘汰。另外在系统育种的同时，开展了辐射育种和远缘杂交育种，湖北省农业科学院研究所用岱字棉 15 种经 60Co γ—射线 1 万 R 处理和多轮回选择，侧重改良纤维品质性状，育成辐射 1 号，霜前皮棉比对照光叶岱字棉增产 20%，绒长达到 31 mm。

（四）早熟、丰产、抗病育种阶段（20 世纪 80 年代初至 90 年代末）

北方特早熟棉区：辽宁省经济作物研究所选育的辽棉 6、7、8、9 四个品种，适合不同生态区域，替换了已推广十余年的黑山棉 1 号，平均单产比黑山棉 1 号，增加了 20.1%。之后早熟棉育种主攻方向是抗病育种，于 20 世纪 90 年代抗病或耐病品种辽宁省经济作物研究所的辽棉 10 号、辽棉 12 号、辽棉 15 号、锦州农业科学研究所的锦棉 4 号、锦棉 5 号替换了以前推广品种，除在辽宁和特早熟区推广外，还被引入黄河流域及西北内陆棉区大面积种植，有的成为当地主栽品种。

黄河流域棉区：随着棉花常年种植，枯黄萎病逐步蔓延，中棉所 10 号的缺点暴露出来，主要是早熟早衰，感枯、黄萎病。国家棉花育种“七五”攻关把短季棉抗病育种提上议程，以选育早熟、丰产、抗病新品种为目的。针对中棉所 10 号的缺点，中国农业科学院棉花研究所在育种方法上采用杂交育种和生理生化测试早代鉴定的复合育种技术，以中棉所 10 号选系 211 为母本，先后用抗病性较好的辽棉 6913 和 4086 为父本，分别育成中棉所 14、中棉所 16。其中，中棉所 16 成为中棉所 10 号后的夏棉换代品种，1995 年获得国家科技进步一等奖；河南省新乡地区农业科学研究所、山东棉花研究中心和陕西省棉花研究所先后培育成豫棉 5 号、鲁棉 10 号、陕早 2786 等品种。此阶段育种方法以杂交为主，复合杂交为辅。早熟种质以中棉所 10 号为主，抗病种质以辽棉和陕棉为主结合抗病育种方向，在枯、黄萎病圃连续选择成为一种必要手段。“八五”攻关期间中国农业科学院棉花研究所以选育早熟、丰产、抗病、优质新品种为目标，先后育成中棉所 20、24、27 和 36，先后成为新疆北疆的主推品种；河南省农业科学院经济作物研究所育成豫棉 9 号、豫棉 12 号；山西省农业科学院育成晋棉 9 号、晋棉 10 号、晋中 397 和晋棉 13 等品种。

西北内陆棉区：于 20 世纪 80 年代，将株型育种、矮化育种和辐射育种相结合先后选育出新陆早系列品种，并推广应用。到 20 世纪 90 年代中后期，以新陆早 6 号、7 号和 8 号等品种取代了新陆早 1 号。在部分枯黄萎病棉区，引种了中棉所或辽棉品种，主要有中棉所 24、36 等抗病品种。甘肃省农业科学院育成的甘棉 1 号及靖远棉花试验站育成的靖棉 1 号等也在当地生产上得到了推广应用。

长江流域棉区：之后在皮棉产量和纤维品质上无较大进展，改善较大的是抗枯萎病。

一般品种枯萎病指也由20世纪80年代的30以上下降到10上下。枯萎病指由36.5的鄂棉13号，下降到0.43的皖夏棉1号，达到了高抗枯萎病的标准。

（五）早熟、丰产、抗虫育种阶段（20世纪90年代末至21世纪前10年）

北方特早熟棉区：进入20世纪90年代末期，辽宁省经济作物研究所的辽棉12号、辽棉15号通过引种，在新疆棉区进行了大面积的种植。同时，该所在抗病育种的基础上，又开展了抗虫育种工作，先后育成辽棉21、23和27等转基因抗虫棉，在生产上推广利用。

黄河流域棉区：由于棉铃虫暴发成灾，国务院号召3年内基本控制棉铃虫为害。为实现上述目标，单靠常规育种手段很难短时间解决该问题，“九五”攻关中，提高新品种对病害、虫害和旱碱等逆境的复合抗性，确保品种高产、优质成为育种目标。中国农业科学院将生物技术和常规育种相结合，导入外源基因，创造新型资源，改进多种育种方法，利用全程逆境鉴定培育短季棉新品种。中国农业科学院棉花所先后培育出抗虫棉新品种中棉所30、中棉所37。2002年和2006年育成的中棉所42和中棉所50，先后成为黄河流域麦棉两熟的主推品种。

西北内陆棉区：1999—2003年中棉所36成为北疆棉区的主推品种。之后，以适于机械化采摘为目标，育种单位先后选育了早熟陆地棉品种中棉所92、新陆早32号、新陆早33号、新陆早42号、新陆早51号等棉花新品种。其中，新陆早33号推广46.7万hm^2；新陆早42号推广17.3万hm^2。新陆早33号、新陆早42号还被国家农业部确定为西北内陆推广的早熟陆地棉花品种。继中棉所35之后，中棉所49的种植面积相对较大，成为南疆的主推品种。在抗虫育种方面育成了金垦108号和一些新品系。

长江流域棉区：20世纪90年代初，棉铃虫及棉花黄萎病大暴发，为我国棉花育种选育工作又提出了一个更加严峻的问题。如何加强现有品种的抗性成为摆在育种家们面前的紧要问题。与生物工程技术相结合，利用外源基因培育的抗虫棉的诞生，满足了棉花生产的需要，解决了令农民朋友非常头疼的问题。育成的品种包括南通棉13、鄂棉19、苏棉10号。此阶段无论在早熟性、丰产性和纤维品质上都有了较大幅度的提高。如已育成了生育期缩短到105d以内的短季棉品种鄂棉19、江苏棉1号及南通棉13的纤维达到了优质棉标准。

（六）特早熟、丰产、高效育种阶段（21世纪10年代末至今）

随着劳动力向城市转移和城镇化的加快，根据我国棉花战略布局的调整和棉花生产布局“西进东移北上”发展的趋势，各棉区早熟棉育种以早熟、高效为中心，充分发挥早熟棉生育期短、开花吐絮集中、适于机械化的优势。

黄河流流棉和长江流域棉区：早熟棉由粮（油）棉套作向粮（油）棉连作，扩大复种指数的方向发展，包括麦（油）后移栽棉和麦（油）后直播棉两种，目前以大、小麦和油菜后直播为主。早熟棉开花吐絮集中，利于提高农田的机械化作业水平。当前，早熟棉在大面积生产上存在的主要问题是晚发迟熟，产量偏低、纤维品质不稳。因此，应通过优质、高效早熟棉育种，克服其生产上存在的问题，能适应新型种植方式，同时进行机械采摘示范。育成适于麦（油）后移栽棉和麦（油）后直播棉早熟棉品种有中棉所 50、邯 686 和夏早 2 号。

西北内陆棉区：在“密矮早”的种植方式下，利用早熟棉花品种开花吐絮集中的优势，发展机械化采摘。新陆早系列品种中新陆早 33、36、42、45 和 48 等已经大面积推广种植。新桑塔 6 号具备机采特点。同时，为减少地膜污染，利用新陆早 48、中 190 和中 751213 等品种系早熟性突出的优势，早熟棉裸地种植进入试验阶段。

第五节　早熟机采棉品种选育

一、育种目标

为充分利用早熟棉开花吐絮集中，利于机械化采摘的优势，长江和黄河流域以麦（油）棉两熟高密度直播为目标，选育株型紧凑，开花吐絮集中，生育期和早熟适中、后期易于脱叶的棉花品种，提高农田的机械化作业水平。针对新疆秋季降温快，棉花收获期较短的具体植棉情况，培育耐密、高产、优质的早熟机采棉棉花品种，特别是适合裸地种植的特早熟棉花品种，利用新疆得天独厚的条件，在植棉信息化、精准化、机械化和社会服务化的同时，减少地膜污染，保护耕地，使棉花产业可持续发展，实现快乐植棉目标。

二、种质资源研究与利用

（一）中国早熟棉的来源

从广义上讲，短季棉种质资源（germplasm resources with short season）是指所有的棉花种质资源。也就是说指决定短季棉各种性状的所有遗传资源（genetic resources），又称基因资源（gene resources），包括栽培棉种、野生棉种、野生近缘植物和利用它们作种质人工创造的遗传材料的根、茎、叶、花、果（铃）、种子、苗、芽、组织及 DNA 等有生命的物质材料，只要具有遗传种质并能繁殖后代的材料，都归为短季棉种质资源。从狭义上讲，仅指早熟的种质资源。短季棉育种的实践已经证明短季棉种质资源应该包括全部的棉花种质资源。

我国自1919年开始从美国引进金字棉（King's）试验，由于其早熟性好、结铃性强，经过多年驯化，成为了中国短季棉育种的主要“早熟源”。如王道均等研究指出，新中国成立后，中国已育成125个特早熟品种，在103个亲缘关系清楚的品种中，有98个品种与金字棉有血缘关系，占95.15%。周盛汉统计的173份早熟短季棉种质中，与美棉（American upland cotton）有血缘关系的为147份，占85.0%；而来源于美国金字棉有109份，占63%。喻树迅等收集了198份短季棉种质材料的系谱资料，通过系统的比较分析，发现169份与美棉有血缘关系，占85.4%；而来源于美国金字棉有128份，占64.7%。由此可见，早熟短季棉育种中利用的早熟“基因源”主要是美棉，其中金字棉为主导早熟种质。

短季棉种质资源主要为短季棉育种和科研服务。纵观短季棉的发展历史，从开始到推广、发展，到短季棉新类型的形成，都与短季棉种质资源密切相关。如1919年引进的改良金字棉使我国辽宁地区最早开始了短季棉的生产。随着关农1号、锦棉1号和2号、辽棉1号和3号、涡及1号、24-21、611波、克克1543、黑山棉1号、中棉所10号、澧县72等短季棉品种的大面积推广，它们又作为关键性短季棉种质出现，并培育出了一批短季棉新品种，适合我国不同生态区的种植，满足了人多地少地区粮棉共发展的要求，形成了短季棉新概念。同时，短季棉种质资源中还蕴藏着培育适应不同经济要求的棉花基因（种质），发掘相关基因非常重要。短季棉新类型的出现，更与种质资源的发现有关，如短季低酚棉的发展与引进马里低酚棉、兰布莱特GL-5有关。短季棉品质的提高与引进PD系有关。因此，为了满足短季棉持续发展对产量、品质、抗性的需要，必须不断地发掘有价值的种质资源。优良的种质资源越丰富，短季棉育种利用的天地就越广阔。

针对我国人多地少的特点，棉花生产必须是在保证粮食生产的前提下发展。我国现在的棉花生产，除新疆外，内地棉花大多已与小麦、油菜套种，一年一季棉花的地区越来越少，麦（油）后直播面积开始上涨。增加复种指数，改革种植制度是我国农业今后发展的方向。可以预测短季棉的面积会继续扩大，短季棉的新区会不断出现，短季棉种质资源必将成为新区发展棉花的重要生物资源。

长期以来，我国各个棉区的棉花生产都是一年一熟制，陆地棉普及后还是一年一熟制。黄河、长江流域的老棉区大多是粮棉产区，长时间内没有早熟棉花品种，当然也不可能有早熟种质。进入20世纪60年代，农民为了解决人多地少、粮棉争地的矛盾，自发的试用中熟棉花品种与小麦或大麦（油菜）套种，结果是棉花晚熟、小麦减产。1978年中国农业科学院棉花研究所育成的中棉所10号，经过黄河流域棉区的耕作改制区试和在山东、河南等6省12个县的试种，表现早熟、丰产、适合麦棉、麦油套种，迅速地在河南、山东、安徽、河北等省推广开来。1984年全国种植面积达66.7万hm^2。中棉所10号的育成与推广，实现了粮棉双丰产，适应我国人多地少的国情，对我国种植业结构的调整和耕作改制发挥了极其重要的作用。随后一批早熟品种相继出现，一批特早熟品种也相继在黄河流域棉区种植。

（二）早熟棉遗传多样性分析

喻树迅利用 900 条 RAPD 和 302 对 SSR 标记对 29 份不同年代、不同生态区的短季棉代表性品种进行了遗传多样性比较分析。通过初筛，从中选取 600 个随机引物用于正式的 RAPD 分析，共得到的带型清晰且重复性好的多态性引物 122 个（20.3%）；从 302 对棉花 SSR 引物中筛选出多态性引物 41 对（13.6%）。总体分布情况：利用 122 条随机引物产生的 181 个 RAPD 多态性位点进行对 29 个早熟棉品种分析，品种之间平均相似系数为 0.691。中棉所 10 号和中棉所 16 之间的相似系数最大，为 0.882，说明二者之间遗传差异较小；辽棉 10 号和 KK1543 之间的相似系数最小，为 0.326，说明两者的之间遗传差异较大，系谱关系也较远。

利用 41 对多态性 SSR 引物产生 95 个多态性位点对 29 个早熟棉品种进行分析，品种之间平均相似系数为 0.650。除了中棉所 10 号和中棉所 16、中棉所 10 号和中棉所 37 之间的相似系数最大（0.882），说明二者之间遗传差异较小；晋棉 5 号和关农 1 号之间的相似系数最小（0.355），说明两者的之间遗传差异较大，系谱关系也较远。

利用 181 个 RAPD 多态性位和 95 个 SSR 多态性位点对 29 个短季棉品种进行联合分析，29 个早熟短季棉品种之间平均相似系数为 0.676，其中中棉所 10 号和中棉所 16 之间的相似系数最大（0.882），关农 1 号和豫棉 12 号之间的相似系数最小（0.442），说明两者系谱关系也较远，遗传差异大。

RAPD、SSR、RAPD+SSR 分析结果表明，前苏联品种间成对相似系数最小，DNA 水平上的遗传差异最大；其次是河南省的短季棉（豫棉 9 号和豫棉 12 号等），中棉所系列短季棉品种间的成对相似系数最大，表明它们在 DNA 水平上的遗传差异较小。单独用 SSR 的分析结果则表明：新疆的新陆早系列短季棉品种之间的成对相似系数最小，其 DNA 水平上的遗传差异较大；河南省的豫棉系列和中棉所系列短季棉品种间的成对相似系数较大，说明它们在 DNA 水平上的遗传差异较小。

通过对短季棉种质资源的聚类分析：181 个的 RAPD 多态性位点相似系数为 0.560，将 29 个短季棉品种划分为 2 大类，Ⅰ类仅包含辽棉 10 号和豫棉 12 号，Ⅱ类包括了 27 个品种。95 个的 SSR 多态性位点在相似系数为 0.600，将 29 个早熟棉品种划分为 2 大类，Ⅰ类仅包含新陆早 1 号、新陆早 7 号、锦棉 3 号和晋棉 5 号共 4 个品种，Ⅱ类中则包括另外 25 个品种。181 个的 RAPD 多态性位点和 95 个的 SSR 多态性位点（276loci）联合聚类分析，在相似系数为0.590，将29个早熟早熟棉品种划分为2大类，Ⅰ类仅包含辽棉10号和豫棉12号，Ⅱ类中则包括另27个品种。利用分子标记对种质资源进行评价是有效的。

（三）早熟棉种质资源的利用

1. 早熟棉育种中的主要种质资源及利用

20世纪我国育成的主要棉花品种有328个，其中黄河和长江流域棉区的夏棉、麦后棉品种共107个，占1/3。这充分说明了早熟棉种质对我国棉花品种改良的重要作用。金字棉、关农1号、黑山棉1号、中棉所10号、克克1543、611波、新陆早1号、澧县72、江苏棉3号、鄂棉4号等是早熟棉育种的重要种质资源。

特早熟棉区种质资源：① 以引进的金字棉为早熟源于1930年育成的关农1号。自1933年推广以来，在辽宁等省的特早熟棉区种植时间长达20余年。比黄河、长江流域棉区早了10多年，替代了历史上长期种植的亚洲棉。② 以关农1号、黑山棉1号为早熟源育成辽棉2、3、4、5、6、7、9、12等16个辽棉系列和锦棉1、2号等6个锦棉系列品种。

黄河流域棉区主要种质资源：① 以黑山棉1号为早熟源育成中棉所10号。② 以黑山棉1号或中棉所10号为早熟源育成中棉所14、16、24等中棉所系列和豫棉5、9号等豫棉系列，以及鲁棉10号、鲁742等鲁棉系列，在黄河流域麦（油）棉两熟区推广，使人多地少的粮、棉产区实现了粮棉双丰产。③ 以涡及1号、朝阳1号育成晋中200、晋中169等7个晋棉系列，使早熟棉产量由1957年的629.1 kg/km^2 提高到1982年的1 125 kg/km^2，增加了486 kg/km^2。纤维品质也有了很大程度的改进。

西北内陆棉区主要种质资源：从克克1543选出的61-72、66-241，从611波选出的铁5、农垦5号，从农垦5号选出的新陆早1、5、8号等。这些品种先后成为西北内陆棉区的主推品种，其中新陆早1号从20世纪70年代到90年代中期的20年内，一直成为北疆——河西走廊棉区的推广品种，每年推广面积要占北疆—河西走廊棉区总棉田面积95%以上，也成为西北内陆棉区早熟育种的重要种质资源。

长江流域棉区育成的主要品种：从脱字棉中用系统育种法育成早熟棉品种澧县72，以澧县72、岱字棉15或中棉所10号等种质资源育成宁棉12、江苏棉3号、钱江9号、浙棉3号、赣棉4号、鄂棉1号、4号以及南通13、鄂棉19等。其中，江苏棉3号、钱江棉9号、鄂棉1号、鄂棉19最大年播种面积均超过2万 hm^2。

2. 低酚早熟棉种质资源创制

利用辽6908、黑山棉1号、中642等与马里无毒棉、兰布莱特GL-5、爱字棉低酚棉等种质系杂交，创造出一批短季棉低酚新类型，俗称短季低酚棉。这种新类型使短季棉不仅是单一的纤维作物，还能获得优质油料和蛋白质。短季低酚棉剥壳后种仁的含油量能与花生、油菜籽媲美，蛋白质的含量比大米、小麦、玉米高3倍。这种新的棉花类型为人多地少的粮棉产区提供了巨大的优质油和蛋白质资源，对人类食物和牲畜饲料构成的改变将起重要作用。我国已培育的短季棉品种有中棉所18、中棉所20、聊无19B、辽棉13、辽棉11、新陆早3号、陇棉1号、浙江棉10号、湘棉13、澧无76-47等。这些品种的产量不比短季有酚棉低。有的已在生产上大面积推广过，有的还获过国家或省的奖励。随着低酚棉综合利用设备的完善配套，种植低酚棉的效益还可再上一个新台阶，特别是人多地少的粮棉产区，既解决了部分剩余劳动力就业问题，又可提高农民的经济收入。

3. 对中熟品种的熟性改良

我国还利用短季棉早熟种质作亲本育成了一批中熟品种，使短季棉的早熟、抗病等优良性状在中熟品种中得到表现。在我国20世纪主要推广的328个陆地棉品种中，利用短季棉早熟种质育成的中早熟品种有51个，占211个中熟品种的24.2%。如用中棉所10号作亲本育成的中熟品种有中棉所17、中棉所19、豫棉14、冀棉22、绵育3号、赣棉12等14个。用辽棉2号、3号、7号等为抗源育成的中熟抗病品种有陕棉4号、冀328、川73-27等，又用这些抗病品种作种质，先后育成的中早熟品种有苏棉5号、豫棉16、鲁棉11、湘棉10号、川2802、晋棉13、渝棉1号、绵无4778、南抗3号等28个。以锦棉2号育成的中早熟高产品种鄂荆1号及以其为种质先后育成了鄂棉20、鄂棉22和鄂抗棉4、6、9号等5个中熟抗病品种，还利用黑山棉1号、锦441育成了苏棉1号、湘棉17和中棉所25等。

三、育种方法

（一）早熟机采棉性状的遗传及分子标记

陆地棉是我国广泛种植的棉花栽培种之一。由于我国人多地少，特别是目前“人增地减”的形势愈发严峻，陆地棉的种植受到了严重影响。为确保粮食安全和农产品的有效供给，减少劳动力投入，降低植棉成本，培育早熟、丰产和适于机采的早熟陆地棉品种是目前棉花育种的主要目标。传统育种方法进展缓慢，效率低，利用与QTL紧密连锁的分子标记进行辅助选择，能够缩短育种年限，使育种效率得到大幅度提高。

棉花的机采性状是一个综合性状，主要与株高、始果枝高、生育期及纤维品质等有关，这些性状是由多基因控制的数量性状，受基因型和环境共同控制。对数量性状的遗传研究，经典数量遗传学常常把它作为整体进行研究，分解出加性、显性和上位性遗传效应，但不能分解出单个基因的效应。随着人们对数量性状基因认识的不断深化，研究表明：数量性状的遗传符合主基因—多基因的混合遗传模式，且是所有数量性状的通用模型，单纯的主基因和单纯的多基因模型为其特例，由此发展了一套完整的主基因与多基因存在与效应的数量性状分离分析方法体系，建立了单个分离世代和多个分离世代联合的鉴定方法。目前，该方法已在大豆、水稻等作物上得到了广泛应用。在棉花上，研究人员应用此方法对产量性状、纤维品质性状及株型性状等进行了遗传分析，对实现高产、优质及优异株型育种提供了很好的理论意义。

棉花收获机械化是棉花稳定发展和农民增收的必经之路。机采棉品种的选育是机采棉技术推广的保障。对棉花机采相关性状的遗传及其 QTL 定位研究，可为棉花机采与高产优质协调发展，选择骨干亲本和应用分子辅助育种提供理论依据。努斯热提对新疆棉花机采相关性状进行了遗传及其 QTLs 定位研究，以 6 个机采性及 2 个非机采性陆地棉品种为材料，用双列杂交法配制 28 个 F_1 及 F_2 代组合，于 2010 年在新疆南北 2 个典型生态区进行试验，调查了株高等 19 个性状，用 ADAA 遗传模型进行遗传分析。机采棉与非机采棉材料之间杂交构建 F_2 群体，用 Windows QTL Cartographer 5.0 复合区间作图法进行了 QTL 定位。研究结果表明：机采棉亲本及杂交后代机采相关性状遗传中以显性效应及加加上位性效应为主。第一果枝高度、霜前花率、开花—吐絮天数、生育期加性效与环境互作效应及加加上位性与环境互作效应共同起作用。亲本及后代机采相关农艺性状普通狭义遗传力较小，所以主要机采性状的选择不宜过早；机采棉杂交后代株高与第一果枝高度、果枝节位、霜前花率之间的表现型和基因型呈正相关，与生育期、马克隆值负相关，果枝始节与生育期、纤维长度、整齐度间的基因型呈极显著及显著正相关，相关系数分解结果表明第一果枝高度与现蕾—开花、生育期、铃重、衣分、单株皮棉产量之间加性效应呈显著的负相关，而第一果枝与现蕾—开花、开花—吐絮、生育期、马克隆值之间加加上位性效应与环境互作效应呈极显著及显著正相关；机采棉杂种优势分析表明，机采棉相关性状 F_1 和 F_2 的群体均值和超中亲优势均不大，超亲优势多数性状为负值，但部分组合第一果枝高度等机采性状存在正向超高亲优势；株高、第一果枝高度、果枝始节、生育期等 5 个机采性状对皮棉产量表型值的贡献变化范围为 -20% ～ -14%。在显性贡献中第一果枝高度对皮棉产量的贡献率最大，霜前花率对皮棉产量的加加上位贡献率最大，其次是第一果枝节位。5 个机采性状对不同组合皮棉产量显性效应的贡献中霜前花率的贡献相比较大，在 8 个亲本及其后代各组合中，霜前花率可作为选择皮棉产量加加上位效应的主选性状。在不同的环境中，皮棉产量加加上位效应的主选机采性状随组合有所不同；F_2 作图群体中株高、果枝始节、叶片大小、出苗—现蕾、现蕾—开花与第一果枝高度呈极显著或显著正相关。用复合区间作图法检测到控制 3 个机采棉性状的 5 个 QTL_S，检测到控制第一果枝高度的 QTL_S3 个，位于 LG01 连锁群上，可解释表型变异为 0.04% ～ 8.18%，在 LG02 连锁群上还检测到控制果枝始节的 1 个 QTL 位点，解释的表型变异率为 0.01%，在 LG02 连锁群上检测到了控制出苗—现蕾的 1 个 QTL 位点，解释的表型变异率为 12.64%。覆盖的遗传距离为 142.05 cM。

上述研究为后续机采棉品种选育及分子育种提供了较好的理论参考。

杨继龙利用 RILs 进行了棉花早熟和纤维品质性状的 QTL 定位研究，以陆地棉早熟品种中棉所 36 为母本，以稳定遗传的具有陆地棉背景的海岛棉片段渐渗系材料 G2005 为父本，构建重组自交系群体。并结合该群体 3 年 5 个环境下的田间数据，对棉花的早熟及纤维品质相关的性状进行 QTL 定位，两亲本在生育期，纤维品质等方面都有较大的遗传差异，作图群体为可以进行多年多点试验的永久性 RILs 群体，群体由 192 个家系构成，利用 16517 对 SSR 引物对亲本进行筛选，共有 511 对引物亲本间表现多态性，在 RILs 群体中检测得到 363 个多态性位点；利用 JoinMap 4.0 软件结合所获得的 363 个多态性位点来构建遗传连锁图谱，得到了一张最终包含有 261 个标记位点，分布于 60 个连锁群的遗传图谱，图谱覆盖的遗传距离为 908.96 cM，占棉花基因组总长度的 20.38%，最大的连锁群包含 44 个标记，遗传距离为 52.6 cM，最少的连锁群只有 2 个标记；利用该群体三年五点的早熟及纤维品质相关性状进行相关性分析，对于早熟性状，株型（株高、第一果枝高度、第一果枝节位）与生育期相关的性状（全生育期、播种到开花、花铃期、蕾期）基本都呈极显著的正相关，说明株型越小生育期越短，株型越大，生育期越长；早熟性状与纤维品质性状上半部平均长度和马克隆值之间呈负相关。因此，在未来选育早熟材料时，要注意选择长度及马克隆值表现好的材料，从而减小早熟材料对纤维品质的影响；利用目前研究中使用范围较广的 QTL 定位软件 WinQTLCart 进行定位（版本为 2.5）。采用 CIM 作图法结合该群体三年五点的数据对蕾期、花铃期、播种到开花、全生育期、第一果枝高度、第一果枝节位、株高、单铃重、上半部平均长度、整齐度指数、马克隆值、断裂比强度、伸长率等 13 个性状进行 QTL 扫描，五个环境下检测得到 53 个 QTL 位点，其中早熟相关 QTL 有 43 个，纤维品质相关 QTL 有 10 个；贡献率大于 10% 的 QTL 有 11 个，其中大于 20% 的有 4 个，在 10% ～ 20% 的有 7 个。这 11 个 QTL 分别是：与蕾期相关的 1 个 QTL，qBP-10J-2-1；与播种到开花相关的 1 个 QTL，qSF-12A-24-1；与花铃期相关的 3 个 QTL，qFBP-10J-38-1、qFBP-10X-2-1、qFBP-10X-16-1；与全生育期相关的 1 个 QTL，qGP-10X-2-1；与第一果枝节位相关的 1 个 QTL，qLFB-12A-24-1；与株高相关的 2 个 QTL，qPH-10X-31-1、qPH-11A-13-1；与断裂比相关的 1 个 QTL，qFS-11A-11-1；有 10 个性状在进行 QTL 定位研究时能同时在两个以上的环境中重复检测到。其中花铃期、全生育期这两个性状在三个环境下都能检测相同 QTL，蕾期、第一果枝节位、株高、单铃重、断裂比强度、整齐度指数这六个性状能在两个环境下都检测到相同的 QTL。且蕾期、花铃期、全生育期、株高、断裂比强度这 5 个性状不仅能在两个以上环境中重复检测到 QTL，且都有贡献率大于 10% 的 QTL 存在。

梁冰对陆地棉进行了早熟、产量及纤维品质性状与 SSR 分子标记的关联分析，以选自国内四个棉花生产地区以及美国的186份陆地棉品种（系）为研究对象，对供试材料的早熟、产量及纤维品质性状相关的17个性状进行两个播期的表型鉴定与分析，并利用103个多态性SSR标记对供试材料进行基因分型，结果表明供试材料具有丰富的表型多样性，103对多态性SSR引物在186份供试材料中共检测出284个等位变异，平均每对引物检测出2.76个等位变异。引物多态性信息含量变化范围是0.209～0.951，平均为0.706，表明所选引物能够提供较为丰富的遗传信息。186份供试材料两两间的相似系数变化范围是0.348～0.953，平均为0.668，相似系数小于0.699的材料占到70.95%。聚类分析将供试材料划分为2个亚群，聚类结果与供试材料的系谱来源有一定的相符性，186份供试材料被划分为2个亚群，两个亚群分别包含100和86份供试材料。采用广义线性模型方法进行关联分析，在 $P < 0.01$ 水平下，两个播期间均能检测到的关联位点有62个，与15个性状呈显著关联。其中，有44个位点与2个及以上的性状呈显著关联，这种现象可能是由多效性基因或QTL间相互作用引起，也可能是引起性状之间具有相关性的遗传基础。在 $P < 0.01$ 水平下，两个播期间均可检测到的关联位点有8个，与6个性状呈显著关联。两种方法均能检测到且在两个播期间稳定出现的关联位点有7个，说明这7个关联位点稳定性以及可靠性较好，对部分关联位点的表型效应进行评价，挖掘出一批优异的关联位点。位点DPL0524-185、HAU3318-299、MGHES-73-352、NAU1042-247、NAU1102-236、NAU3820-131和NAU3913-378均与2个及以上早熟相关性状显著关联且表现出减效效应，这些关联位点经进一步验证可用于短季棉分子标记辅助选择育种。

（二）棉花早熟基因的克隆及早熟材料创制

基因工程可以按照育种目标的需要，将目的基因通过遗传转化导入到棉株中，在棉株中正常表达和遗传，定向地改变棉株原有的遗传性状，创造具有目的基因和目标性状的新品种、新类型和新种质。基因工程不受亲缘关系的影响，可将不同科、属、种的植物，甚至动物，微生物的基因转移到栽培品种中，所以，创造出新种质的类型更加丰富，利用更加广泛。

沈法富克隆了半胱氨酸蛋白酶基因（Ghcysp），可用短季棉抗早衰育种，将该基因转化到中棉所10号，获得了转基因植株。为短季棉的培育提供优良、充足的基因资源，张文香对陆地棉进行了开花相关基因GhMADS22/23/29的克隆与功能验证SQUA亚族基因一般都具有促进开花的功能，实验根据拟南芥的此亚族基因AtAP1和AtFUL的核酸序列，Blast搜索棉花的EST数据库，获得的EST进行拼接，得到两条具有完整开放阅读框的序列。根据拼接结果设计引物，PCR扩增该基因，分别命名为GhMADS22和GhMADS23。序列比对和进化树分析发现GhMADS22属于FUL分支，GhMADS23属于AP1分支。通过Blast

雷蒙德氏棉的基因组序列，获得 GhMADS22 和 GhMADS23 的基因组序列，cDNA 序列与基因组序列的比对发现，二者在起始密码子和终止密码子之间的 DNA 序列都存在 8 个外显子和 7 个内含子。不同时期顶芽的表达模式分析表明二者随着顶芽的发育，表达量都逐渐升高，不同组织的表达模式分析表明 GhMADS22 在叶片、顶芽、苞片的表达量均较高，在胚珠、纤维中几乎不表达；GhMADS23 在各个花器官和顶芽中的表达量均较高，而在胚珠和纤维中同样不表达。而且 GhMADS22 和 GhMADS23 都受 GA 的正调控。通过转基因实验对 GhMADS22 的功能进行研究，发现 GhMADS22 的过表达能够促进拟南芥抽薹，同时也使得植株和花器官的形态发生变异：无限生长花序转变为顶端花和单生花；苞片或雌蕊的基部形成次级花；一朵花形成 2 个雌蕊、7 个花瓣和雄蕊，或者一朵花只有 3 个花瓣，却有 8 个雄蕊无规则的环绕着雌蕊，也有的不含有苞片。此外，GhMADS22 的过表达还延迟了花器官的脱落，而且 ABA 处理会促进 GhMADS22 的表达。因此认为 GhMADS22 在促进棉花开花、抗逆、延迟衰老方面可能具有作用，可以作为短季棉培育的有利基因资源。SVP 基因具有延长植物营养生长阶段从而推迟开花的功能，实验通过上述同样的方法在陆地棉中棉所 36 中克隆了 SVP 的同源基因 GhMADS29，Blast 搜索比对表明 GhMADS29 与猕猴桃的 SVP4 基因相似度最高。根据克隆到的 GhMADS29 的 cDNA 序列，Blast 搜索雷蒙德氏棉的基因组序列，cDNA 与基因组序列的比对表明 GhMADS29 含有 9 个外显子、8 个内含子。不同时期顶芽的荧光定量结果表明它在花芽分化起始期的花芽中表达量最高，且不同组织的荧光定量分析表明它在叶片和顶芽中表达量较高，因此推测 GhMADS29 的作用模式可能与拟南芥 SVP 基因相同，但是转基因实验表明，长日照下过表达 GhMADS29 的拟南芥的抽薹时间及莲座叶数量并没有发生明显变化，因此推测棉花中可能存在其他 SVP 的同源基因发挥相应功能。根据 GhMADS29 的基因组序列设计引物，克隆到 ATG 上游 -19 位开始的 1 316 bp 的启动子序列，通过启动子元件分析发现，所得到的序列具有启动子所特有的元件和一些光、温、激素调控元件，且瞬时表达和转基因实验的 GUS 染色都证明了序列具有活性。转基因拟南芥不同组织的 GUS 染色实验表明，该启动子序列在幼苗的根和叶以及表皮毛中都有较强的活性，在萼片、花瓣、雌蕊等花器官中同样活性较强，而在雄蕊中没有检测到 GUS 活性，在角果的果瓣中也能够检测到 GUS 活性，但是在种子中未检测到 GUS 活性。

王小艳以已经测序完成的雷蒙德氏棉和亚洲棉数据库为基础，对陆地棉进行了开花促进因子基因 GhFPF1 的克隆、表达及功能分析，在陆地棉中获得了 FPF1 基因的同源序列，对它们的表达模式进行分析筛选出候选基因，并对其功能进行了更加深入的研究，从陆地棉中棉所 36 中克隆到 FPF1 的同源基因 6 条，分别命名为 GhFPF1，GhFLP1，GhFLP2，GhFLP3，GhFLP4 和 GhFLP5，发现该基因家族基因片段均比较小，且不含内含子。研究各基因在陆地棉各组织器官中的表达模式发现，GhFPF1 基因家族成员呈现出明显的表达特异性，主要在根和茎尖中表达。利用早熟棉中棉所 36 和遗传标准系 TM-1 筛选出候选基因 GhFPF1 基因，暗示其可能参与短季棉开花时间的调控。构建了融合表达载体 pBI121-GFP-GhFPF1，采用基因枪轰击洋葱表皮的研究发现 GhFPF1 蛋白在细胞膜和核内均有表达。进一步通过 5′-RACE 及 3′-RACE 策略，扩增出了 GhFPF1 的全长转录本为 701 bp，包含 56 bp 5′-UTR，315 bp 3′-UTR 和 330 bp ORF 区域。分析启动子区域发现其主要包含两大类顺式元件，光反应元件和植物胁迫相关的一些元件。外源激素处理试验表明 GhFPF1 能够响应 SA 和 JA 的处理，暗示 GhFPF1 可能参与植物的防御反应。将 GhFPF1 基因构建植物过表达载体分别转化拟南芥和棉花，分别获得了 7 个转基因拟南芥株系和 9 个转基因棉花株系。结果证实转基因拟南芥各株系的开花时间平均比野生型拟南芥提前 5.4 d，莲座叶和茎生叶的数目也减少。通过对比分析拟南芥内源开花时间相关基因在野生型和转基因中的表达量变化，推测 GhFPF1 在拟南芥中过表达促进开花很可能依赖于 AtAP1 和 AtFLC。最新研究发现 GhFPF1 基因除了具有调节植物生育期、开花时间、植物叶数之外，转基因拟南芥与野生型相比，下胚轴伸长，叶柄加长，叶绿素的含量降低，AtPHYB 基因的表达量在转基因拟南芥中也明显降低，我们推论 GhFPF1 基因很可能参与调控植物的“避荫”反应。将该基因采用农杆菌介导的方法过表达转化棉花，通过基因组和 mRNA 水平的检测共获得了 9 个 T_0 代转基因株系，个别株系已收获 T_2 种子。

中国农业科学院生物技术研究所王远利用转基因技术创制了转早熟 vgb+ 抗虫 Bt 双价棉花材料 4 份，转基因早熟材料较受体提早 10 ～ 15 d。P21-6 生育期为 115 d，植株较矮小，株型紧凑，茎干绒毛少，叶片中等，叶色深绿，铃卵圆形，单铃重 6.2 g，结铃性强，果枝节位 6.5，高抗棉铃虫，抗枯萎、耐黄萎病。绒长 32.8 mm，比强度 32.2 cN/tex，马克隆值 4.5。P21-12-6：生育期为 112 d，植株较矮小，株型较紧凑，茎干绒毛少，叶片较小，叶色深绿，铃卵圆形，铃重 5.8 g，结铃性强，果枝节位 5.5，高抗棉铃虫，抗枯萎、黄萎病。绒长 30.5 mm，比强度 31.0 cN/tex，马克隆值 4.1。V321-20-14：生育期为 105 d，植高 95 cm，株型紧凑，茎干绒毛少，叶片较小，叶色深，铃圆形，铃重 5.3 g，结铃性强，果枝节位低，高抗棉铃虫，抗枯萎、耐黄萎病。绒长 28.3 mm，比强度 30.4 cN/Tex，马克隆值 4.1。V321-21-11：生育期为 107 d，植株较矮小，株型紧凑，茎干绒毛少，叶片较小，叶色深绿，铃卵圆形，结铃性强，果枝节位低，高抗棉铃虫，抗枯萎、黄萎病。绒长 29.1 mm，比强度 28.5 cN/tex，马克隆值 4.9。

（三）棉花矮化育种方法

株高不仅是影响作物株型的决定因素，也是决定产量的重要农艺性状。半矮化表型植株中产量增加是由于茎秆生物量利用提高，同时增强了抗倒伏能力（Wang and Li 2008）。棉花是一种无限生长的侧枝类型作物，株型具有较强的可塑性。棉花生产中，往往通过人工控制手段使棉花株高降低、果枝缩短、叶片缩小，控制营养体不使其过旺，达到营养器官和生殖器官协调生长，能够保持棉田的通风透光，获得较多的亩铃数，实现较高的产量。

棉花矮化育种是以降低株高为目的的株型综合改良育种。新疆棉区实施的“早、密、矮、膜”植棉规范所要求的株高 60 ～ 70 cm，主要是通过水控或化控栽培技术强实现矮化。而品种矮化比栽培矮化更适合植棉业发展的需要。因为，一是矮化品种更适于生育期短、缺乏劳动力、吐絮集中和机采棉特点。二是矮化品种自身只有 8 ～ 10 台果枝，能最大限度的降低无效果枝数，同样的生育期，近于等量的同化产物供给有效果枝利用，能提高结铃率和铃重，从而增加单株生产力。矮化育种还紧密结合株型的综合改良，较紧凑的株型有利于提高种植密度，从而可提高单位面积群体的生产能力。三是品种矮化，其生产品质优于栽培矮化，可避免因强制矮化引起的成熟度不足纤维品质下降等问题。四是由于减少或不施化控药剂和减少打顶、整枝等投入，降低了生产成本，并有利于保护自然生态环境。

按北疆棉区现有生产条件和投入水平，矮化品种的理想株型，应在保持早熟、抗病、抗虫、丰产、稳产和优质的前提下：株高 60 ～ 80 cm，植株紧塔形，Ⅱ型果枝，果枝与主茎角度≤ 45°，单株果枝 8 ～ 10 台，每株果枝 4 节，第一果节距主茎及第一、第二果节节间平均长度 3 ～ 5 cm，能自动封顶。一般条件下，单株成铃 7 ～ 10 个。据报道，截至 1996 年中国陆地棉具备自然矮化特性的材料不足 20 份。其中，多数是遗传研究材料。这些矮源材料一本品质差，不能直接用于生产，甚至也难以直接用作育种亲本。棉花的矮化育种需要从种质资源着手，进行现有矮源的改良或种质创新。

在确定矮化株型的前提下，在全面鉴定现有资源基础上，与辐射诱变相结合，可筛选出符合或接近理想株型的材料，王子文等指出，杂交与辐射相结合，能把这两种变异的特性集中起来，把亲本的优良性状综合在新品种中，有利于提高变异率，扩大变异谱，提高选择效果。新疆石河子棉花研究所把 F_1 种子用 60Coγ 射线照射后连续定向选择，育成具有矮化株型特点的新陆早 8 号。杂种优势利用：戴日春发现极端矮化的突变体呈隐型基因遗传，杂合时株高呈中间状态，较符合矮化品种理想株型的高度。把矮化育种与杂种优势利用结合起来，丰产、优质、抗逆的潜力更大。采取常规育种与生物技术相结合，也已创制出不同株高的矮化材料，油菜素内酯（BRs）在单子叶植物和双子叶植物中都具有促进生长的功能，缺失突变体表现出矮化的表型，是决定株高的关键因素之一。植物油菜素内酯（BRs）合成途径已经建立，大部分参与 BRs 合成的基因已被分离出来。一些能够使 BRs 失活的基因也被鉴定出来，例如 CYP734A1，CYP72C1，这些基因超表达后也能造成植株的矮化。与生长素和赤霉素不同，BRs 不能进行长距离运输，这为利用特异启动子进行内源 BRs 的时空调控提供了依据。中国农业科学院棉花研究所利用 T-DNA 激活标签技术从棉花矮化突变体中克隆了 *Gh*PGD1 基因，它是 CYP734A1 的同源基因，在拟南芥中进行不同程度的表达后能够获得株高不同的转化体，利用绿色组织特异启动子驱动 *Gh*PGD1 在棉花表达，获得了植株矮化紧凑的棉花矮化突变体 *pagoda1*，突变体极端矮化，叶片暗绿，在黑暗条件下仍具有光形态建成反应，BL 处理后能够恢复正常表型，说明该突变体是一个 BRs 缺陷型突变体。

四、主要育种进展

（一）麦（油）棉两熟直播早熟棉

在国家“863”计划、国家转基因植物专项等项目资助下，选育出了鲁棉研 19、鲁棉研 36、中棉所 42、中棉所 50 等。

1. 鲁棉研36

山东棉花研究中心育成，2009 年通过山东省农作物品种审定委员会审定（鲁农审 2009022）。全生育期 123 d，株型较紧凑，呈筒状；出苗好，发育快，长势旺而稳健；耐肥水，耐阴雨；赘芽少，易管理，叶片中等大小；铃较大，呈卵圆形，开花结铃集中，结铃性强；早熟性好，吐絮畅而集中，易收摘，霜前花率高；高抗棉铃虫，抗枯萎、耐黄萎；山东省区试两年平均，第一果枝节位 7.7，株高 107.8 cm，果枝数 14.1 个，单株结铃 18.3 个，单铃重 6.1 g，衣分 43.3%，子指 10.5 g，霜前花率 97.4%。

2. 鲁棉研19

山东棉花研究中心育成，2005 年通过国家农作物品种审定委员会审定（国审棉 2005013）。生育期 106 d。株型紧凑，果枝上冲，叶片较小。出苗好，前期发育搭架快，长势旺而稳健，上桃快，开花结铃集中，铃卵圆形，铃壳薄，吐絮畅，早熟不早衰。单铃重 4.6 ～ 5.4 g，子指 9.5 ～ 11.4 g，衣分 40.1% ～ 42.1%，霜前花率 90% 以上。HVICC 纤维上半部平均长度 27.2 mm，断裂比强度 29.0 厘牛 / 特克斯，马克隆值 5.0。高抗枯萎病，耐黄萎病，抗棉铃虫。

3. 中棉所42

中国农业科学院棉花研究所育成，2002 年通过河南省农作物品种审定委员会审定（豫审棉 2002001）。生育期 108 d 左右，丰产性好，株高 74 cm，植株筒形，铃重 5.0 g，衣分 41%。早熟性好，霜前花率 98%，结铃集中，吐絮畅，絮色洁白。枯萎病指为 10.7，抗枯萎病、耐黄萎病。品质优良。2.5% 跨长 28.9 mm，比强度 23.0 cN/tex，马克隆值 4.1，各项指标符合纺织工业的要求。

4. 中棉所50

中国农业科学院棉花研究所育成，2005 年和 2007 年分别通过河南省和国家农作物品种审定委员会审定（豫审棉 2005003、国审棉 2007013）。植株塔形，株型紧凑，株高 75 cm。生育期分别为 105 d，早熟性居所有参试品种之首。果枝始节 5.6 ～ 5.7 节，叶色深绿，开花结铃集中，结铃性强，铃重 5.0 ～ 5.3 g，衣分 39.6% ～ 40.5%，子指 10.2 g，吐絮畅，絮色洁白，易收摘。国家黄河流域和河南省抗虫夏棉品种区试，比对照中棉所 30 增产 29.4%，居参试品种的第一位，霜前花率 90% 以上，纤维长度 29.5 mm，比强度 27.9 cN/tex，马克隆值 4.4，各项指标符合目前纺织工业的要求。高抗枯萎病，耐黄萎病，抗棉铃虫。适宜在黄淮棉区作麦棉（油、菜）夏套或麦后直播，又适于京、津、塘地区作一季春棉种植，适应范围广阔。2012—2014 年中棉所 50 为农业部主导推品种，该品种作为黄河流域夏播主栽棉花品种，早熟、丰产、适应性强。在国家棉花产业技术体系示范中，中棉所 50 在江苏、安徽、山东、河南、河北、江西、湖南、湖北等省进行了麦（油）后直播，子棉产量达 200 kg 以上，在江苏大丰中棉所 50 机械化采摘示范成功。

5. 夏早 2 号

国家半干旱农业工程技术研究中心选育成，2011 年通过河北省麦后直播棉品种审定（冀审棉 2011007）。植株较矮，紧凑，有限 I 式果枝，2009—2010 年冀中南麦后直播全生育期 106 d，株高 57 cm，果枝始节位 4.6，单株果枝 8.5 个，单株成铃 6.5 个，铃卵圆形，铃重 4.0 g，子指 8.7 g，衣分 35.7%；10 月 15 日收花率 91.6%。2009—2010 年河北省冀中南麦后直播区试，子棉、皮棉和 10 月 15 日皮棉产量平均每公顷分别为 2 446.4 kg、879.6 kg 和 799.4 kg，分别比对照石早 1 号增产 72.1%、61.0% 和 296.5%，均居第 2 位；皮棉总产增产达极显著水平。

6. 夏早 3 号

国家半干旱农业工程技术研究中心选育成，2011 年通过河北省麦后直播棉品种审定（冀审棉 2011008）。植株较矮，叶片较小，叶色浓绿，株型紧凑，有限 I 式果枝。2009—2010 年冀中南麦后直播全生育期 108 d，株高 59 cm，果枝始节位 4.8，单株果枝 8.4 个，单株成铃 7.0 个，铃卵圆形，铃重 4.3 g，子指 8.9 g，衣分 36.6%；10 月 15 日收花率 82.1%。2009—2010 年河北省冀中南麦后直播区试，子棉、皮棉和 10 月 15 日前皮棉产量平均每公顷分别为 2 691.2 kg，990.2 kg 和 810.3 kg，分别比对照石早 1 号增产 89.3%，81.3% 和 301.9%，均居第 1 位；皮棉总产增产达极显著水平。

（二）西北内陆机采早熟棉

当前，随着我国经济的高速发展，要提高农业生产率，农业机械化势在必行。进行机械化种植，要求品种必须适应机械化作业的需要。从我国广大农村来看，随着城镇化水平的不断提高和产业结构的调整，种田专业大户将不断出现，实现机械化势在必行。

新疆地处欧亚大陆腹地，属典型的大陆性干旱气候，干燥少雨，光照充足，为棉花生产提供了优越的自然生态条件，加之棉花地块集中连片种植，为机械化采收提供了便利条件。早在 1997 年，新疆兵团就做出了大力发展与推广采棉机械化的决策。经过十几年的推广实践，兵团棉花机械化采收面积逐步扩大，且在采棉机械的研制、与采棉机匹配的棉花种植密度及株行距配置方式以及棉花清理加工等技术方面都有了极大的发展，促进了机采棉技术的发展。但由于机采棉对棉花品种性状有较高的要求，尤其在株型、第一果枝高度、生育期及纤维品质等方面都有一定的量化指标。因此，在专用机采棉品种选育方面相对难度较大，大多数品种只能兼顾某几个性状，由于不适应机械采收而影响了棉花产量及品质，降低了机采棉经济效益。针对上述情况，科研人员从 20 世纪 90 年代中期就开始了机采棉品种选育的研究，已经选育出的新陆早 13 号、新陆早 33 号、新陆早 36 号、新陆早 42 号、新陆早 45 号、新陆早 51 号和中棉所 92 等品种在株型、早熟性及产量等方面较适宜机械采收，为兵团植棉团场大规模机械化采收提供了重要品种保证。这些品种因此也有大面积的推广应用，并产生了较大的经济及社会效益。

1. 新陆早 13 号（97-65）

新疆兵团农七师农科所 1989 年以自育早熟、优质品系 83-14 为母本，抗病中 5601 和 1639 品系为混合父本进行有性杂交，后代经过南繁北育及病圃定向选择培育而成。2002 年和 2003 年分别通过新疆和国家农作物品种审定委员会审定（新审棉 2002 年 024 号、国审棉 2003001）。

该品种生育期 121 d，比对照品种新陆早 7 号早熟 1 d，霜前花率 92% 以上，属特早熟品种。植株塔形，Ⅱ式果枝较紧凑，茎秆粗壮茸毛多。叶片中等大小，铃卵圆形，结铃性强。植株生长势较强，后期不早衰。开花吐絮集中，含絮好，易采摘。铃重 5.4 ～ 5.8 g，衣分 40% ～ 41%，衣指 7.0 g，子指 9.9 g。1999—2000 年参加西北内陆棉区早熟棉区试，霜前皮棉 1 720.1 kg/hm^2，比对照新陆早 7 号和中棉所 24 分别增产 11.5% 和 12.3%。2001 年参加生产试验皮棉单产 1 641.1 kg/hm^2，分别比对照新陆早 10 号增产 14.3%，比中棉所 36 增产和 12.2%。纤维 2.5% 跨长 30.6 mm，断裂比强度为 21.2 cN/tex，马克隆值 4.3。属抗枯萎病耐黄萎病类型。适宜在北疆、南疆部分早熟棉区和甘肃河西走廊棉区种植。2004 年推广面积近 16 万 hm^2，成为早熟棉区首个大面积推广的抗枯萎病的主栽品种。

2. 新陆早33号（垦4432）

新疆农垦科学院棉花研究所利用自育品系石选 87 天然重病地中的变异单株，经定向选择南繁北育培育而成。2004—2006 年参加西北内陆棉区早熟组棉花区域试验和生产试验。

2007年2月通过新疆维吾尔自治区农作物品种审定委员会审定命名（新审棉2007年058号），2007年11月通过国家农作物品种审定委员会审定（国审棉2007018）。

该品种生育期125 d，霜前花率90%，属早熟陆地棉。植株筒形，Ⅰ式分枝，株型紧凑，茎秆粗壮坚硬。普通叶形，叶片中等偏大，叶色深绿，果枝叶量小，植株清秀，通透性好。中后期生长势较强，不早衰。棉铃卵圆形，铃中等偏大。结铃性强，吐絮畅，絮色洁白，含絮力适中，易摘拾。株高65 cm左右，果枝始节5～6节，始节高度15～20 cm，适宜机械采收。单铃重5.9 g，衣分39.5%～40.1%，子指11.6～12.65 g。2004—2005年西北内陆棉区早熟组棉花区域试验子棉、皮棉、霜前皮棉产量为5 029.2 kg/hm^2、1 984.5 kg/hm^2、1 765.7 kg/hm^2，分别较对照增产（新陆早13号，下同）的5.4%、3.8%和4.9%，均位居2年参试品种（系）首位。2006年生产试验子棉、皮棉、霜前皮棉产量为5 163.0 kg/hm^2、2 073.0 kg/hm^2、2 073.0 kg/hm^2，分别较对照增产6.1%、5.1%和5.1%。区域试验及生产试验多点取样经农业部棉花品质监督检验测试中心测定：纤维上半部平均长度30.2 mm，断裂比强度30.6 cN/tex，马克隆值4.4。属抗枯萎病耐黄萎病类型。适应于北疆、南疆部分早熟棉区和甘肃河西走廊等棉区种植。至2012年累计推广面积达66万hm^2，为该时期推广面积最大的早熟棉品种，也是当时机采棉的首选种植品种。

3. 新陆早36号（新石K8）

新疆石河子棉花研究所1997年自育早熟、丰产品系1304为母本，抗病品系BD103为父本，通过有性杂交，经多年南繁北育，病圃鉴定筛选定向选育而成。2005年参加新疆维吾尔自治区早熟组棉花品种区域试验，2006年同时参加生产试验。2007年2月经新疆维吾尔自治区农作物品种审定委员会审定命名（新审棉2007年61号）。

该品种生育期120 d，霜前花率98.7 %，属早熟陆地棉。株型较紧凑，Ⅱ式果枝，株高65 cm。早熟性突出，整个生育期长势稳健。棉铃卵圆形，中等大小，结铃性较好。吐絮集中，絮白、易采摘。单铃重5.6 g，衣分41.5%，子指9.9 g。2005—2006年新疆棉花区域试验（早熟组）平均结果：子棉、皮棉和霜前皮棉产量为5 423.1 kg/hm^2、2 254.4 kg/hm^{2}和2 231.9 kg/hm^2，分别比对照新陆早13号增产10.7%、11.6%和11.7%。2006年生产试验，子棉单产5 356.65 kg/hm^2，较对照增产4.4%；皮棉单产2 263.1 kg/hm^2，较对照增产5.0%。2005—2006年经农业部棉花品质监督检验测试中心测试：纤维上半部平均长度28.7 mm，断裂比强度29.4 cN/tex，马克隆值4.4。属高抗枯萎病耐黄萎病类型。适宜于北疆、甘肃河西走廊等棉区种植。2010年在北疆、甘肃河西走廊等棉区推广23万hm^2，为该时期主栽品种之一。

4. 新陆早42号（垦62）

由新疆农垦科学院棉花研究所和新疆惠远农业科技发展有限公司联合协作，以抗枯萎病的新陆早 10 号为母本，自育早熟品系 97-6-9 为父本进行杂交，通过多年的病地定向选择、南繁加代、品质检测、多点试验选育而成。2007—2008 年参加新疆维吾尔自治区早熟组棉花新品种区域试验、生产试验。2009 年 2 月通过新疆维吾尔自治区品种审定委员会审定命名（新审棉 2009 年 58 号）。

该品种生育期 123 d，霜前花率 95.78%，属早熟陆地棉品种。植株塔形，Ⅰ-Ⅱ式果枝，株型紧凑。普通叶型，叶片中等偏小，叶色深绿，果枝叶量小，植株清秀，通透性好。中后期生长势较强。棉铃卵圆形，结铃性强，铃中等大小，吐絮畅，絮色洁白，含絮力一般，易摘拾。株高 70 cm 左右，果枝始节 5 ～ 6 节。单铃重 5.3 g，衣分 41.9%，子指 11.0 g。2007—2008 年参加新疆维吾尔自治区棉花品种区域试验（早熟组）结果：子棉、皮棉、霜前皮棉单产分别为 5 190.6 kg/hm^2、2 196.2 kg/hm^2、2 133.6 kg/hm^2，分别较对照新陆早 13 号增产 6.8%、10.1%、9.3%，均位居两年参试品种（系）首位。2008 年生产试验平均结果：子棉、皮棉、霜前皮棉单产分别为 5 064.8 kg/hm^2、2 134.5 kg/hm^2、2 107.1 kg/hm^2，分别较对照增产 8.1%、11.1%、10.6%。区域试验多点取样经农业部棉花品质监督检验测试中心测定：纤维上半部平均长度 29.6 mm，断裂比强度 30.7 cN/tex，马克隆值 4.5。属抗枯萎、耐黄萎病类型。适宜于北疆、甘肃河西走廊等早熟棉区种植。2011 年推广面积达 10 万 hm^2，为该时期主栽品种之一。

5. 新陆早45号（西部4号）

由新疆农垦科学院棉花研究所与新疆西部种业有限公司共同合作选育。2003 年利用优选新陆早 13 号做母本，9941 做父本杂交，后代通过南繁加代、天然重病地中优选变异单株，经定向选择培育而成。2008—2009 年参加新疆维吾尔自治区早熟陆地棉品种区域试验和生产试验，2010 年 2 月通过新疆农作物品种审定委员会审定命名（新审棉 2010 年 37 号）。

该品种生育期 128 d 左右，霜前花率 96.2%，属早熟陆地棉品种。植株呈塔形，较紧凑，Ⅱ式果枝。叶片中等大小，叶色灰绿。茎秆茸毛多，生长稳健，长势较强。铃中等大小、卵圆形。吐絮畅，含絮力一般，易摘拾。种子梨形，短茸呈灰白色。株高 60 cm 左右，果枝始节 4.3 节，单铃重 5.5 g，衣分 40.4%，子指 9.9 g。2008—2009 年参加新疆早熟陆地棉区域试验，子棉、皮棉和霜前皮棉产量分别为 5 614.9 kg/hm^2、2 294.6 kg/hm^2 和 2 205.9 kg/hm^2，分别较对照新陆早 13 号增产 8.9%、8.2% 和 7.6%。2009 年生产试验，子棉、皮棉、霜前皮棉产量分别为 5 554.2 kg/hm^2、2 242.9 kg/hm^2 和 2 157.3 kg/hm^2，分别较对照增产 17.4%，17.2% 和 15.2%。区域试验及生产试验多点取样经农业部棉花品质监督检验测试中心测定：纤维上半部平均长度 30.3 mm，断裂比强度 32.1 cN/tex，马克隆值 4.1。区域试验抗病性鉴定结果（发病高峰期）：枯萎病病指 0，属高抗枯萎病类型；黄萎病病指 50.6，属感黄萎病类型。适宜于北疆棉区种植。2012 年推广面积 8 万 hm^2。

6. 新陆早48号（惠远710）

新疆惠远种业股份有限公司以抗黄品系“石选 87”为母本，以自育品系“604”为父本杂交，后代经多年南繁北育，病圃筛选培育而成。2008—2010 年参加西北内陆棉区早熟组棉花区域试验和生产试验，2010 年 4 月通过新疆品种审定委员会审定命名（新审棉 2010 年 40 号），2011 年 5 月通过国家农作物品种审定委员会审定（国审棉 2011013）。

该品种生育期为 125 d 左右，霜前花率 97.7%，属早熟陆地棉品种。植株筒形，Ⅰ式果枝，株型紧凑，茎秆粗壮坚硬。果枝叶量小，叶片中等，叶色深绿。植株清秀，通透性好。棉铃卵圆形，结铃性强，铃中等偏大，吐絮畅快集中，絮色洁白，含絮力适中，易摘拾。株高 75 cm 左右，第一果枝节位 5 ～ 6 台，始节高度 20 cm 左右，形态特征适宜机械采收。单铃重 5.8 g，衣分 40.5%，子指 11.7 g。2008—2009 年参加西北内陆棉区早熟组棉花区域试验，平均子棉、皮棉和霜前皮棉产量分别为 5 646.8 kg/hm^2、2 287.1 kg/hm^2、2 243.3 kg/hm^2，分别较对照（新陆早 13 号，下同）增产 8.9%、14.4% 和 15.1%，位居两年参试品种（系）首位。2010 年生产试验，子棉、皮棉、霜前皮棉产量分别为 5 376.0 kg/hm^2、2 196.0 kg/hm^2，2 034.0 kg/hm^2，分别较对照增产 5.6%、4.7% 和 7.6%。区域试验及生产试验多点取样经农业部纤维品质检测中心测定：纤维上半部平均长度 28.8 mm，断裂比强度 28.1 cN/tex，马克隆值 4.3。属高抗枯萎、耐黄萎病类型品种。适宜于北疆、甘肃河西走廊等早熟棉区种植。2011 年推广面积 19 万 hm^2，为该时期主栽品种。

7. 中棉所88号（原代号292185）

2013 年通过甘肃省品种审定。品种特征：植株筒形，株型紧凑。株高 68.8 cm，第一果枝着生节位 5.2，果枝层数 7.9 层，单株结铃 6.6 个，单铃重 5.6 g。平均生育期 145 d，霜前花比率 85.0%。平均衣分 42.5%，子指 10.6 g。2010—2012 年参加了甘肃省区试和生产试验，在 15 个参试品系中子棉产量和皮棉产量均居第二位，子棉产量 5 700 kg/hm^2，比对照增产 5%，皮棉产量比对照增产 10%。

8. 中棉所92（原代号中705）

2013 年通过新疆审定。品种特征：植株塔形，Ⅱ式果枝较紧凑，茎秆茸毛中等，叶片中等大小，叶色深绿，棉铃卵圆有钝尖。整个生育期生长势稳健。新疆早熟棉区生育期 124 d。株高 65.3 cm，果枝始节位 5.9 节，单株结铃 6.0 个，单铃重 5.9 g，衣分 43.9%，子指 9.9 g，霜前花率 94.1%。2010—2012 年参加了新疆区试和生产试验，子棉、皮棉和霜前皮棉亩产分别为 5 256 kg/hm^2、2 311.5 kg/hm^2 和 2 220 kg/hm^2，分别为对照新陆早 36 的 100.5%、103.4% 和 102.6%。

（三）育成的性状突出的机采棉新品系

1. 中2916

新疆早熟棉预备试验，株高 60 ～ 70 cm，生育期 125 ～ 130 d，果枝始生节位 4.5 节，衣分 42.43%，子指 10.8 g，单铃子棉重 5.8 g，吐絮畅，絮色白。

2. 291941

甘肃早熟棉区试试验，株高 60 ～ 70 cm，生育期 120 ～ 125 d，植株筒形，茎秆坚韧抗倒伏，果枝始生节位 5 ～ 6 节，叶片中等到大小，结铃性好，铃中等大小单铃重 5.5 ～ 6.0 g，铃卵圆形有尖，衣分 43.40%，子指 11 g，吐絮畅，絮色白。

3. 292315

早熟，生育期 115 d，株高平均 60.8 cm，果枝始生节位较高，始生节位 5.0 节，茎秆硬抗倒伏，叶片中等大小，叶色较深；结铃性强，单株结铃 6.9 个，铃长卵圆形，铃大铃重 5.4 g，衣分 44%，吐絮畅易收摘，絮色洁白色泽好。

4. 292297

抗病性好，丰产，株高 60 ～ 65 cm；生育期 125 ～ 128 d；叶色深绿、较大、上举；开花结铃集中，结铃性强，铃重 5.6 g，衣分 40.3%，吐絮畅，含絮适中，不夹壳，易采摘；絮色洁白。

5. 292291

抗病性好，株型稍松散，株高 65 ～ 70 cm；生育期 120 ～ 125 d；果枝始节位 5.7 ～ 6.0；叶色深绿、较小、上举；开花结铃集中，结铃性强，铃重 6 ～ 6.5 g，铃为卵圆形偏圆；衣分 42%，子指 10.2 g；吐絮畅，含絮适中，不夹壳，易采摘；絮色洁白。

6. 213531

产量高，苗期长势稳健，中后期长势略强。Ⅱ式分枝，紧凑。果枝始节 5.6，叶片中等大小，叶色深绿，新疆早熟棉区生育期 124 d。株高 64.5 cm，果枝始节位 5.6 节，单株结铃 6.3 个，单铃重 5.6 g，衣分 42.3%。吐絮畅，絮色洁白。

第六节　麦（油）后直播早熟棉与全程机械化植棉进展

全世界大约 30% 的棉花由机器采摘，中国棉花生产方式还比较落后。现阶段，中国棉花生产人工费用每亩达 1 000 元以上，占生产总成本的 50% 以上。其中，棉花的生产用工

50% 以上用于棉花采摘。这些不利因素导致近年来中国棉花种植面积和效益逐年下降。种棉比较效益下降、人力投入成本高已成为限制中国棉花产业发展的瓶颈因素，推广机械化植棉成为棉花发展的根本出路。

与玉米、小麦等作物不同，棉絮轻，收割后无法利用重力分离的方式来获得棉絮。推广机械化植棉，首先要研制适宜机采的棉花品种。根据机采棉特点，目前已研发出具备吐絮集中、果枝始节高、丰产稳产性突出等特点，适宜机采的抗虫棉新品种和全程机械化配套栽培技术，为推广棉花采收机械化打下基础。此外，由中国自主研发的适合内地中小规模种植棉花采收的新型棉花采收机械也已投入使用，破解了以往依赖进口的局面，且造价远远低于进口机。为植棉全程机械化，实现快乐植棉奠定了基础。

一、安徽阜阳早熟棉麦后直播示范推广种植

适于安徽阜阳地区麦后直播的品种有中棉所 50、中棉所 64、鲁棉 19、超早 3 号等，5 月 20 日至 6 月 15 日播种，接小麦茬或油菜茬等直播。

2012—2014 年早熟棉中棉所 50 在安徽阜阳进行了麦后直播示范种植。示范安排在棉花种植面积较大的 3 个县（区），其中，颖东区冉庙乡梧樟村 6.67 hm^2，临泉县谭棚镇前李营村 2.67 hm^2，太和县胡总乡魏店村 2 hm^2，共计 11.34 hm^2，各示范区土地连片。6 月 10—20 日播种，每公顷用种量 37.5 ～ 45 kg，株数控制在 90 000 ～ 97 500 株。施肥采取一次基施的方法，太和和颖东两个示范点采用 N-P-K 为 16-8-16 红四方棉花专用控施肥，临泉县采用 N-P-K 为 15-15-15 的复合肥，在棉花播种时用耧条施，后期无追肥。示范共喷施缩节胺 4 次，4 ～ 5 片叶、6 ～ 7 片叶和 7 月 10—20 日每公顷喷施 5 ～ 9 g、9 ～ 12 g 和 12 ～ 15 g，8 月 5—20 日根据株高情况而定来控制棉花株高。根据棉田长势，棉花封行情况，一般在 7 月底到 8 月初打顶。阜阳地区棉花害虫主要以棉铃虫和棉蚜为主，在棉花各生育期及时防治棉铃虫和棉蚜等棉花害虫。麦后直播棉子棉产量达 3 750 kg/hm^2 左右。

（一）“三省一增”栽培模式

通过示范，形成了阜阳市“三省一增”夏播棉简化栽培技术，“三省一增”是指：省时、省工、省钱、增效。

省时：是指夏棉生长期短，吐絮收花期短，收麦后种，种麦前收完。

省工：是指播种省工（机播、耧播）、管理省工（不整枝打杈）、收花省工。直播棉种植优势，播种省时省工，用小独腿耧播种，人均每天播 2 ～ 3 亩地，比育苗移栽省工；播种机播种每小时 3 ～ 5 亩，快速高效；田间管理省工，选择早熟零式果枝及有限果枝或分枝棉高密度种植，一般不需整枝打杈，管理省工；收花省工，夏直播棉生长迅速，吐絮集

中、收花期短，一般收花 2 ～ 3 次即可，省工一半以上。

省钱：是指少施肥料少打药，省肥、药钱。病虫防治省药省工，夏直播棉播种时气温高、发苗快，抗逆性增强迅速，错开了棉花病虫害高发时期，病虫害防治可省工、省药；增是指收入翻倍效益增加。一年种两茬，效益翻倍，相比春棉，一年可种麦、棉两茬，棉花产量不相上下，小麦产量不受影响，收益翻番。

（二）“三省一增”种植技术

“三省一增”夏棉种植技术，选择早熟的分枝型棉或零式果枝棉，生育期 110 d 以内。

播种方式：面积大的用播种机播种，可实现精量播种，肥、种同下，省时、省工、省种；零星小面积可人工点播或用小播种耧（如播玉米独腿小耧）播种，简单易行。

种植密度：每公顷播种量 37.5 ～ 45 kg，留苗 75 000 ～ 112 500 株，行距 40 ～ 70 cm，株距 15 ～ 20 cm。

田间管理：① 浇水：播种后如墒情不好即全田浇水漫灌一次，以保证出苗齐、全。追肥：对于没施底肥的夏直播棉，须于现蕾开花初期重追肥一次，用播种耧每公顷播施复合肥（15 : 5 : 15）450 kg，尿素 225 ～ 300 kg。② 打顶：于 7 月底 8 月初果枝 10 台左右时适时打顶，一般不需整枝打杈。

化控：当雨水过多生长过旺果枝间距超过 10 cm 时，适当化控，每公顷用缩节胺原粉 15 ～ 45 g 对水 300 ～ 450 kg 喷雾；打顶后每公顷用缩节胺原粉 60 ～ 90 g 对水 450 kg 喷雾控制。

病虫防治：夏播棉病虫发生较少、轻，一般不需防治，当田间病虫发生较重时及时防治。

收花：夏播棉在 9 月 15—25 日即可收花，若天气晴好，可集中采摘 2 ～ 3 次，在 10 月上旬吐絮一半以上时，全田喷施乙烯利催熟，每公顷用量 250 ～ 300 mL，10 月 25 日即可收完、拔柴、腾茬。

（三）“三省一增”效益分析

采用“三省一增”夏棉种植技术，平均子棉产量 3 750 kg/hm^2，每公顷效益比较：① 麦茬棉：3 750 kg/hm^2×8.0 元 /kg － 种肥药 3 000 元 /hm^2 － 种管收 9 000 元 /hm^2=18 000 元 /hm^2。② 夏玉米：7 500 kg/hm^2×2.2 元 /kg － 种肥药 3 600 元 /hm^2 － 种管收 4 500 元 /hm^2=8 400 元 /hm^2。③ 夏大豆：2 250 kg/hm^2×5.2 元 /kg － 种肥药 1 200 元 /hm^2 － 种管收 2 250 元 /hm^2=8 250 元 /hm^2。通过比较，种麦茬棉比种玉米、大豆纯效益每公顷约增加 9 000 元。通过示范，安徽阜阳形成的“三省一增”夏播棉简化栽培技术，使麦后直播棉花

在全程机械化方面迈出了重要一步。

二、江苏大丰和盐城麦后直播机采棉示范

在中国工程院喻树迅院士“轻简栽培，快乐植棉”的倡导下，为解决棉花种植投入产出矛盾，切实推进长江流域沿海棉区棉花生产机械化进程，在国家棉花产业技术体系、江苏省农业三新工程和江苏省农业科技自主创新项目支持下，江苏省作物学会棉花专业委员会组织“三农四方”，以实现棉花高产优质增效为目标，以轻简化和机械化为关键内容，选择大丰市农委所属的稻麦棉原种场为生产科研合作试验基地，开展以农艺农机相融合为主导的科技创新和棉花机械化轻简高效现代栽培技术的应用。科研合作团队以“轻简宜机”为目标，从品种、茬口、管控等方面展开研究攻关，在棉花生育全程贯彻实施轻便简易、机械作业的要求。研究团队分别从宜机棉品种选育、生长发育期株型调控、农艺与农机的有机结合等技术层面，对棉花机收进行了技术研发。

2013—2014 年由南京农业大学、扬州大学、江苏省农科院、江苏省农委作栽站主持的“长江流域沿海棉区机采棉示范”在江苏大丰稻麦原种场实施。中国工程院喻树迅院士、国家农业部农技推广中心、中国农业科学院棉花研究所以及辽宁、安徽、山东和江苏棉花主产县市（区）农业部门的领导和专家学者亲临现场，对长江流域沿海棉区机采棉示范给予了充分肯定。在机采现场，一台巨型采棉机伸展四齿长臂，将双行盛开的棉株“揽入怀中”，迅速实行棉絮与铃壳分离。只用十分钟工夫，约两亩地的棉花便采收进集棉箱。

（一）江苏沿海早熟棉栽培技术

长期以来，江苏沿海地区夏播作物除种植水稻外，主要种植玉米、大豆及小杂粮，品种单一、效益较低。发展早熟棉，可改善夏播作物品种结构，调剂茬口布局，提高种植效益，增加农民收入，前景十分广阔。早熟棉因播种时间晚，具有生长发育快、生育期相对较短、个体发育相对较小的特点，与春播中熟营养钵育苗棉花品种在栽培管理上差异较大。早熟棉田间管理除抓好与春播棉花共同的治虫防病、除草、松土、灭茬外，为夺取早熟棉高产，形成了江苏沿海早熟棉栽培技术。

选择优质高产良种：品种优劣是夺取早熟棉高产的基础。如早熟棉中棉所 50 是一个集高产、优质、抗病虫于一体的双价转基因棉花品种，生育期 100 ～ 104 d，株高 70 ～ 80 cm，铃大，铃重平均 5 g。高抗枯萎病，耐黄萎病。

提高播种质量，力争一播全苗：一是适期早播，麦（油）后茬口前茬作物离田时间一般在 5 月 20 日至 6 月 10 日，茬口较晚，前茬作物收获后一定要及时灭茬耕种，实现晚茬早播；二是灭茬整地质量要高，达到平、细、实的标准；三是抢墒或造墒播种，保证出苗

所需水分充足；四是盖子土深浅适宜，一般 2 ～ 3 cm 为好。

播种方式可选用条播或点播：农场棉花种植面积一般较大，可选择机械条播；地方农户种植面积相对较小，可选择点播，每穴播种 2 ～ 3 粒，节省用种量。

适当密植，以密补晚：早熟棉因播种时间晚，发育时间短，个体生长量相对有限，栽培上一定要加大种植密度，以密补晚。中等肥力田块一般每公顷种植 6.00 万～ 6.75 万株，行距 60 ～ 70 cm，株距 20 cm 左右。在 5 月 25 日至 6 月 10 日期间，播种期每向后推迟 1 d，每公顷需增加 3 000 株。直播棉在棉苗长到 2 ～ 3 叶期时间苗、定苗，间苗要注意 / 去强留弱，早熟棉生长势弱，变异株生长势强，去强留弱，保证纯度。

合理肥水运筹，促搭丰产架子：施足底肥，每公顷施饼肥 450 ～ 600 kg、磷肥 450 kg、尿素 300 kg；早施提苗肥，每公顷施尿素 112.5 ～ 150 kg；重施花铃肥，每公顷施尿素 300 ～ 450 kg、钾肥 225 ～ 300 kg。

科学化调，保苗稳发稳长：早熟棉生育期短，株高 70 ～ 80 cm，化控不宜过多过重，苗期要以促为主，早搭丰产架子；初花期至盛花期适当化控 2 ～ 3 次，保苗稳长。化控每次每公顷用缩节胺原粉 7.5 ～ 30.0 g，对水 600 kg 喷雾，要根据当时苗情气候而定。

及时打顶，摘除无效果枝：早熟棉打顶适期应在当地初霜期前 95 d 左右，单株果枝 10 ～ 11 个进行，江苏沿海地区在 7 月 25 日至 7 月底，打顶的基本原则是“时到不等枝，枝到不等时”，及时摘顶心可减少无效果枝对养分的消耗。

突出重点，挑治虫害：中棉所 50 为双价转基因抗虫棉，对棉铃虫有较强的抗性，2 ～ 3 代棉铃虫除大发生年份外，一般不需防治。早熟棉品种防治的重点一是苗期地老虎，防止造成缺株断垄；二是棉蚜、盲蝽象和红蜘蛛；三是四代棉铃虫，当百株有幼虫 10 头以上时均应及时用药防治。

（二）江苏沿海棉区早熟棉麦后直播栽培技术规程

根据江苏沿海棉区的土壤、气候、耕作制度等因素，江苏沿海地区农业科学研究所和农业部沿海盐碱地农业产学观测试验站制定了江苏沿海棉区早熟棉麦后直播栽培技术规程。提出江苏沿海棉区早熟棉麦（油）后直播高产栽培适宜密度及株行距配置、定苗、施肥、化控、整枝、病虫害防治等栽培管理措施和技术要求。规程适用于江苏沿海棉区及类似生态区进行早熟棉麦（油）后直播高产栽培；规程目标产量为生产子棉 3 800 kg/hm^2 以上。规程应配套选用生育期在 100 ～ 110 d 的特早熟抗虫早熟棉品种，如：中棉所 50、中棉所 68、中棉所 73、银山 1 号等，其中中棉所 50 为常规棉，其余均为杂交棉。此规程适用于麦棉或油棉两熟棉田进行麦（油）后点播或条播，大块农田可选择机械条播，小块农田可选择点播。

播种：一要做到适期早播，江苏沿海棉区前茬（小麦、油菜）的离田时间一般在5月20日至6月10日，收获后要及时灭茬耕种，实现晚茬早播；二要施足基肥和苗肥，要求优质有机肥与无机肥结合，迟效肥与速效肥结合，播种前施入腐熟农家肥15～22 t/hm^2、尿素300 kg/hm^2、磷肥150 kg/hm^2、氯化钾150 kg/hm^2，促使其早生快发，尽快搭起丰产架子；三要高质量整地，做到平、细、实；四要抢墒或造墒播种，保证充足水分利于出苗；五要做到播种深浅适宜，一般2～3 cm为好，播种量适当加大（用种量22～30 kg/hm^2）；六是根据地块大小选择条播或点播，点播每穴3～4粒。

播种密度及株行距配置：早熟棉因播种较晚，生育期短，个体生长量相对有限，栽培上要加大密度，以密补时。据试验，适当增密可提高霜前花率。中等肥力棉田种植密度为5万～6万株/hm^2，根据密度配置适宜的株行距，一般行距为80～90 cm，株距为20～25 cm。盐碱地等地力差田块，需适当密植，适宜密度为6万～8万株/hm^2。在5月25日至6月10日期间，播种期每向后推迟，密度需相应增加。

苗期管理：间苗和定苗。当直播棉苗长到2～3片真叶时定苗，每穴留一株棉苗，在定苗时凡遇到单穴缺苗的，相邻穴可留双苗代替，连续两穴及以上缺苗的可补种或补苗，以保证所需密度。间苗时一定要注意去强留弱，因早熟棉杂交品种在苗期生长势较弱，而变异株及杂株生长势较强，如间苗定苗时，误将健壮高大的杂株棉苗保留，而拔除了生长势较弱，发苗较慢的真正杂交早熟棉棉苗，会成倍地增加杂株比例，而影响产量，故要去强留弱，以保证品种纯度。

防治苗期病虫害：苗期病害要密切注意根病、叶病、茎枯病、枯萎病、黄萎病的发生，并及时防治。虫害要注意盲蝽象、红蜘蛛、棉蚜，尤其是地下害虫地老虎的发生和防治。

蕾期管理：追施蕾肥。早熟棉生育进程快，吸收养分高峰在蕾期，这时也是最大施肥效应期。可根据棉株长势及地力、天气情况，于盛蕾期（有3～4个果枝时）结合深中耕，追施尿素112.5～150 kg/hm^2。

防治病虫害：病害应注意枯萎病、黄萎病及茎枯病的防治，虫害主要注意棉红蜘蛛及盲蝽象的防治，抗虫早熟棉对二三代棉铃虫有较强抗性，除大发生年份外，一般不需进行防治。

花铃期管理：重施花铃肥。由于早熟棉有效结铃期较短，应早施重施花铃肥，于初花期（7月上中旬），看长势开沟追施尿素300～450 kg/hm^2、氯化钾112.5 kg/hm^2，对缺硼棉田于开花期用高效速溶硼肥1.5 kg/hm^2，对水750 kg/hm^2，叶面喷施。

化学调控：初花期用低浓度缩节胺进行调控，一般用原粉7.5～15 g/hm^2，对水300 kg喷洒；进入花铃期，特别是打顶后，要加大缩节胺用量，可根据棉株长势及天气情况，一般用缩节胺原粉22.5～45.0 g/hm^2，对水600 kg及时喷洒，也可酌情分两次使用，以塑造理想株型，建立一个丰产的群体结构。

及时打顶：打顶是棉花整枝工作的中心环节，可消除棉花顶端优势，使其转向生殖生长，减少无效果枝对水肥的消耗，促其早结铃，多结铃。早熟棉打顶适期在当地初霜期前95 d左右，单株果枝达10～11层时进行，盐城地区约在7月25—30日，要做到及时打顶，其基本原则是“时到不等枝，枝到不等时”。

病虫害防治及抗灾管理：早熟棉在花铃病害防治上，一方面可通过增施钾肥防治棉红叶茎枯病，另一方面可通过整枝、打老叶等措施降低田间湿度来防治棉铃病害（如铃疫病、炭疽病等）。在虫害防治上，主要有三四代棉铃虫、红蜘蛛、盲蝽象、蚜虫、烟粉虱等，要根据预报及时防治。另外，花铃期灾害性天气较多，如遇台风、暴雨袭击要及时排水降渍、扶理棉花，补施肥料或根外追肥，以实现水伤肥补，促进其恢复生长。

吐絮期管理：治虫不松懈，在9月底之前继续做好棉铃虫、烟粉虱等害虫防治工作，以保护顶部功能叶及幼铃。

催熟处理：采用乙烯利催熟处理，必须在棉株顶部及外围铃铃期达40天以上时使用，浓度为1 000倍液，盐城地区喷药时间一般在10月10—20日。

棉花采收：当绝大部分棉株已有1～2个吐絮铃，即应开始及时采收，每7～10 d采收1次，不收雨后花、露水花和开口桃，要注意按品级分收、分晒、分储、分售，并使用棉布袋包装和收储棉花，防止三丝混入，以提高产量和品级，提高效益。

中国工程院喻树迅院士、南京农业大学丁艳锋副校长建议长江流域沿海棉区针对棉花产业现状，逆水行舟，探索创新；着眼于轻简栽培，快乐植棉，高效植棉的棉花生产技术创新理念，加大棉花生产全程轻简化、机械化的研究推进力度；长江流域沿海棉区要像大丰市稻麦棉原种场那样，利用沿海滩涂待开发面积多，拓展棉花生产新式栽培空间大的机遇，加大科技兴棉力度；要加强项目集成，从多种渠道争取国家项目支持，积极投入应用；要进一步实行品种、农机、农艺三结合，共同创新棉花生产机械化模式；要在技术攻关上实行标准化、规范化，满足全面推广棉花轻简栽培，全程机械化作业对不同生产条件的需要；不懈努力，改写棉花生产历史，实行高效快乐植棉。

三、河北邯郸麦后直播机采试验示范

国家半干旱农业工程技术中心和河北众信种业科技有限公司，2014年在河北邯郸成安县进行了夏早2号麦后直播机械化采收试验示范，土质为壤土，面积2 hm^2，其中0.67 hm^2地为6月9日小麦联合收割机收获后，6月10日采用机械方法直播棉花，行距45 cm，株距17.5 cm，密度12.7万株/hm^2，单株成铃7个，铃重3.45 g，子棉产量3 000 kg左右。另外1.33亩地为春白地，5月31日播种，行距46.3 cm，株距19.4 cm，中耕除草灭茬2次，追肥3次，叶面肥1次，浇水2次，化控2次，全生育期不整枝，只打顶，病虫害防治3次，10月2日喷乙烯利，10月15日吐絮到顶，收获密度11.13万株/hm^2，成铃8.53个，铃重3.77 g，子棉产量3 577 kg/hm^2，2014年10月21日利用农业部南京农业机械化研究所进行了机械化采收，采净率达到92%，含杂率仅为5%，适合机械化采收。另外，国家半干旱农业工程技术中心和河北沃土种业科技有限公司，2014年在河北邯郸肥乡县进行了夏早2号麦后直播试验示范，示范面积13.33 hm^2，6月15日播种，密度7.5万株/hm^2，单株成铃11个，铃重4 g，每公顷子棉产量2 625～3 000 kg。

四、河南新乡延津麦后直播试验示范

早熟棉品种中棉所50在新乡麦后直播示范表现良好。早熟棉麦后直播是适应简化植棉和实现粮棉双丰收的新型种植模式。中国农业科学院棉花研究所2010年在河南新乡利用早熟棉品种中棉所50开展了麦后直播示范，示范面积约33.33 hm^2，经整个生育期的跟踪考察，中棉所50麦后直播示范效果良好。

中棉所50在小麦收割后带茬播种，由于当年春季气温回升慢，小麦迟熟8～10 d，最早播种田块于2010年6月8日播种，大面积播种时间为6月18日，最晚播种时间是7月4日。经调查，6月8日播种的田块表现最为突出，密度为8.85万株/hm^2，单株成铃数9个左右，子棉产量3 000 kg/hm^{2}的高产水平；6月18日播种的示范田，密度9万株/hm^2，单株铃数7～8个，子棉产量2 625 kg/hm^2；由于外地务工延误播期的7月4日播种的田块也获得满意结果，密度9.75万株/hm^2，单株铃数7～8个，子棉产量2 250 kg/hm^2。

2010年10月，农业部全国农业技术推广服务中心金石桥、山东省种子管理站副站长曲辉英、河南省种子管理站副站长霍晓妮、全国棉花品种试验站站长杨付新、河北省种子管理站品审处刘素娟、河南省农业科学院植物保护研究所研究员马奇祥、河北省邯郸市农业科学院棉花所所长李世云等一行实地考察中棉所50新乡麦后直播示范田，充分肯定了此种种植模式及其示范效果，并建议加快麦后直播早熟新品系的选育，提出2011年在黄河流域适宜棉区，加紧麦后直播早熟棉相关配套技术研究，为麦后直播新型耕作制度提供技术保障。

五、早熟棉在河南、内蒙古、新疆等地的机采试验示范

根据棉花产业发展的新需求，在国家棉花产业技术体系等国家重大科技计划的支持下，近几年中国农业科学院棉花研究所科技人员重点围绕我国各大棉区生态气候型，培育与机械化采摘相配套的棉花新品种、新品系及轻型化栽培技术，并与农业部南京农业机械化研究所紧密合作，把握棉花机械化采摘的发展趋势，发挥各自的专业优势，联合攻关机采棉

的农艺农机配套开发，已经取得了明显进展，为加快我国棉花全面推行机械化采摘起到了重要引领作用。

2013—2014 年中国农业科学院棉花研究所启动实施中棉所 60、中棉所 79、中 915、中 MB660、中 6913 等棉花新品种全程机械化试验示范。连续两年在河南安阳开展了棉花全程机械化现场观摩。来自国家棉花产业技术体系综合试验站、产棉大县农业局、农机局、种业公司和植棉大户 170 余位代表，现场观摩了农业部南京农业机械化研究所研制的指杆式和软摘锭式采棉机的收获作业及精量播种机、工厂化育苗装备、免耕打洞施肥移栽机、旋耕移栽机和农用无人喷施机等轻型棉花生产机械，以及轻型机采棉清花、轧花、打包等加工流程。据测算，全程机械化植棉实现后，我国棉花生产用工成本将下降 70% 以上，对提升我国生产原棉的竞争力，保障我国棉花生产的可持续发展具有积极的促进作用。2014 年中国农业科学院棉花研究所与农业部南京农业机械化研究所在南京签订轻型机采棉合作协议。根据合作协议，双方将发挥各自的专业优势，强强联合、集中力量、协同攻关，加快推进适宜我国各棉区中小型棉田的轻型机采棉技术研究，实现我国棉花全程机械化生产中的品种、农艺、农机的有效融合和技术突破，增加植棉效益，提高棉农收入，促进我国棉花产业的可持续发展。

内蒙古自治区（以下称内蒙古）阿拉善盟位于内蒙古最西部，全盟辖阿拉善左旗、阿拉善右旗、额济纳旗和阿拉善孪井滩生态移民示范区，属典型的温带大陆性气候，光能资源极为丰富，在国内仅次于青藏高原和新疆南部，年平均气温 6 ～ 9℃，年降水量 40 ～ 200 mm 不等，年日照时数 3 000 ～ 3 500 h，无霜期 150 ～ 170 d，≥ 10 ℃积温 3 000 ～ 3 600 ℃。2009—2012 年中国工程院喻树迅院士、中国农业科学院棉花研究所李付广所长和中棉种业科技股份有限公司刘金海总经理先后带队前往内蒙古阿拉善盟考察早熟棉试种示范情况，并到甘肃河西走廊金塔、敦煌等地调查了解当地棉花生产。2009 年通过内蒙古农牧业科学院引进中棉所 50 试种示范，阿盟农业技术推广中心负责技术实施，全区试验示范面积 60 亩，分布在孪井滩生态移民示范区，阿右旗古兰泰镇哈图陶勒盖嘎查和额济纳旗达来库布镇 6 户棉农。除个别地块外，中棉所 50 比当地推广的品种新陆早 8 优增产 10% ～ 25%。表现出了较强的丰产性与高抗病性。示范点农业推广部门认为中棉所 50 在当地具有较好的推广前景。以推广中棉所 50 为契机，双方进行了棉花战略合作的探讨，通过节水灌溉（滴灌）技术的引进，实行产业化运作，改变种植模式，调整农业产业结构，力争使棉花子棉单产达到 7 500 ～ 9 000 kg/hm^2。2013 年内蒙古阿拉善盟种植机采棉 8 080 亩，其中：额济纳旗种植 8 000 亩；阿左旗种植 80 亩。通过实施“一膜两管六行”的机采棉配套栽培技术达到“三省一增一提”的效果，即：省水，传统漫灌亩均用水 7 500 m^3/hm^2，示范田用水 3 000 m^3/hm^2；省肥，滴灌的应用大大提高了肥料利用率，节省肥料投入成本 2 250 元 /hm^2；省工，省去人工浇水、施肥、采棉等主要环节用工，仅采花一项，机械化采收较人工拾花，每千克节约1.6元；增产，经过测产计算，较传统种植亩增产21.5%；提高土地利用率，节约土地13%。由于去除了田埂与水渠等，既提高土地利用率，又便于大面积机械化作业。甘肃省酒泉市的金塔、瓜州、敦煌等县市，常年植棉面积100万亩左右。气候干燥，年降水量40～70 mm，年日照时数3 200～3 300 h，年平均气温7.2～8.6℃，≥10℃积温2 900～3 400℃。目前主要种植的品种为新陆早8号、10号、酒棉8号等，子棉单产450～500 kg/亩。当地农业推广部门对早熟棉中棉所50表现出了较高的积极性，2010年全面引种试验。

2014年10月，全国棉产业体系机械化收获现场会在新疆生产建设兵团农八师149团顺利召开。全国棉产业体系首席科学家、中国工程院喻树迅院士带领10多个省、区的专家奔赴农八师一四九团十三连40条田，观摩了机采棉、打膜（注：模，后同）、运膜等全程机械化作业情况。该团副团长王秀琴介绍说，一四九团今年种植14万亩棉花，100%机采，100%机械打膜，100%运膜车运膜，棉花从种到收实现100%全程机械化。如果像前几年用人工拾花，要接雇2万拾花工，从内地来回要发30趟列车，还要付出1亿元人民币。机采棉每亩可节省400多元，全团可以节省资金6 000万元。人工拾花要用50多天，10月底到11月初才能结束。那时候气温-10℃左右，拾花工很受罪。机采棉从9月中旬到10月中旬30多天结束“战斗”。采取边收获、边备耕，不但收获棉花可以提前10多天，备耕也可提前20天进行。

棉花是我国重要的经济作物之一，也是劳动密集型作物。目前，种棉比较效益下降、人力投入成本高已成为限制中国棉花产业发展的瓶颈因素，推广机械化植棉已成为棉花发展、实现轻简化植棉和快乐植棉的根本出路。

参考文献

北京农业大学作物育种教研室. 1989. 植物育种学 [M]. 北京：北京农业大学出版社.

陈建平，等. 2006. 江苏沿海短季棉栽培技术 [J]. 中国棉花（9）.

陈其瑛，李典谟，曹赤阳. 1990. 棉花病虫害综合防治及研究进展 [M]. 北京：中国农业科技出版社.

陈志贤，范云六，李淑君，等. 1994. 利用农杆菌介导法转移tfdA基因获得可遗传的抗2，4-D棉株 [J]. 中国农业科学，27（2）：31-37.

承泓良，狄文枝，陈祥龙. 1994. 短季棉育种与栽培 [M]. 南京：江苏科技出版社.

杜秀敏，殷文璇，张慧，等. 2003. 超氧化物歧化酶（SOD）研究进展 [J]. 中国生物工程杂志，23（1）：48-50.

范术丽. 2013. 中国短季棉改良创新三十年喻树迅院士论文集 [M].
方卫国，张正圣，李先碧，等. 2000. 棉花铃重 AFLP 标记的初步研究 [J]. 棉花学报，12（4）：176-179.
葛知男. 1993. 陆地棉早熟性的生理特点及其遗传研究 [J]. 江苏农业科学（1）：21-24.
耿军义，张香云，崔瑞敏，等. 2002. 杂交棉冀棉 18 号一代、二代的 SOD 和 POD 活性及生理生化机制研究 [J]. 华北农学报，17（4）：96-99.
郭海军，董志强，林永增，等. 1995. 黄萎病对棉花叶片 SOD、POD 酶活性和光合特性的影响 [J]. 中国农业科学，28（6）：40-46.
郭三堆，崔洪志，倪万潮，等. 1999. 双价抗虫转基因棉花研究 [J]. 中国农业科学，32（3）：1-7.
郭旺珍，孙敬，张天真. 2003. 棉花纤维品质基因的克隆与分子育种 [J]. 科学通报，48（5）：410-417.
郭旺珍，张天真，潘家驹，等. 1997. 我国陆地棉品种的遗传多样性研究初报 [J]. 棉花学报，9（5）：242-247.
郭文韬，曹隆恭. 1989. 中国近代农业科技史 [M]. 北京：中国农业科技出版社.
胡竟良. 1947. 中国棉产改进史 [M]. 上海：商务印书馆：1-13.
黄骏麒，钱思颖，周光宇，等. 1986. 外源抗枯萎病棉 DNA 导入感病棉的抗性转移 [J]. 中国农业科学，3：32-36.
黄骏麒，龚蓁蓁，吴敬音，等. 2001. 慈菇蛋白酶抑制剂（API）基因导入棉花获得转基因植株 [J]. 江苏农业学报，17（2）：65-68.
黄滋康. 1996. 中国棉花品种及其系谱 [M]. 北京：中国农业出版社.
江苏省农学会. 1992. 江苏棉作科学 [M]. 南京：江苏科技出版社.
蒋选利，李振岐，康振生. 2001. 过氧化物酶与植物抗病性研究进展 [J]. 西北农林科技大学学报（自然科学版），29（6）：124-129.
乐建雄，张慧军，张炼辉. 2002. 以对潮霉素抗性为筛选标记的棉花遗传转化 [J]. 棉花学报，14（4）：58-63.
李爱莲，房卫平，杨小昆，等. 1993. 陆地棉早熟性的生理代谢基础与后代传递 [J]. 棉花学报，5（1）：45-49.
李付广，崔金杰，刘传亮，等. 2000. 双价基因抗虫棉及其抗虫性研究 [J]. 中国农业科学（1）：46-52.
李付广，李凤莲，李秀兰. 1994. 棉花体细胞胚胎发生及主要物质的生化代谢机制 [J]. 河南农业大学学报（3）：313-316.

李付广，崔金杰，王有国. 2005. 棉花新品种及其栽培技术 [M]. 江西：江西科学技术出版社.
李伶俐，杨青华，李文. 2001. 棉花幼铃脱落过程中 IAA、ABA、MDA 含量及 SOD、POD 活性的变化 [J]. 植物生理学报，27（3）：215–220.
李颖章，韩碧文，简桂良. 2000. 黄萎病菌毒素诱导棉花愈伤组织中 POD、SOD 活性和 PR 蛋白的变化 [J]. 中国农业大学学报，5（3）：73–79.
林植芳，李双顺，林桂珠，等. 1984. 水稻叶片的衰老与超氧物歧化酶及膜脂过氧化的关系 [J]. 植物学报，26（6）：605–615.
林植芳，李双顺，林桂珠，等. 1988. 衰老叶片和叶绿体中 H2O2 的累积与膜脂过氧化的关系 [J]. 植物生理学报，14（1）：16–22.
刘传亮，武芝霞，张朝军，等. 2004. 农杆菌介导棉花大规模高效转化体系的研究 [J]. 西北植物学报，24（5）：768–775.
马旭俊，朱大海. 2003. 植物超氧化物歧化酶（SOD）的研究进展 [J]. 遗传，25（2）：225–231.
毛树春，宋美珍，等. 1999. 黄淮海平原小麦棉花两熟制生产力研究 [J]. 中国农业科学，32（6）：107–109.
倪万潮，张震林，郭三堆. 1998. 转基因抗虫棉的培育 [J]. 中国农业科学，31（2）：8–13.
聂以春，张献龙，等. 2004. 转 Bt 基因抗虫杂交棉的光合性状遗传分析 [J]. 作物学报，30（11）：1187–1189.
欧阳本廉. 1997. 试论北疆产棉区的棉花育种目标 [J]. 中国棉花，24（2）.
潘家驹. 1994. 作物育种学总论 [M]. 北京：中国农业出版社.
潘家驹. 1998. 棉花育种学 [M]. 北京：中国农业出版社：273–295.
裴树华，等. 1999. 辽宁省农作物品种志 [M]. 沈阳：辽宁科技出版社.
沈法富，尹承佾. 1993. 盐胁迫对棉花幼苗子叶超氧化物歧化酶（SOD）活性的影响 [J]. 棉花学报，5（1）：39–44.
沈新莲，袁有禄，郭旺珍，等. 2001. 棉花高强纤维主效 QTL 的遗传稳定性及它的分子标记辅助选择效果 [J]. 高技术通讯（10）：13–16.
宋国立，崔荣霞，王坤波，等. 1999. 澳洲棉种遗传多样性的 RAPD 分析 [J]. 棉花学报，11（2）：65–69.
宋国立，张春庆，贾继增，等. 1999. 棉花 AFLP 银染技术及品种指纹图谱应用初报 [J]. 棉花学报，11（6）：281–283.
唐薇，李维江，张冬梅，等. 2002. 干旱对转基因抗虫棉苗期叶片 POD、MDA 和光合速

率的影响 [J]．中国棉花，29（2）：23-24．

汪若海，潘家驹．1981．中国棉花育种方法的演变与评价 [J]．南京农学院学报（1）：6-11．

汪若海．1982．我国最早引种陆地棉时期的考证 [J]．农史研究（4）．

汪若海．1983．我国美棉引种史略 [J]．中国农业科学（4）：30-35．

王关林，等．1998．植物基因工程原理与技术 [M]．北京：科学出版社．

王国山，顾恒琴．1997．辽宁棉花育种回顾及品种评价分析 [J]．辽宁农业科学（3）．

王国山．1991．棉花早熟抗枯黄萎病品种选育探讨 [J]．辽宁农业科学（4）．

王国山，顾恒琴．1997．辽宁棉花育种问题回顾及品种价值分析 [J]．辽宁农业科学（3）．

王海洋，陈建平，张萼，等．2012．江苏沿海棉区短季棉麦后直播栽培技术规程 [J]．棉花科学（11）．

王建华，刘鸿先，徐同，等．1989. 超氧化物岐化酶 SOD 在植物逆境和衰老生理中的作用 [J]．植物生理学通讯，25（1）：1-7．

王心宇，郭旺珍，张天真，等．1997．我国短季棉品种的 RAPD 指纹图谱分析 [J]．作物学报，23（6）：669-676．

王雅平，刘伊强，施磊，等．1993．小麦对赤霉病抗性不同品种的 SOD 活性 [J]．植物生理学报，19（4）：353-358．

温伟庆，陈友吾．2002．银杏雌雄株过氧化物酶和过氧化氢酶活性差异研究 [J]．福建林业科技，29（2）：34-39．

吴家和，张献龙，等．2004．转几丁质酶和葡聚糖酶基因棉花的获得及其对黄萎病的抗性 [J]．遗传学报，31（2）：183-188．

武耀廷，张天真，郭旺珍，等．2001．陆地棉品种 SSR 标记的多态性及用于杂交种纯度检测的研究 [J]．棉花学报，13（3）：131-133．

西北农学院．1981. 作物育种学 [M]．北京：农业出版社．

谢道昕，范云六，倪万潮，等．1991. 苏云金孢杆菌（Bacillus thuringiensis）杀虫晶体蛋白基因导入棉花获得转基因植株 [J]．中国科学，B 辑（4）：367-373．

许萱．1999. 棉花的起源进化与分类 [M]．西安．西北大学出版社．

许燕华，骆萍，卢山，等．2000．次生萜类生物合成的调控 [J]．中国科学基金（4）：197-200．

叶子弘，朱军．2000．陆地棉开花成铃性状的遗传研究：Ⅲ．不同发育阶段的遗传规律 [J]．遗传学报，27（9）：800-809．

易成新，张天真．1999．分子标记用于棉花杂交种纯度测验的初步研究（英文）[J]．棉花学报，11（6）：318-320．

殷剑美，武耀廷，张军，等．2002．陆地棉产量性状 QTLs 的分子标记及定位 [J]．生物工程学报，18（2）：162-166．
于娅，刘传亮，马峙英，等．2003．基因枪转化技术在棉花遗传转化上的应用 [J]．棉花学报，15（4）：243-247．
余叔文，汤章城．1999. 植物生理与分子生物学 [M]．北京：科学出版社．
喻树迅，范术丽，宋美珍．2003．双价转基因抗虫棉中棉所 45[J]．中国棉花，31（3）：25-26．
喻树迅，范术丽，原日红，等．1999．清除活性氧酶类对棉花早熟不早衰持性的遗传影响 [J]．棉花学报，11（2）：100-105．
喻树迅，黄祯茂，姜瑞云，等．1992．短季棉中棉所 16 高产稳产生化 [J]．中国农业科学，25（5）：24-30．
喻树迅，黄祯茂，姜瑞云，等．1993．短季棉种子叶荧光动力学及 SOD 酶活性的研究 [J]．中国农业科学，26（3）：14-20．
喻树迅，黄祯茂，姜瑞云，等．1994．不同短季棉品种衰老过程生化机理的研究 [J]．作物学报，20（5）：629-636．
喻树迅，黄祯茂．1989. 我国短季棉生产现状与发展前景 [J]．中国棉花，16（2）：6-8．
喻树迅，黄祯茂．1990. 短季棉品种早熟性构成因素的遗传分析 [J]．中国农业科学，23（6）：48-54．
喻树迅，袁有禄．2002．数量性状遗传研究的新进展 [J]．棉花学报，14（3）：180-184．
喻树迅，张存信，黄祯茂．1998．短季棉优质高产新技术 [M]．北京：中国农业科技出版社．
喻树迅，张存信．2003. 中国短季棉概论 [M]．北京：科学出版社．
喻树迅．1988. 短季棉品种资源的早熟性研究 [J]．中国棉花（1）．
喻树迅．2007. 中国短季棉育种学 [M]．北京：中国农业出版社．
张存信．2002. 我国短季棉品种的演变及发展前景 [J] 种子科技 20（4）：217-219．
张天真，袁有禄，郭旺珍．2001. 棉花高强纤维 QTLS 的微卫星标记筛选 [J]．中国农业科学，28（12）：1151-1161．
张天真．2003. 作物育种学总论 [M]．北京：中国农业出版社．
章楷．1984. 植棉史话 [M]．北京：农业出版社．
赵冈，陈钟毅．1997．中国棉业史 [M]．台北：联经出版社．
中国棉花学会等．1995．新疆国际棉花学术讨论会论文集 [C]．北京：中国农业科技出版社．
中国农业博物馆．1995．中国近代农业科技史稿 [M]．北京：中国农业出版社．
中国农业科学院棉花所．2003．中国棉花遗传育种学 [M]．山东：山东科学技术出版社：

350-392.
中国农业科学院棉花研究所. 1998. 国棉花遗传资源及其性状 [M]. 北京：中国农业出版社.
中国农业科学院棉花研究所. 1981. 中国棉花品种志 [M]. 北京：农业出版社.
中国农业科学院棉花研究所. 1983. 中国棉花栽培学 [M]. 上海：上海科技出版社.
中国农业科学院棉花研究所. 2003. 中国棉花遗传育种学 [M]. 济南：山东科技出版社.
周睿，于元杰，尹承佾，等. 1994. 外源 DNA 直接导入棉花的分子验证 [M]// 麦棉分子育种研究. 四川科技出版社：259-262.
周兆斓，朱祯. 1994. 植物抗虫基因工程研究进展 [J]. 生物工程进展，14（4）：18-24.
朱军，季道藩，许馥华. 1992. 陆地棉花铃动态的遗传分析 // 北京国际棉花学术讨论会论文集 [C]. 北京：中国农业科学出版社：294-312.
朱军. 1992. 遗传方差和协方差的混合模型估算方法（Mixed model approach for estimateing genetic variances and covariances）[J]. 生物数学学报，7（1）：1-11.
朱军. 1993. 作物杂种后代基因型值和杂种优势的预测方法 [J]. 生物数学学报，8（1）：32-44.
朱军. 1994. 广义遗传模型与数量遗传分析新方法 [J]. 浙江农业大学学报，20（6）：551-559.
朱军. 1997. 遗传模型分析方法 [M]. 北京：中国农业出版社.
朱军. 2000. 数量性状遗传分析的新方法及其在育种中的应用 [J]. 浙江大学学报（农业与生命科学版），26（1）：1-6.
Bayley C N L，Trolinder，C Ray，*et al.* 1992. Engineering 2，4-D resistance into cotton[J]. Theoretical and Applied Genetics，83：645-649.
Chen X Y，Chen Y，Heinstein P，*et al.* 1995. Cloning，expression，and characterization of（+）-delta-cadinene synthase：a catalyst for cotton phytoalexin biosynthesis[J]. Arch Biochem Biophys，324（2）：255-266.
Fehr WR. 1987. Principles of cultivar development：theory and techniques[M]. Macmillan Pub. Co.，New York.
Fillatti J，McCall C，Comai L. 1989. Genetic engineering of cotton for herbicide and insect restance，proceedings，beltwide cotton production research conferences[C]. Memphis，Tennessee：National Cotton Council: 17-19.
Firoozabady E，DeBoer D L，Merlo D J，*et al.* 1987. Transformation of cotton（gossypium hirsutum）by agrobacterium tumefaciens and regeneration of transgenic plants[J]. Plant Molecular Biolog，10：105-116.
Geever R F，Katterman F，Endrizzi J E. 1989. DNA hybridization analyses of a gossypium

allotetraploid and two closely related diploid species[J]. Theor Appl Genet，77（4）：234–244.

Godoy A S，Palomo G A. 1999. Genetic analysis of earliness in upland cotton（gossypium hirsutum l.）i. morphological and phonological variables[J]. Euphytica，105：155–160.

Godoy A S，Palomo G A. 1999. Genetic analysis of earliness in upland cotton（gossypium hirsutum l.）ii. yield and lint percentage[J]. Euphytica，105：161–166.

Guo W Z，Zhang T Z，Pan J J，*et al.* 1998. Identification of RAPD marker linked with fertility–restoring gene of cytoplasmic male sterile lines in upland cotton[J]. Chinese Science Bulletin，43：52–54.

Iqbal M J，Aziz N，Saeed N A，*et al.* 1997. Genetic diversity evaluation of some elite cotton varieties by RAPD analysis[J]. Theor Appl Genet，94：139–144.

John M E，Stewart J McD. 1992. Genes for jeans：biotechnological advances in cotton[J]. Trends in biotechnology，10：165–170.

LaRosa P C，D E Nelson，N K Singh，*et al.* 1989. Stable NaCl tolerance of tobacco cells is associated with enhanced accumulation of osmotin[J]. Plant physiology，91：855–861.

Lee E H，Bennett J H. 1982. Superoxide dismutase：a possible protective enzyme against ozone injury in snap beans（phaseolus vulgaris l.）[J]. Plant Physiol.，6：1444.

Lyon B R，Y L Cousins，D L Llewellyn，*et al.* 1990. Genetic engineering of cotton for resistance to herbicide[R]. Fifth Australian Cotton Conference：27–29.

Mckersie B D，Y Chen，M De Beus，*et al.* 1993. Superoxide dismutase enhances tolerance of freezing stress in transgenic alfalfa（medicago sativa. L）[J]. Plant physiology，103：1 155–1 163.

Mishra N P，Ishra R K，Singhal G S. 1993. Changes in the activities of antioxidant enzymes during exposure of intact wheat leaves to strong visible light at different temperature in the presence of protein synthesis inhibitors[J]. Plant Physiol.，102：903–910.

Multani D S，Lyon B R. 1995. Genentic fingerpringting of Australian cotton cultivars with RAPD markers[J]. Genome，38，1005–1008.

Niinomi A，Morimoto M，Shimizus. 1987. Lipid peroxidation by the（Peroxidase/H2O2/phenolic）system（T）[J]. Plant Coll physiol.，28（4）：731–735.

Niles G A，*et al.* Genteic analysis of earliness in upland cotton. ii. 1985. yield and fiber properties[C]. Proceeding Beltwide Cotton Production Research Conferences：61–63.

Obtrlsy L，Buettner G. 1979. Role of superoxide dismutase in caner[M]. Ann Rev Cancer，39：1141.

Perlak F J, Deaton R W, Armstrong T A, *et al.* 1990. Insect resistance cotton plants[J]. BioTechnology, 8: 939-943.

Randy D R, Trolinder N L. 1955. Expression of superoxide dismutase in transgenic plant leads to increased stress toleance[R]. Proceedings of Beltwide Cotton Confernces: 1 136-1 137.

Reinisch A J, Dong J M, Brubaker C L, *et al.* 1994A . detailed RFLP map of cotton Gossypium hirsutum × Gossypium barbadense: Chromosome organization and evolution in a disomic polypioid genome[J]. Genetics, 138: 829-847.

Shah D M, Horsch R B, Klee H J, *et al.* 1985. Engineering herbicide resistance in trangenic plant[J]. Science, 233: 478-481.

Shappley Z W, Jenkins J N, Meredith W R, *et al.* 1998. An RFLP linkage group of upland cotton, gossypium hirsutum L[J]. Ther. Appl. Genet., 97: 756-761.

Shappley Z W, Jenkins J N, Watson Jr C E, *et al.* 1996. Establishment of molecular markers and linkage group in two F2 populations of upland cotton[J]. Thero Appl Genet, 92: 915-919.

Shu-Xun YU , Mei-Zhen SONG, Shu-Li FAN, *et al.* 2005. Biochemical genetics of short-season cotton cultivars that express early maturity without senescence[J]. Journal of Integrative Plant Biology Formerly Acta Botanica Sinica, 47 (3): 334, 342.

Simmonds N W. 1979. Principles of crop improvement[M]. London and New York: Blackwell Pub Professional.

Stelly D M, Sachs E S, Benedict J H, *et al.* 1994. Expression of cryia insect control protein genes from bacillus thuringiensis in cotton breeding populations[R]. Beltwide Cotton Conferences: 703.

Stewart J McD. 1991. Biotechnology of cotton[R]. CAB International, International Cotton Advisory Committee.

Tarczynski M C, Richard R G, Bohnert H J. 1993. Stress protection of transgenic to bacco by production of the osmolyte mannitol[J]. Science, 259: 508-510.

Tatineni V, Cantrell R G, Davis D D. 1996. Genetic diversity in elite cotton germplasm determined by morphological characteristics and RAPDs[J]. Crop Sci, 36: 186-192.

Throneberry G O, Smith F G. 1955. Relation of respiratory and enzymatic activity to com seed viability[J]. Plant Physiol., 30: 337-343.

Triplett BA, Busch WH, Goynes WR Jr. 1989. Ovule and suspension culture of a cotton fiber development mutant[J]. In vitro Cell Dev Biol Plant, 25 (2): 197-200.

Ulloa M, Meredith W R. 2000. Genetic linkage map and QTL analysis of agronomic and fiber quality traits in an intraspecific population[J]. J Cotton Sci, 4: 161−170.

Umbeck P, Johnson P, Barton K, *et al.* 1987. Genetically transformed cotton (gossypium hirsutum L.) plants[J]. Bio/Technology, 5: 263−267.

Verhalen L M. *et al.* 1971. A diallel analysis of several agronomic traits in upland cotton (Gossypium hirsutum L.) [J]. Crop Sci., 11 (1): 92−96.

Xiaohong Zhang, Lingling Dou, Chaoyou Pang, *et al.* 2015. Genomic organization, differential expression, and functional analysis of the SPL gene family in Gossypiumhirsutum[J]. Mol Genet Genomics, 290: 115–126.

YU Shuxun, SONG Meizhen , FAN Shuli, *et al.* 2005. Iochemical genetics of short−season cotton cultivars that express early maturity without senescence journal of integrative plant biology formerly acta botanica sinica[J]. Journal of Integrative Plant Biology, 47 (3): 334−342.

Zhang J, Guo W Z, Zhang T Z. 2002. Molecular Linkage Map of Allotetraploid Cotton (Gossypium hirsutum L. ×Gossypium barbadense L.) with a Haploid Population[J]. Theor Appl Genet, 105: 1166−1174.

Zhang T Z, Yuan Y , Yu J , *et al.* 2003. Molecular Tagging of a Major QTL for Fiber Strength in Upland Cotton and Its Marker−assisted Selection[J]. Theor Appl Genet, 106: 262−268.

Zhou Guanyu, *et al.* 1983. Introduction of exogenous DNA into cotton embryos[J]. Methods in Enzymology, 101, 433−481.

Zhu J, Weir B S. 1994. Analysis of cytoplasmic and maternal effects: I. a genetic model for diploid plant seeds and animals[J]. Theor. Appl. Genet., 89: 153−159.

第三章　中熟棉育种

第一节　中熟棉种植区域与育种目标

一、中熟棉育种的意义

我国可植棉区几乎布遍全国各地，东起辽河流域及长江三角洲，西至新疆的喀什地区，南自海南省三亚市，北抵玛纳斯河流域（自 N 18° ～ 45°，南北相距 27°；E 70° ～ 124°，东西相距 48°）。各地的气候、土壤条件具有较大差异，植棉的耕作方式也极为不同，对品种的熟性要求多样。除少数区域年积温较少，只能种植早熟（特早熟）棉花品种，以及华南地区丰富的热量资源可种植晚熟品种外，我国大多数植棉区种植的为中熟棉（中熟、中早熟）品种。

我国目前棉花栽培种为陆地棉和海岛棉，陆地棉为主要栽培种，海岛棉种植面积很小，主要在新疆的南疆地区种植。品种熟性是划分棉花类型的一个重要依据，是对生态适应性的一项重要指标。陆地棉品种按照熟性可分为早熟、中熟、晚熟类型，各个熟性类型中又可划分亚类型；海岛棉也分为早熟和中熟两个类型。熟性划分的基本依据是不同熟性品种以保证能获得足够的成熟度（霜前花率达 70% ～ 80% 时），由播种到初霜期所需求≥ 15℃的积温。陆地棉早熟品种为 3 000 ～ 3 600℃，中早熟品种为 3 600 ～ 3 900℃，中熟品种为 3 900 ～ 4 100℃，中晚熟品种为 4 100 ～ 4 500℃，晚熟品种需 4 500℃以上；海岛棉早熟品种需 3 600 ～ 4 000℃，中熟品种需 4 500℃以上。

各地区按热量条件选用适宜的品种类型，充分利用热量条件，才能获得最大的经济效益。根据我国大多数棉区适宜种植中熟棉花品种的情况，常规方法与分子技术相结合，选育高产、优质、多抗、适应性广的中熟棉花品种，对于促进棉花产业持续发展和农民增收具有重要的意义。

二、中熟棉种植区域概述

我国宜棉区域辽阔，不同地区在土壤、气候和耕作制度等方面都有较大差异。不同生态条件对棉花品种的产量与品质有着很大的影响，品种熟性对生态条件不适应时，就不能发挥该品种所具有的产量、品质等性状的特点。因此，应当充分考虑这些影响因素，使各棉区扬长避短，生产品质配套的优良棉花以满足市场的需求。

20世纪40年代，冯泽芳等根据气候、棉花生产地区和棉种适应性，把全国分为黄河流域、长江流域及西南三大棉区；20世纪50年代增加了北部（特早熟）和西北内陆两个棉区，将全国棉区由南到北依次划分为华南、长江流域、黄河流域、北部特早熟和西北内陆五个大区。中国棉花学会于1980年召开全国棉花种植区划和生产基地建设学术讨论会，再次肯定全国五大棉区划分的依据。姚源松等分析了新疆62个气象台站1961—1998年38年的气象资料，选用≥10℃积温，无霜冻期及7月份平均气温为区划指标，并把新疆和内地棉区的生产实践与气象资料相结合，将西北内陆棉区划分为四个亚区：即中熟棉亚区、早中熟棉亚区、早熟棉亚区和特早熟棉亚区。

长江流域温度高，≥10℃积温4 800～5 500℃，≥0℃日数340～350 d，列为中熟区；生长期长属湿润气候，年降水量800～1 800 mm，土壤有红壤、黄壤、水稻土等，质地为壤土、黏土。黄河流域的温度较高，包括华北平原及黄河中下游南部、淮河北部、陕南，≥10℃积温为4 200～4 800℃，≥0℃日数290～340 d，生长期中等，列为中早熟区；黄河流域的冀中及晋中南、关中地区，气候较温暖，夏季较热，年平均气温11～13℃，最热月平均气温25～26℃，无霜期180～200 d，属半湿润气候，年降水量为500～700 mm，土壤为潮土、棕壤、土娄土等，质地多为砂粉土和粉上；黄河中下游南部，淮北—陕南—川北地区，气候温暖，年平均气温12～15℃，最热月平均气温26～28℃。无霜期205～245 d，属半湿润气候，年降水量600～800 m，土壤主要为潮土、棕壤，质地多为粉土、砂壤土。

新疆的中熟棉亚区位于天山东段山间吐鲁番盆地，≥10℃积温为4 500～5 400℃，是我国夏季最干热、热量最多的棉区，高温酷热、大风多，年降水量<50 mm，≥35℃的天70～98 d，绝对最高温度49.6℃，不利于棉花生长发育，致使大量蕾铃脱落。该区又是多风地区，大风以春末夏初最为频繁，不利保苗。土壤为灰棕漠土，质地为砂壤土和粉土。早中熟棉亚区根据热量条件又划分成叶塔次亚区，该亚区集中在叶尔羌河、塔里木河流域，≥10℃积温为4 100～4 660℃，无霜冻期较长，在200～239 d，7月平均温度在24.6～27.4℃，适宜棉花生长发育，是新疆棉花生产潜力最大的棉区；塔哈次亚区，该区包括塔里木盆地边缘北部、东部、南部，以及东疆的哈密，≥10℃积温为3 800～4 370℃。大部分为风沙土，盐土，质地为粉土和壤土、砂粉土。

陆地棉中熟（中早熟）品种要求积温在3 600～4 500℃，五大棉区的长江流域、黄河流域，新疆的中熟棉亚区、早中熟棉亚区均适宜中熟（中早熟）品种。

三、中熟棉育种现状与育种目标

（一）产量现状与育种目标

产量是棉花育种的主要目标之一。构成产量的因素包括铃数、铃重和衣分，即单位面积皮棉产量 = 单位面积总铃数 × 铃重 × 衣分。育种实践证明，棉花构成产量某些性状之间，存在着比较复杂的不同程度的负相关。如棉铃大的，一般结铃率较低；而结铃率高的，一般棉铃较小。当极大提高了某一产量因素，另一产量因素往往则受到抑制而下降。朱绍琳分析 1986—1990 年我国长江流域棉花品种区域试验的测试数据，一些品种在某些产量性状方面都有一定的提高，而产量综合水平则不突出。大体上有这样几类：一类是铃大，单铃子棉重比对照重 1.0 g 以上，衣指高，子指大，但单株果节数少，结铃率也不高，虽然铃大，未能弥补单位面积总铃数减少的影响，子、皮棉产量均稍低于对照；另一类是铃较大，结铃率亦达到一定的水平，而单株果节数较少，单位面积总铃数少于对照。由于铃较大，超过了单位面积总铃数减少的影响，因此，子棉产量则占有一定的优势，但衣分低，皮棉产量则低于对照。

孔繁玲等分析了新中国成立以来至 1995 年我国黄淮棉区棉花品种产量及产量组分的改良。产量性状的遗传改良成效显著，品种的产量潜力以每年 800 kg/hm^2 速度增长，1950—1994 年间皮棉单产平均年增长速率为 16.14 kg/hm^2，品种改良的实际贡献在 30% 以上，后期育成的品种比早期品种产量提高 68.69%，株铃数提高 2 个 / 株，衣分提高 5%，铃重变化不明显。对不同历史时期性状间关系的分析表明，三个产量组分性状对皮棉产量的贡献在不同历史时期存在明显的差异，铃重与株铃数乃至与衣分在后期品种群体中呈负相关，在以后对产量组分的进一步改良时，应在对株铃数选择的基础上注意协调其与铃重的关系，否则，铃重将会限制产量的进一步提高。焦光婧分析 1978—2007 年我国不同棉区棉花品种特性及变化趋势得出，抗虫棉品种的铃重指标 1986 年到 2007 年间平稳增加，但不是逐年增加，从 1986 年的 5.0 g 增加到 2007 年的 6.0 g，22 年间增长了 1.0 g；衣分指标的变化趋势 1997 年以前变化不稳定，1997 年以后，总体变化趋势在上升，到 2003 年达到最高 40.97%，以后略有降低，不低于 40.30%。皮棉产量随着年份的变迁，呈明显上升趋势，1997—2007 年间，从 1997 年的 765.0 kg/hm^2 提高到 2006 年的 1 520.44 kg/hm^2，2007 年略有下降，总体上升幅度达 755.441 kg/hm^2，抗虫棉的产量在迅猛提高。刘卫星分析 2007—2008 年黄河流域中早熟棉产量构成因素，发现 4 个产量构成因素对皮棉产量的直接作用依次为单株铃数（0.520）＞密度（0.499）＞单铃重（0.234）＞衣分（0.223），从产量结构模型模拟得出皮棉产量在 1 200 ～ 2 100 kg/hm^2，产量构成因素为：密度 40 925 ～ 45 098 株 /

hm^2，单株铃数 15.93 ～ 18.77 个，单铃重 6.12 ～ 6.35 g，衣分 41.16% ～ 43.04 %。

因此，产量选育目标应选育生育期适中、霜前花率相对适中的品种，这样可协调生育期，提高产量。在保持衣分基础上，着重选择结铃性强的品种，提高产量；利用分子设计育种、转基因育种打破产量因素之间的负相关，同步改良熟性和产量。

（二）抗枯、黄萎病育种现状与目标

棉花枯萎病和黄萎病是世界性的严重为害棉花的两大病害，也是我国棉花生产上的主要病害。20 世纪 70—80 年代棉花枯萎病在我国为害严重，尤其是陕西、山西、河南、山东、四川、江苏省等老植棉区，因枯萎病造成大面积绝产。1982 年全国枯、黄萎病普查结果，因枯萎病绝产面积达 2.1 万 hm^2，损失皮棉 1 亿 kg。随着抗枯萎病育种的开展，棉花枯萎病抗性逐渐提高，棉花抗病品种种植面积迅速扩大，枯萎病在重病田的为害得到缓解。转基因抗虫棉品种在常规棉抗病资源基础上开展，枯萎病抗性具有较高的水平，但近几年，新育成的抗虫棉品种抗性水平下降，一些地方枯萎病发病程度有所回升。

自 1993 年以来，我国棉田黄萎病为害逐年加重。据调查，2003 年我国长江流域棉区和黄河流域棉区黄萎病大面积发生为害，损失惨重，发生面积高达 300 万～ 400 万 hm^2，一般减产 20% ～ 30%，部分棉区严重的减产达 60% 以上。每年因黄萎病为害，造成棉花减产达 100 万 t。尤其是近年来发生和造成严重为害的落叶型黄萎病，发生蔓延快，损失巨大。我国棉花抗黄萎病育种开始于 20 世纪 50 年代，“六五”“七五”期间抗黄萎病育种取得了长足进步，获得了一批抗黄萎病品种。自 1993 年黄萎病大发生后，全国各育种单位加强了抗黄萎病选育力度，品种的抗黄萎病性得到提高，但棉花黄萎病菌极易发生变异，生理小种较多，不同区域差异较大，加之目前还没有找到理想的抗源，品种抗性水平仍然不高。

师勇强等对 1998—2011 年黄河流域参试的 560 个棉花品种（系）的枯萎病抗性分析表明，高抗品种仅有邯郸 5158、泗棉 168、百棉 1 号等 137 个，占 24.5%；抗病品种有冀 228、新科棉 1 号、中 69 等 187 个，占 33.4%；另外还有 36.4% 的品种表现为耐病；抗枯萎病品种的比例在 1998—2006 年为上升趋势，之后也有回落趋势。张香云等对黄河流域 1999—2007 年棉花品种区域试验中 63 个春播品种（21 个常规品种、42 个杂交种）分析表明，只有 7 个品种表现为高抗枯萎病，占 11.1%；24 个品种表现抗病，占 38.1%；31 个品种表现为耐病，占 49.2%；还有 1 个品种为感病。枯萎病指变幅在 1.6 ～ 23.3，平均值 10.2，仍然偏高。徐继萍分析安徽省“十一五”审定棉花品种枯萎病抗性，2006 年和 2007 年共审定 30 个新品种，其中抗病品种仅有 7 个，耐病品种 21 个，还有 2 个品种感病，2 年平均枯萎病指 13.95。2008—2010 年实施新的品种审定标准，从枯萎病的抗性上淘汰了一大批参试和报审的品种。审定了 22 个新品种，其中抗病品种 13 个，耐病品种 9 个，3 年平均枯萎病指 9.44，后 3 年审定的品种枯萎病抗病有所提高。

师勇强等分析 560 个棉花品种（系）的黄萎病抗性，抗病的仅有邯郸 352、SGK156、中杂 7 号等 64 个品种，占 11.4%；耐病的有鲁 H208、中 36-45、中 30 等 401 个品种，占 71.6%，参试品种的总体抗黄萎病性指数 RV = 23.6。参试品种（系）中表现双抗的品种有冀 228、银瑞 361、邯杂 306 等 37 个，占总参试品种的 6.6%，高抗（抗）枯萎病耐黄萎病的品种有开棉 5 号、冀棉 538、石抗 338 等 238 个，占总参试品种的 42.5%，参试品种（系）的兼抗枯、黄萎病性指数 RFV=10.7。抗黄萎病品种和兼抗品种的比例于 2005 年达到高峰（2.0% 和 1.3%），之后回落，2007 年至低谷，2008 年之后兼抗品种比例的变化趋势与抗黄萎病品种比例的变化一致：均表现起伏不稳，仍在较低水平徘徊。张香云分析的 63 个参试的转基因抗虫棉品种中，没有高抗黄萎病的品种，达到抗病级别的也只有 4 个，占 6.3%。54 个品种表现耐黄萎病，占 85.7%，还有 5 个品种表现为感病，占 7.9%。蔡立旺分析江苏省 2001—2012 年审定品种，19 个品种中没有高抗黄萎病品种，2 个常规品种达抗病级别，8 个品种耐黄萎病，其余品种均感黄萎病。赵鸣对 2006—2011 年山东省棉花区域试验参试品种分析，达到抗黄萎病及以上水平的比例较小，2006—2008 年不到 10%，2009—2011 年比例有一定程度提高，达到 50% 左右。

分析参试品种和审定品种枯萎病抗性发现，我国以往育成品种的枯萎病抗性总体处于耐病水平以上，但高抗枯萎病的品种比例仍较小，品种间抗性水平差异较大，仍有部分品种表现为感病。调查发现生产上有一些地块发病程度严重，大幅度减产或绝产，损失较大；以往育成的品种的抗黄萎病性仍较差，部分耐黄萎病的品种的病指仍偏高，还有一定数量的感病品种。在国家区域试验品种（系）中，表现双抗的品种仅占很小比例，有相当一部分品种具有较好的抗枯萎病性，但抗黄萎病性较差，品种的兼抗性与抗黄萎病性趋势一致。

未来，在新品种抗病性选育方面，仍应加强抗枯萎病性状选育，应在保持高水平抗枯萎病性能的基础上，进一步加大抗（耐）黄萎病品种的选择力度，大幅度提高品种的兼抗水平。重视不同地区枯、黄萎病菌变异分化，与生产上流行的病原菌小种同步，提高新品种的枯、黄萎病抗性水平，减少由于枯、黄萎病而引起的棉花产量损失和品质下降。

（三）纤维品质育种现状与目标

杨伟华等对“十一五”期间我国审定 552 个棉花品种纤维品质分析表明，按上半部平均长度统计，中长绒（31.0 ～ 32.9 mm）品种占 13.6%，达到长绒（33.0 ～ 36.9 mm）标准的占近 2%；按断裂比强度统计，达到强档次（29.0 ～ 31.9 cN/tex）及以上的品种占 70.8%；按马克隆值统计，符合 C1（3.4 及以下）、B1（3.5 ～ 3.6）、A（3.7 ～ 4.2）分别占 0.4%、0.9%、8.0%。张香云分析黄河流域转基因抗虫棉 63 个新品种，上半部平均长度 31 mm 以上的品种只有4个：中农8503（32.1 mm）、MB4608（32.5 mm）、冀228（31.8 mm），占总数的6.3%；长度在29.6～30.9 mm的品种48个，占76.2%。63个品种中42个品种纤维比强度在29.1～31.0 cN/tex，占66.7%，2个品种的比强度在28 cN/tex以下，占3.2%。较高比强度（31 cN/tex以上）的品种11个，占总数的17.5%，仅有两个品种比强度达到33.5 cN/tex，分别是MB4608和郑育棉2号。在63个品种中58个达到农业部发布的黄河流域棉花育种目标中绒品种标准（马克隆值为3.8～4.9），占92.1%，但65.1%的品种马克隆值在4.6～4.9，还有3个品种马克隆值5.0以上。刘素娟分析河北省近8年审定的品种，中长绒类型（＞31 mm）品种7个，占总数的13.7%；中绒类型（28～30 mm）品种42个，占总数的82.4%；中短绒类型（25～27 mm）品种2个，占3.9%，中绒类型纤维长度的品种占较大比例。中绒类型17个品种中常规种平均比强度为30.9 cN/tex，杂交种平均比强度为31.2 cN/tex；中长绒品种类型中达到配套强力要求（＞30 cN/tex）占33.3%，只有2个品种的马克隆值为3.8，平均值为4.5，总体偏高；中短绒类型品种均值为4.6，变幅在4.2～5.1，83.7%的品种马克隆值在4.4～4.9。徐继萍等分析安徽省2006—2010年审定的棉花新品种，国家优质、抗病虫棉花育种技术研究及新品种选育目标（绒长29 mm以上，比强度32 cN/tex以上，马克隆值3.5～4.5），仅4个品种2.5%跨长、比强度达标，但马克隆值偏高，纤维偏粗。蔡立旺对江苏省2011—2012年审定的19个品种的纤维品质分析，依据NY/T 1297-2007标准，纤维长度、比强度和马克隆值3项指标均达Ⅰ型标准仅1个品种，达Ⅱ型标准10个品种，达Ⅲ型标准7个品种。

从对不同区域和试验品种纤维品质结果分析可知，中熟棉品种的品质育种将是长期的努力目标，纤维品质改良的方向是，增强品种的纤维比强度，降低马克隆，进一步协调纤维比强度、长度和马克隆值之间的关系，使不同档次的品种纤维品质配套，满足纺织工业对不同档次原棉的需求。重点选育市场需求量大的纤维长度28～30 mm、比强度30.0～33 cN/tex、马克隆值3.7～4.5的棉花新品种，选育纤维长度31～33 mm，比强度≥34 cN/tex、马克隆值3.6～4.3，可纺中高支（60～80支）纱的棉花新品种。

（四）抗虫育种现状与目标

20世纪90年代，由于棉铃虫在我国大部分棉区持续性大发生或暴发，给棉花生产带来了巨大的威胁，棉农谈“虫”色变。仅1992年一年即造成直接经济损失60多亿元，间接损失超过100亿元，对棉花生产发展造成了很大影响。同时，防虫治虫使棉花的生产成本增加，植棉的比较效益降低。黄淮海棉区的资料表明，在棉铃虫得到及时防治的情况下，一般每公顷皮棉产量1 500 kg左右，如果防治不及时就会严重减产，1992年和1993年一些棉农不治虫，棉花基本绝收。

在病虫害严重影响棉花生产及生态环境的情况下，各国政府都试图寻找防治棉铃虫及其他病虫害的有效办法。1988 年美国孟山都（Monsanto）公司获得转基因棉花，美国成为世界上首个拥有 Bt 转基因棉花的国家。“八五”期间，我国“抗虫棉”研究在“863”计划资助下，人工合成 CryIA（b）和 CryIA（c）杀虫基因导入我国棉花主栽品种获得成功，成为继美国之后，第二个拥有自主研制抗虫棉的国家。我国现在 85% 的棉花都属于转 Bt 基因抗虫棉，其广泛种植带来了巨大的经济效益和社会效益。但分析近年来国家的棉花区域试验数据，发现参试的品种存在几个问题，一方面转 Bt 基因抗虫棉在抗虫株率上存在差异；另一方面转 Bt 基因抗虫棉的 Bt 蛋白表达量都属于高表达，但表达量差异较大，最高的表达量达到 1 051 ng/g 鲜重，最低的只有 468 ng/g 鲜重。

雒珺瑜对 2004—2008 年国家区试转基因棉花抗棉铃虫性进行了分析，不同年份达到高抗水平的百分率仅2004年达到47.22%，其余年份在1.47%～8.16%。5个年份中，达到抗虫水平的品种数百分率50%～95.59%，感虫水平的分别为2007年占2.99%，2006年占1.47%，其余年份没有鉴定出感虫品种。不同年份幼虫校正死亡率≥ 80% 品种数占 65.57% ～ 97.83%。

育种实践及有关试验证明，不同遗传背景材料的抗虫性变化存在一定差异，推断 Bt 杀虫蛋白表达量的影响存在遗传背景的互作效应。不同系谱材料在不同年份和地点的杀虫蛋白表达量受环境的影响程度不同，可能存在遗传背景与环境间的互作效应。随着种子纯度的降低，棉铃虫的为害等级逐渐升高，棉铃虫的死亡率逐渐降低，种子抗虫纯度的高低直接影响抗虫棉的田间整体抗虫性，种子抗虫纯度降低，将会直接导致“抗虫棉不抗虫”的现象发生。加强转基因抗虫棉抗虫性鉴定，提高转基因抗虫棉纯度，选择高表达毒蛋白的育种材料是转基因抗虫棉的重要目标。

随着转基因抗虫棉的大面积应用，棉铃虫为害得到遏制，但棉花次要害虫，如盲蝽象、蚜虫、棉叶螨等为害率上升，盲蝽象已由次要害虫变为主要害虫，治虫成本随之反弹。因此，加强对盲蝽象等害虫抗虫性选择，克隆和转抗盲蝽象基因已成为抗虫育种的重要目标。

（五）抗逆育种目标

我国在棉花育种目标上强调抗逆（旱、寒、盐碱等）等性状相对较少，推出的新品种抗逆性较差。随着盐碱地植棉面积扩大，耐盐、抗干旱育种逐渐被重视，2004 年中国农业科学院棉花研究所成功育成抗盐品种中棉所 44，在土壤含盐量达 0.4% 条件下，相对成苗率 81.3%，达抗盐水平。河北农业大学育成的农大 601 在渤海盐碱地种植，在土壤含盐量超过 0.4% 条件下，出苗整齐，获得了较高的产量水平。另外，在国家转基因作物育种重大专项支持下，生物技术研究也取得了重要进展，抗旱、耐盐等基因已转入棉花品种。

在我国耕地中有较大面积的中低产田，其中大部分是由于干旱和盐碱所致，在1.1亿hm^2耕地中，盐碱地有650万hm^2，中低产田约6 500 hm^2。灌溉地区次生盐渍化田地还在逐年增加，此外还有2 000万hm^2盐碱荒地有待开发利用。这些土地适于大规模机械化种植，而棉花是最适合该区域种植的经济作物，是下一步扩大棉花种植面积的重点发展方向。针对我国确保粮食生产的政策，利用盐碱地、旱地植棉是稳定我国棉花面积的出路，培育抗逆性强的品种对稳定提高我国棉花总产，实现棉花可持续发展将具有重大意义。

（六）机械化育种目标

棉花是劳动密集型的大田经济作物，种植管理复杂，每亩用工20～25个，是粮食作物的3～4倍。随着我国城镇化、工业化进程的加快，农村劳动力大量转移，劳动力成本急剧上涨，棉花生产遭到前所未有的挑战。近几年，全国植棉面积急剧下滑，且呈加剧趋势。减少植棉用工，降低植棉成本，是稳定发展我国棉花生产的重要措施之一。植棉全程机械化可以降低植棉劳动强度，减少劳动力投入，是我国棉花未来生产的发展方向。植棉全程机械化是一个系统工程，需机械、育种、栽培、植保等方面的专家紧密配合，从而达到农机与农艺的有机结合。在育种目标上，应选育株型比较紧凑、叶枝较少，叶片略小、第一果枝高度在18 cm以上的品种，结铃部位集中、吐絮集中、含絮力适中、喷施落叶剂效果好，霜前花率90%以上，纤维品质在Ⅱ型以上。今后的方向应该是采用分子技术与常规育种相结合，协调机采特性与产量及品质之间的矛盾，提高机采棉生产力，大力推进棉花全程机械化进程，实现快乐植棉。

第二节　中熟棉育种种质创制

一、种质资源的种类

棉花种质资源是培育高产优质抗病虫棉花新品种的物质基础，在棉花育种研究中具有非常重要的地位。棉花种质资源包括棉属的栽培种、陆地棉半野生种系、野生种及其近缘植物。棉花种质资源按其特性、来源、遗传组成等可划分不同的类别。按种质的来源可分为农家品种（地方品种）、选育品种、半野生种系、野生棉种和棉属近缘植物。随着育种技术进步，一批优良品种相继产生并应用于生产，采用常规育种技术和现代育种技术，如选择、杂交、诱变、生物技术等方法育成的品种、品系，包括过时品种，正在推广品种、国外引进品种、育种材料和遗传工具材料等都可作为育种的种质资源。在常规研究方法基础上，将生物技术应用于种质资源研究，在棉花上已取得巨大成功，转基因抗虫棉在生产上大面积推广，并取得了巨大经济效益。抗除草剂的转基因棉也已应用于生产中。此外，还获得了提高黄萎病抗性、提高纤维品质、呈现有色纤维的转基因植株。

二、高产种质材料创制

（一）高衣分种质资源的创制

西南大学裴炎课题组将特异表达生长素合成酶基因 iaaM（农杆菌色氨酸单加氧酶基因）与来源于矮牵牛的种皮特异启动子 FBP7 连接（*FBP7-iaaM*），插入植物表达载体 p5 中，构建植物表达载体。通过农杆菌介导法将 iaaM 基因转入棉花栽培品种冀棉 14 中，生长素（IAA）在棉花纤维起始细胞中高丰度累积，特异启动子指导 iaaM 基因在胚珠的外表皮特异表达，转基因株系中胚珠生长素含量显著增加。原位杂交结果表明，转基因棉花纤维起始细胞中的 IAA 信号增强，表明特异表达 iaaM 提高了种皮的 IAA 含量，转基因株系棉花胚珠表面突起增加，经过筛选获得转基因棉新株系 IF1-1、IF1-6 和 IF1-14。转基因棉花的纤维细胞数量显著增加，衣分明显提高，其中 IF1-1 达 50% 左右（野生型和 T_0 代分离出来的非转基因系的对照为 40% 左右）。转基因棉花的纤维产量显著提高（增加 25% 左右）。同时，转基因棉花纤维的细度也得到明显改良。纤维细度指标马克隆值稳定在 4.5 左右，而对照则在 5.0 以上。

河北农业大学以转 FBP7-iaaM 高衣分材料 IF1-1 为亲本与综合性状好的材料进行杂交并对杂交后代进行选育，获得高产、优质、综合性状优良的棉花新品系。6 个优良品系的目标性状衣分和马克隆值均较优，衣分在 43.23% ～ 47.93%，马克隆值在 3.76 ～ 4.20，均处于优等 A 级范围内。

丁业掌对转 Bt 和 GNA 双价基因后代植株加代、抗虫检测、自交、单株和株系选择、纤维品质测定和产量比较试验，选育出双价转基因抗虫棉种质系 BGsm16。该种质系高抗棉铃虫等鳞翅目害虫，对蚜虫有一定的抑制作用，抗虫性稳定且不随世代的增加而减弱，衣分高达 48.0% 左右，配合力好，结铃性强，与其配置的杂交棉组合衣分高，丰产性好，品质高于对照南农 8 号，表现很强的杂种优势。

邢台地区农科所以斯字棉系统的徐州 1818 为材料，采用系统选育法于 1971 年育成邢台 6871（冀棉 1 号），1975 年经河北省农作物品种审定委员会审定。该品种衣分 42% ～ 44%。统计显示，以冀棉 1 号为材料育成棉花新品种、新品系及杂优组合达到 60 多个，如冀棉 10 号（冀邯 5 号 × 邢台 6871）、冀棉 12 号（冀邯 5 号 × 邢台 6871）、冀棉 16 号（黑山棉 1 号 × 邢台 6871）、鲁棉 2 号（邢台 6871×SP-21）、鲁棉 3 号（邢台 6871×114）、鲁棉 5 号（乌干达 3 号 × 邢台 6871）号、中棉所 12 号（乌干达 4 号 × 邢台 6871）、中抗

5（陕 401× 邢台 6871）。

棉花种质资源繁种与抗性鉴定协作组对我国育成的品种分析筛选出一些高衣分种质资源，包括河北省育成的石 711、石 78412、邢台 79-11、冀棉 12 号、冀棉 13 号，山东省育成的自育 4 号、莒县长绒 12、1195，山西省育成的 373、运 78-530、河南省育成的新乡 74C-4、71C-6，中棉所育成的中棉所 8 号、中 2108、中 6331，江苏省育成的 71-6235、泗棉 2 号、徐州半半棉、南通 82-2513、启动 69-9，四川省育成的川抗 414、巴棉 375、达棉 4 号、达 26-1、抗三星大桃，湖北省育成的辐 4026、7103、密果枝棉、鄂 81-8597、鄂 84-16，以及土库曼陆地棉等一批高衣分品种，衣分均在42%以上，土库曼陆地棉高达47.32%，徐州半半棉、中 2108、邢台 79-11、辐 4026、71C-6、达 26-1 衣分高达 45% 以上，为棉花高产育种提供了高衣分种质资源。

（二）大铃种质资源创制

复旦大学生科院国家基因工程重点实验室杨金水教授课题组长期以来在植物细胞大小调控方面进行了深入的研究，分离克隆了具有调控植物细胞大小的基因 RRM2，并申请获得了专利。在前期研究的基础上，杨金水教授课题组与中国农业科学院棉花研究所李付广研究员课题组合作，将 csRRM 基因经过改造后导入棉花，转基因植株的棉铃增大非常明显，数据显示转基因植株的平均单铃重较之受体品种中棉所 12 最高增加可达 49.9%。同时，转基因植株的结铃数目也明显增多，较之受体品种中棉所 12 最高增多可达 35.3%。目前已经获得一批在棉花育种上具有应用价值的转基因大铃棉花种质新材料，csRRM 转基因棉花的平均单铃重从 5.5 g 提高到 7.5 g，铃重增加 36%，显著高于一般棉花品种，结铃性比一般棉花品种提高 20%，棉纤维增长 3 mm。目前，该转基因材料已经通过农业部环境释放（农基安审字（2010）第 018 号）。该转基因新材料的选育成功，将为广大育种者选育新型转基因高产棉花新品种提供非常重要的亲本材料。

棉花种质资源繁种与抗性鉴定协作组对我国育成的品种分析筛选出一些大铃种质资源，包括河北省育成的南宫 74、冀邯 2 号选系、353 大铃，河南省育成的对桃棉、5034，山西省育成的鄂光 ×3400、运城 4 号选系、运城 5 号、运城 68-6，辽宁、江苏、湖北、湖南、四川等育成的黑山 68-3-5、北镇 71-156、北京 -2 号、启丰大铃、松滋大铃、养马大桃、常熟大桃、新州大铃、邵阳大桃、大铃福字棉、新疆的大铃型等一批大铃资源，单铃重均在 7 g 以上，为棉花高产育种提供了大铃种质资源。

三、优质种质材料创制

（一）海陆代换系资源创制

目前，我国棉花育种处于爬坡阶段，产量、品质、抗病虫性改进缓慢，基因资源的拓宽是解决问题的重要途径。除陆地棉栽培种之外，棉属 51 个种的其他栽培种海岛棉、亚洲棉、草棉，以及野生种系、野生种等远缘种属具有丰富的遗传多样性，含有抗旱、抗病虫、抗寒、雄性不育以及纤维细、强等许多优良基因。将这些资源与陆地棉杂交，从中选育了含有优良基因性状基本稳定的陆地棉型优异种质系，包括优质纤维、抗病、抗虫、高衣分等优良性状的种间杂交渐渗系。种间杂交渐渗系拓宽了现有陆地棉种质资源的遗传基础，对于打破陆地棉育种的瓶颈具有巨大的利用价值。海岛棉纤维品质优异，但栽培产量低，将海岛棉优质纤维基因转移到陆地棉中，培育优质纤维的陆地棉品种是育种家长期追求的目标。随着分子生物学技术日臻完善，为转育海岛棉优良基因，创造优异种质资源提供了可靠手段并取得了较好的进展。

中国农业科学院棉花研究所以中棉所 45 为轮回亲本，以海 1 为供体亲本通过杂交、回交、自交获得了遗传背景大部分已得到恢复并且存在丰富的遗传变异、含有大量产量性状较好、纤维品质优异的代换系。筛选出在安阳和库尔勒表现优异并稳定的代换系材料，纤维上半部平均长度在 30 mm 以上，断裂比强度在 30 cN/tex 以上，马克隆在 3.8 ～ 4.2，符合长、强、细的优异资源特点，为棉花育种提供了优异亲本材料。另外还从中棉所 45 和海 1 的回交后代中筛选出 12 个纤维品质性状突出的片段代换系，除了 9086150-02 和 9095206-12 含有 1 个杂合的海岛棉染色体片段外，其他 10 个代换系均含有 3 ～ 11 个海岛棉片段。代换系的纤维长度在 31.02 ～ 34.82 mm，纤维比强度在 30.2 ～ 33.8 cN/tex。

以海岛棉海 1 为供体亲本，以陆地棉中棉所 36 为轮回亲本，筛选出许多表现优异并稳定的代换系材料。其中 9109004 株行的纤维上半部平均长度达到 32.06 mm，9109045 株行的纤维上半部平均长度、马克隆值及断裂比强度分别为 30.10 mm，3.96 和 30.3 cN/tex，9109046 和 9109134 两个株行及其来源单株的纤维上半部平均长度超 30 mm，断裂比强度超过 31 cN/tex，且马克隆值均在 3.8 ～ 4.2，均为纤维品质较突出的材料。这些优异材料可应用于棉花育种工作。

（二）PD 种质系在我国的纤维品质表现

美国南卡罗来纳州农业试验站 T.W.Culp 等利用纤维种质系与当地改良种进行一系列的修饰性相互交配和选择，同步改进棉花产量和品质，创制纤维高强力种质系，大多数达到或接近当地栽培品种的产量水平，对改进美国棉花品质起到了重要作用。

1983年中国农业科学院棉花研究所引进27个Pee Dee种质系，项显林、高迅等对其产量性状、纤维品质及纺纱性能、抗病性进行了研究。27个PD系统材料无论在强力、断裂长度、成熟度以及纺纱品质指标等方面均显著优于我国自育品种。从PD种质系纤维工艺性能和纺纱质量测定结果，纤维强度在4.24～5.30 g，比对照（鲁棉1号）高0.44～1.50 g，纤维强度在5 g以上的种质系有PD0109（5.3 g）、PD0111（5.29 g）、PD2164（5.25 g）、PD0259（5.23 g）、PD9363（5.20 g），FJA（5.18 g）、Earlistaple7（5.12 g）、PD9364（5.01 g）等8个材料，4.5～5.0 g的有PD3249、SC-1等15个材料；断裂长度多数在24 km以上，高者达29 km，纺32支纱品质指标为2 400分以上的占绝大多数，综合评等级达到上等优级的就有22个，是一批纤维强度相当突出的种质系。

1985—1987年李蒙恩对陆地棉PD种质系在新疆石河子研究结果表明，这些种质材料在石河子的主要表现是长势稳健，株型较紧凑，结铃性好、铃大（5 g以上），衣分高（40%左右）；具有优良的纤维内在品质，参试的PD系绝大多数2.5%的跨长在30 mm上下，有些种质系的2.5%跨长达33 mm以上；绝大多数的断裂比强度均在21 g/tex以上。马克隆值多数均在3.5～4.9范围以内。王芙蓉等对1 300多份棉花品种资源的纤维品质性状进行测试，发现高强力材料多数来自于美国，其中PD种质系具有较高的纤维强力，PD6520（25.4 g/tex）、PD9241（24.3 g/tex）、PD9363（24.8 g/tex）、PD9241（24.3 g/tex）、PD0747（24.3 g/tex）、PD0109（25.0 g/tex）均具有较好的强力。

朱绍林在对高强力的PD种质系材料PD9223与低强力徐州514比较时，发现在棉铃形成最后的10～12 d，高强力纤维品系PD9223的棉铃各组分干重和内部营养物质含量的变化幅度明显大于低强力纤维品种徐州514；高强力纤维品系PD9223种仁中脂肪含量显著高于低强力纤堆品种徐州514，而蛋白质含量显著低于徐州514。

（三）常规优质材料创造与利用

20世纪80年代以来，随着纺织工业技术改进，对棉花纤维品质提出了更高的要求，我国优质棉育种迅速开展，新的育种方法和技术应用于实践，常规育种方法的创新、远缘杂交育种和辐射诱变育种的应用，利用已有优异种质资源相应地育成了一批优质、早熟、抗病虫等棉花品种，进而又丰富了棉花优质种质资源。

孙君灵等对我国“十一五”棉花优异种质创新工作进行了总结，发现苏优系列品种具有较好的长度、比强度和适宜马克隆值。苏优6036上半部平均长度33.6 mm，断裂比强度34.5 cN/tex，马克隆值3.6；苏优6108上半部平均长度34.0 mm，断裂比强度36.1 cN/tex，马克隆值4.0；苏BR6109上半部平均长度36.0 mm，断裂比强度35.1 cN/tex，马克隆值3.9；

苏 BR6206 上半部平均长度 31.9 mm，断裂比强度 31.3 cN/tex，马克隆值 4.40。

多个湘字号品系具有较好的长度、比强度和适宜马克隆值。湘 212 上半部平均长度 32.2 mm，断裂比强度 32.1 cN/tex，马克隆值 3.9；湘 163 上半部平均长度 29.4 mm，断裂比强度 29.9 cN/tex，马克隆值 3.4；湘 231 上半部平均长度 30.7 mm，断裂比强度 30.1 cN/tex，马克隆值 3.7。

中棉所育成的系列品系也具有较好的长度、比强度和适宜马克隆值：中 028 上半部平均长度 32.9 mm，断裂比强度 32.4 cN/tex，马克隆值 3.6；中 8014121 上半部平均长度 32.6 mm，断裂比强度 33.4 cN/tex，马克隆值 3.4；中宿 410408 上半部平均长度 32.3 mm，断裂比强度 34.4 cN/tex，马克隆值 4.2；中 29108，断裂比强度 32.5 cN/tex；中 R971708 马克隆值 3.8。

2003 年国家棉花参试品种纤维品质表现较好的有：A1 上半部平均长度 32.8，比强度 35.6 cN/tex，马克隆值 3.5；9-3-2 上半部平均长度 31.5，比强度 33.8 cN/tex，马克隆值 4.0；SM2 上半部平均长度 31.3，比强度 33.7 cN/tex，马克隆值 4.3；康地 51028，上半部平均长度 31.5，比强度 34.0 cN/tex，马克隆值 3.7。

2005 年国家棉花参试品种纤维品质表现较好的有：郑育棉 2 号比强度 32.8 cN/tex，马克隆值 4.1；新垦 09 纤维长度 32.9 mm，比强度 34.9 cN/tex 马克隆值 3.6；A01-272 长度 32.7 mm、比强度 36.6 cN/tex，马克隆值 3.7、纺纱均匀性指数高达 185，可纺高支纱；6802 长度 31.6 mm，比强度 33.3 cN/tex，马克隆值 3.6，纺纱均匀性指数 170，可纺高支纱；MB4608 上半部平均长度 32.3 mm，比强度 32.8 cN/tex，马克隆值 4.2。

翟学军从前苏联引进的棉花种质资源也有品质优秀的品系，中长绒陆地棉品系 90-64 纤维主体长度 33.3 mm，比强度 24.3 g/tex、马克隆值 4.1。另外，川棉优 2 号比强度 34.44 cN/tex，马克隆值 4.03；川 R128 断裂比强度 35.8 cN/tex，马克隆值 4.0。新疆选育的新陆中 13 号 2.5% 跨长 31.5 mm，比强度 24.0 g/tex，新陆中 15 号 2.5% 跨长 32.3 mm，比强度 24.9 g/tex。

四、多抗种质材料创制

（一）抗枯、黄萎病种质资源

20 世纪 90 年代以来，随着棉花抗黄萎病育种的开展，育成的品种黄萎病抗性获得了极大提高，但不同品种（系）之间黄萎病抗性差异显著，大多数品种为耐病品种，仍缺少高抗和抗病品种，需要进一步筛选和创制更好更稳定的黄萎病抗原，为抗黄萎病育种提供基因资源，不断改进新品种的抗病性。

杜雄明等2007—2010年先后对330份优异种质在河南安阳、江苏南京、新疆库车进行了抗黄萎病鉴定，筛选了一些优异的抗黄萎病种质。来自美国和澳大利亚的材料美8123、M8124-159、Arcot-1、澳V2/1849、澳C、澳Siv2具有较高的抗性；国内的抗黄萎病病材料中资2618、99633、GK99-1、鲁458、永济1号、永济2号达到抗病水平以上；发现了枯萎免疫材料运资937，相对病指0。张桂寅等对120份品种（系）进行黄萎病抗性了鉴定，筛选出的抗病品种有河北农大95品5、农大94品8、石抗434、94-703-2、邯93-2、省94-17、省557、深棉1号、省231、张仲1和省无114、中植86-6，具有较好黄萎病抗性和农艺性状。朱青竹等在对不同来源的棉花种质资源进行鉴定时，发现石远185、远棉1、1322、石1853具有较好的黄萎病抗性。中国农业科学院棉花研究所品种资源研究课题在多年的工作中，筛选出一批抗旱抗黄萎病的棉花种质资源材料，御系1号、辽632、65高抗14、彭泽70、红槿1号、红叶矮、71-2179、莎抗73、中521、中棉18、Empire Red Leaf、Acala SJ-1-9和Acala SJ-4。沈端庄对960个海岛棉、亚洲棉、陆地棉和陆地棉种系鉴定，发现了病指在10.0以下的有：Acala1517BR2、Acala A12（中大）、Acala 1517 E-2，50-384（D浏河）、岱红岱2343，Coker 413、辽4088、中3474等8个陆地棉高抗黄萎病材料。

吴蔼民等对1 685份材料在人工病圃上进行抗病性鉴定，发现对棉花黄萎病抗性好的品种（系）有：DES 926、GP93、GP 3774、徐州203、沿江3-56、南农941、抗虫棉8840、98-191；对枯萎病抗性较好的品种（系）有：抗虫棉98-31、徐304以及泗棉3号，川98（7）等。邢宏宜对陕西省棉花研究所20世纪60年代以来，采用多种杂交方法创造出高抗枯、黄萎病的材料进行了总结，先后选育出高抗枯萎并各具丰产性好、绒长、早熟性好或兼耐黄萎病等特点的陕401、陕416、陕112、陕717、陕3563、陕721、陕3215、陕5245、陕1155等。

（二）转基因抗虫棉种质

作物育种中的每一重大成就，都与突破性种质资源的发现、创新和利用有关。解决棉铃虫为害的唯一出路是培育高抗棉铃虫的新品种。我国在形态抗虫性育种、生化抗虫性利用方面取得了一些成就，培育了一些抗虫品种，但仍旧不能有效遏制棉铃虫的为害。随着分子生物学技术发展与转基因技术在抗虫棉的创新研究应用，1988年美国孟山都公司首获转Bt杀虫基因抗虫棉，1996年美国转基因抗虫棉新棉33B、DP99B打入中国市场，凭借美国种子产业的成熟化运行方式，直接从美国进口种子、在中国快繁、销售一体化的产业化运作模式，几乎垄断了中国市场。在国家“863”计划、“发展棉花生产专项资金”等项目的支持下，我国自1991年启动了转基因抗虫棉研发工作，1992年成功研制了具有我国自主知识产权的单价Bt基因，1995年又率先成功构建了具有自主知识产权的双价抗虫基因

（Bt+CpTI），为培育中国转基因抗虫棉提供了技术支撑。

根据我国棉花品种的生产表现，确定了泗棉 3 号、冀棉 24 等遗传背景广泛、农艺性状优良的常规棉花品种分别作为单价 Bt 基因和双价抗虫基因（Bt+CpTI）的转化受体，采用周光宇教授发明的花粉管通道法，分别将单价 Bt 基因和双价抗虫基因（Bt+CpTI）导入棉花中。

中国农业科学院生物技术研究中心等育成了 GK12，对棉铃虫抗性较强，并具有丰产性好、农艺性状优良等特点。1997 年棉铃虫大发生，田间调查表明，GK12 对二代、三代棉铃虫具有强抗性，对四代棉铃虫具有较强抗性。中国农业科学院生物技术研究中心与湖北省沙洋农场农业科学研究所合作，利用导入了单价 Bt 杀虫蛋白基因的泗棉 3 号后代材料，进行产量、抗虫性、抗病性、品质鉴定和选育，获得 96-113-18，将其定名为 GK-19，2002 年通过湖北省审定，定名为鄂抗虫棉 1 号。GK19 具有高抗棉铃虫、红铃虫特性，1997 年田间调查四代棉铃虫，百株虫量 3.45 头，对照鄂抗棉 3 号百株虫量 45.45 头。1998 年示范点验证调查，GKl9 百株虫数（五代）28 头，而综合防治棉铃虫的对照鄂抗棉 3 号为 104 头。GKl9 还表现高抗红铃虫，籽害率减退 97.3%。

1997 年，石家庄市农业科学研究院从中国农业科学院生物技术研究中心引进导入双价抗虫基因的材料开展选育工作，1999 年将 6 个优系混合参加河北省抗虫棉区域试验，并定名为 SGK321，2000—2001 年参加国家区域试验及生产试验，2001 年 4 月通过河北省农作物品种审定，2002 年 4 月通过国家品种审定。SGK321 具有高抗棉铃虫特性，在棉花生育期的 6 月、7 月、8 月，无论对非抗性棉铃虫，还是对抗性棉铃虫的抗性，SGK321 双价抗虫棉均高于转 Bt 基因棉，且抗虫性下降速度较单基因抗虫棉慢。单价转 Bt 基因棉叶饲喂 5 龄非抗性棉铃虫，其化蛹率、羽化率分别为 77.5% 和 61.7%，而用 SGK321 饲喂分别为 67.5% 和 43.3%，降低了越冬蛹的基数；双价抗虫棉对棉铃虫幼虫体重增加影响明显，棉铃虫生长发育受阻严重，从而加速了幼虫的死亡进程。SGK321 还表现增产潜力大，河北省抗虫棉生产试验，亩产皮棉 110.1 kg，比对照新棉 33B 增产 13.4%。

新棉 33B 是美国岱字棉公司利用岱字 90 与岱字 50 杂交，与孟山都公司合作，将苏云金杆菌杀虫毒蛋白基因导入到综合性状优于双亲的品系，于 1993 年育成的高抗鳞翅目害虫特别是棉铃虫的抗虫棉新品种。1995 年引入河北省，1997 年经河北省农作物品种审定委员会审定，准予推广。突出表现为抗虫性强。全生育期不用药，可以控制棉铃虫。在二代棉铃虫发生期顶尖受害率仅为 1.4%，大大低于 5% 的防治指标。在三代棉铃虫发生期间，保蕾保铃效果可达 97% 以上。丰产性好，1996 年河北省区试皮棉产量 52.7 kg/hm^2，比治虫的对照 492 增产 19.5%，霜前皮棉产量为 45.5 kg/hm^2，比对照增产 33.8%；纤维品质好，2.5% 跨长 29.7 mm，比强度 23.42 cN/tex，马克隆值 4.3，综评气访品质 1 853.7 分，达到优质纺纱用棉指标。

抗虫棉花DP99B新品种由美国孟山都公司1995年选育而成，1998年由河北省种子总站引进，经1998—1999年两年河北省棉花品种区域试验，2000年4月经河北省农作物品种审定委员会审定。株型较紧凑，茎秆粗壮，铃较小，单铃重4.9 g，衣分38.8%，子指9.7 g，结铃性强，吐絮畅而集中。高抗棉铃虫，1998—1999年区试棉田在全生育期不用农药防治棉铃虫的情况下，顶尖受害率2.5%，1999年生产试验顶尖受害率仅0.4%，表现为高抗棉铃虫。2.5%跨长30.1 mm，比强度21.2 cN/tex，马克隆值4.9。丰产性好，1998—1999年子棉和皮棉亩产分别比对照新棉33B增产7.1%和7.8%；霜前子棉和皮棉分别比对照增产8.1%和8.7%，均居常规抗虫棉首位。

（三）耐盐种质资源

棉花为抗旱、耐盐碱、耐瘠薄的高抗逆性作物，在盐度0.3%以下的土壤中，棉花均可正常出苗、生长发育。多年试验证明盐碱地种植棉花比栽培粮食作物有明显优势。几十年来，我国在棉花育种目标上强调抗逆（旱、寒、盐碱等）等性状相对较少，近年推出的新品种存在适应性、抗逆性较差的现象，已引起我国棉花育种家的高度重视。选育耐盐棉花品种是目前解决盐碱地利用的一种有效手段，目前尚缺乏可以在盐碱地大面积推广应用的耐盐品种，因此需要开展棉花品种的耐盐鉴定，筛选耐盐新基因，拓宽遗传基础，提高盐碱地棉花产量和品质。

中国农业科学院棉花研究所对已收集入库的5 471份材料进行了抗旱、耐盐碱鉴定，育成的品种晋棉11号、晋棉13号、中棉所25等具有较好的抗旱性，中棉所23等具有较好的耐盐性，抗盐品种中棉所44在土壤含盐量达0.4%条件下，相对成活苗率81.3%。表现耐盐的还有耐盐961050、高抗盐961240、高抗盐枝棉3号。杜雄明等2007—2010年对330份优异种质在河南安阳、江苏南京、新疆库车进行了精准鉴定，表现耐盐的有中AR40772，耐盐相对成活率113.5%；冀A7-7-8（33系），耐盐相对成活率117.5%；中521，耐盐相对成活率120.5%；冀91-33，耐盐相对成活率126.6%；中棉所49耐盐相对成活率161.5%，中棉所35耐盐相对成活率161.5%。张丽娜等采用国家行业标准0.4%盐量胁迫法，对47份材料进行耐盐性鉴定，表现耐盐的有23份材料，抗盐材料只有4份，即CT114、CT115、CT06和CT05。

王为等对引进的耐盐种质资源包括品种、品系、育种材料和苗头品系进行了耐盐鉴定，室内鉴定主要通过双层滤纸法和沙培法对芽期、苗期耐盐性进行筛选鉴定，室外鉴定主要通过盐池和海边重盐碱土鉴定方法分别对苗期、成株期耐盐性进行鉴定。表现耐盐材料有中棉所35、中棉所44、中棉所49、中棉所50、中棉所76、盐1032、盐1129、盐2018。

刘雅辉按照河北省地方标准《棉花耐盐性鉴定评价技术规范》的苗期耐盐鉴定方法，对 26 份耐盐材料进行了鉴定，其中 NY1、枝棉 3 号、中棉所 35 表现较强的耐盐性。

（四）转基因耐低磷种质创制

河北农业大学将植酸酶基因 *phyA* 转化棉花品种农大 94-7、农大棉 7 号，侵染与轰击茎尖和下胚轴等外植体约 1 万个，获得抗性苗 231 个，PCR 鉴定转基因阳性植株 108 个，并对后代进行了遗传和表达分析。分子检测表明，农杆菌转化获得的转基因植株 *phyA* 均以单拷贝整合到棉花基因组，*phyA* 在转基因植株中可以正常表达。基因枪转化获得的转基因植株中 *phyA* 以单（双）拷贝整合到棉花基因组中，且能正常表达。上述材料经 PCR 筛选获得 6 个纯合株系。

T_3 转基因株系根系植酸酶活性较野生型提高 3.3 ～ 4.6 倍。转基因植株根系黄色物质（对硝基苯酚）明显高于野生型，表明植酸酶分泌到了根系周围。植酸处理条件下，转基因植株长势明显好于野生型，地上部与根部干物重均明显高于野生型，表明转基因植株可以提高对有机态磷的利用能力。转基因植株的 P 含量明显高于野生型对照，表明转基因植株提高了 P 营养水平。

通过农杆菌介导和基因枪转化、杂交和回交选育，获得农艺性状优良、可较好利用土壤中的有机磷的新材料 17 个。新材料包括农大 L3、农大 L5、农大 L7、农大 L8、农大 L9、农大 L11、农大 L15、农大 L17、邯 71001P、邯 71091P、邯 71085P、邯 71017P、邯 71078P、邯 71118P、邯 71131P、邯 71154P、邯 71167P。

培育出磷高效利用转基因新品系 4 个，即农大 L2、农大 L6、邯 72003P、邯 72016P。新品系表现农艺性状优良，可以很好地利用土壤中的有机磷。农大 L2：株型塔形，铃型卵圆，结铃性强，吐絮畅，烂铃少；株高 92 cm，抗枯耐黄，生育期 123 d，单铃重 6.0 g，衣分 38.0%，绒长 29.0 mm，比强度 29.1 cN/tex，马克隆值 4.8。农大 L6：株型近塔形，铃形卵圆，结铃性强，吐絮畅；株高 88 cm，抗枯耐黄，早熟性好，生育期 121 d，单铃重 5.8 g，衣分 38.7%，绒长 29.3 mm，比强度 28.4 cN/tex，马克隆值 4.7。邯 72003P：株型近筒形，铃型卵圆，结铃性强，下部吐絮畅，烂铃少；株高 90 cm，生育期 123 d，单铃重 6.0 g，衣分 40.0%，抗枯耐黄，绒长 28 mm，比强度 28.5 cN/tex，马克隆值 4.9。邯 72016P：株型近塔形，秆硬抗倒伏，抗枯耐黄，铃肩丰满，铃尖明显，结铃性强，吐絮畅；株高 90 cm，生育期 125 d，单铃重 6.4 g，衣分 39.0%，绒长 30 mm，比强度 30 cN/tex，马克隆值 4.9。

第三节　中熟棉育种分子技术

一、重要性状分子标记与 QTL 定位

分子生物学技术的发展为作物性状改良提供了新的途径，通过转基因或分子标记辅助选择技术，可以从分子水平上操作目标基因，实现对目标性状的改良。基于 DNA 多态性的分子标记，与形态标记及同工酶标记相比，分子标记具有明显的优越性。分子标记遗传连锁图谱的构建是基因定位与克隆及基因组结构和功能研究的基础。QTL 定位利用性状与标记间的连锁关系进行标记辅助育种（Marker-assisted breeding，MAB），综合标记和表型信息可以选育出新的优良品系，也为某些复杂数量性状的遗传分析提供了可能，也是实现 QTL 图位克隆的重要前提。目前已构建多张棉花分子标记遗传连锁图，并对一些重要农艺性状进行了定位。

（一）抗黄萎病分子标记

目前已构建多张棉花分子标记遗传连锁图，并对一些重要农艺性状进行了定位。在棉花抗黄萎病基因 QTL 的定位方面，陆续已有报道，河北农业大学与中国农业科学院棉花研究所采用高抗黄萎病海岛棉品种Ⅱ15-3493 和感病陆地棉品种石河子 875 的 F_2 群体单株作为标记群体，采用 BSA（bulked segregant analysis）法筛选到了 3 个多态引物，其中 BNL3556 与抗病基因距离最近，为 13.1 cM，解释的表型变异为 50.1%，为一主效 QTL 位点。甄瑞等以高抗黄萎病的海岛棉品种 Pima90-53 和高感黄萎病的陆地棉品种中棉所 8 号的 182 个 F_2 单株为标记群体，用 BSA 法筛选到了 1 个 SSR 标记 BNL3255-208 与抗黄萎病连锁，距离为 13.7 cM。

浙江大学祝水金等利用对黄萎病抗性水平不同的近等基因系 Z5629 和 Z421 以及 F_2、F_3 代，用多态性引物对 E-AGG/M-CTA 分析了 Z5629×Z421 的 F_2 代群体，估算出其与黄萎病抗性基因的连锁遗传距离为 9.29 cM。房卫平等以抗黄萎病品种豫棉 21 号和感黄萎病品种冀棉 11 号的杂交 F_2 为材料，筛选出豫棉 21 号黄萎病抗性的 RAPD 标记 OPB-191300。该标记与棉花黄萎病抗性的遗传距离为 12.4 cM。

华中农业大学配制了一个陆陆杂交组合的 F_2 群体，用 SSR、RAPD 和 SRAP 标记进行抗黄萎病性状的分子标记筛选，检测出与抗黄萎病相关的 3 个 QTL，贡献率分别是 14.15%、3.45% 和 18.78%。高玉千等用 RAPD 和 SSR 标记，以高感黄萎病的陆地棉品种邯 208 与高抗黄萎病海岛棉品种 Pima90-53 F_2 单株为作图群体，构建了一张海陆分子遗传

图谱，用复合区间作图检测到与黄萎病抗性相关的 3 个 QTL，初步认为 Pima90-53 对邯郸 208 的黄萎病抗性由 2 个主效 QTL 和 1 个微效 QTL 共同控制。

南京农业大学利用多个组合，构建不同群体，筛选抗黄萎病分子标记。用高抗黄萎病陆地棉品系 5026 和高感黄萎病陆地棉品种李 8 配制杂交组合，获得 RIL 群体。用 5 300 对 SSR 引物筛选亲本多态性，获得 115 个多态性位点，通过标记间连锁分析，建了一张包括 20 个连锁群、全长 560.1 cM 的陆地棉种内分子标记遗传图谱。采用复合区间作图法在苗期检测到了 3 个抗病 QTL，成株期检测到了 1 个抗病 QTL，解释的表型变异范围是 7.4% ～ 11.8%。葛海燕等以陆地棉抗黄萎病品系常 96 和感病品种军棉 1 号为研究材料，获得了一张含 122 个标记位点的陆陆杂种遗传图谱，在第 9 染色体 NAU462 与 JESPRI 14 区间内检测到 1 个抗黄萎病 QTL，可解释的表型变异为 13.8%。蒋锋等利用抗黄萎病品系 60182 和感黄萎病品种军棉 1 号为亲本配制杂交组合，对陆地棉抗黄萎病性状进行遗传分析和抗病基因分子标记定位。用 F_2 为作图群体构建了一个含 139 个标记位点，31 个连锁群，总长 1 165 cM 的分子标记连锁遗传图谱。分析检测到的所有 QTL 在染色体上的分布发现，有些位于同一区间的 QTL 兼具对 4 种病菌的抗病性，推测 qhBS-1，qhBS-2 和 qhBS-3 可能是广谱抗黄萎病 QTL；qhhDB-1、qhhD8-2 和 qhhD8-3′推测为 VD8 专一抗性 QTL；qhBP2-1、qhDI-1 分别可能是 BP2，落叶型黄萎病菌的专一抗性 QTL。祁伟彦等以抗病性较强的中植 372 和陆地棉感病品种军棉 1 号配制组合构建 F_2 作图群体，筛选到和黄萎病抗性紧密连锁的 SSR 标记 NAU1269。以黄萎病抗性紧密连锁的 SSR 标记 NAU1269 筛选出与黄萎病抗病性状紧密连锁的亲本及其后代材料，中植棉 2 号、中植棉 6 号、中植棉 8 号和新植 5 号，均能够检测到与黄萎病抗性紧密连锁的 SSR 标记 NAU1269。

中国农业科学院棉花研究所吴翠翠等以高抗黄萎病的海岛棉品种海 7124 和高感黄萎病的陆地棉品种邯郸 14 组配的 F_2 群体 184 个株系，构建了一个分子标记遗传连锁图，包括了 142 个位点和 30 个连锁群，全长 1 169.6 cM 覆盖棉花总基因组约 23.4%。温室苗期抗病性定位 4 个病株率相关 QTL，其中 qFDI711-30-0.01 位点距 MUSS294 仅为 0.01 cM，加性效应较高，解释表型变异 22.32%。

2007 年王芙蓉等利用抗黄萎病品种鲁棉研 22 与渐渗了海岛棉优异纤维基因的鲁原 343 组配杂交组合，检测到 3 个 QTL 位点与抗黄萎病有关。发现标记 NAU751 和 BNL1395 的抗性基因型均能显著增加后代的黄萎病抗性，两个标记的抗性基因型聚合后，后代抗性水平提高极显著。张保才利用优异的陆地棉栽培品种中棉所 36 和海岛棉品种海 1 杂交，用 SSR 构建遗传图谱，定位了 23 个黄萎病相关性状 QTL，可分别解释表型变异的 6.4% ～ 24.5%。其中，1 个 QTL 与最近的标记相距仅 0.3 cM，而且在病圃及大田的 2 个世代均能检测到，遗传效应稳定，最大能解释 24.5% 的表型变异，可以用于标记辅助选择。

（二）纤维品质分子标记

西南大学张正圣、陈利等应用陆陆杂交组合的重组自交系群体检测到 4 个控制纤维长度 QTL，2 个控制纤维强度 QTL，2 个控制纤维细度 QTL，3 个控制纤维整齐度 QTL，以及 2 个控制纤维伸长率 QTL，所得标记解释的表型变异为 7.4% ～ 43.1%。以（渝棉 1 号 × 中棉所 35）F_2 群体 180 个单株的标记基因型，构建的遗传连锁图谱包括 148 个标记，36 个连锁群，总长 1 309.2 cM，标记间平均距离 8.8 cM，覆盖棉花基因组的 29.5%。检测到 1 个纤维长度（FL）、2 个纤维比强度（FS）、2 个纤维细度（FF）QTL。FL 和 FS1 被定位于第 7 染色体，FS2、FF1 和 FF2 被分别位于第 15、第 21、第 9 和第 20 号染色体，5 个纤维品质 QTL 的有利等位基因均来源于渝棉 1 号。

中国农业科学院棉花研究所在纤维品质分子标记研究方面进行多项研究，梁燕等利用早熟陆地棉栽培品种中棉所 36 为受体亲本，海岛棉海 1 为供体亲本，培育了一套 303 个单株组成的 BC_5F_2 代换系，共定位了 33 个与纤维品质性状有关的 QTL，其中控制整齐度的 qUN-14-2 和控制纤维长度的 qFL-2-20 存在一定的遗传稳定性。王琳等以陆地棉杂交种鲁棉研 15 号的 F_2 群体为作图群体，利用随机组成的 3 个鲁棉研 15 号的 $F_{2:3}$ 家系亚群体进行纤维品质性状 QTL 定位。检测到纤维长度的 QTLqFL-4-1，能够解释表型变异为 7.48%；qFL-4-3 位于 DPL0133-NAU1369 区间内，平均解释 13.93% 的表型变异；qFL-4-4 位于 NAU4064-COT065 区间内，平均解释 14.94% 的表型变异。纤维强度的 QTL 只能在同一个亚群体的一个环境中检测到；检测到马克隆值的 QTLqFM-11-1 位于 BNL1421-CIR096 的区间内，解释的表型变异为 14.22%。姚金波等以 TM-1 的染色体片段代换系 CSB22sh 和 TM-1 杂交，构建了包含 104 个家系的重组自交系（RIL）群体。利用此遗传图谱结合重组自交系群体 4 个环境下的 5 个纤维品质性状进行 QTL 定位，纤维长度在 4 个环境的数据独立检测中，共检测到 2 个 QTL，解释表型变异的 11.44% ～ 21.11%，qFL-22-1 在环境 2009XJ 和 2011AY 中检测到，qFL-22-2 在 4 个环境中均检测到。4 个环境的平均数据均检测到这 2 个 QTL，解释表型变异的 18.51% ～ 19.97%。纤维整齐度 QTLqFu-22-1 在环境 2009XJ、2010XJ 和 2011AY 共 3 个环境中均检测到，4 个环境的平均数据检测到 qFu-22-1 和 qFu-22-2，解释表型变异的 14.37% ～ 18.01%。

南京农业大学秦永生等以湘杂棉 2 号和中棉所 28 两个具有共同亲本的陆地棉强优势杂交种的 F_2 为作图群体，发掘稳定的纤维品质相关 QTL，纤维长度、纤维强度、马克隆值和伸长率 4 个性状在 2 个群体中发现有 8 对共同 QTL，这些稳定遗传的 QTL 可以用于分子标记辅助的育种选择。其中与纤维长度有关的 QTL1 对，均表现为超显性，但在 Popl 中增效基因来自中棉所 12，Pop2 中来自 8891；与马克隆值有关的 1 对，来自中棉所 12；控制纤维强度的有 2 对共有 QTL，也来自中棉所 12。与伸长率有关的 QTL 4 对，其中 qFE-D2-1 群体间来源相同，其他 3 对分别来自中棉所 12 和 8891。杨昶等用陆地棉品系 5026 和陆地棉品种李 8 为材料，构建一个 RIL 群体。检测到 2 个纤维长度，分别定位在一对同源染色体 D11 和 A11 上，所在区间分别是 NAU3703 和 NAU3889 之间以及 NAU4511 和 NAU4557 之间，解释的表型变异是 7.0% 和 15.8%；2 个纤维强度 QTL，位于同一条染色体 A11 上的 BNL1053b-NAU3367 和 NAU4511-NAU4557 两个区间上，解释的表型变异分别是 14.8% 和 13.4%；1 个纤维细度 QTL，被定位在 A5 染色体的 NAU5077-NAU 1200 区间内，解释的表型变异是 6.8%。胡文静等利用陆地棉优质品系 7235、渝棉 1 号做亲本，以 7235× 渝棉 1 号的 F_2 与 $F_{2:3}$ 分离群体为材料，开展不同来源棉花高强纤维 QTL 微卫星标记筛选，为进一步进行优质纤维 QTL 聚合育种提供基础。与纤维长度有关的 QTL 中，qFL-D8-1 仅在 F_2 中检测到，qFL-D8-2、qFL-D8-3、qFL-D8-4 仅在 $F_{2:3}$ 中检测到，它们位于 D9 染色体的相邻区间，分别解释 5.5% ～ 11.1% 的表型变异，增效基因都来自 7235；另外两个 QTL 位于 DS 染色体，只能在 F_2 或 $F_{2:3}$ 中检测到，增效基因分别来自渝棉 1 号和 7235，各自解释表型变异的 14.4% 和 3.4%。与纤维比强度有关的 QTL 中，位于 D8 染色体的 qFS-D8-1 同时在 F_2 和 $F_{2:3}$ 检测到，分别解释 8.0% 和 6.1% 的表型变异，增效基因来自 7235。qFS-D8-2 仅能在 F_2 中检测到，对群体变异的贡献率为 42.4%，但其作用方式主要由超显性引起（D/A = 11.44），增效基因来自渝棉 1 号。与马克隆值有关的 7 个 QTL 仅能在 F_2 或者 $F_{2:3}$ 检测到，解释 6.5% ～ 11.7% 的表型变异。王保华等利用陆陆杂交组合的重组自交系群体检测到控制纤维长度的 QTL（qFL-D2-1）和控制棉花反射率 QTL（qFR-D2-1），两个 QTL 均在 4 个环境下被检测到。qFL-D2-1 解释的平均表型变异为 16.1%，qFR-D2-1 解释的平均表型变异为 11.1%。

华中农业大学林忠旭等以 DH962/ 冀棉 5 号的 $F_{2:3}$ 家系为分析群体，共检测到 5 个与纤维品质相关性状的主效 QTL，检测到 2 个长度（FL）相关的 QTL（qFL3 和 qFL32），解释性状变异的 12.36%；qFL3 与 BNL3033 标记相邻，来自 DH962 的位点起增效作用，作用方式为超显性；qFL32 与 CIR305 标记相邻，来自 DH962 的位点起增效作用，作用方式为显性。检测到 2 个马克隆值（MV）相关的 QTL（qMV19 和 qMV26），分别解释性状变异的 26.30% 和 12.97%。qMV19 与 CGTCGG-1500 相邻，来自冀棉 5 号的位点起增效作用，作用方式为加性。qMV26 与 CTTTTA-300 相邻，作用方式为负向超显性，来自 DH962 的位点起增效作用。

河北农业大学杨鑫雷等以陆地棉品种中棉所 8 号和海岛棉品种 Pima 90-53 杂交产生的包含 91 个单株的 BC_1F_2 群体及其衍生 $BC_1F_{2:3}$ 群体为材料，利用逐步多元回归分析确定分子标记与重要农艺性状的相关关系，为分子标记辅助选择提供依据。标记 EM224/EM336

对纤维 2.5% 跨距长度所解释的总变异为 30%，EM-180/E-M224 对纤维伸长率所解释的总变异为 26%，EM-180 对纤维比强度所解释的总变异为 11.8%，EM-224 对纤维整齐度所解释的总变异为 12%。

（三）产量性状分子标记

中国农业科学院棉花研究所孔凡金等以高品质中长绒棉品种新陆早 24 号为父本，转基因抗虫棉常规品种鲁棉研 28 号和高产、优质棉花新品种冀棉 516 为母本，构建 F_2 和 $F_{2:3}$ 分离群体；得到 3 个衣分和 5 个子指的 QTL。在鲁棉研 28 号 × 新陆早 24 号的 $F_{2:3}$ 世代检测到一个衣分的 QTL（qLP-9-1）和冀棉 516× 新陆早 24 号的 F2 世代检测到的 QTL（qLP-1-1），都位于 Chr.24，有共同连锁的标记 DPL0068 和 BNL1513，加性效应均为正值，增效基因均来自低值亲本新陆早 24 号，分别解释 5.91% 和 4.10% 的表型变异，可能是同一个 QTL。姚金波以 CSB22sh 陆地棉遗传标准系 TM-1 为背景的第 22 染色体短臂被海岛棉 Pima3-79 置换的海陆置换系为材料，将 TM-1 与 CSB22sh 杂交，构建了总长 85.24 cM 的遗传图谱，检测到单株铃数 6 个 QTL，解释表现变异的 10.4% ～ 22.0%。qBn-22-1、qBn-22-4、qBn-22-5 和 qBn-22-6 仅在河南的 $F_{2:4}$ 中检测到，qBn-22-2 和 qBn-22-3 仅在山东的 $F_{2:3}$ 中检测到，分别表现为加性和超显性。衣分检测到 3 个 QTL，解释表现变异的 22.2% ～ 32.4%。qLp-22-1 同时在山东和河南的 F2 : 4 中检测到；均表现为加性效应；qLp-22-2，同时在山东和河南的 $F_{2:4}$ 中检测到，均表现为部分显性。铃重检测到 5 个 QTL，qBw-22-1 同时在河南和山东的 $F_{2:4}$ 中检测到，表现为部分显性；qBw-22-2 在河南和山东的 $F_{2:4}$ 及山东的 $F_{2:3}$ 中检测到，分别表现为显性、部分显性和超显性。梁燕等利用中棉所 36 为受体亲本，海岛棉海 1 为供体亲本，选择培育了一套由 303 个单株组成的 BC_5F_2 代换系。检测 3 个控制铃重的 QTL，其中 2 个位于第一连锁群上，另一个位于第二连锁群上，这 3 个 QTL 对铃重的贡献率分别为 4.07%、3.74%、3.61%。共检测到 17 个控制衣分的 QTL，分布在 13 个连锁群上，qLP-8-14 对衣分的贡献率最大，解释 9.69% 的表型变异。潘兆娥等利用 4961 对 SSR 引物对中棉所 48 的 2 个亲本进行多态性筛选，对 261 个 F_2 个体进行扩增构建连锁图，获得了包含有 49 个标记位点的 27 个连锁群，共覆盖 498.7 cM，约占棉花总基因组 10% 的遗传图谱。对 F_2 群体的铃重、衣分及纤维品质进行分析，其中铃重有 2 个 QTL，分别位于 14 号和 23 号染色体上，其中位于 14 号染色体上的一个铃重 QTL 与 BNL3502 紧密连锁，仅仅相距 2.0cM，解释的表型变异为 8.1%，Qbw2-1 位于 23 号染色体上，解释的表型变异为 6.9%。控制衣分的 4 个 QTL 分别与标记 DPL215、NAU3903、BNL1669、BNL1669 紧密连锁，其遗传距离都在 5.0 cM 以内，每个衣分 QTL 的加性效应和显性效应都有较大差别。这些标记可以用于大铃棉、高衣分品种的分子标记辅助育种。贾菲等利用以 SGK9708 为母本，0-153 为父本构建的 196 个陆地棉重组自交系（$F_{6:8}$）构建了包含 186 个标记、总长 827.84 cM、覆盖棉花基因组 18.6% 的遗传连锁图谱，并对 7 个环境下的铃重和衣分性状进行 QTL 定位和上位性互作分析。共同定位了多个环境下稳定表达的 5 个主效 QTL（qBW-1-1，qBW-1-2，qLP-2-1，qLP-2-2 和 qLP-4-2）。除主效 QTL 外，上位性效应也是陆地棉铃重和衣分性状的重要遗传基础。5 个主效 QTL 为选择高铃重、高衣分品种的棉花分子标记辅助育种提供了重要依据。

南京农业大学朱亚娟等以染色体片段导入系 IL-15-5 和 IL-15-5-1 构建的 F_2 和 $F_{2:3}$ 分离群体，分析两个组合的 774 个 F_2 单株和 $F_{2:3}$ 家系衣分和子指，检测到 2 个衣分的 QTL，1 个子指的 QTL。衣分 QTL qLP-I S-1 在两世代中都被检测到，位于相同的分子标记置信区间，JESPR152-NAU3040、qLP-15-2 只在 $F_{2:3}$ 中被检测到，位于分子标记 NAU5302-NAU2901 之间。子指 QTL qSl-15-1 在 F_2 和 $F_{2:3}$ 中都被检测到，分别位于分子标记 NAU2814-NAU3040 和 JESPRI 52-NAU3040。杨昶等用陆地棉品系 5026 和陆地棉品种李 8 为材料，构建一个 RIL 群体。检测到了 1 个单株子棉产量 QTL，定位在连锁群 LG01 的 BNL1395-BNL896 的区间内，解释的表型变异是 8.5%；检测到了 2 个单株皮棉产量 QTL 都在连锁群 LG01 上，分别位于 BNL1395-NAU896 和 NAU 1453-NAU490 区间上，解释的表型变异为 9.5% 和 6.4%；检测到了 1 个单株铃数 QTL，定位在 D11 染色体上的 NAU5091-NAU3704 区间上，解释的表型变异为 7.7%；检测到了 2 个铃重 QTL，都被定位在 D9/D10 染色体上，一个在 NAU1590-NAU3368 区间内，一个在 NAU5195-BNL1414 区间内，解释的表型变异分别是 8.9% 和 10.6%；检测到 1 个衣分 QTL，定位在 LGO 1 连锁群上的 BNL1395-NAU89 的区间内，解释的表型变异是 9.2%。秦永生等以湘杂棉 2 号和中棉所 28 两个具有共同亲本的陆地棉强优势杂交种的 F_2 为作图群体，构建覆盖率较高的遗传图谱，发掘稳定的纤维品质相关 QTL，其中铃数 QTL qBN-D8-1 分别能在两群体多环境下被检测到，是一个较为稳定的 QTL。单株皮棉重在 Popl 中来源于中棉所 12 的 qLY-D8-1 能在分离分析和联合分析中同时被检测到，可解释 7.07% 的表型变异。铃重在 Popl 中 qBS-A2-1 能在分离分析和联合分析中同时被检测到，可解释 6.07% 的表型变异，增效位点来源于 4133，为部分显性遗传。衣分在 Popl 中 qLP-A3-1 能在两环境和联合分析中同时被检测到，LOD 值最高为 7.37，可解释最大表型变异的 17.48%，增效基因来自 4133，它是一个不受环境影响的稳定 QTL；来自 4133 的 qLP-A3-2 也能在两环境下被检测到，可解释 10.9% 的表型变异。Pop2 中 qLP-D6-1 LOD 值最大（8.70），可解释 13.37% 的表型变异，表现为部分显性。殷剑美等应用泗棉 3 号和美国栽培品种 TM-1 为材料，构建 F_2 和 $F_{2:3}$ 作图群体，对产量性状 QTL 进行了分子标记筛选，鉴定出了控制产量性状变异的主效 QTL。铃重的 2 个 QTL 分别解释 $F_{2:3}$ 群体表型变异的 18.2% 和 21.0%；在 F_2 群体检测到的 1 个衣分 QTL，解释表型变异的 25%，另一个衣分 QTL 在 F_2 群体和 $F_{2:3}$ 群体都检测到，解释 F_2 24.9% 的表型变异，解释 $F_{2:3}$ 5.9% 的表型变异。

华中农业大学林忠旭以 DH962/ 冀棉 5 号的 $F_{2:3}$ 家系为分析群体，共检测到 9 个与产量相关性状的主效 QTL。检测到 1 个单株铃数（BN）QTL，gBN4，解析表型变异的 11.28%。检测到 1 个单铃子指重（SCW）QTL，gSCWI，解析性状变异的 20.99%。检测到 1 个单铃皮棉重（LW）相关的 QTL，qLw1，解析表型变异的 12.85%。只检测到 1 个衣分（LP）相关的 QTL，qLP43 解析性状变异的 13.49%。

河北农业大学杨鑫雷等以陆地棉品种中棉所 8 号和海岛棉品种 Pima 90-53 杂交产生的包含 91 个单株的 BC_1F_2 群体及其衍生 $BC_1F_{2:3}$ 群体为材料，利用逐步多元回归分析确定分子标记与重要农艺性状的相关关系。标记 EM-214 对子指、皮棉重和子棉重所解释的总变异分别为 8.2%，8.7% 和 6.2%。EM-342/EM-240 对铃重和衣分解释的总变异分别为 21% 和 9.9%。

西南大学张正圣等利用以多态性引物检测（渝棉 1 号 × 中棉所 35）F_2 群体 180 个单株的标记基因型，构建的遗传连锁图谱包括 148 个标记，36 个连锁群，总长 1 309.2 cM，检测到 4 个产量性状 QTL，即 2 个衣分（LP），LP1 位于第 7 染色体，解释 13.0% 的表型变异，LP2 位于第 15 染色体，解释 14.3% 的表型变异；1 个铃重（BW），位于 7 染色体，解释 15.2% 的表型变异，1 个子指（SD），在两个环境均检测到 1 个，位于第 7 染色体，分别解释 31.0% 和 28.4% 的表型变异；LP1、BW、SD 被定位于第 7 染色体。

二、转基因技术及其育种应用

（一）花粉管通道法技术及其应用

周光宇等在调查国内外植物远缘杂交的变异后，认为外源基因或 DNA 可以通过花粉管通道进入受精胚囊，称为“花粉管通道法（途径）”（pollen-tube pathway），该技术的建立开创了整株植物活体基因转化的新途径。花粉管通道法介导的遗传转化是一种借助于植物自身的卵细胞或受精卵为转化对象的直接转化技术。花粉管通道技术不依赖于植物组织培养和诱导再生植株等一整套人工培养过程，从而避免了植物组织培养过程中可能会产生的对植物基因型的依赖；可基本上应用于任何开花植物，进行任何物种之间包括人工合成的基因转移，从而极大地扩大了基因工程目的基因的来源和受体植物的范围。利用整体植株的卵细胞、受精卵或早期胚细胞进行转化，直接获得的产品即是转基因植株，方法简便有效，易于常规育种工作者掌握，适合于大规模的农作物遗传转化。通过花粉管通道将外源 DNA（基因）导入棉花，克服了常规育种中远缘杂交不亲合的问题，并且缩短了育种时间，在我国已进行了近20年的研究，培育出了一批具有抗病、抗虫等特点的优良品种（系）。

1981年黄骏麒等首次用此法将海岛棉DNA导入陆地棉引起性状变异，谢道昕等利用花粉管通道法于1991年成功地将修饰后的苏云金芽孢杆菌（Bt）杀虫晶体蛋白基因导入棉花，获得了无抗虫性的工程植株，并首次获得了花粉管通道法转化植物的分子证据。郭三堆等构建了携带人工合成的GFM Cry1A杀虫基因和经过修饰的CpTI基因的高效双价杀虫基因植物表达载体pGBI121S4ABC，采用花粉管通道法，将pGBI121S4ABC转入到石远321、中棉所19号、3517、541中国棉花生产品种中，首次获得了双价转基因抗虫棉株系。叶片室内抗虫生物学鉴定表明，抗性好的株系棉铃虫幼虫校正死亡率大于96%。通过选育形成了不同类型的转基因抗虫、抗病棉品系和品种（GK系列国抗棉），为我国转基因抗虫棉的产业化建立了基础。

花粉管通道法在我国成功应用后，育种单位广泛开展转基因工作，导入抗虫基因，获得了大量的转基因材料。黄骏麒等通过花粉管通道技术将慈姑蛋白酶抑制剂API基因转入棉花，获得了转基因植株。经对棉铃虫抗虫性鉴定和PCR，RT-PCR，Southern blotting分析，证明获得了表达API基因的抗虫棉。孙严等通过花粉管通道法将人工全序合成的Bt杀虫蛋白基因导入新陆早4号和C6524两品种中，得到高抗虫的18株新陆早4号转化苗和36株C6524转化苗，通过PCR分析，证实Bt杀虫蛋白基因已整合到转化抗虫棉株的染色体上，首次获得了新疆转目的基因的高效抗虫棉。刘方等利用不同棉花受体材料进行花粉管通道法遗传转化研究，通过抗虫性鉴定和PCR分子生物学鉴定，已成功将Bt基因转化到泗棉3号、辽棉15、中棉所19、中棉所29母本、中棉所35、中棉所36等棉花材料中，转基因材料后代材料的铃重、衣分和纤维品质存在广泛的变异。刘冬梅等分析中国农业科学院棉花研究所转基因课题通过花粉管通道法获得T_5代遗传稳定株系38个，以中99668为对照，导入的外源基因为*Bt+CpTI*和*SCK*基因，外源基因的导入可引起受体植株后代农艺性状可遗传的非靶标变异，且变异广泛，多个农艺性状出现了显著性变异。叶长和叶宽均有变短的趋势，部分叶片变得更加皱缩，株高变异方向不定。与对照相比，吐絮期提前，单株结铃数增加，皮棉和子棉产量均增加，纤维品质变异也很大，如比强度增大、马克隆值变大、纤维长度也显著增加，短纤维指数变异方向不定。王峰等将人工合成*Bt-Cry5Aa*抗虫基因，通过花粉管通道法转入棉花，成功获得转*Bt-Cry5Aa*基因植株，转*Bt-Cry5Aa*株系对第2、第3、第4代棉铃虫校正死亡率分别达到85.42%、75.35%和62.79%，其抗虫性与GK19相比差异不显著。*Bt-Cry5Aa*能够部分替代目前主流鳞翅目抗虫基因，是棉铃虫的新抗源。

利用花粉管通道将抗病相关基因导入棉花中，获得了抗病性提高的遗传材料。崔百明等为了提高棉花的抗枯、黄萎病的能力，用花粉管通道法，将烟草β-1，3-葡聚糖酶基因和菜豆几丁质酶基因导入棉花，获得了抗卡那霉素的转化植株。经 PCR，PCR-Southern Blot 检测，证明两种基因已插入到棉花基因组中。乐锦华等用花粉管通道法将菜豆几丁质酶基因与烟草件 1，3 葡聚糖酶基因双价植物表达载体 pBLGC 导入新疆棉花主栽品种（系）550、822、1304、石远 321 中，通过 PCR、Southern 验证、抗黄萎病、枯萎病性筛选，得到抗病性良好且遗传性稳定的转基因棉花。经过 6 年 10 个世代的选育，育成抗枯萎病、抗（耐）黄萎病的转基因抗病新品系。程红梅等通过花粉管通道法转几丁质酶和 β-1，3- 葡聚糖酶基因，经 PCR 和 Southern 杂交检测以及 1996—2000 年温室及病圃多代筛选鉴定，已培育出对枯、黄萎病抗性提高的转基因棉花株系，将抗病基因导入国产抗虫棉品种 GK19 中，还获得了兼抗病、虫的转基因优系。

利用花粉管通道转入纤维相关基因，提高了转基因棉花植株的的纤维品质。张震林等通过花粉管通道转基因技术，将 E6 启动子驱动的兔角蛋白基因导入高产棉花品种苏棉 16 号，用依据 E6 启动子序列和兔角蛋白基因序列设计的两对引物筛选的植株进行 PCR 检测，确定 3 株结果稳定的转兔角蛋白基因棉株，这 3 个株系成熟棉纤维的品质部分得到改良，尤其比强度有较大幅度提高，与转基因受体相比平均提高 6.3 cN/tex。王芙蓉等将海岛棉品种海 7124 的基因组总 DNA 通过花粉管通道导入到陆地棉品种石远 321 中，获得了纤维品质明显改善的优良新种质系。杜雄明等利用花粉管通道技术，将海岛棉 DNA 导入陆地棉栽培品种豫棉 17 号中，获得了 HB1、HB2、HB3 和 HB4 4 个遗传转化系，其纤维品质、衣分、铃重与供体和受体相比有显著的差异。

（二）农杆菌介导法及其应用

农杆菌是普遍存在于土壤中的一种革兰氏阴性细菌，属于土壤杆菌属（*Agrobacterium*），土壤杆菌属有 4 个，与植物基因转化有关的有两种类型：即根癌农杆菌（*Agrobacterium* tume faciens）和发根农杆菌（*Agrobacterium* rhizogenes）。它能在自然条件下趋化性地感染大多数双子叶植物的受伤部位，并诱导分别导致冠瘤（crown gall）和毛状根的发生。与棉花作物基因转移有关的为根癌农杆菌。根癌农杆菌含有一种 Ti（tumor-inducina Plasmid，Ti plasmid）质粒，Ti 质粒上有一 DNA 片断，称为转移 DNA（transfer DNA，T-DNA）。农杆菌通过侵染植物伤口进入细胞后，可将 T-DNA 插入到植物基因组中。人们将目的基因插入到经过改造的 T-DNA 区，借助农杆菌的感染实现外源基因向植物细胞的转移与整合，然后通过细胞和组织培养技术，再生出转基因植株。农杆菌介导法主要以植物的分生组织和生殖器官作为外源基因导入的受体，通过真空渗透法、浸蘸法及注射法等方法使农杆菌与受体材料接触，以完成可遗传细胞的转化，然后利用组织培养的方法培育出转基因植株。其特点是费用低、拷贝数低、重复性好、基因沉默现象少、转育周期短及能转化较大片段等。国外利用此法最早获得转基因再生棉株的是 Agracetus 公司 Umbeck 将 NPTII 基因和 CAT 基因导入珂字 312 中，国内山西省农科院棉花所陈志贤等将 Tfda 除草剂基因导入晋棉 7 号。

国内利用农杆菌介导法应用于棉花转基因工作，在转抗虫基因方面取得了大批转基因材料，为我国棉花新品种改良提供了资源。李燕娥等利用根癌农杆菌介导法将豇豆胰蛋白酶抑制剂（Cow-pea Trypsin Inhibitor，CpTI）基因转移进入棉花（*Gossypium hirsutun*），最终获得了再生棉花植株，经 PCR 及 Southern 检测证明，外源 CpTI 基因和标记基因 Npt Ⅱ存在于转化棉株及其后代中。抗棉铃虫生物活性检测表明，转基因植株后代具有明显的抗棉铃虫能力。吴霞等采用农杆菌介导法将外源三价抗虫基因 *Bt-CpTI-GNA* 导入常规棉花品种中，获得转基因再生株，分子检测表明外源基因已在棉花体内表达，并遗传给后代材料。

利用农杆菌介导法转移抗除草剂基因获得了较好进展。欧婷等以中棉所 49、珂字棉 201 和 YZ-1 为受体材料，通过对培养基草甘膦浓度、农杆菌侵染时间和浓度、共培养时间以及恢复培养条件等因素的优化，建立了基于抗草甘膦基因的棉花茎尖农杆菌转化技术体系，并将抗草甘膦基因 *EPSPS-G6* 导入 3 个受体材料，获得转基因棉花植株。赵福永等构建了一种新的植物高效表达载体 pAM12-slm，其上携带有通过基因优化技术获得的抗草甘膦突变基因 *aroAMl2* 和抗虫人工合成重组 Bt 基因 Btslm。采用农杆菌介导法将 *aroAM12* 和 Btslm 基因导入棉花品种石远 321 中，PCR 和 Southern 分析表明再生植株均整合有 *aroAM12* 基因。离体叶片草甘膦抗性和抗虫实验证明，获得的转基因棉花对草甘膦和棉铃虫具有较强的抗性。王霞等利用农杆菌介导法在棉花中转入编码 EPSPS 酶的抗草甘膦除草剂基因 *G10aroA*，通过体细胞愈伤诱导组织培养技术获得能够稳定遗传的转基因棉花株系材料。在草甘膦抗性条件下进行棉花体细胞诱导的组织培养，成功获得转外源 *G10aroA* 的棉花再生株系，并通过分子生物学方法研究证实外源 *G10aroA* 能够在 T_0、T_1 转基因株系中稳定遗传、转录和表达。刘锡娟等以从抗草甘膦的荧光假单胞菌 G2 中克隆的、并按双子叶植物偏爱密码子改造的 EPSPS 基因 aroAG2M 为目的基因，通过花粉管通道法转化棉花，得到 3 株具有草甘膦抗性的转基因植株，PCR 和 Southern 检测显示，外源基因已整合到棉花基因组中，田间喷洒草甘膦异丙胺盐水剂，表明 T_1 代转基因植株具有草甘膦抗性。

李飞飞等利用农杆菌介导法将蚕丝心蛋白基因 *fibroin* 导入陆地棉品系 WC，Southern blot 和 Northern blot 结果表明，*fibroin* 已整合到 6 个纯合株系基因组，且能稳定遗传和表达。扫描电子显微镜和纤维品质检测结果显示，所有转基因纯合株系棉纤维的转曲数和纤维伸长率比对照明显增加，部分株系比强度提高。雷江荣等以陆地棉中 35 和军棉 1 号的茎尖为外植体，利用农杆菌介导法将含有拟南芥抗病基因 *SNCI* 转入棉花，PCR 以及 RT-PCR 对再生植株 T_0 代和 T_1 代棉花的检测结果表明，*SNCI* 基因已经整合到棉花的基因组中并得到表达。利用浸根法对 T_1 代转基因棉花接种棉花枯萎病菌强致病力菌株，与对照比较，T_1 代转基因棉花的枯萎病抗性明显提高。吴霞等通过农杆菌介导法转入棉花耐盐基因 *GhNHX 1*，初步研究结果表明，获得的转基因株系 4092 具有较好的耐盐性，其在盐含量 0.5% ～ 1.5% 条件下，发芽率、生物鲜质量以及土壤中出苗率均优于受体 R15。杨业华等利用发根农杆菌的 Rol 基因转化棉花培育转基因生根棉的过程中，从 Ro1B 转基因系的群体中分离到两种高度雄性不育的株系，属于上述雄性不育系的第二种类型，分别命名为华 A07 和华 A08。

（三）基因枪转化技术及应用

基因枪法又称微弹轰击法（microprojectile bombardment；biolistics），是依赖高速度的金属微粒将外源基因引入活细胞的一种转化技术，其基本原理是将外源 DNA 包被在微小的金粒或钨粒表面，然后在高压的作用下微粒被高速射入受体组织或细胞。微粒上的外源 DNA 进入细胞后，整合到植物染色体上，并得到表达，从而实现基因的转化。Klein 等 1987 年首先在洋葱上试验，带有烟草花叶病毒 RNA 的钨粒进人洋葱细胞，并在受体细胞中检测出了病毒 RNA 的复制。他们还用这种技术将 Cat 基因导入了洋葱表皮细胞，从被轰击的表皮组织的提取液中检测出很高的 Cat 活性。基因枪的优点是无宿主限制，对双子叶和单子叶植物都可试用；靶受体类型广泛，几乎包括所有具有潜在分生能力的组织或细胞。缺点是基因枪转化体系外源基因整合位点较多，多拷贝比例相对较高，嵌合体比例较高，易出现共抑制和基因沉默现象，遗传稳定性较差。

我国棉花分子生物学和育种工作者对基因枪技术进行了体系的探讨和优化，并利用其进行外源基因转育，获得了一定进展。江苏省农科院、中国农业科学院棉花研究所、河北农业大学在利用基因枪技术转化外源基因方面进行了大量探索。吴敬音等探讨了影响基因枪转化的因素，顶端分生组织供体种芽的萌芽天数及其所连接的胚轴长度对植株再生频率有明显影响，但与品种的关系较小，不同品种均能获得再生植株。应用基因枪轰击法将 CpTI 基因和 NPT Ⅱ基因的重组质粒导入到棉花茎尖分生组织，培养获得卡那霉素抗性株。朱卫民等利用棉花茎尖分生组织易于再生成完整植株的特点，使用基因枪轰击法将 CPTI 基因导入棉花茎尖分生组织，探讨了基因枪转化体系的影响因素，棉花品种、棉株茎尖的发育天数及茎尖附带的下胚轴长度等对转化效果都有不同程度的影响。筛选的起始时间、培养基的转换时间及卡那霉素的浓度梯度等因素对筛选效果有明显影响。经过再生、筛选等培养过程已获得若干卡那霉素抗性株。刘传亮等对棉花茎尖轰击转化的多种因素进行了分析，建立了较为完善的基因枪茎尖转化体系，使抗性转化率达到 4.7% ～ 9.4%，转化周期缩短至 2 ～ 3 个月，改进了抗性筛选程序，建立了 4 次筛选法，获得 91 株抗生素抗性植株。

结果表明，茎尖的轰击状态与抗性筛选程序对转化周期与转化率具有决定性作用。耿立召等就基因枪法转化棉花胚性愈伤过程中的影响因素进行了探讨。结果表明，2，4-D 在愈伤启动阶段很重要，而在胚性愈伤诱导阶段要尽量少加或不加，IAA 的浓度比 KT 低时，有利于胚性愈伤的产生。胚性愈伤的表观状态、轰击次数和轰击距离是基因枪转化成功的关键因素。王省芬等以棉花茎尖分生组织为受体进行基因枪遗传转化，探讨了影响棉花茎尖分生组织基因枪遗传转化率的因素，茎尖分生组织的取材时间、下胚轴保留的长度、外源生长调节剂及活性炭的使用量、抗生素筛选的浓度、筛选培养基的转换时间和抗性苗的壮苗也会影响转化效率。王振怡等采用基因枪轰击棉花成熟种子胚尖的方法，将克隆的抗黄萎病相关基因 *GhDAHPS* 转化到棉花中获得 5 阳性株，结果表明基因枪转化棉花成熟种子胚尖是可行的，相对于其他转化方法，具有操作简便，植株成苗较快，转化周期短等优点。陈凌娜等以棉花幼胚作为外源基因转化的受体，用基因枪法将 β-1.3- 葡聚糖酶及几丁质酶双价基因导入棉花，已获得了抗性植株。研究表明用基因枪法转化处理棉花幼胚是一种操作简便、重复性好的转化方法。黄全生等用海岛棉茎尖作为基因枪转化的靶材料，建立了可重复的海岛棉转化系统。用含有 NII 基因和蜘蛛丝蛋白基因的质粒轰击新疆海岛棉 4 个品种茎尖分生组织，所获得的转基因植株经卡那霉素筛选、Southern 分子检测，证明有 2 株转化植株目的基因已整合到海岛棉基因组中。

三、分子育种体系

我国分子育种技术已形成了以转基因育种技术、分子标记辅助育种技术、生化标记辅助育种体系、以分子标记辅助选择的一年多代育种技术体系，常规育种与分子育种技术相结合组成了我国现代高效育种体系，创制了一批新型抗虫、优质、高产、抗病等转基因新材料和新品种。

（一）棉花规模化转基因技术体系

中国农业科学院棉花研究所在我国首次建立了以田间活体棉株叶柄为外植体的棉花成熟组织培养高效再生技术体系与高分化率材料选育方法。利用该技术，通过叶柄组织培养，从中棉所 24、中棉所 27、冀合 321 和中 091 等 4 个品种（系）中筛选出叶柄分化率在 100% 的棉花组织培养“纯系”20 个，其无菌苗下胚轴分化率均能达 95%，并建立了稳定的组织培养体系。利用该稳定的组织培养体系，筛选出 3 类适宜该体系的高效转化载体，其中 pBI121/131 载体的转基因植株阳性率达 76.4%。以此载体转化棉花“纯系”下胚轴，其转化率达 32.9%；若转化叶柄，其转化率为 51.8%；转基因周期也基本稳定在 5 个月左右。

中国农业科学院棉花研究所将农杆菌介导法、花粉管通道法、基因枪轰击法等多种转基因技术有效组装，实现流水线操作，建立了高效、工厂化的棉花转基因技术体系，年产转基因棉花植株 8 000 株，并建立了快速基因功能验证体系，每年可对 160 个以上的目的基因进行功能验证。同时创造了一批转基因材料，涉及抗棉铃虫、抗蚜虫、抗黄萎病、纤维品质改良和耐旱等重要性状。部分转基因材料已交育种家应用。

（二）分子标记辅助选择的修饰回交聚合育种

郭旺珍等提出了分子标记辅助选择的修饰回交聚合育种方法——以生产上推广品种为轮回亲本，用修饰回交和分子标记辅助选择相结合的方法，对轮回亲本的遗传背景和具有育种目标性状的基因或 QTL 进行选择，可显著提高育种效率。利用回交及修饰回交的育种方法，可以有效地打破棉花高产、优质、抗病虫和早熟性等目标性状间的负相关，同步改良提高产量、品质、抗性水平。重要农艺性状基因 QTL 分子标记的筛选及日趋饱和的棉花遗传图谱构建为棉花 MAS 的应用奠定了坚实的基础。

利用这一方法，以长江流域推广品种泗棉 3 号为轮回亲本，山西 94-24 和 7235 品系分别为抗虫基因和优质 QTL 的供体亲本，进行分子标记辅助的优质 QTL 系统选择和外源 Bt 基因的表型及分子选择。在泗棉 3 号 ×7235 BC_1F_4 中获得遗传背景与泗棉 3 号相近，株型稳定，且具有优质 QTL 的高强株系，在泗棉 3 号 × 转 Bt 品系 94-24 BC_4F_1 中获得遗传背景与泗棉 3 号相近，抗棉铃虫效果明显的单株。在泗棉 3 号 ×7235 BC_1F_{4-5} 高世代群体材料培育中，利用高强主效 QTL 的 SSR 分子标记对 BC_1F_5 同时进行高强纤维 2 个 QTL 分子标记辅助选择，中选单株的纤维强度显著提高。用 3 个 SSR 标记同时选择 2 个纤维强度 QTL 位点，有无标记两类植株的纤维强度达到极显著差异。进一步通过高世代优质和抗虫目标株系的互交，分子标记辅助目标性状选择，目标基因纯合及稳定性检测，使高强纤维 QTL 和 Bt 基因快速聚合，培育出了优质、高产的抗虫棉新品系南农 85188。

（三）一年多代育种技术及应用

加速作物育种进程的研究，很早就引起了国内外育种家的重视，主要途径是异地加代繁育。目前作物的当地加代技术，在小麦、大豆、花生等一些作物上已经有一些研究。河北农业大学通过优化幼胚（株）离体培养技术、棉花幼胚培养植株、分子标记选择技术、再生植株无菌苗的定植技术、棉花植株快速发育技术等，集成创新了一年多代育种技术体系。发明了一种适宜棉花幼胚离体培养直接成苗的培养基（Auh cotton 培养基），使胚龄为 25 d 的棉花幼胚直接萌发成苗，并且简化了幼胚培养的条件和过程。棉花幼胚培养植株、体细胞再生植株及转基因植株等无菌苗的定植是一个难题，直接移植死亡率极高，一定程度上制约着生物技术在棉花遗传改良上的应用。借助于嫁接技术可部分解决棉苗移栽定植问题，并且加速接穗的发育进程，发明了一种棉花高效嫁接新技术——“棉花嫁接合接法”，嫁接成活率在 90% ～ 100%，建立了人工控制条件下的棉花植株快速发育技术体系，使用 $N:P_2O_5:K_2O$ 配比为 1∶1.2∶0.3，的快速发育营养土培植棉花植株，保持土壤持水量在 60% ～ 65%，同时结合化控及温度和光照调控等措施，植株从出苗发育到初花期需 60 d 左右。

河北农业大学以当地一年四代育种技术体系和抗黄萎病分子标记 BNL3255-208，通过分子标记辅助选择，向中棉所 8 号回交转育海岛棉抗病基因。经抗病标记筛选，检测到 71 个带标记的植株；从株型、叶形、叶色、花器官外部形态及花基部颜色等方面都与轮回亲本基本一致，获得了遗传背景基本一致且抗病性明显提高的一批种质新材料。利用当地一年多代快速育种技术体系，对中无 642、冀无 2031 等 5 个品种进行 Bt 基因的回交转育，5 个品种均实现一年 3 ～ 4 代快速育种循环，平均世代周期为 87.7 ～ 117.3 d，获得 5 个品种的 BC_4F_2 抗虫新材料，经 PCR 检测，这些转育材料均带有目的基因。以 5 个品系为轮回亲本，以抗草甘膦品系为非轮回亲本进行杂交、回交，利用幼胚培养、分子标记选择、嫁接、生长调控等集成的棉花一年多代回交转育技术，获得 5 个品系的 BC_4 转抗除草剂基因新材料。利用改良后的当地一年多代育种技术，对农大棉 8 号、09 优系 3 和 09 品 4 三个品种进行 *iaaM* 基因的回交转育，已获得 BC_5 材料，衣分较轮回亲本提高 4% ～ 5%。

（四）棉花分子标记辅助育种应用

我国基于分子标记的棉花遗传连锁图谱构建、QTL 定位、辅助选择育种应用研究已广泛开展。西南大学利用陆地棉渝棉 1 号、中棉所 35 和 7235 系建立三亲本复合杂交群体，构建了陆陆遗传连锁图谱，总长为 4 184.4 cM，包含 978 个 SSR 标记位点。中国农业科学院棉花研究所利用 3 个纤维长度 QTL 相关的 SSR 标记对不同群体进行分子标记辅助选择，研究了多个 QTL 聚合的效果；利用海岛棉优质渐渗系与转基因抗虫棉优质系杂交，经分子标记筛选聚合育成通过国家审定的优质棉新品种中棉所 70，纤维品质突出，纤维上半部平均长度 32.5 mm，断裂比强度 33.5 cN/tex，马克隆值 4.3，适纺 60 支纱。祁伟彦利用南京农业大学以抗病性较强的中植 372 和感病品种军棉 1 号配制组合构建 F_2 作图群体，筛选到和黄萎病抗性紧密连锁的 SSR 标记 NAU1269。选育过程中，以中植 372 为父本或者母本，通过人工黄萎病病圃对种间杂交、回交、加代选育以及再杂交的材料进行了抗病性筛选，同时每代育种材料均对黄萎病抗性紧密连锁的 SSR 标记 NAU1269 进行跟踪检测，筛选出与黄萎病抗性紧密连锁的亲本及其后代材料。对育成的品种进行检测发现，中植棉 2 号、中植棉 6 号、中植棉 8 号和新植 5 号均能够检测到与黄萎病抗性紧密连锁的 SSR 标记 NAU1269 和先前已报道的抗黄萎病分子标记 NAU828 和 NAU1225，而且这 3 个标记在各个品种材料之间呈共显性分离。中国农业科学院棉花研究所研究发现超氧化物歧化酶 SOD、过氧化氢酶 CAT、过氧化物酶 POD、脱落酸、乙烯是影响棉花早熟早衰的关键生理生化因素，早熟不早衰品种的 SOD，CAT，POD 活性高于早衰品种，将生化指标应用到育种，选育出早熟不早衰高产、优质、抗病系列新品种中棉所 24 号、27 号、36 号等。

随着分子生物技术的进一步发展以及棉花不同遗传图谱的相互整合，棉花 MAS 的作用将在育种选择中发挥更强大的作用。棉花基因组测序为棉花优异基因发掘、QTL 定位、农艺性状机理解析等打下了坚实基础。中国农业科学院棉花研究所等单位完成了棉花 D 组供体种雷蒙德氏棉和 A 组供体种亚洲棉的基因组草图，陆地棉基因组测序也基本完成。以此为基础开发完善的棉花分子设计育种技术体系，从而同步解决棉花生产中的高产、黄萎病、抗虫、耐盐碱等重大问题，不断提高我国棉花单产水平。

第四节　中熟棉高产育种

一、中熟棉高产育种现状

新中国成立以来，我国黄淮棉区棉花品种产量性状的遗传改良成效显著。品种的产量潜力以每年 8.00 kg/hm^2 的速度增长。1950—1994 年间皮棉单产平均年增长速率为 16.14 kg/hm^2，品种改良的实际贡献在 30% 以上；近期育成的品种比早期品种产量提高 68.69%，单株铃数提高 2.4 个 / 株，衣分提高 5%。铃重变化不明显；现在品种产量的提高主要通过提高单株铃数和衣分来实现；在不同的育种阶段，产量组分（铃数、铃重、衣分）对产量的贡献不同，这种变化反映出新中国成立以来黄淮棉区育种策略和选择重点的变化。在产量与产量组分性状关系中，铃重、单株铃数和衣分的负相关已逐步成为进一步提高产量的限制因素，需通过创造新的遗传群体等途径来解决。

新疆棉花产量育种遗传改良增益 5% ～ 10%，产量性状改良进一步优化，衣分明显提高 5% ～ 10%，蕾铃脱落降低，新中国成立以来，新疆棉花品种选育取得突出成绩。棉花品种不仅经历了 8 次大规模更换，特别是生产品种改变了完全依靠从国外引进品种的局面，棉花生产品种不仅完全实现自育，而且选育的品种数量、种类、品种特性等完全可以满足生产发展和纺织市场需求。截至 2014 年已累计选育早熟、早中熟陆地棉，早熟、中早熟海岛棉，中长绒棉，彩色棉，转基因抗虫棉，杂交棉等各类棉花品种 220 余个，军棉 1 号、新陆早 1 号、新海 21 号等 20 多个品种成为棉花生产主栽品种，在生产中得到大面积推广应用。20 世纪 70 年代前，新疆棉花生产品种还基本为前苏联引进品种。从 1980—1984 年新疆第五次品种更换起，新疆结束了依靠国外品种的历史，棉花生产品种完全实现新疆自育和国内引进。1989—2009 年新疆棉花生产品种进行了 3 ～ 4 次更换，极大地提高了棉花产量、品质、效益，有效抑制了棉花枯黄萎病为害。形成了新疆特点的早熟、大铃、株型紧凑（零式、Ⅰ-Ⅱ型果枝）的高产育种理论。以军棉 1 号、新陆中 1 号、5 号、新陆中 12 号、新陆中 26、28，中棉 36、35、49、43 号、岱 80、新海 14、21、22 号为代表的 40 余个高产棉花品种，年推广面积均在百万亩以上，为新疆棉花产量的提高做出了重要贡献。目前产量育种正向高产、超高产方向发展。

二、产量性状特点

一般认为，在正常情况下，良种占增产份额的 20% ～ 30%。1965—2015 年来，我国主要棉区进行了 7 次大规模的品种更新换代，每次都使棉花单产提高 10% 以上。这表明品种是实现棉花高产生产目标的核心技术，已得到前人的研究结果证实。单铃重和衣分主要取决于棉花品种的遗传特性，在高产棉花生产中，选择高铃重、高衣分品种可为超高产提供有力的保障。另外还需要进一步研究其与环境因素、生态因素互作的关系，只有这样才能促使棉花育种工作取得更大的成效。

（一）产量构成因素

针对棉花产量形成及高产的途径，前人做了大量研究，为棉花高产栽培技术奠定了坚实的基础。Engledow提出产量构成因素理论，认为高产途径要从协调产量因素的关系着手；Kerr根据Grafius等建立的谷类作物产量的几何模式应用于棉花，提出棉花单位面积皮棉产量 = 单位面积铃数 × 每铃种子数 × 每粒种子上的纤维重。我国一般以单位面积的皮棉产量 = 单位面积铃数 × 单铃子棉重 × 衣分，即铃数、铃重和衣分是构成棉花产量的三要素。如果进一步划分，可将棉花产量主要构成因子分为：亩株数、总铃数、铃重和衣分。当四个因子都大时，产量最高。收获铃数主要通过品种和科学的管理来实现，铃重和衣分主要由品种来决定。棉花产量构成的特点是：高密度对铃数的构成发挥重要基础作用，铃重对棉花产量贡献份额较大，所以要保证田间基本苗数，选用铃较大的品种。

（二）棉铃在产量构成中的作用

综合资料表明，单产的变化随单位面积铃数的增加而增加。单位面积铃数为棉田种植密度与单株结铃数的乘积。单位面积铃数随种植密度和单株结铃数的变化而变化。种植密度与单株结铃数之间呈负相关关系，两者变幅均较大，说明调节这两个因素，增产潜力都比较大。其中单株结铃数的增产潜力高于种植密度的增产潜力。在稀植条件下，要增加单位面积铃数，应以增加种植密度为主。而当种植密度稳定在适度范围内时，则以增加单株结铃数为主攻目标。

棉花单株结铃，不仅铃数要多，而且要求分布合理。如单株结铃数相同，但棉铃在棉株上的分布部位不同，则单铃子棉重、衣分率及纤维品质都不同。

就棉株个体而言，棉铃是其一生中最强的库，是构成棉花产量品质的基本单位，棉铃生长发育质量的高低直接影响着最终经济产量。Mason、Maskell、Wilson等提出源库理论，认为高产应协调源库关系，增源、扩库能提高产量。纪从亮，沈建辉等从多年的棉花群体栽培理论实践中总结出以提高盛花后群体干物质生产量和积累量为本质特征，包括亩铃数、果节数与叶面积发展动态、节枝比、结铃率和棉铃根流量六项指标的棉花高产群体质量理论体系，并按照各指标对提高光合生产能力和产量的关系，将有关的群体质量指标在数量表达上进行了分类，同时还总结出了棉花群体质量栽培的配套技术。陈德华，吴云康等通过对棉花群体生长发育质量与产量的关系研究，提出以单位叶面积载荷量 [果节（个 /m^2 叶）]，铃数（个 /m^2 叶），生殖器官干重（kg/m^2）作为衡量棉花群体源库是否协调的指标，并从产量形成角度，提出源库比可作为源库是否协调的内在指标，叶铃比和叶面积载铃量（棉花群体成铃总数与最大 LAI 之比）可作为高产栽培群体源库关系协调的理论上的量化指标。

（三）棉花成铃的时间和空间分布

棉花具有无限生长的习性，其生育期及开花结铃期都比较长，是一种不断开花结铃吐絮的作物。在其不同时期开花所形成的棉铃，由于所处的外界环境条件（主要指温度）不同，棉株所结棉铃的大小、铃期的长短、衣分的高低、纤维品质的优劣等都会产生明显的差异，并且呈现有规律的变化。棉花在不同时期里开花结铃成为棉铃的时间分布。

生产上按季节将棉花划分为伏前桃、伏桃和秋桃。统称为棉花的三桃。黄河流域棉区伏前桃是指 7 月 15 日前开花所结的棉铃；伏桃是指 7 月 15 日至 8 月 15 日期间所结的棉铃；秋桃是指 8 月 16 日至 9 月 15 日期间所结的棉铃。

棉铃在棉株上着生的不同位置称作棉铃的空间分布，包括纵向分布和横向分布。纵向分布可将棉铃划分为上部桃、中部桃和下部桃；横向分布可将棉铃分为内围桃和外围桃。将着生在靠近主茎的第 1、第 2 节位的棉铃成为内围桃，第 3 果节及以外着生的棉铃称为外围桃。棉铃在棉株上着生的这种空间位置，会使铃重和衣分呈现有规律的变化。

棉铃的横向分布即棉株不同果节的成铃数占总铃数的百分率，明显呈离茎递减趋势。根据棉株体内养分运输分配规律，内围果节离主茎近，优先得到养分供应，这是内围铃比率高的主要原因。

棉铃的时空分布既有一定的相关性，又有一定的差异性。这种差异性表现在：棉铃时间分布相同的棉株，其空间分布却不一致，或者空间分布相同的棉株，其棉铃的时间分布是不同的。品种的遗传特性、外界气候条件、栽培管理措施等都可使棉花现蕾开花结铃的纵横向间隔期延长或缩短，从而使棉铃的空间分布和时间按分布产生差异。

（四）铃重和衣分在产量构成中的作用

单铃子棉重是棉花产量构成的重要因素。单铃子棉重越大，单产越高。在超高产栽培条件下，应在增加单位面积铃数的同时，主攻铃重。优化成铃，就是要调节成铃时间和成铃部位。棉花伏前桃在棉株基部，由于结铃部位低，棉铃处在隐蔽潮湿的环境之中，成熟吐絮时常遇早秋连阴雨，一般僵瓣烂铃率最高，影响产量与品质。晚秋桃开花成铃迟，铃轻籽瘪，霜后花比率高。因此，伏前桃和秋桃在“三桃”中的比率是影响单株平均铃重及纤维品质的主要因素。栽培上优化成铃，就是要适当减少伏前桃和秋桃的比率，增加优质桃的比重，有利于提高铃重。就成铃部位而言，一般以增加棉株内围 1 ～ 2 果节铃或棉株中部成铃比率，有利于增加铃重。

衣分主要受品种遗传性的影响。在棉花产量构成因素中，其变幅最小。在当前棉花高产优质栽培上，选用高衣分优质棉花品种对提高单位面积皮棉产量有很大作用。

铃重和衣分虽主要决定于品种的遗传特性，但与棉株的生育状况、生育环境、体内养分运输分配等密切相关。归纳起来，主要受两方面的影响。一是棉株生长势的影响。伏桃和早秋桃在7月下旬至8月底开花成铃，棉花生育进入营养生长和生殖生长双旺时期，生长活力旺盛，积累干物质较快，也是有机物输向生殖器官最多的时期，因而在这一时期形成的棉铃，铃重、衣分高。8月底后，棉铃处在生育后期，生长势衰退，有机营养供应不足，所以晚秋桃铃轻、衣分低。二是气温的影响。7月中旬至8月下旬正是一年中温度最高、日照最充足的时期，在棉花生产上称这一时期为高能季节。由于日照充足，光合效率高，干物质积累多，铃壳里的碳水化合物也很快地运向种子和纤维，因而铃大衣分高。后期气温逐渐下降，影响纤维素的合成和积累，并且铃壳内的养分很少转运到种子和纤维，导致铃壳加厚，铃重减轻，衣分下降。

按照棉花成铃规律，一般是初花阶段的成铃率较高，盛花期的成铃率较低，后期的成铃率又较高，常出现两个成铃高峰。但是从优化成铃的要求出发，应出现一个高峰，也就是在棉花盛花期出现高峰。

根据棉花现蕾开花间隔习性，纵向间隔一般比横向间隔少一半的时间。在高产栽培技术上适当增加密度和果枝台数，减少外围铃果节比率，在争取时间的同时，充分利用空间，将两者有效地结合起来，使棉花在最佳结铃时期和棉株最佳成铃空间内多成桃。

（五）密度在产量构成中的作用

稀植的棉田，棉株纵横向伸展都比较充分，植株较大，果枝台数和果节数相应增多，外围铃增加，优质铃比率下降，铃期长，成熟晚。适度密植，棉株果枝横向伸展受到一定的抑制，果枝较短，内围铃比率相应增加，内围铃铃大品质好，铃期短，有利于早熟。

在诸多栽培措施中，棉花品种相配套的合理种植密度，能协调棉株生长发育与环境条件，营养生长与生殖生长，群体与个体的关系，建立一个从苗期到成熟期都较为合理的动态群体结构，达到充分利用光、热资源和地力形成大量有机物，为棉花高产提供物质基础。

关于陆地棉合理密度的研究已有一百年的历史，大量研究指出在一个很大的范围内，栽培密度对最终产量没有影响。不同品种和生长环境下得到的结果不一致。Hawkins 和 Peacock 发现乔治亚州的最适密度是 9.6 ～ 14.4 株 /m^2；Bridge 指出在密西西比州地区 7.0 ～ 12.0 株 /m^2 的密度范围内可以获得最高的产量；德克萨斯州的最适密度是 7.9 ～ 15.5 株 /m^2；阿肯色州的最适密度是 13.6 株 /m^2。董合忠等研究表明，在 3.0 ～ 7.5 株 /m^2 的范围内，密度对产量没有显著的影响。之所以在一个很大的范围内种植密度对产量没有影响，是因为密度降低后，棉花主茎节数，叶枝铃和果枝外围铃的数量和重量都会相应增加，同时主茎对产量的贡献率降低，但是单位面积上总铃数和皮棉产量变化不大，从而使产量保持稳定。

密度与产量的关系异常复杂，毫无疑问，一定范围内密度对产量不会造成太大影响。我们可以利用这一特点指导生产降低密度减少种子成本。但是以上这些结果都是建立在把环境胁迫减到最小基础上的，在环境胁迫条件下，如何确立合理的密度来提高产量度值得我们深入研究。值得一提的是，新疆棉花栽培密度从 20 世纪 50 年代的 30 000 株 /hm^2 不断递增，种植模式不断变化，发展到 20 世纪以来，棉花种植密度历史性增加密度达到 220 000 株 /hm^2 ～ 300 000 株 /hm^2，使新疆棉花的“矮、密、早、膜”技术理论不断得到发展和完善。

（六）个体与群体发育对产量的影响

棉株个体与群体相互依存，相互制约。棉花产量的高低，主要取决于群体光能利用率。合理的群体结构就是将密度、株行距离配置、株高、果枝数、叶面积系数之间的关系调整到最佳，同时与生态条件和栽培管理水平紧密联系。高密度矮化栽培的个本与群体的关系是“小个体、大群体”。

密度和株行距配置及株高是个体和群体协调的基础。密度因地区、品种、土壤肥力、投入和生产水平不同而有区别。根据新疆农业大学 5 因素 5 水平旋转回归试验，密度 21 万～ 29 万株 /hm^2，间距 3 万株，单铃重和衣分变化不大，与密度相关不显著，但单株结铃数则随着密度的增加而减少。霜前皮棉单产则由 1 107 kg/hm^2 增加到 1 584 kg/hm^2。在构成单位面积产量的株数、株铃数、单铃重和衣分 4 因素中，单铃重和衣分较恒定，只有单位面积株数和株铃数变化较大，单位面积株数增加，单株铃数下降，反之则增加。密度高则群体产量高，新疆的热量条件和无霜期不适宜稀植、单株多结铃。只能加大密度、单株少结铃，以密取胜。目前新疆早中熟棉区收获株数在 18 万～ 27 万株 /hm^2。

棉花株高、果枝数、果节数是群体结构的重要构成因素。随密度的增大株高必须降低，而果枝数和果节数多，必然向横向发展，导致株型松散，降低了光合效率。高密度种植必须要利用水、肥和缩节胺来进行合理调控，植株矮、果枝少、株型紧凑、健壮，使个体和群体协调发展。

三、高产新品系的选择与鉴定

（一）高产新品系的选择

人们在育种中常把单株铃数、铃重、衣分作为选择产量性状的指标加以应用。在选高产品种时，是着重提高品种间的结铃性还是着重选育大铃和高衣分的品种？在栽培管理中，是着重争取多结铃还是着重铃重？国内外学者看法不同。上海市农科院作物所、中国农业科学院棉花所等的调查分析认为：在生产实践中，以单铃重与产量的相关最为密切，决定棉花产量高低的主要因素是铃重。山西棉花所认为衣分与产量的相关程度最高。但衣分往往伴随着籽粒小，难出苗。

大多数试验结果认为，铃数对产量的贡献最大。俞敬忠等都认为铃数与产量关系最大，其次是铃重和衣分。

选择对育种工作意味着选优去劣，是育种和良种繁育的主要环节，是淘汰不良变异，积累和巩固优良变异的有效手段。选择育种是根据育种目标，对选择群体，连续多次的对目标性状提高选择压，不断选择达标优良个体，经过一些列的鉴定、比较，选择出综合性状优良、遗传稳定的新品种。高产是棉花育种的主要目标，随着生产和社会的发展，对棉花品种要求具有的优良性状越来越多，对育种目标的要求也越来越趋向于综合化。高产品种在必须具有某些必不可少的优良特性的前提下，产量目标应放在首位，产量是植棉效益的基础。棉花高产受遗传、生理、环境以及这些因素之间相互作用的影响。在构成产量因素之间，以及这些因素与棉株其他形状之间也存在着复杂的关系。因此，要选育出比现有推广品种显著增产的新品种，必须通过遗传改良协调这些诸多的复杂因素。

在育种上，根据性状的遗传方差和遗传力可以估算出在不同选择强度下的预期遗传进度。预期遗传进度表示，通过选择子代比亲代所能增加的量。提高棉花产量的育种，主要是通过选择单株铃数和铃重来实现。总的说来，铃数的选择效率高于铃重和衣分率，以增加产量为目标的育种，应把选择效率放在铃数上。同一性状不同组合间的选择效率也是不相同的，需要指出的是，在育种中应用预期遗传进度估值时，要考虑到亲代群体的平均表现水平。在棉花育种过程中，对 F_2 代群体的平均表现水平要有足够的重视。应把选择重点放在 F_2 代群体平均表现水平较高的组合上。而目前育种上，对这个问题有所忽视，不论 F_2 代群体平均表现水平如何，一味在 F_2 群体中选择单株。从讲究选择效率出发，与其在 F_2 代群体平均表现水平较低的组合中选择少数单株，不如把精力集中到 F_2 代群体平均表现水平较高的组合上，从中选择较多的单株，以增加选得优良基因型个体的机会。

大量的研究表明，棉花的许多经济性状包括产量、产量构成因素、纤维品质性状之间存在着或正或负的相关性。前人对棉花产量因素和品质性状的相关进行研究，其结果不尽相同。在棉花产量因素中，皮棉产量与结铃数、铃重及衣分的加性与显性相关均为正相关，与纤维长度、比强度的加性效应为显著负相关，显性效应相关性不显著；单株结铃数与铃重、衣分的加性、显性相关均为负相关，与纤维长度、比强度的加性相关为正相关；铃重与衣分为显性正相关；衣分与纤维长度和比强度的加性相关均为极显著的负相关；纤维长度和比强度的加性相关为极显著的正相关。不同研究者对棉花产量性状和纤维品质的遗传相关分析得到的结果不尽相同，其主要原因可能是由于研究的材料不同和不同的环境因素造成的。在棉花产量与纤维品质性状之间的遗传相关存在普遍性，遗传相关中以加性相关较为普遍。棉花的绒长和比强度是累加性状，而棉花的单株铃数和皮棉产量等性状是杂优性状。因此，就棉花育种而言，对于棉花的绒长和比强度，我们必须施加尽可能大的选择压，以便改进这些性状，同时，对于棉花的单株铃数和皮棉产量等性状，也应予以适当的注意。另一方面，在得到上述性状的改进之后，再利用那些遗传力低的性状的杂种优势，把上述纯种或近交系杂交，以便获得第二类性状的改进。这样在两方面，就能获得较理想的效果。在新疆铃重对产量的贡献额度较大，提高品种的铃重，更易提高和发挥品种的丰产性，但是铃重选择上要注意合理的铃重，同时要注意铃期长短、铃壳厚度、铃的大小、铃型等性状的选择，新疆的气候特点较特殊，对新疆棉花品种铃重和铃期的选择要结合新疆的实际情况，铃重太大和铃期过长的品种不适合在新疆栽培。

产量因素尽管与单株皮棉产量的关系最为密切，但由于人们对产量因素的长期强化选择，目前的棉花丰产育种基本上处于高原阶段，试图继续通过直接选择产量因素来提高产量是困难的。而处于产量形成第二层次的生理性状不但与产量有较强的相关性，而且直接影响着产量构成因素。通过性状的改良可以更好地调整源、库、流结构。研究表明：提高收获指数可能是今后棉花育种的一个方向。但必须注意协调好它与生物学产量的关系，过低的生物学产量对高产是不利的。

衣分是产量构成的重要因素。高衣分在新品种的选育上有重大意义。衣分具有较高的遗传力，因此，杂种后代在对株型和生理性状改良的同时，要注意早代衣分的选择。肖时德研究指出皮棉产量是棉花品种的主要经济指标，在子棉产量相等的条件下，皮棉产量的高低取决于衣分。棉花品种间衣分的差异与子指的大小和种子上纤维着生密度（即衣指表示）有关。衣分与子指呈负相关，即衣分高，种子小，衣分低，则种子大。例如新疆历史棉花品种子指大多 12 g 左右，子指较大，播种品质较好。经过品种的更换，子指有下降的趋势，生产为了最求高衣分，有的品种子指 9 g 左右，过低的子指不利于新疆保全苗，更不利于精量播种对种子的要求，应保持在 10 ～ 12 g 为宜。衣分高低与衣指亦有一定程度的关系，它们之间有位微弱的正相关，即种子表面积相同，纤维着生密度、纤维长度不同，对衣分大小有微弱影响。即衣指大的，衣分高；衣指小的，则衣分低。因此，在育种过程中要加强对衣分性状的选择。

株型尽管对产量的直接作用较小，但它是高产的生理基础。首先要有一个理想株型，提高棉田光能利用率和减少由郁闭引起的蕾铃脱落和烂铃；选择棉株生长稳健、花期净同化率高、伏期花量大、成铃快、结铃性强且集中、后期能保持较强光合势的类型；正确确定与当地生态、耕作条件及熟性相适应的优良品种。良好的株型还应具有较小的果枝角度；在一定株高条件下，有一个较大的纵横比值。其次主茎节间不宜过短，尤其是叶片的角度在目前的品种间差异不显著，大多呈水平状态，消光系数高。应收集叶片角度较小的资源，以期改变这个重要性状。这样的株型，一方面可以改善行间的透光条件，另一方面可以适当增加每亩株数，从而增加群体的光能利用率，达到提高光合效率、提高结铃率和收获指数的目的。

张桂寅认为种植密度对单株结铃数具有较大的影响，与产量一样，不同群体达到最高单株结铃数所要求的密度也有所不同。种植密度对群体中个体的单株结铃数选择具有较大影响，而对单铃重及衣分的选择影响较小，即对单铃重及衣分具有较好的选择效果。单株结铃数在不同密度下差异显著，随密度增加单株结铃数减少，但总结铃数呈增加趋势；密度与群体间存在互作，密度的大小对群体的单株结铃数影响程度不同。随种植密度的不同，不同群体其单株的生产力和单株之间差异表现不同，从而影响对单株的判别力，特定群体的入选率就会发生改变。如何选择出高产基因型？张桂寅等认为，育种通常是按常规密度种植，在选择过程，株间和基因型间的竞争通常被忽略。在不同密度下，不同的棉花基因型在分离的世代中，受竞争的胁迫，可表现出不同的反应。如果在有遗传变异的群体中存在着相当大的基因型间竞争就可能影响育种选择的效率，特别是遗传力较低的性状。JASSO 认为高产基因型在高密度竞争条件下，能获得较高的产量，而低产基因型在低密度下产量较高，在高密度下产量较低。

另外，在育种选择过程中，关注铃系质量也是提高产量的重要目标之一。重点需要关注铃系的大小、吐絮的集中性、铃室的多少、含絮力的强弱，铃型的发育质量以及铃型等性状。这对于改善铃重，提高产量具有重要作用。

从我国育成的主要高产品种分析，黄河流域棉区 20 世纪 70 年代的早熟、丰产的鲁棉 1 号，年种植面积创自育品种的最高纪录；20 世纪 80 年代育成的抗病、高产中棉所 12 号成为自育品种中种植范围广，且年份最长的品种；21 世纪初育成的国产转基因抗虫棉中棉所 41 号、石远 321 等对稳定我国棉花产业发挥了重要作用；目前育成的中棉所 60 号创“千斤棉”高产纪录。长江流域棉区的泗棉 3 号、湘杂棉 8 号不仅高产、稳产，而且早熟、抗病；目前育成中棉所 63 号长势稳健、抗病性好、后劲足在长江流域创“千斤棉”高产纪录。新疆棉区中棉所 35 号以其抗病丰产的优势，在新疆南疆推广种植 10 年之久；之后稳产丰产抗病中棉所 49 号作为主推品种深受棉农欢迎。

要提高选择效率，可以从以下六方面着手：第一，充分利用现有遗传资源和育种技术，开拓新的遗传资源和育种途径，增加育种材料群体的遗传变异度。第二，通过合理的试验设计和一致的田间管理，把由于环境引起的变异降低到最低程度，从而提高育种群体材料性状的遗传力。第三，在条件许可的情况下，尽可能扩大选择群体，提高选择强度。第四，明确主要农艺性状选择改良方向，加强选择技术创新。尤其加强对品种蕾铃脱落问题、光合、根系、衣分、果枝始节、单株结铃数和单株叶面积性状等农艺性状的有效选择，以提升育种选择策略和改良措施。第五，拓展选择渠道，改变单纯以表型选择为主的现状，加强在生理生化水平和分子水平上的选择。第六，针对棉花品种农艺性状变化特点，做到不同环境条件的穿梭选择、不同时期重点选择、不同性状的核心选择和分子标记辅助选择，以提高选择效率和准确性，提升选择技术水平。

（二）高产新品系的鉴定

棉花新品种（系）的鉴定是育种者最重要的工作之一。新品系育成后要进行包括农艺性状、经济性状及抗逆性的鉴定。农艺性状和经济性状的鉴定要在以生产上条件相同的环境下进行多点多重复试验。在品系评选阶段，因为接近大田生产的种植密度，个体间或品系间的差异容易被掩盖而难以鉴定，故必须认真“多看精选”，提高选择压力，保证一定的遗传进度，这样才能提高培育高产品种的效率。

品系评选必须重视多点试验，在各种不同的生态条件下考验品种或品系的适应性和稳定性，这是行之有效的途径。实践证明，在同一地区试验，增加设置重复次数，还不如实行多点试验可以取得更好的效果。在早期的试验中，由于种子数量少，可进行单行对比试验，但这种试验的准确性较差，可适当多保留些品系，再进行多行多重复试验，以便准确地鉴定新品系的丰产性及其与农艺性状、抗性、品质的协调性。棉花品种的产量由每亩株数、单株铃数、单株重量和衣分等产量因素所决定，这些因素之间存在相互制约和相互矛盾的关系，例如单株铃数和单株铃重就是一对矛盾。评选鉴定时要达到每一个产量因素都是最好的是不可能的，必须在选用当地最佳种植密度的条件下，选择各产量因素表现相互协调，而关键因素比较突出的材料。这关键因素早在 50 年代曾有人提出单铃重，只要每一棉铃增加子棉 1 g，棉花品种的单位面积产量就可以显著地增加。

通过鉴定对品种进行全方位的评价，在品系比较试验的同时，为了解新品系的抗逆性和适应性，在同生态地区广泛布点进行生态适应性鉴定，以确定新品系的适应性和利用途径，并将其种植在人工病圃中进行抗病性鉴定并进行严格的筛选，最后将丰产性、抗病性和纤维品质等符合既定育种目标的优系混合繁殖原种。从而获得高产新品种（系）。通常鉴定棉花品种系的方法有很多种，包括多年多点田间生态鉴定、个体表型鉴定、基因型鉴定、抗病性鉴定、抗逆鉴定等。例如在对优良品种的鉴定方面：要求从各地实际出发，棉花品种应具备高产、稳产、早熟、抗枯黄萎病、播种品质好、适合机采、耐密性、拾花性状好等特性；三桃比例合理，早发稳长，霜前花率 85% 以上。棉花早熟性鉴定，应注重选则子叶大小适中、生育期短、霜前花率高、前期和后期发育均快、第一果枝节位适中、伏前伏桃秋桃比例合适、开花成铃集中、早熟不早衰类型。在早中熟品种鉴定上，要求品种出苗快，株高中等，果枝短，Ⅰ－Ⅱ型果枝，第一果枝节位 5 ～ 6 节，营养枝少，前期生长发育快，现蕾开花成铃早，内围铃为主，吐絮快集中，霜前花率高。在引进品种的鉴定方面，20 世纪 90 年代中期，因自育品种抗枯黄萎病性差，未解决枯黄萎病为害问题，通过从黄河流域棉区引进抗病品种试验示范比较鉴定，筛选出适宜新疆种植的中棉 12、19、35 等棉花品种。在品种耐密性鉴定方面，应以提高育成品种的个体结铃性为主。随着密度的增加，棉花单株成铃数下降。加强高密度下的耐密性改良鉴定，对提高品种成铃率具有重要作用。例如新疆农科院创建的亩产子棉 806 kg 高产棉田，所用品种株型紧凑、疏朗，叶量少，叶载铃量高，群体通透性好，具有很好的耐密性。

在选择鉴定研究方面，李雪源，艾先涛等通过对新疆有代表性的历史品种进行鉴定研究表明，新疆棉花品种经过 5 次大的品种更换和演变，农艺性状和品质性状发生了相应的变化：① 自育品种的铃重和单株叶面积比引进品种大；② 农艺性状演变规律衣分、衣指增加，子指下降，生育期、花期、铃期延长，株高降低，株宽变宽，果枝节位增高，伏桃数降低；③ 品质性状方面出现了绒长增长，比强度降低的趋势。农艺性状的变化规律表明，新疆棉花品种的发育特性、株型等发生了一定变化，变化更有利于发挥产量潜力，也有值得思考的方面。研究还表明，新疆棉花品种在铃重，结铃性，早熟性，适应性、纤维绒长、比强度、整齐度等方面选择潜力较大。新疆棉花育种在拓展遗传基础方面，应进一步加大力度。

在抗病性鉴定方面，从大量的棉花种质资源和大批新品种（系）中要鉴定出有用的抗枯萎病和黄萎病棉花种质资源材料和新品种（系），大致要经过棉花苗期筛选和成株期棉花抗病性鉴定。苗期筛选方法有：人工病圃法；室内营养钵接菌法；棉枯、黄萎病菌毒素检测鉴定法。经苗期鉴定筛选出的具有抗枯、黄萎病的资源材料和棉花品种（系），需经过成株期至少两个点和两年病圃鉴定，才能够进行省级以上的品种审定和大面积推广。成株期鉴定一般采用人工病圃和自然病圃两种方法鉴定，但是自然病圃病菌分布多寡不均，难以控制发病程度，导致发病欠均匀而使抗病鉴定结果有一定的误差，在年份间、地点间鉴定结果难以一致，重演性欠佳。所以人工病圃鉴定法是棉花成株期抗枯、黄萎病鉴定的最佳方法。人工病圃可分成株期枯萎病圃、成株期黄萎病圃和成株期枯、黄萎病混生病圃。

苗期抗病鉴定结果与成株期鉴定结果存在极显著正相关，相关系数在 0.7 ～ 0.9。由于不同棉花品种的耐病力和恢复力不同，所以有的品种表现前后期抗病性差异较大，造成苗期和成株期抗病鉴定结果不一致，所以苗期抗病鉴定有局限性，一般适合于棉花种质资源材料和大批棉花新品种（系）的抗病性检测筛选，对于重点材料仍应进行成株期鉴定。棉花成株期人工病圃法根据鉴定对象，混生病圃由于区分症状和划定指标难度较大而一般不采用。人工病圃又可分为单菌系病圃和多菌系病圃。单菌系病圃是在病圃中仅接入枯萎病或黄萎病的单种病菌。多菌系病圃是指在病圃中接入枯萎病或黄萎病两种以上不同地区的不同生理型或不同致病力菌系。田间自然病圃法利用重病棉田自然病圃鉴定棉花的抗病性，具有方法简单、省工省投资、鉴定条件接近生产实际等优点，但由于难以控制发病程度、棉田发病尚欠均匀等原因，抗病鉴定结果有一定的误差，年份间、地点间鉴定结果难以一致，重演性欠佳，所以自然病圃鉴定结果仅供参考。

棉花的抗病性育种一直受到育种家和植保工作者的高度重视，研究出了棉花抗性筛选鉴定方法，并在育种实践中得以利用，选育出了一批抗病品种，对控制棉花枯、黄萎病的发生与为害起到了积极的作用。对棉花枯萎病、黄萎病的研究也更加深入，同时，对枯、黄萎病的评价方法也逐渐趋于完善与成热，均采用了相对病指来评价品种的抗病性，从而增加了鉴定结果的年度间和地域间的可比性。

要提高品种鉴定效果，可以从以下三个方面入手。第一，加强条件建设，改善以往传统粗放的鉴定条件。第二，在棉花鉴定育种技术上，不断加强鉴定的科学性、准确性。着重加强棉花种子纯度、种质资源和抗病、抗虫性等方面鉴定的研究力度。第三，不断完善棉花品种综合性状评价体系，以提升鉴定水平和效果。

四、强优势杂交种创制

我国棉花杂种优势研究始于20世纪30年代，80年代后选育的大部分棉花品种均采用杂交育种方法。杂交育种是棉花育种最主要的方法，育种目标更加明确。通过选择优缺点互补、遗传力、配合了高的亲本，经过杂交、复合杂交、轮回杂交及种间杂交，产生杂种，然后按照性状遗传规律和杂种各世代的遗传表现，进行选择、鉴定、比较、评价，区试、生产试验，选育出新品种。在世界棉花研究和生产上，杂交棉作为提高棉花产量、品质、抗性的重要途径，棉花杂种优势利用研究是我国的传统优势领域，杂交棉的选育与应用居世界领先水平。我国历来比较重视棉花杂种优势研究和利用工作，尤其是“九五”以来，在政策、项目、资金等方面更是给予了高度关注和大力支持，先后在亲本材料创造、高优势组合选育、人工杂交制种技术、不育系杂交制种技术等方面取得了重大进展，培育了数十个杂交种，如中棉所63、农大棉9号、华杂H318、湘杂棉21、新陆早14号、新陆中24号等，在生产上有较大规模的种植。利用三系配套技术，开展海陆、陆海、陆陆杂优组合的改良和综合性状的提高，同时进行两系杂交棉选育和常规杂交棉F_2代研究；筛选和转育符合杂交棉育种要求外源基因丰富的亲本材料，提高陆海三系杂交棉的产量、品质优势和早熟性。研究核雄性不育“一系两用法”、胞质雄性不育“三系法”、“三系”人工制种法、“三系”昆虫传粉制种法。现阶段主要是征集大量品种资源开展大量配对杂交，选育以早熟、优质、抗病、高产为目标，并逐步向适宜机采方向发展。另外，利用标记性状进行了杂种优势利用简化制种研究，包括红花、无色素腺体、芽黄、花基红斑、鸡脚叶等标记性状。例如，红花性状标记杂交棉鲁棉研 39、鲁 HB 标杂 -1，使杂交棉标记育种取得较大进展。

杂交种应用于生产在 20 世纪 80 年代才开始，主要限于当时的研究水平和生产条件，生产上只能以利用优势不强的杂种二代为主。到了 20 世纪 90 年代末，随着抗虫杂交种中棉所 29 的问世及高效人工杂交制种体系的建立，实现了人工杂交制种的规模化、集约化，我国的杂交棉生产利用方式发生了本质的转变，开始了棉花杂种一代的较大规模种植，由此引发了科研、生产上对棉花杂种优势利用研究的普遍关注和广泛研究，呈现出蓬勃发展的可喜局面。棉花杂种一代的种植面积在我国棉田总面积中所占的比例，已由 1990 年的不到 1% 猛增至 2008 年的 25% 左右，我国的三大棉区中，长江流域棉区基本实现了杂交种的普及化；黄河流域棉区的杂交棉种植面积从无到有，并呈现迅速发展态势，已占到棉区面积的 40% 左右；西北内陆棉区近年试种杂交棉取得成功，兴起（特别是在新疆）一股种植杂交棉的热潮。杂交棉种植不仅大幅提高棉花单产，还有效地克服棉农自留种的习惯，避免了常规品种易被留种者无序扩散和无规扩繁、造成种子混乱退化的缺点，有力推动了棉种的产业化进程。

但随着社会经济的发展，城镇化速度的加快，农村劳动力向城市的转移，人工制种杂交种发展依赖的地少人多、劳动力资源丰富、耕种上精耕细作等优势被逐步削弱。因此，为适应棉花生产发展的新形势，在国家项目的支持下，深化简化制种技术研究，重点培育降低制种成本，提高制种效率的“三系”“两系”杂交棉，以期解决影响杂交棉大规模生产应用中制种的“瓶颈”。目前研制出完整的三系杂交制种技术和完整的三系杂交制种技术标准，制种工效提高 3 ～ 5 倍，亩制种产量增加 25 ～ 50 kg，不仅省工省时，且制种成本降低 40% ～ 50%，育成三系杂交棉中棉所 83、邯杂 301 等品种。在“两系”杂交棉研究方面，建立了核不育宿根棉制种技术体系，在冬季无霜、棉花能越冬的地区如四川攀枝花等，利用转基因抗虫核不育两用系作母本，进行宿根进行杂交制种；形成了转基因抗虫优质稳定的核不育二级法杂种生产体系，采用“核不育二级法”进行制种，克服了核不育系制种母本需要拔除 50% 可育株的问题，使制种简化、生产成本降低。利用这一技术选育成了品种川杂棉 21 和川杂棉 29。

第五节　中熟棉优质育种

一、品质性状的遗传特点

棉纤维品质的优劣直接影响到纺织品的质量、档次和纺织工业的效益，研究品质性状的遗传对于制定改良品质为主的综合性状优良的品种育种方案、提高育种效率有指导意义。棉花的纤维品质是一种复合性状，由纤维长度、纤维强度、纤维细度、成熟度、长度整齐度等性状组成。1985 年来，国内外对棉花纤维品质性状的遗传进行了大量的研究。因试验材料、地点、年份及纤维品质测试和分析方法的不同，试验结果有一定的差异。但是，从多数资料分析来看，大体趋势是一致的，即棉花纤维性状均是由多基因控制的数量性状。

关于棉花纤维性状的遗传规律，从 20 世纪初以来不少学者已作了大量研究。由于主要的纤维品质性状均为多基因控制的数量遗传，并以累加效应为主，显性与上位性均不明显，一般表现为产量与主要纤维品质为负相关。但就某一个品种而言未必尽然。袁有禄等研究认为陆地棉纤维长度、强度、马克隆值和伸长率均以遗传控制为主，受环境影响相对较小，而纤维整齐度遗传力较小，受环境影响较大。梅拥军等认为海岛棉纤维品质性状多以加性效应为主，纤维长度、比强度和整齐度还存在极显著的显性效应并且与环境存在一定的互作。

（一）遗传与环境变异

Hancock 等研究了纤维长度、细度与强度等性状的遗传方式，认为它们由遗传控制，不同品种间差异明显，环境条件对这些性状有重要影响。汪若海分析 1973—1984 年黄河流域棉花品种区域试验资料，得出相同的结果，即棉花品种的纤维性状受气候影响显著，年度间的变化比地点间大。

在各项纤维品质性状中以强度、成熟度的波动较大，而细度、长度变化小。Meredith 统计了美国国家品种试验 18 年的资料，得出纤维强度：品种变异为 70.9%，环境变异为 17.7%，品种与环境互作占 11.4%；马克隆值：品种变异为 25.3%，环境变异为 58.8%，品种与环境互作占 15.9%；纤维长度：品种变异为 75.1%，环境变异为 15.4%，品种与环境互作占 5.7%。该结果表明除马克隆值外，在不同的环境下纤维性状表现较一致，互作较小，表明了在每一个具体环境中均可以进行纤维品质的评价。

汤飞宇等 2001—2006 年在江西南昌对 14 份优质棉品种（系）纤维品质性状的表现及其稳定性进行鉴定，并对一个中长绒高代选系的纤维品质性状的空间分布进行了研究，结果评选出达到中长绒陆地棉标准的种质 5 份；3 个纤维品质性状中以马克隆值的变异系数最大，比强度次之，最小是绒长。表明马克隆值最容易受环境条件的影响，中长绒陆地棉不同部位棉纤维的绒长和马克隆值差异较小，比强度以中上部果枝内围果节的棉纤维最高，以上部果枝外围果节的棉纤维最低。

（二）遗传分析

大量试验表明，陆陆杂种与陆海杂种的纤维品质表现差异较大。通常陆陆杂种表现相当稳定，趋于中亲值。May 综合了 13 篇报告，大多数的研究结果认为纤维长度的遗传以加性为主；在袁有禄统计的 22 篇文献中，15 篇报道绒长以加性效应为主，5 篇以显性效应为主，其中 3 篇存在上位性。在统计的 18 篇文献中，比强度以加性效应为主的 16 篇，以显性为主的仅 2 篇，其中 1 篇存在上位性。统计的 17 篇文献中，其中 12 篇马克隆值以显性效应为主，5 篇以加性遗传效应为主。纤维伸长率主要受加性遗传效应控制。自 F_1 到 F_2 大多数纤维性状自交衰退小。Innes 运用核背景差异较大的陆地棉品系配制了大量组合，研究表明纤维长度与比强度存在显著的上位性。利用陆海杂种渐渗系为研究材料，可能是得出上位性结论的主要原因，而运用陆地棉纯系却未发现上位性。所有的研究表明纤维性状的表现近于中亲值。尽管存在部分显性，但加性遗传占绝大部分，杂种优势极低。

1. 陆地棉纤维品质遗传分析

刘英欣等研究表明，纤维长度整齐度、比强度、伸长率、马克隆值，广义遗传力高，狭义遗传力低，非加性效应占主导作用；2.5% 跨距长度则主要是加性遗传效应。艾先涛等研究发现纤维长度、整齐度、比强度和伸长率等 4 个纤维品质性状均以加性遗传为主，同时检测出显著的上位性效应。经模型适合性检验，纤维长度和伸长率两个纤维品质性状符合加性—显性—上位性遗传模型。比强度和整齐度性状符合加性—上位性遗传模型。

郑巨云等研究发现在纤维品质性状中，纤维长度、比强度和马克隆值的遗传以加性效应为主，显性效应不明显，其中纤维长度与比强度的加性效应达到极显著，纤维性状均受环境影响变异较大；棉花产量因素与品质性状之间的相关普遍表现为遗传相关大于表型相关，各性状之间的表型相关、遗传相关及加性相关类似，而显性相关则不同。不仅在陆地棉产量因素和纤维品质性状内部各自存在加性或显性相关性，而且在产量因素与纤维品质性状之间存在加显性相关性，不同性状之间的正负效应不同。刘艳改等研究发现纤维品质性状的遗传主要受加性、显性和加性与环境互作效应控制。皮棉产量与纤维品质性状的显性相关系数值较大，利用杂种优势在早期世代可以得到协同改良，纤维品质性状间易实现协同改良。

2. 海岛棉纤维品质遗传分析

陆海杂种纤维性状的优势比陆陆杂种大得多。2.5% 的跨长表现完全显性，甚至超显性。海岛棉与陆地棉的纤维比强度差异较大，海岛棉平均高 30% ～ 50%。梅拥军等研究表明，海岛棉纤维比强度的遗传主要受加性作用控制，显性作用和上位性作用显著；在非加性方差中，上位性作用比显性作用相对重要些；比强度的狭义遗传力较低。

孔杰等对 7 个海岛棉品种的 42 个 F_1 组合的产量和品质的配合力分析表明，纤维比强度、主体长度、伸长率狭义遗传力较高，早代选择效果明显；整齐度、马克隆值主要是受非加性基因控制，整齐度显性作用显著。张亮亮等对海岛棉主要纤维品质性状在后代群体中的分离规律及性状间的相关性进行了研究。结果表明，海岛棉主要纤维品质性状均是由微效多基因控制，符合正态分布，表现为数量性状遗传方式。相关分析表明，纤维上半部平均长度与断裂比强度、整齐度呈极显著正相关，与短绒指数呈极显著负相关，马克隆值与断裂比强度和整齐度呈显著正相关。

3. 纤维品质主基因分析

在目前棉花纤维品质性状的遗传分析中，都得出了典型的数量性状遗传方式，主要以加性遗传效应为主。然而，一些数据表明，纤维强度并不按数量性状的方式分离。Richmond 报道在通过回交将三元杂种的高强基因渐渗入陆地棉时，小的回交群体也能选出高强度材料，表明该高强度性状可能由少数主基因控制。Meredith 根据 Culp 的研究分析，互交群体中出现理想基因型的频率 2.5%，在优良群体中可以达到 6.7%，而在一般群体中为 1/300，认为相当少的基因控制了比强度，可能少至 1 对基因控制，或 2 对连锁主基因控制。Meredith 还报道其所培育的优良品种 MD51ne 的纤维强度可能由 2 对主基因控制，其基因主要来源于三元杂种。一些间接证据也表明纤维强度由少数主基因控制。May 等获得了具有棕色纤维和较高比强度的种质，纤维色泽位点与控制纤维强度的基因紧密连锁，这也表明了由少数主基因控制，其亲本之一为 PD-3，同样来源于三元杂种。这似乎表明了三元杂种背景的纤维强度主要由少数主基因控制。目前尚无其他纤维性状由少数主基因控制的报道。

袁有禄等、石玉真研究表明，纤维比强度、绒长、纤维细度和整齐度等性状存在效应较大的主基因，或在总的多基因效应中仍可能存在效应稍小的一个或几个主基因。在各种不同组配方式中，高 × 低组合的主基因与多基因的加性效应方向一致；而亲本差异小的低 × 低和高 × 高组合，主基因加性效应和多基因加性方向相反。纤维强度主基因与多基因显性效应方向相反，总和为负值；马克隆值、整齐度及伸长率的主基因显性效应为 0，多基因显性效应也为 0 或负值，但强度、细度、整齐度和伸长率的 F_1 为中亲值或偏向低亲；长度的主基因显性为 0，多基因显性全为较高的正值，则 F_1 纤维长度为中亲值以上。在杂交、回交育种过程中，目标基因往往处于杂合型状态，杂合状态大多数纤维品质性状表型值会偏向中亲值或低亲。

殷剑美等对陆地棉杂交组合的研究得出，纤维长度、强度和伸长率符合“一对主基因+多基因”遗传模型，整齐度性状符合多基因模型。郭志丽等采用主—多基因混合遗传模型分析表明，纤维长度符合多基因遗传模型，纤维比强度符合两对主基因+多基因模型，纤维整齐度和马克隆值符合一对主基因+多基因模型。艾先涛等研究发现棉纤维比强度和伸长率符合两对加性-显性-上位性主基因+多基因混合遗传模型，其主基因遗传率分别为：比强度47.80%、伸长率20.07%。纤维长度和整齐度遗传受主基因和多基因共同控制。

（三）纤维性状杂种优势分析

Rojas等研究发现，一般配合力（GCA）是由基因的加性效应决定的，而特殊配合力（SCA）是基因的显性效应、上位性互作效应以及基因和环境互作效应的综合结果。

在陆陆杂种纤维品质性状优势方面，以前研究认为其优势很小，大多数性状为0%～2%；综合26篇研究报告，发现F_1绒长的中亲优势为0.93%～3.71%，比强度为-0.8%～2.94%，马克隆值为-1.44～1.50%，正向与负向优势均很小，接近中亲值。

陆海杂种纤维性状的中亲优势较高，绒长为13.73%，比强度为10.87%，而马克隆值为-14.7%，具有负向超亲优势。

王巧玲等认为海陆杂交F_1代的纤维品质性状具有较高的竞争优势，其纤维长度、比强度具有超显性作用，F_1代的纤维长度、比强度可达到海岛棉亲本的水平，一些组合超显性作用明显，可超过海岛棉的纤维品质，说明利用海陆杂交F_1代生产达到或超过海岛棉品质标准的适合纺高支纱和高支精梳纱的优质纤维是可行的。

二、优质性状的选择与鉴定

（一）纤维品质的分级

多年以来，研究者们对棉花质量指标开展了深入研究，已被广泛使用的指标达数十个，但对纺纱性能影响较大的主要有：长度、长度整齐度、断裂比强度、断裂伸长率、细度、成熟度、马克隆值、反射率和黄度等。

纤维长度分为中短绒（25.0～27.9 mm）、中绒（28.0～30.9 mm）、中长绒（31.0～33.9 mm）、长绒（34.0～36.9 mm）和超长绒（37.0 mm及以上）5个级别。

纤维比强度分为：超低（＜21 cN/tex）、低（21～23 cN/tex）、较低（24～26 cN/tex）中（27～29 cN/tex）、较高（30～33 cN/tex）、高（34～36 cN/tex）和超高（＞36 cN/

tex）7 个级别。

纤维马克隆值分为：C1级（＜3.5）、B1级（3.5～3.7）、A级（3.7～4.2）、B2级（4.2～4.9）和 C2 级（＞4.9）5 个级别。

纤维品质的收购和感官分级由中国纤维检验局进行测定和定级。品级根据成熟度、色泽特征和轧工质量分为 7 个级别，1 级棉品质最好，7 级棉品质最差。品级分级时，按照轧花方法不同，分别对皮辊棉和锯齿棉进行分类分级。

唐灿明等认为可以考虑将棉花品种大致分为超高支纱棉、高支纱棉、中支纱棉、低支纱棉和超低支纱棉等类型。超高支纱棉是指可纺 80 ～ 120 支纱的品种，纤维长度应在 35 mm 以上；高支纱棉是指可纺 50 ～ 60 支纱的品种，纤维长度 31 ～ 33 mm 以上；中支纱棉是指可纺 30 ～ 42 支纱的品种，纤维长度 28 ～ 30 mm；低支纱棉是指可纺 20 ～ 26 支纱的品种，纤维长度为 26 ～ 27 mm；超低支纱棉是指可以纺 18 支纱以下的品种，纤维长度为 25 mm。各类长度的纤维均需有匹配的纤维强度、细度、马克隆值及其他指标。将棉花品种的纤维品质作上述划分，有可能使棉花纤维品质的概念更为清晰，避免出现概念含义不清的问题。

（二）纤维品质性状鉴定

1. 海岛棉纤维品质稳定性评价鉴定

刘芳等对中国新疆和云南、埃及、美国和前苏联的共 92 份长绒棉种质作出鉴定和评价。纤维品质各指标的稳定性从高到低依次为：整齐度＞长度＞反射率＞比强度＞可纺性指数＞马克隆值＞黄度＞伸长率。表明纤维整齐度、反射率、长度、比强度、马克隆值的表现，受环境影响相对较小。

从参试材料纤维品质性状变异系数的数值分布来看，各性状种质间的差异性从小到大依次为：整齐度＜长度＜反射率＜比强度＜马克隆值＜黄度＜可纺性指数＜伸长率。比强度、马克隆值、可纺性指数表现型稳定性较高，且材料间的表现基本相近。黄度的变异度较大，材料间差异也大。伸长率的变异度非常大，且材料间的差异也非常大。

通过主要农艺、纤维品质性状的综合分析，选出了表现型相对稳定的优异材料：阿垦 324、阿垦 86452-1、阿垦 4256、阿垦 785-3、新海 3 号、新海 13 号、新海 14 号、新海 15 号、新海 20 号、新海 21 号、吉扎 79、吉扎 29、新库 9023、新库 90085、新库 90086、新库 90099、新库 90006、c-6022-21、吉扎 75、吉扎 76、6249-B、比马 S1、比马 S2、比马 1、比马 6。在这些材料中，中国新疆的多表现为生育期较短，生长稳健。美国比马、埃及吉扎系列的种质生育期表现较长，但在比强度方面表现出普遍的优势。

2. 高品质陆地棉纤维品质稳定性评价鉴定

新疆巴州农科所采用因子分析模型，依据因子的载荷的方差累积贡献率分成5类构成优质陆地棉主要特征的公因子（分别为子指铃重因子、比强度因子、铃数因子、纤维整齐度因子、纤维细度因子）并根据其公因子值的卡方距离，按离差平方和法进行了聚类。在优先考虑前3个公因子的前提下，选出了11个产量品质较好的陆地棉品种（系）供杂交亲本选配时参考，后又结合基因分组法的稳定性评价，最终预测推断最合适做亲本的品种（系）是12个。

同时将因子分析模型与基因分组法相结合对优质陆地棉种质资源纤维品质稳定性进行评价，从现存1 400余份陆地棉资源筛选出了63份高品质陆地棉种质资源，纤维长度>31 mm且稳定的材料21份，比强度≥32 cN/tex且稳定的11份，马克隆值3.7～4.2的种质16份但稳定性好的只有12份，以及综合性状优异（即纤维长度≥31 mm，比强度≥31 cN/tex，马克隆值3.7～4.2）的陆地棉种质6份，其中达到中长绒陆地棉标准的材料3个，为新疆中长绒棉的研究与利用提供了宝贵的基础材料。

经过鉴定分析推断最合适做亲本的品种（系）有12个。分别是贝尔斯诺、Acala1517-77、Acala1517-70、巴州5628、SI2、霍皮卡尔、MO-78-344、117169-6、新陆中9号、巴州6501、长绒67-12和新培育品系。

新疆农科院核生所范玲等提供了1项通过功能基因相对表达量鉴别棉花纤维品质的方法，该方法基于功能基因GhCAD6与棉花纤维次生壁发育同步、并且与棉花纤维品质间负相关的理论基础，在开花后的第15天采集待检测育种材料发育中的纤维样品，通过RT-PCR相对定量法检测该基因在棉花纤维发育时期的相对表达量来鉴别棉花发育中的纤维品质，相对表达量低的即为优良品质材料。该发明为育种家在品种选育中提供了分子选择的可靠依据，可在棉花纤维发育期做农艺形状选择的同时，综合品质因子选择育种材料，也可结合最终品质分析结果做出决选，提高了选择的准确性。

（三）优质性状选择

按照棉花数量性状的遗传特点，因纤维品质性状的遗传力较高，而产量性状的遗传力较低，所以对低世代以品质鉴定为主兼顾产量性状，对高世代以产量性状为主兼顾品质性状。

多点多年异地鉴定其丰产性和稳产性，并进行多点纤维物理性能的全面测定，以空间来换取时间，内外表现如均较对照品种显著优越，便可申请作为新品种参加区域试验。

优异材料需经多年多点重复鉴定，并与分子水平鉴定相结合。因为棉花种质资源数量多，最初的鉴定只是一年的结果，缺乏重复，优异种质需进一步验证。特别是数量性状，极少有与原始数据库完全吻合的，有的甚至差别很大。

汤飞宇等通过对 14 份优异纤维种质连续多年的鉴定，3 个主要纤维品质性状以马克隆值的变异系数最大，其次是比强度，绒长的变异系数最小。这与周忠丽和刘国强的结果一致，说明马克隆值易受环境条件的影响，绒长主要受遗传因子的控制。因此在种质纤维品质的鉴定和选择上，对马克隆值可适当放宽，对绒长应适当从严，最好进行多年多点的试验，以免漏掉有应用价值的优异种质。

中长绒陆地棉不同果枝果节位间的棉纤维的品质性状以绒长和整齐度指数比较稳定，变异系数最大的是伸长率，以下依次是马克隆值、比强度、绒长、整齐度指数。尽管马克隆值的变异系数相对较大，但不同部位棉纤维细度间的差距并不大，仍都处于 A 级的范围内。比强度以中部果枝内围果节的棉纤维最好，其次是上部果枝内围果节棉纤维，最差的是上部果枝外围果节棉纤维，最大差距达到了近 2.0 cN/tex。

徐崇志等以陆地棉品种的 8 个主要经济性状为试验材料进行研究，提出了陆地棉选择的 3 个重要主成分，这 3 个主成分代表了供试性状 85.21% 的综合信息。因此，用主成分作为陆地棉优种选择标准，较用单一性状加权打分选择更为简便，同时避免了性状间的相关性对选择效果的影响，较人为加权打分选种更具准确性和科学性。

（四）长绒棉新品种创制

目前海岛棉品种纤维类型以 36 ～ 37 mm 为主，虽然近几年育成了一些绒长 37 mm 以上的超级海岛棉品种，但部分主要品质指标仍存在不足，搭配不够协调，不能完全满足纺织企业的需求，且大面积生产受栽培措施、气候、环境影响，难以保证品质指标稳定。

由于基因连锁和多效性等因素的影响，棉纤维品质性状间、各纤维品质性状与产量性状之间存在一定的相关性。在育种过程中，对某一性状的选择会直接或间接地影响其他性状，因此，棉花品质育种在很长一段时间内进展缓慢。经过几十年的遗传改良，产量性状与纤维品质性状间的高度负相关关系逐渐被打破，产量性状与纤维品质性状间呈微弱负相关或微弱正相关，这使得我们有可能在稳产的基础上对各个品质指标进行改良。另外，远源杂交、诱变育种、航天育种、分子标记辅助选择育种、基因工程等新兴技术与常规育种相结合，给棉花纤维品质育种开拓了新的途径。

传统育种手段在棉花纤维品质改良方面遇到了瓶颈，只有通过基因工程的方法对棉花纤维发育相关基因进行大规模解析，以及研究基因间的相互关系，不仅可以解析棉花纤维发育的分子机制，还可以为改良棉花纤维品质提供有用的基因元件，推动棉花纤维品质的分子改良。

1. 优质多系混交轮回选择

第一，陆地棉皮棉产量与纤维强度间的负相关，主要是由基因连锁造成的，基因的多效性是次要的。采用不同来源的亲本杂交，并在F_2、F_3和F_4代进行互交、异型杂交、回交，可以降低这种负相关的。

通过与轮回亲本回交，可保持轮回亲本的优良性状，增添非轮回亲本的目标性状，是改良培育新品种的有效方法。

通过利用配合力好、表达量高的转基因抗虫棉（除草剂）品种（系）与海岛棉常规品种杂交，再利用海岛棉品种进行回交，并对后代进行鉴定和强化筛选，最终获得稳定的高表达量的抗虫、抗除草剂的海岛棉材料。

新疆农业科学院长绒棉育种组以抗虫陆地棉品系 3331 为父本，强抗病材料 S03 为母本于 2004 年配置海陆杂交组合，经过多代南繁北育，并进行回交，筛选出新品系 K-2021，该品系经田间鉴定、室内棉铃虫饲喂及分子鉴定，已经稳定遗传表达。另获得了多份高代抗虫、抗除草剂育种材料。

钱思颖等通过远源杂交及多次回交，得到一批高纤维强度的棉花品系，并认为其优质株系是由亚洲棉（A2）、异常棉（B1）、瑟伯氏棉（Dl）、陆地棉（AD）l、海岛棉（AD）25 个染色体组的基因重组导致的。

周仲华等也在陆地棉与索马里棉的杂交后代中，鉴定出具有高强纤维特性的棉花附加系。西南农业大学采取综合同步改良法，育成纤维品质优良、能纺 60 支纱以上高支纱品种渝棉 1 号。

第二，在同时提高产量与纤维强度的育种工作中，关键在于产生基因有利重组。在正确选择亲本的前提下，杂交对基因重组是必须的，任何一种促进基因重组的育种方法都是可取的。选择对固定所需的重组体也是必需的。特别是对纤维品质的选择必须在杂种早期世代（F_2、F_3代）中进行，否则就不可能在大量重组体中发现优良的重组体。

第三，当基因连锁已被打破，出现优良和稀贵棉株的频率便趋增多。

2. 转基因优质抗病虫长绒棉新品种培育

翁琴等对海岛棉的茎尖采用根瘤农杆菌 LBA4404 和 EHA105 介导，筛选出再生效果好的激素组合，另获得了较高转化频率的海岛棉培养条件和 7 株抗虫（Bt、SATI）植株。贺雅婷等以海岛棉品种新海 16 号无菌苗下胚轴为外植体材料，获得了较好的诱导愈伤组织及分化配方，分化率达到 88%，并通过体细胞胚胎发生途径获得了海岛棉再生植株。李琼等以海岛棉新海 20 号和新海 24 号为受体，通过农杆菌介导胚性愈伤进行 p53 抗病基因的遗传转化，并针对第 1 代转化植株进行了 PCR 和 Southern 检测，显示外源基因已整合到棉花基因组中。周丽容等以新海 30 号和新海 16 号的胚性愈伤组织为转化受体，通过第 1 代

PCR 及第 2 代 RT-PCR 检测证实 Bt 基因已整合到海岛棉基因组中，获得转基因植株。宁新民等通过研究海岛棉转 Bt 基因的导入方法，使海岛棉转基因成铃率得到较大提高，2005 年选育出了 9 株抗虫棉单株，2008 年进一步系统选育出了 9 份遗传较稳定的抗棉铃虫高代材料。马盾等通过改良花粉管通道导入技术，使海岛棉 HB-1 转基因成铃率达到 56%，大大提高了外源 DNA 的转化率，获得了高表达率的转 GHABC1 基因、HAN 基因棉花植株，为进一步开展相关研究及转基因品种筛选工作奠定了基础。新疆农业科学院长绒棉育种组获得 2 份转基因抗盐新种质。

花粉管通道法受棉花花期和环境条件影响较大，对技术操作也有一定要求。其基因第 1 代转化率较低。多年研究发现，在海岛棉中一般为 0.3% 左右。此外，供体 DNA 片段的纯度对转基因棉株的获得及后代的表型有一定影响，DNA 纯化过程中保持 DNA 片段的完整性十分重要。

3. 棉花纤维品质性状的QTL定位及分子标记辅助选择（MAS）育种

将棉花纤维品质 QTL 的分子标记用于辅助育种，可快速改良棉花纤维品质，是目前提高棉纤维品质的最直接又效果明显的方法。目前已利用不同群体定位了多个与纤维品质相关的 QTL。Yuan 等利用 7235×TM-1 的 F_2 群体进行 SSR 检测，找到与高强纤维连锁的 QTL，能够解释表型变异的 53.8%，是目前检测出纤维强度效应最大的 QTL。并用与其紧密连锁的两个标记进行标记辅助选择，进一步证明该 QTL 能够稳定遗传且效应稳定。Mei 等在 1 个海陆种间 F_2 群体中发现了 5 个纤维品质 QTL，其中纤维长度 1 个、弹性 2 个、纤维细度 1 个、纤维伸长率 1 个，解释的表型变异在 22% ～ 42% 之间。Shen 等利用以 7235 和 TM-1 为亲本构建的一套陆地棉重组自交系分离群体，用复合区间作图法对 RIL 群体的所有性状按单环境分析，共筛选到 37 个纤维品质 QTL、25 个产量性状 QTL。多数产量性状 QTL 与品质性状 QTL 位于相同或相邻的区间，从而为产量与品质的负相关提供了分子证据。王娟等利用陆地棉遗传标准系 TM-1 和优质品种渝棉 1 号配制的 F_2、F_2B_3 分离群体，应用复合区间作图法检测到 12 个纤维品质 QTL。结合前人研究结果，发现第 23 号和 24 号染色体是优质纤维 QTL 的富集区。喻树讯等开发了 SRAP、EST-SSR、REMAP、EST-AFLP、TRAP 和 ISAP6 种新标记，构建了陆海、陆陆高密度分子标记遗传连锁图谱。其中两张陆海图谱的分子标记数量超过 1 000 个，一张陆陆图谱的分子个数为 565 个。利用这些图谱共检测到纤维品质性状 QTL 112 个，发掘出控制纤维品质性状的主效 QTL 14 个，6 个 QTL 不同世代表现稳定，并得到了 8 个与优质基因紧密连锁的功能标记，构建出聚合不同优异纤维品质基因 QTL 的群体材料 1 500 份。利用分子改良技术，将海岛棉的优良纤维品质基因转移到陆地棉中，筛选获得 26 份优良新种质材料。

新疆农科院经作所陆地棉课题组建立了新疆棉花分子标记辅助育种技术体系：率先对

新疆棉花优良纤维品质基因进行标记定位，发现了6个与纤维品质性状紧密连锁的主效基因QTL位点，建立了4个连锁群，并利用6个优良纤维品质基因QTL位点的标记检测辅助于聚合回交、杂交、系统选育、转基因等育种技术，培育出优质、高产、抗病棉花新品种（系）2个：新陆中42号和338；创制了含有优良纤维品质标记的新材料20余份（纤维长度＞33 mm，比强度＞35 CN/tex）。

338的亲本是新疆农科院经作所陆地棉育种课题选育的优质品种新陆中4号，它是1975年从安徽省棉花研究所引入岱字棉45的品系72-3446为母本，自育品系新陆202{[（KK1543×2依3）×（C-1470×C-460）]}为父本，1980年选出80-437，1986年再从中选择861579，于1992年育成新陆中4号，利用群体内剩余遗传变异从高优质品种新陆中4号中系选育而成，在新陆中4号的提纯复壮中，通过群体的大量单株选择发现有个别品质指标接近中长绒棉的变异单株，对这些特异单株单独选留，直到品质性状稳定遗传，最终在多个优良株系中选出长、强、细合理的新品种新陆中9号（386-5）。新陆中9号在枯黄萎病病圃多年抗病鉴定筛选、农艺性状和品质性状的优化改良，2004年选育出了高抗枯萎病，抗黄萎病的陆地型长绒棉新品种改良型新陆中9号（品系代号为338）。

新疆农科院经作所利用已有的高品质陆地棉优势群体材料，经过多年优中选优，多年在枯黄萎病病圃抗病改良与筛选，结合分子标记辅助选择等手段创新了一批高比强、超绒长材料：创新材料不仅比强度高、绒长好，可与美棉PD种质系相媲美，而且其他主要性状也较优良，大多数高抗枯萎病、抗或者耐黄萎病，铃重比较大，利用价值较高。经农业部品质检测中心品质检测，比强度大于37 cn.tex-1以上的创新高比强材料7份，其中代号为38-7的品系比强度达到40 cN/tex，高于目前主栽推广品种的比强度10 cN/tex左右（表3-1）。筛选出了一批高绒长材料，绒长大于35 mm的材料9份，大于34 mm材料10份。其中绒长最长的代号为T22材料，绒长达到37.1 mm。分子标记辅助选择选育的高品质资源材料9份。其中代号为EB-61材料的铃重6.9 g、衣分40.3%，纤维绒长34.5 mm、比强度35 cN/tex、马值为4.0；EB-38材料的铃重6.2 g、衣分39.8%，纤维绒长34.4 mm、比强度37 cN/tex、马值为4.2。这些优良纤维品质材料可直接用于棉花品质育种，在陆地棉聚合育种中，拓宽亲本的品质性状遗传基础背景，加快优质育种的选择速率，从而更有利于聚合优质、高产、抗逆等有利基因，培育出优质、高产、多抗的棉花新品种。通过资源共享，中国农业大学、河北农业大学、中国农业科学院棉花研究所、河南农科院经作所、新疆农垦科学院棉花研究所、巴州地区农科所等单位纷纷引种应用，对优良纤维品质育种起到了促进作用。见表3-1。

表 3-1　新疆陆地棉高品质资源创新材料（2005 年测定结果）

材料名称	单铃重（克）	衣分（%）	绒长（mm）	整齐度（%）	比强度（cn.tex-1）	马克隆值	主要特点	主要缺陷
38-7	7.8	34.7	34	86.9	40	4.5	铃大、株性较松散	衣分高
38-10	7.2	33.4	34.6	85.9	38	4.8	铃大、株性较松散	衣分高
38-2	8.9	33.5	34.5	87.5	37	4.8	铃大、株性较松散	衣分高
1382-1	6.8	36.4	34.1	85.6	35	4.4	铃大、株型好	结铃性差
9-2065	7.3	38.3	31.8	87.3	45.1	4.5	铃大	不抗病
8-1	7.3	38.9	34	85.5	36	4	铃大	形态、抗性一般
518-1	8	39.9	34.5	87.2	34	4.4	铃大	形态、熟性
T22-2	8.2	28.8	35.1	85.7	35	4.1	铃大、结铃性强	抗性一般、叶片大
15-4	6.2	34.6	34.6	86.2	37	3.9	结铃性强	抗性一般、叶片大
T39-1	7.6	37.5	34	86.2	35	4.6	铃大、结铃性强	抗性一般
T12	7.9	26.8	37	86.4	32	2.5	抗病、铃大	植株高大、脱落率高
T22-1	7.3	29.7	37.1	87.8	39	4.1	铃大、结铃性强	抗性一般、叶片大
T33-1	8.6	32.3	36.7	87.3	37	3.9	抗病、铃大、结铃性强	叶片大、倒伏、晚熟
459-3	6.9	32.0	35.2	87.6	34	3.4	早熟、形态好、铃大	抗性一般
435-3	7.3	39.5	32.9	86	34	4.1	铃大、形态好	抗性一般
33	8.2	31.4	36.5	85.6	33	3.5	抗病、铃大、结铃性强	叶片大、倒伏、晚熟
390	7.7	33.5	36.9	85.2	34	4.5	抗性好、铃大	吐絮不畅、晚熟
EB-61	6.9	40.3	34.5	85.7	35	4	形态好、熟性	抗性一般
EB-31	7.3	36.5	33.6	86.2	34	4	铃大、形态好	抗性一般
EB-27	5.4	39.4	35.3	85	32	3.6	结铃性、形态好	铃小、抗性一般
EB-18	5.1	41.0	33.7	85.6	33	4.4	形态、熟性好	抗性、铃小
EB-16	6.1	43.6	33.5	85.9	33	4	结铃性、形态好	抗性一般
EB-34	7.5	35.3	35.3	87.1	34	4	铃大	抗性一般
EB-59	6.6	44.6	35	85.2	32	3.9	结铃性强、形态好	抗性一般
EB-38	6.2	39.8	34.4	84.3	37	4.2	结铃性强、形态好	抗性一般

第六节　中熟棉抗病虫育种

一、抗病性的遗传特点

棉花枯、黄萎病是棉花最严重的两大病害。20 世纪 70 年代至 80 年代中期，棉花枯萎病曾经在我国产棉区造成严重为害，抗枯萎病品种的选育及种植使枯萎病被基本控制。但是，90 年代初棉花黄萎病逐年加重，1993 年、1995 年、1996 年连续大发生，发病面积占全国棉田面积的一半以上，每年损失皮棉 75 万～ 100 万 t，黄萎病的为害已成为棉花高产、稳产的主要障碍。我国抗黄萎病育种的进展较慢，缺乏高抗黄萎病品种，兼抗枯、黄萎病品种更少；其主要原因是抗源缺乏、抗性遗传规律不清、抗性鉴定方法不规范等。

（一）枯萎病抗性的遗传

国内外学者相继报道棉花对枯萎病抗性的遗传，报道较多，但结论不完全一致。一般认为，抗棉花枯萎病性遗传是由多基因控制的；或是受 1 个主基因和多个微效基因所控制；或者由 2 个显性基因和 1 个抑制基因控制。1927 年 Fahmy 用免疫品种与感病品种杂交，其 F_2 代分离出 75% 的免疫株，15% 的耐病株，10% 的感病株，免疫株可固定不再分离；而耐病株可再分离出免疫株、耐病株或三种类型全有；而感病株一般在苗期便死亡。Netzer 也认为棉花枯萎病抗性是一对显性基因控制的。Sones 等用珂字棉和德字棉研究表明，陆地棉珂字棉的抗性由 2 ～ 3 对基因控制。Smith 等认为，陆地棉对枯萎病的抗性是受 1 个主效显性基因和一些修饰基因所控制；而海岛棉的抗性是受 2 个具有加性效应的显性基因控制。

但许多学者认为棉花对枯萎病的抗性是由多基因数量性状控制的。Jones 以抗病的德字棉 425 和珂字棉 100GA 与感病的半半棉杂交，F_2、F_3 群体中抗、耐、感植株数量呈连续变异，故认为是数量性状遗传。Kappelman 用 7 个陆地棉品种杂交组合的各个世代，在不同条件下进行对枯萎病抗性遗传试验，在 42 个试验中有 34 个的抗枯萎病性的加性效应是显著的，有 2 个的显性效应是显著的，有 8 个的上位性效应是显著的，认为棉花对枯萎病抗性的遗传主要受基因的加性效应所控制。Aibeles认为，棉花对枯萎病抗性遗传的基因作用，加性效应大于显性效应。Singin 等在亚洲棉的完全双列杂交后代研究中，认为抗病性是显性，而且一般配合力方差大于特殊配合力方差，说明对抗性遗传的基因作用，也是以加性效应为主。

校百才试验结果表明，抗性遗传以加性效应为主，广义遗传力为 35.2%，狭义遗传力为 19.5%，但其 1988 年的试验结果则表明，抗性遗传以非加性效应为主。李俊兰用 4 个抗

病 × 感病的陆地棉组合后代分析表明，各组合抗病性遗传中的加性成分达到了极显著水平；王振山的试验结果表明，对抗 × 感、抗 × 耐和抗 × 抗等类型各组合的平均数分析，所有组合的抗枯萎病性的加性效应均达到显著水平，并认为抗枯萎病性是受多基因控制的，抗性以加性效应为主，但有的组合检测到上位性。张风鑫等研究，也认为枯萎病抗性遗传的基因作用以加性效应为主。谭永久采用 5 个抗病亲本与 1 个感病亲本正反交抗性遗传试验结果表明，抗枯萎病的遗传效应呈不完全显性，杂种一代的抗性表现趋向母本。张金发对 4 个抗病品种和 4 个感病品种的 8 个亲本及其 28 个 F_1（无反交）进行抗枯萎病性鉴定，发现亲本的抗性水平与其配合力效应、显性作用大小是基本一致的。Hayman-Jinks 法分析表明，抗病性为部分显性，以加性效应占优势，显性效应较小，无上位性。广义和狭义遗传力均很高，分别为 0.91 和 0.83，至少有一组显性抗病基因控制棉花枯萎病抗性的遗传。冯纯大等根据 Hayman 方法对 4 个抗病品种和 4 个感病品种共 8 个亲本及其 7 个半双列杂交组合的 F_1 代的平均病级进行双列杂交分析，结果表明棉花对枯萎病的抗性存在加性和显性效应，无上位性，以加性效应为主。抗性呈不完全显性，受一对基因控制。广义、狭义遗传力都高达 90% 以上。16 个抗 × 感组合的 F_2 代抗、感植株出现 3∶1 比例分离，亦证实抗性受一对基因控制。

（二）黄萎病抗性遗传

1931 年 Fahmy 首先发表了棉花黄萎病抗性的遗传研究，在此后数十年中，关于黄萎病抗性遗传的研究已有多篇报道。Wilhelm 等用一些耐病的海岛棉品种与一些感病的陆地棉品种进行种间杂交，研究结果表明，51 个 F_1 表现显性，其余为部分显性；F_1 和抗性亲本回交仍保持抗性，与隐性亲本回交出现抗、中抗和感病三种类型。证明耐病性由显性或不完全显性单基因所决定。

Bell 和 Presley 用 1 个抗病海岛棉和 7 个感棉陆地棉杂交，F_1 表现抗病，F_2 代两个组合为部分显性，8 个组合为完全显性。Wihelm 等在另一篇总结报告中，仍以海岛棉作抗病亲本，与感病陆地棉亲本组配 10 种类型（依亲本的抗、感遗传贡献比例划分，如：r×R，R×R，（r×R）×R 等）的杂交共 245 个组合，在高度感病（落叶菌系）地区的田间病圃中鉴定，采取生长期间对棉株外部症状分级、叶柄培养分离病菌和收获时剖秆检查维管束变色程度的方法，统计寄主的平均萎蔫分数并据此划分抗感标准（0-3 分为抗病，4-5 分为感病），证明 F_1 表现抗病，其与感病亲本回交的后代抗感个体比例为 1∶1，与抗病亲本回交的后代则全部个体表现抗病，说明抗病性为显性单基因遗传。在陆地棉种内的杂交研究中，Barrow 按老叶轻微褪绿（mild chlorosis），但新生叶无症状为耐病反应、棉株严重矮化且全部叶片褪绿为感病反应的划分标准，茎刺接种非落叶型菌系 SS-4 孢子悬浮液，温室鉴定抗、感品种杂交 F_1，得到耐病性由显性单基因控制的结果。此后，Barrow 对相应组合 F_2 和回交世代的研究进一步证明了这个结论，然而在落叶型菌系占主导地位的田间病圃鉴定中，所得结果并不能支持上述结论。Barrow 用耐黄萎病的 Acala9519 和感病的 Acala227 品系作为亲本进行杂交，以非落叶型菌系 SS-4 刺茎接种，结果认为 Acala95l9 对 SS-4 菌株的耐病性是由一个显性基因决定的，但田间调查表明，F_1 都是感病，F_2 约有 30% 植株耐病，耐病性似乎是由一个隐性基因所控制。

Verhalem 认为棉花对黄萎病的抗性是数量性状遗传范畴，用针刺法接种 10 个抗病和感病品种所配制的所有可能的杂交组合，两年试验结果表明，加性方差是这些材料抗性变异的最主要来源，显性方差也是显著的。遗传率估计值在 54% ～ 64%。Devey 利用三个组合及其家系（包括 P_1、P_2、F_1、F_2、F_3、BC_1 和 BC_2）对由大丽轮枝菌引起的陆地棉黄萎病作了耐性遗传研究，认为耐性遗传是由一个以上基因所控制，其表现型分布不大适合单基因位点的遗传模型，后代分析表明基因位点上的上位性和显性适合解释两个杂交后代的变异。它是由隐性基因控制的，遗传率在 0.129% ～ 0.88%。

我国在黄萎病抗性遗传方面做了大量研究工作。潘家驹等 1983—1985 年、1986—1988 年、1989—1991 年三轮连续进行抗黄萎病遗传试验，应用了 11 个经过鉴定的抗、感亲本进行不同组合的杂交，用致病力强弱不同的菌系，采用单菌系和混合菌系接种，病菌孢子悬浮液接种和病菌毒素接种的方法，对各组合不同世代（P_1、P_2、F_1、F_2、F_3、BC_1 和 BC_2）群体进行遗传分析。每轮试验所用的材料和方法不完全相同，所得试验结果相互吻合，综合三轮试验结果，利用单菌系鉴定无论用孢子悬浮液或毒素接种鉴定，均证明棉花黄萎病抗性由显性单基因所控制，但并不能完全排除不同基因间互作的可能性。1986—1988 年用多个菌系孢子悬浮液等量等浓度混合接种鉴定和 1989—1991 年又用 14 个菌系混合的培养滤液（粗毒素）作抗性鉴定，两轮混合菌系鉴定的结果，证明黄萎病抗性可能由若干个非等位基因所决定，基因间有互作效应，但不可能是微效多基因所决定。

马峙英等以国内外来源不同的海岛棉品种与我国育成的 8 个陆地棉品种组配的 32 不同类型的杂交组合为材料，在人工生长室条件下，用 4 个不同致病力类型的黄萎病菌系于棉花苗期接种，进行了海岛棉黄萎病抗性的鉴定和遗传研究，海岛棉品种 Pima90-53（美洲型）、Giza70（埃及型）、5010F 和吐海 2 号（中亚埃及型）具有对强致病力类型和中等致病力类型黄萎病菌系的抗性，这些黄萎病抗源在我国陆地棉品种的遗传背景下，其抗性为由显性单基因决定的质量遗传性状。1994—1995 年以 7 个陆地棉品种配制的 6 个组合的 P_1、P_2、F_1、F_2、F_3、BC_1 和 BC_2 群体为材料，接种菌系采自于河北省棉区的 2 个中等致病力菌系（VJ25 和 VJ17），在人工生长室条件下研究了陆地棉的黄萎病抗性遗传方式。结果表明，陆地棉品种 93 抗 12、彭泽 70 和苏 2028 具有对中等致病力菌系的抗性。在抗、感材料杂交分离群体中，抗、感植株的分布表现为主基因控制的质量遗传分布特征。遗传分析表明，上述 3 个品种的黄萎病抗性受 2 个显性互补基因控制。

蔡应繁等对陆地棉不同品种的各世代群体（P_1，P_2，F_1，F_2，BC_2，BC_1）的抗性遗传研究表明，以中等致病力黄萎病菌系川 V8 接种，中棉所 12 及 Mo-3 的黄萎病抗性表现为一对显性基因控制，而川 2802 的抗性则受 2 对显性基因控制；以强毒力落叶型菌系苏 V13 接种，川 2802 的抗性同样能有效遗传，且呈显性。王红梅等以抗落叶型黄萎病棉花品系常抗棉，耐黄萎病品系中 5173、河北抗黄、山东抗黄及感病品种 TM-1、军棉 1 号、新陆早 1 号、感病 1 号 8 个材料进行 8×8 半双列杂交，对亲本及 F_1 的黄萎病株率及病情指数等主要性状进行了研究。遗传估算方差结果表明，在病圃人工接菌条件下，品种平均病指及收获期剖秆病指均以加性遗传效应为主。遗传力分析表明，黄萎病的广义和狭义遗传率均达极显著。

房卫平等以豫棉 19 号和豫棉 21 号为抗黄萎病亲本，冀棉 11 号和中棉所 10 号为感黄萎病亲本配制的 8 个正反交组合的 4 个分离群体为材料，以中等致病力的安阳菌系接种，表明豫棉 19 号和豫棉 21 号的黄萎病抗性是由一个显性基因控制的。正反交没有差异，不存在细胞质效应。吴大鹏等以 2 个海岛棉品种和 5 个陆地棉品种为材料与中棉所 12 进行正反交，配制 14 个杂交组合的 F_1 和 F_2。采用纸钵育苗、撕底伤根接种方法对 14 个组合的 F_1 和 F_2 群体进行黄萎病抗性鉴定。结果表明，以中棉所 12 作父本与海岛棉抗黄萎病品种或陆地棉抗黄萎病品种进行杂交，结果证明海岛棉的抗黄萎病性对于中棉所 12 的耐黄萎病性为显性，中棉所 12 的耐黄萎病性对于陆地棉的感黄萎病性为显性，控制黄萎病抗性的基因为一个显性主基因。中棉所 12 的细胞质中存在着抗黄萎病的遗传成分，具有细胞质母体遗传的特点。王升正等对高抗黄萎病陆地棉新品系中植棉 KV-3 抗性遗传特性研究表明，高抗黄萎病品种中植棉 KV-3 对黄萎病菌的抗性受 1 对显性基因和 2 对加性基因控制，且加性基因起主要作用。

造成上述分歧的原因，主要受寄主和病原菌复杂关系的影响。严格地讲，在人工病圃或自然病圃作抗性鉴定均属混合菌系鉴定。因为大田在引种、耕作等过程中，很难保证只带有某一病菌生理型（小种）。

二、病原菌的致病性分化

（一）枯萎病菌致病性分化

据报道，世界各主要产棉国的棉枯萎镰刀菌 *Fusarium oxysporum f. sp. vasinfectum*，FOV 鉴定有 6 个生理小种：第 1 号小种分布于美国、东非，意大利可能也有；第 2 号小种分布于美国加利福尼亚、阿拉巴马、南卡罗来那各州；第 3 号小种分布于埃及；第 4 号小种分布于印度，苏联可能也有；第 5 号小种分布于苏丹；第 6 号小种分布于巴西和巴拉圭。

早在 20 世纪 60 年代，我国开展枯萎病菌生理分化的研究，1963 年过崇俭等根据江苏省不同枯萎病区病株的病症，不同菌系的培养性状，和对不同棉种的致病性状，把江苏棉枯萎病菌分成南京型和启东型两个类型。前者只为害陆地棉，后者对陆地棉、海岛棉和中棉均能侵害，与南京型菌系有明显差别。为了摸清我国主要棉区枯萎病菌的生理型及其分布，全国棉花枯、黄萎病综合防治协作组在 1972—1973 年先后两次在武功组织了全国 16 个省（市、区）30 个科研、院校单位，开展联合试验，共参加鉴定有代表性的菌系标样 76 个。根据试验结果，初步可将我国供试菌系区分为三个“生理型”，并依据病菌在陆地棉高抗品种 52-128 侵染程度以及在耐病品种中棉所 3 号和感病品种岱字 15 号上侵染程度，划分为致病性强、中等、弱三种。“生理型”区分为：高度侵染海岛棉、陆地棉，中度侵染中棉为生理型 1 号，大多分布在长江流域，部分分布在黄河流域；高度侵染海岛棉、陆地棉，不侵染或轻度侵染中棉者为生理型 2 号，大多分布在黄河流域；高度侵染海岛棉，不侵染或轻度侵染陆地棉，不侵染中棉者，为生理型 3 号，分布在新疆吐、鄯、托盆地。上述“生理型”的区分，除我国生理型 3 号和埃及型相似外，生理型 1 号、2 号和国外生理型是不同的。

陈其煐等自 1979 年开始，从全国 15 个植棉省、自治区采集棉花枯萎病株，经分离纯化，获得 273 个单孢菌株，对其中 13 个菌株的分生孢子形态、产孢细胞特点、菌落培养性状、耐受高温能力以及对棉属和非棉属寄主植物致病性等方面进行系统研究。结果表明，棉花枯萎镰刀菌大型分生孢子按其形态和量度可划分为三个培养型：Ⅰ型为典型尖孢镰刀菌型（Oxysporum type），平均量度值 31.01×346 μm；Ⅱ型变化幅度较大，介于尖孢镰刀菌型和马特镰刀菌（Martiella type）之间，平均量度为 30.04×3.75 μm；Ⅲ型近于马特型，平均量度 23.47×3.92 μm。各菌株的厚垣孢子与着生特点，在不同培养基上的培养性状、颜色，以及在 35℃和 37℃高温下的生长状况有差异。1982 年开始根据采集自全国主要棉区棉枯萎镰刀菌代表菌系使用当前国外研究中统一使用的一套鉴别寄主鉴定的结果，我国有 3 个生理小种，除第 3 号小种在埃及已有报道外，第 7 号小种和第 8 号小种为首次报道。第 3 号小种分布在新疆，第 8 号小种主要分布在湖北江汉棉区，而第 7 号小种则分布于自沿海至内陆等广大棉区。我国的第 7 号小种包括生理型Ⅰ和Ⅱ中的强致病和中度致病两个类型。第 8 号小种则包括生理型Ⅰ和Ⅱ中的弱致病类型。第 7 号小种是一个毒性强、分布广的主要小种。

孙文姬等对 1986—1997 年在我国 10 个主要产棉省、区采集的 84 个棉枯萎镰刀菌代表菌系进行了致病力测定。结果表明，总体上生理小种类型和分布与 1985 年报道的基本相同，仍为第 3、第 7、第 8 号 3 个小种，其中 7 号小种占 83.3%，是我国毒力强的优势小种，广泛分布于我国各大棉区；3 号和 8 号小种分别局限于新疆吐鲁番地区和湖北新州地区。同时发现局部地区有些菌系出现了变异，特别是 1991—1994 年采集的 3 号小种 5 个菌系出现了对鉴别寄主萨克尔的致病力明显减弱的变异型。李国英、王雪薇、张莉等在 1998 年、2001 年、2005 年对新疆棉花枯萎病菌菌系进行了生理小种测定，7 号生理小种依旧是组成目前新疆棉花枯萎病菌群体的优势小种，新疆棉花枯萎病菌的群体组成基本没有发生变化；在 7 号小种内部还存在着侵染力的分化，显示出棉花枯萎病菌较强的变异性和适应性。高慧等 2014 测定河北省棉花枯萎菌（*Fusarium oxysporum f. sp. vasinfectum*，FOV）变异及致病力分化情况，初步测定表明，3 号、7 号、8 号生理小种的标准菌株属中等致病力水平，而田间采集的 75 株枯萎菌菌株致病力存在明显差异，其中强致病力菌株占 66.67%，中等致病力菌株占 21.33%，弱致病力菌株占 12%。表明河北省 FOV 群体遗传结构复杂，有遗传差异较大的新菌株出现，而且同一生理小种菌株之间存在显著的致病力分化。

（二）黄萎病菌致病性分化

病菌类型和致病力是病害发生的关键，抗病育种必须了解病菌的基本特性、发生发展和变异规律。黄萎病菌属于真菌的半知菌亚门（*Deutermycotina*）淡色菌科（*Mmonilaceae*）轮枝菌属（*Verticillium*），属内包括若干个种。其中以黑白轮枝菌、大丽轮枝菌为害棉花最为普遍。1970 年以前，人们常把棉花黄萎病菌称作黑白轮枝菌，主要是由于分类学上的争议。经过许多研究者对不同寄主上的两种轮枝菌的形态、生理特性、寄主范围、不同温度下的致病力及血清学等方面的大量研究，显示出两种轮枝菌具有明显差异和较远的亲缘关系。因此 1970 年以后，大丽轮枝菌和黑白轮枝菌才被正式确认为两个独立的种。张绪振等对来自河北、河南、陕西、四川、云南、江苏、辽宁及新疆维吾尔自治区 8 个省（区）的 280 个单孢菌系进行了统一鉴定，确定我国棉花黄萎病病原菌“种”为大丽轮枝菌（*V.dahliae*）。同时姚耀文鉴定了长江流域的 10 个有代表性的单孢菌系，吴询耻等鉴定了山东 9 个地、市的 52 个单孢菌系，均确定我国棉花黄萎病菌是大丽轮枝菌。

棉花黄萎菌易变性强，存在与寄主相互作用的协同进化、病菌异核现象及生态环境差异的影响等，常导致病菌产生生理分化，出现新的致病类型。20 世纪 60 年代，美国鉴定出落叶型菌系 T-1 和非落叶型菌系 SS-4，T-1 后改为 T-9。前苏联学者先后从抗黄萎品种塔什干 1 号病株上分离出大丽轮枝菌的若干菌系，接种在 5 个不同的棉花品种上，发现菌系致病力存在着明显差异，因此认为棉花黄萎病菌可划分为 3 个生理小种。

姚耀文等报道，1977—1978 年由中国农业科学院棉花研究所和北京农业大学主持和组织开展了棉花黄萎病菌生理型鉴定联合试验，对 8 省（市、自治区）的黄萎病菌系，分别在 9 个抗、感不同的棉花鉴别寄主上进行致病力测定，划分为致病力不同的 3 个生理型，即生理型1号—致病力最强的陕西省径阳县菌系，对3大棉种都严重感染；生理型2号—致病力最弱的新疆和田、车排子菌系，对所有鉴别寄主感染很轻；生理型3号—致病力介于1、2号之间，多数分布于黄河流域和长江流域棉区的菌系。

石磊岩1993年选用致病力强、弱不同的代表菌系与已知落叶型黄萎T9比较研究，按各菌系对三大棉种的6个抗、感不同棉花寄主致病差异，划成致病力强、中、弱3个致病类型。明确落叶型黄萎菌致病力最强，其毒力均大于非落叶型菌系，证实江苏常熟徐市的棉花黄萎菌系V_B是落叶型的病原菌。1997通过对采自北方植棉区落叶和非落叶病株的51个棉花黄萎病菌系致病力分化测定结果，确定我国北方植棉区存在落叶类强致病力菌系；混合类中度致病力菌系及非落叶类弱致病力菌系的3个致病类型，并分别占测试菌的41.51%、35.83%和22.64%。

陆家云等1983年从江苏省主要产棉区分离到黄萎病菌（*V.dahliae*）17个菌株，在棉花苗期，用一定浓度的孢子悬浮液蘸根接种，根据各菌株在海岛棉米努菲416、中棉江阴白籽、陆地棉陕西721、鲁棉1号及徐州142等不同杭性的棉花品种上的反应型，测定菌株致病力的强弱显然不同，可分为致病力强的Ⅰ型、致病力中等的Ⅱ型和致病力弱的Ⅲ型。致病力强的Ⅰ型引起落叶，亦称作落叶型菌株，目前只在我国局部地区发现。Ⅰ型包括VD-8等5个菌株，寄主反应型均为落叶，与美国落叶型菌株T9和国内陕西径阳菌株VD-307的致病力相仿；Ⅱ型包括VD-2等8个菌株，寄主反应型多为叶枯；Ⅲ型包括VD-5等4个菌株，寄主反应型均为黄斑到条斑，与美国SS-4致病力相似。1982—1985年，对江苏省83个棉花黄萎病菌菌株进行致病力的测定，其中致病力强的落叶型菌株13个，占测定菌株数的15.7%，主要分布在南通县恒兴乡和常熟市徐市乡、董洪乡；致病力中等的叶枯型菌株45个、致病力弱的黄斑型菌株25个，分别占测定菌株数的54.2%和30.1%，这两类菌株广泛分布江苏省各主要产棉区。顾本康等通过对江苏省95个棉花黄萎病菌株致病性的研究，结果中致病力中等的菌株为多数，占供测菌株数的62.8%。

王清和等对来自山东省9个地市、17个县的42个棉花黄萎病菌单孢菌系进行了鉴定，将供试菌系划分为3个生理型，生理型Ⅰ号，对岱字15号和8763依侵袭力均强（寄主反应均为感），与陕西径阳菌系相近，这类菌系占鉴定菌系的66.7%，分布山东各主要棉区；生理型Ⅱ号对岱字15号和8763依侵袭力均弱（寄主反应均为抗），与新疆和田菌系相近，这类菌系占10.9%，主要分布在鲁中、鲁南部分地区。生理型Ⅲ号，对岱字15号侵袭力强，但对8763依侵袭力弱，这类菌系占22.4%，主要分布在鲁西、鲁北和鲁东的部分地区。

马峙英等根据对中棉品种石系亚、海岛棉品种海7124和陆地棉抗感不同品种等6个鉴别寄主，将采集于河北棉区37个重点植棉县的40个黄萎病菌系划分为VGⅠ、VGⅡ和VGⅢ等3个致病群（VG_S），其中VGⅠ菌系的致病力最强，鉴别寄主中除中棉品种表现抗（耐）病外，海岛棉品种和陆地棉品种均表现感病，致病性与我国江苏省的强致病力菌系VD8和JC4相仿，其中7个菌系可使部分品种表现落叶症状，首次证明在河北棉区有落叶型菌系存在；VG Ⅱ菌系具有中等水平的致病力；VG Ⅲ菌系的致病力最弱，主要分布在冀东棉区的沿海地带和太行浅山区。VG Ⅰ菌系和VG Ⅱ菌系分别占55%和30%，是河北棉区的主要菌系类型，前者主要分布于冀中南和冀东南棉区，后者则以冀中和冀北棉区居多。

李国英等1996—1999年对采自新疆各地的30个菌株进行了培养特性及致病性分化的研究。查明新疆棉花黄萎病不仅在培养特性上存在明显区别，在致病性上也存在强、中、弱三种不同的类型。张莉等对新疆棉区采集的35个棉花黄萎病菌代表性菌系进行致病型鉴定，表明新疆棉花黄萎病菌存在强、中、弱3种不同的致病类型，其中以中等致病类型居多。进一步证实目前新疆存在落叶型黄萎病菌菌系。邵家丽等测定了源于新疆棉区的22个棉花黄萎病菌单孢菌株，结果表明供试的25个棉花黄萎病菌之间的致病力存在显著差异，在各棉花品种上22个新疆菌株中都有与T9、VD8或V151的致病力相近的菌株。

毛岚等采用生物学培养性状、致病力测定和ISSR分子标记方法研究15个陕西棉花黄萎病代表菌株的遗传变异。致病力测定结果显示，致病力强的Ⅰ型有7个菌株，占46.67%，致病力弱的Ⅱ型有3个菌株，占20.0%，致病力中等的Ⅲ型有5个菌株，占33.33%，遗传类型与菌株致病力类型存在明显的相关性，与菌株地理来源也具有一定的相关性。李卫等对采自陕西关中棉区17个棉花黄萎病菌株以及T-9菌株、VD-8菌株、径阳菌株和安阳菌株致病力测定。21个供试菌株存在强、中、弱的致病力分化，其中强致病力类型11个，占52.38%；中等致病力类型6个，占28.57%；弱致病力类型4个，占19.05%。陕西关中棉区17个棉花黄萎病菌株中，未发现落叶型菌株。均是强致病力菌系占多数。吉贞芳2001年对来自山西省主产棉区运城、临汾、晋东南、晋中19个黄萎病菌代表菌系和3个对照菌系测定，即致病力强的落叶型Ⅰ型、致病力中等的Ⅱ型、致病力弱的Ⅱ型，分别占50.0%、36.4%、13.6%。

朱荷琴2012年对来自我国12个省84个县、市的棉花黄萎病菌测定，长江流域的菌株培养性状变异最大，新疆棉区的变异最小。中等致病力类型菌株在我国占主导地位，强致病力类型的菌株主要分布在河北、河南、湖北等省，弱致病力类型菌株主要分布在新疆和江苏。惠慧等选用4个抗性不同的陆地棉品种作为鉴别品种，对不同植棉省32个落叶型黄萎病菌的致病性进行了测定，32个落叶型菌系致病力差异显著，可分为3个类型。第Ⅰ类型只有1个菌系，致病力弱；第Ⅱ类型菌系占供试菌系的62.5%，致病力中等；第Ⅲ类型菌系占供试菌系34.4%，致病力较强；来源于不同植棉省菌系的平均致病力有一定差异，且来源于同一植棉省的落叶型菌系可归属于不同的致病类型。

对以上不同地区黄萎病菌致病力分化进行研究，对于抗病品种的选育和利用起到了推动作用。不同地区相继出现落叶型菌系以及强致病力菌系的增多是当地菌系变异，还是由其他地方传入亦或由弱势种群变成优势种群，其中原因在以往的研究中未进行过系统的探讨，值得进一步研究。田秀明在研究山西省黄萎病菌致病力分化时，认为山西省地形和气候复杂，在不同熟性棉区存在着致病力强弱的差异。吉贞芳在研究山西省黄萎病菌致病力分化时，发现不同区域不同棉花品种上分离到的黄萎病菌微菌核的形态不一样，致病性也有明显的差异，中熟和中早熟棉区的运城和临汾的黄萎病菌系致病力强，而早熟棉区的榆次和汾阳的黄萎病菌致病力弱，是由生态环境的变化造成的。朱荷琴在研究温度对黄萎病菌生长影响时得出，20 ～ 25℃有利于病原菌产生菌核，30℃的较高温度明显抑制菌核的形成。30℃的较高温度下，强致病力类型菌株的菌落直径、分生孢子产量和毒素产量均显著大于中等致病力和弱致病力类型，且落叶型菌株高于非落叶型，较高温度较长时间的选择压力会使菌核型菌株向菌丝型菌株转化。石磊岩对北方棉区黄萎病菌致病力分化研究时发现，落叶型黄萎病菌主要分布在在山东、河南、河北的一些县市，中等致病力菌系除分布在山东、河南、河北外，还分布于山西、陕西产棉区，非落叶类弱致病力菌系除分布在河南、河北和山西外，还分布于北部的辽宁和西北部的新疆。从落叶型黄萎菌系最早是在我国南部产棉区江苏省发现，以及上述研究中低温地区有利于弱致病力菌系生长，高温地区有利于强致病力菌系的发展，可以推测地理条件中的温度对黄萎病菌致病力的分化具有一定的选择作用。因此，只有明确病原菌的群体变化规律才能有针对性培育抗病品种，有效地利用抗病基因型减小病害为害。

三、抗病性的鉴定与选育技术

（一）枯、黄萎病抗性鉴定方法

棉花枯、黄萎病抗性鉴定根据方法、时期分为苗期鉴定和成株期鉴定，室内鉴定和大田鉴定，人工病圃鉴定和自然病圃鉴定，毒素鉴定和接种病菌孢子鉴定，随着分子生物技术的发展，分子技术鉴定方法应用更加广泛。

1. 田间病圃鉴定

病圃分为自然病圃和人工病圃。20 世纪 50 年代四川省简阳棉花试验站等单位就开始从重病田选无病单株，在重病田或人工病圃进行棉花品种抗枯、黄萎病鉴定工作。至今田间人工病圃仍然是棉花种质抗黄萎病鉴定最常用、能真实反映鉴定材料抗性强弱的方法，这种方法具有简单、经济效果好等优点。20 世纪 70 年代中国农业科学院棉花研究所等单位改用水泥池（槽），采用人工接种病菌模拟自然病田发病环境，进行抗性鉴定，水泥池鉴定的优点是能够人为控制病原菌的种类和数量，接菌均匀，又能有效控制发病条件，适于棉花苗期及成株期鉴定。

2. 苗期室内鉴定方法

为了寻找快速鉴定方法，20 世纪 70 年代末至 80 年代中国农业科学院植物保护研究所、棉花研究所，陕西省植物保护研究所等单位进行了多年试验研究，均认为“纸钵撕底蘸根法”是快速准确、易操作的温室苗期鉴定方法，此方法已成为目前室内棉花抗黄萎病鉴定的常用方法。

河北农业大学创建了“六棱塑料钵定量注菌液法”苗期鉴定技术。采用六棱塑料钵，以蛭石为基质，催芽、选子播种育苗，伤根定量接种，在人工生长室进行抗病性鉴定。与传统的鉴定方法相比其优点是，使用有底的六棱塑料钵，灭菌后可以重复使用，减少了制作营养钵的工作量，而且其造型有利于棉苗根系下扎生长；以价格低廉、通透性好、一次性使用、经高温灼烧的蛭石填充营养钵作生长基质，可免去灭菌消毒工序，也有利于棉苗根系生长发育；种子催芽技术出苗整齐、生长健壮，每钵只种 1 ～ 2 棵棉苗，减小了寄主个体间的竞争；用六棱营养钵培育棉苗时，棉苗根系生长健壮且须根紧贴塑料钵内壁生长，定量注菌液易于接种，鉴定误差很小。

3. 黄萎病菌毒素法鉴定

棉花黄萎病菌产生的毒素是导致棉花萎蔫的重要原因，它是一种酸性糖蛋白，可提纯，因此用黄萎病菌毒素可以进行品种抗病性的鉴定。室内用毒素检测棉苗的致萎度能反映棉花成株期对黄萎病的抗性程度，即室内检测为抗的品种，在病圃为抗病型；室内为感病反应的品种，在病圃也为发病重的感病型。章元寿等用棉花大丽轮枝菌（*Verticillium dahliae*）毒素，检测二叶期棉苗的致萎反应，经 120 个棉花品种（系）的室内毒素检测，其致萎性和田间病圃鉴定结果的病指之间呈极显著正相关。甘莉、吕金殿等研究结果表明，同致病类型菌系分泌的糖蛋白毒素中存在糖基组成差异。各菌系中糖蛋白毒素的含量与病菌引起的棉花病情指数呈显著正相关（$r = 0.958\,3$，$P < 0.05$）。生物鉴定表明，强致病力菌系糖蛋白毒素的致萎活力明显高于弱致病力菌系，从而认为，病菌致病力不仅与糖蛋白毒素的含量有关，而且也与糖蛋白毒素的化学组成差异有关。进一步为利用毒素进行抗黄萎病鉴定提供了理论依据。

4. 分子生物学鉴定

主要包括同工酶谱及分子标记鉴定。一些植物抗病作用的生化反应与 POD 有关，马峙英等研究发现了 POX 同工酶与棉花黄萎病抗性的关系，POX-PC1 酶带的表现与棉株黄萎病抗性显著相关（达 89.24%），抗病植株 PC1 酶带弱，感病植株酶带强。抗病品种 PC1 接种前后无明显变化，而感病品种接种后酶带增强。PC1 酶带具有显性单基因遗传特征，可以作为黄萎病抗性鉴定和选择的生化标记。用 75 个抗性不同的陆地棉品种进一步验证，发现 PC1 与黄萎病抗性存在同样的关系。任爱霞等采用等电聚焦电泳方法，对棉花二对抗黄萎病近等基因系子叶进行 POD 分析表明，4 条 POD 同工酶酶带（P4、P6、P7、P 10）的表现与棉花抗黄萎病性有关，这些酶带的特殊表现可用于棉花抗病性辅助鉴定和辅助育种。以 DNA 多态性为基础的分子标记辅助鉴定在棉花抗病育种中逐渐发挥作用，已经筛选到一批抗病的分子标记。

（二）抗黄萎病选育技术

20 世纪 50 年代以来，我国棉花抗枯、黄萎病育种，采用了系统选育、杂交育种（复合杂交、多父本杂交、回交、远缘杂交等）、诱变育种等方法，发展到 90 年代开始起步的生物技术育种，是由传统方法到现代育种技术发展的过程。

20 世纪 50 年代育成的 5 个品种都是采用系选法育成的。70 年代中国农业科学院植物保护研究所等单位采用系选法，从生产上推广应用的陕 65-141、陕 4、陕 401 等品种继续选择，育成高抗枯萎病、丰产性亦好的 86-1 和川 73-27 等 17 个品种，占 70 年代育成品种总数的 58.6%。西北农业大学等单位，利用人工接菌的病床结合病圃，进行定向选择，把抗病单株从群体中筛选出来，从感病的徐州 142 中，选出 142 抗病品系，并且基本上保持了原徐州 142 的丰产性。

20 世纪 60—90 年代均以杂交育种为主，60 年代陕西省农业科学院棉花研究利用杂交育种选育出一批抗病性强，丰产性有明显提高的品种材料，如陕 4、陕 401、陕 3563 等。杂交育种仍是 70 年代育种的主流，80 年代育成 48 个品种中有 43 个是杂交育成的，占总数的 89.6%。经过多年杂交育种的实践，各育种单位在抗源的选择及杂交方式等方面积累了较为丰富的经验。

复合杂交法在杂交育种中占有一定比重，育种目标由单抗到兼抗甚至多抗，且要求丰产、优质，因此复合杂交、多父本杂交广泛被采用，只有通过多次杂交或复合杂交，才有可能把抗性、丰产性及优质性状结合起来。周有耀统计，1991—1994 年通过审定的品种有 50.8% 是复合杂交法育成的，如中棉所 19、中棉所 21、泗棉 3 号等。河北省棉花抗病育种合作组育成的抗病、优质的冀棉 14 号，中国农业科学院棉花研究所育成的抗病、丰产及品质兼优的中 6331 就是复合杂交选育成功的实例。

利用远缘杂交能够创造出遗传背景丰富的抗性基因来源，中国科学院遗传研究所与陕西、河北、河南等省棉花育种单位多年合作，采用陆地棉与亚洲棉、海岛棉、野生棉等进行远缘杂交，从其后代中进行多年大量筛选。梁正兰等采用棉属种间杂交新技术，对杂交铃施用 GA_3 和 NAA—离体培养杂种胚—试管内染色体加倍三者相结合，获得了海岛棉—瑟伯氏棉—陆地棉的三元杂种。从中选出了抗黄萎病、抗棉铃虫、抗棉蚜及高强纤维等 5 类选系，其中抗病选系的黄萎病病指在13.79～20.90，抗病效果在53.50%～71.82%，属“抗病”，并首次用野生棉杂交育成了丰产优质抗病新品种石远321。梁理民等从（陆地棉×索马里棉）、（陆地棉×比克棉），[（陆地棉×中棉）×（陆地棉×瑟伯氏棉）]杂交后代中，育成优质、高产、抗病棉新品种秦远4149、秦远1505和秦远9308，枯萎病指分别为2.2、4.4和6.5，黄萎病指分别为11.3、19.5和23.6，抗病性达到或超过对照品种，同时还创造出优质特强抗枯、黄萎病特异新种质5份。

利用物理诱变、化学诱变等因素诱发棉株产生遗传变异，进而获得抗病虫性等性状有价值的变异，创造抗性新种质，然后利用这些中间材料，通过定向选择，结合杂交育种法，选育新品种也可采用棉花抗黄萎病育种的方法。

生物技术育种在棉花抗病育种中发挥了重要作用。20世纪90年代末，应用生物技术进行抗枯、黄萎病育种工作列入国家863计划，中国农业科学院生物技术研究所与植物保护研究所等单位协作，应用花粉管通道法，将抗病基因导入棉花，已育出抗枯、黄萎病十分突出的B99261、505203等新品系。黄骏麒等将高抗枯萎病的陆地棉品种52-128的抗枯萎病基因导入苏棉1号和苏棉3号，获得2个高抗品系3072和3049，抗性达到供体水平。蔡应繁等将抗真菌的β-1，3-葡聚糖酶基因和几丁质酶基因导入棉花，获得抗真菌单价基因的棉花转基因植株。华中农业大学在转几丁质酶和葡聚糖酶基因棉花发现，从高抗黄萎病到耐病，变化比较大，获得3个高抗黄萎病的转基因纯合系。

克服抗病性与产量、纤维品质之间呈负相关关系，协调三者之间的关系是棉花抗病育种的技术难点。潘家驹和王顺华等在借鉴国外经验的同时，研究了修饰回交法对克服这一难点的可行性。1980—1990年两轮试验结果表明，修饰回交法对削弱丰产与抗病、抗病与纤维比强度之间的负相关程度有一定效果。

全生育期动态选择抗病性，对于提高棉花抗黄萎病性，同步提高抗性、产量和品质具有一定作用。我国棉花抗黄萎病鉴定中一直采用在1个固定时期（8月下旬）调查品种的发病程度，以病情指数大小划分品种的抗病类型。在一些研究中发现不同品种发病起始的早晚与发病速度对棉花最终产量具有较大的影响，某一时期品种的抗病性并不能完全决定对产量和纤维品质的影响。河北农业大学在研究全生育期棉花抗黄萎病规律时，发现不同品种全生育期抗病性变化不同，产量和纤维品质表现亦有明显差异。棉花在前期抗病性与后期抗病性相关系数很小，后期的抗病性不能代表前期的抗病性，前期的抗病性对最终产量形成也具有较大的影响，忽略前期抗病性而单以后期抗病性判别一个品种的抗病性不利于实践中抗源的应用。在进行抗黄萎病育种时应尽可能选用发病晚、前后期黄萎病指均较低、病情发展缓慢的品种，发病时间晚、发病速度慢的品种产量损失小，黄萎病发展缓慢，产量和纤维品质最好（表3-2）。

表 3-2　陆地棉品种抗黄萎病类型和表现

类　型	黄萎病表现（病情指数 DI）	黄萎病抗性	产量表现
Ⅰ	前、中、后期发病都慢，发病高峰期 DI 低	好	高
Ⅱ	前、中期发病慢，后期快，发病高峰期 DI 较高	较差	较低
Ⅲ	前、中期发病快，后期慢，发病高峰期 DI 较低	较好	较高
Ⅳ	前、中、后期发病都快，发病高峰期 DI 高	最差	明显低
Ⅴ	前期发病快、中期慢、后期快，发病高峰期 DI 较高	差	低

马家璋等从 1982 年开始探索棉花混选—混交育种体系，希望通过混交来打破抗性、产量、纤维品质间的不利连锁，通过混选以增加理想重组个体的出现频率。这一育种体系的基本点是：尽可能多地采取多亲本复合杂交，或选取原来就是复式杂交育成的材料做亲本，多次进行补充杂交，保持群体的基因频率，入选单株或混交单株每株等量采收 1 ～ 2 个棉铃，混合留种，进行多轮次的混选—混交。在 F_8 代严格选择单株，进行以后的株行、株系等产量和其他性能的比较试验。从这一育种体系中选出了中 164 新品系。

（三）抗枯、黄萎病育种成就

我国棉花抗枯、黄萎病育种开始于 20 世纪 50 年代，1952 年西南农业科学研究所和简阳试验站组成射洪棉花枯萎病工作组，在重病田中，从引进的感病品种德字 531 中系选育成川 52-128，成为我国第一个枯萎病抗源品种。1957 年又从岱字棉 15 中系选育成川 57-681 和川 57-50；1950—1957 年辽宁省棉麻研究所从感病的关农 1 号和锦育 22 号中，分别选育出耐黄萎病的辽棉 1 号和辽棉 2 号。这 5 个品种虽因产量低未能大面积推广，但为我国抗病育种提供了抗源，奠定了抗病育种的基础。

进入 20 世纪 60 年代后，陕西省农业科学院棉花研究所用 50 年代筛选出的抗源，通过品种间有性杂交，育成了陕 4、陕 401 等品种。四川省农业科学院棉花研究所用川 52-128 与彭泽 1 号杂交育成川 62-200。中国农业科学院棉花研究所育成耐枯萎、丰产性好的中棉所 3 号，耐黄萎的中 8004 等，全国 60 年代共育成 13 个抗病品种。

20 世纪 70 年代育成的 29 个抗病品种是 60 年代的 2.2 倍。较突出的品种是中国农业科学院植物保护研究所育成的高抗枯萎病、高产品种 86-1 号。此外，抗枯萎病品种有鲁抗 1 号、协作 1 号、川 73-27、陕 3563 等；耐黄萎病品种辽棉 5 号、中 3723；抗枯萎耐黄萎病品种陕 1155、中 3474 等。其中陕 1155 兼抗枯、黄萎病且丰产性较好，80 年代初在陕西、山西、河北等省推广面积 133 万 hm^2 以上。

20 世纪 80 年代育成兼抗枯、黄萎病品种 48 个，“六五”“七五”期间是棉花抗枯、黄萎病育种大发展阶段，共育成兼抗枯、黄萎病的品种 20 个，其中最突出的是中国农业科学院棉花研究所 1987 年育成的中棉所 12，该品种达到了高抗枯萎、耐黄萎，高产、优质，1991 年在全国主要枯、黄萎病棉区种植面积达 140 万 hm^2。河北省棉花育种合作组 1987 年育成兼抗枯、黄萎病且品质好的冀棉 14 号，在冀东南棉区种植面积达 67 万 hm^2，中国农业科学院植物保护研究所育成兼抗枯、黄萎病，较早熟的 86-4，在新疆的南疆种植面积 1 万 hm^2，另外还有盐棉 48、冀棉 7 号、陕 8092、晋 260、豫 7910、中 6331、刘庄 3 号、洛 06、湘抗岱 159、川 414 等。

20 世纪 90 年代育成近 100 个抗病品种，进入 90 年代我国棉花黄萎病的为害逐年加重，1993 年由于黄萎病严重发生，各育种部门把提高育成品种抗黄萎病性能作为主要育种目标，从棉花品种比较试验、区域试验中发现几个抗黄萎病性比中棉所 12 有大幅度提高的新品系，河南省农业科学院经济作物研究所育成的豫棉 19 号，具有很好的兼抗枯、黄萎病性能，成为 90 年代抗枯、黄萎病品种中较突出者。中国农业科学院植物保护研究所育成的 86-6，其抗病性、丰产性、纤维品质及早熟性等综合性状均较好，经 1991—1994 年在京、冀、鲁、豫 4 年 16 个试点鉴定结果，黄萎病指平均为 15.89，已达到抗黄萎病的要求，1996 年在冀、鲁、豫示范 13 万 hm^2。并育出一批抗黄萎病性能较好的抗源，如川 737、川 2802、BD18 等。1987—1992 年经川、苏、京、豫晋迅陕 6 年 12 次鉴定，川 737 平均黄萎病指 17.86，川 2802 病指 15.57，抗病对照中棉所 12 病指 21.46，感病对照 86-1 病指 46.8。这 2 个新种质经西南农业大学植保系等单位鉴定，对我国黄萎病菌三大生理型及落叶型菌系均表现抗病。朱荷琴等对 1991—1997 年黄河、长江、麦套和夏棉 4 个区试 3 轮参试的 60 个品种进行抗枯、黄萎病鉴定，结果参试品种抗枯萎病水平较高，且趋于稳定，而抗黄萎病性和兼抗性水平较低，但总的是抗性水平呈上升趋势。

四、转基因抗虫棉育种

（一）我国转基因抗虫棉育种的发展

进入 20 世纪 90 年代后，棉铃虫为害成为我国棉花生产的重大问题，棉铃虫每年造成的直接经济损失高达 100 亿元以上。继美国 Agrocitus 公司成功构建来自苏云金芽孢杆菌的 Bt 基因并在棉花上表达后，美国孟山都公司采用改造土壤农杆菌的 Ti 质粒转化载体的启动子，即在 35S 小亚基作启动子的基础上加入重复的强化表达区，使基因合成毒素的表达水平提高 100 倍。同时对 Bt 基因进行修饰改造，使其更适合在植物中表达，Bt 基因合成杀虫晶体蛋白的量从原来的占可溶性蛋白的 0.001% 提高到 0.05% ～ 0.1%，抗虫效果明显改善。美国育成的抗虫棉品种新棉 33B、DP99B 迅速占领中国棉种市场，至 1998 年，美国抗虫棉面积占我国抗虫棉总面积的95%，我国民族育种业面临严峻挑战。

中国棉花抗虫基因工程育种起步于20世纪90年代初期，1991年中国农业科学院生物技术研究所首次合成了经改造的Bt基因，并成功地导入了晋棉7号、冀合321、泗棉3号、中棉所12等多个栽培品种（系）中，获得了13个转Bt基因的抗虫棉株系，其中部分株系抗虫效果达90%以上；1995年又成功地将Bt基因和棉铃虫消化道蛋白酶抑制剂基因（CpTI）同时导入了棉花，并在所转育的棉株体内得到了表达，使我国成为世界第二个拥有抗虫基因自主知识产权的国家。河北省石家庄市农科院利用双价基因导入石远321的植株，育成的双价抗虫棉SGK321于2001年通过河北省审定，2002年通过国家审定。我国科学家利用中国农业科学院生物技术研究所自主研发的BT+CpTI双价抗虫基因，结合我国各棉区的产业需求，进行了联合攻关，先后培育了中棉所38、邯杂301等多个杂交抗虫棉品种，中棉所41、中棉所45，SGK321、鲁棉研28、农大棉7号等一系列纯系抗虫棉新品种，从而迅速提高了我国抗虫棉的市场份额，使国产转基因抗虫棉占有面积从1999年的5%提高到2011年的98%，至今，美国抗虫棉几乎已经退出了我国市场。

（二）转基因抗虫棉抗虫性遗传

李汝忠等以转Bt基因抗虫棉R55为材料，利用ELISA检测方法，通过对不同亲本与抗虫亲本R55杂交F_1-F_5，BC_1BC_2世代材料Bt晶体杀虫蛋白的定性定量测定，结合大田自然感虫条件下的抗棉铃虫鉴定，研究了转Bt基因抗虫棉Bt基因的遗传规律。结果表明F_1均表现阳性，F_2阳、阴性株符合3∶1的分离比例，回交BC_1阳、阴性株呈现1∶1的分离比例，说明Bt基因的遗传基本符合显性主基因遗传规律。但Bt基因的遗传又有其特殊性，表现为亲本的遗传背景对Bt基因的表达有着较大影响，不同亲本与抗虫亲本杂交F_1代Bt晶体蛋白的表达量存在较大差异；杂交方式对Bt基因的表达亦有一定影响，不加选择的连续回交，有可能使Bt基因“丢失”，未发现Bt基因的表达随世代的递增、农艺和经济性状的改进而降低的趋势，Bt基因可以稳定遗传。袁小玲等研究了转Bt+CpTI双价基因抗虫棉（简称双抗-1）对棉铃虫的抗性及双价基因的遗传规律。结果表明双抗-1与非抗虫棉的正、反交F_1都表现高抗棉铃虫；F_2和BC_1群体的抗感植株分离比分别符合3∶1和1∶1，说明双-1的棉铃虫抗性符合孟德尔一对显性基因的遗传方式连锁。唐灿明等对我国主要三类转Bt基因抗虫棉遗传分析表明，山西94-24、中心94和R19三类转Bt基因抗虫棉亲本品系对棉铃虫的抗性各由一对显性主基因控制，它们的抗虫基因非等位，山西94-24与R19的Bt基因可能整合在陆地棉品种的同一染色体上，表现为连锁遗传，山西94-24、中心94、R19 3个抗虫棉品系间互交杂种抗虫性与亲本类似，表明抗虫基因在杂合状态下无共抑制现象存在。

（三）转基因抗虫棉抗虫性表达

夏兰芹等从 DNA、mRNA 和蛋白质 3 个水平上对双价抗虫棉 139-20 R_4 代植株中 Bt 杀虫基因及其在整个生长发育期的时空表达进行了系统研究。研究结果表明，Bt 杀虫基因在抗虫棉中的表达具有时空特异性。同一组织中，Bt 杀虫蛋白含量在整个生长发育期呈动态下降趋势。袁小玲研究了转 Bt+CpTI 双抗 -1 抗虫棉对棉铃虫抗性的时空表达特征，双抗 -1 对棉铃虫的抗性水平表现为前期高后期低。李汝忠以转 Bt 基因抗虫棉 33B 为材料，发现随着棉株生育进程的推进和株体的老化，Bt 晶体蛋白含量随着植株体内可溶性总蛋白含量的逐渐降低而降低，而 Bt 基因的表达强度从苗期到蕾期随着棉株营养生长的加快而呈上升趋势，至蕾期达到高峰，以后逐渐减弱。不同组织或器官 Bt 晶体蛋白的含量也有较大差异，表现在幼嫩组织或器官的含量较高，成熟组织或器官次之，衰老组织最低。王保民等以转 Bt 毒蛋白基因抗虫棉中棉所 30 为材料，用 ELISA 法测定植株 Bt 毒蛋白含量，转 Bt 基因棉不同器官中的 Bt 毒蛋白含量存在着明显差异，叶片中的 Bt 毒蛋白含量远远高于蕾、花、铃，而蕾、花、铃中的含量差异不大。

（四）抗虫性鉴定方法

1. 大田免治虫自然鉴定

在转 Bt 基因抗虫棉育种实践中，由于中低世代材料多、群体规模较大、需要考虑的选择性状多，采取田间免除棉铃虫化学防治使其自然感虫，根据植株上的落卵数量、棉花不同器官受为害程度、残存幼虫大小进行选择，选择抗虫性较好的单株与株行，该鉴定技术对害虫抗性的鉴定准确率可达 70% 以上。与其他方法相比，可大大节省投资和工作量，适宜中低世代材料的抗虫性鉴定。

2. 卡那霉素间接鉴定

对于低世代经过田间自然感虫方法鉴定入选的材料，在中世代辅助以卡那霉素间接鉴定法进行抗虫性鉴定，以进一步确定入选材料是否带有抗虫基因。由于单、双价抗虫基因的植物表达载体上，均连锁有 NPTII 基因，鉴定转基因植物的卡那霉素抗性，可确定抗虫基因是否整合至受体棉花基因组中。将脱脂棉撕成小条沾取 0.05% 的卡那霉素溶液，粘附于棉花植株倒 2 新生叶上，5 d 后所有沾有卡那霉素溶液的感虫棉株的叶片均出现明显的黄色斑块，而转 Bt 基因抗虫棉的叶片仍为正常绿色，无任何症状。卡那霉素间接鉴定法是鉴定转 Bt 基因抗虫棉的简便而又准确的方法。

3. 网室人工接虫鉴定

经过选育抗虫性和其他农艺性及经济性状基本稳定后，一般采取网室接虫，使入选材料在较高虫害胁迫下鉴定。网室鉴定则可在虫害高压条件下检验所选材料对目标害虫的抗性潜在能力。

4. 抗虫基因PCR检测和免疫试纸条检测

在前期抗虫性鉴定、农艺性状、经济性状选择的基础上，对入选的 F_5-F_6 代材料可增加“抗虫基因 PCR 检测”和“免疫试纸条检测”，进一步选择抗虫性；根据 Bt GFM Cry1A 基因和 CpTI 基因的 DNA 序列，分别设计引物，以单价 Bt 基因和双价抗虫基因（Bt+CpTI）的植物表达载体 DNA 为阳性对照，用 1% 琼脂糖电泳检测 PCR 产物，根据是否得到预期大小的电泳条带判断是否带有抗虫基因。国外研究出了简单快捷的检测方法，利用 Bt 胶体金免疫试纸条检测 Bt 蛋白的表达，其原理是高度特异性的抗原抗体反应，即通过双抗夹心法，应用特异性 Bt 单克隆抗体实现对转基因作物的特异性检测，这种检测方法，简单快捷，重复性好，也不需要专业的技术人员。

5. ELISA 方法筛选抗虫基因高表达稳定株系

对于选出的农艺性状、经济性状优异的稳定株系，在棉铃虫发生高峰期 6 月 20 日、7 月 20 日、8 月 20 日分次分别田间取样，使用美国 Agdia 公司的 DAS-ELISA 试剂盒对转基因棉花植株叶片、蕾、花、幼铃进行 ELISA 检测，检测叶片、蕾、花、幼铃的杀虫毒蛋白表达量，准确高效选择抗虫性。

6. 室内接虫抗虫性鉴定

对于选出的农艺性状、经济性状优异的稳定株系，除采样进行 ELISA 检测外，还可进行室内接虫鉴定，生物杀虫试验确保转基因植株具有高抗虫性。对转基因棉花品系取幼嫩叶片、蕾、花、幼铃放置在培养皿中，用湿棉球保持叶片清鲜，每叶接种棉铃虫，观察并记录其活虫数、死虫数、活虫龄期，计算棉铃虫幼虫的校正死亡率，叶片为害程度等。选择叶片对棉铃虫的幼虫校正死亡率均大于 80% 以上的材料，使其达到高抗棉铃虫水平。

（五）抗虫棉选育的基本策略

1. 根据生产和纺织工业需求，及时调整育种目标

随着我国人口增多，以保证粮食生产的农业政策正在挤压着棉花生产区域，产棉区向干旱、盐碱地转移是必然趋势，抗虫棉新品种必须加强抗干旱、耐盐碱性能的选育。干旱、高温、强风、冷害等自然灾害时有发生，选育耐受各种逆境胁迫、资源高效利用品种也是未来抗虫棉育种目标。在我国已育成的抗虫棉品种中纤维强度偏低，较美棉低 1 ～ 2 cN/tex，与纤维长度、细度等协调性较差；品质类型单一，多数是中绒类型，缺乏专用的中长绒类型。选育品质配套、适应纺织业需求的品种是不断改进的目标。目前已经克隆若干纤维品质改良基因，但与生产应用还有一定差距。劳动力价格上升将促进新品种适宜全程机械化管理，选育农艺性状适宜简化栽培和机械管理是迫在眉睫的育种目标。目前转基因抗虫棉对于遏制棉铃虫起到良好效果，但次要害虫为害增加抵消了抗虫棉减少用药的效果，利用生物工程技术挖掘抗虫基因，抗多种害虫，稳定抗虫性效果是抗虫棉新的育种目标。

2. 强化优良基因的挖掘，高起点选择亲本

除棉花杂交育种的一般亲本选配原则外，抗虫棉育种还应考虑到遗传背景对抗虫基因表达的影响，在许多研究和育种实践中发现，不同遗传背景下 Bt 基因所表达的杀虫蛋白量不同。因此，无论选育抗虫杂交种，还是抗虫常规种，均应充分重视选用利于外源 Bt 基因表达的亲本。选择亲本尽可能选择丰产性、纤维品质、抗病性具有较高水平，采用复交使丰产基因、抗病基因、优质基因、早熟性等重要目标性状实现优良基因叠加、互补，为新品种选育奠定优良遗传变异基础。

3. 充分利用现代生物学育种技术，提高选择效果

将分子标记辅助选择技术、转基因技术和常规育种技术进行有效集成，建立优质、高产、多抗、高效等多性状同步改良的技术平台，整体提升棉花育种选择效率；聚合不同来源、不同类型的目标功能基因，同步改良和提高纤维品质、产量和抗病虫等主要性状，打破优质、高产、多抗性之间的负相关，将多个性状聚合到棉花主栽品种和有苗头的品系中，创制出具有突破性的抗虫棉新品种。

4. 协调目标性状关系，同步提高抗病虫性、产量与纤维品质

崔秀珍在研究转 Bt 基因抗虫棉几个主要经济性状间及各个性状对皮棉产量通径分析表明，株铃数、衣分对皮棉产量在表型和遗传上直接作用最大，生育期对皮棉产量有直接负作用。刘水东利用主成分分析得出，通过对单株结铃数的正向选择，皮棉产量相应提高，生育期也会相应变长，霜前花率与产量性状呈负相关；对纤维长度的正向选择有助于比强度的增加，纤维长度的提高，不利于高衣分品种的选育，相应不利于提高皮棉产量。陈旭升在分析了转 Bt 基因抗虫棉性状之间的相关性时发现，转 Bt 基因抗虫棉的抗虫性与衣分存在极显著负相关。抗虫性增强整齐度变差、伸长率下降、气纱品质变差；抗虫性与黄萎病病指之间存在极显著负相关，但与枯萎病病指之间不存在相关性，但有的研究具有与此不同的结论。

因此，可以认为任一产量构成因素对皮棉产量的作用都存在两面性，偏重于某一性状的选择往往顾此失彼，比如结铃性强的品种一般棉铃偏小，棉铃较大的结铃性又较差，衣分过高的品种往往子指小；因此不能过分提高单一的产量构成因素，当然各个产量构成因素均处于高水平上也是不现实的。因此育种过程中，应选育生育期适中、霜前花率相对适中的品种，这样可协调生育期，提高产量。在保持衣分基础上，着重选择结铃性强的品种，提高产量和纤维品质；利用分子设计育种、转基因育种打破产量与品质、产量与抗病、抗虫之间的负相关，同步改良熟性、产量、品质、抗病性及抗虫性。

第七节　适宜机械化中熟棉育种

一、适宜机械化性状特点

世界上棉花产量的 30% 左右是由机器采摘的，其中美国、澳大利亚和以色列是世界上全部实现机械化采棉的国家。我国棉花常年种植面积在 7 000 万亩左右，人工采摘棉花费工耗时、劳动生产率低，植棉利润降低，效益平衡被打破，棉农植棉的积极性受挫，导致多省（区）的棉花生产受到影响，而棉花生产机械化日趋完善，为棉花规模化、集约化、全面机械化生产创造了条件，棉花品种是否适合机械种植成为棉花机械化生产的关键因素。

棉花的生产机械化，特别是机采棉对棉花品种农艺性状有较高的要求。从采棉机对机采性状的要求来看，果枝节位高度和早熟性是两个最重要的机采性状，采棉机不仅对这两个性状要求严格，而且有直接量化的指标。枝节位高度要在 15 ～ 20 cm 范围内，同时具备吐絮快而集中特点。因此，机采棉品种选育需要在兼顾产量和抗性的基础上侧重形态育种，农艺性状与农业机械最大程度地互相吻合，以提高机械控制采摘的采净率、棉花品质等指标要求，所以机采棉新品种群体整齐度、稳定性、吐絮集中性、含絮率、对脱叶剂敏感性也成为机采棉品种选育研究方向的重要组成部分。

农业部组织有关专家研究提出的《黄河流域棉区棉花机械化生产技术指导意见（试行）》指出：棉花机械化生产要在适合当地生态条件、种植制度和综合性状优良的主推品种中选择短果枝、株型紧凑、吐絮集中、含絮力适中、纤维较长且强度高、抗病抗倒伏、对脱叶剂比较敏感的棉花品种。明确要求黄河流域棉区机采棉第一果枝节位距地面 20 cm 以上。

李尔文等提出为适应机械采摘的要求，棉花品种应在早熟、优质、高产、抗病的前提下，具备株型紧凑、叶片上举、抗倒伏、吐絮集中（从始絮到全株吐完在 40 d 左右）、成熟一致、棉纤维较长、强力高、对脱叶剂敏感、第一果枝节位距地面不低于 18 cm 等特点。

郭承君等提出新疆机采棉的性状量化条件：株型紧凑，植株筒形，果枝 0–I 型。根系发达，茎秆粗壮且弹性好，抗倒伏能力强。枝杆匀称，通风透光性，光合强度高。叶片、苞叶中等偏小且易脱落，具有窄卷苞叶特性的品种最佳。上、中、下成铃分布均匀，结铃性强脱落率低，开花、结铃、吐絮集中，成熟早且一致性好。铃重在 5.8 ～ 6.3 g，衣分 40% ～ 43%，子指 10 g，吐絮畅，不夹壳，不掉絮，含絮力适中，减少撞落棉、挂枝棉和遗留棉，提高采净率，降低清地劳动强度。纤维长度在 30 cm 以上，长度整齐度指数 85%，断裂比强度在 30 ～ 32 cN/tex，马克隆值 4.5，保证机采棉采摘纤维品质。

孙鹏程等提出在选育品种上应选择抗病抗虫、株型紧凑、果枝较短、叶片较小、果枝节位较高、烂铃轻、结铃吐絮集中、含絮力适中、纤维较长且强度高、抗倒伏、对脱叶剂比较敏感、不早衰的棉花品种。

我国目前使用的机采棉品种以当地的主栽品种为主，根据新疆机采棉试验，主栽品种虽然能进行机械采收，但都存在不足，不能完全满足机采要求。因此，亟待大力开展我国机采棉品种选育工作。

（一）机采棉品种生长发育特点

机采棉要求选育的品种高产、稳产、生育期 120 d 左右，株型紧凑、株高适中 75 ～ 80 cm、果枝始节较高 15 ～ 20 cm。根据新疆 4 ～ 5 月份早春气候特点和目前品种发育特点，一般棉花出苗慢、弱苗比例大、生长发育缓慢，不能实现 4 月苗、5 月蕾的高产目标。在科学充分利用好 6、7、8 月光热条件的同时，应抓好苗期育种。解决此问题较好的办法是通过育种解决，选择播种品质好、耐低温、抗旱、现蕾早的品种。

（二）机采棉品种结构特点

棉株的高度和最低吐絮铃距地面的高度适中。株高最好在 60 ～ 80 cm。这是由采棉机采棉部件的高度决定，同时要求棉花最低吐絮铃距地面高度应在 15 cm 以上。株型比较紧凑，抗倒伏，第 1 果枝节位 5 节左右，果枝较短，Ⅰ－Ⅱ型分枝，结铃部位集中在内围，果柄较长；叶片略小、光合能力强，吐絮时铃壳开裂良好，成熟期棉株主茎坚韧，抗风不倒伏，棉铃含絮适度，不卡壳、不掉絮。叶片、苞叶小，茸毛少，成熟期自然脱落。

（三）机采棉品种吐絮特点

棉花机械采摘和作业时间等要求吐絮集中，而且集中在吐絮期前期，含絮力适中。因为生育期相近的不同机采棉品种，吐絮特性一致可实现统一机械采摘。以往对于吐絮进程系统研究较少，吐絮集中性及含絮率稳定性和遗传性等规范定义、描述及研究尚欠缺，有必要加强和完善机采棉吐絮特性研究，为机采棉品种选育和统一机械化采摘提供更多的技术参考。

（四）机采棉品种纤维特点

现在机采棉品种的棉花纤维短、整齐度差，成熟度不好，比强度低。由于棉花机采、清花去杂、轧花等环节，对棉花纤维品质影响较大，所以必须选择纤维长、强度高、成熟度好的棉花品种，才能保证棉花的品质。机采棉要求选育品种铃重在 5.8 ～ 6.3 g，衣分 40% ～ 43%，子指 10 g，纤维长度在 30 mm 以上，长度整齐度指数 85%，断裂比强度在 30 ～ 32 CN/tex，马克隆值 3.7 ～ 4.2，能经受清理机械的冲击。

（五）机采棉品种对催熟剂敏感

化学脱叶是机械采棉的关键配套技术，在采摘以前，棉田喷洒化学脱叶催熟剂，能脱去大部分棉叶，降低机采子棉的含杂率，减少棉叶对子棉的污染，促使棉铃集中吐絮，可使棉铃吐絮相对提前，增加霜前花，提高机采棉采收效率。新疆机采棉田施用化学脱叶剂最初采用乙烯利催熟剂，虽可起到催熟作用，但其叶片枯死不落，仍裹在棉株上，易粘污子棉，造成采净率低，经过清花设备的二次加工，更损伤机采棉品质。机采棉对脱叶剂敏感，能在吐絮后自然落叶则更好。对于脱叶剂的科学使用和敏感品种的选育，也成为棉花机械化生产的关键因素。因此，机采棉品种选育研究重点内容为：① 在兼顾产量、抗性、纤维品质的基础上，侧重理想机采株型选育，从根本上提高机械采收率。即选育具备生育期 120 d、株高 75 ～ 80 cm、始果节位高度大于 15 cm、叶片较小等性状的机采棉品种。② 能在霜前集中吐絮，霜前花率 90% 以上，含絮力适度，有一定的抗风和抗冲撞力、不夹壳易采摘。③ 建立机采棉从种植、化控、植保到采摘等全程配套机械化科学简化管理方案，全面促进棉花机械生产。

根据研究及应用实践初步制定了新疆机采棉品种的选育标准。喻树迅等总结出目前已形成的理想机采棉品种的标准是：株高 65 ～ 75 cm，株型塔形或筒形，株形比较紧凑；第一果枝着生高度须在 18 cm 以上；内围铃为主，吐絮快而集中，霜前花率 90% 以上；含絮力适度，抗风不掉絮，叶片略小，光合能力强；茸毛少，苞叶较小，吐絮后自然落叶或对脱叶剂敏，抗病虫，品质好。

二、适宜机械化性状改良

（一）国外适宜机械化棉花性状改良研究

美国等国家在适宜机械化棉花品种选育过程中，除考虑丰产、优质、抗病、早熟外，非常注重品种特性与采棉机间的关系，对品种的株型、株高、第一果枝高度、棉铃分布、吐絮特性、叶片大小和叶量等性状有特定的要求，生产上主栽的品种一般都适合机械采收。在美国目前主要使用水平摘锭式采棉机，该机型对品种的农艺性状有一定的要求，如株高一般在 80 ～ 120 cm，第一果枝高度在 18 cm 以上，株型适中，棉铃分布均匀，吐絮相对集中，棉铃含絮能力强，叶片中等大小等。除此之外，对棉花种植模式也有专门的要求，一般生产上采用 97 cm 或 102 cm 行距配置。近几年由于对采棉机进行了改进，棉花行距配置改成 76 cm。该机要求为 80 cm 左右的矮秆棉花品种，因此，美国德州育种家正在改变育种目标，期待从品种特性上解决株高问题。

（二）国内适宜机械化棉花性状改良研究

为解决机采棉品种问题，农业科研人员 20 世纪 90 年代中期开始探索机采棉品种选育。较一致的结论是：机采棉品种的株型比较紧凑，第一果枝高度在 18 cm 以上，结铃部位集中在内围，能在霜前集中吐絮，霜前花率 90% 以上，含絮力适度、不夹壳，抗风不掉絮，叶片略小、光合能力强，能在吐絮后自然落叶则更好。

王俊铎对机采棉杂交后代性状表现进行了研究，认为机采棉后代株高、第一果枝高度、果枝始节等机采性状之间有极显著正相关关系。这为早熟机采棉在生长前期快速生长发育适合机采又高产提供了有利的遗传基础。在第一果枝节位、节位高度方面，5±0.2 节，15 ～ 20.2 cm 的这一类型是机采棉育种中选择效果较好的一种。这一类型不仅符合机采要求，而且果枝节位适中，品种的早熟性也易改良，从而较好地协调了果枝节位、节位高度与早熟性之间的矛盾。另外利用吐絮快而集中性状与果枝节位相关性小的条件，加强该性状的选择，可放宽对果枝节位及高度的选择标准，据此为提高机采棉育种的选育效果应注重第一果枝节位在 5 节左右，果枝节位高度在 18 cm 左右的育种材料的选择，并同时加强吐絮快而集中性状的选择。

艾先涛对机采棉杂交后代性状表现进行了研究，认为机采棉后代株高、第 1 果枝高度、果枝始节等机采性状有极显著正相关关系，而与物候性状呈负相关关系。努斯热提·吾斯曼 2012 年研究第一果枝高度、第一果枝节位、倒数第四果枝节间平均长度、霜前花百分率和单株皮棉产量的关系，5 个机采性状对单株皮棉产量的表型贡献率在 -20% ～ -14%，表明这 5 个性状对皮棉产量的表现型有不同程度的抑制作用。从采棉机对机采性状的要求来说，果枝节位高度和早熟性是两个最重要的机采性状而且有直接量化的指标，要求果枝节位高度 18 cm 以上、霜前化率 90% 以上。

王俊铎对棉花品种的主要机采性状经行了详细的调查分析，通过对 39 个棉花品种、3 个主要机采性状的调查与机采性状标准、机采对照品种的比较分析，结果表明在机采性状选择中应注重第一果枝节位在 5 节左右、果枝节位高度在 18 cm 左右的育种材料的选择，利用和加强吐絮快而集中性状的选择，同时，发现了第一果枝节位高度的增加会带来品种晚熟的问题。这在陈冠文等的研究中得到进一步验证。这说明机采棉育种中果枝始节提高会延长品种生育期。

（三）机采棉育种改良方法

棉花育种以丰富的遗传资源为前提，根据机采棉要求搜集、引进大量的棉花种质资源并根据研究内容进行遗传分类，筛选具有生育期适中、株型紧凑、果枝始节位较高、纤维品质优良等机采棉特性的优异种质资源，确定一些具有 1 个或多个机采性状的特异材料，通过育种手段进行性状改良和基因聚合，为机采棉新品系的选育奠定基础。

从新疆目前已审定的棉花品种看，多数品种都是通过简单的单交、三交或复合杂交、系统选育等常规育种方法选育而成的。由于该方法投入大、见效慢且育种周期长，随着棉花转基因技术和分子标记育种技术的不断发展，应加强常规育种结合生物技术育种方法，通过 DNA 标记技术对目标性状位点直接进行性状改良、选择、创新，并通过转基因技术等高科技手段，避免选择的盲目性，结合南繁北育，可缩短育种周期，加快育种步伐，从而尽快育成能适应生产需求、有市场竞争力的高产、优质、早熟、抗（耐）病、抗（耐）旱、抗盐碱、抗除草剂、适宜机械化采收的棉花优良品种，不断提高棉花育种技术和创新能力。

（四）对已有品种进行适宜机械化筛选

根据机采棉特性，将适合特定种植区域的品种通过农艺性状对比进行初步筛选，再通过种植评比试验进行评比并确定机采棉品种。李尔文等在 4 个品系中选出 9542、9532 较好地协调了果枝节位、节位高度与早熟之间的矛盾，集早熟性与机采性状有机的融于一体在内的两个机采棉新品种。赵淑琴 2014 年研究新疆早熟棉区机采棉品种（系），棉花第 1 果枝节位和株高可以满足机采的要求，但棉花生育期偏长，霜前花率偏低；在产量方面，部分品种已达到了高产的要求；棉纤维品质方面，各项指标均明显优于对照品种，但与机采棉对品种纤维品质的要求还有一定的差距。利用筛选的选育方法虽然容易确定品种，但是这种方法筛选出的机采棉品种往往仅具备机采棉要求的某几个性状，仅可作为过渡品种使用。

参考文献

艾先涛，李雪源，沙红，等．2010．南疆自育陆地棉品种遗传多样性研究 [J]．棉花学报，22（6）：603-610．

别墅．1990．棉花早熟性和纤维性状的遗传关系的研究 [J]．棉花学报（2）：31-37．

陈仲方．1981．棉花产量结构模式的研究及其在育种上应用的意义 [J]．作物学报，7（4）：233-239．

杜雄明，周忠丽，贾银华，等．2007．中国棉花种质资源的收集与保存 [J]．棉花学报，19

（5）：346-353．

房慧勇，张桂寅，马峙英．2003．转基因杭虫棉抗黄姜病鉴定及黄姜病发生规律 [J]．棉花学报，15（4）：210-214．

房卫平，祝水金，季道藩．2001．棉花黄萎病菌与抗黄萎病遗传育种研究进展 [J]．棉花学报，13（2）：116-120．

冯纯大，张金发，刘金兰．1996．我国几个陆地棉品种枯萎病抗性的遗传分析 [J]．作物学报，22（5）：550-554．

耿立召，李付广，刘传亮．2004．影响基因枪轰击转化棉花胚性愈伤的因素初探 [J]．棉花学报，16（6）：352-356．

郭香墨，范术丽，王红梅．2007．我国棉花育种技术的创新与成就 [J]．棉花学报，19（5）：323-330．

贺红梅，张献龙，贺道华，等．2005．陆地棉对黄萎病抗性的分子标记研究 [J]．植物病理学报，35（4）：333-339．

胡文静，张晓阳，张天真．2008．陆地棉优质纤维 QTL 的分子标记筛选及优质来源分析 [J]．作物学报，34（4）：578-586．

黄勇．2005．对新疆机采棉技术的探讨 [J]．中国棉花，32（10）：9-11．

黄滋康，崔读昌．2002．中国棉花生态区划 [J]．棉花学报，14（3）：185-19．

蒋锋，赵君，周雷．2009．陆地棉抗黄萎病基因的分子标记定位 [J]．中国科学 C 辑：生命科学，39（9）：849-861．

李付广，袁有禄．2011．棉花分子育种进展与展望 [J]．中国农业科技导报，13（5）：1-8．

李汝忠，沈法富，王宗文．2001，转 Bt 基因抗虫棉抗虫性遗传研究 [J]．棉花学报，13（5）：268-272．

李雪源．1995．新疆陆地棉育种性状选择效果分析 [J]．中国棉花，22（11）：1113．

李雪源．1997．机采棉育种机采性状选择效果初报 [J]．中国棉花，24（9)，14-15．

李永山，唐秉海，张凯，等．2001．不同年代棉花品种产量构成、纤维品质及其系谱分析 [J]．棉花学报，13（1）：16-19．

林忠旭，冯常辉，郭小平．2009．陆地棉产量、纤维品质相关性状主效 QTL 和上位性互作分 [J]．中国农业科学，42（9）：3036-3047．

刘冬梅，武芝霞，刘传亮．2007．花粉管通道法获得棉花转基因株系主要农艺性状变异分析 [J]．棉花学报，19（6）：450-454．

刘方，王坤波，宋国立．2009．棉花转基因材料的获得及主要农艺性状变异分析 [J]．棉花学报，21（1）：23-27．

刘志，郭旺珍，朱协飞．2004．转 Bt+GNA 双价基因抗虫棉花中抗虫基因及其抗虫性的遗传稳定性 [J]．作物学报，30（1）：6–10．

马存，简桂良，郑传临．2002．中国棉花抗枯、黄萎病育种 50 年 [J]．中国农业科学，35（5）：508–513．

马留军，石玉真，兰孟焦，等．2013. 棉花陆海染色体片段代换系群体纤维产量与品质表现的评价 [J]．棉花学报，25（6）：486–495．

马峙英，李兴红，孙济中．1996．棉花黄萎病菌致病力分化与寄主抗病性遗传研究进展 [J]．棉花学报，8（4）：172–176．

马峙英，刘叔倩，王省芬．2000．过氧化物酶同工酶与棉花黄萎病抗性的相关研究 [J]．作物学报，26（4）：431–437．

马峙英，王省芬，张桂寅．2000．不同来源海岛棉品种黄萎病抗性遗传研究 [J]．作物学报，26（3）：315–321．

毛树春．2007．我国棉花耕作栽培技术研究和应用 [J]．棉花学报，19（5）：369–377．

欧婷，何秋伶，陈进红．2013．基于抗草甘磷基因的棉花茎尖农杆菌介导转化方法的研究 [J]．棉花学报，25（5）：410–416．

庞朝友，杜雄明，马峙英．2006．棉花种间杂交渐渗系创新效果评价及特异种质筛选 [J]．科学通报，51（1）：55–62．

秦永生，叶文雪，刘任重．2009．陆地棉纤维品质相关 QTL 定位研究 [J]．中国农业科学，42（12）：4145–4154．

孙文姬，简桂良，陈其煐．1999. 我国棉枯萎镰刀菌生理小种变异监测研究 [J]．中国农业科学，32（1）：1–7．

王保民，李召虎，李斌．2002．转 Bt 抗虫棉各器官毒蛋白的含量及表达 [J]．农业生物技术学报，10（3）：215–219．

王娟．2013. 新疆生产建设兵团机采棉育种研究现状及展望 [J]．中国棉花，40（4）：7–8．

王省芬，迟吉娜，马峙英．2006．以棉花茎尖分生组织为受体进行基因枪轰击转化的研究 [J]．棉花学报，18（1）：53–57．

王雪薇，侯峰，孙文姬．2001．新疆棉花枯萎病菌群体结构的研究 [J]．植物病理学报，31（2）：102–109．

吴吉祥，朱军，许馥华．1995．陆地棉 F2 纤维品质性状杂种优势的遗传分析 [J]．棉花学报，7（4）：217–222．

杨六六，刘惠民，曹美莲，等．2009．棉花产量和纤维品质性状的遗传研究 [J]．棉花学报，21（3）：179–183．

杨伟华，许红霞，王延琴．2012．“十一五”期间我国审定棉花品种纤维品质分析 [J]．棉花学报，24（5）：444-450．

杨鑫雷，周晓栋，刘恒蔚．2013．AFLP 标记与棉花重要农艺性状的关联研究 [J]．棉花学报，25（3）：211-216．

于娅，刘传亮，马峙英．2003．基因枪转化技术在棉花遗传转化上的应用 [J]．棉花学报，15（4）：213-217．

喻树迅，范术丽．2003．我国棉花遗传育种进展与展望 [J]．棉花学报，15（2）：120-124．

喻树迅，魏晓文．我国棉花的演进与种质资源 [J]．棉花学报，2002，14（1）：48-51．

喻树迅．2013. 我国棉花生产现状与发展趋势 [J]．中国工程科学，15（4）：9-13．

俞敬忠．1979. 棉花高产优质育种问题探讨 [J]．棉花（5）：125．

张桂寅，马峙英，刘占国，等．2001．种植密度对棉花分离世代产量性状表现及育种选择的影响 [J]．棉花学报，13（1）：26-29．

张丽娜，叶武威，王俊娟．2010．棉花耐盐相关种质资源遗传多样性分析 [J]．生物多样性，18（2）：142-149．

张正圣，胡美纯，王威．2008. 陆地棉遗传图谱构建及产量和纤维品质性状 QTL 定位 [J]．作物学报，34（7）：1199-1205．

赵淑琴．2014．早熟机采棉育种现状分析 [J]．作物栽培，8：6-7．

赵晓雁．2013．新疆机采棉育种研究进展 [J]．中国棉花，40（9）：4-6．

甄瑞，王省芬，马峙英．2006．海岛棉抗黄萎病基因 SSR 标记研究 [J]．棉花学报，18（5）：269-272．

中国农业科学院棉花研究所．1983．中国棉花栽培学 [M]．上海：上海科学技术出版社．

中国农业科学院棉花研究所．2003．中国棉花遗传育种学 [M]．济南：山东，科学技术出版社：483-490．

朱荷琴，冯自力，尹志新．2012．我国棉花黄萎病菌致病力分化及 ISSR 指纹分析 [J]．植物病理学报，42（3）：225，35．

朱青竹，赵国忠，马峙英．2002．不同来源棉花种质资源材料主要农艺经济性状鉴定与分析 [J]．棉花学报，14（4）：237-241．

第四章　棉花工厂化育苗和机械化移栽

棉花工厂化育苗和机械化移栽是现代农业发展的需要和两熟轻简化植棉的支撑技术之一，是传统棉花营养钵育苗移栽的替代技术。棉花工厂化育苗和机械化移栽技术由中国农业科学院棉花研究所毛树春研究员科研团队领衔并由“十五”科技攻关立项支持，组织国内多家单位如河南农科院、扬州大学和湖南农业大学等攻关研究，并在实践中逐步完善形成的。新技术针对生产需求，历经 10 余年探索，以轻型简化和低成本为目标，形成系列关键产品和专利，研发制订系列原创规程，攻克了棉花裸苗和少载体移栽不易成活的难点，实现了系列化的轻简育苗移栽，并开展机理方面研究，主要有轻型基质育苗（又称基质育苗）、穴盘育苗和水浮育苗等，成功替代了营养钵育苗，并在多省成功示范推广。毛树春等进一步结合工厂化特征，研制相关工厂化装备和技术，并研制或优化机械化移栽部件和设备，形成了工厂化育苗和机械化移栽技术，即“两化”。迄今，获得国家授权专利 20 项，其中发明专利 12 项，形成专利产品 10 个，本技术自 2007 年至今列入农业部主推的轻简栽培技术，自 2011 年至今列入农业财政补贴推广技术。试验、示范和生产实践证明，棉花轻简育苗移栽具有“三高五省”的良好技术效果，与传统营养钵相比，“三高”即：苗床成苗率高达 90%，移栽成活率高达 95%，轻简苗有利合理密植因而宜夺取高产。“五省”即：节省种子一半；节省苗床面积一半；育等同苗龄的幼苗节省时间 3 ～ 4 d；运苗省劲，两篮苗子栽一亩；栽苗省工一半。农民讲“裸苗栽一栽，亩增 200 块”是轻简育苗移栽的真实写照，也是实现轻轻松松栽棉花和两熟移栽棉区快乐植棉的支撑技术之一。

第一节　棉花轻简育苗和轻简移栽技术

一、棉花营养钵育苗移栽技术发展

棉花育苗移栽起源于 20 世纪 50 年代。因当时没有制钵器以及受农膜性能影响，育苗载体多为农民手搓的“泥坨坨”和冷床方法播种育苗，工作效率较低，技术效果差，发展缓慢；到 20 世纪 60—70 年代后期，随着人工制钵器出现，钵土营养化（如采用菜园土或泥塘土，加入养分）以及塑料膜工艺发展，形成了营养钵育苗技术（钵体直径可达 7 ～ 8 cm，重量约 3.5 kg）；到了 20 世纪 80 年代后，随着聚乙烯地膜产品应用推广，提 / 促早保温功效增加，而且土钵的直径得到简化和改良（重量降低至 0.5 ～ 1.5 kg），加之各省地加强了育苗移栽的规范和标准的研究与制订，棉花营养钵育苗技术在两熟棉区迅速推广。资料显示，1983 年，江苏省移栽面积 49.6 万 hm^2，占总棉田面积 72%；到 1993 年，育苗移栽面积达到 90% 以上，湖北省推广面积可达 95% 以上；同时，由于每个营养钵只需精选种子 1 ～ 2 粒，每亩用种量较直播棉田大幅度下降，仅为 0.5 ～ 1.0 kg/ 亩，用种节约一倍，大大减少了成本，扩大了良种繁殖系数，在我国推动杂交棉品种实现增产途径的时代下，特别是对转基因抗虫杂交棉的推广应用具有显著的促进作用。农业部统计，自 20 世纪 80 年代中到 21 世纪前 10 年，全国棉花育苗移栽面积基本上占植棉面积的 40% 左右。经过半个世纪的试验研究和生产实践证明，棉花营养钵育苗移栽技术是一项行之有效的技术措施，一般可增产 15%，霜前优质棉比例提高 10% ～ 20%。全国棉花栽培形成“不移栽就覆盖，不覆盖就移栽和既栽又盖”的精耕细作新体系，在棉花夺取高产、改善品质和促进农民增收中发挥了巨大作用，对促进棉花生产发展有显著作用。

然而，传统营养钵育苗移栽是一项典型的劳动密集型技术，农事过程工序偏多，例如准备营养土、制钵、摆钵、覆盖、育苗期浇水、病虫害防治和搬钵“假植”等管理，以及移栽前的起苗和运钵、栽植和浇“安家水”等需大量劳动力，且劳动强度大，持续时间长，20 世纪 80 年代约需工时 15 个 / 亩，90 年代 10 个 / 亩。进入 21 世纪，育苗移栽工时减少至 5 ～ 6 个 / 亩；但是，导致钵体越来越小（钵体极为简化，高仅 7 ～ 8 cm，内径 4 ～ 5 cm，有的像 5 号“小电池”。），钵体越来越瘦（钵土不培肥，“营养钵不营养”），育苗技术和质量普遍下降，传统营养钵育苗移栽的促早发早熟、增产增效的功效被削减很多。

随着我国经济的发展，农村城镇化和工业化进程的加快，导致农村劳动力的不断转移，特别是大批青壮劳动力外出，农业用工数量和质量大幅度下降。1978 年以来农村劳动力转移速率为 1 424 万人 / 年，进一步的转移趋势和进程还将加快，达到近 2 000 万人 / 年。而且农村留守务农的劳动者多数为中、老年人和妇女、儿童，直接导致大田作物的生产用工在不断减少，急需轻简技术和机械化作业提高劳动效率，降低劳动强度，否则就没有出路。而传统的营养钵育苗移栽技术属于劳动密集型技术，加之营养钵育苗无法实行工厂化集约化管理，规模化效果差；移栽过程中由于营养钵育苗载体为营养土，重量大，体积大，易出现散钵，存在苗质差异大和机械化难度大等客观问题，采用土钵载体育苗和移栽技术越来越不适应轻简化植棉和现代化农业的发展需求，要实现轻轻松松栽棉花，急需轻简化育苗移栽的创新和突破。

二、轻简育苗移栽的形成和发展

探索棉花轻简化育苗的研究一直未有停止，国内进行了大量探讨研究，试图改有土为无土基质，改大钵为小钵，改大龄苗为小龄苗 / 芽苗移栽等，至 20 世纪末，虽然取得一些进展，但裸苗和少载体移栽的规模化生产应用这一实质性问题都没有取得突破。齐宏立等提出采用蛭石、砾石和肥料等几种配方进行育苗，证明蛭石效果最好，但是没有进一步出现规模化调控产品和技术；宋家祥等与刘永棣等采用芦管、纸管取代营养钵，大大推进钵土的轻简化，缓解了当地棉花制钵繁重的问题，但因材料和地域的限制阻碍了应用扩大。进入 21 世纪以来，轻简化育苗技术发展较快，在通过研发 / 筛选出新型育苗基质，新型促根调节物质和育苗载体等方面取得阶段性突破，形成了轻简化育苗的系列新技术和方法，主要应用技术有：棉花基质育苗、无钵育苗和微钵育苗和水浮育苗等。自此，轻简化育苗进入快速的推广应用时期。

（一）基质育苗移栽

基质育苗移栽（transplant cotton seedlings raised in soilless-substrate）由毛树春等研究提出。针对棉苗生根困难的生物学特性，裸苗（不带土、无载体）移栽成苗率很低，仅 30%，不符合生产要求这一事实，毛树春等研制形成无土基质育苗替代营养钵，该基质富含营养，保水、通透性好，可使苗床总成苗率达到 95% 以上，幼苗少或不发生病害，生长整齐，个体健壮，起苗不伤根，生根养根效果好，裸苗带走根系多。规定苗床铺基质厚度 10 cm，行距 10 cm，粒距 1.8 ～ 2 cm，虽然单位面积成苗密度大，单苗面积 20 cm^2，体积也很大，达到 200 cm^3，为培育壮苗提供适宜的空间。同时，又研制“促根剂”调控高密幼苗，既防“线苗”又促进根系生长培育壮苗。研制“保叶剂”减轻裸苗运输和栽后萎蔫程度。由于移栽不带载体，苗床可重复利用，大大降低育苗成本。在一系列技术措施保障下，一举攻克棉花裸根苗移栽不易成活的难点，裸苗成活率达到 96.4%，返苗期 7 ～ 10 d，符合生产要求。

（二）穴盘育苗移栽

穴盘育苗移栽（transplant cotton seedlings raised in plug）20 世纪 60 年代起源于美国，70 年代推广到欧洲和全美。1998 年，占美国蔬菜和花卉育苗比例的 81%，特点是适合育苗的规模化和工厂化，育苗时间短，温室工厂的空间利用率高。穴盆苗根系与基质紧密缠绕，根系呈上大底小的塞子形根坨，虽然穴盘移栽机具在 20 世纪 90 年代进入应用，但仅适用微型苗的育苗移栽，应用范围狭窄。我国于 1985 年引进，并在蔬菜上进行试验，再延伸扩展到花卉和棉花，杨铁钢等开展棉花穴盘育苗取得新进展，进入生产示范应用。穴盘采取高密度培育棉花幼苗，单个穴盘的孔穴为 128 ～ 150 个，形成的单苗面积和体积都很小。由于穴盘育苗源自蔬菜，对棉花而言在技术上尚存不足和缺陷，容易培育成高度偏矮的弱苗，还因供水不足易形成“老小苗”，生产应用存在一定风险，且不利于机械化移栽。进一步研究表明，穴体大小适宜的穴盘通过合理培育管理，可以促进苗高达到有效高度，毛树春等筛选出单孔体积 22.5 mL，单盘约 100 孔的 PVC 材质穴盘，通过规范育苗可以保证苗高达到 15 cm 以上，有利于移栽立苗。

（三）水浮（漂浮）育苗移栽

水浮（漂浮）育苗移栽（transplant cotton seedlings raised in Floating Nutrient Water-Bed）于 20 世纪 80 年代发明于美国，最先应用于烟草。1986 年美国 speedling 公司把工厂化漂浮育苗技术用于生产烤烟，20 世纪 90 年代迅速推广全球烟草以及其他 100 多种作物。我国杨春蕾等于 1994 年引进并在烟草上进行育苗试验、示范推广。鉴于国内外漂浮育苗的经验，陈金湘等于 2006 年引入棉花进行试验，穴盘采用多孔聚乙烯泡沫为材料，以混配基质为支撑，以营养液水体为苗床进行漂浮育苗。育苗基质有珍珠岩、蛭石、草炭（泥炭）、草木灰、植物秸秆粉等配比而成，但要求种子催芽后再上泡沫，从而有利于水浮棉种的发芽、顶土和生长，同时，移栽带有少量载体。

三、轻简育苗和移栽的产品和技术

棉花轻简育苗和轻简移栽是相对于营养钵育苗移栽而言。轻简育苗是指育苗载体由笨重的营养钵 / 营养土块转变为轻型、保水、保温、富含营养、利于生根、便于起苗的育苗基质；苗床应用促根剂调控，促进生根，防止形成高脚弱苗；起苗前叶面喷施保叶剂防止萎蔫等一系列专利产品与技术结合的育苗方法。轻简移栽是指人工移栽或机械化移栽无载体（裸根苗）或者轻载体棉苗。轻简育苗和轻简移栽是一项新型的农业技术，其核心产品包括育苗基质、促根剂、保叶剂和移栽农机具（见第三节）；核心技术包括壮苗指标、轻简育苗技术、轻简移栽技术。

（一）主要产品的研制和功能效果

1. 无土育苗基质

（1）产品组成

棉花育苗基质（图 4-1）是实现轻简育苗的关键专利技术产品之一。它是由保水、透气性能好，生根、养根、保根效果好，起苗不伤根的无机矿物质和棉苗生长所需的有机质、氮、磷、钾等营养元素组成，是一种复合产品。该育苗基质主要成分为蛭石、河沙和有机质，其容重为 0.800 g/cm^3，比重 2.589 g/cm^3，总孔隙为 69.10%，通气孔隙 14.94%，毛细气管 54.18%，水气比 3.63，表明其质地较疏松、协调性好、理化性质好，适于作为棉花育苗和栽培载体；已获得国家发明专利授权，发明专利号 ZL03149367.X。而且，各原料还具备取材方便，成本低廉，且有利于环境保护等基本特点。育苗基质的一些理化指标见表 4-1。

图 4-1　育苗基质

表 4-1　育苗基质的一些理化指标

项　目	容重（g/cm^3）	比重（g/cm^3）	总孔隙度（%）	通气孔隙（%）	毛细气管（%）	水气比
基质适值	0.10 ～ 0.80	2.5 ～ 2.7	54 ～ 133	10 ～ 30	40 ～ 75	3 ～ 4
无土育苗基质	0.800	2.589	69.10	14.94	54.18	3.63

（2）使用方法

育苗基质作为基质苗床育苗的载体，是棉苗在整个 25 ～ 30 d 的育苗期间生长发育所需营养物质的来源。因此，育苗基质的培肥是培育壮苗早发的关键。通过测定不同育苗基质配方培育的幼苗的株高、叶面积、根长、根表面、干物质积累量等指标，明确了育苗基质的培肥方案，有机肥 : 氮肥 : 钾肥 =10 : 1 : 0.5，每方育苗基质的有机肥用量为 8.39 ～ 9.32 kg，氮肥 0.81 ～ 0.90 kg，钾肥 4.15 kg。

（3）注意事项

苗基质可重复利用，每次育苗之后要拾净残根、残叶和其他杂物，以减少病原菌，防治苗床病害。育苗基质需晒干，过筛后装入袋中保存或堆放保存，忌雨水冲淋。再次使用育苗基质进行育苗，应按照“损失多少补充多少”的原则进行育苗基质的补充和培肥。一般第二次使用时需补充营养或加新育苗基质 10%；第三次使用时补充营养并加新育苗基质

20%；第四次、第五次使用时补充营养并加新育苗基质 50%；补充的营养和基质要与原基质充分混匀。补给营养物质以有机肥为主，苗床培肥忌用尿素。育苗基质和与河沙混合后复配形成的标准型育苗基质可用于蔬菜、花卉、玉米、水稻、烟草、红薯、中药材的育苗以及稀有材料的繁殖，成苗率高，管理简捷，节省种子，综合效果好。

2. 促根剂

（1）产品组成

促根剂（图 4-2）可以促进棉苗生根，同时可调节高密度育苗环境中棉苗的生长，防止形成高脚弱苗，实现壮苗移栽，提高移栽成活率。促根剂的组分主要选用吲哚乙酸（IAA）、吲哚丁酸（IBA）和缩节安（DPC）等植物生长调节剂和棉花生长所需的营养元素进行促根剂优化剂型复配，2005 年获得国家发明专利授权，发明专利号 ZL02153630.9。产品由安阳市小康农药有限责任公司生产，当前使用剂型为水剂，对人、畜和环境安全。

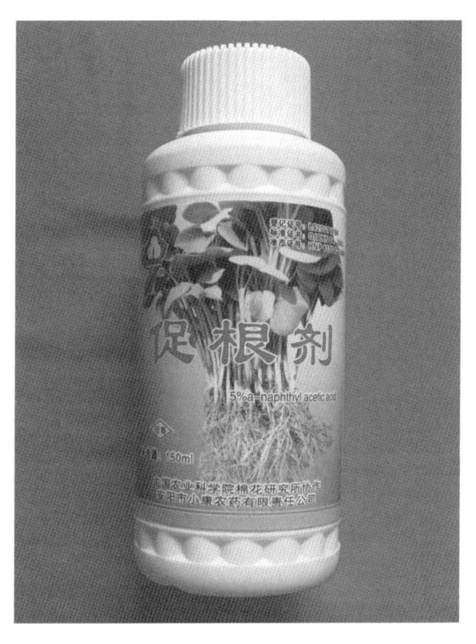

图 4-2　基质苗床专用促根剂

（2）使用方法

促根剂为瓶装，分 500 mL/ 瓶和 150 mL/ 瓶两种包装。每瓶 500 mL，可用于约 5 000 株育苗的苗床灌根和栽前浸根，其中 400 mL 稀释后用于 10 m^2 苗床灌根，100 mL 稀释后用于该苗床棉苗起出后的浸根；每瓶 150 mL，可用于约 1 500 株育苗的苗床灌根和栽前浸根，其中 120 mL 稀释后用于 10 m^2 苗床灌根，30 mL 稀释后用于该苗床棉苗起出后的浸根。促根剂在使用前需要进行稀释，稀释倍数为 1∶100。操作方法，用量筒量取 10 mL 原液，加水稀释至 1 000 mL 摇匀后倒入容器内（盛促根剂溶液的容器底部要平，容器的高度要在 10 cm 左右，保证促根剂稀释液的高度在 10 cm 左右，棉苗浸根时可保证幼苗根系完全浸没在促根剂稀释液中）浸根 10 ～ 15 min。基质育苗及移栽共使用稀释的促根剂 2 次。第一次在苗床出苗现行至棉苗子叶平展时，用水壶浇灌在棉苗根部，每平方米苗床浇灌量 4 000 mL 促根剂稀释液。第二次在移栽前，从基质苗床起出棉苗，用塑料绳扎成小捆，每捆 30 ～ 50 株，把稀释后的促根剂溶液倒入容器内，每 1 000 mL 促根剂稀释液可供 500 株棉苗浸根（500 株棉苗浸完后需再更换新的促根剂稀释液），依此类推，浸没根系 10 ～ 15 min，即可移栽于田间。

（3）注意事项

促根剂应灌于棉苗根部，不能喷施于棉苗叶片上；如果不慎喷施于棉苗叶片，应用清水冲淋。促根剂应使用稀释液，且应按说明要求的使用剂量灌根、浸根。浸根的促根剂稀释液在浸够了规定的棉苗后，再浸棉苗应重新配制促根剂；浸根后的促根剂溶液还可用于苗床或大田植物的灌根，促进生根的效果也很明显。

3. 保叶剂

（1）产品组成

针对栽后棉花表现出地上部萎蔫度大，功能叶片易脱落；不利于功能叶的保鲜和活力维持，中国农业科学院棉花研究所和安阳市小康农药有限公司联合进行了保叶剂（图 4-3）的研制工作。选用 8—羟基喹啉和聚乙二醇等高分子化学物质进行复配试验，筛选出优化剂型，2012 年获得国家发明专利授权（ZL 2009 1 0235976.6）。研制形成的专利产品为多分

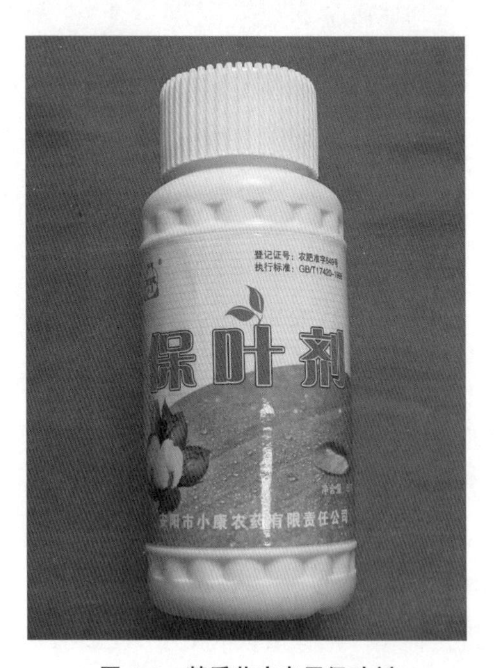

图 4-3　基质苗床专用保叶剂

子和微量元素的聚合物，对植株有保鲜和防旱作用。喷施于棉苗叶片及茎秆上，能在其枝秆、叶面形成分子结构的薄膜，使棉苗叶片气孔导度、蒸腾速率、光合速率等生理功能有序、缓慢降低，减少水分蒸腾，减轻萎蔫；且能使棉苗保持一定的光合和蒸腾速率，维持基础的生理功能；当棉苗移栽到大田后，光、温、水适宜时，能及时恢复光合和蒸腾而快速返苗、发棵、生长。同时，其网状结构及分子间隙具有透气性，对植物生长无害，所形成的保护膜超薄透光，对植物的光合作用无任何影响，是环保型生态材料，对人、畜和环境安全。

（2）产品类型

保叶剂为瓶装，有 500 g/ 瓶和 80 g/ 瓶两种包装。每瓶 500 g 保叶剂可用于 20 m^2 苗床棉苗的叶面喷施，育苗 10 000 株；每瓶 80 g 保叶剂可用于 3.2 m^2 苗床棉苗的叶面喷施，育苗 1 600 株。保叶剂使用前需用清水按 1 : 15 倍进行稀释后使用。每平方米苗床需喷施稀释后保叶剂 0.375 L。稀释方法是先在容器中加入一定量的清水，后将本品缓慢加入并搅拌均匀、摇匀后使用。在移栽起苗当天或提前 1 d 喷施在苗床棉苗叶片上，喷施量以棉苗叶片滴水为度，待稀释液体干后成膜即可起苗、移栽；也可以在起苗扎捆后，将棉苗叶片向下浸入保叶剂稀释液中（注意不能损伤棉苗叶片及生长点），使棉苗叶片正反面均匀附着液体，待干后成膜即可移栽，效果也较好。

（3）功能和效果

保叶剂是通过几种化学药剂的共同协调性作用，形成的一种混合液体，对棉苗地上部进行喷施后，相关物质一部分被棉株叶片及其他部分吸收后，一部分与棉苗叶片及其他地上部分发生作用，可以在叶片和其他部位上形成一种复合分子结构的化学保护膜，因此棉苗使用保叶剂后，可以减少棉株地上部蒸腾失水，并增强棉株对病虫或逆境的防御抵抗，同时保护功能叶的生理消耗引起的脱落；还可以促进其地下部发根及根系生长，增强植物对营养元素的吸收利用，有助于提高移栽成活率和快速返苗，提早恢复叶片正常生理合成功能，增强栽后棉苗适应自然环境的能力。

（4）注意事项

本产品形成的保护膜遇大雨淋洗后自动失效，需重新喷施。保叶剂产品稀释后不宜长期保存，可与杀虫剂、农药、肥料和营养剂混合使用。

4. 其他的育苗/移栽物质

此外，根据不同轻简化育苗形式，还存在同类产品的物质，例如复混型育苗物质，水浮育苗物质，育苗专用肥，不同规格育苗穴盘，打洞器或冲沟农具。

（二）轻简化育苗技术规范

1. 棉花轻简育苗的壮苗标准

（1）移栽苗龄

一般育一熟种植春棉或早春套栽棉苗，苗龄 25 ～ 30 d；育短季棉或晚春棉苗，苗龄 20 ～ 25 d。这样的苗龄可以保证适宜的移栽叶龄。

（2）移栽叶龄

轻简育苗移栽适宜叶龄为 2 ～ 3 片真叶。此时移栽，既可以保证移栽成活率，又可节省育苗成本，且能避开病害的发生，实现壮苗早发。

（3）移栽苗质

要求：苗高 15 ～ 20 cm；移栽前棉苗红茎比例达 50% 以上；棉苗子叶完整，叶片无病斑，叶色深绿，茎粗叶肥，根多、根密、根粗壮。

无载体棉苗见图 4-4，少 / 轻载体棉苗示例见图 4-5.

图 4-4　无载体棉苗

图 4-5　少 / 轻载体棉苗

2. 拱棚/蔬菜大棚基质苗床穴盘育苗技术

（1）播前准备

备足种子、育苗基质、促根剂、保叶剂、干净河沙、穴盘和竹弓、农膜、地膜等物资。

第一步，确定苗床面积。

苗床面积根据移栽密度、移栽面积和每平方米苗床成苗数来确定。每平方米苗床成苗数是根据长期育苗试验总结而来的，每平方米苗床一般可成苗 500 株；移栽密度和移栽面积根据具体情况不等。例如：一农户家有 2 亩地，常年棉花种植密度为 1 500 株，那么需建苗床面积为 6 m^2。计算公式如下：

苗床面积 = 移栽密度（株 / 亩）÷500（株 /m^2）× 移栽面积（亩）

=1 500（株 / 亩）÷500（株 /m^2）×2（亩）=6 m^2

第二步，备足种子。

本技术对棉花品种的选用无特殊要求，一般选用当地推广面积大，产量高的品种即可。种子质量要求不低于国家 GB 15671-1995 标准，备种时一般按计划移栽密度加 10% 的苗备种。备种量的确定应根据所需苗床面积、种子发芽率、苗床出苗率、苗床成率和移栽成活率来定。根据多年试验示范结果，基质育苗苗床出苗率很高，百粒健子苗床出苗率可达到 95% 以上；苗床成苗率也很高，一般无烂子死苗现象，种子可出苗即可成苗，苗床成苗率一般在 95% 以上；按操作规程育苗移栽，大田的成活率一般高达 95% 以上。每平方米苗床按成苗 500 株、每千克棉种按 8 000 粒来计算所需备种量。

备种量的计算公式如下：

备种量（kg）= 苗床面积（m^2）×500（株 /m^2）÷ 种子发芽率 ÷ 苗床出苗率 ÷ 苗床成苗率 ÷ 移栽成活率 ÷8 000（粒 /kg）×（1+10%）。

如：苗床面积 =10 m^2

种子发芽率 =80%=0.80

苗床出苗率 =95%=0.95

苗床成苗率 =95%=0.95

移栽成活率 =95%=0.95

则备种量 =10×500÷0.80÷0.95÷0.95÷0.95÷8 000×（1+10%）

=1.00（kg）

即 10 m^2 苗床成苗 5 000 株，需备种 1.00 kg；如果移栽密度为 1 500 株 / 亩，5 000 株棉苗可移栽 3.33 亩地，即每亩 1 500 株移栽密度，每亩需备种 0.3 kg。

第三步，备足育苗基质、促根剂和保叶剂、干净河沙。① 备足育苗基质和干净河沙。育苗基质每袋重 12.5 kg，配以 125 kg 的干净河沙，均匀混合后，可铺成厚 10 cm 的苗床 1.5 m^2，可成苗 750 株 / 袋。即移栽密度 1 500 株 / 亩，需建苗床 3 m^2，则需育苗基质 2 袋，干净河沙 250 kg。② 备足促根剂。每平方米苗床灌根所需促根剂原液为 40 mL，而每平方米苗床成苗 500 株，这 500 株棉苗移栽前尚需 10 mL 促根剂原液用于棉苗浸根，因此，每平方米苗床需用促根剂原液 50 mL。即移栽密度 1 500 株 / 亩，需建苗床 3 m^2，需促根剂原液 150 mL。③ 保叶剂。每平方米苗床棉苗叶面喷施保叶剂的量为 25 g 原液。即移栽密度 1 500 株 / 亩，需建床 3 m^2，需保叶剂原液 75 g。

表 4-2　育苗基质、促根剂、保叶剂和干净河沙用量表

移栽密度（株/亩）	苗床面积（m^2）	育苗基质（袋）	育苗基质（kg）	干净河沙（kg）	促根剂（ml）	保叶剂（g）
500	1.0	0.7	8.3	83.3	50.0	25
1 500	3.0	2.0	25.0	250.0	150.0	75.0
2 500	5.0	3.3	41.7	416.7	250.0	125.0

备好育苗所需竹弓、农膜、地膜和育苗穴盘。拱棚育苗还需备好育苗所需要的农膜、地膜和竹弓，这些物资的准备和营养钵育苗移栽相同。同样是根据苗床的长和宽，备足农膜、地膜和竹弓。如不采用基质苗床育苗，而是选用基质穴盘育苗还需要备足育苗用穴盘，穴盘一般选用长 × 宽 × 高 =60×33×5 cm，每穴盘 100 ～ 120 穴的标准穴盘，每盘可成苗 80 ～ 100 株，可根据所需苗数备足所需育苗穴盘。

（2）苗床建设

床址选择。基质育苗苗床床址选择原则同营养钵育苗移栽一样，大田建苗床要求床址选在背风向阳、地势高亢、排水方便、便于管理的地方。由于轻简育苗移栽，无须挑钵，可进行庭院育苗。庭院育苗床址的选择同样要求阳光充足，不能建在树荫下，同时要注意防止家畜家禽的破坏。

建床。大田苗床要求高于地面，为方便操作，苗床一般为长方形，宽度不超过 1.3 m，长度视所需苗床面积而定。床底和四周铺农膜，基质苗床育苗的床深 10 ～ 12 cm（为 2 块红砖的高度），膜上铺育苗基质厚 10 cm；而基质穴盘育苗苗床深 8 ～ 10 cm，膜上整齐码放装满育苗基质的穴盘。庭院建苗床或育苗池，要求床高和床上膜铺基质厚度与大田相同；如果庭院有水泥砌好的育苗池，可省去床底脯的农膜。

（3）规范播种，一播全苗

适时播种。根据移栽期倒推播种时期。育苗期 25 ～ 30 d，苗龄 2 ～ 3 片真叶，移栽时间 4 月下旬至 5 月上旬。播种时间一般在 3 月下旬—4 月初。规模化小拱棚育苗，要采用分期分批连续播种的方法，即根据移栽能力，播 1 ～ 2 床后，停 1 ～ 2 d 再播，以确保按规定苗龄移栽。

基质加水，足墒播种。浇足底墒水，基质苗床育苗的基质以手握成团且不渗水，落地能散为准，一般每平方米苗床灌水 38 ～ 40 L（河沙含水量＜ 5%）；基质穴盘育苗以穴盘底部有少许部分渗出为宜，一般每张穴盘加水 2 ～ 3 L。播种时基质含水量 29% ～ 33%。

规范播种。基质苗床育苗时用尺子按行距 10 cm 划行，开沟深 3 cm，按一穴一粒播种，根据种子发芽率，可在 1.4 ～ 1.8 cm 调整播种粒距，保证成苗株距 2 cm。选用基质穴盘育苗，如果种子质量优良，可 1 穴 1 粒播种，为降低空穴率，也可 1 穴 2 粒播种。

覆盖基质和地膜。播完种后用基质覆盖种子，需镇压，可防倒苗或翘根；然后抹平床面；若认为苗床基质墒情不足，可用喷壶补喷少量的水，不可用大水漫灌。育早春棉，育苗时间早，外界气温较低，需盖地膜增温的一定要在床面覆盖地膜，增温保墒，确保一播全苗，但出苗后要及时揭膜，防高温烧苗；育晚春棉和短季棉，育苗时间晚，外界气温较高，播后无需进行地膜覆盖。

覆盖农膜。搭好弓棚，覆盖农膜，开好四沟。双膜育苗是一播全苗的保证，这些操作和营养钵育苗移栽技术相同。

（4）苗床管理

基质苗床管理一是适时浇灌促根剂，促进棉苗多生根；二是控温，防止形成高脚苗；三是控水，一般整个育苗期间灌水 1 ～ 2 次，使棉苗红茎比例在 50% 以上，基质含水适宜，方便起苗；四是控苗龄和叶龄，控制苗龄在 25 ～ 30 d，叶龄为二叶一心时移栽。

浇灌促根剂。① 促根剂灌根时间：基质苗床出苗现行到棉苗子叶平展时，要及时浇灌促根剂一次。② 促根剂稀释倍数：促根剂按 1∶100 倍稀释，先在一容器中加入一定量的清水，缓慢加入量好体积的促根剂原液，搅拌、摇匀后即可用于苗床灌根。③ 促根剂施用部位：应灌于棉苗行间根部，注意：促根剂不能喷施到棉苗叶片上。④ 促根剂施用量：每平方米苗床需促根剂原液 40 mL。⑤ 促根剂的施用方法：促根剂的稀释液需用水壶或去掉喷头的喷雾器以细流形式均匀浇灌到棉苗行间根部。

掌握温度，防高温烧苗与高脚苗。首先是高温齐苗：播种后抹平床面，盖地膜、搭拱棚、覆盖农膜，双膜育苗，注意出苗后要及时揭去地膜，防止高温烧苗。其次是齐苗后注意调节温度：从出苗到子叶平展，要求苗床温度保持在 25℃左右，注意进行小通风，降温降湿防止形成高脚苗。第三是通风炼苗：出真叶后，苗床温度保持在 20 ～ 25℃，上午揭膜通风炼苗，下午覆盖；后期炼苗日揭夜盖；起苗移栽前 5 ～ 7 d，需日夜揭膜炼苗，遇雨或低温才加盖农膜。

苗床水分管理。苗床水分管理以控为主，掌握“干长根”的原则。

根据基质墒情，育苗期间基质苗床一般补水 2 ～ 3 次；第一次灌水和浇灌促根剂结合：基质苗床后期需严格控制水分，起苗前根据基质墒情，提前 7 ～ 10 d 浇适量送苗水，之后不再浇水，保持基质适宜含水量，方便起苗；后期更应严防雨水进入基质苗床，出现渍涝要及时排涝，揭膜晒床。

及时疏苗。基质苗床出苗率和成苗率均较高，如果播种时播种量过大，苗床出苗量多，应在齐苗后及时疏苗，去劣留壮，保持基质苗床棉苗的适宜密度，这样才有利于培育壮苗移栽。

防治病虫害。基质苗床一般无病害，但在育苗期间如遇低温阴雨，育苗棚内温度低、湿度高、基质含水量高，棉苗易发生各类根病和叶病。比如黄河流域棉区的苗期立枯病，长江流域棉区的炭疽病、红腐病、角斑病等为害严重时，要及时喷药防治。可用波尔多液、80% 炭疽福美 500 倍液、50% 多菌灵 500 倍液或 70% 甲基托布津 700 倍液等药剂防治。防治地老虎和蝼蛄等地下害虫，一般可用敌百虫与棉籽饼、豆饼或麦麸拌成毒饵，撒在苗床上即可。新建小拱棚第一次育苗，苗床一般没有蚜虫、潜叶蝇和白粉虱等害虫的为害。

栽前炼苗。移栽起苗前 7 ～ 10 d 苗床不再补水，日夜通风炼苗 5 ～ 7 d，以促进生根、方便起苗和炼苗。

喷施保叶剂。① 保叶剂施用时间：移栽起苗当天或前 1 d 施用。② 保叶剂稀释倍数：按 1 : 15 倍进行稀释；在一干净容器内加入一定量的清水，取一定体积的保叶剂缓慢加入容器中，边加边进行搅拌，摇匀后备用。③ 保叶剂使用部位：保叶剂稀释液应喷于棉苗的叶片、茎、枝，形成保护膜，保鲜效果好。④ 保叶剂施用量：施用量为每平方米苗床 25 g 保叶剂原液。⑤ 保叶剂的施用方法：可于苗床喷施，也可将棉苗生长点向下浸入到保叶剂的稀释液中，浸棉苗的叶片和茎枝，此时应注意保护好棉苗的生长点及茎叶不受损害。

（5）拱棚基质育苗技术应注意的其他问题

一是规模化小拱棚育苗要求管理人员不能离开苗床，遇降水、大风和低温寒潮要及时覆盖苗床。二是幼苗遭受低温冻害，要等苗情恢复正常之后才能移栽。三是掌握控苗方法。如不能按时移栽，苗龄超过 3 片真叶，需控苗：严格控制苗床水分，不能浇水；“假植”，在床一头用手拨开基质，起出苗，扩大株距复栽于苗床，补一定量水肥；微量化调，用缩节安 10 ～ 15 mg/kg 液（10 ～ 15 mg 对水 1 kg）喷雾，一般可控制苗龄 7 ～ 10 d。

3. 拱棚/蔬菜大棚水浮育苗技术

水浮育苗技术由湖南农业大学棉花研究所研制。该成果包括苗床专用肥、育苗托盘、育苗基质和养分添加剂等系列专利产品和水浮育苗综合配套专利技术。

（1）棉花水浮育苗技术要点

苗床选择。选择背风向阳、管理方便的耕地或荒坪隙地做苗床。苗床规格根据育苗盘的长、宽设计装放营养液苗床的规格。一般育苗盘按 2 横 1 竖排放，苗床宽为 110 cm，深为 15 cm 左右，育 667 m^2 大田用苗需长 2.4 m。将开挖出的苗床表土湿润，清除坚硬土块，再在苗床内铺垫聚乙烯薄膜（厚约 0.1 mm，最好用黑色的），铺垫后检查是否漏水和有无膜下气泡，发现漏水应及时换膜；如有气泡，应及时放气重铺。一般每 2.4 m 长的苗床盛装营养液 300 kg。

装填基质。基质是棉花水浮育苗棉苗生长的支撑物，是固定育苗和供给幼苗初期生长的物质。棉花水浮育苗最好采用混合基质，专用基质每袋 45 L，可装 200 个孔的育苗盘 8 ～ 10 个，装基质时先将基质均匀倒入育苗盘内，刮平表面，抖动育苗盘，让基质比较紧实的充填在育苗孔穴中，基质离育苗盘表面 1 ～ 1.5 cm，以便播种和播种后覆盖。

配制育苗营养液。棉花水浮育苗需要使用棉花水浮育苗专用肥，料每袋 400 g，既能满足种子的萌发出苗，也能满足 4 叶 1 心大苗的生长。为了使营养元素充分溶解和均匀分布，肥料施用前最好先用桶或盆等容器按每袋肥对水 5 kg 配成母液，倒入育苗池内，然后用清水反复冲洗桶或盆 2 ～ 3 次，仍旧倒入育苗池内。如此将每包肥料配成 300 kg 的营养液。配制时边加水边搅拌，使肥料充分溶解、均匀一致分布在苗床内。每包育苗专用肥可育苗 2 000 株。

播种。播种时间，长江流域棉区 4 月 20 日后，待水温稳定在 17℃以上方可播种。播种前 15 d 选晴天晒种，连续晒 3 ～ 4 d，每日晒 5 ～ 6 h。

浸种。播种前浸种，种子用 75 ～ 80℃的温开水浸泡 2 分钟（严格控制时间），使棉籽合点帽张开，然后立即用冷水降温至 45℃左右，浸泡 3 ～ 5 h；或可将水温控制在 30℃，浸种 5 ～ 8 h。棉籽吸足水分后。捞出浮在水面的嫩籽，取下沉饱满、无破损、无虫孔的健子催芽。

催芽。在 25 ～ 32℃的温度条件下保温催芽。经 5 ～ 12 h 种子即可破胸，当种子露出白芽到芽长达种子长的 1/2 时为最佳播种的时期。芽过长不仅播种不便，也容易折断根尖。影响出苗和成苗。

播种技术。播种前先将基质吸足约 60% 的水分，然后在装好基质的育苗盘内每穴播 1 粒发芽的种子，芽朝下，用手指轻轻下按。播种后立即用基质覆盖，覆盖厚度为 1 ～ 1.5 cm。以基质与育苗孔平齐为度。

干子干播。干子干播基质含水量比催芽播种要多，要求基质充分吸水，吸水量应达基质干重的 2 ～ 2.5 倍，外观标准为基质酥松、充分湿润、不成团、无水渗出。吸水后的基质装填在育苗托盘内，填紧，使基质离盘面 1 ～ 1.5 cm。

播种使用发芽率达 90% 以上的水浮育苗专用种子，挑选健壮饱满、无破损、无虫孔者，在装好基质的育苗盘内每穴播 1 粒，种子小的一端朝下或小的一端正对育苗盘底部小孔，播种时用手指轻轻下按即可。播种后用吸水的基质盖子，厚度 1 ～ 1.5 cm。

（2）棉花水浮育苗苗床管理技术

消毒。播种后用喷雾器在育苗盘表面喷撒多菌灵消毒，防止苗病发生。

置盘。消毒后将育苗盘放入育苗池内，也可先放置在温度较高的室内。待子叶出土后再移至育苗池内。对干子干播的托盘，必须先放在室内或其他保温防晒的地方出苗，出苗达 80% 以上时置于育苗池内漂浮育苗。

盖膜管理。摆放好育苗盘后立即盖膜，以保湿、保温。温度控制在 25 ～ 30℃。应特别注意当温度超过 35℃就会烧芽，影响出苗，特别是晴天要经常查看膜内温度，膜不必盖得过严，要留有通气孔。棉苗出土后揭膜炼苗。晴天和阴天昼揭夜盖；雨天只盖顶，四周通风，通风程度以膜内无水滴产生为度；如遇寒流侵袭时应盖膜保温，防止棉苗冻伤。

炼苗。当日平均气温在 20℃以上可全部揭开薄膜炼苗。棉苗 2 片真叶后，可抢晴天将育苗盘架高，使根系离开营养液。进行 1 ～ 2 h 的间断性炼苗。

生长调控和病虫防治。根据棉苗长势酌情喷施助壮素或缩节胺进行生长调控，防止高脚苗。喷施浓度控制在 1 g 缩节胺对水 100 kg 以上。当棉苗发生病虫害时，应及时进行防治。

（三）棉花轻简移栽技术规程

棉花轻简化移栽技术是指利用轻简化育苗技术规程培育棉苗，分为无任何载体、钵、基质附着其上的一种裸苗，或者是带少量育苗基质轻载体幼苗移栽于大田的技术。由于轻简化的健壮幼苗为无载体或者带有轻型载体的状态，不仅起苗、运输和携带方便，也便于打洞 / 穴移栽或开沟移栽；既可进行人工移栽，也可以实现机械化移栽。主要的移栽模式有：人工开沟 / 打洞（穴）移栽模式，适用于移栽规模小，劳动力充裕的区域；机械化开沟 / 打洞（穴）移栽模式适用于移栽规模大，面积集中，成方连片，适于机械化作业的区域。轻简化移栽模式进一步多样化，减轻了劳动强度，提高了移栽效率。

1. 技术要求

（1）基本要求

用于轻简移栽的棉苗，必须是以育苗基质为育苗载体，经过促根剂苗床灌根和移栽前浸根以及起苗前叶面喷施保叶剂保鲜的棉苗。苗质符合壮苗标准，即：苗龄 25 ～ 30d，叶龄 2 叶到 3 叶；经过 5 ～ 7d 的日夜通风炼苗，棉苗红茎比例在 50% 以上；子叶完整、叶色深绿，茎粗叶肥，根多根密根壮。

（2）移栽时外界环境要求

① 温度。移栽时外界气温稳定在 15℃以上，地温稳定在 17℃以上。② 土壤。要求移栽田块地平、土净、土细、土松、土爽。③ 墒情。要求移栽田块底墒足，口墒好。④ 施肥。提前 7 ～ 10 d 施底肥；如果是边移栽边施肥，肥料应于棉苗裸根距离 15 cm，防肥料烧苗。

（3）栽苗要点

“栽健苗不栽弱苗，栽壮苗不栽瘦苗”“栽高温苗不栽低温苗”“栽爽土不栽湿土，栽活土不栽板结土”“栽深不栽浅”“安家水宜多不宜少”。

2. 人工轻简育苗移栽技术规程

（1）移栽前准备

移栽期的安排。根据棉苗叶龄、苗龄、外界气温，综合考虑确定移栽期。① 叶龄和苗龄。移栽棉苗叶龄为 2 ～ 3 片真叶；早春棉苗龄 25 ～ 30 d，晚春棉和短季棉苗龄 20 ～ 25 d。② 外界气温和地温。移栽时外界气温稳定在 15℃以上，地温稳定在 17℃以上。③ 移栽适宜时期。移栽适期长江流域棉区春棉在 4 月中下旬到 5 月上中旬；油（麦）后棉在 5 月底到 6 月初；黄河流域棉区春棉在 4 月中下旬到 5 月上旬，短季棉在 5 月底到 6 月上中旬。

大田准备有计划，合理施底肥蓄底墒。① 早施底肥，施足底肥。施肥量同营养钵育苗移栽技术相同。施肥时间不迟于移栽前的 7 ～ 10 d，如果是边移栽边施肥，一定要使肥料与棉苗裸根保持 15 cm 左右的距离，防止肥料“烧苗”。② 足墒移栽。在黄河流域棉区，移栽时雨水少，强调提前灌底墒水，造墒移栽；同时早进行地膜覆膜以提升地温；长江流域棉区移栽季节雨水充足，可在雨后先盖膜增温保墒再移栽；若移栽时无雨水，仍需造墒移栽。③ 安排人力，按计划移栽。合理安排人力，尽量做到当天起苗当天栽完，有利于提高移栽成活率，缩短缓苗期。

苗床喷保叶剂。移栽前裸苗 / 轻载体棉苗需喷施保叶剂保鲜，防萎蔫，提高移栽成活率。具体施用方法见上文。

起苗。苗床基质育苗要求爽苗起苗，起苗前 7 ～ 10 d 苗床不再浇水，保持基质干爽，方便起苗，带走根系多；基质苗床起苗要规范，轻起、轻拿、轻放，尽量少或不折断幼苗侧根。基质苗床起苗的关键是托苗离床，忌拔苗。方法是从苗床的一头延行间垂直拨开基质，直到床底层，露出整行根系一侧，接着一边扶苗，一边托住根系群轻轻向上将棉苗托出苗床，抖掉根系中的基质，轻起、轻拿、轻放，保证棉苗带出大量原生根系。基质穴盘育苗要求湿起苗，起苗前一天浇透送苗水，起苗时一手在穴盘底轻捏，另一手轻提棉苗，幼苗团根提出，保持根系完整，带少量轻型育苗基质为载体。

分苗、扎捆。基质苗床出苗率高，成苗率也高，一部分弱子、劣子也能出苗、成苗，但出苗滞后，生长势弱，因此，基质苗床存在一部分小苗和弱苗。起苗过程中伴随着分苗，就是分开大苗和小苗、壮苗和弱苗、健苗和病苗、完好苗和受损伤苗，小、弱苗可复栽于苗床，培育成大壮苗后再移栽。用细绳将经过挑选的棉苗包扎成捆，每捆 30 ～ 50 株，方便浸根。

促根剂浸根。促根剂浸根要及时，同时要求时间足、量足，且浸得匀、浸得全面。

棉苗的保存和运输。裸苗 / 轻载体棉苗的保存要求裸苗根系保持湿润，避免阳光直晒。起苗后尽量做到 12 h 内栽完，避免幼苗长期保存。幼苗的运输同样要求保持根系湿润，根系需用塑料膜包起，避免阳光直晒，避免其他人为损伤。

（2）移　栽

开沟或打孔移栽。裸苗 / 轻载体棉苗移栽可以采用开沟或打孔（洞、穴）的方法。开沟移栽可用锄或开沟器进行开沟，要求沟深 15 ～ 20 cm。打孔（洞、穴）移栽需用打孔器或造穴工具按移栽密度打孔、穴，深度为 10 cm。

放苗和覆土。将裸苗 / 轻载体棉苗放入沟中或孔穴内，覆土时扶正幼苗茎，保持棉苗上部直立，根系放入沟内或穴内，爽土覆没根系，覆土厚度要低于子叶节，一般栽后棉苗子叶节离地面 2 ～ 5 cm 为宜，幼苗栽深不低于 7 cm。

浇“安家水”。浇足“安家水”。如果移栽田块土壤较干燥，口墒不好，可边放苗边加水，再覆土；也可覆土后浇水，再用细爽土盖墒保墒。一般每株幼苗需“安家水”0.25 ～ 0.5 kg。

轻镇压。覆土后对裸苗周围土壤进行轻镇压，使幼苗根系与其周围土壤紧密结合，利于生根、缓苗、发棵、生长。

查苗和查墒。栽后及时检查棉苗覆土情况，发现土埋苗要及时将棉苗扒出，发现覆土过浅的棉苗要增加覆土，发现倒苗要及时扶正；检查“安家水”是否漏浇，发现漏浇“安家水”，要及时补浇。

（3）栽后管理

查苗补苗。移栽后棉苗强光照射时出现短时萎蔫，清晨恢复，属于正常现象；栽后 5 ～ 7 d 内出现 3% ～ 5% 的死苗要及时补上，保证移栽密度。及时灌溉补水，栽后视土壤墒情及时补水。若栽后遇旱要及时灌溉补水，以提高移栽成活率，促进壮苗早发。

施肥提苗。幼苗移栽缓苗后，棉苗长出第一片新时，应及时施肥提苗。一般每亩施尿素 5 kg，黄河流域棉区可叶面喷施 0.5% ～ 1% 的尿素 +0.1% 的磷酸二氢钾溶液；长江流域可穴施清水人粪尿。

中耕锄草破板结。在没有采用地膜覆盖的棉田，需及时中耕，锄草，破板结，增地温，促发根生长，缩短缓苗期。

防治病虫害，保全苗。防治病害是棉花移栽后保全苗、促早发的重要管理措施。多雨年景苗病发生重，可用半量式波尔多液（硫酸铜 : 生石灰 : 水 =0.5 : 1 : 100），50% 甲基托布津或 50% 多菌灵可湿性粉剂 1 000 倍，25% 黄腐酸盐喷雾防治。虫害防治是保全苗的关键措施，主要是要注意防治蚜虫、蓟马、蜗牛和地老虎等害虫。

蚜虫防治：棉蚜的防治应根据发生情况因地防治，点片发生时应挑治，不要满田喷药，以免杀死天敌。对达到防治指标的田块应及时进行化学防治，一般选用 35% 赛丹乳油每亩 100 ～ 160 mL；或用 25% 氧乐氰乳油每亩 50 ～ 100 mg；或用蚜虫专用杀虫剂（5% 啶虫 · 高氯乳油）每亩 25 ～ 30 mL；或用 4.5% 氯氰菊酯乳油每亩 25 ～ 50 mL，以上药剂每亩对水 50 kg 交替喷雾使用，以免产生抗药性，喷时应喷头朝上，注意喷洒叶背面。

蓟马防治：蓟马主要为害棉花的子叶、真叶和生长点。为害子叶和真叶造成叶片变厚、变脆、干枯脱落；为害棉苗生长点易形成“无头棉”，最终死亡，造成缺苗断垄。防治药剂主要有乐果、乙酰甲胺膦等。

蜗牛的防治：一是去除杂草、植被、植物残体、石头等杂物，可降低温度，减少蜗牛隐藏地，恶化蜗牛栖息的场所。二是春末夏初前要勤松土或勤翻地，冬春季节天寒地冻时进行翻耕，杀死部分成贝、幼贝和卵。三是人工捕捉。四是撒生石灰带防治蜗牛。五是化学药物进行防治，于发生始盛期每亩用 2% 的灭害螺毒饵 0.4 至 0.5 kg，或每亩用 5% 的密达（四聚乙醛）杀螺颗粒剂 0.5 至 0.6 kg 搅拌干细土或细沙后，于傍晚均匀撒施于草坪土面。成株基部放密达 20 至 30 粒，灭蜗效果更佳。还有一些其他防治办法，如在清晨，蜗牛潜入土中时（阴天可在上午）用硫酸铜 1 800 倍液或 1% 的食盐水喷洒防治。用灭蜗灵 800 至 1 000 倍液或氨水 70 至 400 倍液喷洒防治。建议上述药品交替使用，以保证杀死蜗牛，并防止蜗牛产生抗药性。

地老虎防治：一是农业防治：秋耕冬灌、春灌等农事操作，可有效地消灭地老虎等地下害虫；杂草是地老虎早春产卵的主要场所，是幼虫向作物转移为害的桥梁，播种前消除田内外杂草，将杂草沤肥或烧毁；播前还要精细整地，以恶化小地老虎的滋生条件。在有苗期灌水习惯的地区，可结合灌水淹杀部分幼虫。二是药剂防治；药剂防治可采用诱杀和喷雾两种方法；诱杀可采取投毒饵的方法，饵料可使用棉籽饼或豆渣，先将饵料粉碎，在锅内炒香，也可以将鲜草铡碎做饵料；然后将 50% 的辛硫磷 50 g 或 90% 晶体敌百虫 100 g 加水 0.5 kg 化开，喷在 20 ～ 25 kg 炒香的饵料上拌匀，傍晚将拌好的毒饵撒到幼苗附近或行间，隔一定距离放 1 小堆，每亩用毒饵量 10 ～ 20 kg，可起到较好的诱杀效果。生产上还试验推广了种植小油菜诱集带诱杀小地老虎的方法。即在棉花播种前 2 ～ 3 d 或在棉花播种的同时，每隔 3 ～ 4 行棉花种 1 行小油菜，穴播、穴距 1 m 左右，棉苗出苗后，小油菜也出苗，将地老虎诱到小油菜穴中，集中消灭。6 月上旬铲除小油菜。该方法省工、省时、投资少、简便易行。也可采用在防治适期化学喷雾防治。喷雾可用 50% 辛硫磷 1 000 倍液或 90% 敌百虫 1 000 倍液或 50% 敌敌畏 1 000 倍液进行防治，每亩用药液 20 ～ 30 kg。喷雾对天敌杀伤较大，小地虎有许多天敌，如步甲、姬蜂、绒茧蜂、寄生蝇等，这些天敌在晚些时对棉蚜、红蜘蛛、棉铃虫等害虫有控制作用，因此一定要注意保护，并且注意用药量和用药方法，才能有效地控制害虫的发生。其他管理同营养钵育苗移栽技术的栽后管理。

3. 轻简移栽注意事项

（1）健壮苗移栽

幼苗遭受低温冻害，要等苗情恢复正常之后才能移栽。

（2）注意气温、地温和底墒

“栽高温苗不栽低温苗”。寒潮大风期间不能移栽，需等天气晴暖，地温升高后才可移栽。一般要求外界气温稳定在15℃以上，地温稳定在17℃以上。裸苗/轻载体棉苗移栽不耐旱，要求移栽田块底墒足，口墒好，栽后要浇足“安家水”。一般黄河流域棉区栽前要灌水造墒移栽；长江流域棉区如移栽时无降水，也需灌水造墒移栽。一般移栽时保持土壤相对含水量在75%～80%。

（3）及时灌溉促发棵

轻简育苗移栽后如遇天气干旱要及时灌溉补水，确保移栽成活率高和早发棵。

（4）提倡地膜覆盖，此技术不能替代地膜覆盖

此技术是营养钵育苗移栽技术的接班技术，不能替代地膜覆盖增温保墒促早发的作用。在操作上可先盖膜增温保墒，然后膜上打孔移栽，栽后浇“安家水”；也可移栽后浇“安家水”，再进行地膜覆盖。同时要提高整地质量。

（5）安全使用除草剂

多数除草剂要求在移栽之前15 d使用，移栽之后使用除草剂一定要在技术人员指导下进行，防止造成药害，为害棉苗。

4. 轻简移栽技术主要效果

（1）移栽成活率高

棉花裸苗/轻载体幼苗移栽要求成活率达到95%以上，才符合大田生产的要求。返苗快，发棵快，一般缓苗期7～10 d；在长江流域棉区，高温、足墒的移栽条件下，轻载体棉苗移栽缓苗期只有3～5 d或者表现为无明显缓苗期。

（2）起苗方便、运苗快捷

基质苗床育苗方法起苗时苗床基质含水量适宜，较疏松，因此基质苗床起苗很方便；基质穴盘育苗起苗时可提早一天灌送苗水，起苗时轻提棉苗，可自然带出部分育苗基质。裸苗/轻载体棉苗移栽，棉苗根系无土、钵等附着物或者带少量轻型育苗基抟，因此幼苗轻质，运苗快捷，“一篮苗子栽一亩地”；幼苗体积小，根系上无笨重的营养钵，栽苗可开沟、可打洞（穴、孔），只要深度达到15 cm左右就可移栽，无须像栽营养钵苗一样，对沟、洞（穴）的要求不只是深度，还要求一定的体积，可以将营养钵放入其中，因此裸苗/轻载体棉苗移栽较营养钵栽苗简单得多。

（3）移栽工效高

裸苗/轻载体棉苗移栽无须挑钵，一把铲子、一捆苗即可进行移栽，省工省力又简捷，移栽工效高。一般1个劳动力一天可移栽1.0～1.5亩地，而营养钵育苗移栽1个劳动力一天仅可移栽0.5～0.7亩地，移栽工效是营养钵育苗移栽的2～3倍。

（4）劳动强度低

裸苗 / 轻载体棉苗轻质，起苗方便，移栽无需搬钵、挑钵，劳动强度轻，与当前农村青壮劳动力外出务工，农村劳动力不足，尤其是与青壮劳动力不足的现状相符。

第二节　棉花工厂化育苗和机械化移栽

工厂化育苗是以轻简育苗为核心技术，结合工厂化育苗配套设施，集成形成的一种育苗新方法，2010 年获得国家发明专利授权（ZL200610088967.5）。机械化移栽是以轻简移栽为核心技术，结合移栽农机具，形成的一种棉花机械化移栽新技术。

一、棉花工厂化育苗的设施设备

工厂化育苗配套设施包括：温室、大棚的建设，育苗盒、育苗穴盘、育苗池及育苗架设计，分层育苗装置和播种机具等。

1. 日光温室的建设

温室用来提供和维持适宜的生长环境，以获得最高产出和最大的经济效益，温室生产是代表农业生产最集约的方法。一个完整的温室系统的构建通常要从以下几个方面考虑：一是覆盖材料要考虑当地的太阳辐射、作物需光水平和使用寿命；二是通风、降温、加热等系统主要从当地气温的年、季、日变化特征和作物生长的温度胁迫以及成本等方面去考虑；三是遮光和人工光照依据作物光照敏感期的季节分布与当地日照百分率条件。

（1）温室的骨架

安装和使用现代大温室，大型材料多用钢材，小型构件多用更易于加工的铝材和 PVC 部件。所用钢材种类一般是 ST37，含硅低。为防止腐蚀最终均采用不同的镀锌处理。

（2）温室的基础

基础是连接结构与地基的构件。它必须将重力、浮力和倾斜覆荷载安全的传到基部。基础底部的大小和深度应根据温室的尺寸和土壤条件而定。最小深度不得小于 60 cm。

（3）温室的覆盖材料

温室的覆盖材料一般有两种不同类型：一种是增强型聚氯乙烯薄膜（PVC），是在由一种聚脂材料织成的网的两侧再覆盖上普通的 PVC 而成。该网坚实，可防止薄膜的膨胀，并可确定材料的总体强度。另一种是聚碳酸脂中空板，它是目前塑料应用中最先进的聚合物之一。聚碳酸脂具有各种性能相结合的特点，强度高、透光率高（80%）、弹性好、自重轻、保温好、寿命长等都是其优点，但价格也相当高。

（4）温室的特点及设施

透光率直接影响温室内绿色植物光合作用的能源。温室是太阳辐射的转换器。其转换效率如何，取决于温室的位置、结构、排列和覆盖材料、技术管理。温室的光环境水平不仅直接影响温室内光合作用的能源—光合有效辐射，也影响到温室的温度、湿度等一系列变化。因此，温室应建在交通便利、旁边无高大建筑物、通风透光较好的地方。覆盖材料应具有较高的透光率，能最大限度地吸收阳光。温室应有部分可以打开，进行自然通风；还应装有排风扇等强制通风设施；凡是可以打开的部分均应有 50 目的防虫网与外界隔开，利于防病虫害。补光在温室生产中一直是一项重要而有效的栽培措施。阴雨、覆盖物被污染和温室内分层种植等原因造成日照时数或强度不足或光波段不适而需要人工补充光照。白色的日光灯蓝紫光占 16.1%，黄绿光占 39.3%，红橙光占 44.6%，其光谱与白炽灯相似，应用较为广泛。栽培者对温室的期望自然是经常保持作物所需的室温并使室内温度分布尽量均匀。在设施上应有温度测定装置、遮阳网、强制机械通风装置等，通过遮阳网、自然通风和强制通风进行室内温、湿度的调节。温室冬季栽培喜温作物或周年生产多年生作物，在北方多采用加温方式。加温设计既要考虑作物夜间生长的最低适温，又要考虑当地冬季室外气温，采用何种采暖方式，要因地因条件制宜。

一般采暖方式分为：① 热风采暖：直接加热空气，升温快；易操作，成本较低；但停机后缺少保温性，温度不稳定；适用于各种温室和塑料大棚。② 热水采暖：采用 60 ～ 80℃热水循环，预热时间长，升温慢；较易操作，成本较高；停机后保温性高；适用于大型温室。③ 蒸汽采暖：用 100 ～ 110℃蒸气转换成热水和热风采暖，升温快；较难操作，成本高；停机后缺少保温性；适用于大型温室群。④ 电热采暖：用电热温床线和电暖风加热采暖器，升温快；最易操作，设备费用低；停机后缺少保温性；适用于小型温室、大棚，或作为温室地中加温辅助采暖设施。⑤ 辐射采暖：用液化石油气红外燃烧取暖炉，升温快；易操作，设备费用低；停机后缺少保温性，可升高植物体温；可作为临时辅助采暖设施。⑥ 火炉采暖：用地炉或铁炉，烧煤用烟囱散热取暖，升温慢；不易控制温度，操作费工，设备费用低；封火后仍有一定保温性；适用于土温室和大棚短期加热。现代温室应与节水灌溉的微灌系统结合。微灌系统是将水和肥加压，通过专有设备直接送到作物根部区域，以充分做到节约水肥，保护土壤结构，增加肥力，提高单位面积农业产量和产品品质。

2. 配套育苗设施的研制

（1）分层育苗装置的研制

分层育苗可以节约育苗空间，提高单位面积的成苗率。明确工厂化育苗架不同层次温度变化特点，以及育苗架不同层温度变化对棉花出苗的影响，提出相应措施；层高设定的主要依据一是要充分利用自然光照；二是要方便操作。2011 年“分层育苗装置”获国家实用新型专利授权，专利号 201020152785.1。

（2）穴盘育苗播种机的研制

2011 年研制棉花轻简化育苗手动、自动播种机，“一种刷孔式穴盘育苗播种机”于 2011 年 7 月申报国家发明专利，专利申请号 201110203664.4。它包括一支架，所述支架上设置有一种板，所述种板上间隔设置有若干播种孔，所述种板滑动穿过一盛种箱，所述种板上方的盛种箱上还滑动穿设一引导滑杆，引导滑杆与种板平行设置，且引导滑杆的两端设置在支架上。本发明整个机构结构简单、操作方便、造价低、可靠性高、不伤种，可满足“一穴一粒”的精量播种需要，适用于棉花等作物的干籽或湿籽，在现代化设施农业中具有广阔的应用前景。2014 年“一种组合窝眼轮式穴盘播种机”（ZL201320597992.1）和“基于平等四杆结构的穴盘打穴器”（ZL201320597992.1）获得国家实用新型专利授权。“一种组合窝眼轮式穴盘播种机”包括输种盘、种箱以及位于输种盘和种箱之间并与输种盘和种箱连接的排种母盘，排种母盘上设置有若干安装槽和横穿于排种母盘的排种轴，排种轴穿过安装槽并转动式安装在排种母盘上，在排种轴上安装有与安装槽对应的排种轮。本发明所提供的播种机装置结构简单，使用方便，由于在播种过程中，种子不需要依靠气力或磁力进行吸附，不需要靠压差转化或消磁进行脱离，因此使得该播种机快速高效，播种准确快捷、可靠性高，而且成本可大幅度降低。“基于平等四杆结构的穴盘打穴器”包括：通过中心轴同轴连接的两个中心盘，两个中心盘周向呈放射状均匀设置有多根安装引脚，相对的两根安装引脚之间设置回转杆，回转杆上设置打穴板，打穴板上设置打穴凸台，工作时由打穴凸台打孔；中心轴一端由中心盘突出并穿过偏心盘，偏心盘与中心盘不同轴设置，偏心盘周向呈放射状也设置有安装引脚，偏心盘上安装引脚与中心盘上安装引脚一一对应，由连接板将该一一对应的安装引脚活动连接。本发明打穴凸台设置在打穴板上，打穴的同时打穴板压平孔穴周围的基质，使打出的孔穴形状规则且周围平整不回填，靠圆盘的转动能够连续打穴，适用于流水线播种，整体结构简单，打孔质量高，成本低。

（3）家电型育苗箱

一种家电型育苗箱由育苗箱体、育苗抽板、给水系统、温控系统、补光系统和控制系统构成。利用育苗箱在室内育苗，节省了耕地，避免育苗过程中受气候骤变的影响，且采用 PLC 控制系统控制育苗工程中的补光、给水、温度、湿度，大大降低了对劳动力的需求，并精准提供了幼苗生长的最佳环境条件，使现代育苗更轻便，操作更简易，该产品和技术于 2013 年 10 月 30 日获得专利授权（专利号：ZL201210248866.5）。

（4）育苗穴盘

“一种育苗穴盘”于 2014 年获得国家实用新型专利授权，专利号：ZL201320679025.X。主要包括用于填装育苗基质的生长盘；以及位于生长盘上方且与其相对应匹配的用于播种的覆盖盘；其中，生长盘由多个生长穴排成的阵列构成，覆盖盘由多个覆盖孔槽排成的阵列构成，生长穴与所述覆盖孔槽的数量和位置对应匹配。该育苗穴盘简化了穴盘育苗播种环节的诸多工序，实现播种工艺的流水化和高效作业，降低了播种用工率，同时还实现了播种高度和覆盖深度的数字量化控制和标准化管理，进而提高育苗质量。

二、棉花工厂化育苗技术规程

（一）工厂化育苗规模

棉花工厂化育苗技术规程大体和棉花轻简化育苗技术规程核心内容相同。但其应用方向不同，轻简育苗多为农户一家一户自育苗自用，而工厂化育苗是较大规模的育苗，育苗的目的多为卖苗，规模大，投入大，效益高。

规模化工厂化育苗，可以利用蔬菜大棚，也可利用现代化日光温室进行育苗；可以利用各地闲置蔬菜大棚或日光温室，也可新建；育苗规模上可以是一村一个育苗基地的小型育苗规模，也可以一乡一镇一个育苗基地的中型育苗规模，还可是一县一个育苗基地的大型育苗规模。

工厂化育苗不论是小型、中型、大型规模育苗，均必需聘有精通本技术、认真负责的专业技术人员进行育苗技术的指导；育苗现场每日应有专人值班，负责苗床管理；栽后还应有专业人员进行巡视，为广大用户提供技术服务。规避风险，保证本技术的顺利推广应用。

（二）棉花工厂化育苗操作技术规程

1. 播前准备

棉花工厂化基质育苗像棉花轻简化育苗一样，需备足种子、育苗基质、促根剂、保叶剂、干净河沙和农膜、地膜等物资（表4-2）。同时，如果采用分层育苗，还需备好育苗架、育苗穴盘、降温通风等装置。此外，工厂化育苗还应在播种前先清理大棚或温室，一般大棚或温室都不仅用于棉花的育苗，在棉花育苗季节以外的时间可能育其他的作物，因此，必需在3月中下旬育苗播种前进行清棚、灭茬、灭菌处理。

（1）确定苗床面积

棉花工厂化育苗苗床面积的计算和棉花轻简育苗相同。移栽相同密度、相同面积的棉田，所需的苗床净面积相同。但棉花工厂化育苗如果采取分层育苗，每层的面积应除以育苗层数。

具体计算方法如下：如：每平方米苗床成苗500株，移栽密度1 500株/亩，需供2亩棉田所需的棉苗，工厂化育苗分3层进行育苗，那么需建苗床面积如上文所述，需6 m^2；

但分 3 层育苗，每层的面积仅为 2 m^2。计算公式如下：

每层苗床面积 = 移栽密度（株 / 亩）÷500（株 /m^2）× 移栽面积（亩）÷3（层）

=1 500（株 / 亩）÷500（株 /m^2）×2（亩）÷3（层）=2 m^2

（2）备足育苗穴盘和育苗架

工厂化育苗如果采用分层育苗，还应准备好育苗架和育苗穴盘。根据苗床面积和计划分层数，备足育苗架和育苗穴盘。

2. 苗床建设

（1）育苗地址选择

棉花工厂化育苗，地址要求阳光充足，地势高亢，排水方便，便于管理，且要交通便利。

（2）建育苗池

工厂化育苗，如果是采用育苗池育苗，可先在温室内建育苗池。可以像轻简育苗一样建便于操作的长方形育苗苗床，床深 8 ～ 12 cm，床底铺农膜，膜上铺混合均匀的育苗基质或者整齐码放装好育苗基质的穴盘。也可用水泥砌育苗池，这样可以一劳永逸，无须年年建床，且可以省去床底需铺的农膜。

3. 播种出苗与管理

工厂化育苗播种期、播种株行距配置、播种方法、灌促根剂、喷施保叶剂等同轻简化育苗。而工厂化育苗温室内温度较高，育苗规模较大，通风炼苗不像轻简化育苗采用的拱棚育苗那么容易，但裸苗 / 轻载体棉苗移栽必需保证栽前 5 ～ 7 d 的日夜通风炼苗，最好是采用开天窗、打开侧面覆盖物，能使棉苗完全裸露于阳光之下炼苗（遇雨或低温仍需覆盖）。以促进生根、方便起苗和炼苗。因为温室或蔬菜大棚内气温较小拱棚要高，基质苗床水分散失快，因此起苗前浇送苗水的时间可在起苗前 5 ～ 7 d，这样可保证在起苗时，基质含水量适宜，方便起苗。

4. 工厂化育苗技术应注意问题

一是工厂化育苗一般都是规模化的育苗，特别要强调专人负责管理，育苗期间有专人值班，苗床不能离人，降暴雨、遇大风或低温寒潮来时，要及时管理。二是防止棉苗遭受高温或低温冻害，栽前棉苗一定是苗情恢复正常的健壮苗。三是掌握控苗方法，如不能按时移栽，苗龄超过 3 片真叶，需控苗：① 严格控制苗床水分，不能浇水；② 苗床基质育苗可“假植”，在床一头用手拨开基质，起出苗，扩大株距复栽于苗床，补一定量水肥；穴盘基质育苗可移动穴盘断幼苗部分根系来培育壮苗；③ 微量化调，用缩节安 10 ～ 15 mg/kg 液（10 ～ 15 mg 对水 1 kg）喷雾，一般可控制苗龄 7 ～ 10 d。

三、棉花机械化移栽主要机械和机具

（一）半自动移栽机

移栽农机具是实现机械化移栽的物资保障。半自动轻简育苗移栽机由中国农业科学院棉花研究所研制，如图 4-6 所示，是一种采用机械开沟，人工分苗、放苗、扶苗，机械浇安家水、覆土、镇压的半自动方式移栽机械（国家实用新型专利号：ZL200620022720.9）。

1. 构　造

半自动轻简育苗移栽机的构造见图 4-6。

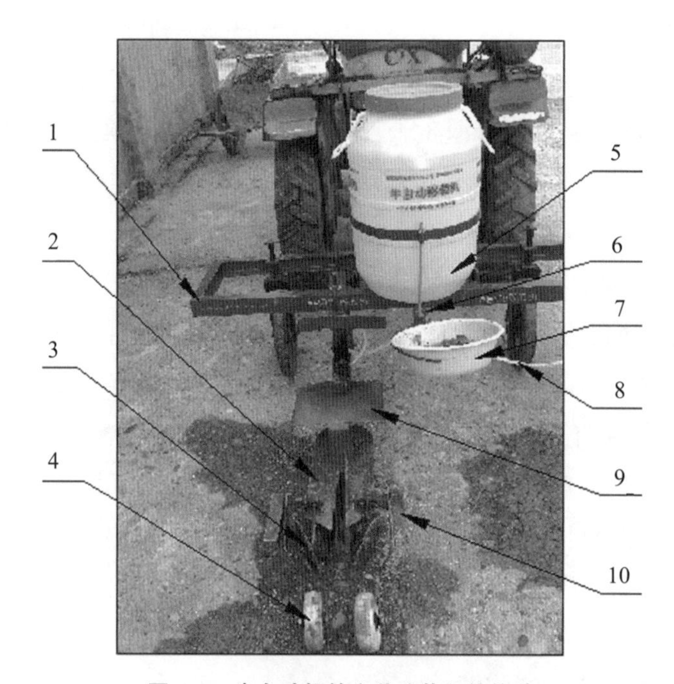

图 4-6　半自动轻简育苗移栽机的构造

1- 机架；2- 开沟器；3- 覆土器；4- 镇压轮；5- 水桶；6- 控水阀门；
7- 放苗装置；8- 输水管道；9- 操作座位；10- 脚蹬器

机架：承载半自动轻简育苗移栽机各种装置，与动力机构连结。

开沟器：为移栽裸苗开沟。一般开沟深 15 ～ 20 cm，可根据苗高调整开沟的深度。

覆土器：人工放苗后，覆土器拨土覆苗。

镇压轮：棉苗覆土后，及时镇压棉苗周围土壤，压实土壤，使裸苗根系和土壤紧密结合。

水桶：供水装置，可根据工作量的大小调整水桶的大小。

控水阀门：控制水流；机械开动开始移栽时，放苗人员打开控水阀门，开始灌水于开好的沟内，可利用控水阀门闭合程度来调节出水量大小。

放苗装置：放置裸苗的装置；方便放苗人员及时取苗。

输水管道：将水桶内的水运送到开好的沟内，可根据需求灌水量调整其粗细。

操作座位：放苗人员座位。

脚蹬器：放苗人员脚的放置位置，同时根据覆土情况，放苗人员可以利用脚蹬器调整覆土量的大小。

2. 动　力

根据需要选择合适的动力机。如一次作业移栽 2 行，需载 2 人放苗，一般需动力为 12 马力的四轮拖拉机，连上四轮拖拉机的牵引板或牵引架即可进行轻简育苗移栽。如果一次作业移栽行数在 2 行以上，可选用 18 马力或 25 马力的四轮拖拉机为动力。

3. 移栽工效

使用半自动轻简育苗移栽机在旱地移栽量为每小时 2 500 ～ 4 000 株裸苗，2 ～ 3 组半自动轻简育苗移栽机串连在一起，移栽量每小时为 5 000 ～ 9 000 株裸苗。并且栽后棉苗直立度好，倒苗率为 3% 以下。极大的提高了移栽效率，节省了人员和人力。

4. 工作过程

第一，在确定好移栽期后，看田间墒情注意补水和控水，确保机器进地和底墒不脱水；第二，对操作人员进行安全技能培训，组装机器后，板茬移栽的田地可以先装上旋耕机以便破板结，一般整好地移栽，无须装旋耕机；第三，半自动轻简育苗移栽机具接上牵引动力后，放苗人员上座，机器行走后，旋耕产生碎土，开沟器开沟到预设沟深，人工在机身后部放苗，机器补水到沟中，而后机身两侧的覆土器覆土到适宜苗高，确保棉苗充分直立，在行走时，尾部镇压轮对浮土轻镇压即可，还可装上施药器，随着机器行走，对栽后田间撒施一定的药物防治放苗期病虫害；第四，栽后需要对幼苗进行检查，防止少数棉苗因覆土过浅而直立不好，要扶苗理正，发现有漏浇安家水的棉苗应及时补浇安家水。移栽工作过程见图 4-7。

图 4-7　移栽工作过程

5. 其他机型

鉴于不同棉田的大田耕作模式和土壤类型，中国农业科学院棉花研究所联合山东青州火绒机械制造有限公司、南通富来威农业装备有限公司等单位推广了 2ZQ 型移栽机械（图 4-8），分别采用鸭嘴式栽植器和链夹式完成轻简苗的机械移栽。

图 4-8　半自动棉花移栽机（左：链夹式栽植器　右：鸭嘴式栽植器）

6. 发　展

目前的半自动裸苗机是在一熟纯春棉的种植田试验研制改进而来，对土地整地质量要求很高，待移栽田块土地要求达到地平、地净、土细、土松、土爽，尚不能在免耕地移栽，也不能在套作棉苗田预留棉行上进行机械化移栽。因此，半自动轻简育苗移栽机的改进和发展必须面向免耕田和套作棉田机械化移栽。

（二）打洞施肥移栽机

目前，我国的育苗移栽机主要有鸭嘴式移栽机、钳夹式移栽机、链夹式栽植机、挠性圆盘式栽植机和带式栽植机，但是这些移栽机均要对土壤进行翻耕和平整，需要比较大的人力和物力。伴随着我国保护性耕作的发展，国内尚无专门用于免耕地块并高效完成移栽工作的移栽机，面向生产需求课题研制了打洞施肥移栽机，如图 4-9 所示。

1. 构　造

研制的打洞施肥移栽机主要由水桶、打洞机构总成、投苗器、座椅、肥箱、覆土圆盘、打洞器、苗盘架等机构组成，如图 4-10 所示。

水桶：供水装置，可根据工作量的大小调整水桶的大小。

打洞机构总成：打洞采用曲柄连杆机构，靠飞轮转动时的惯性将打洞器击入免耕地，同时带出土壤，完成打洞。

图 4-9　打洞施肥移栽机工作图

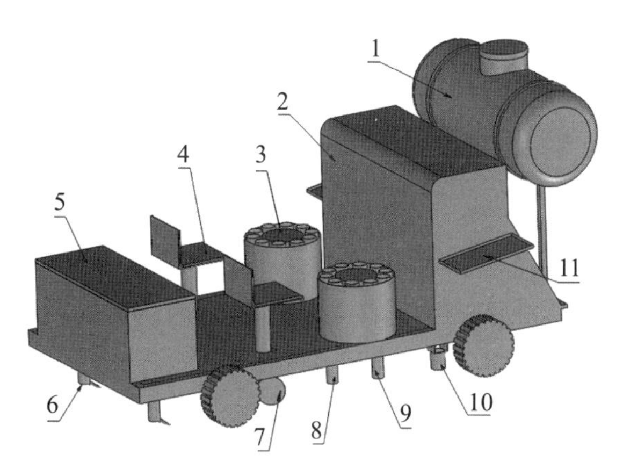

图 4-10　打洞施肥移栽机结构图

1- 水桶；2- 打洞机构总成；3- 投苗器；4- 座椅；5- 肥箱；6- 导肥管；
7- 覆土圆盘；8- 浇水管；9- 导苗管；10- 打洞器；11- 苗盘架

投苗器：操作者将秧苗放入苗杯，工作时投苗器旋转，当苗杯对准落苗口时，秧苗落到打出的苗洞中，完成投苗。

座椅：操作者投苗时的坐位。

肥箱：移栽过程中盛放肥料。

导肥管：工作过程中，将经排肥器排出的肥料输送到开出的肥沟中。

覆土圆盘：采用又圆盘覆土器，将免耕地土壤切起壅于幼苗两侧。

浇水管：将水桶内的水运刚移栽的幼苗处，可根据需求灌水量调整阀门大小。

操作座位：放苗人员座位。

打洞器：为打洞机构的一部分，在动力的作用下，插入免耕地，拔出时带出土壤，完成打洞。

苗盘架：用于放置事先育好的整盘穴盘苗，便于操作者投苗。

2. 动　力

由于该机器为免耕打洞，需要动力较大，且整机较重，到地头需要提升，因此配套动力应不少于 30 马力。

3. 移栽工效

与上述半自动移栽机相比，该机增加了投苗器、导苗管，不用人工直接将秧苗插入开好的沟中，减轻了劳动强度，同时提高了移栽效率，使用打洞施肥移栽机在免耕地移栽效率为每小时 5 000 ～ 6 000 株裸苗，移栽深度 8 ～ 12 cm，栽后棉苗直立度好，倒苗率为 3% 以下，漏苗率在 5% 以下。极大的提高了移栽效率，节省了人员和人力。

4. 工作过程

工作过程如图 4-11 所示。

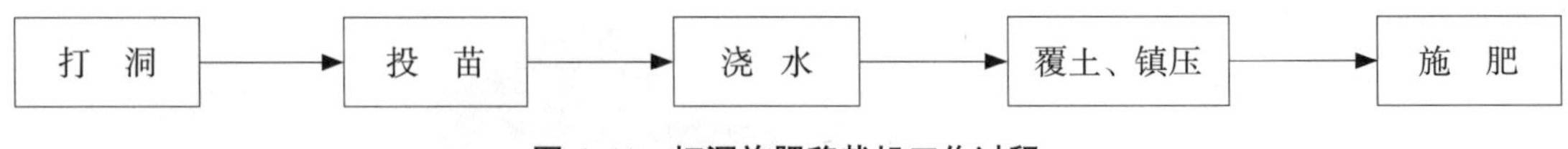

图 4-11 打洞施肥移栽机工作过程

打洞：工作时，在拖拉机的牵引力的作用下，机器随拖拉机向前行进，同时拖拉机的后输出动力通过变速箱变速后带动皮带轮转动，皮带带动飞轮高速运转，在离合器的控制下，曲柄连杆机构等距离的打出苗洞。

投苗：坐在座椅上的两个投苗手从放置在苗盘架上的苗盘中取苗投入水平转动投苗杯中，投入杯中的棉苗随着投苗杯运动，当到达导苗管上方的缺口时，投苗杯的底盖在弹簧的作用下打开，杯中的棉苗靠自重落入相应的苗洞，完成投苗。

浇水：浇水装置通过凸轮带动控制柄的起落来控制阀门的开闭，通过距离和传动配合的设计实现定苗浇水，提高水的利用率。

覆土镇压：由于该机为免耕移栽机，打洞挤出的土壤不能完全回填完成覆土功能，因此在投苗装置后布置了双圆盘式覆土器，保证在免耕土地上切出活土并壅于苗两侧，壅于棉苗两侧的活土随后被布置在双圆盘后的覆土镇压轮挤紧压实，起到扶正棉苗和保墒的作用。

施肥：施肥装置采用改进的排肥器排肥，排出的肥料经导肥管落入开好的肥沟内，可实现与移栽株距对应的定苗施肥，提高肥料利用率。

5. 发　展

目前的打洞施肥移栽机可以在免耕地上直接进行打洞移栽，无需耕整地，节省了大量的物力人力，主要面向麦后、油后棉连作土地免耕轻简育苗移栽机，能够争取农时，保护耕地，具有良好的应用前景。

（三）机械化移栽配套部件

由于裸苗自动分成单株及钵苗自动喂入尚存在困难，因此，目前的旱地移栽机主要依靠人工分苗，实为半机械移栽。半机械移栽机主要依托栽植器，人工将秧苗（钵）放到栽植器，由栽植器将裸苗（钵）栽入沟内，为了提高移栽机的自动化程度，进一步提高移栽效率、解放人力，近年来，在自动分苗器方面已有突破，一种带式分苗器、一种裸苗自动分苗器获国家实用新型专利。

1. 带式分苗器

自动分苗器自动分苗器包括机壳、电机座、电机、盛苗箱、小孔、漏苗槽、挡苗片、毛毡刷、传动机构、皮带、夹苗槽、搁板、分苗条、支撑板等，基本组装如下：在机壳的一端设置有一电机座，电机座上安放有电机，该自动分苗器还包括一盛苗箱和一传动机构。采用该自动分苗器，可以替代通用半自动移栽器的人工分苗，对降低劳动强度，提高移栽效率。

工作时，将成束的幼苗分散放置于盛苗箱，箱底的裸苗与皮带接触，随着电机的开动，电机带动皮带的移动，皮带沿苗箱底面向上移动，于是带动底层的裸苗运动，少数裸苗秆径部分落入夹苗槽内。当通过苗箱右侧箱面时，挡苗片与毛毡刷将未落入夹苗槽的秧苗挡在盛苗箱内，而夹苗槽内的裸苗顺利通过漏苗口，完成第一次分苗。由于皮带为柔性体在工作时发生拉伸变形与挡苗板间形成随机空隙或拉力不匀，仍有多余的裸苗被带出盛苗箱，且多余秧苗的根系会与夹苗槽内秧苗根系干涉，需要分苗条进一步分苗。另外，当第一步分苗夹苗槽漏夹时（也即皮带从盛苗箱移出时夹苗槽未夹持秧苗），挡条可将多余的秧苗推入槽内进行补漏。当挡条外聚集较多秧苗时，可人力将秧苗取走放入盛苗箱内循环分苗。经过两次分苗工序的秧苗有序分布在夹苗槽内，当运动到第三皮带轮上时，由于张进力作用使橡胶基质的皮带发生变形，夹苗槽口变大，秧苗在运动惯性、离心力作用下脱离夹苗槽掉在搁板上。自动分苗器只是分苗移栽过程中的一部分机械装置，其与前后工序的作业机器是整体连接的，落在搁板上的秧苗被机械手或吸盘等喂苗装置送入移栽机的苗夹中，从而实现自动化移栽。

2. 裸苗自动分苗器

裸苗自动分苗器主要由基板、双列直板、落苗槽、苗箱、苗刷、苗箱支架、滚轮、导轨、托苗板、折板、裸苗落入口、缺口、裸苗组成，能够对成束或成排的裸根棉花幼苗实现自动分苗，提高了移栽效率，节省了人员和人力。工作时，先将粗分好的裸苗放入苗箱之中，裸苗的一头是根系，为地下部分，一头是叶和枝，为地上部分；放入时，根系部分和叶枝部分最好让其对准缺口，苗箱中的裸苗在重力、压力或振动的作用之下，从苗箱下部的窄缝中漏出，此时裸苗会落在落苗槽中或其旁边，随着苗箱的移动，固定在苗箱上的苗刷，将裸苗扫入裸苗槽中。裸苗槽的间隔是预先设定好，间隔均匀，便于将来的取苗机构取苗。

四、机械化移栽技术

轻简化育苗和工厂化育苗所得到的幼苗可以采用人工移栽和机械化移栽。人工开沟/打洞（穴）移栽适用于移栽规模小，劳动力充裕的区域；机械化移栽模式适用于移栽规模大，面积集中，成方连片，适于机械化作业的区域。

（一）机械化移栽基本要求

1. 幼苗要求

用于机械化移栽的棉苗，要求达到栽前壮苗指标，同时满足机栽的条件，要求苗高达到 15 cm 以上，确保移栽深度不低于 7 cm。

2. 环境要求

① 温度：移栽时外界气温稳定在 15℃以上，地温稳定在 17℃以上。② 墒情：要求移栽田块底墒足，口墒好。

3. 土壤要求

机械化移栽要求移栽地进一步耕整疏松，做到土净地平、土细土松土爽等。以保证机械栽植和覆土机构的充分回土量，从而保证机械化移栽的立苗效果。其他要求同人工移栽。

（二）棉花机械化移栽规程

1. 移栽期的确定

根据棉苗叶龄、苗龄、外界气温，综合考虑确定移栽期（同上文）。

2. 大田准备

（1）早施底肥，施足底肥

施肥量同营养钵育苗移栽技术相同。施肥时间不迟于移栽前的 7 ～ 10 d，如果是边移栽边施肥，一定要使肥料与棉苗裸根保持 15 cm 左右的距离，防止肥料“烧苗”。

（2）足墒移栽

在黄河流域棉区，移栽时雨水少，强调提前灌底墒水，造墒移栽，同时早进行地膜覆膜以提升地温；长江流域棉区移栽季节雨水充足，可在雨后先盖膜增温保墒再移栽；若移栽时无雨水，仍需造墒移栽。

（3）安排人力，按计划移栽

合理安排人力，尽量做到当天起苗当天栽完，延期最好不超过 24 h，有利于提高移栽成活率，缩短缓苗期。

3. 幼苗的栽前处理与保存、运输

幼苗的起苗、分苗、扎捆、喷施保叶剂、促根剂灌根与保存、运输等操作同轻简化移栽技术。

4. 机械化移栽

要对机器前台操作人员和放苗人员进行技能和安全培训。机械移栽主要包括试机—开沟—放苗—浇水—覆土—镇压—栽后检查等步骤。

调试机器，操作人员前后配合。组装好移栽机器各部件，检查、调试机器，按照设计的行距、移栽深度、浇水量、施肥量等参数设定机器。拖拉机驾驶员和放苗人员上机后，试工作一段距离，通过测量移栽裸苗株距，协调机器行走速度和放苗人员放苗的速度，达到设计移栽密度。

机械化移栽。机器开沟深一般定为 10 ～ 15 cm，根据土壤水分含量定浇水量，一般每行每分钟灌水 1.0 ～ 3.0 L，覆土量每分钟 0.05 ～ 0.15 m^3，覆土后棉苗子叶节离地面 2 ～ 5 cm，倒苗率≤ 3%，漏栽率≤ 5%，实行开沟—放苗—浇水—覆土—镇压连续作业，保证裸根与土壤充分结合。

5. 栽后管理

查苗、查墒、补苗、补水、防治病虫害、中耕施肥提苗等管理同轻简化移栽技术规程。

6. 机械化移栽注意事项

① 加强操作人员培训。拖拉机手的驾驶特点，前进速度和放苗人员的放苗频率要协调同步，提高人员之间的合作和配合，有利于提高移栽效率。② 加强土地平整。提高土地整地质量，可以有效保证栽后立苗效果。③ 其他事项同人工移栽。

五、轻简 / 机械化移栽棉大田管理技术

在大田管理上，轻简化、工厂化育苗和轻简化、机械化移栽棉花同营养钵育苗移栽棉花的施肥原则，病虫害防治等常规管理基本相同，但由于不同生育时期生长特性不同，因此，管理侧重点有所不同，主要管理如下：

（一）苗期要“保”

轻简化育苗移栽棉花一般苗龄为 25 ～ 30 d，叶龄 2 ～ 3 叶，与营养钵育苗移栽棉花相比，苗龄短 5 ～ 11 d，叶龄少 1 ～ 1.5 片 / 株，由于苗床期短，大田苗期较长，因此，要防止因苗小而遭受高温干旱失水、萎蔫，低温阴雨涝渍僵苗，病虫为害缺株少苗等，导致大田成苗率低，缓苗期长，不能早发，所以大田苗期管理重点是保苗。主要抓好以下几个环节。

一是及时补水，轻简育苗移栽棉花成活率高的关键是水，一般情况下，底墒足、口墒好，精耕细作移栽，浇透一次“安根水”即可成活，但油茬棉，往往移栽期出现“干热风”天气，因此 2 ～ 3 d 后一定要注意补浇一次水，防止缺水萎蔫，甚至死苗。

二是分次追施苗肥。示范表明，正常情况下，棉苗移栽后 2 ～ 3 d 即可生新根，7 ～ 8 d 长新叶，20 d 左右根系基本构成，因此，分次少量早施苗肥，对返苗提苗促进苗情转化十分重要。一般在移栽后 3 ～ 5 d 结合补水浇施一次腐熟清淡人畜粪水，7 ～ 8 d 浇施少量尿素水（尿素 2 ～ 2.5 kg/ 亩），2 个星期后再浇施 1 次氮肥（尿素 5 kg/ 亩），另外栽前未施基肥的可结合中耕、早施基肥，主要以土杂肥，生物有机肥为主，加优质复合肥 7.5 ～ 10 kg，混合在行间沟施或穴施。

三是中耕除草，轻简化育苗移栽的棉苗因移栽方式不同，中耕时间要求不一样，开沟

移栽的中耕相对要迟一点，在出新叶后方可进行，防止因早中耕而松动损伤根系，打洞、挖坑移栽的特别是油茬地可早中耕、松土、除草灭茬，但一般情况下，中耕由浅到深，由远到近，雨后及时中耕破板结，提高地温，促进发棵生长。

四是清沟排渍。大田示范表明，轻简育苗移栽棉花根系发达，耐渍涝，抗逆性强，但返苗期渣水，因根系发育不健全，地温低，缓苗时间明显延长，早栽棉苗出现僵苗不发，甚至严重死苗，因此移栽后及时清沟排水，做到雨注田干。

五是防病治虫，保全苗。要防治苗期病害发生，同时因苗小、苗嫩，棉蓟马和地老虎等虫害也常发生为害，因此移栽后要注意防病治虫，特别要注意防治地老虎。缺棵死苗要及时补苗，确保全苗。

（二）蕾期要“促”

示范表明，轻简育苗移栽棉花现蕾时生长加快，果枝着生密，果枝长、果节多，表现长势稳健，与营养钵苗相比株高矮 5 ～ 10 cm，叶片数少 1 ～ 2 叶，现蕾迟 5 ～ 7 d，因此在肥水管理上，适当增加蕾肥中化肥使用比例，并早施蕾肥，满足植株生长需要，促进早搭丰产架子，为稳产高产打下基础，可以不用缩节安化控。

（三）花期要“控”

轻简育苗移栽棉花进入 6 月下旬后，生长明显加快，长势强。开花时株高略低于营养钵苗，但叶片数、蕾数都不比营养钵苗少，花铃期生长发育两者基本上没有差别，另外，长江流域棉区初花期常年都在 7 月 10 日前后，早茬棉花 6 月底 7 月初就见花，往往都处在梅雨季节，常因肥、水、温光条件适宜；而黄河流域 7—8 月光热资源好，且降水较多，均易出现株高增长快，旺长、疯长现象，因此要用缩节安调控 1 ～ 2 次，亩用缩节安 3 ～ 4 g 喷施植株上部，特别要说明的是花期用缩节安调控和重视花铃肥不矛盾，而且要相互结合。

（四）吐絮期要“补”

轻简育苗移栽棉花生育进程相应推迟，开花结铃期长，后期蕾花多，9—10 月生长稳健，不早衰，但生产上常因后期脱肥，不能满足开花结铃等生长需求，而导致中上部蕾花脱落影响产量，因此，轻简育苗移栽棉花应相应增加施肥量，在重施花铃肥的基础上，后期补桃肥的用量应增加 1/3。同时 8 月中下旬吐絮后，用 1% ～ 2% 尿素和 0.2% ～ 0.5% 磷酸二氢钾混合液叶面喷施 3 ～ 5 次，达到“三桃”齐结，青枝绿叶吐絮畅，实现稳产高产的目的。

六、棉花工厂化育苗和机械化移栽的技术效果

棉花轻简化、工厂化育苗和轻简化、机械化移栽技术优势明显，“三高五省”是主要技术效果，是一种省工节本，资源友好型绿色技术，具有较好社会和经济效益。

（一）“三高五省”技术效果

棉花轻简育苗移栽技术与传统营养钵相比，具有“三高五省”技术效果，“三高”即：苗床成苗率高达90%，移栽成活率高达95%，轻简苗有利合理密植因而宜夺取高产。“五省”即：节省种子一半；节省苗床面积一半；育等同苗龄的幼苗节省时间 3 ～ 4 d；运苗省劲，两篮苗子栽一亩；栽苗省工一半。

（二）具有良好社会和经济效益

基质苗床以无土、无病的育苗基质为载体，杜绝了棉花苗期土传性病害的发生，一般无烂子烂芽死苗现象；减少育苗苗床农药使用。育苗基质富含棉苗生长所需的营养元素，利于培育壮苗，基质苗床棉苗素质较优。

通过 2006—2010 年全国各地示范点调查显示，轻简化育苗苗床成苗率达到 91.9% ～ 95.3%，其中江西省达到 100%。增产增效，平均省工节本效益为 127 元 / 亩。多年试验示范结果还表明，有利于增加亩成铃，提高子棉产量，且对早熟性和纤维品质无不良影响。2009—2013 年，董合忠、王清连、李雪源、陈德华、毛正轩等同行专家现场考察和测产（表 4-3），在长江流域创子棉 400.2 ～ 415.1 kg/ 亩高水平，在黄河棉区创立麦茬移栽子棉 294.9 kg/ 亩与蒜棉两熟子棉 374.1 kg/ 亩的高产水平，支持了全国棉花高产创建活动，轻简育苗移栽技术的实用先进、省工节本和增产效果显著。2013 年 8 月 8 日中国棉花学会年会大会报告，喻树迅院士指出，“两化”是实现“快乐植棉”的重要技术支撑。

表 4-3 棉花轻简育苗移栽测产表

时 间（年 - 月 - 日）	棉区 / 地点	子棉产量（kg/ 亩）	测产专家
2009-9-25	长江 / 荆州	415.1	韩昌友、胡爱兵、张教海
2009-9-27	长江 / 望江	400.2	李雪源、毛正轩、孔庆平、赵生广、刘骅、余华明、邢宏宜、张天翔
2008-9-21	黄河 / 安阳	294.9	王清连、周明炎、王旗、周建国
2008-9-12	黄河 / 金乡	374.1	李维江、于谦林、刘子乾
2013-9-29	黄河 / 金乡	335.0	董合忠、纪从亮、赵洪亮、陈德华等

第三节　棉花轻简育苗移栽技术机理

研究表明，棉花采用轻简育苗在根系建成、生长发育和产品品质形成方面与传统营养钵和大田直播棉花有所不同，而是遵循移栽植物“返苗发棵先长根”、地下部生长先于地上部原则，因此，轻简移栽棉花具有前期长势弱、中期长势快，后期不易早衰的特点。

一、轻简育苗高效成苗生理

轻简育苗和工厂化育苗通过在保护环境下播种和生长，采用轻型育苗基质和化学调控，实现幼苗整齐、壮苗管理等生长特点，具备壮苗早发的生理特征。

（一）出苗整齐

基于混合基质和促根剂调控共同作用，在种子发芽率为 95% 的条件下，轻简育苗出苗率接近发芽率，栽前百子健籽成苗率高达 90%，较有营养钵育苗（播种时 1 粒 1 钵）提高了 38%～40%，同时，较营养钵节省种子 50%。此外，死苗率低，从种子到幼苗出苗整齐，从而有利于齐苗管理，保证了苗期生长一致（表 4-4）。采用穴盘、水浮育苗方式等，可以通过浸种催芽等手段，提高成苗系数，也有利于齐苗管理。

表 4-4　育苗基质与营养钵苗床出苗率、死苗率及移栽苗率比较

处　理	出苗率（%）	死苗率（%）	可移栽株（钵）率（%）	成活率（%）	百子健籽成苗（株）	亩用种量*（kg）
轻简育苗	95	1～2	95.0～99.0	96.4～100	89.3～90.3	0.17～0.20
营养钵（1 粒 / 钵）	90	8～10	60.0～75.0	98～100	49.7～62.1	0.25～0.35
营养钵（2 粒 / 钵）	92	8～10	70.0～85.0	98～100	29.0～36.5	0.5～0.7

注：亩用种量是指在移栽株数 1 500 株时通常采用播种用量。精选种子发芽率为 95%

（二）壮苗调控

采用轻简化育苗，通过促根剂或生长素等控制株高 / 苗高，增加地下根系，达到壮苗效果。研究表明，促根剂与无土育苗基质配合使用幼苗素质与营养钵苗相比，侧根密度增 71.6%～78.2%，＞0.5 cm 侧根增 18～23 条 / 株，离床幼苗带走根系不少于 30 条 / 株。具有栽前幼苗标准，在苗床成苗 500 株 /m^2 的强度下，一般苗龄 25～30 d，达到真叶 2～3 片 / 株，苗高 15～20 cm，茎粗叶肥，红茎占一半，栽前侧根 30 条 / 株以上，子叶完整，

叶色深绿，无病斑，苗床成苗率 95%。水浮苗可形成通气组织适应水育苗环境，达到壮根壮苗的效果。如表 4-5 所示。

表 4-5 促根剂和无土育苗基质培育棉花幼苗素质比较

项 目	主根长（cm）	> 0.5 cm 侧根（条 / 株）	带走侧根（条 / 株）	侧根鲜重（g / 株）	侧根密度（条 / cm / 株）	鲜重（g / 株）
营养钵苗（对照）	6.5b	19.7c	15.3b	0.19b	3.03b	1.19b
基质苗床苗	8.2a	43.8a	33.8a	0.43a	5.40a	1.98a
基质穴盘苗	9.1a	45.2a	38.5a	0.49a	5.20a	2.05a
基质苗床苗增（%）	26.2	122.3	120.9	126.3	78.2	66.4
基质穴盘苗增（%）	40.0	129.4	151.6	157.9	71.6	72.3

（三）起苗后离床耐受生理

轻简育苗和工厂化育苗的幼苗起苗后，需要及时移栽田间，研究表明，离床 24 h，在不同离床棉苗光合速率、蒸腾速度和气孔导度都维持一定水平，较初始值降低 14%、6.9% 和 7.7%，平稳下降；72 h 后喷施清水的对照则急剧下降，降幅达到 50% 以上，喷施保叶剂维持率分别提高 35.1%、12.5% 和 25.2%，稳定维持裸苗叶部活力，具有保鲜、防萎蔫的作用，有利于离床裸苗的长时间存放和远距离运输，为棉苗安全储存和运输提供了保障，并实现栽后返苗快。如表 4-6 所示。

表 4-6 保叶剂对离床棉花幼苗叶片耐受生理指标的影响

处 理	光合速率（ μmol $CO_2/m^2/s$ ）			蒸腾速率（ $mmol/m^2/s$ ）			气孔导度（ $mol/m^2/s$ ）		
	1 h	24 h	72 h	1 h	24 h	72 h	1 h	24 h	72 h
喷清水对照	9.100	3.840	2.870	0.680	0.620	0.340	0.023	0.020	0.008
喷保叶剂处理	9.120	7.840	6.070	0.720	0.670	0.450	0.026	0.024	0.014
喷清水与 1 h（%）	—	−57.000	−68.461	—	−8.824	−50.000	—	−13.043	−71.428
喷保叶剂与 1 h（%）	—	−14.030	−33.440	—	−6.944	−37.500	—	−7.692	−46.153

注：光合作用、叶片蒸腾和气孔导度采用美国基因公司的 licor6400 测定。

二、缓苗期移栽棉花生长特征及生理

（一）返苗期根系的构建和生长生理

据微区挖根观察，基质苗栽后 20 d 内，返苗生长从根系先启动，栽后 2 ～ 3 d 侧根突起增粗；5 ～ 7 d 一级侧根下扎，幼茎转绿，新叶始生；9 d 后二级侧根增长，新生叶 1 ～ 2 片；21 d 后根系构建完成，优势一级侧根 6 ～ 7 条、大量二级侧根排列有序，新生叶 3 ～ 4 片。期间根系总长度与栽后天数拟合方程为 $y = 6.163x^2-46.628x+101.24$（$R^2 = 0.985\ 5$）；侧根数增加天数拟合方程为 $y = -0.316\ 1x^2+10.823x-27.926$（$R^2 = 0.988\ 9$）。返苗期内日增新根 6.43 条 / 株，根总长度每日增长 37.7 cm/ 株。裸苗移栽棉花 13 d 根条数增长特性见图 4-12，根长见图 4-13。

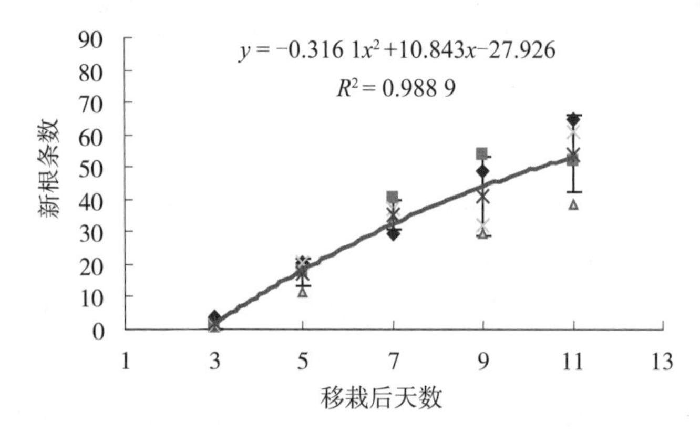

图 4-12　裸苗移栽棉花 13 d 根条数增长特性

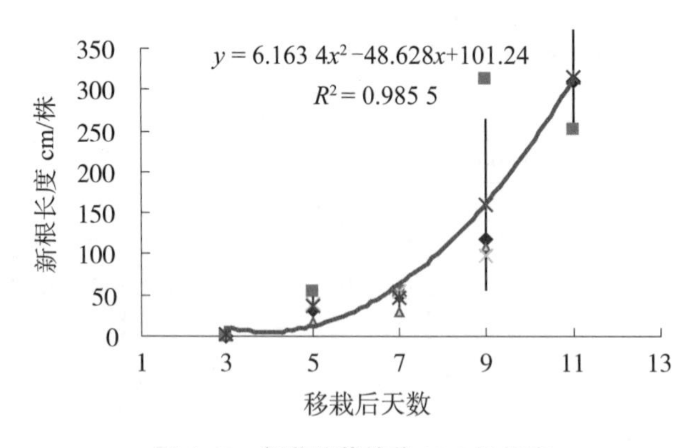

图 4-13　裸苗移栽棉花 13 d 根长度

（二）返苗期生长环境对返苗期的影响

研究表明，栽后 20 天内土层温度 18 ～ 27℃条件下，地温每提高 2℃，鲜重增加

42.1% ～ 131%，叶面积增 75.2% ～ 162.9%，有利根系的修复生长和叶面积扩大生长；地温增加有利于进一步提高移栽成活率，缩短缓苗期 2 ～ 4 d，穴盘苗返苗要略快于苗床苗。在土壤相对含水量 75% ～ 80% 时，移栽棉根系活力增强，相对含水量较高（85%）和较低（65%）的土壤含水量都不利于根系脱氢氧化酶的活性提高。

不同处理栽后苗质、成活率和返苗时间长短比较见表 4-7。

表 4-7　不同处理栽后苗质、成活率和返苗时间长短比较

处　理	10 cm 土层地温（℃）	鲜重（g/ 株）	叶面积（cm^2/ 株）	成活率（%）	返苗期（d）
苗床苗露地移栽	18.53 ～ 24.41	2.33　bB	29.63　cB	98.1　cB	9.7　aA
苗床苗覆膜移栽	20.36 ～ 26.78	3.31　bB	51.92　bcB	98.5　bcAB	8.7　bAB
苗床苗覆膜 + 拱棚移栽	22.45 ～ 27.77	4.84　bB	120.30　abAB	99.0　abA	7.7　cBC
穴盘苗露地移栽	18.53 ～ 24.41	2.87　bB	41.50　cB	99.2　aA	7.0　cC
穴盘苗覆膜移栽	20.36 ～ 26.78	4.33　bB	69.02　bcB	99.2　aA	6.7　cC
穴盘苗覆膜 + 拱棚移栽	22.45 ～ 27.77	10.03　aA	181.49　aA	99.2　aA	3.3　dD

（三）返苗期的相关生理指标变化

移栽棉花从苗床进入到大田，一方面生长环境发生了变化，另一方面移栽后棉苗的根系需要生长恢复，达到正常的功能，这必然影响棉花的地上生长以及根系自身的生长行为。因此缓苗期内的相关生理指标出现一定变化，从而表现出缓苗的差异。不同土壤含水量下根系活力变化见图 4-14，不同处理单株鲜重变化特点见图 4-15。

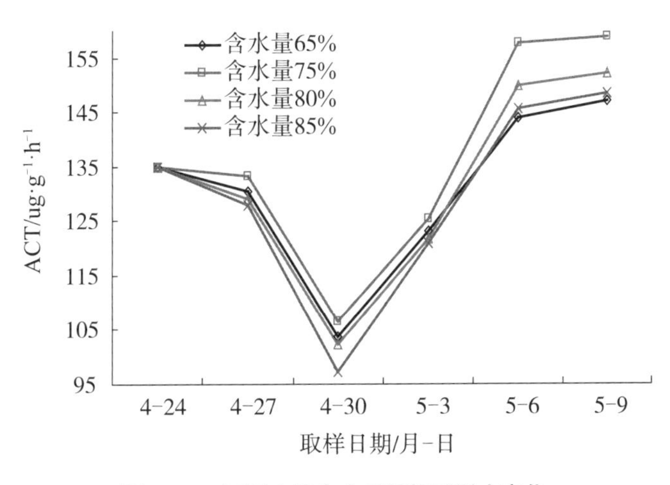

图 4-14　不同土壤含水量下根系活力变化

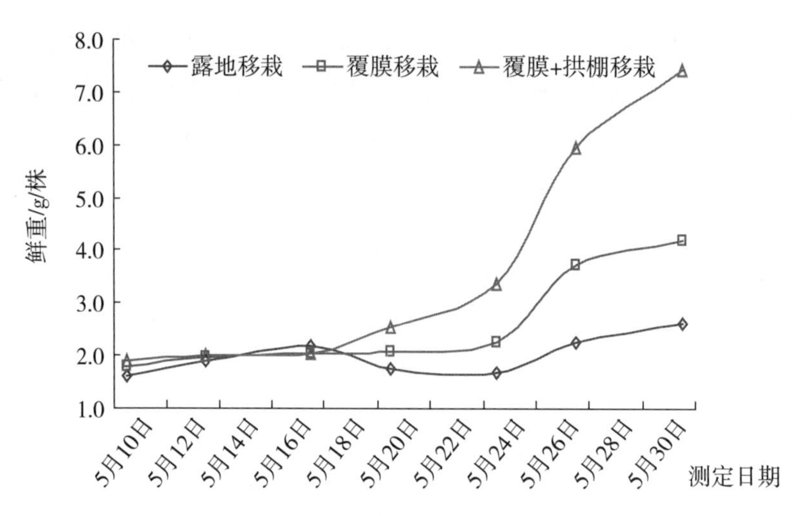

图 4-15 不同处理单株鲜重变化特点

1. 功能叶SOD酶活性变化

SOD 酶作为一种抗氧化酶，是植物体内膜质过氧化产物的清除酶。其活性的高低直接反映植物的生长状况。一般植物处于逆境状态下，体内过氧化物质积累过多时，其活性会升高，因此，移栽棉花功能叶片 SOD 酶活性在棉花栽后缓苗期内的变化能够反映棉花的生长状况，是棉花栽后缓苗快慢的一个指标。在一熟种植模式下，3 种栽培方式的功能叶片 SOD 酶活性变化规律不同（图 4-16），轻简育苗移栽和营养钵移栽棉花栽后功能叶片 SOD 酶活性由高逐渐减低，达到一定值后趋于平稳；直播棉花苗期功能叶片 SOD 酶活性较低，变化趋势平缓；两个品种的 SOD 酶活性变化规律一致。研究表明，移栽后 10 ～ 15 d（移栽日为 5 月 7 日）功能叶 SOD 酶活性趋于下降，移栽棉花解除逆境，进入快速生长期。

2. 功能叶POD酶活性变化

POD 酶是植物体内清除过氧化物的抗逆酶，同样，在植物处于逆境时其活性明显升高。一熟种植下，轻简育苗移栽和营养钵移栽棉花功能叶片 POD 酶活性明显高于直播棉花，表明移栽棉花处于栽后缓苗期逆境状态下，POD 酶对栽后逆境反应敏感，在移栽后快速升高（图 4-16），在 5 月 15 日 POD 活性已开始下降，三个处理棉花功能叶片。POD 酶活性变化规律与 SOD 一致，但是出现下降的时期明显较 SOD 酶提前，说明 POD 酶对棉苗缓苗的反应更敏感，更迅速。从 POD 的变化来看，移栽棉花缓苗期在 10 d 左右。

3. 功能叶CAT酶活性变化

CAT 酶是清除植物体内过氧化氢的抗逆酶。其活性的变化规律与 POD 基本一致。且在栽后 10 d 以内急剧下降，表明棉花功能叶片 CAT 酶与 POD 酶同样，比 SOD 酶对逆境的反应敏感，当植物处于逆境时快速升高，逆境解除时也能迅速下降。从 CAT 酶活性的变化来看，移栽棉花缓苗期在 10 d 左右。

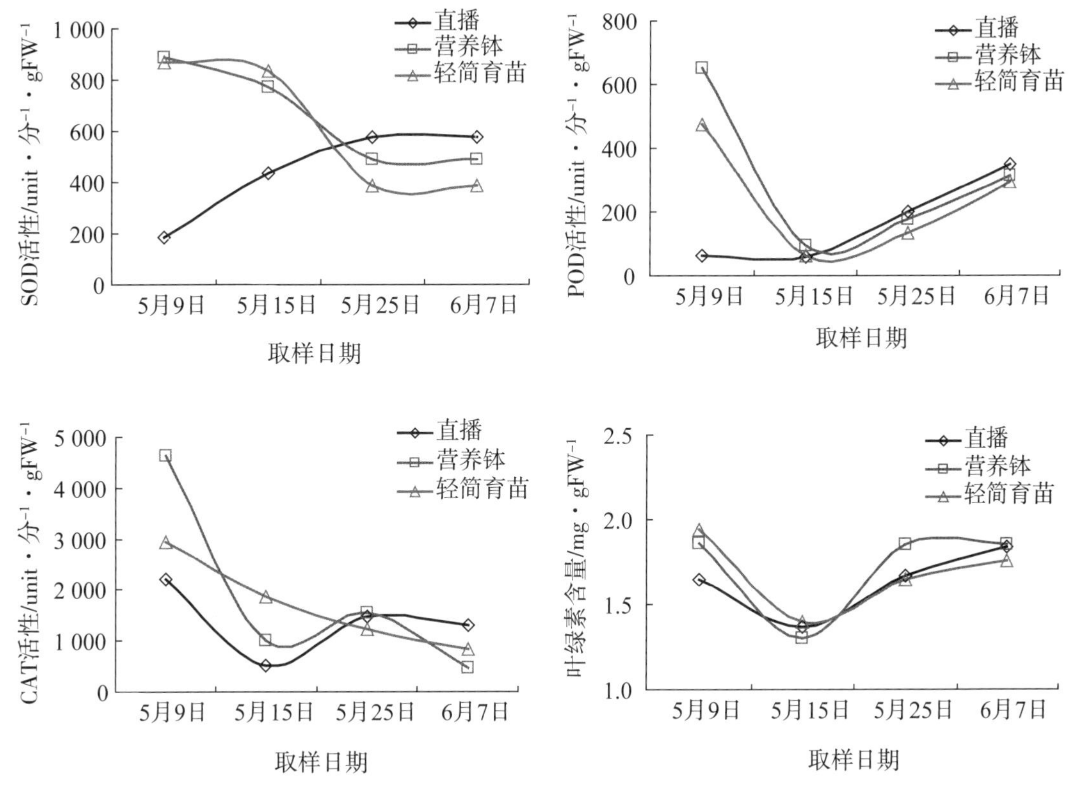

图 4-16 返苗期的相关生理指标变化

4. 功能叶叶绿素含量变化

一熟种植轻简育苗移栽、营养钵移栽棉花功能叶片叶绿素含量变化规律一致（图4-16），均表现为移栽后叶绿素含量上升，在 5 月 9 日开始下降，5 月 15 日以后随生育进程逐渐升高；直播棉花由于生长环境没有改变，功能叶片叶绿素含量变化平缓。随着缓苗期的结束，功能叶片叶绿素含量逐渐下降，再随生育进程逐渐升高。

三、大田生长中后期机栽棉根系生长及其空间分布特征

1. 根系干物质积累特征

基质育苗移栽棉花根系干物质积累随生育期进程均符合 Logistic 修正模型（表 4-8）。依据其曲线变化方程，模拟得出不同处理棉花根系干物质积累变化特征。无土基质育苗移栽棉花根系干物质于 6 月 20—28 日开始快速增长，在 7 月 4—9 日增长速度达到最高，7 月 19 日—7 月 20 日根系干物质积累速度开始减缓，根系干物质快速增长时期持续 23 ～ 29 d；营养钵育苗移栽棉花根系干物质快速增长开始的时间在 6 月 19—24 日，在 7 月 1—4 日增长速度达到最高，7 月 9—19 日根系干物质积累速度开始减缓，根系干物质快速增长时期持续 15 ～ 30 d。

表 4-8　不同处理根系干物质（y）与栽后天数（x）的回归模型

处　理	方　程	R^2
2008 年基质育苗移栽棉花	$y=18.188\,9/[1+\exp(5.909\,2-0.089\,678x)]$	0.963 0
2008 年营养钵育苗移栽棉花	$y=14.291\,8/[1+\exp(5.793\,3-0.088\,291x)]$	0.967 0
2009 年基质育苗移栽棉花	$y=16.046\,4/[1+\exp(8.194\,3-0.116\,323x)]$	0.995 3
2009 年营养钵育苗移栽棉花	$y=13.568\,1/[1+\exp(10.932\,2-0.173\,856x)]$	0.976 3

2. 根长和根表面积消长特征

对不同处理棉花单株根长（y）、根表面积（y）与移栽后天数（x）进行模拟，3 个处理都表现为三次多项式变化特点（表 4-9）。对模拟方程求最大值，轻简育苗移栽棉花根表面积和根长最大值 10 370 mm^2/ 株和 38 486 mm/ 株，分别较直播低 6.6% 和 21.9%，较营养钵略高 24.8% 和 18.7%。根系生长最大峰值发生期在栽后 91 ～ 94 d，即在 8 月 1—4 日，分别比直播（7 月 15—16 日）和营养钵（7 月 25—27 日）晚 14 ～ 18 d 和 3 ～ 8 d。单株根表面积、根长与生育期的模拟结果与实际取样结果一致（图 4-17），与根系干物质积累特征一致。

表 4-9　不同处理棉花单株根长（y）、根表面积（y）与生育期（x）回归模型

处　理	方　程	R^2
基质育苗棉花根表面积	$y=-10\,974.560\,7+471.171\,0x-2.758\,5x^2+0.001\,719x^3$	0.873 2
基质育苗棉花根长	$y=-51\,951.951\,5+2\,308.015\,3x-17.896\,9x^2+0.037\,968x^3$	0.907 7
营养钵育苗棉花根表面积	$y=-30\,096.491\,7+1\,519.493\,9x-10.642\,1x^2+0.014\,764x^3$	0.794 9
营养钵育苗棉花根长	$y=-10\,562.495\,5+554.210\,2x-5.119\,1x^2+0.013\,215x^3$	0.924 8

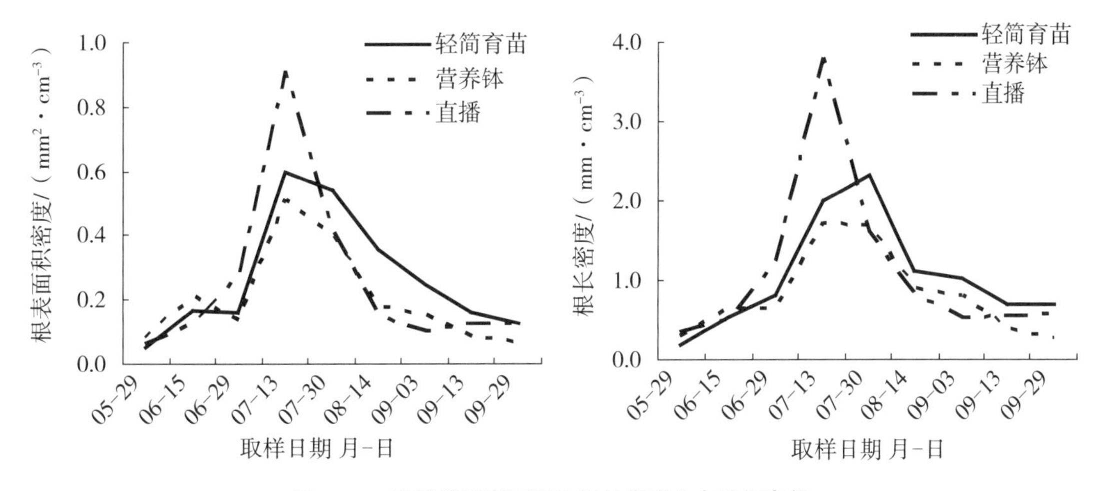

图 4-17　移栽棉根表面积和根长密度分布特征变化

3. 轻简移栽棉花根系时空间分布特征

（1）现蕾期根系空间分布特征

现蕾期轻简移栽棉花根系分布在土层 30 cm 内和水平方向东西 40 cm，但是以行下主根着生处 0 ～ 10 cm 土层密度最大，根长密度最高，占总根量的 24.77% 和 24.11%；较营养钵更为集中，营养钵根系分布在土层 50 cm 内；水平方向其次是东 20 cm 位点，分别占 23.76% 和 23.58%；第三为西 20 cm，占 21.30% 和 21.72%。

（2）盛花期根系空间分布特征

盛花期，轻简移栽棉花根系达到土层近出现两个同步的密集中心点，分别水平方向在东 20 cm 和西 20 cm，垂直方向为土层 30 cm 处，其中东 20 cm 为最密集，根长占总根量的 22.5%；而营养钵出现一个主中心，为主根下土层 40 cm 处，一个副中心，西 40 cm 最低，根表面积和根长分别占总根量的 11.28% 和 11.35%。

（3）吐絮期根系空间分布特征

吐絮期轻简移栽棉花的根系分布主要于土层深度 30 cm 内，以水平东西 20 ～ 30 cm 和土层深度 30 cm 处为 2 个次中心，而营养钵育苗移栽棉花处于分散状态，密集程度明显低于轻简移栽棉花，花铃期根系衰减较快。育苗移栽棉花根长密度（mm/cm^3）空间分布特征见图 4-18。

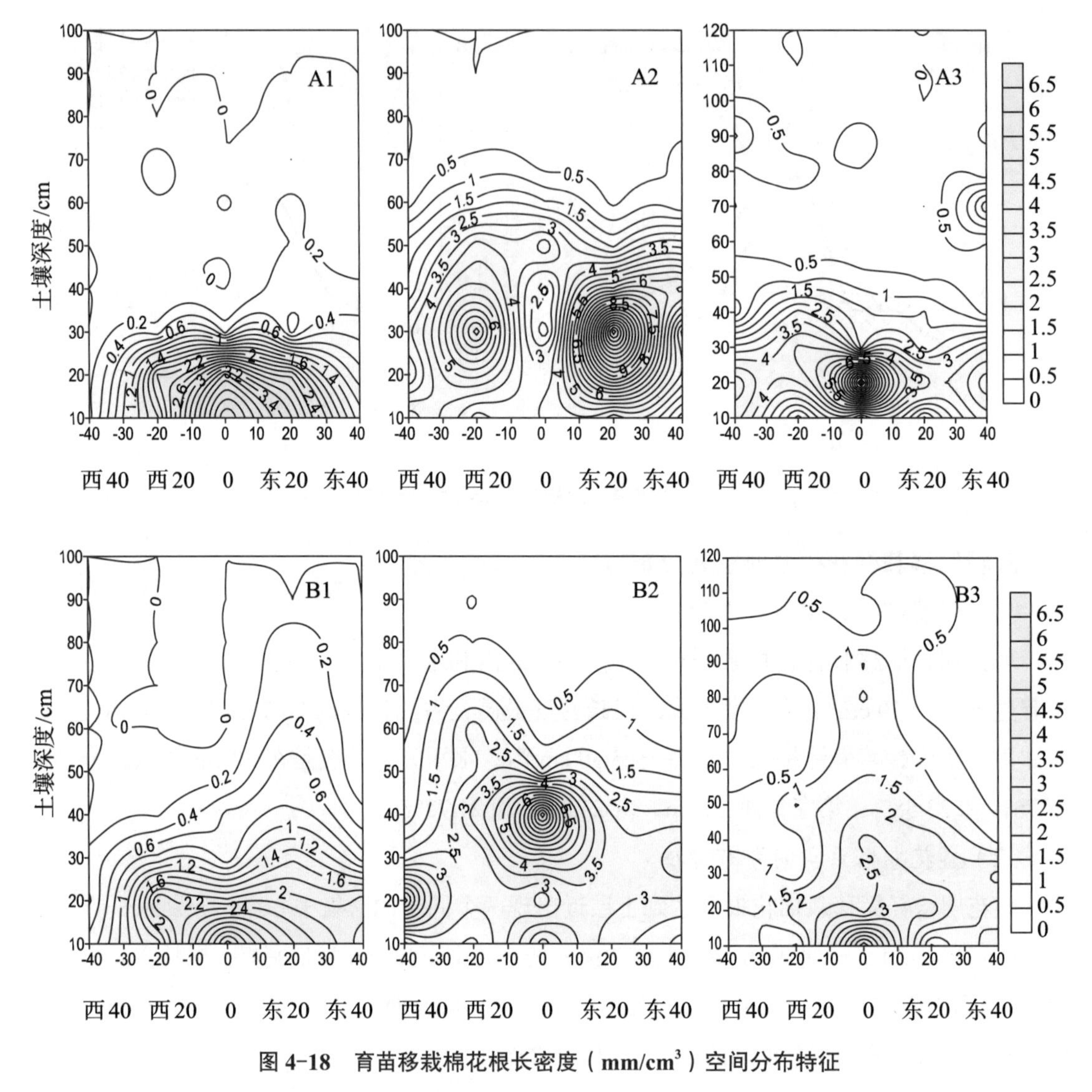

图 4-18　育苗移栽棉花根长密度（mm/cm³）空间分布特征

A1-A3（轻简苗蕾期、盛花期、成熟期）；B1-B3（营养钵蕾期、盛花期、成熟期）

4. 棉花轻简育苗移栽成熟棉株根系典型特征

采用“沟堑法”对棉花轻简基质育苗吐絮期挖根观测，可见移栽棉花的成熟根系形态（图 4-19），测定结果表明，轻简育苗移栽棉花一级侧根在主茎基部向四周呈伞面放射状生长，根系空间分布较为均衡，侧根数幅度 40 ～ 48 条 / 株，平均 44 条 / 株，分别比营养钵移栽棉和直播棉多 15.8% 和 37.5%（F=33.24 ＞ $F_{0.01}$=5.49），差异极显著；根直径 0.05 ～ 0.98 cm，平均 0.31 cm，分别比营养钵移栽棉和直播棉粗 20.5% 和 88%（F=249.01 ＞ $F_{0.01}$=5.49），差异极显著；根干重 31.9 g/ 株，分别比营养钵移栽棉和直播棉重 22.2% 和 75.3%（F=84.31 ＞ $F_{0.01}$=5.49），差异极显著。大田剖面可见，单株侧根向各个方向均有下扎，呈多向均匀分布，长侧根入土深度 100 ～ 150 cm（表 4-10），具有明显优势的侧根为

6～8条/株，直径粗达到0.98 cm，长100～150 cm。与营养钵比较，单株一级侧根多，入土深，在土壤中分布均匀，根的粗细相对较为一致。分析指出，轻简育苗移栽棉花根系特征与使用促根剂以及与轻简育苗移栽的自身特性有关。

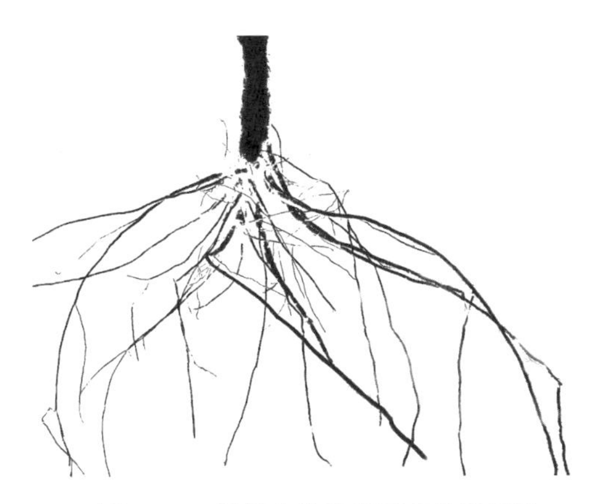

图4-19　轻简育苗移栽棉花典型根系

表4-10　棉花轻简育苗移栽成熟棉株根系比较

处　理	主　根	一级侧根	根系分布形态	侧根群入土深度（cm）	一级侧根数（条/株）	一级侧根直径（cm）	主要根系干重（g/株）
轻简育苗移栽	无主根	发达、较一致	呈伞面放射状	100～150	44aA	0.94aA	31.9aA
营养钵移栽	无主根	较发达、不一致	呈鸡爪状	90～140	38bB	0.78bB	26.1bB
直播棉花	明显发达主根	不发达	呈倒圆锥体状	100～170	32cC	0.50cC	18.2cC

注：标注字母代表的差异显著性

第四节　示范推广应用

棉花工厂化育苗和机械化移栽是在国家多个部委的立项支持下，自主研发的逐步完善形成的轻简农业技术，取得原创技术规程10余项，是一项公益性技术。如何把公益性的农业技术转化为生产力，项目组进行了大量探索和总结，坚持农业技术成果遵循的“试验—示范—推广”三步走的正确步骤，实现了“技术专利化，专利产品化和系列化”，以满足现代农业发展的需求。

自2001年立项来，2003年陆续获授权专利，进入小试和中试，到2005年分区示范和推广，2007年至2014年被列入农业部主推轻简技术，2011年开始被列入农业财政补贴的专项推广技术。政府补贴推广在于栽培技术仍是一项公益性技术，涉及千家万户，受惠于广大植棉农民。

一、轻简化育苗规模

棉花轻简化育苗由于采用轻型化的育苗基质替代了传统的营养土，利用促根剂进行调控，实现了高密度育苗，因此育苗方法灵活多样，可以利用传统的建立苗床的方法进行育苗，且苗床既可建在田间地头，也可选在房前屋后；也可以利用穴盘育苗，既可将穴盘放置于苗床上，也可利用育苗架发展空间育苗，进行工厂化育苗。不同的育苗模式或方式都需要因地制宜，遵循规范技术标准。

（一）千家万户育苗模式

采用传统方法建立苗床进行小拱棚育苗，或者利用小型育苗箱进行小规模育苗的一种方式。这种育苗方式适用于有育苗习惯和经验，较好地掌握了传统营养钵育苗方法的棉农。该模式育苗规模较小，便于管理；但分散育苗，管理技术良莠不齐，无法保证培育出整齐一致，幼苗质量优良的壮苗移栽。

（二）规模化集中育苗模式

采用规模化小拱棚或蔬菜大棚进行保护育苗的一种方式。这种育苗方式利用大量空闲地，建立一定规模的小拱棚，或者利用蔬菜大棚育苗淡季进行棉花育苗。该模式育苗规模中等，可以雇佣具有育苗管理经验的人员实行统一管理，集中育苗，适用于几十户或者一村的棉农联合中等规模的育苗。

（三）工厂化育苗模式

利用蔬菜大棚或日光温室进行集中大规模育苗的一种方式。这种育苗方式适用于专业种苗公司和农民合作社等机构，需实行“订单育苗”，机械化作业统一管理；结合综合种苗技术，发展其他瓜果、蔬菜、药材育苗，以降低育苗成本。该模式育苗规模化，管理现代化，经营产业化，把棉花生产前期的管理逐步转向公司操作，以解决千家万户棉农解决不了的具体问题，推进棉花生产的现代化进程

采用建立育苗基地，培育规模育苗，推进育苗移栽和农业社会化服务等开展多形式的示范推广和应用，形成了连续育苗技术和模式、综合种苗技术和模式、轻简化集成示范和高产模式等技术和经验。棉花工厂化育苗和机械化移栽展现了棉作中轻轻松松栽棉和快乐植棉新方向，一方面，对于传统性的家庭育苗，实现了省工省地的目标，减轻育苗和移栽强度；另一方面，对于多元化的商业育苗，使棉花育苗进入育苗工厂，成为现代农业的一

环；同时，联合多种移栽机，使用多类型移栽机械代替人工农具，提高移栽效率。因此，新技术有利于推进现代农业“代育、代栽”发展，破解两熟棉田的“爷爷农业、奶奶农业”的生产窘困。

二、综合种苗的育苗模式和技术

利用轻简育苗的核心技术和产品可以实行连续育苗技术，该技术适用于单个家庭或者小型农场，实现育苗物质或载体的重复利用，可以大大降低育苗成本。同时，由于采用促根剂、保叶剂产品和技术提高了成苗效果，较分散和常规的育苗成本降低一半、效益提高近 3 倍。

（一）综合种苗的育苗模式

1. 二次或多次连续育苗

育苗设施主要为规模小拱棚和简易大棚，在具有相同育苗要求的植物上连续复种育苗，1 年内建床 1 次，直接在苗床上连续集中育苗 2 ～ 4 次，显著提高苗床育苗指数，从而降低育苗成本。时间段从冬春育苗开始，大约 6 月结束，形成早春蔬菜瓜果—早春棉—晚春 / 早熟棉（或其他蔬菜瓜果）多种作物类型搭配。可参考主要模式，早春蔬菜瓜果育苗（首年 12 月底开始，次年 3 月底结束）—春棉（3 月底育苗，4 月中下旬移栽）—晚春棉或蔬菜苗（4 月底 5 月初育苗，5 月下旬移栽）—短季棉（5 月上中旬育苗，6 月中下旬移栽）。

2. 周年循环育苗

设施多为周年性温室，结构良好的水泥架大棚等，通过持续循环高效利用苗床和穴盘，形成周年循环育苗或栽培。育苗从某个月份开始，1 年内育苗多次循环建床或复种育苗，结合不同植物种子或育苗要求在设施内多次育苗。例如，从秋冬开始的主要模式：蔬菜瓜果（西红柿，辣椒；嫁接西瓜，黄金瓜，丝瓜和黄瓜；红薯苗等，育苗时间年前 11 月底到 3 月，苗龄 25 ～ 90 d，大苗龄假植 1 ～ 2 次）；—早春棉（育苗时间 4 月初，苗龄 25 ～ 35 d）；—晚春棉（育苗时间 4 月底，5 月下旬油菜收获后移栽）；—露地西瓜（5 月底 6 月初育苗）—反季节蔬菜（辣椒，西红柿等 7 月育苗）；—秋季蔬菜（8 月中旬以后小白菜）—或基质苗床上栽培或苗床整理。

（二）综合种苗的育苗技术和要点

根据育苗目的可将育苗技术分二类，一是移栽苗育苗技术。育苗目的是为了实现轻简苗 / 少载体 / 轻简育苗移栽，其技术管理目标是为了培育壮苗，加强根系管理，培育合理根冠比例，调节苗龄，控制育苗进度和壮苗形成的关系，达到提高移栽成活率和壮苗早发的效果，促进栽后生长和发育进程。这类作物有：辣椒、西红柿、茄子、棉花、生菜，以及葫芦、黄瓜等砧木苗。二是嫁接苗或叶菜苗育苗技术。育苗目的是为了实现全苗管理，其技术管理目标是为了获得地上部的高产健壮，保证茎叶活力，便于嫁接和食用，确保由种子到苗子的最大化，这类作物主要有：嫁接西瓜和甜瓜、黄瓜、小油菜等。

1. 移栽苗育苗技术

育苗计划和准备良种以及育苗物质。计划育苗时间要结合移栽时间和收获上市倒推，结合生长环境统筹瓜果蔬菜的生育进程，合理安排好育苗时间，育苗量和规模。备好良种，种子需要达到 GB2 级以上。备好育苗物质和棚体设施耗材。

（1）主要技术要点

一是建立苗床和备好基质：苗床平整，设定合理的苗床宽度和高度 10 ～ 12 cm，垫好农膜，基质混匀使用，添加专用苗肥，多次使用基质要消毒，浇足墒待用。二是精选良种子和播种：普通，播种前种子精选精管，有必要的浸种催芽，商品种要按说明进行播种预处理；播种时根据种子大小或育苗要求，可实施点种和条种，结合播深覆好土，镇压浇水。三是出苗和壮苗管理：重点是水分和温度，管理目的为提高幼苗的地下生长和控制地上旺长，注重肥水药耦合，干湿交替，有效通风，保证透光，以获得壮苗。加强苗床病虫监测和管理，出现病情及时治理。另外，此类连续播种育苗，必须提防连育连作的植物，以免感染苗病。四是移栽前炼苗：结合苗龄和移栽壮苗指标，逐步炼苗和晒床，提高幼苗栽前抗逆能力。

（2）各类蔬菜瓜果幼苗的壮苗标准

幼苗植株健壮、高度和长宽比合适，茎叶完好无损伤、茎粗短健敦实，叶厚柄短色厚，根系粗壮侧根发达，无病虫害。

西红柿：叶龄适宜，株高 15 ～ 30 cm，株型伞形，叶色深绿肥厚，表面微皱，叶背微紫，根系白色，侧根纵多。

茄子：叶龄适宜，非假植苗苗龄 30 ～ 40 d，假植苗早熟 5 ～ 6 叶，中晚熟 7 ～ 9 叶，苗龄 75 ～ 95 d，株高 15 ～ 30 cm，茎粗壮，叶色厚有光泽，根系发达，无病虫无损伤。

青椒：叶龄适宜，非假植苗苗龄 30 ～ 40 d，假植苗龄 80 到 100 d，株高 15 ～ 30 cm，茎粗壮，叶色厚有光泽，根系发达，无病虫无损伤。

甜瓜：生长整齐一致，茎粗节短，子叶完整，真叶 3 ～ 4 片，叶片肥厚，深绿有光泽，根系发达，全株完好，无病虫害。

2. 嫁接苗或叶菜型的育苗技术

（1）苗期相遇

嫁接苗育苗计划要与所用砧木苗生长特点和嫁接方法相协调，这两类苗做到苗期相遇，即出苗后最佳嫁接叶龄要和砧木苗的生长进度一致。对于食用叶菜则需要计划确定的上市时间。

（2）全苗管理

制定播种前处理技术和播时管理，实现由种到苗的最大化，提高种苗繁育系数，意茬口衔接。

（3）加强苗期水分温度差异管理

出苗后需针对不同幼苗和砧木，叶菜幼苗对温水的需求实行差异管理，补水或增降温等措施管理实行分区域进行。

（4）育苗后处理

根据育苗后茬和经营要求，完成育苗后，及时将各种育苗物质收拾，分类存放。穴盘一般可以重复利用 2 ～ 3 年；有机基质当年基本用完；而轻简育苗移栽后剩余的混合无机育苗基质必须晒干，下次使用前消毒，并添加 20% ～ 30% 新基质；促根剂、保叶剂根据使用年限，及时更换。

（三）综合种苗基地建设

1. 综合种苗基地的作用和意义

综合种苗基地是具有一定规模的能够进行保护性和可控性农业作业的现代温室或日光型温室或塑料大棚或集中小弓棚等规模化农业设施。在设施内通过多元的轻简基质育苗或栽培技术，以区域供苗作物育苗为核心向其他作物包括棉花、蔬菜、瓜果、花卉育苗扩展，实现育苗物质和育苗共性技术的综合利用，形成通用育苗技术，进一步实现周年循环性农业。综合育苗基地显著节省土地，减少育苗和移栽的成本和风险，提高综合效率，增加收益，它将成为我国育苗移栽各棉区的苗床育苗和综合利用育苗基地的首选技术。

开发以基质为育苗载体的综合种苗技术，推进综合种苗基地建设的主要原因：一是棉花为直根系作物，主根生长势强，侧根群不发达。棉花育苗能够成功，其他多种作物包括蔬菜、烟草、花卉、中药材和树木均可成功。二是棉花是大田作物，育苗成本要求更低廉，反之用低成本的棉花育苗技术来育蔬菜肯定能够大大降低成本。三是综合种苗技术符合两个市场，既要符合公司利益，才能找到有效的转化载体，更要符合终端市场才能与农民连接起来，满足农民之需。

2. 基质综合种苗基地的核心组成

（1）合适的自身地理地势位置

即地址要符合农业育苗生产的要求，例如地势高亢，通风向阳，给排水方便，同时交通运输和管理方便，满足一定的市场要求。

（2）主要物质和设备

新建设施包括相关建筑物质，支撑系统如骨架，砖墙，透光防护系统，通风系统，增温或降温系统，给排水系统，有的还有补光遮阳设施，综合控制，能够实现保护性或控制性栽培和育苗。育苗或栽培物质，基质，有机肥，农药等其他物质。

（3）基质综合种苗基地的管理技术和经营模式

科学合理的综合种苗基地的管理技术，包括掌握当地棉区气候资源和主要商品蔬菜瓜果的育苗管理，选择合理的育苗苗床衔接时机，提高基地规模化育苗管理水平。在技术上，需要结合区域农业生产结构，研发适于基地当地综合育苗技术和模式，保证育苗效果和质量，降低育苗成本和风险，提高综合种苗基地利用效率；在经营模式中，要求了解市场，把握最佳时机，将基地产品成功走向市场并力争创造最大效益。

迄今有一批育苗基地20多处，在江苏射阳银棉种业一个基地周年育苗5 000万株，移栽面积10 000亩次，湖北黄冈龙感湖农场承包大户毛明安年育苗1 500万株，移栽3 000亩次，形成通用育苗技术，推进“代育苗”的服务进程。代表性基地还有：湖南常德科农资、湖北荆州高科农资、黄梅县农场、三湖农场、运粮湖农场和邓林农场等。

三、公益性新技术的推广应用模式

公益性新技术成果在转化过程中，要坚持“三步走”的正确路线，同时，要积极培养适于技术自身的推广模式。本技术从轻简育苗移栽到工厂化育苗机械化移栽的推广中，经历了核心技术规范化到现代技术规模化的过程，获得的主要示范推广模式和经验主要有以下方面：

（一）公益性技术推广主要模式

1. 专业公司经营

此类公司可以是专业育苗公司、种子公司和农资公司等，形成“公司+农户”对接模式，公司依托育苗基地、设施和技术开展商品苗供给或者育苗管理服务，形成商品育苗、定单育苗、委托育苗等。例如种子公司可结合商品种，将良种转化为幼苗，集中供应，减少出苗风险，也保证了良种增产作用，还能降低成本，进一步降低用种综合成本，提高公司综合效益。

（1）江苏射阳银棉合作社模式

2003年到2007年以前一直实行单一棉花供种或育苗。2008年后开始走建设综合种苗基地，将一部分子公司转移进入的菜—棉—稻基质规模化育苗模式。节省了公司自用种，但是育苗利润低。于2009年4月租大棚18个，占地20亩。2008—2009年度一次培育辣椒苗500多万株，栽2 000亩，棉苗200万株，栽1 000亩。2009—2010年度，2009—2010年3月育洋葱苗600万株，移栽近300亩；2010年4—5月育棉苗200多万株，移栽1 200亩，其中订单育苗面积450亩；辣椒500万株，栽2 500亩85万株；同时定单育水稻苗近30万株。极大地降低育苗成本，获得可观收入。本模式优点：基质育苗的成本低，加上租用大棚，采用连续育苗，苗床利用率高，管理简捷，省力省工，整体成本大大降低。农资公司的育苗主要设施和物质成本低廉，数量居多，可以引进技术形成定单育苗，或商品售苗，综合成本低。

（2）湖南常德市科农公司和湖北仙桃市西铭种业模式

该2个公司建有或租用大棚和温室，利用低成本农资建立育苗基地，示范形成的早春蔬菜—早春棉—晚春棉模式。春季蔬菜育苗品种有茄子、辣椒、西红柿、豇豆、苦瓜和丝瓜等，长江中游2月底蔬菜大棚增温育苗，日光温室育苗一般没有增温，3月初开始出售，4月初早春棉和常规蔬菜育苗，4月底出售，接着晚春棉和晚蔬菜育苗，5月下旬出售。主要向周边农民供应优质蔬菜瓜果以及棉花幼苗，或者形成定单育苗。专业育苗公司，通过自已具有的设施、人才，或者掌握的育苗技术，可以形成多元幼苗的商品，针对不同的幼苗需求完成供苗。

（3）专业育苗公司模式

采用多种育苗设施，对多元技术和产品进行引进，公司培训专业的育苗和移栽推广人员，将销售变成服务，如湖南水木生物科技公司，河北成安绿野育苗基地等，结合引进育苗技术和自有的育苗基地，开展专业或多种育苗，其育苗产品或移栽服务具有可靠性、专业性和优质性。

2. 能人和植棉大户带动服务

随着农村从业人员变化，现代化农业对机械化、规模化的程度要求越来越高，务农者以种植大户、专业合作社的形成出现越来越多，土地连片的规模越来越大，因此种植大户和合作社对轻简化植棉技术需求非常迫切，在示范中主动性更强，具备的技术转化能力和实力更强。同时，由于具有土地的自主权，是技术的终端用户，可以实现从育苗到移栽的全程示范过程，这种模式更具有直接性，大户和合作社内的成功带动周围，以大户带小户，具有辐射作用。培育一批能人和植棉大户，进一步扩大合作社成员，发挥技术节本增效作用。代表有：湖北龙感湖毛明安、黄梅毛树丰、安徽固镇黄厚生和江苏大丰戴士城等，每个能人每年育苗移栽面积30～100亩，通过能人带动一地应用，利用能人发展“代育”模式。本模式在蔬菜产地和规模种植的高效农田具有市场，便于农场主和种植大户对经营农田实行周年自育自给的育苗、移栽和种植，也是专业合作社集中服务，统一管理的一种方式。

承包大户模式

湖北省黄梅县毛明安承包龙感湖农场耕地2 400多亩，种植菜瓜棉，自建蔬菜大棚面积240亩，采用周年连续育苗，形成秋蔬菜（包菜、洋葱、大葱、雪里蕻等）—冬蔬菜（黄金瓜、早茄子等）—早春蔬菜（辣椒、茄子、苦瓜、黄瓜、番茄等）—早春棉—晚春棉—夏蔬菜（包菜、大白菜）—秋蔬菜的模式，主要是满足自有农田。2007年10月—2008年6月育苗150万株，移栽1 200多亩，还出售早辣椒等蔬菜商品苗80万株。2007—2008年累计育苗500万株；2008—2009年1 000万株；2009—2010年4月，已育苗1 200万株以上。育苗安排是在上年12月到当年3月，育黄金瓜、洋葱等60万～100万株，自用50%，出售一半；1月到3月，育辣椒苗、茄子苗等500万株以上，形成多层次苗龄壮苗，自栽30%。同期培育西瓜或蔬菜等早苗50万株，假植到营养土中形成商品苗；到4月初，育棉苗50万株；再到夏秋季育晚辣椒，速生叶菜，包菜苗等近500万株以上，形成以自育自用为主的周年循环育苗和综合种苗基地。

3. 农民专业合作社

河北省曲周镇东刘庄棉花专业合作社，具有连片耕地800亩，推进棉麦一体化综合集成示范，形成以小麦机播机收、模式优化；棉花轻简育苗移栽、集中滴灌；全程统防统治和配方施肥等综合技术，实现了小麦产量505 kg/亩，棉花（子棉）220 kg/亩。其中自建育苗大棚10个，占地6亩，育苗300万株，自育自栽。

4. 特色育苗

在湖北邓林农场和宜城、河南汤阴县的棉区和郊区，农民习惯种植西瓜—棉花套种模式，并形成特色西瓜良种和商品基地，通过引进棉花基质育苗技术，较传统方式增产增效，成为先进实用的生产力，建立了西瓜良种繁育基地。做法如下，在冬末时通过基质复配其他辅料在穴盘上育葫芦苗形成嫁接砧木苗，在早春时通过苗床基质进行接穗西瓜良种的薄床催芽发苗，进行嫁接，3月中下旬移栽保护地获得早西瓜，同时苗床还进一步培育西瓜自生苗和棉花苗，实现高效种植。湖北邓林农场自2005年引进本基质育苗技术后，节省西瓜棉花良种50%以上，现已累计育苗近2 500万株以上；河南汤阴县自2010年初次引进，一次性成苗近500万株，移栽面积达到2 000以上，实现了育苗技术上的新跨越。

（二）公益性技术推广的主要经验

1. 全程服务，培训进乡村，指导到田间地头

项目组奉行“专家多走一公里，农民少走10公里”，做到培训进村，巡回指导到田间地头，发现问题及时解决，深受农民欢迎。

2. 培养核心农技人员

开展电话咨询和现场示范，以及举办培训班。邀请技术示范的单位和个人参加，总结新情况，交流新经验，对有关公司和大户起到较好激励作用，在社会上产生良好影响。赠送技术“明白纸”、光盘和科普出版著作。对基层核心技术人员开展不定期指导和培训。

3. 充分发挥政府带头示范和兴农政策

依托政府职能，稳定棉花生产，推进轻简化植棉，利用现有国家高产创建、统防统治等科技兴农政策，实现对农业新技术的推广、示范和集成。推进新技术转化速度。

4. 加强应急处理

做好防范，积极应对突发灾害事件。由于育苗期间，针对不同育苗设备、规模和环境，出现各种紧急情况和灾害事件，应即时处理，妥善应对。

参考文献

别墅，毛树春，羿国香，等．2008-10-10．湖北省地方标准 DB42/T488—2008 棉花基质育苗移栽技术规程 [S]．湖北省质量技术监督局（单行本）．

陈德华，张祥，陈源．2009-10-07．棉花网底塑料穴盘育苗的出苗保护剂：中国，ZL 200710025467.1 [P]．

陈德华，张祥，吴云康，等．2004．棉花塑料穴盘轻型育苗和移栽新技术 [J]．中国棉花，31（10）：26-27．

陈金湘，李瑞莲，刘爱玉，等．2008-07-09．棉花水培漂浮育苗方法：中国，ZL 200510031883.3[P]．

陈金湘，刘海荷，李瑞莲，等．2008-08-13．棉花水体苗床漂浮育苗的苗床专用肥配方：中国，ZL 200610032532.9[P]．

陈金湘，刘海荷，熊格生，等．2006. 棉花水浮育苗技术 [J]．中国棉花，33（11）：24-25．

崔爱花，毛树春，韩迎春，等．2008．裸苗移栽棉花缓苗期抗氧化酶活性和叶绿素含量的变化特点 [J]，棉花学报，20（5）：372-378．

董春旺，毛树春，冯璐．2011．穴盘吸式播种机吸盘流场分析与优化 [J]．中国农机化，234（2）：64-66．

董春旺，毛树春，胡斌，等．2010．盘吸式穴盘播种机抛振系统运动分析和优化 [J]．农业工程学报，26（6）：124-128．

韩迎春，毛树春，李亚兵，等．2008．麦后裸苗移栽短季棉连作模式关键栽培措施效应研究 [J]．中国棉花，35（5）：32-36．

李鹏程，毛树春，韩迎春，等．2007．移栽期和覆膜对基质育苗移栽棉花产量的影响 [J]．中国棉花，34（6）：38-40．

刘芳，毛树春，韩迎春，等．2011．不同增温处理对基质育苗移栽棉花缓苗期部分生理生化指标的影响 [J]．棉花学报，23（1）：341-346．

刘小玲，毛树春，韩迎春，等．2010．棉花三种育苗移栽新方法缓苗期棉苗若干生理生化的比较 [J]．棉花学报，22（5）：437-442．

刘永棣．2002．棉花纸管营养钵育苗法 [J]．中国棉花，29（4）：39．

毛树春，董春旺，韩迎春，等．2011-1-2．一种自动分苗机：中国，ZL200920173013.3[P]．

毛树春，董春旺，韩迎春，等．2011-1-19．分层育苗装置：中国，ZL 20102015278.5[P]．

毛树春，董春旺，韩迎春，等．2011-11-10．一种带式分苗器：中国，ZL200910237345.8[P]．

毛树春，韩迎春，李亚兵，等．2008．棉花工厂化育苗和机械化移栽新技术 [J]．中国棉花，35（3）：34-36．

毛树春，韩迎春，李亚兵，等．2012-3-21．一种移栽用打洞施肥移栽机：中国，ZL201210074377.2[P]．

毛树春，韩迎春，王国平，等．2005-11-9．促根剂及其制备方法和应用：中国，ZL02153630.9 [P]．

毛树春，韩迎春，王国平，等．2004．棉花“两无两化”栽培技术研究新进展 [J]．中国棉花，31（9）：29．

毛树春，韩迎春，王国平，等．2005．棉花“两无两化”栽培新技术扩大示范取得成功 [J]．中国棉花，32（9）：5-6．

毛树春，韩迎春，王国平，等．2006．棉花“两无”移栽操作问题及克服办法（二）[J]．中国棉花，33（3）：21．

毛树春，韩迎春，王国平，等．2006．棉花工厂化无土育苗技术（一）[J]．中国棉花，33（2）：41．

毛树春，韩迎春，王国平，等．2006．棉花工厂化育苗和机械化移栽技术 [J]．中国农业科学，39（11）：2395．

毛树春，韩迎春，王国平，等．2006．棉花无载体轻简育苗移栽技术（三）[J]．中国棉花，33（4）：34-35．

毛树春，韩迎春，王国平，等．2007．棉花工厂化育苗和机械化移栽技术研究进展 [J]．中国棉花，34（1）：6-7．

毛树春，韩迎春，王国平，等．2007．棉花基质系列化育苗技术 [J]．中国棉花，34（2）：

38–41.
毛树春，韩迎春，王国平，等. 2007. 棉花基质育苗和轻简育苗移栽存在问题及克服办法 [J]. 中国棉花，34（3）：32–34.
毛树春，韩迎春. 2014. 图说棉花基质育苗移栽（第二版）[M]. 北京：金盾出版社.
毛树春，韩迎春. 2009. 图说棉花基质育苗移栽 [M]. 北京：金盾出版社.
毛树春，李鹏程，韩迎春，等. 2008. 轻简育苗移栽棉花根系形态特征的初步观察 [J]. 棉花学报，20（1）：76–78.
毛树春，李小新，王国平，等. 2007–3–21. 半自动裸苗移栽机：中国，ZL200620022720.9[P].
毛树春，刘广瑞，王国平，等. 2009–9–16. 一种裸苗自动分苗器：中国，ZL200820123942.9[P].
毛树春，图说棉花无土育苗无载体裸苗移栽关键技术 [M]. 2005. 北京：金盾出版社.
毛树春，王国平，韩迎春，等. 2010–9–8. 一种棉花工厂化育苗方法：中国，ZL200610088967.5[P].
毛树春，王国平，韩迎春，等. 2006–9–13. 一种棉花无土育苗基质：中国，ZL03149367.X[P].
毛树春. 2011–07–20. 棉花工厂化育苗和机械化移栽讲座 [R/OL]，中国农业科学院农科讲坛. http://www.cricaas.com.cn/placeNews/30377960dd9a21/.
毛树春. 2006. 棉花优质高产新技术 [M]. 北京：中国农业科学技术出版社，28–46.
毛树春. 2007. 我国棉花耕作栽培技术研究和应用 [J]. 棉花学报，19（5）：369–377.
毛树春. 2007. 我国棉花栽培技术体系研究和应用 [J]. 中国农业科学，40（增 1）：153–161.
毛树春. 2010. 我国棉花种植技术的现代化问题 [J]. 中国棉花. 37（3）：2–6.
齐宏立，石跃进，赵金仓，等. 1998. 棉花无土育苗移栽试验初报 [J]. 中国棉花，25（8）：15.
宋家祥，陆建仪，顾世梁. 1999. 芦管育苗移栽对棉花生育与产量影响研究初报 [J]. 江苏农业科学，20（1）：15–18.
王国平，韩迎春，刘小玲，等. 2010. 几种壮苗措施对棉花基质育苗的影响 [J]. 中国棉花，37（3）：6–22.
王国平，韩迎春，毛树春，等. 2011. 苗龄对裸苗麦后移栽短季棉生长发育及产量的影响 [J]. 棉花学报，23（6）：573–580.
王国平，毛树春，韩迎春，等. 棉花系列化轻简育苗移栽技术 [J]. 中国棉花，2007，34

（2）：40-41．

杨铁钢，郭红霞，侯玉霞，等．2014-07-30．植物两苗互作育苗方法：中国，ZL 201110044767.0[P]．

杨铁钢，黄树梅，郭红霞．2004-12-15．棉花无土育苗及其无钵移栽方法：中国，ZL 02110038.1[P]．

杨铁钢，谈春松．2003．棉花工厂化育苗技术及其高产高效技术规程[J]．河南农业科学，（9）：23-24．

张继昌，毛树春，荣建军，等．2012-8-22．保叶剂及其制备方法：中国，Zl200910235976.6[P]．

郑曙峰，毛树春，路曦结，等．2008-12-01．安徽省地方标准 DB34/T864—2008 棉花基质育苗裸苗移栽技术规程[S]．安徽省质量技术监督局发布实施（单行本）．

中国农业科学院棉花研究所．1999．棉花优质高产的理论与技术[M]．北京：中国农业出版社．

中国农业科学院棉花研究所．2013．中国棉花栽培学[M]．上海：上海科学技术出版社：582-618．

朱志方．2003．塑料棚温室种菜新技术（修订版）[M]．北京：金盾出版社：1-26，33-71．

第五章　麦 / 油后直播棉栽培技术

第一节　麦 / 油后直播棉区域及其品种选择

麦 / 油棉两熟能充分利用自然资源，实现粮食、棉花的协调发展。旱地耕作制度中两熟区域如中国的长江流域和黄河流域大部分区域，均具有富足的光温热资源，也是重要的气候适宜棉区，麦 / 油棉两熟种植方式主要分布在黄淮海棉区和长江中下游棉区。麦 / 油棉套种，可以增加棉花生长季节、充分利用温度和光照资源，但不适应目前机械化、规模化作业形式；麦 / 油后移栽短季棉，增加育苗、移栽等劳动力成本，也不宜大面积推广；而发展麦后直播棉连作模式，既可缓解粮棉争地矛盾、减少劳动力成本，又顺应农业机械化发展，是实现粮棉同步增产必由之路。

一般认为，N 38℃（石家庄至德州一带）以南，≥ 15℃积温在 3 900℃以上，无霜期 200 d 以上，可以实行麦 / 油棉两熟，黄河流域棉区麦棉两熟自 20 世纪 90 年代起开始迅速发展。由于全球气候改变，温度上升，无霜期的延长降水量减少等气候趋势，加上新技术和早熟品种的推陈出新，麦棉两熟模式可北移约 2 个纬度达到近北纬 40° 京津一带。长江中、下游棉区（约 N 30° ），≥15℃积温达 4 300℃以上，无霜期 230 d 以上，可以在麦子收获后直播早熟棉品种。

一、小麦后直播棉

黄淮平原棉区实行以麦棉为主的两熟种植，最大面积达到 200 万 hm^2，占本棉区棉田面积的 60%。其麦后棉栽培中有两种方法：一是小麦收获后移栽棉花，二是小麦收后直播棉花，因为生长期过短、加上品种不配套，棉花晚熟低产问题突出，目前种植面积较少。长江流域中下游棉区也逐步开展小麦后直播棉的试验和示范。目前，光热资源丰富的棉区如河南中南部、安徽、江苏、湖北等地麦后直播棉面积呈增加态势，随着早熟和超早熟品种的选育成功和麦后短季棉栽培技术的进一步熟化，以及棉花机械化收获在山西、山东及河南示范成功，小麦后直播棉面积会有所增加。

二、油菜（大麦）后直播棉

油棉两熟栽培是近年来发展较快的多熟制形式之一，长江中下游的湖北、江苏、安徽、湖南、江西等棉区，油菜与棉花两熟栽培已逐步成为主体种植制度且发展迅速。目前油菜、棉花两熟套栽方式逐渐向油菜后棉花移栽方式发展。其中又以油后营养钵育苗移栽为主，随着粮棉争地矛盾的突出和农业机械化的发展尤其棉花机械收获的实现，油后直播早熟棉是棉花生产发展的必然。大麦生育期短，具有独特的早熟性，在轮作复种中占有重要的地位，大麦、棉花连作是长江中下游尤其江苏沿海棉区的一种种植制度。

当前，大麦 / 油后直播棉机械化收获在长江流域江苏盐碱地和湿地棉区已连续两年实现机械化收获，对于促进该棉区种植方式转变、麦 / 油后棉直播的发展具有深远影响。此外，棉花是盐碱地种植改良的“先锋作物”，当前受城市化进程、国家粮食保护政策、高效农业发展的影响，棉花生产正向滨海盐碱地、滨湖、沿江等瘠薄地转移。油菜后、大麦后直播棉将分别会成为长江中游和下游棉区滨湖、滨海盐碱地比较理想的种植方式，有利于植棉向规模化、机械化方向发展，对农业生产的可持续发展具有十分重要的意义。

三、麦 / 油后直播棉品种的选择

品种是根据其植物性特征和生物学特性或农艺性状区分出来的不同类型，是对栽培群体中发生变异的个体或通过人工杂交及其他方法创造的新类型经过有目的选择和培育而成的。通过育种手段提高作物的产量潜力，是迄今为止提高作物产量潜力的最主要途径，长期以来它在农业生产上占据决定性地位。20 世纪 50 年代以来，我国棉业取得飞跃发展，选育出高产、优质、早熟、抗病、抗虫、低酚、耐旱碱及彩色棉等多种类型的棉花优良品种。一般认为，在正常情况下，良种占增产份额的 20% ～ 30%。近 60 多年来，我国主要棉区进行了 7 次大规模的品种换代，每次都使棉花单产提高 10% 以上，表明品种是实现棉花高产生产目标的核心技术。

麦 / 油后直播棉的播期一般在 5 月下旬至 6 月上旬，比麦套春棉和麦后移栽棉推迟 45 ～ 60 d，也比麦套夏棉推迟 20 多天，生长发育进程相应推迟，有效结铃期短。要在初霜前基本完成吐絮，其关键在于所选用的品种具有能晚播、早熟、高产的特性。

（一）小麦后品种选择

黄河流域棉区小麦 6 月上旬收获，初霜期在 10 月下旬。该棉区夏棉品种宜选择耐密、生育期在 95 ～ 100 d 的超早熟品种。据张海芝等报道在河南周口地区麦后直播早熟夏棉品种如豫早棉 9110、中棉所 50、中棉所 58 等，果枝始节位在 5.2 ～ 6.1，生育期 103 ～ 105 d，个体较小，株高 65 ～ 75 cm，皮棉产量一般可稳定在 900 ～ 1 000 kg/hm^2。另据河南省商丘职业技术学校试验结果，中棉所 50 于 6 月 5 日直播，直播皮棉产量 1 278 kg/hm^2 以上。

长江流域棉区小麦后直播棉播期在 6 月 10 日左右，本地区 6 月光照多，7 月光照偏少，适合于短季棉前期生长；8 月份光照多，有利于短季棉开花结铃；9、10 月份秋高气爽，对棉铃增重及吐絮也非常有利。但本区域降水较多，通常在 6 月下旬自南向北进入雨季，小麦茬直播棉尽量要在 6 月 10 日播种结束，越早越好，否则晚秋桃比重高而减产幅度较大。据阜阳市农业科学院冯邦杰试验结果，小麦后直播棉子棉产量能达到 3 150 kg/hm^2。但小麦后直播棉成铃以秋桃为主，伏桃很少或者没有，因此，产量形成有风险。长江流域棉区历年初霜出现在 11 月上旬以后，中熟棉品种 6 月初播种后进入生殖生长的时间偏迟，霜前花率低，完成吐絮在 11 月 20 日左右。因此，小麦后直播棉品种应选择生育期 105 d 内的早熟品种。

（二）油菜（大麦）后品种选择

油菜（大麦）直播棉的播期一般在 5 月下旬至 6 月初，出苗到初霜期（11 月上旬）有 150 d 左右。油菜（大麦）直播棉比麦套棉和麦后移栽棉推迟 45 ～ 60 d，但油（麦）后直播棉播种期间的温度高而稳定，又无前茬作物的遮蔽，因而播种后出苗快，无缓苗期，生育进程快。据江苏省农业科学院对（大）麦棉两熟不同种植类型比较试验结果（表 5-1 ～表 5-3），2010 年麦棉套栽处理播种—现蕾 64 d、现蕾—开花 22 d、开花—吐絮 48 d，播种—吐絮 134 d；麦后移栽棉分别为 63 d、21 d、55 d 和 139 d；中熟棉麦后直播分别为 52 d、21 d、59 d 和 132 d；而早熟棉麦后直播分别为 49 d、19 d、44 d 和 112 d，比麦棉套栽分别少 15 d、3 d、4 d 和 22 d；比麦后移栽分别少 14 d、2 d、11 d 和 27 d；比中熟棉麦后直播分别少 3 d、2 d、15 d 和 20 d。中熟棉（中棉所 53）麦后直播棉花生长转化迟且弱，果节及成铃峰值出现迟且峰值不明显，易造成后期无效生长，晚秋桃比率 34.0%，霜前花率仅 60.9%，实收子棉产量为 1 478.5 kg/hm^2；早熟棉（中棉所 68）麦后直播处理棉花生长转化快，果节形成及成铃集中且峰值高，优质桃（伏桃 + 早秋桃）比例与麦套棉相当，高于麦后育苗移栽棉，晚秋桃比率仅 3.3%，霜前花率 88.0%，子棉产量与麦后育苗移栽相当，达

表 5-1　不同种植方式棉花生育进程

项　目	处　理	播种期（月 - 日）	现蕾期（月 - 日）	开花期（月 - 日）	吐絮期（月 - 日）	播种～吐絮（d）
麦套棉	套　栽	04-19	06-22	07-14	08-31	135
麦后棉	基质育苗移栽	04-29	06-30	07-22	09-13	138
	营养钵育苗移栽	04-29	07-01	07-22	09-15	140
	直播—中熟棉	05-29	07-20	08-10	10-08	131
	直播—早熟棉	05-29	07-17	08-05	09-18	112

到 2 407.7 kg/hm^2。江苏省沿海地区农业科学研究所试验结果表明，适合麦后直播的棉花品种是早熟棉，生育期为 100 ～ 105 d，中棉所 50、中棉所 68 是理想的麦后直播棉品种，其中中棉所 68 增产潜力更大。生育期在 125 d 以上的中熟品种霜前吐絮率低，不宜作麦后直播棉使用。

表 5-2　不同种植方式棉花“四桃”比率（%）

项　目	处　理	伏前桃	伏　桃	早秋桃	晚秋桃
麦套棉	套　栽	6.1	61.1	28.1	4.7
麦后棉	基质育苗移栽	0.5	51.5	31.7	16.7
	营养钵育苗移栽	—	50.0	29.2	20.8
	直播—中熟棉	—	25.4	40.6	34.0
	直播—早熟棉	—	71.4	25.3	3.3

表 5-3　不同种植方式棉花产量及其构成

项　目	处　理	总铃数（万个 $/hm^2$）	铃重（g）	衣分（%）	理论皮棉产量（kg/hm^2）	实收子棉产量（kg/hm^2）	霜前花率（%）
麦套棉	套　栽	80.1 aA	4.57	39.5	1 445.0 aA	3 467.2 aA	88.6
麦后棉	基质育苗移栽	61.6 cC	4.45	40.0	1 096.8 bB	2 470.0 bB	80.2
	营养钵育苗移栽	58.4 cC	4.42	39.8	1 027.3 bB	2 320.5 dD	77.2
	直播—中熟棉	48.1 dD	4.24	39.7	808.8 cC	1 478.5 cC	60.9
	直播—早熟棉	68.6 bB	3.98	39.2	1 049.1 bB	2 407.7 bB	88.0

注：标注字母代表差异显著性

据 2012 年南京农业大学、江苏省农业科学院、扬州大学和江苏省农委麦后直播早熟棉品种比较试验（表 5-4 至表 5-7），不同地域来源的早熟棉品种大麦后直播在江苏棉区生育期为 103 ～ 125 d，果枝始节 4.1 ～ 5.6，果枝 13.5 ～ 15.1，果节 39.5 ～ 67.4 个 / 株，株高 68.8 ～ 94.0 cm。其中中棉所 50 优质桃率和霜前花率均最高，分别达到 87.6% 和 92.2%。该品种生育期 108 d，在大麦后直播（5 月 28 日）条件下，7 月初现蕾期、7 月中旬开花，有近 40 d 的有效开花结铃期，于 9 月中旬吐絮。单株果枝 13 台左右、成铃 13 个以上。纤维长度 31.6 mm，比强度 28.0 cN/tex，马克隆值 4.2，整齐度指数 86.1%。其他如中棉所 58、国欣棉 2 号产量水平也较高。2013 年在江苏省大丰市稻麦原种场盐碱地条件下示范种植大麦后直播早熟棉中棉所 50，于 10 月 15 日用 450 g/hm^2 和 3 000 mL/hm^2 乙烯利进行脱叶催熟，棉田集中吐絮，在长江流域首次实现机械化采收，且平均子棉产量达到 4 500 kg/hm^2 以上。2014 年江苏棉区沿海和里下河棉区花铃期（8 月 6 日至 9 月 3 日）连续阴雨寡照天气条件下，在大丰市稻麦原种场盐碱地大麦后直播仍实现了全田棉花集中吐絮并一次性机械收获；另在江苏里下河湿地棉区也实现了棉花集中吐絮，且盐碱地及湿地棉花子棉产量均大幅度高于大面积生产。长江流域棉区湖北、上海等地科研单位试验和生产试种结果也表明，只要选用适宜的早熟品种，采用相应的配套栽培技术，麦 / 油后直播棉的皮棉产量一般为 900 kg/hm^2 以上，高产田可到到 1 125 kg/hm^2。所选用的品种基本上都是半无限生长类型，即棉株下部果枝长势较强，而上部果枝则有自然封顶的趋势。可见，大麦（油菜）后早熟棉直播产量相对稳定，在栽培措施合理且吐絮期铺以化学催熟技术的条件下有望获得高产。大麦（油菜）后直播棉选择生育期 110 d 内，7 月下旬至 8 月中旬集中开花，9 月下旬至 10 月中旬集中吐絮的早熟抗病抗逆的优良品种。

表 5-4　不同品种生育进程比较

品　种	现蕾期（月 - 日）	开花期（月 - 日）	吐絮期（月 - 日）	苗期（d）	蕾期（d）	铃期（d）	生育期（d）
中棉所 50	07-03	07-20	09-13	36	17	55	108
中棉所 64	06-30	07-21	09-19	33	21	60	114
中棉所 58	06-30	07-20	09-14	33	20	56	109
中棉所 74	07-02	07-18	09-14	35	16	58	109
鲁棉研 35 号	07-03	07-22	09-08	36	19	48	103
国欣棉 2 号	07-06	07-25	09-14	39	19	51	109
夏早 2 号	07-04	07-24	09-30	37	20	68	125
夏早 3 号	07-04	07-26	09-27	37	22	63	122
辽棉 19 号	07-05	07-21	09-14	38	16	55	109

表 5-5　不同品种形态特征比较

品　种	果枝始节	始节高度（cm）	果枝数（台 / 株）	果节数（个 / 株）	株高（cm）
中棉所 50	5.2 a	15.1a	13.8b	56.7bc	85.6b
中棉所 64	4.5 c	8.8 c	13.6 b	56.0 bc	82.9 b
中棉所 58	5.1 ab	10.7 bc	14.1 b	58.8 b	75.5 c
中棉所 74	4.6 bc	11.2 b	14.4 ab	67.4 a	74.6 c
鲁棉研 35 号	5.1 ab	11.4 b	14.1 b	58.5 bc	71.8 cd
国欣棉 2 号	5.6 a	12.6 b	15.1 a	57.1 bc	68.8 d
夏早 2 号	4.1 c	12.8 b	13.5 b	39.5 d	75.0 c
夏早 3 号	5.2 a	16.4 a	13.9 b	50.3 c	81.5 b
辽棉 19 号	5.4 a	17.1 a	14.0 b	55.5 bc	94.0 a

表 5-6 不同品种季节桃比例及霜前花产量

品 种	伏桃（%）	早秋桃（%）	晚秋桃（%）	霜前吐絮铃率（%）	霜前子棉产量（kg/hm^2）
中棉所 50	50.2	37.4	12.4	92.2 a	3 669.0 a
中棉所 64	38.8	40.8	20.4	79.6 cd	2 823.0 cd
中棉所 58	43.2	39.7	17.1	75.8 d	3 405.0 ab
中棉所 74	54.5	31.3	14.2	77.4 d	2 899.5 c
鲁棉研 35 号	48.8	26.8	24.4	68.6 e	3 022.5 c
国欣棉 2 号	40.0	34.3	25.7	84.4 bc	3 481.5 a
夏早 2 号	42.5	33.0	24.5	88.8 ab	3 048.0 bc
夏早 3 号	46.4	16.5	37.1	85.2 bc	2 428.5 e
辽棉 19 号	33.0	25.1	41.9	57.9 f	2 505.0 de

表 5-7 不同品种主要纤维品质

品 种	上半部平均长度（mm）	断裂比强度（cN/tex）	马克隆值	整齐度指数（%）
中棉所 50	31.6 ab	28.0 bc	4.2 bc	86.1 a
中棉所 64	31.9 a	27.7 bc	3.4 d	84.8 a
中棉所 58	29.3 bc	30.3 a	4.5 bc	86.1 a
中棉所 74	29.9 ab	30.4 a	4.7 ab	85.1 a
鲁棉研 35 号	29.8 ab	30.0 a	4.5 bc	85.9 a
国欣棉 2 号	26.6 d	28.4 b	5.4 a	83.2 b
夏早 2 号	27.1 cd	27.6 c	4.5 bc	83.2 b
夏早 3 号	25.9 d	26.6 d	5.0 ab	82.4 b
辽棉 19 号	29.8 ab	29.8 a	4.4 bc	84.9 a

第二节 麦/油后直播棉集约化种植技术

一、麦/油后直播棉产量与产量构成

在我国长江流域棉区，常年 6 月中下旬至 7 月上旬多为梅雨期，7 月中下旬又为伏旱阶段，这两个时期麦/油后直播棉分别处在苗、蕾生育期。与麦后直播棉苗期促发，蕾期控旺的栽培要求基本合拍。8 月上中旬为台风盛季，但此时麦/油后直播棉株体不大，根系已深，密度又高，风灾损伤比麦套或麦/油后移栽棉相对较轻。8月中下旬是一年之富照高峰，恰与麦 / 油后直播棉开花、结铃盛期同步。又由于麦 / 油后直播棉没有伏前桃，虽然 9 月份秋雨几率较大，但是烂铃数却明显减少。因此，总体上看，尽管麦 / 油后直播棉全生育期总辐射能较少，但棉花生长发育与影响其生长发育的温、光、水环境条件协调较好，在一定程度上有利于棉花养分的制造与积累，这是麦 / 油后直播棉丰产的基础。

棉花的产量构成主要由铃数、铃重和衣分构成，其中衣分主要由品种特性决定，而铃数主要受栽培措施影响。2013 年湖北省黄冈市农业科学院李蔚等采用偏相关、通径分析和多元回归等方法对麦 / 油后直播棉产量及其产量构成因素进行分析表明：麦 / 油后直播棉的产量及其构成因素之间均呈极显著正相关，而产量构成因素之间呈不同程度的负相关，各构成因素对产量的影响依次为单株铃数＞密度＞铃重＞衣分，单株铃数是麦 / 油后直播棉产量形成的主要影响因素。因此，通过加强栽培技术调整、创造理想株型、协调好个体与群体的关系，以此构建高光效群体，有效增加铃数是麦 / 油后直播棉夺取高产的主攻方向。

根据江苏省农业科学院杨长琴等研究（表 5-8）表明，麦 / 油后直播不同短季棉品种其铃数差异较大，中棉所系列品种群体铃数较高，其中中棉所 58、中棉所 74 两个品种每公顷 121.5 万个铃以上。铃重亦是影响产量的主要因素，麦 / 油后直播短季棉各品种的铃重均在 4.0 ～ 4.5 g，据此综合分析提出中棉所 50、中棉所 58、中棉所 74 和鲁棉研 35 号等品种适宜在长江流域下游棉区适宜麦 / 油后直播种植。进而，杨长琴等以中棉所 50 为研究材料，指出麦 / 油后直播棉的适宜种植密度每公顷为 7.5 万～ 8.25 万株，每公顷总铃数 87 万～ 94 万个，理论皮棉产量 1 700 ～ 1 800 kg/hm^2。

表 5-8 麦 / 油后直播棉不同品种产量及其构成

品 种	铃数（万个 /hm^2）	铃重（g/ 铃）	衣分（%）	理论皮棉产量（kg/hm^2）	霜前子棉产量（kg/hm^2）
中棉所 50	100.5 bc	4.6 a	40.8 a	1 891.3 b	3 669.0 a
中棉所 64	99.0 c	4.0 b	38.8 b	1 528.2 c	2 823.0 cd
中棉所 58	129.0 a	4.3 ab	39.0 b	2 168.5 a	3 405.0 ab
中棉所 74	121.5 a	4.4 ab	35.5 c	1 892.2 b	2 899.5 c
鲁棉研 35 号	105.0 bc	4.6 a	39.1 b	1 887.6 b	3 022.5 c
国欣棉 2 号	123.0 a	4.3 ab	39.9 ab	2 114.4 a	3 481.5 a
辽棉 19 号	108.0 b	4.5 a	38.8 b	1 878.9 b	2 505.0 de

二、麦 / 油后直播棉种植区域与播种期

麦棉两熟种植在新中国首先出现在 20 世纪 50 年代的长江流域棉区，其种植形式棉花直播套种于冬小麦（元麦）行间。之后，随着棉花需求量的增加，加上育苗移栽技术的推广，其种植形式为棉花育苗移栽套种于冬小麦行间；到 20 世纪 70 年代后期发展较快，已发展到该区北缘的南襄盆地和淮河两岸，甚至到达黄河流域的豫东和皖北等地；到 20 世纪 80 年代初达鼎盛期，整个长江流域棉区均采用这一种植模式。随着进一步技术熟化和品种的更新，黄河流域棉区麦棉两熟种植飞速发展，20 世纪 90 年代后，麦棉两熟种植成为我国长江流域与黄河流域两大植棉区主要的种植模式。据中国优质棉网监测 2007—2008 年黄河流域棉区麦棉两熟面积分别为 77.5%、83.1%，覆盖在 N 38° “石家庄—德州线”以南，无霜期 200 d 以上，≥15℃积温 3 900℃以上等棉区。

根据张厚瑄 2000 年通过世界工业化的发展进程和气候变化的趋势影响推算出全球气温总趋势呈增加态，40 年后中国可能年均温增 1.4℃，其中冬季达到 1.48℃，农业热量增加，部分高山融雪可能使土壤水分提升，加上大气 CO_2 浓度增加，使两熟过渡带向北和向西推移，一年二熟和三熟耕作区面积必然呈扩大趋势。毛树春根据自 1997 到 2006 年京津唐 10 年的气候资料分析指出，这一地区年均温增 0.64 ～ 1.52℃，增幅 6% ～ 7%，气温稳定通过 ＞ 10℃的日数延长 4 ～ 10 d，年降水量减幅为 12.1% ～ 27.0%。由于日均温度增加，无霜期延长和降水量减少等气候趋势，加上新技术和早熟品种的推陈出新，麦棉两熟模式可北移约 2 个纬度达到近 N 40° 京津一带。

全球气候的改变，温度的上升，无霜期的延长亦为麦 / 油后直播短季棉创造了自然条件，近几年麦 / 油后直播棉在长江流域棉区种植面积逐渐扩大。肖松华等综合分析了江苏省主产棉区种植麦 / 油后直播棉的自然资源，指出在长江流域下游棉区选择生育期≤ 110 d 的早熟棉品种，于 6 月上旬播种，至常年的初霜期 11 月 10 日，其生育进程与江苏省粳稻的常年生产情况相同，这一阶段江苏省自北向南≥10℃的有效积温为 4 400 ～ 4 780℃，高于新疆棉区棉花生长季节≥10℃的有效积温（3 800 ～ 4 660℃），因此从自然资源的角度考虑，可以在江苏省推广种植麦 / 油后直播棉花。近几年，江苏省农业科学院、南京农业大学、湖北省农业科学院、湖南省棉花科学研究所等长江流域棉花科学研究单位相继证明在长江流域棉区种植麦 / 油后直播棉是切实可行的。在黄河流域主要棉区，麦 / 油后直播棉技术的相关研究亦相继展开，但是由于黄河流域棉区小麦收获期在 6 月 10 日之后，霜降来得较早，目前我国并没有生育期在 90 ～ 100 d 的超早熟品种。因此，目前麦 / 油后直播棉主要在长江流域棉区推广，而在黄河流域棉区仍需在超早熟品种选育和高产促早栽培技术方面加强研究。

三、麦 / 油后直播棉种植方式与种植密度

在作物高产栽培中，增加种植密度建立合理的群体结构是获得高产的关键措施。麦 / 油后直播短季棉生育期在 100 ～ 110 d，其单株生产力水平较低，因此必须适当提高种植密度以弥补生育期的推迟导致短季棉生产潜力的不足；进一步通过栽培措施协调好个体与群体之间的矛盾，实现棉花生产的早熟、优质、高产和高效。因此，提高种植密度是麦 / 油后直播棉丰产栽培的核心。目前麦 / 油后直播棉普遍采用等行距种植方式，但亦有专家提出采用宽窄行或宽行密植种植方式，有利于适当提高密度，尽早促成高光能利用群体，其相关试验示范研究仍需进行。

提高种植密度是麦 / 油后直播棉丰产栽培的核心，相关研究表明，提高种植密度抑制了棉花横向生长，而对纵向生长有利，从而提高其株高，限制果枝长度，有利于塑造理想的机采棉株型。适宜的高密度同时也降低单株成铃数和铃重，但是增加其群体铃数和最终产量形成。由于麦 / 油后直播棉的种植密度与品种特性、栽培技术和气候等环境因素之间存在密切联系，不同的棉花主产区其适宜的种植密度亦不同。2008 年，王国英等在湖北省的试验表明，中棉所 50、中棉所 64 两个品种在密度每公顷 6 万株下产量最高，子棉单产分别达到 4 188 kg/hm^2、4 075 kg/hm^2。但是同时指出，根据产量的变化趋势预测，密度还有增加的空间，可以获得更高的预期子棉产量，但需要进一步安排试验验证。2011 年，羿国香等在湖北省天门市的试验表明，富棉 1 号在该棉区的适宜种植密度为每公顷 9 万株左右，如果密度继续提高在雨水偏多年份则会造成田间隐蔽过大，通风透光条件差，从而影响产量和品质。2012 年江苏省农业科学院经作所以中棉所 50（CCRI50）为材料在长江下游棉区进行大田麦 / 油后直播密度试验，结果表明：种植密度对群体果节量和成铃数影响较小，但对果节和成铃动态与棉铃的空间分布影响较大，提高种植密度可明显降低外围铃和叶枝铃比例，而内围铃和下部铃等优质桃比例升高，从而可以促进棉花集中吐絮，提高纤维品质。实收产量结果表明，兴化和南京试验点麦 / 油后直播棉种植密度每公顷分别在 5.7 万～ 7.5 万株和 6.7 万～ 8.2 万株均可获得较高产量，但两试验点种植密度每公顷分别低于 5.1 万株和 6.0 万株产量显著降低。鉴于此，不同地区的麦 / 油后直播棉的适宜种植密度应根据当地的品种特性和气候条件，结合合理化控和轻简施肥等其他栽培措施做进一步的研究。

麦 / 油后直播棉没有伏前桃，三桃结构由伏桃、秋桃和晚秋桃组成，伏桃比重轻，秋桃比重大，随密度的增加伏桃比例有所上升，因此，增加密度既是获得高产的关键，也是优质的关键。但是生产中也有高密度并没有促进早熟高产的例子，主要有两方面的原因：一是有的高密度棉田既未认真化控又未早打顶，或地力过肥，结果造成田间隐蔽，棉花中下部蕾铃大量脱落，抓了内围铃丢了下部铃；二是有些高密度田块过分强调了早打顶、重

化控，12.0 万株 /hm^2 的密度，6 ～ 8 台果枝即打顶，所结铃虽然都在下部果枝上，但在横向上却大大外移，抓了下部铃又丢了内围铃，而且大面积生产难以做到精细整枝，结果赘芽偏多，无效花蕾多。这两种情况都没有发挥高密度促早熟的优势。因此，高密度栽培要提高内围铃与早打顶增加中下部结铃紧密结合起来，在果枝节生长的纵横两个方面挖掘争早熟的潜力。

四、麦 / 油后直播棉生育进程与肥水运筹

麦 / 油后直播棉花全生育期（出苗到吐絮）在 100 ～ 110 d，比麦行套种（栽）或麦 / 油后移栽的 125 ～ 140 d 缩短 20 ～ 30 d，这主要是由于麦 / 油后直播棉的生态条件改变，气温升高，雨水充足，不但出苗快，而且生长迅速。据江苏省农科院经济作物研究所报道，在长江流域下游棉区的麦 / 油后直播棉在 5 月底至 6 月上旬播种后，墒情适宜田块一般 4 ～ 5 d 全苗，比麦行套种棉早 6 ～ 7 d；另外麦 / 油后直播棉采用短季棉品种，该类品种花芽分化早、蕾期物质累积快，蕾期比中熟棉短 3 ～ 5 d；而在棉铃发育期光合产物累积高，铃期比中熟棉短 7 d 左右。江苏省农业科学院杨长琴等观察发现，麦 / 油后直播棉 5 月底至 6 月初露地直播，苗期 35 ～ 40 d；7 月上旬现蕾，蕾期 16 ～ 20 d；7 月下旬至 8 月初开花，铃期 50 ～ 60 d，9 月下旬开始吐絮。

麦 / 油后直播棉在合理密植的基础上的轻简化田间管理技术应以促早管理为主。结合当地温、热、水资源与短季棉的品种特性，形成合理的生育进程，促进棉花早发和生长集中。现代研究一致认为提高麦 / 油后直播棉产量与改善其品质的主要技术措施是促进幼苗早发，一方面要早播早管，采用地膜覆盖等技术实现壮苗早发。更为重要的是在合理密植基础上要科学施肥。施足基肥，早施重施蕾花肥。江苏省农科院经作所研究发现麦 / 油后直播棉氮素代谢旺盛，因此苗期应施足氮肥，促苗早发、提高果枝始节；同时研究认为由于麦 / 油后直播棉生育期明显缩短，开花结铃集中，中下部结铃性强，需肥高峰提前，早施花铃肥是夺取高产的关键。但是需要指出的是，与育苗移栽稀植大棵、大水大肥的高产栽培管理相比，麦 / 油后直播由于密度增加，需适当减少氮肥总量的投入，以免造成徒长和田间荫蔽；并适当增加磷钾肥用量，维持麦 / 油后直播棉肥料吸收平衡，这对于提高棉花肥料利用效率、促进早熟、提高产量和纤维品质极为重要。根据 2011 年、2012 年江苏省兴化市和大丰市的试验结果，亩产皮棉 80 ～ 100 kg 的高产田块，采用两次施肥，施肥总量为氮肥（纯氮）12 ～ 15 kg/ 亩，磷肥（P_2O_5）5 ～ 7 kg/ 亩，钾肥（K_2O）12 ～ 15 kg/ 亩。肥料运筹，基肥：N 40% 左右，P_2O_5 100%，K_2O 50% 左右。花铃肥：N 60% 左右，K_2O 50% 左右。具体为棉花播种时施足基肥或出苗后一周内早施苗肥。用量氮肥（纯 N）5 ～ 6 kg/ 亩，磷肥（P_2O_5）5 ～ 7 kg/ 亩，钾肥（K_2O）6 ～ 7.5 kg/ 亩。棉苗长势不足的棉田酌情施用速

效氮肥促进发棵。7 月下旬开花时，施氮肥（纯 N）7 ～ 9 kg/ 亩，钾肥（K_2O）6 ～ 7.5 kg/ 亩。缺硼棉田用高效速溶硼肥对水叶面喷施。麦 / 油后直播棉在生长中后期易出现早衰现象，因此可选用叶面喷施 1% 的尿素、0.2% 的磷酸二氢钾溶液 2 ～ 3 次，促进养分转化，加快有机物积累，提高养分资源利用率，增加铃重。

五、麦 / 油后直播棉株型构建与化学调控

麦 / 油后直播棉种植密度高，由于苗蕾期温度高，日照强，土壤水分足，生长快，易旺发疯长，因此麦 / 油后直播棉塑造理想株型，协调好个体与群体的关系，构建合理的高产群体是优质高产的基础。

适时打顶和简化整枝是塑造麦 / 油后直播棉早熟、高产群体结构的重要技术环节，也是实施立体调节的主要方法之一。由于油后直播棉播种较迟，生长期间气温较高，因此采用高密度种植，且在减少氮肥用量的情况下，其叶枝发生较少，因此中期可不整枝。为促进棉株营养生长尽快转向生殖生长，宜选择适宜的时期打顶。根据各地试验及调查结果，初步看出，在密度为每亩 4 500 ～ 6 500 株的条件下，8 月上旬，在棉株高度达到 80 ～ 100 cm 时打顶，打顶要打小顶。打顶后每株保留 12 ～ 14 台果枝，单株果节数 45 ～ 55 个。打顶后果枝迅速伸长时要加强化控，控制果枝横向伸长及营养枝的赘芽丛生。这种打顶和整枝方式可使棉株纵向和横向生长均整齐，田间通风透光良好，同时便于塑造理想株型，控制棉花群体开花期，使短季棉生长更好地由营养生长向生殖生长转化，有利于棉铃集中成熟吐絮，不但产量较高，而且霜前花率 85% 以上。

合理的化学调控对于控制徒长和蕾铃脱落、促进生殖生长具有很好的效果，是棉花生产的主要技术措施之一。棉花营养生长与生殖生长重叠时间长且矛盾突出，尤其是麦 / 油后直播棉在高密度下营养生长旺盛，极易出现田间荫蔽，造成严重徒长和蕾铃脱落。因此，合理的化学调控对麦 / 油后直播棉的田间管理尤为重要。目前棉花采用的化学调节剂仍以缩节胺为主。由于不同棉花品种、棉株长势对缩节胺的敏感性有显著差异，因此化学调控的次数和缩节胺的用量要因品种、棉株长势及气候与地力情况而异。总体而言，与现行的营养钵育苗移栽比较，油后直播棉生长季节短，化学调控的次数和缩节胺的用量均相对减少。一般而言，麦 / 油后直播棉全省育期一般化控 2 ～ 3 次，缩节胺每亩总用量 6 ～ 8 g，具体为苗期一般不需要进行化学调控，以促进棉花快速生长为主；盛蕾期对有旺长趋势的棉田，亩用缩节胺 0.5 ～ 1 g（或 25% 助壮素 2 ～ 4 mL）对水 30 kg 均匀喷洒，控制棉苗旺长；盛花期，亩用缩节胺 1.5 ～ 2 g（或 25% 助壮素 6 ～ 8 mL）对水 30 kg 全面喷雾；打顶后 1 周，亩用缩节胺 4 ～ 5 g（或 25% 助壮素 16 ～ 20 mL）对水 30 kg 全面喷雾，全面控制无效果节。

化学催熟是实现麦 / 油后直播棉早熟高产的重要栽培措施。麦 / 油后直播棉秋桃多，必须进行化学催熟，以促进光合产物向棉铃转运，有利于棉花早熟。喷药前对已吐絮的棉花进行采收，以免降低纤维品质。当前长江流域化学催熟措施主要为：待棉株自然吐絮 30% ～ 40% 时，每亩用 40% 的乙烯利 30 mL 对水 30 kg 均匀喷施在棉株中下部喷施，迫使无效蕾铃和老叶加速产生离层和脱落，将养分集中转移到棉铃上，促进棉铃加快充实成熟吐絮。如效果不理想，则可在棉株吐絮 50% ～ 60% 时第二次喷施，每亩用 40% 的乙烯利 30 mL 对水 30 kg 棉田全面喷施。通过两次喷施可起到应有的催熟作用，实现早熟高产。

第三节　麦 / 油后直播棉种植机械化

当前随着农村劳动力大量向非农产业转移，农村土地加快流转，植棉向沿海、滨湖等瘠薄滩涂集中，规模化植棉是未来棉花生产发展的趋势，同时棉花受劳动力投入的限制将越来越突出，适应生产管理机械化种植是规模化植棉的关键。我国农业生产机械化技术经过几十年的研究与创新，带动了植棉机械研制工作进展迅速，在植棉耕整地、播种、管理等环节的机械已成熟，而机械化采收相对薄弱。随着大麦后直播早熟棉在长江流域和黄河流域机械化采收获得成功，将有力推动麦油后直播棉规模化、机械化发展。

一、麦 / 油后直播棉播种机械化

（一）机械播种的农艺要求

下种均匀、播量准确。按要求的播种量和播种方式均匀下子。一般播种量毛子为 60 ～ 120 kg/hm^2、光子（或包衣子）为 30 ～ 75 kg/hm^2。实际播种时，根据普通播种或精密播种等特定要求执行。普通播种，在播量符合要求的情况下，断条率或空穴率小于 5%；实际播量与要求播量之间偏差不超过 2%，同一播幅内，各行下种量偏差不超过 6%，穴播的穴粒数合格率应大于 85%。实际少量或精量播种时，另有特殊的严格要求。

播种方式满足要求。按生产实际状况选择普通播种或精密播种；条播、穴播或点播。

深度适中。在我国多数棉区，播种深度一般为 2.5 ～ 3.0 cm，上下允许偏差 0.5 cm，沙土地可略偏深（但也不宜超过 4 ～ 4.5 cm），多雨地区或底墒充足的黏土地宜偏浅。播后要均匀覆土，干旱情况下，至少要有 1.5 cm 以上厚度的湿土层覆盖棉籽，上面在覆细碎的薄层干土。对播种深度的要求也有例外，有时要求多层次播种，即将棉种分播在深度 3 cm 或 4 cm 以内的不同土壤层次里。

播行端直一致。在 50 m 播行内，直线误差不得超过 8 ～ 10 cm，行距均匀一致，在同

一播幅内，偏差不超过 1 cm。

工作幅宽匹配。播种机行数行距等配置除应满足农艺要求、适应田块、道路条件和配套动力外，也应尽可能与后续使用的田管机械、收获机械等匹配（如后续作业拖拉机行走行的行距不能过小、行数与后续机械相同或呈整数倍数关系等）。

满足覆膜、施肥等联合作业的要求。在需要施种肥、覆膜、施洒农药等情况下，尽可能采用复式联合作业机。播种机具上同时设置相应的施肥、覆膜及施洒农药等装置。地膜覆盖播种，覆膜平整，严实，膜下无大空隙，地膜两侧覆土严密。膜上播种时，要求膜孔与种穴的错位率不大于 5%；种行上覆土后，膜孔覆土率不小于 95%，膜面采光面不小于 50%。施种肥时，肥料应放于种子一侧或下方，不与种子直接接触，埋肥深度可调，覆盖良好。施洒农药等也应满足相应的技术要求。

因地制宜，满足当地当时的特殊农艺要求。一般露地机播，要求开沟、下子、覆土、镇压一次性完成。播后种行上不能出现拖沟、露子等现象。在特殊情况下，如连续阴雨、土壤湿度过大、盐碱地等，则不需镇压。干旱地区要严格做到镇压和抹土。必要时，播种机加装刮除表层干土、抗旱补水等装置。

（二）棉花播种机主要类型

目前棉花播种覆膜作业机械已研制成功，国内生产的机型种类较多，技术上日臻完善。当前大面积应用的机型有：新疆生产建设兵团生产的 2BMG-A 系列、2BMS-A 系列、2MB-IA 型和 2BM-FG-8C 型膜棉播种机，陕西省西安市农业机械厂生产的 2BML-2、4、6、8 型铺膜播种联合作业机，山东临清市播种机厂生产的 2BMF-2 型棉花穴播施肥播种机等。最近山东理工大学研发了一种能同时完成开沟、播种、施肥和覆膜工作的大型多功能 2BM-6 精密棉花播种机，满足麦棉轮作体系的播种要求，保证了播种深度，且采用满足棉花收获机械要求的行距（76 cm）。但这些机械在播种量控制、播种均匀度控制等方面，不能完全满足生产需求，需要对现有机型根据实际生产的农艺要求进行改进。按照播种机采用的棉子类型和播种方式分为以下几种类型。

毛子棉播机：由于毛子易粘连，流动性差，在毛子棉播机上，一般配备由搅种器和排种轮组成的复合式排种装置。毛子棉播种机经一定调整，有时也用于播种光子，但下子均匀度较差，一般只有在较大播种量时才能保证全苗。20 世纪 70 年代以前，我国较普遍使用的牵引式 MB-4、BM-2 型棉播机等即为毛子棉播机。

光子（或包衣子）精密和半精密棉播机：普通棉播机一般播种量较大，为 60～120 kg/hm^2。精密棉播机一般要求使用光子（或包衣子、丸粒化子），配备机械式、气力式等类型排种装置，可精确控制播种量（单粒或多粒）、精确播放种子位置，一般播种量为

15 ～ 45 kg/hm^2。半精密棉播机的播种量介于上述两种棉播机之间。

条播机、穴播机或条、穴兼播机：条播机、穴播机只能条播或只能穴播棉花；而条、穴兼播机则既可以条播也可以穴播棉花，通过更换排种盘或在条播机上加载成穴装置达到条、穴播转换。

（三）播前准备

为保证棉花机播工作高效、高质量顺利进行，必须组织农艺、机务、后勤等部门分工合作，做好农务、机务质量检查及田地规划整理、物料（种子、肥料、农药、安全清洁用具等）准备和运输装卸、棉播机准备，同时做好质量掌控和检查、安全教育和措施实施等工作，并对现场出现的情况和问题及时进行调整和处置。

1. 种子、地膜、肥料等物料准备

供机械播种的毛子，应符合国家标准。一般经机械剥绒 1 ～ 2 道（或经丸粒化处理），含绒率和破子率要尽可能低，发芽率不能低于 70%，并事先进行种子清杂和晒种。毛子（丸粒化处理外）经过浸、闷种后，萌芽不能过长，以微露白芽为宜。临播前用草木灰、炉渣灰和拌种药剂等将种子充分拌匀后，适当凉放、滤水，做到子粒浸透湿润而松散，没有结团、成串现象。

光子和包衣子也应符合国家标准，发芽率不能低于 80%，精密播种的种子发芽率越高越好，至少不低于 85%。一般情况下，机播种子和包衣子事先不必浸种或闷种，即所谓“干子播种”。

地膜覆盖用的膜卷要求两端齐整、无断头、无粘连，芯轴孔径不能太小，膜卷外径不得过大。地膜宽度与播种行距及种植模式匹配。

如需在播种同时施用种肥，要选用没有杂物、流动性好的颗粒状肥料。

2. 棉花播种机械的选用与准备

根据地区特点和农艺要求（如当地播期天气特点、条播或穴播、覆膜与否等）、种子类型（毛子、光子或丸粒化子）、地块大小、土壤状况和使用动力及播种后田间管理使用作业机械的行数等，因地制宜地选配相应的播种机械。

如采用地膜覆盖播种，多数采用膜上穴播机，具有不必用人工破膜放苗、节省间、定苗用工，避免因放苗不及时而引起“烫苗”等优点，满足规模化植棉的需求。

一般生产条件下，棉花播种量毛子为 60 ～ 120 kg/hm^2，光子（或包衣子）为 45 ～ 75 kg/hm^2，可采用普通的棉播机播种。但在棉花质量好，发芽率高，土壤结构、墒情、整地质量、气候条件、机播技术等各种条件优越的情况下，也可采用播量为 15 ～ 30 kg/hm^2 的精密、半精密棉播机播种。

3. 田间准备

麦 / 油后棉花在前茬收获后，及时整地抢墒播种。要求达到地表平整，要求地面高度差在 5 cm 以内，土壤细碎，“上虚下实”，虚土层厚 2.0 ～ 3.0 cm，土墒适中，有利于保墒、出苗。表面覆盖干土层（厚度不大于 1.5 cm）。一般来说，待播棉田应该做到条田的边角、引渠田埂尽量修直取正。播种前清除田间障碍和地表残茬、石头等；根据播种机特点和作业技术水平，要在地头划出播种机起落线和规划好作业小区，转弯地带和每个小区的宽度应是作业宽度的整倍数；在地块的起播处，顺着机组行进的方向，标出明显的起播边线或插上标杆。

（四）棉花机械化播种作业

棉花机播宜选择天气晴暖、无（微）风、土墒适中、地表薄层干土覆盖时进行。应尽量避免低温阴湿、大风天气、土壤黏湿等不利条件下机播。

机播作业第一行程时，应沿地边起播线（或标杆）直线匀速行驶，中途不停机，随机操作人员应随时监视排种（肥、药）、开沟、覆土镇压等工作情，地头转弯时再次检查播种量、行距及覆土情况，依据要求进行调整。

加种、加肥、故障排除等尽量在地头进行，同时注意下种（肥）量是否正常，下种（肥）口（管）、开沟器、覆土器等有无堵塞。

穴播作业时，行进速度适当放慢，以防前进速度过快或快慢不均导致成穴质量下降等现象。播种毛子时，尤其要注意定时彻底检查和清理排种装置，以防下子不匀、下种量减少，甚至发生断条现象。

二、麦 / 油后直播棉管理机械化

麦（油）后直播棉田间管理机械化作业主要有中耕（包括松土、除草）追肥、灌溉、植保（包括农药、除草剂、化学调控剂）等机械化技术。

（一）中耕追肥机械化

麦（油）后直播棉中耕追肥机械作业主要是进行行间中耕除草、疏松土壤、追肥、开沟等。中耕除草可抑制草害，减少土壤中养分和水分的消耗，改善通风透光条件，减少病虫害；松土可促进土壤内空气流通，加速肥料分解，提高地温，减少水分蒸发；追肥可给棉花补充养分，促进作物生长发育，开沟为沟灌和排出多余雨水、促进行间通风透气创造条件。

行间中耕主要根据田间杂草状况及土壤墒情适时进行，一般可结合施肥进行。中耕深度逐次由 10 cm 增加到 18 cm，做到耕层表面及底部平整，不应有拖堆、拉沟和大土块现象，表土松碎，不埋苗、不压苗、不损伤茎叶。护苗带宽度为 8 ～ 12 cm，在不伤苗的前提下应尽量缩小护苗带。

行间追肥要适时、适量、均匀，一般在苗期、开花期各追一次肥。追肥要求下肥均匀，下肥量适宜，肥料不得漏洒在地表或棉花叶片上。追肥深度一般为 8 ～ 15 cm，前期浅、后期深；苗、肥相距 10 ～ 15 cm。中耕追肥机械化技术已基本成熟，中耕追肥机械的主要机型有：3ZF 系列中耕施肥机、3ZFQ-3.6、3ZFQ-4.5 全浮动中耕追肥机、ZFX-2.8 型悬挂式专用中耕追肥机，2BZ-6 型播种、中耕通用机，2BMG-A 系列铺膜播种中耕追肥通用机等。前期棉花较小，中耕追肥时，可用普通中型轮式拖拉机作为配套动力，后期因棉株高并封行，需用高地隙轮式拖拉机作配套动力，并在轮外加装护罩，不会在作业中损伤果枝。

麦 / 油后直播棉中耕追肥机械作业方法及注意事项：

一是作业前排除田间障碍物，填平毛渠、沟坑；检查土壤湿度，防止因土壤过湿造成陷车，或因中耕而形成大泥团、大土块；根据播种作业路线，作出中耕机组的进地标志；根据地块长度设置加肥点，选择颗粒状、具有良好的流动性的肥料，有利于其被顺利送到位。

二是作业前需配齐驾驶员、农具员，根据需要选择适宜的拖拉机和中耕机具，并按棉花行距调整拖拉机轮距；根据行距、土质、苗情、墒情、杂草情况、追肥要求等，选择合适的锄铲或者松土铲；配置和调整部件位置、间距和工作深度；麦 / 油或直播棉棉株长势弱于中熟常规棉与杂交棉，因此中耕应安装护苗装置。

三是控制作业速度，麦 / 油直播棉种植密度大，相应行距小。中耕追肥作业速度不宜快，不能超过 6 km/h，草多、板结地块不超过 4 km/h，注意不埋苗、伤苗；行走路线应与播种时一致。作业前机组人员必须熟悉作业路线，按标志进入地块和第一行程位置；机组升降工作部件应在地头线进行调整。

四是中耕作业第一行程走过 20 ～ 30 m 后，应停车检查中耕深度、各行耕深的一致性、杂草铲除情况、护苗带宽度以及伤苗、埋苗等情况，发现问题及时排除；追肥作业时，应检查施肥开沟器与苗行的间距、排肥量及排肥通畅性，不合要求应及时调整；在草多地块作业时，应随时清除拖挂杂草，防止堵塞机具和拖堆；要经常保持铲刃锋利。

（二）灌溉机械化

目前我国棉田采用的灌、排水方法以地面畦、沟为主，简单有效且成本低，但水的利用率较低。传统的排灌机械种类很多，性能各异，以各种类型的农用水泵机组使用较为普遍。随着农业机械的发展，新的灌溉方法和设备在棉花生产中得到了推广应用。先进有效的节水型灌溉设备以喷灌和滴灌为主，尤其适合于大面积规模化种植的棉田。

1. 沟灌与畦灌机械化

沟灌和畦灌简单有效，成本低，其机械化主要是利用开沟筑埂机具和中耕机具挖渠、开沟或作畦，形成田间灌溉水系。沟灌与畦灌地面坡度一般为 0.3% ～ 0.8%，最大不超过 1%；地面起伏不超过 10 cm；毛渠间距随地面坡度增大而减小，一般为 15 ～ 25 m；地块坡度较大时，应采用细流沟灌。主要提水设备是水泵，常用的包括：离心泵、混流泵、轴流泵、深井泵和水轮泵等。水泵的选择依水源、需水量、扬程等而定，在水源充足、扬程较小的平原河网区，主要使用混流泵或轴流泵；在地下水位较深的井灌区，多使用离心泵。

水泵安装时要选择平坦、坚实的地面，并尽可能地靠近水源从而降低吸水扬程。管路设计应尽量短而直，使用前检查进水管和出水管的密封性能，减少管路的扬程损失。水泵启动前先关闭离心泵出水管上闸阀来减轻启动负荷；有吸程的先排尽进水管和泵壳的空气；具有可调式叶片的轴流泵，先根据扬程的变化调整好叶片角度；轴流泵和深井泵的橡胶轴承需注水润滑。启动后，密切注意机组的工作状况，出现异常立即停机。工作结束后检查各部件、放空泵壳和水管内的水。

2. 喷灌机械化

喷灌是一种先进的灌溉技术，具有操作简单、有效调节土壤水分和田间小气候、节水（水分利用率提高 30% 以上）、适应性强（对土地的平整性要求不高）、省地省工等特点。它利用压力将水喷射于空中，形成细小水滴，类似降水。

喷灌系统一般可以分为管道式喷灌系统和机组式喷灌系统。管道式喷灌系统可分为固定式、半固定式和移动式三种类型，其中移动式的喷灌系统水泵、动力机、各级管道和喷头都可以拆卸移动，轮流使用。该设备利用率高，但拆装搬卸用工量大。机组式喷灌系统即喷灌机，是将动力机、水泵、管道和喷头等组装在一起的一整套系统，操作简便，具有机动性。

灌溉时把握两个原则：一是喷灌需要保证不影响其他田间机械的作业；二是要制定合理的灌溉制度并适时调整，包括灌水总量、灌水次数，在棉花花铃期进行喷灌还需要避开授粉高峰期（9：00—11：00）。

（三）植保机械化

1. 植保作业规程

麦 / 油后直播棉棉田机械化植保作业主要包括喷施农药、化学调节剂及脱叶剂等，合理开展化防、化控、化脱等作业。因此，应根据不同的项目选择药剂，并根据喷药量确定喷头孔径和工作压力，正确调整喷头的角度，确定施药方法。病虫害药物防治及棉花化学控制喷洒作业通常同步进行，常利用量化指标对棉花进行系统的化调化控，即：蕾期轻控、花铃期中控、打顶后重控。一般地，植保机械化作业前均需检查药箱及各接头是否连接紧密不漏液、喷头是否具有良好的雾化性、药液浓度及喷药量是否符合标准；作业后用清水彻底清洗药箱，尤其是喷洒除草剂的药械最好专用，以免造成对作物的药害。

2. 植保机械

可应用的植保机械种类很多，常见的为喷雾机、弥雾机、超低量喷雾机、喷粉机和喷烟机等，其对应的施药方法分别为：喷雾法、弥雾法、超低量喷雾法、喷粉法和喷烟法。喷雾法是对药液施加一定的压力，通过喷头将药液雾化呈 100 ～ 300 μm 的雾滴，喷洒在棉花的茎秆及叶片上，该方法喷洒面积较大，药液散布均匀，穿射和粘着性好，除要求自然风力不大于 3 级外，受其他气候的影响较小。弥雾法是利用高速的气流将雾滴破碎、吹散，雾化成 75 ～ 100 μm 的雾滴，吹送到远处，其雾滴细小，覆盖面积大，药液消耗小，防治效果大大提高，可采用高浓度、低喷量药液，大大减少稀释用水，特别适用于干旱缺水地区，作业时对自然风力的要求很高。超低量喷雾法是通过高速旋转的转盘将微量原液甩出，雾化成 15 ～ 75 μm 的雾滴，该方法工作效率高，防止效果好，但由于对选用的药剂、喷洒时的自然条件和安全防护都有技术要求，使用还不普遍。喷烟法和喷雾法目前棉花上基本不用。

目前，棉花植保作业已全部实现了机械化，一般选择高底盘拖拉机和高架喷雾机，离地间隙应在 80 cm 以上，常用的代表机械有：北京市植保机械厂、山东临沂农业药品械厂等生产的 WFB-18AC、WFB-18BC、WFB-18A3C、3WF2.6、3WF-3 型等背负式喷雾喷粉机，苏州农业药械厂等生产的 3WF-7 型压缩喷雾器，上海前进微电机厂生产的 3WCD-5A 型手持电动超低量喷雾器，新疆石河子植保机械厂、河北邯郸农业药械厂等生产的 3W-800、3W-1500、3W-1700、3W-2000 型机引喷杆式喷雾机。

3. 作业前准备

植保机械作业之前，要做好田间准备工作、机组准备工作以及药量和机器行走速度的测算工作。田间准备包括清除田间障碍物，平整田间灌水毛渠、坑和沟等，确定行走方法，作出明显标志，准备好充足、洁净的水源，若就地取水，还需要准备好过滤装置，保证水质清洁。机组准备包括机组的配置，相关人员的配备，药液需由专业的质保人员配置，作业前对喷雾机进行全面的检查和保养，确保植保机械作业顺利进行。药量和机器行走速度的测算工作主要根据喷头喷量和作业速度来决定，作业时若出现计算速度过高或过低的情况，可适当改变药液浓度并适当调整作业速度。

4. 麦（油）后直播棉植保机械作业注意事项

一是机械作业前查好天气预报，作业当天气温不宜超过 30℃，无风或者微风，交接行的重叠量不能大于 3%。

二是作业前先进行场地试喷 3 ～ 5 m，测定喷量和喷雾均匀度，如与要求相符，则继续进行喷洒，如不符，则调整直至与要求相符。

三是机组作业时要保证速度平稳，随时注意查看行走路线有无伤苗、漏喷、重复喷等现象，作业时如遇到机器故障，第一时间关闭喷雾设置。机组行走路线采用梭形行走路线，从下风向地边向上风向方向移动作业。

四是喷药必须严格按操作规程进行，施药人员必须做好防护措施以防药液接触到眼睛或者皮肤。作业中施药人员不得抽烟，喝水，吃饭。若出现中毒症状，必须及时就医。作业后一定换洗衣服，用肥皂洗净手脸。超低量喷雾机不能用于喷洒剧毒农药，以免发生中毒事故。

三、麦 / 油后直播棉收获机械化

（一）机械采收的农艺要求

实施棉花机械采收，是实现棉花生产向全程机械化和精准农业迈进的重要举措。要推广棉花的机械化采收，扩大棉花机采的程度与范围，农机农艺必须紧密结合，建立与采棉机相适应的农艺配套技术。

1. 田间布局

选地布局要满足采棉机作业的要求。采棉机体积较庞大，要选择土地集中连片、地势平坦、排灌方便、肥力适中、便于大型采棉机作业的轮作区，对棉花进行集中连片种植，以增加采棉机连续作业的时间，减少在地头转弯的次数。作业规模上，摘锭式采棉机一般要求地块长度在 500 ～ 1 000 m，面积在 100 亩以上；指杆式采棉机一般要求地块长度在 200 ～ 500 m，面积在 30 亩以上。在采棉机进地作业之前，为了便于采棉机在棉田的地头两端转弯和卸棉，应预留出一定的转弯和卸棉空间，或是先人工采摘 15 m 的地头。或是在棉田两端留出 8 ～ 10 m 的非植棉区（在条件允许且不影响棉花生产的前提下，可种植其他早熟的农作物）。

2. 种植模式

与常规的植棉方式相比，机采棉技术要求棉花播种行距应适合采棉机的采收行距，保证亩株数符合当地农艺要求。同一机采棉区域内，统一种植密度和种植行距配置，播种密度应＞ 5 500 株 / 亩，以便机械化采收作业。不同类型的采棉机对种植模式要求不同，适合水平摘锭式采棉机的种植行距为 76 cm（或 81 cm、86 cm、91 cm 任选一种）；各行距与规定行距相差不超过 ±3 cm，行距一致性合格率和邻接行距合格率应达 90% 以上。

复指杆式采棉机可不对行收获，对行距没有要求，以等行距较佳。

3. 品种特性

机采棉要求棉株株型相对紧凑、不能过于松散，植株茎秆柔韧性好，有利于提高采摘效率及采收质量；棉株的高度最好在 80 ～ 110 cm，同时棉株最低吐絮铃距地面 18 cm 以上，以减少采收时地面杂物的影响；要求棉花吐絮期相对集中，棉铃吐絮畅、烂铃僵瓣少，抗风性能好，既有利于采棉机集中采收，又可减少自然落地的损失和机械采棉时碰撞损失；品种对脱叶催熟剂敏感，要求机械采收前脱叶率达 90% 以上，吐絮率达到 95 以上。

目前我国尚未有完全适合机械化采收要求的棉花品种。在长江流域棉区中棉所 50 通过栽培技术调节株型特征基本符合机采棉要求、能实现集中吐絮，且对脱叶催熟剂敏感，目前是长江流域下游棉区主要的麦 / 油后直播比较适合机采的品种。

（二）化学脱叶催熟

化学脱叶催熟技术是机械化采棉的必不可少的技术措施。通过喷施植物生长调节剂不仅促使棉株 90% 以上的棉叶快速脱落，也有利于促进棉花成熟（催熟），棉铃吐絮相对提前和集中，为提高机收采摘率、避免机采棉被绿叶污染和降低含杂率创造条件。特别是在贪青晚熟的棉田可起到催熟及提高霜前花率的效果，改善棉花色泽和品级；脱叶催熟剂又能除掉无效花蕾，改善田间通风透光状况，降低霉烂损失。此外，化学脱叶还有利于控制棉花后期病虫害和田间杂草。

1. 脱叶剂、催熟剂

化学脱叶一般通过脱叶剂的抗生长素性能，促进乙烯发生或刺激乙烯发生的性能而达到目的。从作用机制上可将化学催熟剂和脱叶剂分为两类。第一类为触杀型的化合物，如脱叶磷、氯酸镁等。它们分别通过不同的机制杀伤或杀死植物的绿色组织，同时刺激乙烯的产生，从而起到催熟和脱叶作用。这一类化合物起效快，应用时间宜偏晚。第二类化合物促进内源乙烯的生成，从而诱导棉铃开裂和叶柄离层的形成，如乙烯利、噻唑隆等。第二类化合物的作用比第一类慢，在生产上的应用时间比第一类早。我国机采棉技术中应用较广泛的脱叶药剂主要有脱落宝（Dropp）、乙烯利（Prep）、氯酸镁 [$Mg(ClO_3)_2$]、脱叶磷（Def）等，其特性见表 5-9。

脱落宝：又名脱叶灵、脱叶脲、噻苯隆等，是一种植物生长调节剂，是棉花生产中为脱叶剂的首选药剂，在全球范围内推广和使用。使用脱落宝以后，它可使棉花植株本身产生脱落酸和乙烯，从而导致叶柄与棉株之间形成离层，达到棉叶自行脱落。可使叶片还在青绿状态迅速将营养成分转移到植株上部幼嫩棉铃，且脱落宝药效维持时间较长，彻底解决“枯而不落”的问题，减少叶片对子棉的污染。另外，脱落宝的落叶功能仅限于锦葵科的一些种，对其他植物并不产生落叶。因此，它在使用中具有极高的安全性。

乙烯利：是棉花生产中广泛使用的催熟性植物生长调节剂，在棉花上应用较广泛。植物吸收后，乙烯利不仅自身能释放出乙烯，而且还能诱导植株产生乙烯。人工施用乙烯利，可使棉铃内乙烯含量增加，提高棉花的呼吸强度、促进蛋白质和核酸的合成，加快棉叶老化速度和增加脱叶量。乙烯利作为棉花催熟剂使用具有经济、安全、可靠等优点，但 由于其药效发挥较慢，受温度影响大，其使用对种子的发育成熟有一定影响。

氯酸镁：氯酸镁是一种氯酸盐类脱叶催熟剂。易溶于水，吸湿性强。经氯酸镁处理后，棉叶光合作用降低，呼吸和蒸腾强度暂时增强，但 1 天后明显下降，同时过氧化氢酶和多酚氧化酶的活性受到抑制，使棉花茎叶在短时间内脱水干枯，并加快棉铃的开裂吐絮。

脱叶磷：脱叶磷是一种有机磷酸盐类脱叶剂，其有效成分不溶于水。药剂形式有乳剂和粉剂。它的效能与氯酸盐类相似，可以在较短时间内使棉花茎叶迅速脱水干枯，加快脱叶和铃的开裂吐絮。经动物实验证明，棉叶经脱叶磷处理后 3 ～ 4 d，毒性即可消失。

2. 脱叶剂和催熟剂的使用注意事项

在实际应用中，脱叶剂和催熟剂的使用受到气候条件、棉铃成熟状况和施药技术的影响。因此要注意以下几个方面：

一是确定最佳喷药时期。生产上通常在机械采收前 20 d（棉铃吐絮率达到 40% 左右），选择在施药前后 3 ～ 5 d 的日最低气温＞ 12.5℃，日平均温度高于 18℃时施药，更有利于脱叶催熟剂的释放和棉花的吸收，从而提高田间脱叶和催熟效果，减轻对棉铃吐絮和棉籽发育的不良影响。

二是采用合理的喷药方式。可采取分层分期喷药催熟的方式，先对棉花中下部喷药，促进下部棉铃提早开裂和部分叶片脱落。7 ～ 10 d 后，再适当增加药液浓度对中上部棉铃进行催熟，从而降低对铃期小的棉铃降低铃重的效应。

三是确定适宜的药剂浓度。药液浓度和催熟效果呈显著正相关，但并非浓度越高越好，浓度过高，会形成逼熟，浓度过低，起不到催熟作用。脱叶剂用量应掌握以下基本原则：正常熟相棉田适量偏少，过旺晚熟棉田适量偏多；喷期早温度高时适量偏少，喷期晚的适量偏多；密度小的适量偏少，密度大的适量偏多。如遇雨则适当补喷。脱落宝具有优良的脱叶效果，而乙烯利的催熟效果显著，二者复配在棉田使用既能解决脱叶问题，又能起到较好的催熟作用，从而获得理想的脱叶催熟效果。生产上一般可用 40% 乙烯利 3 000 mL/hm^2 ～ 4 500 mL/hm^2 加脱落宝 450 g/hm^2 ～ 600 g/hm^2。

四是不管用药多少或施用的早迟，喷施时必须对足水，使喷施的部位均匀着药，才能达到快速有效催熟的效果。

表 5-9 化学脱叶催熟剂特性简表

特性＼名称	脱落宝（Dropp）	乙烯利（Prep）	氯酸镁 [Mg（ClO_3）$_2$]
有效成分	Thidiazurou（techn） 化学名称： N-PhenyI-N′-1，2， 3-thiadiazol-5-Yi）-harnstoff 总化学式：$C_9H_8N_4OS$ 有效成分：50%	2-氯乙基磷酸 $ClCH_2CH_2P(OH)_2$	$Mg(ClO_3)_2 \cdot 6H_2O$
用　途	植物生长调节剂，在棉花种植中起脱叶催熟作用	植物生长调节剂，促进植物成熟衰老的内在激素	促进植物干化，具催熟作用
剂　型	粉　剂	液　剂	液　剂

特性＼名称	脱叶磷（Def）	脱叶亚磷（Folex）	烯草钠（Drep）	脱落宝＋乙烯利混合液
有效成分	S，S，S-三丁基三硫代磷酸酯 化学式： [（C_4H_9S）$_3PO_4$] 有效成分：70.9%	有效成分：75%	氯丙烯酸钠 化学式： $C_3H_2ClN_3O_2$ 有效成分：95%	—
用　途	干燥剂	干燥剂	干燥剂	脱叶催熟作用
剂　型	粉剂和乳剂	液　剂	粉　剂	混合剂

注：本表由陈发整理（2011）

（三）采棉机技术指标要求

根据国际上对机采棉技术应用的评价指标以及我国机采棉技术试验多年的经验，一般对采棉机作业主要综合技术性能指标为 3 项：棉花采净率≥ 85%；落地面损失率≤ 10%；棉花含杂率≤ 10%。

采收质量标准：水平摘锭式采棉机要求采净率达 93% 以上，合理制订行走路线，以减少撞落损失。总损失率不超过 7%，含杂率在 11% 以下，含水率在 12% 以下。

指杆式采收质量应符合总损失率≤ 9%、含杂率≤ 11% 的要求。

此外，采棉机必须操作简便，工作可靠，效率高，经济效益好。

（四）采棉机的类型

采棉机按收获方法的不同分为两大类型：一次性摘棉机和分次采棉机。

1. 一次性摘棉机

又称摘铃机。在棉田中能一次采摘全部开裂（吐絮）棉铃、半开裂棉铃及青铃等。也可用于分次采棉后，最后一次性摘完棉株上的残花和青铃。此类机具一般配有剥铃壳，果枝、碎叶分离及预清理装置，采摘工作部件主要类型主要有梳齿式、梳指式、摘辊式。机具结构简单，作业成本较低。但由于不能分次采棉，采摘后的子棉中含有大量的铃壳、断果枝、碎叶等大小杂质，并使霜前、霜后花混在一起，造成子棉等级降低。

此类型采棉机购置和维护成本较低，其中指杆式采棉机采收的子棉杂质含量高，复指杆式和刷辊式采棉机收净率较高。适合于收获棉铃吐絮集中、棉株密集、棉行窄小、吐絮不畅，且抗风性较强的棉花。

目前，复指杆式采棉机在黄河长江流域有应用，其对农艺要求低，没有行距要求。但要求株高在 90 ～ 100 cm，不超过 110 cm；主茎基部直径不超过 1.8 cm，采摘点直径不超过 1.5 cm，因此株型适应性方面有待提高。

2. 分次采棉机

一般可分为机械式、气流（吸、吹）式、电气式、机械气流复合式等类型（均指采棉原理）。应用较成功的为机械式中的摘锭式采棉机。其主要采用的采棉工作部件是摘锭，由于可按棉铃开裂吐絮的先后、基本上不损伤未开裂棉铃及子棉，因而称分次采棉机。按摘锭相对于地面的状态，一般可分为水平摘锭式（美国、中国）与垂直摘锭式（前苏联）两类。水平摘锭式采棉机又分为滚筒式、链式及平面式，生产上使用较广泛的是滚筒式，其次是链式。

目前，采棉机在我国棉花生产中应用比较成熟的有美国约翰迪尔公司生产和凯斯公司生产的水平摘锭式采棉机，该类型采棉机对株型的适应性好，含杂率低，生产效率高，但购置和维护成本高。

中、美新型采棉机技术特性见表 5-10。

（五）机械化采棉作业

无论是国产采棉机还是美国采棉机，在技术性能上均较成熟，但如果采收过程中操作不当，会降低采收率、增加机采子棉含杂率等，给加工带来一定的难度，影响最终皮棉质量，反过来会制约机采棉技术的有效应用。因此，要做好以下几方面工作。

机械采收前准备：机械采收前对田边地角机械难以采收但又必须通过的地段进行人工采摘；平整并填平条田内的毛渠、田埂；清除棉田中的各类地桩、残膜、杂物等，并且将所挖的坑填平踩实；必须人工先拾出地两端 15 ～ 20 m 的地头，要求将地头棉秆砍除，棉秆茬高不得高于 2 cm，并清除摆放到地头外，将地头处理平整，便于采棉机及拉运棉花机车通行；确定进出条田的路线，查看通往被采收条田的道路、桥梁，宽度不小于 6 m，机器通过高度不小于 4.5 m。另外，配备好拉运和存放机采子棉的拖车和场地。

检查保养：机械采收操作人员必须熟知采棉机的工作原理、性能及保养、维修技术和实际操作要领；机械采收前按采棉机操作规程检查各部件、传动、液压等系统，并按操作说明的要求进行必要的检查保养。检查报警装置间隙及灭火器配置。

收获时机选择：在喷施脱叶催熟剂 20 d 以后，适时观察脱叶效果，在脱叶率达到 90% 以上、吐絮率达到 95% 以上时，即可进行机械采收作业。

机械化采棉作业：摘锭式采棉机机械采收时，做到不错行、不隔行，棉行中心线应与采摘头中心线对齐；应避免跨播幅机采。指杆式采棉机可不对行采收。严格控制采收作业速度，麦 / 油后早熟棉棉株正常高度（70 ～ 100 cm），作业速度在 5 ～ 5.5 km/h；在保证采收子棉含杂率不超过 10% 的前提下，尽量提高采净率。

表 5-10　中、美新型采棉机技术特性一览表

项目＼机型	4MZ-2/3 采棉机	2155 采棉机	2555 采棉机	CPX610 采棉机	9965 采棉机	9970 采棉机	9976 采棉机	990 采棉机	7455 摘棉铃机
生产国别	中国	美国	—	—	—	—	—	—	—
公司厂家	中国收获集团总公司	凯斯	—	—	迪尔	—	—	—	—
机具形式	自走式	自走式	自走式	自走式	自走式	自走式	自走式	背负式	自走式
产品类型	普及性	过渡性	普及性	新产品	过渡性	普及性	新产品	普及性	普及性
采收部件	水平摘锭	水平摘锭	水平摘锭	水平摘锭	水平摘锭	水平摘锭	水平摘锭	水平摘锭	梳指型
类型	pr-12	12	12	16	pr-12	pr-12	pr-16	pr-12	—
采收部件排列方式	单侧型	对称型	对称型	对称型	单侧型	单侧型	单侧型	单侧型	对称型
适宜采收行距（cm）	30+60、76、96	30+60、76、96	76、96	96	30+60、76、96	30+60、76、96	96、76	30+60、76、96	96
适宜采收行数	2、3	4	4、5	6	4	4、5	5、6	2	4、5、6
发动机功率（kW）	121	194	194	253.5	186	186	242	85	117

（续表）

项目 \ 机型	4MZ-2/3采棉机	2155采棉机	2555采棉机	CPX610采棉机	9965采棉机	9970采棉机	9976采棉机	990采棉机	7455摘棉铃机
工作速度（km/h）	3.5 ~ 4.5	5.7 ~ 6.9	6.3 ~ 7.7	5.9 ~ 6.9	5.8 ~ 6.4	6.4 ~ 7.2	3.5 ~ 5.3	6.0 ~ 14.2	—
运输速度（km/h）	0 ~ 22	27.3	27.3	24.1	25	24.6	27.4	15	29.6
传动类型	静液压	静液压	静液压	静液压	静液压	静液压	静液压	传动轴	静液压
座管轴摘锭数（个）	14	18	18	18	18	18	20	14	—
每行座管轴数（根）	12	12	12	12	12	12	16	12	2
标准棉箱容积（m^3）	20.5	24.5	32.5	39.64	30.2	32.8	33.6	10.5	22.88
参考结构重量（kg）	9 900 ~ 10 500	16 500 ~ 17 300	约 17 500	20 203	—	14 057	18 477	—	7 945

注：本表由陈发（2008）整理

参考文献

陈建平．2014．江苏省沿海地区发展盐碱地植棉战略思考 [J]．中国棉花，41（4）：14-15．

范术丽，喻树迅，宋美珍．2008．中国短季棉遗传改良研究进展及发展方向 [J]．中国农学通报，24（6）：164-167．

范向阳，梅金安，翟中兵，等．2012．密度和施氮量对麦后直播棉产量及其结构的影响 [J]．湖北农业科学，5（11）：2186-2189．

方杰，谭旭生，管锋，等．2014．加快推进洞庭湖地区油后机械化植棉的思考 [J]．中国棉花，41（4）：11-13．

姜艳丽，石跃进，宋建中，等．2012．山西南部麦后短季棉机械化播种技术初探 [J]．山西农业科学，40（1）：31-33．

李景龙，李飞，郭利双．2014．棉花油后直播在湖南棉田生产机械化中的作用 [J]．湖南农业科学（2）：32-33.

王国平，毛树春，韩迎春，等．2012．中国麦棉两熟种植制度的研究 [J]．中国农学通报，28（6）：14-18.

王彦立，李悦有，孙福鼎，等．2010．黄河流域超早熟短季棉适宜播期及密度初探 [J]．中国棉花，37（7）：20-21.

肖松华，纪从亮，俞敬忠．2009．机械化植棉是江苏省棉花生产发展的必由之路 [J]．江苏农业科学（1）：4-7.

肖松华，吴巧娟，刘剑光，等．2011．江苏省机械化植棉的可行性分析 [J]．中国棉花，38（4）：5-8.

杨长琴，刘瑞显，杨富强，等．2013．种植密度对麦后直播棉产量与品质形成的影响 [J]．江苏农业学报，29（6）：1221-1227.

杨长琴，刘瑞显．2013．杨富强长江下游棉区适宜麦后直播棉品种筛选 [J]．江苏农业科学，41（8）：81-83.

喻树迅，范术丽．2003．我国棉花育种进展与展望 [J]．棉花学报，15（2）：120-124.

喻树迅，王子胜．2012．中国棉花科技未来发展战略构想 [J]．沈阳农业大学学报，14（1）：3-10.

喻树迅．2013．我国棉花生产现状与发展趋势 [J]．中国工程科学，15（4）：9-13.

张志勇，王素芳，王清连，等．2013．豫北植棉区麦后直播短季棉高产高效简化栽培技术 [J]．中国棉花，40（5）：38-39.

中国农业科学院棉花研究所．2013．中国棉花栽培学 [M]．上海科学技术出版社.

第六章　棉花全程机械化技术

第一节　耕整地机械与技术

一、土地耕翻机械

（一）土地耕翻的目的及技术要求

土壤耕作是整个农业生产过程中的一个重要环节，耕作的目的是疏松土壤，恢复土壤的团粒结构，以便积蓄水分和养分，改善土壤的理化性质，覆盖杂草、肥料，防止病虫害，为作物生长发育创造良好的条件。农田在栽培了一茬作物后，由于土壤的自然渍沉，加上雨水淋溶，风沙侵击，机具碾压，致使表层土壤团粒结构受到破坏，组织密实，肥力降低。在滴灌条件下，滴水主要在土壤的表层，犁底层浸润能力差，土壤板结严重；同时，在前茬作物收获后，地面上总是留下许多残根杂草有待清除，这都要求在种植下一季作物之前对土地进行耕翻，将肥力低的上层土壤翻到下层，将下层的良好土壤翻到上层并将残茬、杂草以及肥料、害虫等翻埋土中。

1. 耕翻作业的优点

第一，耕整地可以改善土壤结构。通过耕整地使作物根层的土壤适度松碎，并形成良好的团粒结构，以便吸收和保持适量的水分和空气，使土壤中的水、肥、气、热相互协调，有利于种子发芽和根系生长，并可将肥料、农药等混合在土壤内以增加其效用。第二，耕地可将过于疏松的土壤压实到疏密适度，以保持土壤水分并有利于作物根系发育。第三，通过耕整地也可进行改良土壤，将质地不同的土壤彼此易位。例如，将含盐碱较重的上层移到下层，或使上、中、下三层相互之间易位以改良土质。第四，耕整地可消灭杂草和害虫。将作物的根茬、秸秆、杂草等翻入土层下，消灭寄生在土壤和残茬中的病虫害。

2. 对土地耕翻质量的农业技术要求

耕地作业应在适宜的农时期限内及适宜的墒度期进行，并且要结合深施底肥进行。耕地分秋耕和春耕，有条件的地区秋耕最好。

耕翻土地应达到规定的深度，均匀一致，沟底平整。

垡片翻转良好，地表的残株、杂草、肥料及其他地表物要覆盖严密。

耕后地表平整，松碎均匀，不重不漏，地头整齐，到头到边，无回垡和立垡现象发生。

严格耕作制度，开垄、闭垄作业方法应交替进行，不得多年重复一种耕作方向。

（二）犁

1. 犁的类型

目前所使用的耕地机械，由于其作业的工作原理不同主要分为三大类：铧式犁、圆盘犁和凿形犁。其中，铧式犁应用历史最长，技术最为成熟，作业范围最广。根据农业生产的不同要求、自然条件变化、动力配备情况等，铧式犁在形式上又派生出一些具有现代特征的新型犁：双向犁、栅条犁、调幅犁、滚子犁、高速犁等。

2. 铧式犁的基本结构

铧式犁的基本结构如图 6-1 所示。

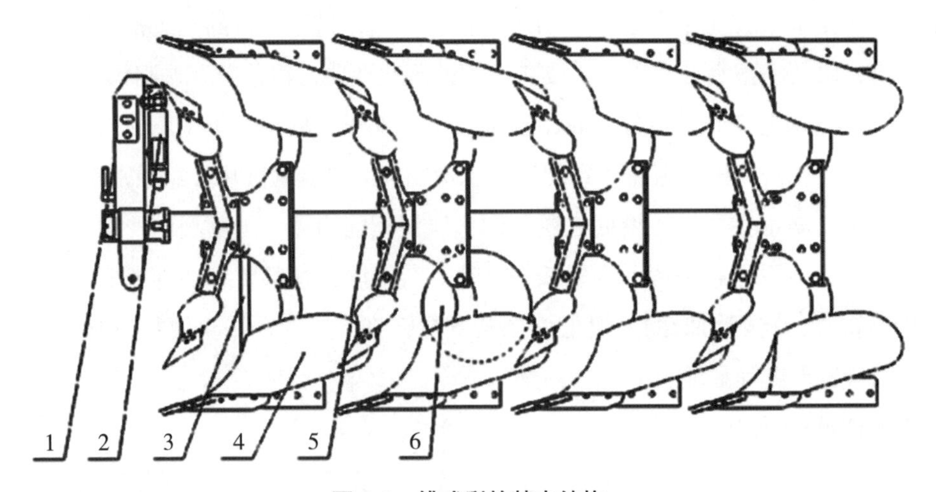

图 6-1　铧式犁的基本结构

1- 牵引悬挂装置；2- 液压翻转机构；3- 支撑架；4- 主犁体；5- 犁架；6- 耕深调节装置

3. 主犁体结构及用途

主犁体的结构如图 6-2 所示。

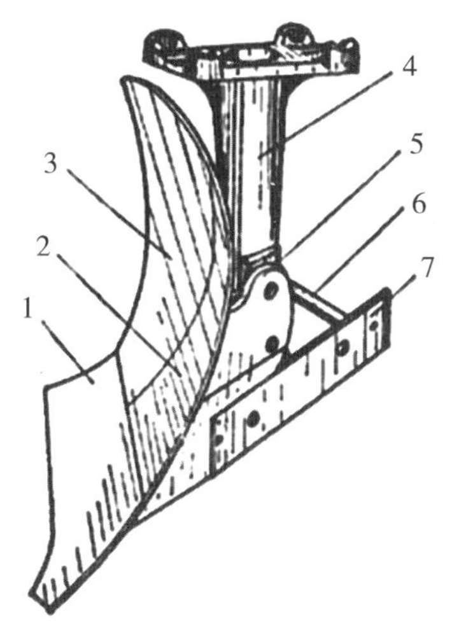

图 6-2　主犁体的结构

1- 犁铧；2- 前犁壁；3- 后犁壁；4- 犁柱；5- 犁托；6- 犁壁支杆；7- 犁侧板

犁铧——切开土垡、导土垡上升至犁壁；犁壁——破碎和翻扣土垡；犁侧板——平衡侧向力；犁柱——联结犁架与犁体曲面；犁托——联结犁体曲面与犁柱。

4. 犁体曲面类型

犁铧与犁壁共同组成了犁体曲面（图 6-3），由于曲面的参数不同、性能不同，曲面可分为：翻土型、碎土型和通用型。

翻土型——犁铧起土角较小，犁胸部平缓，易于引导土垡上升，但翼部扭曲较为明显，目的在于将上升至曲面顶部的土垡翻扣。这种形式的曲面，土垡的运动轨迹为一条螺旋线，故又称螺旋犁。它主要用于开荒、深翻、消灭杂草和病虫害。

碎土型——犁胸部较陡，翼部几乎为直立状，土垡沿曲面上升过程中表现为上压下挤，从而使土垡破碎。一般用于土壤状况较好、杂草较少且以松土为主的耕地作业，故又称熟地型犁。

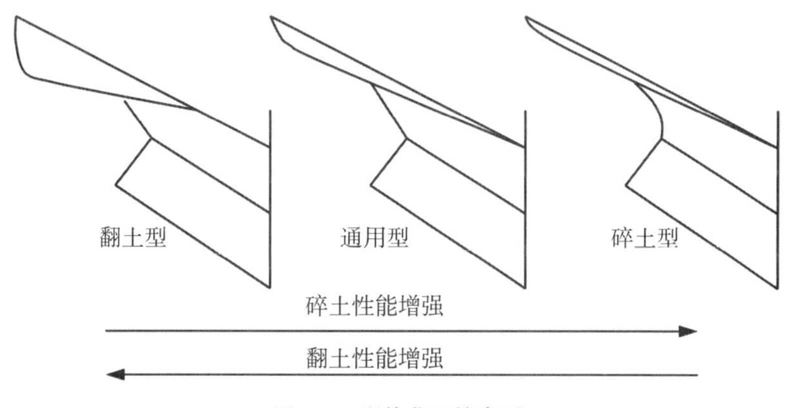

图 6-3　犁体曲面的类型

通用型——形状和性能基本界于翻土型和碎土型之间，故又称半螺旋型，目前包括山东在内的华东、华中地区应用较多。

犁铧的作用是入土和切开土垡并使其上移至犁壁。铧尖部分首先入土，铧刃部分切开沟底，因此工作时承受阻力较大。常用的犁铧，按其结构形式可分为梯形铧、凿型铧和三角形铧。梯形铧的结构简单，便于采用周期轧制的型钢制造。犁铧背面有储备钢料，便于磨损后的锻延修复，但铧尖容易磨钝，入土性能变差。凿型铧在机力犁上使用最多。犁铧的凿尖向沟底以下伸出 10 ～ 15 cm，向未耕地伸出约 5 mm，入土性能较梯形铧为好，保持耕深稳定性的能力较梯形铧强。我国南、北方铧式犁系列的各种犁体，绝大多数装有凿型犁铧。国外铧式犁产品也以凿型铧为最多。有些凿型铧，在铧尖部分带有侧舷，以提高犁铧的强度，宜于在干硬土壤中工作。

由于犁铧总是在紧实的土壤中工作，作用在犁铧上的工作阻力约占总阻力的一半，所以铧刃和犁铧工作极易磨损。磨钝后犁铧的工作阻力及拖拉机的油耗量显著增加，且入土性能恶化，耕深不稳定。因此耕地时应保持犁铧刃口的锋利，磨钝后应及时修复或更换。

犁壁的作用是破碎和翻转土垡。犁铧和犁壁组成犁体曲面，犁体曲面的左边刃称为犁胫，它从垂直方向切土，切出沟墙。曲面的中部为犁胸，主要起碎土作用。后部为犁翼，主要起翻土作用。组合式犁壁的优点是当靠近胫刃部位的犁壁磨损后可以局部更换，能节省材料、降低使用成本。

5. 悬挂犁的入土性能

犁的入土性能是以入土行程来衡量，入土行程是指最后犁体的铧尖触及地面至达到规定耕深要求处的水平距离。入土行程越短，犁的入土性能越好。保证入土性能的条件是入土角和入土力矩。

入土角：入土角是指铧尖落地时，犁底平面与地平面之间的夹角，如图 6-4（a）所示的 β 角。如果入土角为零，如图 6-4（b）所示。或入土角为负，如图 6-4（c）所示，犁落地时，不是犁尖先着地，而是整个犁体或犁侧板末端先着地，犁体显然不能入土。只有入土角为正值时，如图 6-4（a）所示，犁才能顺利入土。为了保证入土角为正值，瞬时回转中心必须配备在犁的前方。如果瞬时回转中心在犁的后方，入土角为负值，犁是无法入土的。

入土力矩：良好的入土性能要求犁要有一定的入土力矩，使瞬时回转中心保证在入土全过程中，否则，即使有足够的入土角，也会使犁入土困难，或达不到作业质量规定的耕深。

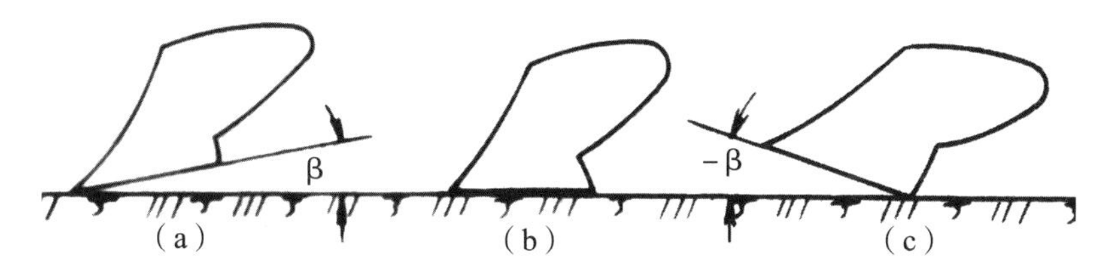

图 6-4 犁体的入土角

（a）入土角为正 （b）入土角为零 （c）入土角为负

6. 影响牵引阻力的因素和减少阻力的措施

（1）影响牵引阻力的因素

影响牵引阻力的因素有犁体曲面形状、表面光滑程度、铧刃锋锐程度、耕深、耕宽、前进速度、土壤状况等。

（2）减少阻力的措施

降低无效阻力：减轻犁的重量，增强曲面光滑程度，提高铧刃的锋锐程度（自磨刃）等（图 6-5）。

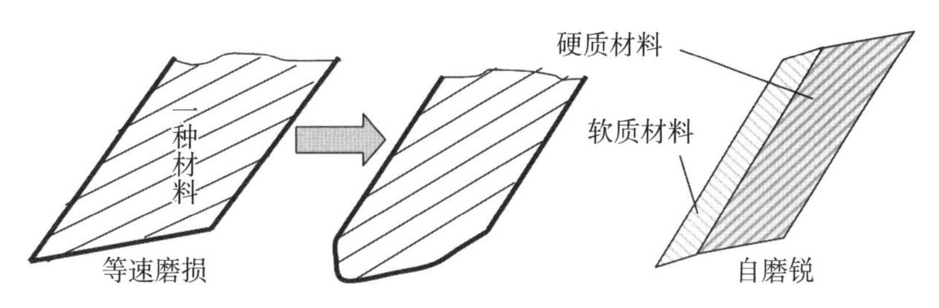

图 6-5 犁刃材质选用对比

设计合理的犁体曲面：犁翼后撇，可减少土垡运动的侧向速度 Vy，避免侧向过分抛扔土垡，减少抛扔的能量消耗，Vy ≤ 1m/s（图 6-6）。

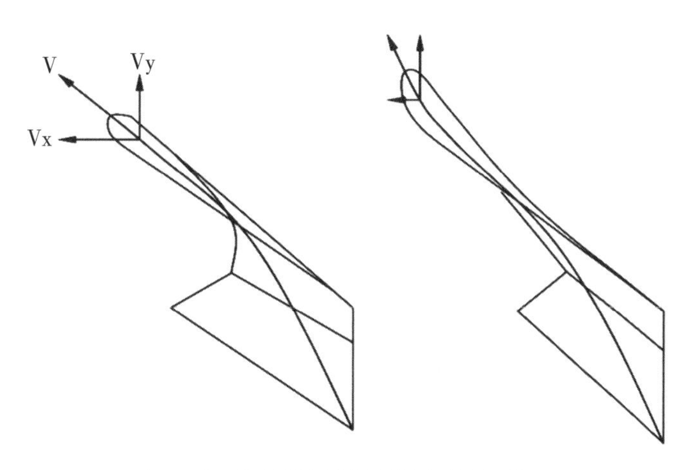

图 6-6 普通犁与高速犁犁体曲面对比

改变犁体曲面的结构形式：栅条犁、滚子犁、气（水）隔犁等（图 6-7）。

（a）合金钢普通型犁体

（b）栅条犁体

图 6-7　合金钢普通犁与栅条犁体对比

① 栅条犁：为合金钢普通型犁体，犁体经过特殊热处理，特别牢固坚硬。犁体的入土角度可调节，翻垡、碎土、覆盖性能好，阻力小。犁尖到犁壁的光滑过渡使得犁体入土更加轻松容易。犁壁由经过加硬处理的特质钢制成，独特高速曲面设计，高度抗磨损，并且在主磨损区内没有螺丝。铧尖宽大，可以独立被更换，节省费用。

② 栅条犁体：栅条犁体的栅条由厚壁，经过特殊热处理的特质钢制成，可以单个被更换。适合黏重型土壤。固定螺丝深度固定栅条，保证在长时间使用后还非常牢固不松动。栅条犁体和普通犁体基于完全相同的基础犁体的设计，但是栅条犁体的主磨损区面积比普通犁体大。犁体的各部件由特殊的硼微合金钢制成。重叠的密接结构防止残株或是异物的阻塞。高度的材料密度和牢固的固定保证抗冲击，抗磨损能力。

③ 滚子犁（图 6-8）使土垡的运动由滑动摩擦改为滚动摩擦，可大大降低犁耕土壤阻力。

④ 水隔犁（气隔犁）(图 6-8）可有效阻隔犁体曲面与土垡之间的接触，减少土壤阻力。

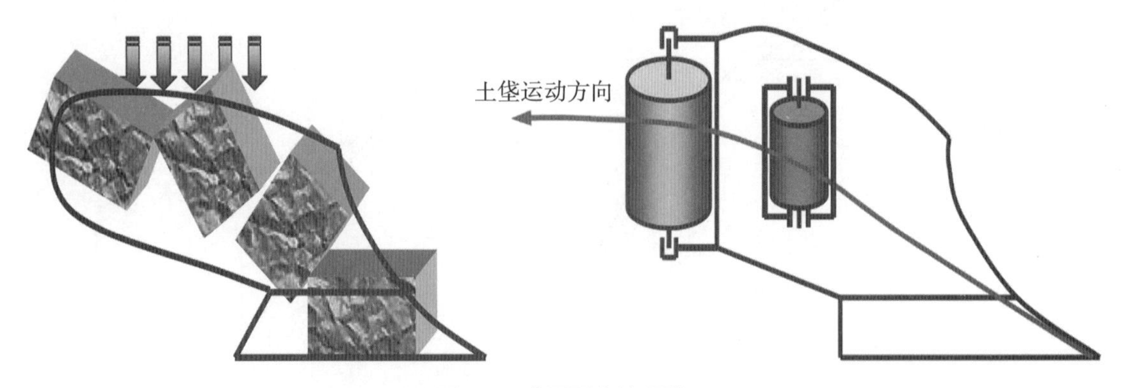

图 6-8　水隔犁和滚子犁

7. 主要作业机械

（1）液压垂直翻转犁

液压垂直翻转犁是目前耕地作业中广为采用的耕地作业机具（图 6-9、图 6-10），它在液压控制下，能在耕作的往返行程中，进行梭形双向作业，交替变换犁的翻垡方向，使土垡向地块的同一侧翻转，减少了空行率，耕后地表平整，无沟无垄，地头空行少，在坡地上同向翻垡，可逐年降低耕地坡度。其技术参数见表 6-1。

图 6-9　垂直翻转四铧犁

图 6-10　垂直翻转五铧犁

表 6-1　垂直翻转犁技术参数

型号规格	参数名称						
	外形尺寸（cm）（长 × 宽 × 高）	整机重（kg）	单铧幅宽（cm）	耕深范围（cm）	犁体斜向间距（cm）	犁架高度（cm）	配套动力（hp）
1SF—435A	265 × 180 × 140	820	35	22 ～ 30	70	65	80 ～ 100
1SF—435B	300 × 150 × 140	810	35	22 ～ 30	70	65	80 ～ 100
1SF—440（调幅）	350 × 210 × 150	1 060	40、45	24 ～ 32	90、96	70	120 ～ 140
1SFT—435（调幅犁）	380 × 170 × 165	1 100	30 ～ 40	24 ～ 32	85	75	120 ～ 130
1SFT—445（调幅犁）	535 × 200 × 165	1 350	40 ～ 45	24 ～ 32	90	75	180 ～ 200

（2）翻转双向超深耕犁

我国长期单一的种植模式，致使土壤地力下降、板结加剧、土壤病菌感染，枯萎病面积逐年扩大，直接影响作物的产量和质量。特别是滴灌田块更存在土地板结的问题。推广超深耕深翻耕作技术是改善土壤结构、减少病虫害、探索促进作物可持续增产丰收的新途径。该技术主要利用大功率拖拉机配套超深耕机具对土壤进行深翻作业，耕翻深度达到 50 ～ 60 cm，可以有效消灭杂草、减少病虫害。该项作业可以 4 ～ 5 年进行一次。1LHFC-240 型翻转双向超深耕犁见图 6-11。

图 **6-11　1LHFC-240** 型翻转双向超深耕犁

主要特点：为了保证超深耕犁在各种土壤条件下具有良好的入土性能，在犁体设计时，采用了机械式入土角调整结构，使犁体倾角可以在 0° ～ 5° 范围调整，以确保犁体不同土壤条件下具有良好的入土性能。为减小耕作阻力，超深耕犁整体设计采用层耕的结构形式，用双层犁耕地时，将下层土壤翻到地面和将上层土壤放置到沟底由特殊犁体完成。为了将下层土壤翻到上面，下层的犁体采用升土型扭柱工作曲面。上层的犁体采用半螺旋型的工作曲面，而且上层犁体耕幅较下层犁体略小。为了使上层犁体更强有力地将垡片侧推入沟底，上层犁体位于铧刃处的形成线与沟墙间的夹角为 40° ，犁壁较普通螺旋犁壁短。

主要技术指标：作业速度≥ 5 km/h，纯小时生产率≥0.2 hm^2/h，耕深 50 ～ 70 cm，耕深稳定性变异系数≤10%，耕宽稳定性变异系数≤10%，碎土率≥65%，植被覆盖率地表以下≥85%，植被覆盖率（8 cm 深度以下）≥60 %，入土行程≤6m。

（3）浅翻深松耕作机械

浅翻深松耕作是采用深松铲与浅翻犁铧部件组合作业，深松铲对土壤进行深松，以打破犁底层，使下层土壤疏松，有利于积蓄雨水和作物根系的下扎。同时，在不破坏土壤原来层次的前提下，浅翻犁铧对土壤浅层原茬耕翻，能创造出符合种子发芽和作物苗期生长所需要的苗床条件。

机械浅翻深松耕作技术可加深耕层，能创造出符合种子发芽和作物苗期生长所需要的苗床条件，为农作物正常生长创造良好的土壤条件。该项技术可使深松深度达到30 ~ 40 cm，比传统的铧式犁耕翻技术加深耕层 10 cm。作物根系深扎能使作物充分吸收土壤中的水分和养分，促进作物茎叶生长。

机械浅翻深松耕作技术能建立上虚下实的耕层构造，明显地改善了土壤的蓄水能力。在降水季节，上部虚土层能迅速接纳雨水，并通过深松层下渗到 30cm 以下的土壤中储存起来，形成土壤水库，同时有效地防止了水土流失。由于浅翻深松耕法不用铧式犁耕翻，不把下层土壤翻上来，有利于保墒和防风蚀。

1LF-535 翻转式双向浅翻深松犁见图 6-12。该产品适用于长期在同一耕层耕作的原茬地上进行犁底层土壤的松动和熟土层的翻动作业。一次作业犁铧在正常耕深范围内翻土的同时深松铲将下面的土层松动，能够打破犁底层、加深耕作层、熟化土壤。同时又保证表层熟土和底层生土不相混拌。形成上虚下实、虚实相间的耕层结构，利于土壤蓄水保墒。

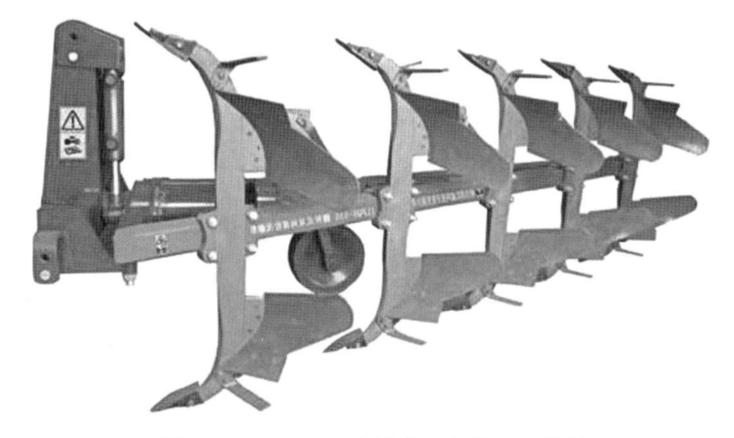

图 6-12 1LF-535 翻转式双向浅翻深松犁

主要技术指标为：其作业速度 5 ~ 8 km/h，纯小时生产率 0.6 ~ 1 hm^2/h，犁耕深度20 ~ 25 cm，深松深度 30 ~ 40 cm，耕深稳定性变异系数≤ 10%，耕宽稳定性变异系数≤ 10%，碎土率≥ 65%，植被覆盖率地表以下≥ 80%，植被覆盖率（8 cm 深度以下）≥ 60%，入土行程≤ 4m。

二、整地机械

（一）整地的目的及要求

耕地后土垡间有很大空隙，土块较大，地面不平，必须进行整地作业，作用是松碎土壤、平整地表，达到表层松软、下层紧密、混合化肥和除草剂。

整地的目的是创造良好的土壤耕层构造和表面状态，形成更有利于作物生长的发芽种床和苗床，为播种和作物生长、田间管理提供良好条件。在旱作农区，要求播种部位的土壤比较紧实，以利提墒、促进种子发芽；而覆盖种子的土层则要松软细碎，透水透气，以利发芽、出苗，可谓“硬床软被”。

对土地平整质量的要求：归纳为“墒、平、齐、松、碎、净”六字标准。

墒：土壤有充足的底墒，适宜的表墒，地表干土层厚度不超过 2 cm。干播湿出，滴水出苗的田块整地后应放墒，要求种子播在干土层内，播后迅速做好滴水准备工作，播后至滴水过程时间不能拖的太长，以提高种子的发芽势。

平：地表平整，无高包或洼坑，能达到墒度均匀。滴灌由于滴头能够在较大的工作压力范围内工作，且滴头的出流均匀，对地形适应能力较强，所以大面积不平不影响滴灌作业，但为了播种质量，小面积需要平整。

齐：作业到头到边，边成线，角成方。

松：表层疏松无板结，上虚下实。

碎：表土细碎，无土块（黏土地无大土块）。

净：田间清洁，无草根、残茬、废膜、杂物。

（二）主要工作部件

整地机械的种类很多，根据不同作业的需要有以下几种类型：钉齿耙、圆盘耙、碎土器、镇压器等。按工作部件驱动方式可分为牵引耙和驱动型耙。牵引耙由拖拉机牵引进行作业，驱动型耙利用拖拉机的动力输出轴驱动工作部件进行工作。与牵引式相比驱动型耙具有碎土能力强、作业深度大、地表平整及对土壤条件适应能力强的特点；并能充分利用拖拉机功率，减少机组下地作业次数和降低油料消耗；但也具有结构较复杂，生产率较低，作业成本高等问题。

1. 圆盘耙

圆盘耙主要用于犁耕种后的碎土和平地，也用于收获后的浅耕灭茬作业。它的主要特点是：被动旋转，断草能力较强，具有一定的切土、碎土和翻土功能，功率消耗少，作业效率高。

按耙组的排列可分为单列耙和双列耙；按配置型式可分为对置式和偏置式。对置式耙组对称地配置在拖拉机中心线后两侧，牵引平稳，调节方便，可左右转弯，但耙后地表不够平整，易漏耙；偏置式耙组则配置在拖拉机后右侧，作业质量好，耙后地表平整，但只能单向转弯。

按用途可分为轻型、中型、重型，耙片直径分别为 460 mm、560 mm、660 mm。

按轻重可分为重型耙适用于开荒地和黏重土壤的耕后耙地；轻型耙适用于壤土的耙地或灭茬。

按与拖拉机的挂结方式可分为牵引式、悬挂式和半悬挂式3种。重型耙多采用牵引式或半悬挂式，中、轻型耙则3种挂结方式都可采用。

按形状可分为缺口球面圆盘形（图6-13）和球面圆盘形（图6-14）有两种。前者碎土效果好；后者入土能力强，特别适合黏重、草多的地块作业。

图6-13　缺口球面圆盘形

图6-14　球面圆盘形

常用圆盘耙一般都由耙组、耙架、牵引或悬挂装置、偏角调整装置和运输轮等部分组成。调整圆盘耙偏角的大小可改变耙地的深浅，偏角愈大，耙地深度愈大；反之，耙深愈浅。机组作业时可根据不同土质调节工作角度。有些耙架上还设有配重箱，以便在必要时加载配重，以保持耙的作业深度。轻型耙工作深度一般在8～12 cm，重型耙工作深度一般在12～15 cm。

2. 钉齿耙

钉齿耙（图6-15）用于耕后播前松碎土壤，也可用于雨后破土、耙除杂草、覆盖种子等。其结构由钉齿、耙架和牵引器等部分构成，耙架一般为“Z”字形以便合理配置钉齿。为适应地形，单个耙架的工作幅宽不宜过大，常用多组耙联结作业。耙组作业时牵引线与水平线应成10°～15°夹角，以保证耙组前、后部入土一致。

图6-15　钉齿耙

3. 镇压碎土器

镇压器主要用于压碎土块，压实耕作层，以利于蓄水保墒，在干旱多风地区镇压还能防止土壤的风蚀。常用的锯齿形镇压器和环形镇压器等。

锯齿形镇压器：先碎土，后压土，碎土能力强，工作后地表平整，有利用宽幅播种机作业（图 6-16）。

环形镇压器：由一组轮缘呈凸齿状的铸铁网轮组成，其特点是压透力大，对黏土有破碎作用；可使表层土壤疏松，常用于破碎黏重土壤（图 6-17）。

图 6-16　锯齿形镇压器

图 6-17　环形镇压器

（三）常用整地机械

一些常用的整地机械如图 6-18 至图 6-21。

图 6-18　碎土整地机

图 6-19　联合整地机

图 6-20　旋耕整地机

图 6-21　激光平地机

1. 1LZ系列联合整地机

（1）产品结构和技术参数

1LZ 系列联合整地机突破了国内外整地机械的设计模式，将圆盘耙、平土框、钉齿耙优化组合，一次即可完成松土、碎土、平整和镇压四道工序，作业质量好、效率高，相当于常规耙地机具 3 ～ 4 遍的作业效果，广泛应用于棉田整地作业（图 6-22、图 6-23），其技术参数见表 6-2。

联合整地机一般由机架、牵引架、圆盘耙组、平地齿板、碎土辊、调平机构、行走机构等部件组成。部件横向采用对称式布置在机架上，纵向则按松土、平地、碎土、镇压的作业顺序排列。机组作业时，前面的圆盘耙组进行松、碎土作业；随后齿板平整地表，同时进一步压碎土块，疏松土壤；最后，两列交叉配置的碎土辊对土块再一次进行破碎并压实，同时被抛起的小土块和细土粒落在地表，从而隔断地下水蒸发，形成上虚下实的理想种床。联合整地机具有缩短作业时间、降低生产成本、减少机组对环境的破坏（如土壤压实、废气排放等）等优越性。

图 6-22　5.6 m 联合整地机

图 6-23　7.2 m 联合整地机

表 6-2　联合整地机技术参数

参数名称	型号规格			
	1LZ-3-6	1LZ-4-5	1LZ-5-6	1LZ-7-2
外形尺寸：长 × 宽 × 高（mm）	7 250 × 3 689 × 1 330	7 250 × 4 740 × 1 330	7 400 × 5 650 × 1 330	7 330 × 7 510 × 1 470
整机重量（kg）	2 100	2 500	3 200	4 900
工作幅宽（mm）	3 600	4 500	5 600	7 200
工作深度（cm）	可达标 10	可达标 10	可达标 10	可达标 10
耙片直径（mm）	460	460	460	460

（续表）

参数名称	型号规格			
	1LZ-3-6	1LZ-4-5	1LZ-5-6	1LZ-7-2
间耙片距（mm）	170	170	170	170
耙组偏角（°）	0° ～ 13°	0° ～ 13°	0° ～ 13°	0° ～ 13°
配套动力（马力）	75	75	100	160
运输间隙（mm）	≥ 300	≥ 300	≥ 300	≥ 300
作业速度（km/h）	7 ～ 9	7 ～ 9	7 ～ 9	7 ～ 9

（2）机具的调整

由于各地农业技术要求不同，土壤情况也不同，为了满足不同地区的需要并保证良好的作业质量，机具应进行以下几个方面的调整。

拖拉机的调整：工作前，将拖拉机的下悬挂点调整到离地 400 mm 高度，然后用拖拉机提升油缸的定位卡箍固定在此位置。此位置即为工作状态时的位置。将拖拉机的两个下悬挂点与联合整地机的悬挂轴相连接。提升联合整地机，观看牵引梁与机架是否平行，如果不平行，通过调整两根油管的连接油缸的进出油口，使机架与牵引梁平行。

整机在纵垂面内的调整：放下机具成工作状态，若机架与地面不平行，缩短调节丝杠的有效长度，则机架前部降低后部抬高，调长调节丝杠的有效长度，效果则相反，调好后应使圆盘耙片及碎土辊离地面有相同的高度，作业时应使机架与地面平行。

圆盘耙组偏角的调整：松开固定螺栓，移动耙组横梁到合适角度将螺栓紧固。

平地齿板的调整：平地齿板角钢下平面应离开理想水平面 2 ～ 3 cm 为宜，齿板的下平面应在同一水平面。

碎土辊接地压力的调整：碎土辊悬臂上的压力弹簧使辊体对地面有一定的仿形作用，调节螺杆上的螺母位置，可改变压力弹簧上的长度，从而改变碎土辊的接地压力。

2. 动力驱动耙

（1）产品特点

该类机具属于驱动型复式整地机械（图 6-24），由拖拉机动力输出轴驱动工作部件旋转耙刀，一面作水平旋转运动一面前进，适用沙土、黏土和胶土在内的多种土壤条件；由于每两个相邻耙刀的作业区域有一定的重叠量（20 ～ 30 mm），不会漏耙，不会出现大块土块未被切碎的现象；作业时耙刀垂直于地面做水平旋转，不会把底层湿土翻到表层，耕层不乱，有利于保墒；旋转耙刀的线速度达到 6 m/s，碎土效果好（碎土率可达 85% 以上）；一次可以完成碎土、平整、镇压等作业，优于传统整地机具 2 ～ 3 遍的作业效果。一般要求作业深度 3 ～ 18 cm，作业速度：黏土类：2 ～ 6 km/h（耙深 3 ～ 15 cm），沙土类：2 ～ 10 km/h（耙深 3 ～ 18 cm），碎土率≥ 85%，配套动力通常为≥ 80 kW。

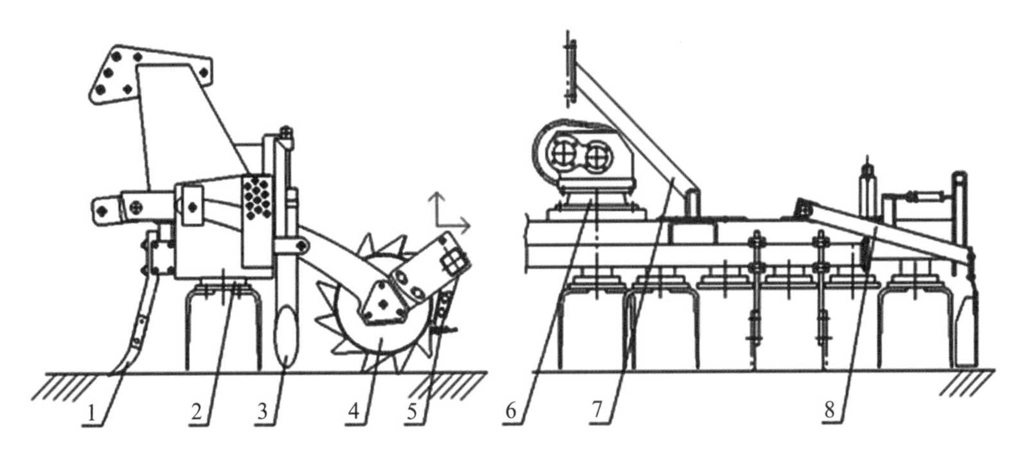

图 6-24　驱动耙结构示意图

1- 松辗齿；2- 传动箱总成；3- 平土杠；4- 镇压轮总成；5- 清土铲；6- 变速箱总成；7- 上悬架；8- 护土板

（2）主要工作部件

触发式安全离合器（图 6-25）：为保护机具防止意外过载损坏，在传动箱前加设安全离合器。该结构确保机具在意外超载时候，能迅速切断动力输入，避免过载损坏零部件；当过载消失后，可以自动啮合传递动力，无须修复。该结构轻巧简单，是大型农机具使用时防过载的新型理想装置。

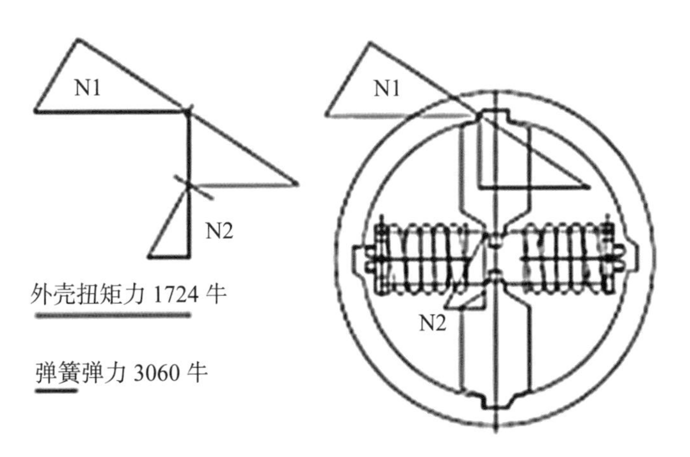

图 6-25　触发式安全离合器

耙刀快换机构（图 6-26）：安装或更换耙刀时操作简单，并且耙刀的固定安全可靠。

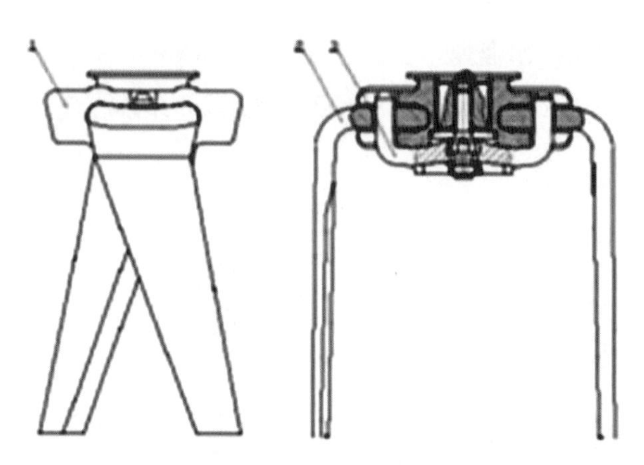

图 6-26　耙刀快换机构

碎土机构：转子箱体由十组立式转子耙刀及箱体组成，十组立式转子横向排成一排，由拖拉机的动力输出轴经过变速箱驱动，每组立式转子带有两个耙刀呈“门”形的立式转子，相邻两个转子由位于中空的盒式转子箱的圆柱齿轮直接啮合驱动。每两个相邻耙刀的作业区域有一定的重叠量，不会漏耙。

变速箱：机具转子耙刀由拖拉机动力输出轴经变速箱驱动，因此变速箱必须具备换向、多级变速的功能。

镇压辊：镇压辊是对土地进行镇压并有二次压碎和限制整地深度的作用。镇压辊上按一定的螺旋角焊有切土齿，使切土齿连续均匀入土，滚动作业，无冲击阻力，可以保证所需功率最小，起到镇压、二次压碎、限制整地深度的作用。

（3）1BD 系列驱动耙

1BD 系列动力驱动耙可在犁后和已耕作的土地上工作，一次作业完成打碎土块、平整地表、镇压土壤等多项作业，特别是能解决春冬灌地黏性土壤偏干地块，解决用常规机械难以整地的问题，满足春播农艺要求。相比联合整地机，驱动耙碎土效果更好，但耙后地表土层松软，需要沉淀 2 ～ 3 d 后才能进行播种。IBD 系列动力驱动耙见图 6-27，技术参数见表 6-3。

图 6-27　1BD 系列动力驱动耙

表 6-3　1BD 系列动力驱动耙技术参数

参数名称	1BD － 300	1BD-400
外形尺寸（长 × 宽 × 高）(mm)	1 522 × 3 370 × 1 200	1 522 × 4 330 × 1 200
最大耙深（cm）	25	
作业深度控制	镇压轮连接杠杆	镇压轮连接杠杆
作业深度调整范围（cm）	3 ～ 25	3 ～ 25
耙刀数量	12 × 2	16 × 2
粉碎刀盘（组）	2	
耙刀转速（r/min）	动力输入 540 时 236、386；动力输入 1 000 时 438。	
刀盘转速（r/min）	动力输入 1 000 时 716；更换调速后 790、875。	
最小要求动力（kW）	75	88
最大允许动力（kW）	110	120
拖拉机动力输出轴	Φ35 mm，Z ＝ 6	
动力输出轴额定转速（r/min）	540/1 000	
挂接类型	2 类三点悬挂	
作业速度（km/h）	3 ～ 8	

3. 旋耕机

旋耕机是一种由动力驱动的耕整地机具（图 6-28），能一次完成耕、耙、平作业。其优点是对土壤的适应性强，能在潮湿、黏重土壤上工作，对杂草、残茬的切碎力强。作业后土壤松碎、平整。其缺点是消耗动力大、工效低、工作深度浅、覆盖性能差，对土壤结构的破坏比较严重。

图 6-28　旋耕机

4. 1GZ-4.0耕耘整地复式作业机

近年来新疆、东北、内蒙古等地推广小麦、玉米及其他农作物一年两熟的高效栽培种植生产模式。为保证复播作物稳产高产和用户节本增效，节约复播时间和作业成本非常关键，传统的犁耕—联合整地的耕作模式，虽利于消灭杂草并能为播种创造良好的条件，但存在作业次数多、周期长，作业成本较高的突出问题。迫切需要适用于粮食作物保护性耕作少耕作业要求的耕耘整地复式作业机具（图 6-29）。

图 6-29 1GZ-4.0 耕耘整地复式作业机

（1）产品特点

4 道工序复式联合作业：第 1 道工序采用浅松部件，松碎耕层土壤，并切断根生类杂草，减轻草害；第 2 道工序采用深松部件，加深松土层；第 3 道工序采用圆盘合墒部件，整平切碎松后地表，防止松后散墒；第 4 道工序采用镇压碎土部件，压实表层土壤，有利于保墒。

单体圆片耙片：设计有仿形装置及偏角调节装置，耙片具有仿形功能，保持耙深均匀。单体耙片能够调整角度，控制耙深及合墒效果，较整体耙组占用空间小，耙片角度调整范围大。

松土机构：设计有自动复位功能的安全保护装置，位于主深松铲之前装有一排浅松土齿，前排浅松装置与后排深松装置交错排列，在有效减少整机工作阻力同时，还可消除在主深松铲之间可能产生的漏耕。

（2）主要技术参数

配套动力 88 kW，作业幅宽 4 m，作业速度 3 ～ 4 km/h，纯小时生产率 1.8 ～ 2.5 hm^2/h，耙地深度 80 ～ 125 mm，松土深度 200 ～ 250 mm。

（四）整地作业方法

整地作业一般有顺耙、横耙、对角斜耙 3 种基本方法。顺耙时耙地方向与耕地方向平行，工作阻力小，但碎土作用差，适宜于土质疏松的地块；横耙时耙地方向与耕地方向垂直，平地和碎土作用均强，但机组震动较大；与耕地方向成一定角度的耙地方法称为对角斜耙法，平地及碎土作用都较强。

机组作业路线应根据地块大小和形状等情况，合理选择。地块小且土质疏松时，可采用绕行法（图 6-30），先由地边开始逐步向内绕行，最后在地块四角转弯处进行补耙。如地块狭长，可采用梭形法（图 6-31），地头作有环结或无环结回转。此法在操作上比较简单，但地头要留得较大。在地块较大或土质较黏重的地块作业时，采用对角线交叉法比较有利（图 6-32），此法相当于两次斜耙，碎土和平土作用较好。

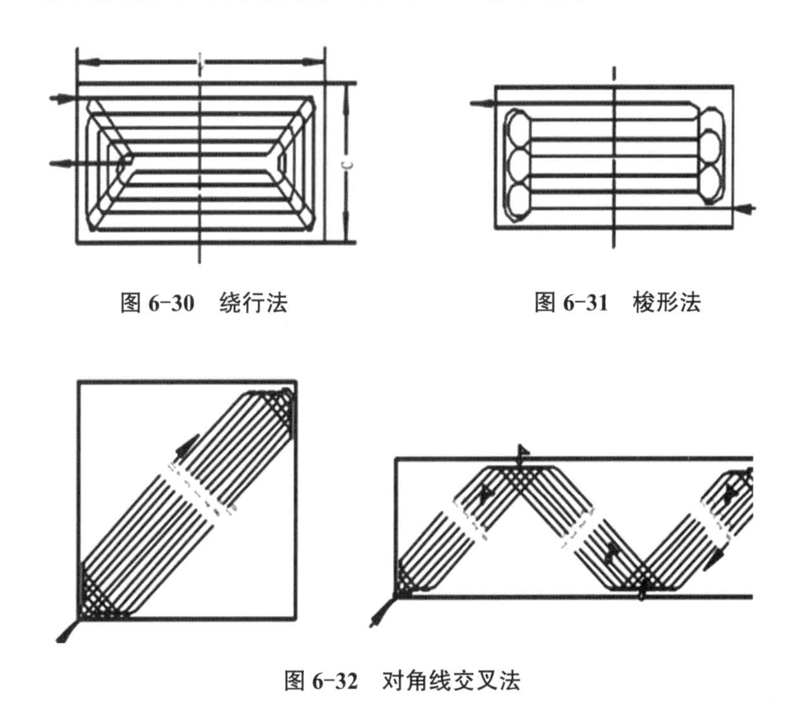

图 6-30　绕行法

图 6-31　梭形法

图 6-32　对角线交叉法

（五）深松机械

深松整地是一种新的土壤耕作方法。在旱作地区，它具有耕深改土、提高地力和增加产量的效果。深松一般是指深度在 18 cm 以上的松土作业。它能破坏坚硬的犁底层，加深耕作层，改善耕层结构；提高土壤蓄水保墒、抗旱耐涝能力。深松使土壤空隙增多，三相（固、气、液）比例得到适当的调整，有增温放寒和减缓水土流失与风蚀作用。适合于干旱、半干旱和丘陵地区耕作。对于耕层瘠薄不宜深翻的土壤，如盐碱土、白浆土、黄土等，深松作业能保持上下土层不乱，与施肥相结合，已成为改良土壤的主要措施。不仅作物收割后可以进行全面深松，而且在播种之前或播种的同时以及作物生长期间，也可以进行种床深松和行间深松。这样既扩大耕作时间，又便于联合作业，提高利用率。

1. 深松机的结构和类型

按所完成作业项目的不同，深松机可以分为深松犁（图 6-33）和深松联合作业机。两者的共同特点是结构简单，工作可靠性高，操作容易，工效高。

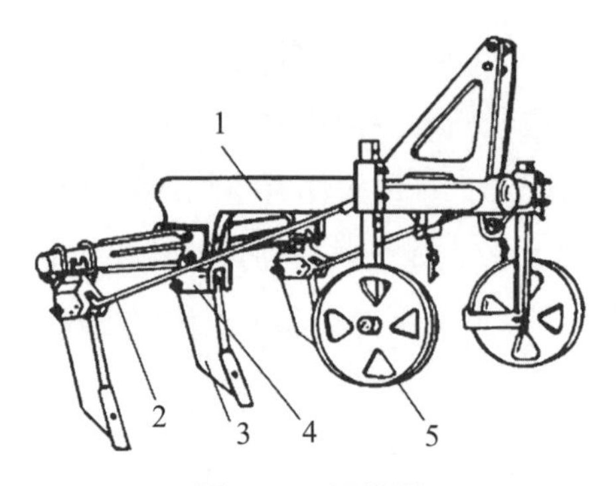

图 6-33　深松犁

1- 犁架；2- 调节杆；3- 深松犁体；4- 深松犁安全夹；5- 限深轮

目前生产中使用的深松犁都是悬挂式的，主要用于土壤深松耕作、打破犁底层（通常每 4 年进行 1 次）、改良土壤和更新草原。深松由于不翻土、保持上下土层不乱、对地表覆盖破坏最小，故能减少土壤水分的散失，利于保墒和防止风蚀和水蚀。深松犁适于高速作业，牵引阻力比铧式犁小，能量消耗仅为铧式犁的 60%，可以减少能源消耗。

深松犁的工作部件一般为凿型深松铲，直接装在机架的横梁上。犁上备有安全销，耕作中遇到树根或石块等大障碍时，能保护深松铲不受损坏。限深轮装于机架两侧，用以调整和控制松土深度。机架除 T 形结构外，还有桁架结构。其深松铲前后交错排成两列，通过性好。不易堵塞，深松后地表也较平整。

深松犁多与大功率拖拉机配套，最大松土深度可达 500 mm 以上。

2. 深松联合作业机

该机由深松机和旋耕机组成（图 6-34），两个独立机具联合成深松旋耕联合作业机，而且深松深度和整地深度可独立调整，机组结构紧凑、深松后地表起伏不明显、土壤蓬松。

图 6-34　深松联合作业机

主要技术参数如下：

作业幅宽：230 cm；深松行数：5 行；刀片数量：64 把；耕深：深松≥ 25 cm；旋耕≥ 8 cm；配套功率：≥ 70 kW；作业速度：2 ～ 5 km/h；作业效率：0.4 ～ 0.8 hm^2/h。

（六）平地机械

地表的平整度对播种深度的一致性、铺膜平整度和压实性、灌水均匀性都有很大影响，对宽膜植棉和灌溉棉田更为重要。平地作业分工程性平地和常规平地作业。工程性平地每隔 3 ～ 4 年进行一次，目的是在大范围内消除因开渠、平渠、犁地漏耕等造成的地表不平。一般高差在 20 cm 以内的，要求把高处的土方移填到低处，并在大范围拉平。

常规平地作业有两种：一种是局部平地，主要是在耕地后平整垄沟、垄台、转弯地头、地边地角等；另一种是播前全面平地，以消除整地作业时所形成的小的不平地面，同时也起到碎土和镇压作用。

三、残膜回收机械

（一）残膜回收的目的及要求

地膜覆盖植棉技术具有节水抗旱、增温保墒作用，还可以抑制杂草，可使棉花总产量大幅度提高，具有节本增效的良好效果。但农用薄膜都是聚乙烯烃类化合物，自然条件下极难降解，如不进行清理回收，将会影响作物的生长发育与作物产量的提高，同时还会影响机具在田间的作业质量。从推广铺膜种植到现在，我国耕地中的残膜累计量已超过上百万吨。据新疆生产建设兵团组织相关单位测定，南北疆兵团植棉农场每公顷棉田有残膜少则 123.2 kg，多则 414.8 ～ 655 kg，已构成了严重的白色污染。据调查，残膜主要残留在 0 ～ 20 cm 的棉田土层内，约占总残留量的 71.1%，大量的残膜破坏了农田的生态环境，形成阻隔层，影响播种质量，种子播在残膜上会因吸收不到养分和水分而不能发芽，或发芽后因扎不下根而枯死，从而降低产量。残膜问题现已危害到棉花的可持续发展和农民的增收。

（二）残膜回收机具

目前回收残地膜的机具按照农艺要求和残膜回收时间分为：春播前残膜回收机械、苗期揭膜回收机械、秋后残膜回收机械等类型。

1. 春播前回收

春播前由于大片残膜已被收回、土壤疏松等特点，残膜回收作业主要针对耕作层 20 cm 以内的小块残膜，其在捡拾过程中具有一定的难度。目前使用的机型主要有 2 种：一是采用传统的耧耙式密排弹齿残膜回收机将田间的残膜搂成堆后清理出地。密排弹齿式残膜回收机的结构简单，是由二排或三排高弹力耧齿密排组成，一般由小四轮悬挂牵引，在整地后播种前回收地表残膜，其工作原理主要是采用双排或三排弹力耧齿将地表上的残膜耧出。二是采用扎膜辊式残膜回收机回收田间残膜，该机结构比密排弹齿式回收机复杂，是由一排排高度 10 cm 的尖锐齿钉、密排长度 200 cm 的齿钉排组成的辊筒构成，一般连接在整地机的后部或平土框的后部，播种前清理地表残膜，其工作原理主要是采用尖锐齿钉扎入土中，穿透残膜于齿钉上，可以清除 5 cm 左右深度的不易清理的小片残膜。

2. 苗期残膜回收

苗期揭膜是在作物浇头水前地膜老化较轻、便于揭收的有利时机进行，但是植棉农户在棉花灌头水前和整个生育期不愿揭膜，理由是地膜可以起到保水、保肥和压草的功能；在推广应用膜下滴灌技术后，更是不允许揭膜。机采棉技术也不提倡在棉花收获前揭膜，而且还要求将地面没有压好的地膜用土压实，因为采棉机采收棉花时易将棉田的残膜收入棉箱，与棉花混杂在一起，严重降低了棉花等级。因此，苗期残膜回收机没有市场前景，虽有研发、但无人完善与使用。

3. 秋后残膜回收

残膜回收作业主要以秋后残膜回收为主，其回收对象主要是当年膜，由于薄膜老化、作物秸秆的影响，残地膜回收难度大，一般要与秸秆还田机配合作业。代表的机型有以下几种：

中国农业大学开发的 1MS—Ⅱ型地膜回收机：针对我国多数地区实际使用的是超薄地膜（厚 0.005 mm 以下的地膜）、且在作物收获后再收膜的现状，研制了适用于我国实际条件的残膜回收机。该机采用滚筒加伸缩齿杆式捡膜机构，胶带式卸膜机构。

石河子大学机电学院研制的秸秆粉碎还田与残膜回收联合作业机 SMS—1500：这种机型由茎秆粉碎机和残膜回收机两部分组成，能一次完成茎秆粉碎和残膜回收两项作业。在回收棉田中残膜的同时还可将粉碎的茎秆均匀地撒落在田间以作肥料。回收的残膜堆放在田间一起运走。这一类的残膜回收机结构复杂，价格偏高。

新疆生产建设兵团第二师 36 团研制的气吹式秋后残膜回收机：

甘肃省农机推广站研制的 1FMJ—850 型残膜回收机：残膜收净率 90%，生产率在 0.3 hm^2/h，配套动力为 13.2 kW 小四轮拖拉机。

第二节　精准播种机械与技术

现在应用滴灌技术的作物精量播种机械都实现了苗床平整、滴灌带铺设、精量播种、种孔覆土镇压等多项工序的联合作业，有的播种机械还增加了施肥、铺膜等功能。通过精量播种复式作业，减少了作业层次、节省了生产成本、减低了劳动强度，增加了农民的效益。

一、精量铺管铺膜播种

精量铺管铺膜播种把机械化地膜覆盖栽培技术、精量播种技术和膜下滴灌技术进行科学地集成组装和优化，按照地膜覆盖栽培、膜下滴灌和精量播种的技术要求，将地膜、滴灌管和种子一次性地置入土壤中，在一次作业的同时完成铺膜、铺管、精量播种等任务，从而实现了地膜覆盖、灌水、施肥、播种的机械化、精确化和标准化。它是干旱半干旱地区最大限度地提高土地、水肥、种子的利用率，增加产量、节约成本的一项高新技术，具有显著的经济效益和生态效益。

（一）地膜覆盖栽培技术优点

提高地温：可使表土层的土壤温度提高 3 ～ 6℃，增加作物生长期的积温，促苗早发，促进作物根系生长。

保持水分：有效地防止土壤水分蒸发，有利于保持土壤水分，使土壤墒情好。

提高肥效：进行地膜覆盖后，土壤温度最高可达 40℃，可以加快土壤有机质转化分解过程，使肥料速效化，提高养分含量，达到提高肥料利用率的目的。

防效杂草：有效控制地膜下杂草的生长，减少除草次数，节省人力、物力，同时还减少了农作物虫害。

改善土壤理化性状，促进作物生长：由于保墒增温，能保持土壤表面不板结，通透性增强，有利于根系发育促进作物生长发育。

提高作物产量：大幅度提高作物产量，达到增产增收目的。

（二）精量播种的优点

省种：棉花用传统的穴播机播种，每穴粒数一般在 2 ～ 5 粒，1 亩用种 4 ～ 6 kg，精量播种每穴 1 粒，仅需 1.8 ～ 2.0 kg，省种 2 ～ 4 kg。

省间苗劳动力：采用精量播种机种玉米、高粱和棉花，1 亩可节约间苗工分别为 0.5、0.8 个和 1.0 个。

省种田：节省种子了，相应种子的种植面积减少了。

苗全、苗壮：植株群体均匀合理，光合作用好，叶面肥大，根系发达，保证了苗全和苗壮。

增加产量：在整个生长期中，每棵植株都有最佳的营养面积和空间，能够最大限度地进行光合作用。据测定：玉米可增产 5% 以上，高粱可增产 2% ～ 3%；棉花可增产 3% ～ 6%；油葵可增产 5% ～ 7%。

二、主要产品

(一)2BMJ 系列气吸式精量铺膜播种机

1. 主要特点

气吸式铺管铺膜精量播种机是近年来为适应膜下滴灌、精准施肥、精量播种发展起来的新机具。针对不同的生产和市场需求，按配套动力的大小，相继开发出了 1 膜 2 行、1 膜 4 行、3 膜 6 行、4 膜 8 行、3 膜 12 行(图 6-35)、2 膜 12 行(图 6-36)、3 膜 18 行、5 膜 20 行等全套机具。近年来，随着我国西部干旱地区精准农业发展需求，精播的作物种类也从棉花发展到玉米、甜菜、瓜类、蕃茄等，相应的气吸式铺管铺膜精量播种机也同时开发成功，形成了气吸式铺管铺膜精量播种机系列产品。系列机具的大规模推广应用将地膜覆盖栽培水平提高到新的高度。

图 6-35　3 膜 12 行气吸式精量铺膜播种机　　图 6-36　2 膜 16 行气吸式精量铺膜播种机

气吸式铺管铺膜精量播种机在棉花上应用最广泛，播种行距可调整，最小行距可调到 9 cm，适应棉花机械采收 66 cm+10 cm 带状种植模式。系列机具均为悬挂式，在适播期内，可进行棉花、甜菜、玉米等作物的铺管铺膜精密播种联合作业，一次完成畦面整型、开膜沟、铺管、铺膜、膜边复土、打孔精密播种、种孔盖土、种行镇压等项作业。按用户要求可配置 5 穴至 16 穴等不同规格的穴播器。当配置的穴播器为 16 穴时，理论株距达到 9 cm；配置的穴播器为 15 穴时，理论株距达 9.6 cm；配置的穴播器为 6 穴时，理论株距达 23 cm。该机可进行单粒精播、双粒精播、1∶2∶1 粒精播。当进行单粒精播时，穴粒数合格率≥ 90%，空穴率≤ 30%。影响播种深度最关键的因素是穴播器鸭嘴高度，不同播深要求的作物应选择不同鸭嘴高度的穴播器。播种深度的调控也可通过调节种孔盖土厚度来实现。

2. 主要工作部件

(1)气吸式排种器

气吸滚筒式精量穴播器(图 6-37)主要由铸造挡盘、压盘、腰带总成、挡种盘、中空穴播器轴、气吸式取种盘、刷种器、分种盘、断气装置、刮种器、穴播器壳体、吸气口、进种口等部件组成。铸造挡盘是气吸滚筒式精量穴播器主要零部件的支撑，构造功能带有气室，中空穴播器轴通过轴承支撑安装在铸造挡盘上，与铸造挡盘同轴。中空穴播器轴上在固定的角度装有断气板，断气板主要用于安装断气块，断气块浮动安装在断气板上，弹簧加压。气吸式取种盘内孔与接盘相连接，接盘通过轴承安装在中空穴播器轴上，取种盘外侧平面通过分种盘压紧安装在铸造挡盘气室位置，背面正对气室，与穴播器气室之间由“O”形胶圈密封。挡种盘装在分种盘与铸造挡盘间。气吸式取种盘上铆有6根搅拌齿。锯齿形状刷种器、刮种器、进种口等部件均安装在穴播器壳体上。穴播器壳体通过平键与中空穴播器轴相连接，穴播器壳体上带有视窗口和清种口。吸气口通过弯头安装在中空穴播器轴上，与中空穴播器轴、穴播器气室、取种盘共同组合成为气吸滚筒式精量穴播器气路系统。腰带总成由进种道组合、腰带、固定鸭嘴、活动鸭嘴、鸭嘴开启弹簧等组成。腰带总成定位安装在铸造挡盘上，压盘通过联结螺栓将铸造挡盘、腰带总成可靠联结，组成气吸式精量穴播器。

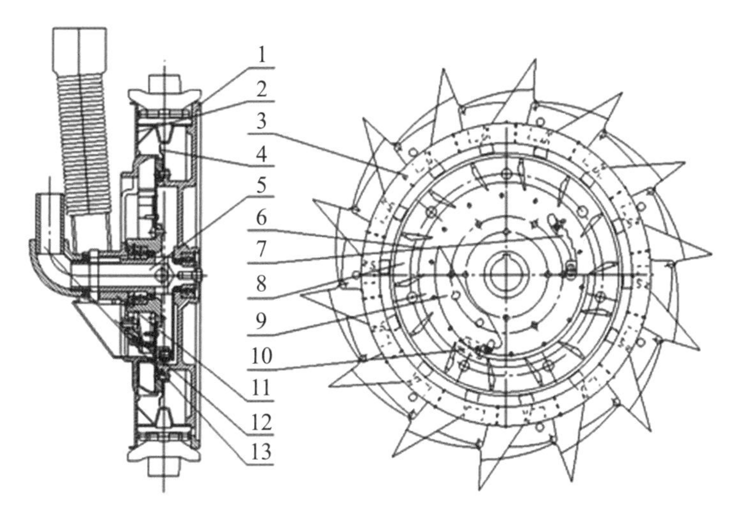

图 6-37　气吸滚筒式精量穴播器结构示意

1- 铸造挡盘；2- 压盘；3- 腰带总成；4- 挡种盘；5- 中空穴播器轴；6- 气吸取种盘；7- 刷种器；8- 分种盘；9- 刮种器；10- 断气装置；11- 穴播器壳；12- 进种口；13- 吸气口

工作过程：中空穴播器轴刚性连接在穴播器牵引臂上，工作中随牵引臂上、下浮动，精量穴播器铸造挡盘组件连同腰带总成件围绕中空穴播器轴转动，穴播器壳体固定在穴播器轴上。吸气口在风机作用下，通过中空穴播器轴将滚筒穴播器气室形成负压。取种盘随精量穴播器同步转动，从种子层通过，取种盘上的搅拌齿疏松种层，吸种孔在气室形成的负压作用下吸附种子。随着精量穴播器同步转动过程向上移动，当吸种孔吸附种子到达刷种器位置时，带锯齿形状的刷种器碰撞吸种孔吸附的种子，锯齿形工作面与吸孔上的种子忽近忽远，若即若离，产生一定频率和振幅的振动，使吸种孔上的多粒种子的平衡状态遭到破坏，其中吸附不牢的种子落回种层，余下的一粒种子则被更稳定的吸附。每个吸种孔吸附的一粒种子，随精量穴播器同步转动过程继续移动。当吸种孔吸附的种子到达投种位置时，断气块平面在弹簧作用力作用下紧贴取种盘，切断种孔的负压气源而使种孔断气，安装在穴播器壳体上的刮种器扶助将种子刮离吸种孔，投入到分种盘中，刮种器上的毛刷自动清理种孔。进入分种盘的种子继续移动，当种子到达二次投种位置时，种子在重力作用下投入进种道。进入种道的种子随精量穴播器的转动进入鸭嘴端部，当鸭嘴运动到穴播器入土最深位置时，活动嘴在精量穴播器重力作用下打开，动、定鸭嘴组成的成穴器切割土壤形成种穴，种子落入穴中，完成工作全过程。

（2）铺膜机构

由开沟元盘、膜卷架、导膜杆、展膜辊、压膜轮、膜边复土元盘等部件组成。开沟元盘刚性固定在单组框架上。单组框架在平行四杆机构仿型作用下，保持单组框架对地面高度的一致性，镇压辊保持对畦面进行良好镇压，使开沟元盘开出的膜沟深浅稳定。展膜轮、压膜轮、膜边复土元盘工作中均可单体随地仿型。工作原理：将地膜卷安装在地膜支架上，地膜通过导膜杆、展膜辊等部件拉向后方。工作时，随着机组的行走，开沟圆片在待铺膜畦面上开出两道压膜沟，地膜从膜卷上拉出，经过导膜杆，由在地面滚动的展膜辊平铺在经镇压辊整形后的畦面上，然后由压膜轮将膜边压入开沟元盘开出的膜沟内，靠压膜轮的元弧面在膜沟内滚动，对地膜产生一个横向拉伸力，使地膜紧紧贴于地表，紧接着由覆土圆片取土压牢膜边。铺膜机构结构示意见图 6-38。

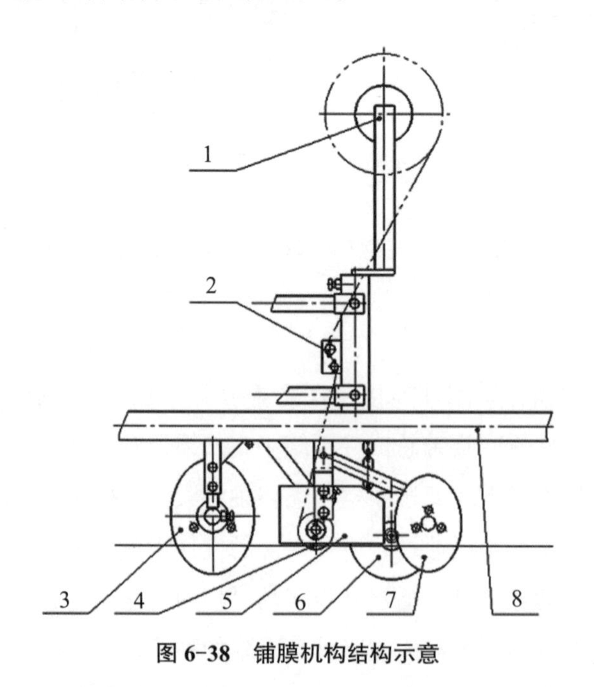

图 6-38　铺膜机构结构示意

1- 膜卷架；2- 导膜杆；3- 开沟圆片；4- 展膜辊；5- 挡土板；6- 压膜轮；7- 膜边覆土圆片；8- 框架焊合

（3）膜上覆土装置

膜上覆土装置（图 6-39）由膜上覆土元盘、种孔覆土滚筒、覆土滚筒框架、击打器、框架牵引臂、种行镇压轮等部件组成。膜上覆土元盘通过肖轴安装在单组框架元盘座上，与元盘座绞结，弹簧加压。覆土滚筒刚性安装在覆土滚筒框架上，工作时由框架牵引臂牵引。覆土滚筒可随地仿型，驱动爪运行在膜沟内，带动覆土滚筒转动，同时驱动爪是覆土滚筒重量的主要支撑，托起覆土滚筒稍微离开膜面或明显减轻覆土滚筒体对膜面的压力，减少地膜与种孔错位。覆土滚筒击打器周期性击打滚筒，减少黏连在滚筒内臂和导土叶片上的土壤。种行镇压轮与滚筒框架活动铰链绞结，单体仿型，依靠自重对种行进行镇压。

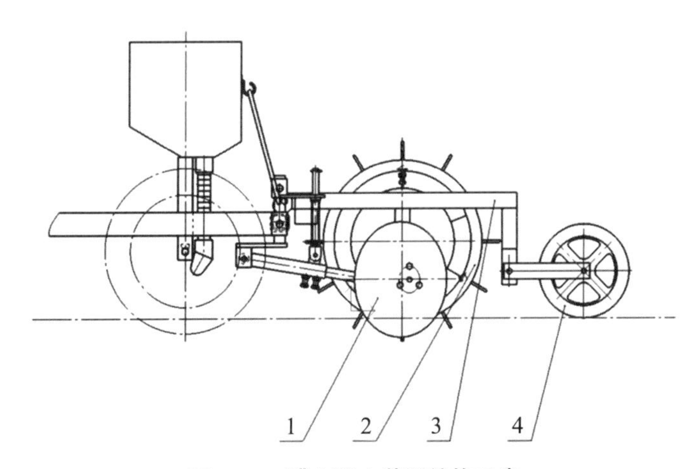

图 6-39　膜上覆土装置结构示意

1- 膜上覆土圆片；2- 覆土滚筒；3- 覆土滚筒框架；4- 种行镇压轮

（4）滴灌带铺设机构及技术要求

滴灌带铺设机构由滴灌带卷支承装置、引导环、开沟浅埋铺设装置等组成。工作中滴灌带在拖拉机牵引力作用下不断从滴灌带管卷拉出，通过限位环，经过导向轮及引导轮铺设到开沟浅埋装置开出的小沟中，并在滴灌带上覆盖 1 ～ 2 cm 厚的土层，完成滴灌带铺设全过程。

滴灌带卷支承及铺设引导环（图 6-40）：滴灌带卷支承架刚柔固定在主梁架上，是滴灌管卷的支承架。由“U”形卡子、支承架、滴灌管卷支承轴、支承套、滴灌管卷挡盘、引导环等组成。

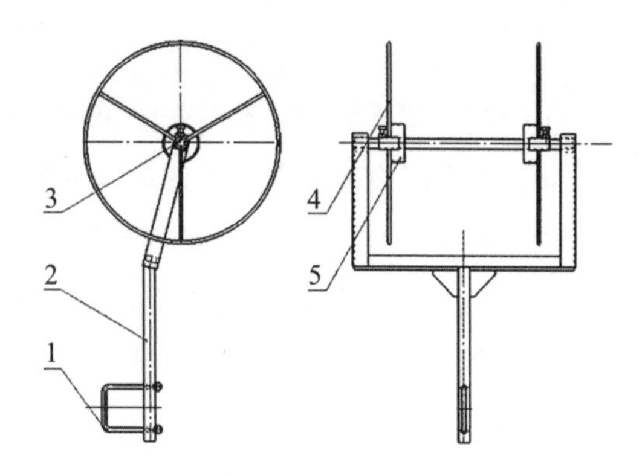

图 6-40　滴灌带卷支承装置结构示意

1-“U”形卡子；2-支撑架；3-固定架管支撑；4-支撑套；5-管卷挡盘

滴灌管开沟浅埋铺设装置（图 6-41）：滑刀式开沟铺管装置组合主要由开沟器固定架、滑刀式开沟器组合、滴灌带引导环等组成。该装置具有通过性能强，工作中不堵塞、滴灌带铺设深浅一致、准确、不划伤滴灌带等特点。

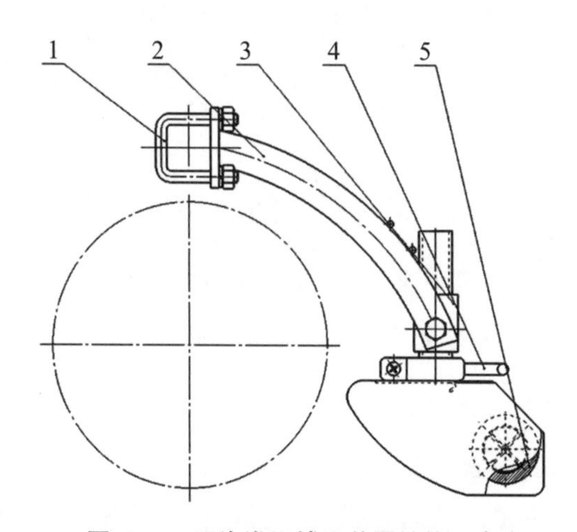

图 6-41　开沟浅埋铺设装置结构示意

1-固定卡子；2-开沟器固定架；3-开沟器组合；4-引导环；5-引导轮

3. 提高铺滴灌管作业质量关键因素分析

（1）滴灌管卷转动灵活性对铺管质量的影响

管卷支承架强度、管卷蕊轴内孔与支承套间隙、管卷挡盘对滴灌带卷的有效限位决定管卷转动灵活性。管卷转动不灵活，将增加滴灌带铺设中的拉伸率。拉伸率过大，将使滴灌带产生变形、强度降低，滴灌带产生破损的概率增加，直接影响到使用效果。滴灌管铺设中的拉伸率一般不超过 1%。

（2）引导环与滴灌管铺设质量的关系

引导环光滑、无毛刺，不划伤滴灌管，材质硬度应高于滴灌管。使用中对引导环的技术要求：滴灌管铺设过程中顺利拉出，沿引导环光滑表面导向开沟浅埋铺设装置。引导环不易过宽，两端应呈圆弧形，在滴灌管从管卷拉出过程中不翻面。

（3）对开沟浅埋铺设装置的技术要术

安装于开沟器内的铺管轮转动灵活，光滑、无毛刺，即便在拉伸率大的状态下也不易划伤滴灌管。

开沟器两边侧板能有效护住铺管轮不接触到土壤，保持铺管轮转动灵活性，铺管轮内孔应耐磨，铺管轮轴应光滑。

开沟器宽度要窄，安装后刚性要好，受外力作用后不变型，开沟器过去后土壤能自动向沟内回流，保持畦面平整，不影响铺膜质量。

（4）滴灌带铺设质量要求

滴灌管（膜）纵向拉伸率≤ 1%；滴灌管（膜）与种行行距一致性变异系数≤ 8.0%；滴灌管（膜）铺设应无破损、打折或打结扭曲。

4. 提高铺膜作业质量因素分析

（1）地膜宽度与畦面宽之间的关系

畦面宽度是根据地膜宽度来确定的，合适的畦面宽度是铺好膜的关键，一般畦面宽度为膜的名义宽减 15 cm（图 6-42）。

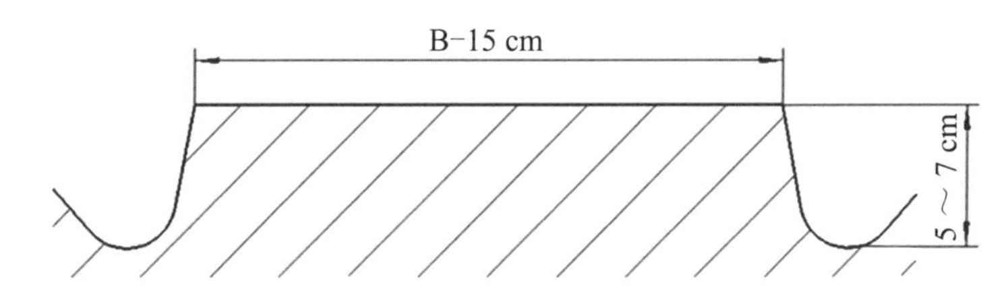

图 6-42　地膜宽度与畦面宽之间的关系示意图

（2）开沟元盘调整对铺膜质量提高的影响

开沟元盘调整分为角度调整和高度调整，开沟质量对铺膜质量的影响较大。提高铺膜质量基本条件是膜沟明显。一般膜沟深度应达到 5 ～ 7 cm，膜沟的宽度应达到 6 ～ 8 cm。开沟元盘的角度应调整到 20° ～ 25° 。也可将开沟元盘的角度设计为固定值，一般为 23° ，工作中只作高低位置调整，不作角度调整。

（3）主要工作部件与提高铺膜质量的关系

主要工作部件与提高铺膜质量密切相关，各部件安装位置，达到的作业性能，均对铺膜质量有重大影响。概括地讲，膜卷支承装置应转动灵活，无卡滞，地膜能顺利拉出。顺膜杆光洁无毛刺，展膜辊、压膜轮转动灵活，无卡滞。一般设计中压膜轮中心与膜边覆土元盘中心应靠近，拉开 6 ～ 9 cm 的距离。压膜轮在前，膜边覆土元盘靠后，让压膜轮同时起到挡土板的作用，但又能使膜边覆土厚度不受影响。

（4）提高铺膜作业质量的要点

膜沟明显，这是铺好膜的最关键问题之一。如果膜沟开不出来或开出来后又让展膜辊回填了，那么铺膜质量就上不去了，膜沟深度一般应达到 5 ～ 7 cm。

地膜纵向拉伸适中。拉伸太大，种孔易错位。拉伸太小易造成地膜铺的松，鸭嘴打不透地膜的比例增多。同时浪费地膜，成本增加。

压膜轮应随地仿型，转动灵活，无卡滞；压膜轮应具有一定的重量，一般应达到 3.6 ～ 4 kg，压膜轮圆弧面应调整到紧贴内侧沟边的位置。

覆土轮应随地仿型，转动灵活，无卡滞；整体式复土轮的两端带有驱动爪，复土轮轮体工作中应稍离开膜面，防止轮体辗压膜面而造成种孔错位。

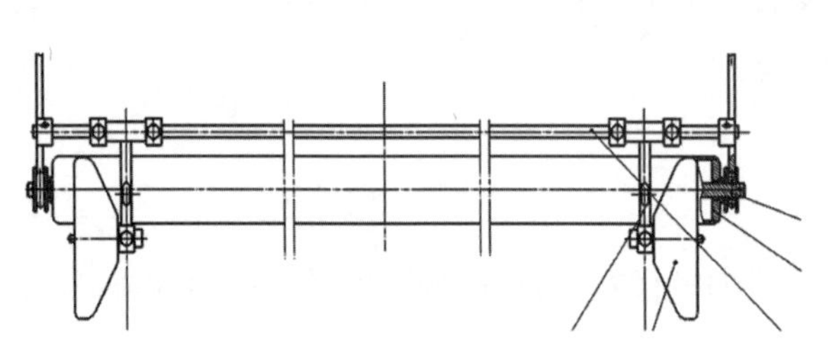

图 6-43　展膜机构总成示意

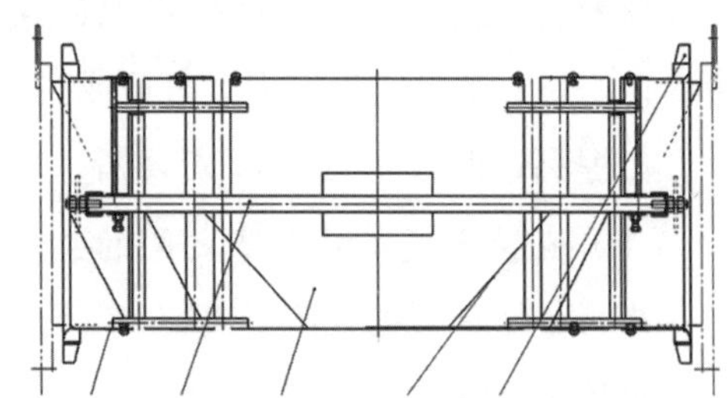

图 6-44　覆土滚筒结构示意

（二）双膜覆盖精量播种机

1. 主要特点

双膜覆盖精量播种机是一次完成畦面整形、铺滴灌管、开膜沟、铺设宽膜、宽膜膜边覆土、膜上打孔、精量播种、种孔覆土、铺设窄膜、窄膜膜边覆土等多项工序的联合作业播种机具。

2006 年以前新疆兵团棉花铺膜播种采用的大多是膜上点播，也有少部分是膜下点播。这两种播种方式各有自己的优点和缺点。膜上点播的优点是可以免去放苗、封土两大作业工序，可大幅度减少田管劳力，节约大量的生产成本费用。主要缺点：一是防冻害能力差；二是出苗前如遇降水，一方面使种穴内形成高湿低温，极易造成烂种、烂芽，另一方面是表面土壤板结，影响出苗。膜下点播这种播种方式具有保墒、增温的好处，不怕天灾。但要进行要进行放苗、封土、定苗等项工作，劳动消耗大。

双膜覆盖精量播种栽培模式，是在膜上点播后的种行上再覆盖一层地膜。当播后碰上雨天时，由于雨水淋不到种行上，不会造成土壤板结，同时增温保墒效果更好。出苗后将上层地膜揭除，即完成放苗作业，方便快捷，省时省力。由于双膜覆盖能使苗床内形成一个小温室，明显提高了棉花出苗期对不良气候环境（低温、霜冻、降水）的抵御能力，一般较常规膜上穴播出苗早 2 ～ 3 d，提高了出苗率，缩短了出苗时间。双膜覆盖同时还能抑制膜下水分通过种孔蒸发而引起的种孔附近盐碱上升，充分发挥增温、保墒、防碱壳、防病虫害的作用。因此，双膜覆盖精量播种栽培模式既克服了膜上穴播和膜下穴播的缺点，又保持了膜上穴播和膜下穴播的优点，是一种先进的播种栽培技术。

2. 工作原理

双膜覆盖精量播种机结构示意见图 6-45，工作图见图 6-46。

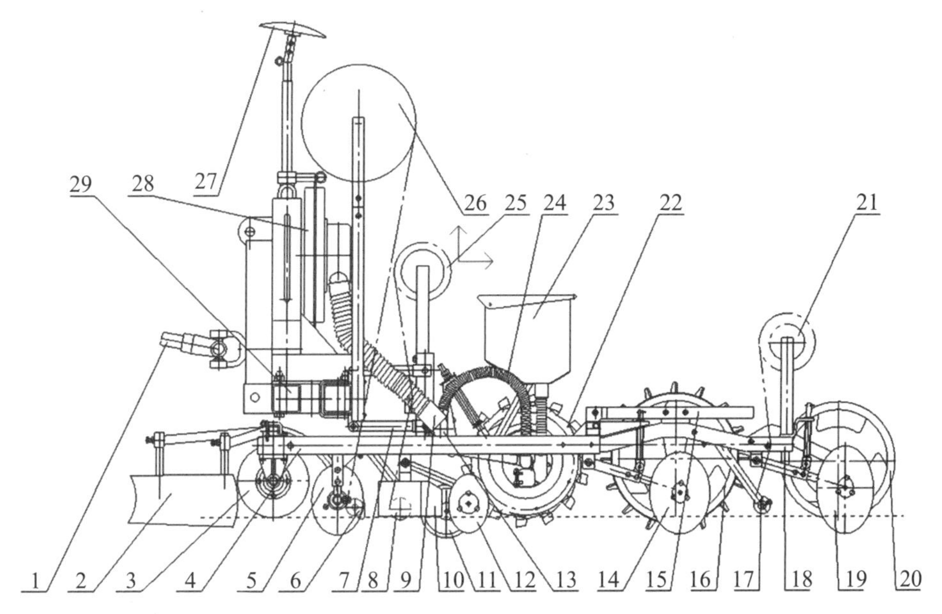

图 6-45　双膜覆盖精量播种机结构示意图

1- 传动轴；2- 整形器；3- 镇压辊；4- 铺膜框架；5- 开沟圆片；6- 铺管机构；7- 四杆机构；8- 展膜辊 1；9- 吸气管 1；10- 挡土板；11- 压膜轮；12- 覆土圆片 1；13- 点种器牵引梁；14- 覆土圆片 2；15- 覆土滚筒 1 框架；16- 覆土滚筒 1；17- 展膜辊 2；18- 铺膜框架 2；19- 覆土圆片 3；20- 覆土滚筒 2；21- 窄膜支架；22- 点种器；23- 种箱；24- 气吸管 2；25- 宽膜支架；26- 滴灌支管；27- 划行器；28- 风机；29- 大梁总成

图 6-46　双膜覆盖精量播种机工作图

第一层地膜（宽膜）覆盖过程：首先由开沟圆片在种床的两侧开出膜沟，地膜通过展膜辊展开，并通过膜边两侧的压膜轮进一步使地膜拉紧、展平。随后由膜边覆土圆片在地膜两侧覆盖碎土，完成整个铺膜过程。

播种过程：由拖拉机动力输出轴通过万向节及皮带轮带动风机转动，产生一定的真空度，通过气吸道传递到气吸室。排种盘上的吸种孔产生吸力，存种室内部分种子被吸附在吸种孔上。种子随排种盘旋转至刷子板部位，由刷子板刮去多余的种子。在气吸盘背面断气、正面刮子双重作用下，种子落入取种勺，经过鸭嘴的开启将种子播入地中。

种孔覆土：通过膜上覆土圆片取土并送入种孔覆土滚筒，通过覆土滚筒的间隙土落到种孔表面。

第二层地膜（窄膜）覆盖过程：地膜通过展膜辊展开，并通过窄膜覆土滚筒两侧自带压槽装置进一步使地膜拉紧、展平。随后由窄膜膜边覆土圆片取土在地膜两侧覆盖碎土，完成整个工作过程。窄覆膜土装置示意图见图 6-47。

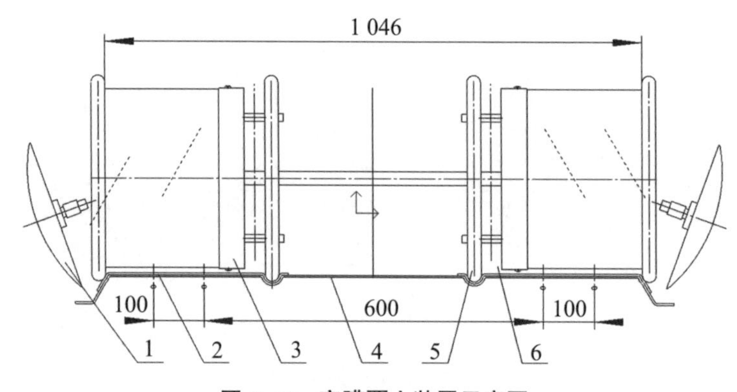

图 6-47　窄膜覆土装置示意图

1- 覆土圆片；2- 窄膜（上层）；3- 土带调整圈；4- 宽膜（下层）；5- 压膜圈；6- 漏土带

3. 注意事项

对整地作业质量要求较高，要求整地前后都要进行机械和人工辅助清田作业，整地后要求地表平整，表层土壤松碎，上虚下实，地表无杂草残膜，无大土块。

播种机工作时一级覆土量要控制稳定，要随着土壤质地、墒情的变化覆土量时大时小，要随时调控。覆土量过大会直接影响出苗率。

出苗期如遇到高温天气，应及时打开上层地膜，否则膜内高温高湿易造成表层土壤湿度过大，引起苗期立枯病的发生。

部件多、铺膜覆土的工序多，安装地膜卷、滴灌带和作业调整时要严格精细。播种机日作业量较常规播种机少。

窄膜覆土装置结构如图 6-47 所示。

（三）施肥精量铺膜播种机

施肥铺膜精量播种机是在精量铺膜播种机的基础上增加施肥装置，在保证精量铺膜播种的前提下，使作业机在播种的同时完成施种肥作业。它是一种使农机具逐渐由完成单项作业向完成多项作业过渡而研发的新机型。把深施化肥和精量铺膜播种这两项最典型的农业节本增效工程技术合并于一机一次进地作业完成，更有利于群体增产效果的发挥。这种播种机特别适合于土壤养分比较贫瘠，或者在没有滴灌设施的农田播种中使用。它广泛用于玉米、大豆、葵花（包括油葵）、甜菜等作物的施肥、铺膜、播种作业。

1. 结构简图

施肥精量铺膜播种机主视图见图 6-48。

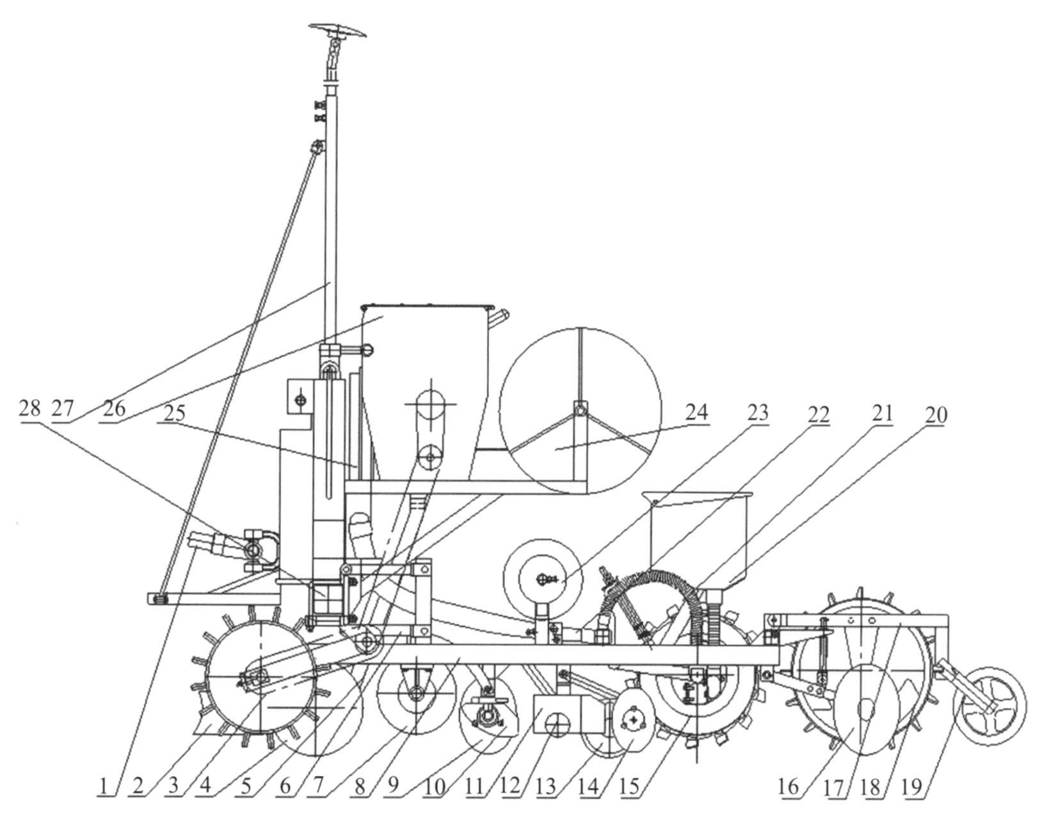

图 6-48　施肥精量铺膜播种机主视图

1- 传动轴；2- 整形器；3- 地轮；4- 双圆盘开沟器；5- 输肥管；6- 四连杆机构；7- 镇压辊；8- 铺膜框架；9- 开沟圆片；10- 铺管机构；11- 挡土板；12- 展膜辊；13- 压膜轮；14- 膜边覆土圆片 15- 点种器；16- 膜上覆土圆；17- 覆土滚筒框架；18- 覆土滚筒；19- 镇压轮；20- 种箱；21- 吸气管；22- 气吸管；23- 膜卷支架；24- 滴灌支管；25- 风机总成；26- 肥箱；27- 划行器；28- 大梁

施肥精量铺膜播种机俯视图见图 6-49。

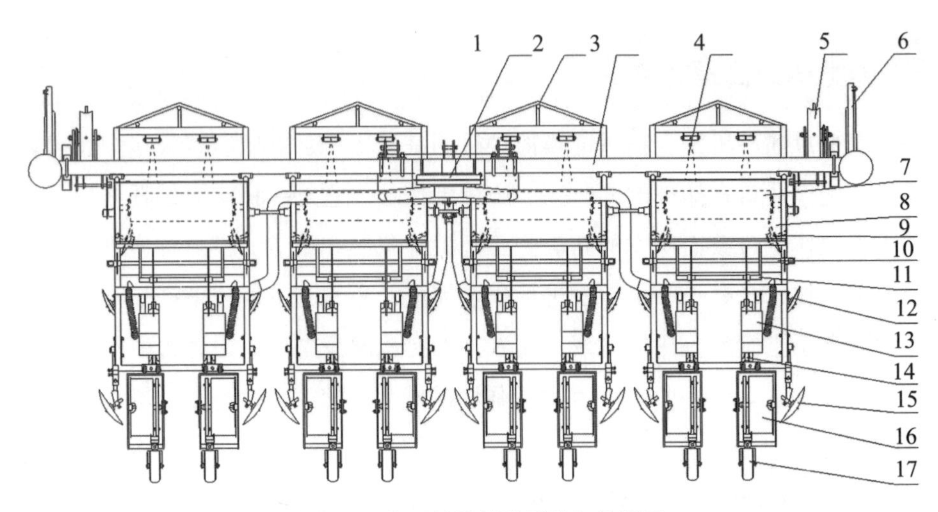

图 6-49　施肥精量铺膜播种机俯视图

1- 风机总成；2- 整形器；3- 大梁；4- 双圆盘开沟器；5- 地轮；6- 划行器；7- 镇压辊；8- 肥箱；9- 开沟圆片；10- 膜卷支架；11- 滴灌支管；12- 膜边覆土圆片；13- 种箱；14- 点种器；15- 膜上覆土圆片；16- 覆土滚筒；17- 镇压轮

2. 施肥量的调整

（1）改变外槽轮的工作长度

调整步骤是：将农具升起（或支起）呈水平状态。松开外槽轮工作长度调节手柄上的锁紧螺栓，扳动手柄，使外槽轮工作长度为全长的 1/3 左右。转动地轮，通过链条带动外槽轮转动，排出肥料。将每行排出的肥料进行称重，与要求的施肥量相比较，若施肥量大了，将外槽轮工作长度调短，反之调长。待调到接近或等于规定施肥量后再重新试验 3 ～ 5 次，看是否稳定，如基本稳定了就可以了。调整时必须注意使同一播幅内的各排肥器排量一致，要求误差不能大于 ±4%。

（2）改变排肥器外槽轮的转速

通过改变传动比达到在拖拉机前进速度不变的情况下改变外槽轮转速的目的，即在地轮转速和直径一定的情况下，改变地轮与排肥器轴传动组合中一个或多个传动链轮的齿数，来提高（或减小）排肥器外槽轮的转速。

第三节　田间管理机械与技术

作物田间管理机械化的任务是通过机械作业及时地为作物生长创造良好的环境条件，以保证高产、稳产。田间管理机械化作业的项目主要有中耕、除草、追肥、培土、灌溉、植保等。中耕追肥（开沟）机械中耕作业的目的在于清除杂草，疏松表土，切断土壤毛细管，保墒和培土等，以利于作物的发育生长。中耕作业主要是指行间中耕，包括除草、松土、培土和间苗等工序。除草可减少土壤中养分和水分的无谓消耗，改善通风透光条件，减少病虫害；松土可促进土壤内空气流通，加速肥料分解，提高地温，减少水分蒸发；培土促进作物根系发育，防止倒伏。

一、农业技术要求

（一）行间中耕

根据田间杂草及土壤墒度适时进行，第一次中耕作业一般在显行后进行，覆膜植棉时，可提前于显行前进行，促进膜下土壤气体交换和幼苗根系发育；中耕深度一般在10～18 cm，耕后地表应松碎、平整，不允许有拖堆、拉沟现象；护苗带宽度为8～12 cm，在不伤苗的前提下应尽量缩小护苗带；不埋苗、不压苗、不铲苗，伤苗率小于1%，地头转弯处伤苗率不超过10%；不错行、不漏耕，起落一致，地头地边要耕到；滴灌田间由于进行随水施肥，可以省去追肥作业这道作业程序。

（二）开沟作业

开沟作业的主要目的是提高地温，防止土壤墒度大而烂种。要求沟深15 cm，宽30～40 cm，沟垄整齐，沟深一致，培土良好，不埋苗，不伤植本根系。

二、3ZF系列中耕施肥机

（一）产品主要特点

3ZF系列中耕施肥机（图6-50）是与40 kW以上轮式拖拉机配套的中耕施肥作业机具。该机由机架、地轮、中耕单组、肥箱、中间传动等部件组成。通过更换不同的工作部件，能完成中耕（除草、破板结、深松）、追肥、培土（开沟起垄）等项作业。基本作业行数12行，行距可在30～70 cm范围内调节。

图6-50　中耕施肥机作业图

该机型主要的特点如下：① 机架设计成组合式，通用性好，适应性强，结构简单，强度大，使用当中挂结速度快。② 平行四连杆机构非常坚固，在使用过程中不变形。其新型结构配置了尼龙耐磨套，磨损后可以更换新套，保证使用不松旷，满足作业性能要求。③ 设计了新型组合施肥开沟器，能将肥料施加到要求的工作土层。④ 增强了齿栓及固定装置结构的强度。⑤ 肥箱设计成大容积式，排肥采用大外槽轮，保证大的施肥量，停机肥料不自流，肥量调节方便。

（二）悬挂式中耕施肥机的主要部件和安装

根据农业技术需要，中耕机上可以安装多种工作部件，分别满足作物苗期生长的不同要求。工作部件主要有除草铲、松土铲、培土铲等。

1. 主要部件

（1）除草铲

分单翼铲和双翼铲两种。单翼铲由倾斜铲刀和垂直护板两部分组成。铲刀刃口与前进方向呈 30° 角，铲刀平面与地面的倾角为 15° 左右，用来切除杂草和松碎表土。垂直护板起保护幼苗不被土壤覆盖的作用。单翼铲有左翼铲和右翼铲两种，分别置于幼苗的两侧。除草铲的作业深度一般为 4 ～ 6 cm。锄铲式除草铲见图 6-51。

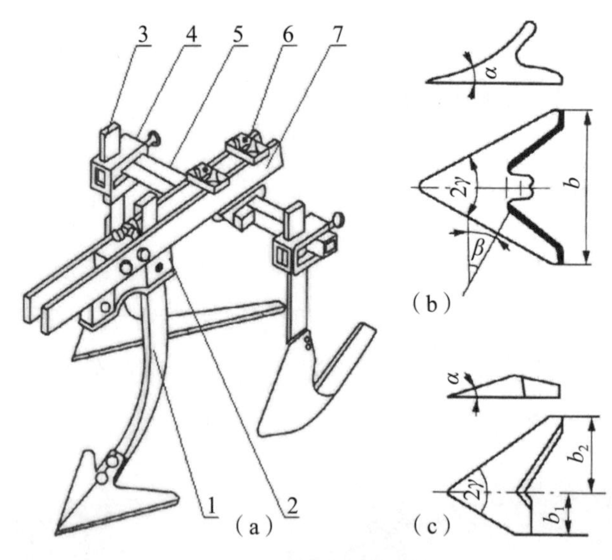

图 6-51　锄铲式除草铲

（a）单翼铲和双翼铲的安装　（b）通用铲　（c）垄作非对称双翼

1- 单翼铲；2- 横臂固定卡；3- 横臂；4- “U” 形固定卡；5- 纵梁；6- 纵梁固定卡；7- 双翼铲

（2）松土铲

松土铲用于中耕作物的行间深层松土，有时也用于全面松土。它有破碎土壤板结层、消灭杂草、提高地温和蓄水保墒的作用。松土铲由铲头和铲柄两部分组成，一般工作深度为 12 ～ 25 cm。铲头是入土工作部分，它的种类很多，常用的松土铲有剑形、尖头形、凿形松土铲和趟地铧子等。剑形松土铲碎土性能好，不窜垡条，土壤疏松范围大，常用于浅层松土，耕深一般为 8 ～ 10 cm。凿形松土铲的入土能力比较强，深浅土层不易混，但碎土能力较差，多用于深层松土，耕深一般为 12 ～ 25 cm。尖头形松土铲的两头开刃，与铲柄用螺栓联接，磨损后易于更换，可以调头使用。

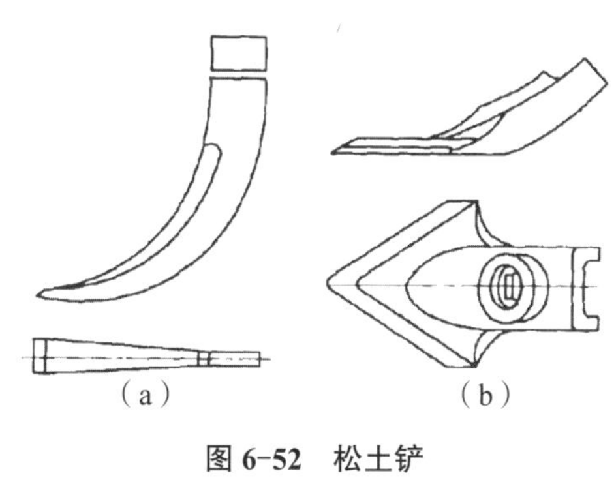

图 6-52　松土铲

（a）凿形铲　　（b）箭形铲

（3）培土器

培土器通常也称为培土铲，用于向植株根部培土、起垡，也用于灌溉开排水沟。培土器的种类较多，如曲面可调式培土器、旋转式培土器、锄铲式培土器和铧式培土器等。目前广泛使用的是铧式培土器的结构，主要由三角铧、分土铧、培土板、调节杆和铲柱等组成。此种培土器的分土板与培土板铰接，其开度可以调节，以适应大小不同的垄形。分土板有平面和曲面两种结构。曲面分土板成垄性能好，不容易黏土，工作阻力小；平面分土板碎土性能好，三角铧与分土板交界处容易黏土，工作阻力比较大，但制造容易。三角铧的工作面一般为圆柱面，每种机器上一般配有 3 ～ 4 种规格的三角铧，可根据需要更换。三角铧常用 QT40-10 或 HT15-33 材料铸造而成。

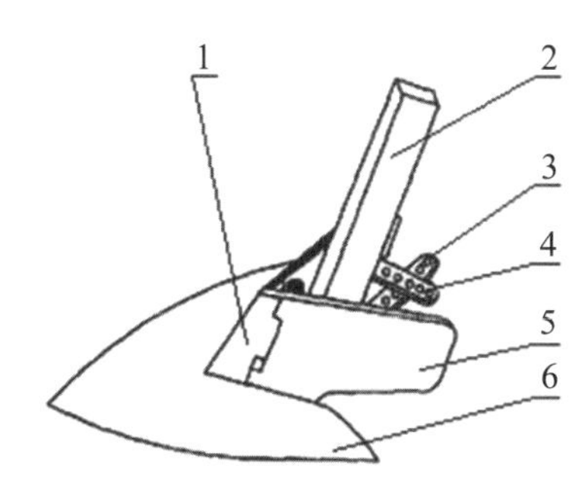

图 6-53　锄铲式除草铲

1- 分土板；2- 铲柱；3- 调节杆；4- 螺栓；5- 培土板；6- 三角铧

（4）仿形机构

旱作中耕机根据作物的行距大小和中耕要求，一般将几种工作部件配置成单体，每一单体在作物的行间作业。各个中耕单体通过一个能随地面起伏而上下运动的仿形机构与机架横梁连接，以保证工作深度的一致性。现有中耕机上应用的仿形机构主要有单杆单点铰连机构、平行四杆机构和多杆双自由度仿形机构等类型。

平行四杆仿形机构的结构，如图 6-54 所示。它是用一个平行四杆机构将中耕单体与机架铰接，当仿形轮随地面起伏而升降时，平行四杆机构带动工作部件随之起伏，同时保证工作部件的入土角始终不变，在地表起伏不大的田地作业时，工作深度的稳定性较好。缺点：当土壤坚硬时，耕深容易变浅；当仿形轮遇到局部地表起伏时，容易引起耕深不稳。

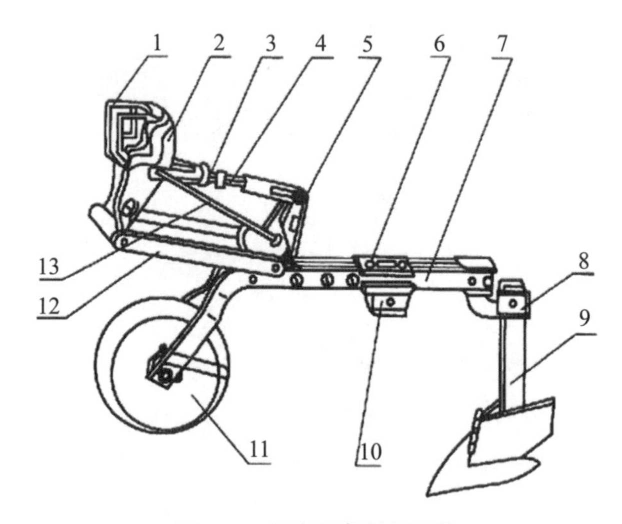

图 6-54　平行四杆仿形机构

1- 主梁卡丝；2- 调节支臂；3- 锁紧螺母；4- 调节丝杠；5- 调节支架；6- 卡套；7- 纵梁；8- 工作部件固定卡铁；9- 工作部件；10- 犁柱下卡套；11- 仿形轮；12- 连动板；13- 调节控制杆

（5）中耕单体

中耕单体由工作铲和仿行机构等组成，通过仿形机构与机架相连接。由于每个中耕单体安装单独的仿行机构，故对地表不平的仿行性能很好。中耕单体可以根据作物的行距大小进行调节。

2. 各种中耕状态的安装

中耕状态的安装是在通用部件安装的基础上，根据农艺要求进行的调整安装。

（1）松土、锄草状态的安装

其安装方式是将松土杆齿及人字铲分别装入工作单组上的长柄齿栓及单联齿栓安装孔中，根据农艺需要调整好它们的左右、前后、深浅位置，然后用顶丝紧固，即完成松土、锄草状态安装。

（2）培土、开沟状态的安装

培土、开沟状态（图 6-55）的安装是在通用部件安装的基础上，根据不同作物、不同的农艺要求，调整好各工作单组的间距，然后在单联齿栓中装入培土器，并用顶丝紧固，即完成安装。

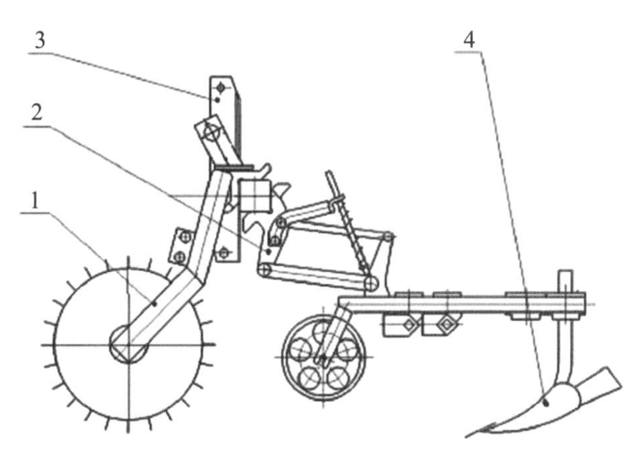

图 6-55　培土、开沟状态

1- 地轮；2- 工作单组；3- 机架；4- 培土器

（三）悬挂式中耕施肥机的使用调整

正确合理地调整和使用机具是减少故障，延长使用寿命，提高生产效率及作业质量的重要因素。因此，应根据当地农业技术要求及土壤条件，在作业前，对机具做必要的调整。

1. 配套拖拉机的调整

根据作业要求和行距的不同，调整拖拉机轮距；拖拉机与农具挂接后，在平坦的场地上通过调节上拉杆使机具在纵向呈水平状态；作业时，拖拉机液压操纵手柄应放在浮动位置。

2. 行距的调整

根据不同季节，不同行距的要求，适当调整地轮、中间传动、工作单组、肥箱等零部件，适当调整齿栓在顺梁的前后位置以及齿栓相对顺梁的左右位置。

3. 工作部件的调整

下悬挂臂的调整：调整行距时，为了避免下悬挂臂和工作单组发生干涉，需适当改变下悬挂点的位置，即松开固定在左右下悬挂臂的“U”形螺栓，调节适当后紧固即可。① 中耕部件的深度靠调节铲柄在齿栓上的位置来实现。② 培土、开沟、起垄部件的工作深度靠调节铲柄在单联齿栓中的位置来实现。垄形或沟形宽度靠调节培土器左右翼板开度来实现。③ 组合施肥开沟器的开沟深度靠调节铲柄在齿栓中的位置实现。④ 护苗带的宽度可根据农业技术要求，通过改变长柄齿栓的伸出长度进行调整。⑤传动系统的调整，通过调整中间传动轴上的两个链轮位置，把同级传动链轮调整到同一回转平面内，并通过调节地轮和肥箱的前后来张紧传动链条。⑥平行四连杆机构的调节根据土壤比阻以改变弹簧的弹力，达到调节入土力距目的。⑦整机的调整，要检查整机各部件安装是否正确，各级工作部件调整是否一致，对需要调整的工作部件要进一步调整，使整机处于最佳状态。

（四）3ZF-540 型悬挂式中耕施肥机的主要技术参数

3ZF-540 型悬挂式中耕施肥机的主要技术参数如表 6-4 所示。

表 6-4　3ZF-540 型悬挂式中耕施肥机主要技术参数

项　目	技术规格			
	中耕状态	中耕施肥状态	施肥培土状态	培土状态
外形尺寸（长 × 宽 × 高）（mm）	1 058 × 5 600 × 1 300	1 058 × 5 600 × 1 300	1 058 × 5 600 × 1 300	1 058 × 5 600 × 1 300
结构重量（kg）	约 860	约 940	约 940	约 880
行距（mm）	300 ～ 700	300 ～ 700	300 ～ 700	300 ～ 700
最大工作幅宽（mm）	5 400	5 400	5 400	5 400
工作深度（mm）	30 ～ 180	中耕 30 ～ 180 施肥＞ 130	施肥＞ 130 垄高＞ 200	垄高＞ 200
运输间隙（mm）	＞ 400	＞ 400	＞ 400	＞ 400
作业速度（km/h）	3 ～ 6	3 ～ 6	3 ～ 6	3 ～ 6
生产率（ha/h）	1.2 ～ 2.46	1.2 ～ 2.46	1.2 ～ 2.46	1.2 ～ 2.46
配套动力（kW）	＞ 40	＞ 40	＞ 40	＞ 40

第四节　植保机械与技术

随着农用化学药剂的发展，喷施化学制剂的机械已日益普遍。这类机械的用途包括：喷洒杀菌剂或杀虫剂防治植物病虫害；喷洒除草剂，消除莠草；喷洒药剂对土壤消毒、灭菌；喷施化学调控药剂促进（抑制）作物植物生长或成熟抗倒伏。目前，国内外植物保护机械化总的趋势是向着高效、经济、安全方向发展。如：在提高劳动生产率方面，加大喷雾机的工作幅宽、提高作业速度、发展一机多用、联合作业机组，同时还广泛采用液压操纵、电子自动控制，以降低操作者劳动强度；在提高经济性方面，提倡科学施药，适时适量地将农药均匀地喷洒在作物上，并以最少的药量达到最好的防治效果。要求施药精确，机具上广泛采用施药量自动控制和随动控制装置，使用药液回收装置及间断喷雾装置，同时还积极进行静电喷雾应用技术的研究等。

一、植保机械和农业技术要求

植保机械的农业技术要求一是应能满足农业、园艺、林业等不同种类、不同生态以及不同自然条件下植物病、虫、草害的防治要求。二是应能将液体、粉剂、颗粒等各种剂型的化学农药均匀地分布在施用对象所要求的部位上。三是对所使用的化学农药应有较高的附着率，以减少飘移的损失。四是机具应有较高的生产效率和较好的使用经济性和安全性。

二、喷雾的特点及喷雾机的类型

喷雾是化学防治法中的一个重要方面，它受气候的影响较小，药剂沉积量高，药液能较好地覆盖在植株上，药效较持久，具有较好地防治效果和经济效果。喷粉比常量喷雾法功效高，作业不受水源限制，对作物较安全，然而由于喷粉比喷雾飘移危害大得多，污染环境严重，同时附着性能差，所以国内外已趋向于用以喷雾法为主的喷药方法。

根据施药液量的多少，可将喷雾机械分为高容量喷雾机、中容量喷雾机、低容量喷雾机及超低容量喷雾机等多种机型。

大容量喷雾：又称常量喷雾，是常用的一种低农药浓度的施药方法。喷雾量大能充分地湿润叶子，经常是以湿透叶面为限并溢出，流失严重，污染土壤和水源。雾滴直径较粗，受风的影响较小，对操作人员较安全。用水量大，对于山区和缺水地区使用困难。

低容量喷雾：这种方法的特点是所喷洒的农药浓度为常量喷雾的许多倍，雾滴直径也较小，增加了药剂在植株上附着能力，减少了流失。既具有较好的防治效果，又提高了工效。应大力推广应用逐步取代大容量喷雾。

中容量喷雾：施液量和雾滴直径都介于上面两种方法之间，叶面上雾滴也较密集，但不致产生流失现象，可保证完全的覆盖，可与低量喷雾配合作用。

超低容量喷雾：是近年来防治病虫害的一种新技术。它是将少量的药液（原液或加少量的水）分散成大小均匀的细小雾滴（10 ～ 90 μm），借助风力（自然风或风机风）吹送、飘移、穿透、沉降到植株上，获得最佳覆盖密度，以达到防治目的。由于雾滴细小，飘移是一个严重问题，它的应用仅限于基本上无毒的物质或大面积作业，这时飘移不会造成危害。超低量喷雾在应用中应特别小心。

三、喷雾机械主要工作部件

喷雾机的功能是使药液雾化成细小的雾滴，并使之喷洒在农作物的茎叶上。田间作业时对喷雾机的要求是：雾滴大小适宜、分布均匀、能达到被喷目标需要药物的部位、雾滴浓度一致、机器部件不宜被药物腐蚀、有良好的人身安全防护装置。喷雾机一般由药液箱、搅拌器、空气室、药液泵、喷头、安全阀、流量控制阀和各种管路等组成。其中，药液泵、空气室、喷嘴和安全阀等是喷雾机的主要工作部件。

（一）液　泵

液泵是喷雾机的主要工作部件。药液泵的作用是给药液加压，以保证喷头有满足性能要求的、稳定的药液工作压力。药液泵的性能参数主要有压力和流量等，植保机械常用的液泵有活塞泵、柱塞泵、隔膜泵、滚子泵和离心泵等。选择液泵的依据是所需液体的总流量（包括喷头和液力搅拌）、压力和药液的种类，后者是影响液泵材料选用的主要因素。

1. 柱塞泵

柱塞泵是喷雾机中使用较多的一种，有单缸、双缸、三缸等形式。柱塞泵具有较高的喷雾压力，要求活塞与缸筒之间的密封可靠，并且需要高效率的阀门来控制液体的流动。利用旁通阀（安全调节阀）来调节压力，并在液体切断时保护机器免受破坏。适合于高压作业，并可设计成泵送磨蚀性物质而不致于过快磨损。容积效率高（大于 90%），转速达 700 ～ 800 r/min。

2. 隔膜泵

利用膜片往复运动达到吸液和排液作用。这种泵和药液接触的部件比柱塞泵要少（运动件只有膜片和进、出水阀组），延长了机具的寿命，在机动喷雾机上获得广泛应用。隔膜围绕着一个旋转的凸轮呈星形排列。当凸轮转动一圈时，凸轮就驱动每一个隔膜依次做一个短行程的运动，从而产生一个较平稳的液流。隔膜泵由泵体、偏心轮、连杆、活塞、隔膜和进、出水阀组成。

空气室的作用是缓解药液泵工作中造成的压力脉动，保证喷头在稳定的压力下工作。空气室相当于一个积蓄能量的元件，当高压管路中的压力升高时，空气被压缩，体积减小，积蓄能量；当高压管路中的压力下降时，被压缩的空气体积膨胀，释放能量，进而保证了药液的压力基本稳定。

3. 滚子泵

滚子泵由泵体、转子、滚子等组成。在偏心泵体内，装有径向开槽的转子，每个槽内有一个滚子能径向移进移出。当转子高速旋转时，滚子在离心力的作用下，紧贴在泵体内壁上，形成密封的工作室。该室容积大小随转子转角不同而变化。当工作室容积由小变大时，药液被吸入；当工作室容积由大变小时，药液被压出。

4. 离心泵

离心泵结构简单，容易制造。它的排量大，压力低，用于工作压力要求不高的场合，如喷灌机和喷施液肥等具有大喷量喷头的植保机具上。这种泵一般只在大型植保机具中作液力搅拌或向药液箱灌水用。

（二）喷　头

喷头的作用是保证药液以一定的雾滴尺寸、流量和射程喷向指定位置。在相同的喷药量条件下，药液雾滴越小，雾滴的数目也就越多，并且比较均匀，防治效果越好。喷头的种类很多，常见喷头主要有液体压力式、气体压力式和离心式等。

1.液体压力式喷头

液体压力式喷头在生产上应用很广，常见的有涡流式喷头、扇形喷头和撞击式喷头等。

（1）涡流式喷头

喷头体加工成带锥体芯的内腔和与内腔相切的液体通道，喷孔片的中心有一个小孔，内腔与喷孔片之间构成锥体芯涡流室。高压液流从喷杆进入液体通道，由于斜道的截面积逐渐减小，流动速度逐渐增大，高速液流沿着斜道按切线方向进入涡流室，绕着锥体做高速螺旋运动，在接近喷孔时，由于回转半径减小，圆周运动的速度加大，最后从喷孔喷出。

（2）扇形喷头

扇形喷头有缝隙式喷头和反射式喷头等形式。高压药液经过喷孔喷出后，形成扁平的扇形雾，其喷射分布面积为一个矩形。当压力药液进入喷嘴后，受到内部半月牙形槽底部的导向作用，药液被分成两股相互对流的药液。当两股药液在喷孔处汇合时，相互撞击而破碎，最后形成雾滴喷出。之后又与半月牙形槽的两侧壁撞击，进一步细碎，形成更小的雾滴从喷孔喷出，喷出的雾滴又与空气撞击进一步细碎，到达植物表面。

2. 气体压力式喷头

气体压力式喷头利用比较小的压力将药液导入高速气流场，在高速气流的冲击下，被雾化成直径很小的雾滴，气体压力式喷头可以获得比液体压力式喷头更小的雾滴，借助风力把雾滴吹动到比较远的作物上。气体压力式喷头的种类比较多，常见的有扭转叶片式、网栅式、转轮式等。

3. 离心式喷头

离心式喷头是将药液输送到高速旋转的雾化元件上，在离心力的作用下，将药液从雾化元件的外边缘抛射出去，雾化成细小的雾滴，一般雾滴直径为 15 ～ 75 μm，故也称为超低量喷头。

（三）安全阀

安全阀也叫调压阀，它的作用是限制高压管路中的最高压力，确保管路等部件不因压力过高而损坏。

（四）搅拌器

搅拌器有机械式、液力式和气力式三种。目前大多采用液力搅拌。液力搅拌可在喷管上开些小孔，药液从小孔中流出，在药箱内形成循环，这种形式液流速度小。喷射式液流速度较高，但耗能量大，一些大型机具上可安装多个喷射头。

（五）滤　网

为了防止喷头在喷雾时被堵塞，对喷雾液进行过滤是必要的。在药液箱加液口设置一个可拆卸的 12 ～ 16 mm 孔径的粗滤网，在药液箱和泵之间设置一个 16 目的大表面积过滤器，在泵和喷头的管道内安装一个 20 mm 孔径的较小尺寸的过滤器。

（六）风　机

风机是风送式喷雾机、喷粉机、喷粒机的主要工作部件，它的性能直接影响到喷洒质量。风机的主要作用是输送雾滴，加强雾滴的穿透性，雾滴在气流输送下加速飞向目标，从而减少雾滴的飘移和蒸发，协助液体形成雾滴，风机的气流吹动植物的叶子，有利于雾滴沉降在叶子背面。植保机械常用制造精度较高的多叶离心式风机，叶片通常 4 ～ 8 个。风机材料多采用铸造铝合金，镀锌薄钢板或塑料等轻质材料制造。

四、主要产品

（一）风送式喷雾机

高架风送式喷雾机（图 6-56）是装有横喷杆并带有送风袖筒的一种液力喷雾机，可广泛用于棉花、大豆、小麦和玉米等农作物的播前、苗前土壤处理、作物生长前期灭草及病虫害防治。可进行诸如棉花、玉米等作物生长中后期病虫害防治及喷施催熟剂、脱叶剂等植保作业。该类机具的特点是生产率高，喷洒质量好，是一种理想的大田作物用大型植保机具。其技术参数见表 6-5。

图 6-56　风送式喷雾机工作图

表 6-5　3W 系列风送式喷雾机技术参数

序　号	技术参数	悬挂式	牵引式
1	作业幅宽（cm）	1 650	1 650
2	药箱容积（L）	800+600	2 000
3	喷头离地高度（cm）	65 ～ 120	65 ～ 120
4	工作压力 [MPa（kg f/cm^2）]	0.3 ～ 0.4	0.3 ～ 0.4
5	设计动力传动轴转速（r/min）	540	540
6	挂接机构	悬挂式	牵引式
7	液泵型式	活塞式隔膜泵	活塞式隔膜泵
8	液泵额定流量（L）	120	120
9	液泵工作压力（MPa）	3.0	3.0
10	展臂型式	三段折叠式	三段折叠式
11	作业速度（km/h）	3 ～ 5	3 ～ 5

（二）吊杆式喷雾机

1. 产品结构特点

① 该机采用吊杆式喷头，吊杆在不同高度装有 3 层喷头，能使棉株在上、中、下 3 个层面全方位受药，提高作业质量。② 加装了支承轮进行辅助支承，拖拉机在工作及道路行驶时由支承轮辅助支承行进，减少了长时间提升对其悬挂系统的损害。③ 采用了全液压折叠、提升系统，降低了人工劳动强度，提高了工作效率。④ 采用了特殊的四连杆自平衡机构，有效保证了机具在地表不平的田块工作时，两展臂与地面高度距离一致，提高施药效果。⑤ 外加汽油机对药罐进行加水，一方面减少采用隔膜泵加水水中杂质对泵体造成损伤，另一方面缩短加水时间，整机药罐加水 4 min 完成。⑥ 该产品适应作物全程作业，包括喷施除草剂、杀虫剂、化调、脱叶剂及催熟剂等作业。

吊杆式喷雾机见图 6–57。

图 6–57　吊杆式喷雾机

2. 技术参数

技术参数见表 6–6。

表 6–6　吊杆式喷雾机技术参数

项　目	技术参数
配套动力（hp）	≥ 55
挂接方式	三点后悬挂
作业速度（km/h）	3 ～ 5
喷幅（m）	12
药箱容积（L）	前 600，后 800。
药泵型式	四缸隔膜泵
喷头数量（9 个窄膜）	顶喷 18 只。吊喷 19 × 4 只。
喷头数量（5 个宽膜）	顶喷 15 只。吊喷 16 × 4 只。

（三）约翰迪尔 4630 型喷雾机

约翰迪尔 4630 型喷雾机如图 6–58 所示，技术参数见表 6–7。

图 6–58　约翰迪尔 4630 型喷雾机

表 6-7　4630 型喷雾机技术参数

配套动力（hp）	≥ 165	配套动力（hp）	≥ 165
作业方式	自走式	离地间隙（m）	0.4 ～ 2.5
气缸数	6	农作物间隙（m）	窄 1.12，宽 1.27
药箱容积（L）	2 274	喷杆尺寸	18 m × 24 m

五、航空喷药简介

航空植保机械（图 6-59）的发展已有几十年的历史，近年来发展很快，可用于病虫害防治、化学调控等作业。我国在农业航空方面使用最多的是运 -5 型双翼机和运 -11 型单翼机。运 -5 型飞机是一种多用途的小型机，设备比较齐全，低空飞行性能好，可距离作物顶端 5 ～ 20 m，作业速度 160 km/h；起飞、降落占用的机场面积小，对机场条件要求比较低；在机身中部安装喷雾或喷粉装置，可以进行多种作业。

图 6-59　航空植保机械

第五节　机械收获及其配套技术

一、采棉机械简介

（一）滚筒式水平摘锭采棉机

该机的采摘部件（工作单体）主要由水平摘锭滚筒、采摘室、脱棉器、淋洗器、集棉室、扶导器及传动系等构成，如图 6-60 所示。每组工作单体 2 个滚筒，前后相对排列；其摘锭是成组安装在摘锭座管体上，摘锭座管体总成在滚筒圆周均匀配置，一般每个滚筒上配置 12 个摘锭座管总成，在每个摘锭座管上端装有带滚轮的曲拐。采棉滚筒作旋转运动时，每个摘锭座管与滚筒“公转”，同时每组摘锭又“自转”。工作时，由于摘锭座管上的曲拐滚轮嵌入滚筒上方的导向槽，因此在滚筒旋转时，拐轴滚轮按其轨道曲线运动，而摘锭座管总成完成旋转、摆动的运动，使成组摘锭均在棉行成直角的状态进出采摘室，并以适当的角度通过脱棉器和淋洗器。在采摘室内，摘锭上下、左右间距一般为 38 mm，呈正方形排列，以包围着棉铃，由栅板与挤压板形成采摘室。脱棉器的工作面带有凸起的橡胶圆盘，与摘锭呈反向高速旋转。淋洗器是长方形工程塑料软垫板，可滴水淋洗摘锭。采棉机的采棉工作单体设在驾驶室前方，棉箱及发动机在其后部，通常情况下采棉机采用后轮导向且大部分为自走型。

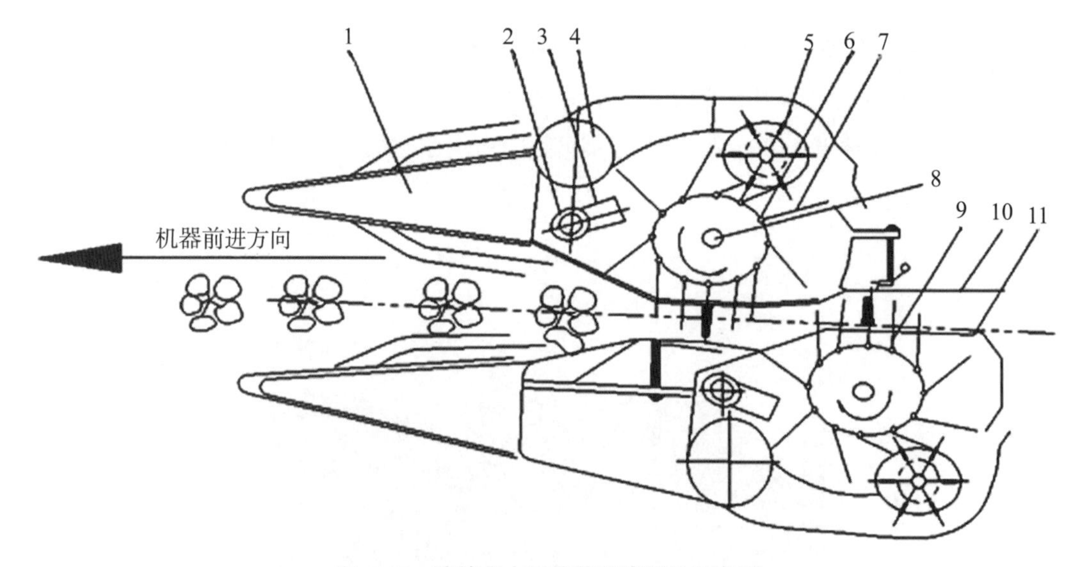

图 6-60　滚筒式水平摘锭采棉部件示意图

1- 棉株扶导器；2- 湿润器供水管；3- 湿润器垫板；4- 气流输棉管；5- 脱棉器；
6- 导向槽；7- 摘锭；8- 采棉滚筒；9- 曲柄滚轮；10- 压紧板；11- 栅板

其工作过程是：采棉机沿着棉行前进时，扶导器压缩棉株，送入工作室，摘锭插入被挤压的棉株，钩齿抓住子棉，把棉絮从棉铃中拉出来，缠绕在摘锭，高速旋转的脱棉器把棉絮脱下，由气流管道送入集棉箱，摘锭从湿润器下边通过，涂上一层水，清除掉绿色枝叶和泥土后，重新进入采棉区。

（二）垂直摘锭式采棉机

垂直摘锭式采棉机的采棉部件主要由垂直摘锭滚筒、扶导器、摘锭、脱棉刷辊及传动机构等组成。每一个采棉工作单体（采收一行棉花所需部件总成）有 4 个滚筒，前、后成对排列，通常每个滚筒上有 15 根摘锭，摘锭为圆柱形，直径约 24 mm（长绒棉摘锭直径 30 mm），摘锭上有 4 排齿。每对滚筒的相邻摘锭呈交错相间排列，摘锭上端有传动皮带槽轮，在采棉室，由外侧固定皮带摩擦传动，摘锭旋转方向与滚筒回转方向相反，摘锭齿迎着棉株转动采棉。在每对滚筒之间留有 26 ～ 30 mm 的工作间隙，从而形成采摘区。在脱棉区内，摘锭上端槽轮由内侧固定皮带摩擦传动而使摘锭反转，迫使摘锭上的锭齿抛松子棉瓣，实现脱棉。其工作过程与水平摘锭式采棉机基本相同，所不同的是这种采棉机配置了一个气流式落地棉捡拾器，在采摘的同时，将棉铃中落下的子棉由气流捡拾器拾起，送入另一棉箱。与水平摘锭式采棉机相比，垂直摘锭采棉机摘锭少，结构简单，制造容易，价格低，但采净率低，落地棉多，适应性差，子棉杂率高。主要是前苏联的独联体国家使用。垂直摘锭采棉机部件示意图见图 6-61。

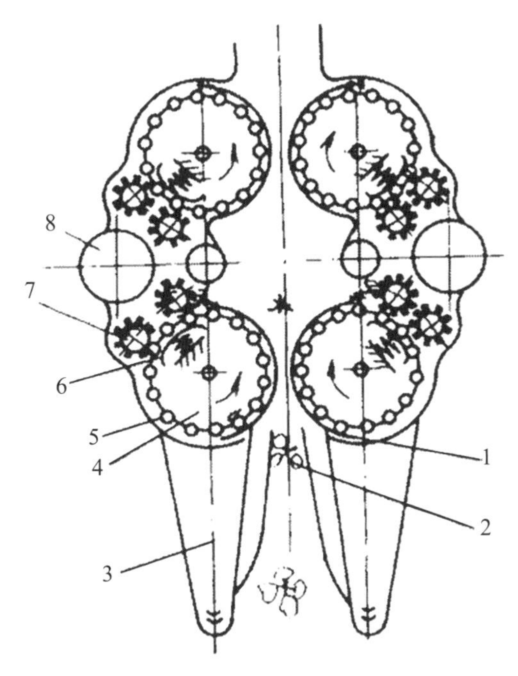

图 6-61　垂直摘锭采棉机采棉部件示意图

1- 工作区摩擦带；2- 棉行；3- 扶导器；4- 采棉滚筒；5- 摘锭；6- 脱棉区摩擦带；7- 脱棉刷辊；8- 输棉风管

（三）摘棉铃机

该机能在棉田中一次采摘全部开裂（吐絮）棉铃、半开裂棉铃及青铃等，故也称一次采棉机。此机一般配有剥铃壳、果枝、碎叶分离及预清理装置，其采摘工作部件主要分为梳齿式、流指式、摘辊式。机具结构简单，作业成本较低。由于工作部件为梳齿式、流指式、摘辊式，采摘后的子棉中含有大量的铃壳、果枝、碎叶片和未成熟棉及僵瓣棉，造成子棉等级降低。因此，此类机器仅适用于棉铃吐絮集中、棉株密集、棉行窄、吐絮不畅、且抗风性较强的棉花。可用于其他采棉机采收后的二次采棉作业。摘辊式摘棉铃机示意图见图 6-62。

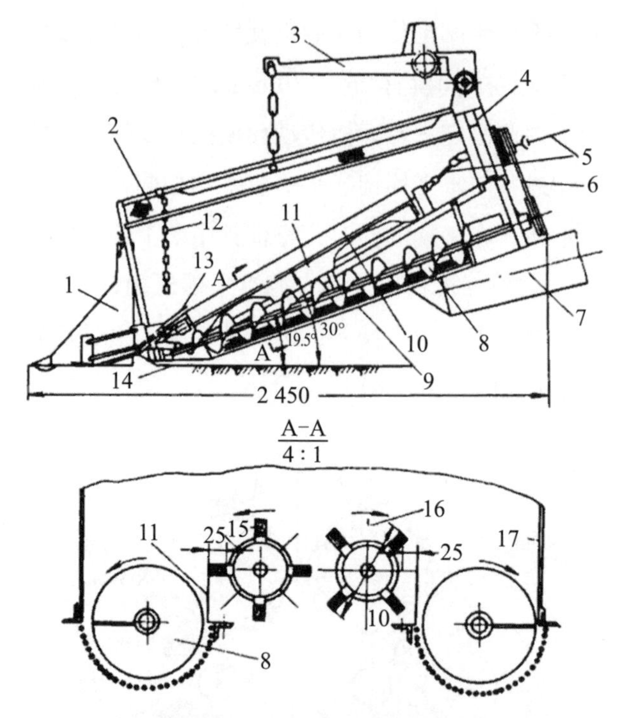

图 6-62　摘辊式摘棉铃机示意图

1- 扶导器；2- 网罩；3- 升降吊臂；4- 采棉部件吊架；5- 万向节；6- 传动胶带；7- 集棉螺旋；8- 输棉螺旋；9- 格条筛式包壳；10- 摘辊；11- 脱棉板；12- 挡帘；13- 低棉桃采摘器；14- 滑撑；15- 尼龙丝刷；16- 橡胶叶片；17- 侧壁

（四）气力复合式采棉机

该机采用吹和吸的气流同时作用于被采摘的棉株上。机器工作时，棉株从机器的两个气嘴之间通过，其中一个产生正压气流，一个产生负压气流，在这两种气流联合作用下，子棉被送入输送装置向外输出。为了提高效率，利用旋转的打壳器打击棉株，使子棉更有利于从棉壳中脱出。这种采棉机采摘效率很低且采净率低，落地棉较多，只有试验，没有产品。吹吸气流机械振动式采棉示意图见图 6-63。

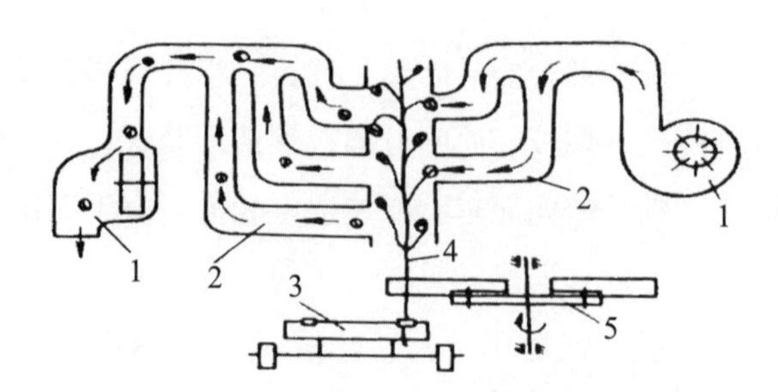

图 6-63　吹吸气流机械振动式采棉示意图

1- 风机；2- 风管；3- 牵引车；4- 棉株；5- 打壳器

（五）气吸式采棉机

这种机器利用风机使与之相连的真空罐产生负压，真空罐接诸多气管，气管的另一端装有吸嘴。人工将吸嘴移至开裂棉铃附近，打开气阀，利用负压将吐絮棉花吸入吸嘴，并通过气管回收至真空罐。这种采棉机经实际使用，与人工采摘棉花相比效率差不多。

（六）气吹式采棉机

这种机器利用高速气流吹力作用采摘棉花。采摘时将气流喷嘴对准棉桃，把棉花吹离棉秆并落入容器里面。但吹离棉花的高速气流，同时也吹起大量杂质，使棉花含杂率增加。

（七）刷式采棉机

美国的约翰迪尔公司生产了一种刮板毛刷式采棉机，该种机型适宜采收较低矮的棉花，但子棉含杂很高，被称作统收机。前苏联在 20 世纪 30 年代也曾试验和研究过刷式采棉机，其中一种是采用金属齿带型采摘部件；另一种采棉工作部件是表面上装有刷子的螺旋体，作业时在棉行的两侧各有一个螺旋体，从两边同时进行采棉。这些机器经试验采棉效率较低，落地棉多，且子棉含杂高，没有大量使用。

水平摘锭式采棉机，又称为分次选收机，因其采净率高、含杂率低和落地棉少，采棉质量好而占据主要市场，现代的采棉机基本上都采用这种结构，摘铃机作为补充，在分次采摘作业中用于最后一道作业。

二、约翰迪尔、凯斯、贵航水平摘锭采棉机

（一）约翰迪尔采棉机械

1. 9970型自走式（4～5行）摘棉机

该型采棉机采用了 PRO-XL 摘锭，PRO-12 采摘头（图 6-64）。

图 6-64　约翰迪尔 9970 型自走式摘棉机

其主要构成和功能如下。

（1）发动机

约翰迪尔6缸、排气量6.8升POWERTECH ™发动机，符合TIERII排放标准，涡轮增压，四阀，高压共轨燃油喷射系统，中冷式，250马力（186 kW），空气清洁器，发动机电子控制，120 AMP发电机，120 gal（454.2 L）容量柴油箱。

（2）传动系

3-级速静液压传动，第一级齿轮采摘速度0～3.6英里/小时（0至5.8 km/h），第二级齿轮刮采速度0～4.3英里/小时（0～6.9 km/h），第三级齿轮运输速度0～15.5英里/小时（0～24.9 km/h），倒挡速度0～7.6英里/小时（0至12.2 km/h），最终传动，液压制动/机械驻车制动。

（3）轮　胎

导向轮—9.00 24 8PR I1。可以选装动力导向轮。

驱动轮—520/85D38 R1

（4）驾驶室

电动/液压主阀，Sound-Gard驾驶室，驾驶室加压器，加热器和空气调节器，雨刷，带豪华悬浮和安全带的个人坐姿座椅，双数字显示电子转速表和小时表，带速度和功能控制手柄的控制台。

（5）液　压

闭心式液压系统，动力转向，采棉头高度自动控制，ORS液压连接件，通用液压油箱，高效液压油过滤器。

（6）采棉头

PRO-12型采摘滚筒，每个采棉头有2个采摘滚筒，每个采摘滚筒装有12根摘锭座管，每根摘锭座管装有18根摘锭。无污染脱棉盘，方便保养的旋出式湿润器柱，带大水清洗系统的精确湿润控制，采棉头整体润滑系统，采棉头和棉花输送监测系统。

（7）其　他

275 gal（1 041 L）容量的清洗液水箱，67 gal（254 L）容量的润滑脂箱，棉花喂入口，宽度可调的转向轴，采棉头安全插销，遥控操作的润滑和保养系统，润滑脂输送系统，驾驶员在位系统，后视镜，田间照明灯。倒车警报。中国产灭火器。

（8）棉　箱

2-位伸缩式棉箱，1 173立方英尺容量（相当于32.8 m^3），大扭力压实器，输送卸棉系统。

2. 9996（9976、9986）型自走式（6行）摘棉机

该型摘棉机也采用了 PRO-XL 摘锭，PRO-12 采摘头；还可以配置 PRO-16 采摘头（图 6-65）。

图 6-65　约翰迪尔 9996 型自走式摘棉机

约翰迪尔 9996 型自走式摘棉机主要构成和功能如下。

（1）发动机

约翰迪尔 6 缸、排气量 8.1 L POWERTECH ™发动机，符合 TierII 排放标准，涡轮增压，四阀，高压共轨燃油喷射系统，风—风中冷式；3—速电子发动机油门控制带电子过热保护；350 马力（216 kW）带电子控制动力爆发；吸入式空气清洁器；200AMP 发电机；200 gal（757 L）容量柴油箱；电冷天起动辅助装置；双电瓶（925 CCA）；带安全滤芯的干式空气滤清器；燃油过滤器；水分离器燃油过滤器；最终燃油过滤器；发动机电子保护；自调节式发动机辅助装置驱动。

（2）传动系

3- 速静液压变速箱，一挡齿轮 4.0 英里 / 小时（0 ～ 6.4 km/h）采摘速度，二挡齿轮 4.9 英里 / 小时（0 ～ 7.9 km/h）刮采速度，三挡齿轮 17.0 英里 / 小时（0 ～ 27.4 km/h）运输速度；静液压驱动；带驻车制动的多盘式、湿式制动器。

（3）轮　胎

导向轮—14.9 x 24 12 PR。可以选装动力导向轮。

驱动轮—双轮 20.8 x 42 14 PR。

（4）驾驶室

用于采棉头升降和棉箱操作的电动液压控制阀；棉花输送鼓风机和采棉头启动电动控制；Comfortable 型驾驶室，带空气过滤器的驾驶室加压器，暖风和空气调节器；风挡雨刷；舒适座椅带空气悬浮和安全带；培训座椅；双数字显示电子转速表和小时表；带

CommandTouch 控制手柄的控制台；采棉头遥控控制；角柱式监视器显示发动机温度、燃油表和发电机表。

（5）液　压

闭心式液压系统；动力转向；ORS 液压连接件；通用液压油箱；高效液压油过滤器。

（6）采棉头

PRO-12 型采棉头；PRO—X 型摘锭；无污染脱棉盘；方便保养的旋出式湿润器柱；带大水清洗系统的精确湿润控制；采棉头整体润滑系统；电子采棉头和棉花输送监测系统；内侧采棉头高度探测；电子采棉头高度控制和探测装置。可以选装 PRO-16 型和 PRO-12VRS 型采棉头。

（7）其　他

345 gal（1 306 L）容量的清洗液水箱，带远程快速加注；80（303 L）gal 容量的采棉头润滑脂箱；宽度可调的转向轴；采棉头安全插销；遥控操作的润滑和保养系统；驾驶员在位系统；后视镜；间照明灯；自清洁式旋转冷风过滤器；方便保养的热交换器；高效棉花输送鼓风机；高效风力分配系统；倒车报警；灭火器。

（8）棉　箱

处于工作位置时 1 400 立方英尺（39.6 m^3）容量；3 个搅龙式大扭距压实器；双输送卸棉统；PRO—Lift 棉箱；自动压实器搅龙和棉箱满箱监测；带自行升降输棉管的棉箱顶部延伸。

3. 7660型自走式（6行）棉箱摘棉机

该型摘棉机（图 6-66）是 9996 型采棉机的更新产品。特点如下。

图 6-66　约翰迪尔 7660 型棉箱式采棉机

（1）发动机

7660 型采棉机配备约翰迪尔 PowerTech ™ Plus 额定功率为 373HP、电子控制的柴油发动机，发动机六缸、单缸四阀、排气量 9 L、空空后冷、高压共轨燃油供给系统（HPCR）、可变几何截面涡轮增压器（VGT）、尾气再循环系统（EGR），并符合 Tier Ⅲ（第三阶段）排放标准。柴油箱容积 1 136 L，确保机器能够在田间有更多的采摘作业时间。配备具有油水分离功能的三级柴油过滤器。

7660 型采棉机配备的发动机，比 9996 型采棉机发动机的额定功率大 7%。当棉箱搅龙开始压实棉花时，发动机能够提供 9% 的额外增加功率。在不降低采摘效率的前提下，7660 型采棉机适应在高产和泥泞的田间条件下进行采摘作业。

（2）变速箱

7660 型采棉机配备了约翰迪尔 ProDrive™ 全自动换挡四速变速箱（AST），允许驾驶员在行进间仅需按动按钮，就可平稳地变速。在四轮驱动模式下，一挡采摘速度为 6.8 km/h，与采摘头滚筒转速同步，二挡采摘速度可以达到 8.1 km/h。田间转移时的行驶速度可达 14.5 km/h，道路行驶速度可达 27.4 km/h。

（3）底盘和轮胎

7660 型采棉机采用了与 7760 型采棉机相同的高地隙底盘，驾驶员容易接近底盘下的发动机舱进行日常保养和维修。

不使用刹车的情况下，7660 型采棉机的转弯半径仅为 3.96 m，比 9996 型采棉机 5.49 m 的转弯半径减少 30%。使用刹车的情况下，转弯半径仅为 2.14 m。

520/85R42 R1 双前驱动轮为标准配置（选装 520/85R42 R1 轮胎）。使用 480/80R30 单后驱动轮（选装 480/80R30），承重能力和浮动性较好，与 9996 型采棉机相比，后轮胎压强减轻 35%。在泥泞的田间条件下，牵引和控制能力进一步得到改善。

（4）驾驶室

7660 型采棉机有 ClimaTrak ™自动温度控制、自动加压的豪华驾驶室。宽敞的驾驶室、倾斜式的玻璃保证驾驶员有很好的视野，方便观察每个采摘头的工作状况。ComfortCommand ™具有空气悬浮功能和带安全带的座椅，并具有驾驶员在位系统。有培训（副驾驶）座椅。带 CommandTouch ™ 控制手柄的控制台安装有 CommandCenter ™显示器，驾驶员通过触摸式屏幕操作搅龙压实棉花的时间、查看机器行驶速度和对行行走的状态以及各种报警信号和故障诊断信号。多功能的角柱式监视器显示发动机温度、燃油表、发电机表和风机转速等信号。

（5）电气系统

1 个 200 A 的交流发电机，3 个 12 V（950 cca）的 StongBox ™电瓶。

（6）液体箱容积

柴油箱容积为 1 136 L、润滑脂箱为 303 L、清洗液箱为 1 363 L，可以保证机器连续在田间作业 12 h。

（7）采摘头

7660 型摘棉机配备了约翰迪尔 Pro-16 或 Pro-12 VRS 采摘头（选装）。Pro-16 采摘头的前滚筒有 16 根座管，后滚筒有 12 根座管，每根座管 20 排摘锭。Pro-12 VRS 前后滚筒各有 12 根座管，每根座管 18 排摘锭。

每个采摘头中的两个采摘滚筒呈“一”字形前后排列，外形窄，使驾驶员在采摘头之间有足够的空间进行检修、清洁保养工作。借助于约翰迪尔曲柄和滚轮系统，在采摘头横梁上，一个人仅需要拉出定位销，就可以用手柄将每个采摘头移动到需要的位置，田间清理采摘头和维修保养方便。采摘头的采摘行距配置适应性更广，能够采摘种植行距为 76 cm、81 cm、91 cm、97 cm 和 102 cm 的棉花。Pro-12VRS 采摘头能够采摘种植行距为 38 cm、（97+38）cm、（102+38）cm 宽窄行种植的棉花。采摘头电子高度探测器为标准配置。

7660 型摘棉机采摘头的动力传动由过去的机械式传动改为现在的液压式传动。2 个液压马达分别给左、右各 3 个采摘头传输动力。减少了传动系统零配件数量，降低了传动产生的噪音，采摘头的采净率和采摘效率均得到了提高。

采摘头安装了 Row-Trak 对行行走导向探测器，与后轴上的感应器和液压转向阀组合在一起，实现自动对行行走。

（8）约翰迪尔精准农业管理系统（AMS）

7660 型摘棉机选装了约翰迪尔绿色之星（GreenStar ™）的 StarFire ™ 3000（或者 StarFire iTC）信号接受器、绿色之星 2630（或 2600）显示屏和装有 APEX 农场管理软件的数据卡，通过安装在输棉管上的子棉流量感应器，就可以实时测定棉花的子棉产量，显示和记录已经采摘的面积、收获日期、工作小时数、平均棉花单产量等参数，有利于对棉花生产进行精准化的管理。

（9）双风机

7660 型摘棉机配备了输送子棉的双风机，能够满足棉花高效率采摘的要求，适合相对潮湿的棉田条件下的棉花采摘。铝制的风机罩减轻了整车重量。双风机配置的 7660 型采棉机，减少了子棉阻塞采摘头的次数，在不平坦的棉田，特别是在早晚有露水的棉田中，都能够使机器保持理想的采摘速度。双风机在发动机舱内增加的气流，使机器内部更干净。

（10）棉　箱

棉箱容积为 39.2 m^3，带 3 个压实搅龙。棉箱内有“装满”监视器，在驾驶室有视觉和听觉信号报警。当棉箱装满时，压实搅龙自动启动 20 s，对子棉进行压实。棉箱和输棉管的升起或降落全部由液压控制，棉箱的升起或降落可以由 1 个人操作并在 1 min 内完成。棉箱配置两级卸棉输送器，卸棉速度较快。

4. 7760型自走式打包摘棉机

7760 自走式摘棉机（图 6-67）是由约翰迪尔公司于 2007 年推出的自走式打包采棉机，主要由一台摘棉机和一台机载的圆形棉花打包机组成，可实现田间采棉和机载打包一次完成。

图 6-67　约翰迪尔 7760 型自走式打包摘棉机（6 行）

该机具有以下特点。

（1）发动机

该机配备了约翰迪尔 PowerTech ™ PSX、排气量 13.5 L、涡轮增压和空空中冷、额定功率为367.5 kW（500 hp）柴油发动机，并且有6个汽缸，此发动机符合TIER Ⅲ排放标准。

（2）变速箱

该机配备了约翰迪尔 ProDrive ™自动换挡的变速箱，驾驶员在行进时按电钮就可以实现平稳变速。一挡采摘速度可达 6.8 km/h，道路运输速度可达 27.4 km/h。地面行驶、机载打包机和采摘头传动都是由静液压泵驱动。适应各种条件下棉田的采摘作业，可在泥泞和有积水的棉田中进行采摘作业。

（3）双棉风机

该机采用双棉风机以及选择器的空气流动。铸铝风扇罩，减少了机器的整体重量。这些双风扇计数在最苛刻的收获条件下提供最大的生产力。双风机在发动机舱内增加的气流，使机器内部更干净。

（4）液体箱容积

该机的柴油箱容积 1 136 L，摘锭清洗液箱容积 1 363 L，采摘头润滑脂箱容积 303 L。并且加油平台宽大，可确保操作人员添加燃油和进出驾驶室的安全。每天加注一次液体可以在田间连续采棉作业 12 h 以上。

（5）采摘头

该机配置 PRO-16 采摘头（或选装 PRO-12 VRS 采摘头）。Pro-16 采摘头的前滚筒有16根座管，后滚筒有12根座管，每根座管20排摘锭。Pro-12 VRS前后滚筒各有12根座管，每根座管 18 排摘锭。行距适应性强，采净率高，棉花气流输送效率高，采摘头质量轻，零件通用性强（均为右手件），田间清理和维护保养方便。

（6）驾驶室

该机配置有 ClimaTrak ™自动温度控制、自动加压的豪华舒适驾驶室。Comfort Command ™具有空气悬浮功能和带安全带的座椅，并具有驾驶员在位系统。有培训（副驾驶）座椅。带 CommandTouch ™控制手柄的控制台安装有 CommandCenter ™显示器，驾驶员通过触摸式屏幕操作搅龙压实棉花的时间、查看机器行驶速度和对行行走的状态以及各种报警信号和故障诊断信号。

（7）棉　箱

棉箱容积为 9.1 m^3。在田间作业，当棉箱存满棉花时，积存的棉花会自动被送到机载的圆形打包机中，进行压实成形和用保护膜打包，然后棉包被弹出打包仓，放置在机器后面的一个可回收的平台上，等采棉机到地边上再把棉包卸载到地面上或拖车上。

（8）空气输送管道

空气输送管道采用质量轻、耐久的复合材料制成，减轻了机器自重。给棉花从采摘到收集提供了一条防腐且平滑的通道。

（9）配置设备

该机需要配备一个拖拉机前置式的 CM1100 棉包叉车，负责将打好的圆形棉包分段运输和将棉包装上拖车，以及一台牵引拖车的拖拉机。减少了过去传统的六行摘棉机采棉时所需要的运棉车及牵引运棉车的拖拉机、棉花打包机及牵引打包机的拖拉机。田间连续采摘作业，提高了采摘效率。

（10）棉　包

该机的机载圆形打包机把圆形棉包包裹 3 层，棉包最大直径 2.29 m（直径可调范围 0.91 ～ 2.29 m），最大宽度 2.43 m，每包子棉重量为 4 500 ～ 5 000 磅（约 2 039 ～ 2 265 kg）。圆形棉包改善了雨天的防水性能，棉包内部湿度和密度均匀，较好地保护了棉花纤维和棉花种子。减少了过去其他形状棉包由于刮风、易破损而造成的棉花损失。运输方便，也极大地方便了轧花厂卸载和储存。

（11）轮　胎

双前驱动轮标准配置 480/80R38 型号轮胎（选装 23.1 R34 R1 轮胎）。后轮配置 480/80R38 R2 型号轮胎（选装 580/80R34 R1W），为了提高 7760 自走式打包摘棉机在泥泞的收割条件，可选 R2 前排双轮胎和 R1W 后轮转向轮胎。

（12）电气系统

一个 200 A 的交流发电机，3 个 12 V（950 cca）的 StongBox ™电瓶。

（13）照明系统

7760 型自走式打包摘棉机广阔的照明系统，提高了夜视能力。

5. 约翰迪尔7260型牵引式采棉机

约翰迪尔 7260 型牵引式摘棉机（图 6–68）是为小户经营的棉农和家庭农场设计的一种小型棉花采摘机械。这种拖拉机牵引的采棉机是由一个牵引式的底盘和约翰迪尔 PRO-12 ™ 采摘头组成的。

7260 牵引式采棉机具有以下结构和特点。

图 6–68　约翰迪尔 7260 型牵引式采棉机（2 行）

（1）对牵引拖拉机的要求

该机要求牵引拖拉机的发动机额定功率最小为 80HP、Ⅱ型后悬挂连接、后动力输出轴转速 540 r/min 和一组液压后输出阀。最高采摘行走速度可达到 5.8 km/h。

（2）底　盘

在牵引拖拉机和采棉机之间，实现了可转向的联结。该装置允许驾驶员在拖拉机驾驶室进行道路运输状态（正牵引模式）和田间采摘作业（右置侧牵引模式）两种模式下的牵引状态转换操作。此外，该装置还可以减小转弯半径。

在道路行走时，使用道路运输牵引模式。这种牵引模式也被用来在棉田首次采摘开路时使用。

当棉田采摘通路被打开后，将牵引方式转换成田间采摘作业模式，使两个采摘头始终在拖拉机的右侧工作。

7260 型摘棉机与牵引拖拉机之间的悬挂连接和分离非常方便快捷。从牵引拖拉机上分离采棉机时，驾驶员先放下停车支架，卸掉动力输出轴，从液压输出阀上拔出液压管，从拖拉机后部断开电线插头和断开拖拉机牵引杆，3 个人在 1 min 之内就可以完成悬挂连接或分离。

（3）采摘头

配备了 2 个约翰迪尔 PRO-12 ™ 采摘头。每个采摘头有 2 个采摘滚筒，2 个采摘滚筒前后“一”字形排列，前后滚筒各有12根座管，每根座管18排摘锭。每个采摘头有432根摘锭，整机共有864根摘锭。

采用与约翰迪尔自走式采棉机相同的采摘原理，保持了同样的高采净率。同时，采摘头上的零配件与约翰迪尔自走式采棉机完全相同，可以互换使用。

借助于约翰迪尔曲柄和滚轮装置，可以在瞬间手动调整采摘行距，保持了采摘头维修保养方便的特点。适应的棉花采摘行距有6种，分别为70 cm、76 cm、80 cm、90 cm、96 cm和100 cm。

（4）润滑系统

采摘头上的齿轮箱全部使用液压系统的液压油来润滑。每个齿轮箱上都有一个液压油面检查孔，随时可以检查液压油是否短缺。

采摘头摘锭润滑时，驾驶员操作采棉机侧面的一个控制手柄，接合线控润滑系统，将采摘头从采摘状态转换到润滑状态。通过操作采摘头线控润滑系统控制采摘头的旋转，就可以安全高效地检查采摘头。

（5）湿润系统

配备了200 L的清洗液箱，允许采棉机连续采摘作业8 h。湿润系统由拖拉机后动力输出轴提供动力。

机载的湿润系统能够提供与约翰迪尔自走式采棉机一样的摘锭清洗功能。

（6）输送系统

7260型采棉机使用了在约翰迪尔自走式采棉机上验证多年的JET-AIR-TROL棉花输送系统，确保进入棉箱的子棉干净。

棉花输送系统由一个风机和两个输棉管组成，每个采摘头都有一个单独通向棉箱的输棉管。即使在最小动力输出时，棉花输送系统也能够保证子棉输送效率。此外，棉花输送系统使采摘头被阻塞的可能性降为最低。棉花输送系统由牵引拖拉机的后动力输出轴提供动力。

（7）棉　箱

棉箱容积为13 m^3，最大子棉装载量约1 000 kg。棉箱的升起和下降是通过在拖拉机驾驶室内操作液压输出阀手柄完成的。

棉箱系统包含一个手动接合的棉箱油缸锁。当棉箱在升起并锁定的情况下，这个装置保证可以安全地完成各项维修保养工作。

棉箱后部有一个梯子，棉箱上有安全扶手，为清理棉箱顶部提供了便利。

（8）控制系统

仅需要使用牵引拖拉机的一个液压输出阀手柄、一个拖拉机后动力输出轴手柄、一个多功能的操作手柄和一根连接电缆，即可完成对采棉机的控制操作。

多功能操作手柄具有以下功能：控制棉箱升降、转向和采摘头的线控润滑；控制采摘头的升降和地面高度感应；控制采摘头的大水冲洗系统；提供与约翰迪尔自走式采棉机相同的声音报警和摘棉头监控功能。

（9）其　他

闭心式压力补偿液压系统，液压油箱容积 32.4 L；轮胎规格为 320/85R28；整机的外形尺寸为长 6.49 m、宽 3.5 m、高 3.5 m，最小地隙 0.27 m；整机重量（棉箱、液体箱空时）4 500 kg。

（二）凯斯采棉机械

1. 凯斯COTTON EXPRESS 620自走式采棉机

凯斯 Cotton Express 620 采棉机（图 6-69）主要有以下特点：

图 6-69　凯斯 Cotton Express 620 采棉机

（1）发动机

凯斯 6TAA8304 燃油电控，高压共轨，340 HP（253.5 kW），8.3 L 排量，6 缸，涡轮增压，空空中冷，发电机 185 A，电瓶 2-950CCA 12volt，进气 3 道空滤，保证进气质量。

（2）采棉头

前后两个滚筒从棉花的两侧进行采摘，这样就保证了更好的采摘效率。尤其是针对新疆每大行的棉花都是由两个单行组成的，从两侧对棉花进行采摘可以更好地保证采净率。

采头滚筒之间的行间隙有 3 种可以选择的尺寸（762 mm、812 mm 或 864 mm），完全可以满足新疆地区（68+8）mm、（66+10）mm 两种种植模式，每个滚筒有 12 根座管，每根座管有 18 根摘锭，每根摘锭齿有 3 行，每行 14 个齿，前 3 个沟齿 30° 切角，利于棉花脱落，后 11 个沟齿为 45° 切角，有利于摘棉。每根摘锭有 90 um 厚的镀铬层，使得每根摘锭表面更硬，更耐磨损，使用寿命更长。

（3）采棉头保养

用一个线控开关，仅一个人就能通过液压动力实现采头滚筒的旋转，采棉头的分开与合拢等保养工作，节省了保养所需的时间。

（4）高度控制

自动感应高度仿形，左右侧采头分别独立高度控制仿形。采棉头提升：左右侧采头可单独控制升降。

（5）采棉头滚筒监视器

前后各采棉头分别具备两套报警系统，可以很好地监视棉流堵塞情况。采用机械、液压的方法对地面的高度进行自动仿形，6 组采棉头中 1 号、3 号、4 号、6 号采棉头装有仿形装置。

（6）液　压

静液压无级变速系统。两个串联的静液压泵共同作用，一挡正采速度（0 ～ 6.3 km/h），二挡复采速度（0 ～ 7.7 km/h），三挡公路运输速度（0 ～ 24.1 km/h），刹车双踏板，驻车机械结合，电控。同时带四驱马达，能适应各种状况的棉田。正采的时候采棉头的速度与地面速度是完全同步的。

（7）润滑系统

标准配置的林肯自动采头及机架润滑系统，采摘过程中，电控的定时器自动对整个采棉机车身的 70 多个润滑点进行润滑，这样使得所有的润滑点润滑更到位，节省了保养车的时间，减轻了保养人员的劳动强度。

（8）湿润系统

湿润电子水压可调节，水压数字显示，具备大小水冲洗功能，分体可独立更换湿润盘，湿润刷柱为可旋出式；湿润刷新型黑色工程塑料，抗冲击能力强。

（9）输送系统

凯斯采棉机采用 2 个离心风机对子棉进行输送，前后独立的风道使得输棉更通畅，不易堵塞。可适应每天不同时段棉花含水率的不同而导致的作物状况的差异。

（10）驾驶室

冷暖空调，电子加热。多功能操作手柄可进行液力速度控制，可控制机器的前进、后退方向，可控制采头的升降、开关并可锁定采棉头在自动高度位置，棉箱升降，棉门开启、关闭，卸棉。

右侧控制台可实现以下功能：手油门，3 挡变速，采棉头动力结合离合器手柄。风机结合开关、摘锭润湿开关、水压调整开关、手制动结合分离开关、液压锁定开关、润湿自动 / 手动结合开关、左右采棉头独立升降开关、驾驶员在位保养开关。

低电压、低油压、冷却液温度、冷却液液位、液压油液位、液压油温度、空调系统、手刹车，及驾驶员在位系统结合报警系统。发动机转速，风机转速报警。

发动机计时表读数、风扇计时表读数、采棉面积计算以及润湿系统压力。压力可调式润湿系统。驾驶室条件比同类产品高出一个技术挡次，人性化的设计及设备更有利于减少驾驶人员的工作强度，提高作业效率。

棉花监视系统可同时对采棉机前后滚筒和出棉口的堵塞进行显示及声响报警。

润滑监视系统，条形图像量化显示，采棉头润滑自动诊断系统。

方向盘支架位置 2 个调整点；单片刮雨器；驾驶员气垫式座椅；带安全带和储藏箱的副驾。

（11）棉　箱

棉箱装满时可以装 4 762 kg，39.6 m^3 的棉花；子棉搅龙输送压实，结合电子感应按压式压实系统，棉箱满时，驾驶员坐在驾驶室就可以获得棉箱装满的信息。垂直升降，卸棉过程中整机稳定性好，卸棉更安全，卸载高度最高可以达到 3.65 m。卸棉量可任意控制，如果棉车已装满，可以放下棉箱，再卸到下一棉车里。

（12）油　箱

757 L 的外置式油箱。1 381 L 的清洗液水箱和 303 L 的摘锭座管润滑脂箱，每天仅需填加一次燃料，一次清洗液以及一次摘锭座管润滑脂就可进行 14 h 的采摘。

（13）轮　胎

特别设计的双驱动轮 500/95 ～ 32 R1.5，提高了轮胎的浮动性，使得对地面的压实程度极大地减轻，对于双轮，每个轮胎对地面的压力为 28 psi（1.9 bar），这样，无论是对于湿地面还是干地面，凯斯的采棉机都具有很好的适应性。

（14）其　他

倒车警报系统及火警卸棉系统，实现了一键即可完成卸棉所需的所有步骤。

2. 凯斯Module Express 635自走打包式采棉机

凯斯 Module Express 635 自走式采棉机（图 6-70）主要有以下特点。

图 6-70　凯斯 Module Express 635 采棉机

（1）发动机

采用 FPT 发动机，9 L 的排量，可以提供 365 HP 的强劲动力。给采棉以及打模的各个环节提供了更加强大的动力。

（2）采棉头

前后两个滚筒从棉花的两侧进行采摘，这样就保证了更高的采摘效率。尤其是针对新疆每大行的棉花都是由两个单行组成的，从两侧对棉花进行采摘可以更好地保证采净率。采棉头滚筒之间的行间隙有 3 种可以选择的尺寸：762 mm、812 mm 和 864 mm，完全可以满足新疆地区（68+8）mm 与或（66+10）mm 的种植模式，每个滚筒由 12 根座管，每根座管有 18 根摘锭，每根摘锭齿有 3 行，每行 14 个齿，前 3 个沟齿 30° 切角，利于棉花脱落，后 11 个沟齿为 45° 切角，有利于摘棉。每根摘锭有 90 um 的镀铬层，使得每根摘锭表面更硬，更耐磨损，具有更长的使用寿命。

（3）采棉头保养

用一个线控开关，仅一个人就能通过液压动力实现采头滚筒的旋转，采棉头的分开与合拢等保养工作，节省了保养所需的时间。

（4）高度控制

自动感应高度仿形，左右侧采棉头分别独立高度控制仿形。左右侧采棉头可单独控制升降。

（5）采棉头滚筒监视器

前后各采棉头分别具备两套报警系统，可以很好地监视棉流堵塞情况。采用电子电位计的方法对地面的高度进行仿形，仅仅靠一个传感器就实现了对采棉头高度的自动控制。而且对采棉头高度的校正仅仅在驾驶室通过 Pro 600 系统就可以完成，整机的智能化自动化程度较高。

（6）液　压

静液压无级变速系统。两个串联的静液压泵共同作用，一挡正采速度（0 ～ 6.3 km/h），二挡复采速度（0 ～ 7.7 km/h），三挡公路运输速度（0 ～ 24.1 km/h），刹车双踏板，驻车机械结合，电控。同时带四驱马达，更能适应各种状况的棉田。正采时采棉头的速度与地面速度完全同步。

（7）润滑系统

标准配置的林肯自动采头及机架润滑系统，采摘过程中，电控的定时器自动对整个采棉机车身的 70 多个润滑点进行润滑，这样使得所有的润滑点润滑更到位，节省了保养车的时间，减轻了保养人员的劳动强度。

（8）湿润系统

湿润电子水压可调节，水压数字显示，具备大小水冲洗功能，分体可独立更换湿润盘，湿润刷柱为可旋出式；湿润刷采用新型黑色工程塑料，抗冲击能力强。

（9）棉花输送系统

凯斯采棉机采用2个离心风机对子棉进行输送，前后独立的风道使得输棉更通畅，不易堵塞。可适应每天不同时段棉花含水率的不同而导致作物状况的差异。在不结冰的情况下，凯斯采棉机可以工作24 h。

（10）驾驶室

冷暖空调，电子加热。多功能操作手柄可进行液力速度控制，可控制机器的前进、后退方向，可控制采头的升降、开关并可锁定采头在自动高度位置，棉箱升降，棉门开启关闭，卸棉。

右侧控制台可实现以下功能，手油门，3挡变速，采棉头动力结合离合器手柄。风机结合开关、摘锭润湿开关、水压调整开关、手制动结合分离开关、液压锁定开关、润湿自动、手动结合开关、左右采头独立升降开关、驾驶员在位保养开关。

低电压、低油压、冷却液温度、冷却液液位、液压油液位、液压油温度、空调系统、手刹车及驾驶员在位系统结合报警系统。发动机转速，风机转速报警。

发动机计时表读数、风扇计时表读数、采摘面积计算以及润湿系统压力。压力可调式润湿系统。

棉花监视系统可同时对采棉机前后滚筒和出棉口的堵塞进行显示及声响报警。

润滑监视系统，条形图像量化显示，采摘头润滑自动诊断系统。

方向盘支架位置有2个调整点；单片刮雨器；驾驶员气垫式座椅；带安全带和储藏箱的副驾。

Pro 600系统能够实时监测机器的工作状态以及观察棉垛的装满百分比。

17.78 cm的LCD显示屏和装在棉仓和机器后面的摄像头相连接，这样在采摘的过程中，驾驶员能够随时观测棉仓里的棉花情况以及卸棉倒车的时候可以很方便地看到机器后面的情景。

（11）棉　箱

Module Express 635型采棉机仅靠1个人，1台机器就能直接将棉桃打成层层压实的棉垛。棉箱内的搅龙压实器系统更加智能化，用自动模式就可以打出一个形状规则的棉垛。每个棉垛的尺寸为2 m×2 m×5 m，两个棉模放到一起正好是棉花加工厂可以加工的标准棉模的尺寸。

（12）油箱容量

757 L 的外置式油箱。1 381 L 的清洗液水箱和 303 L 的摘锭座管润滑脂箱，1 天仅需填加一次燃料，一次清洗液以及一次摘锭座管润滑脂就可进行 14 h 的采摘。

（13）轮　胎

凯斯 Module Express 635 打模机，除了高浮动性的驱动轮，动力转向轮的轮胎 23.5 ～ 26 具有较大的接触地的面积，这样对地面的压实程度小了，同时更能适应条件较差的地况。

（14）其　他

倒车警报系统及火警卸棉系统，实现了一键即可完成卸棉所需的所有步骤。

（三）贵航平水采棉机械

贵航集团平水公司与中国农业机械化科学研究院共同开发设计、研制的“4MZ-5 五行自走式采棉机（图 6-71）”，2004 年 2 月 17 日获得农业部机械试验鉴定总站签发的“符合要求”的检验报告；2004 年 2 月 28 日获得国家农机具质量监督检验中心发的“有效度为 92.6%（技术要求为≥90%）”的可靠性试验报告；2004 年 3 月 10 日获得中国机械工业联合会签发的“同意鉴定、可批量生产”的科学技术成果鉴定证书；2007 年 5 月 9 日获得农业部农业机械试验鉴定总站签发的“合格”推广鉴定检验报告（可进行推广）。前后共申请了六项专利，覆盖面较广，在国内具有自主知识产权。

图 6-71　平水 4MZ-5 自走式采棉机

1. 主要技术参数

国产采棉机主要技术参数为：德国道依茨 1015 发动机技术（国内生产），6 缸涡轮增压、水冷、214 kW 功率，最高转数 2 300 r/min，工作转数为 2 200 r/min。作业效率：

10～15 亩 /h，每天能采摘 150～200 亩棉地。吐棉采净率≥ 94%；子棉含杂率≤ 10%；机械撞落棉损失率≤ 10%；机械可靠性≥ 90%。采摘速度：1 挡 0～5.93 km/h；2 挡 0～7.63 km/h；3 挡（运输速度）0～25.5 km/h。棉箱总容积 32.8 m^3，总重量 14.5 t。

2. 结构特点

该设备主要由机械、液压、电器、水、风等部分组成，采棉头是其核心部件。设备复杂，是目前国际、国内较为先进的机电一体化产品。机械方面：采用了技术成熟、性能稳定、结构合理的德国 CLASS 公司生产的变速箱，为技术精湛、动力强劲、符合欧Ⅱ环保且更为节油的德国道依茨公司的技术（国内生产）发动机。液压方面：液压泵、液压马达采用了美国 Eton（伊顿公司）的产品；液压连接件采用了美国 park（派克公司）的产品，保证了设备运行的安全性与可靠性。电器方面：显示系统采用了单片机微处理器、采棉头控制系统采用了印刷电路板集成、报警系统采用了冷光源等先进技术，使设备运行更加稳定可靠，大幅度提高了系统的使用寿命。风机叶片采用了高强度铝合金材料，航空技术的设计、加工与测试手段使系统风力更为强劲。经过多年的研究与探索对采棉头核心部件进行了一系列优化设计与技术创新，与以色列的技术合作使采棉头核心技术得到进一步提升。

第六节　棉花打模、运输、拆垛工艺

采用棉模方法储运是美国 20 世纪 70 年代开始发展起来的。纵观业界已实现棉花收获机械化的国家，棉花田间机械化收获后到加工厂之间的工艺主要包括：采棉机卸棉—打模机打模—棉模转运至加工厂—开模机开模等 4 道工序，与该工艺配套的设备主要有子棉田间打模机、棉模专用运输车或专用运输拖车、开模设备等。其主要工艺过程为：棉模压实机由拖拉机牵引至棉田地头，接受采棉机或棉田中转车卸棉。棉模车上的液压踩实机压实子棉，压实完毕后，打开挡板，无底的棉模压实机在拖拉机的牵引下，与棉模分离，棉模储存在棉田地头。棉模长 7.3～9.5 m、宽 3 m、高 2.44 m、重 8～10 t，储存时子棉水分不超过 12%，用防雨布遮盖好，储存期 5～10 d。一个大的轧花厂可以保存 1 200 个棉模，需要付轧时，用棉模运输车运至加工厂指定位置，开模设备将棉模匀速拆解、输送至加工车间。整个过程实现了自动化，效率高，并可避免人工装卸时多次翻腾、践踏子棉，减少了异性纤维，保护了子棉品质。不需要大型的贮棉场或子棉库房，解决了采收、储存、加工进度之间的矛盾。

棉模储运技术可大幅度提高采棉机和轧花机的生产效率，并且可保证在子棉品质较高的时期内实施机械采收、储存，避免了风雨对成熟子棉的损害。棉模储运技术可使轧花场延长轧期从而降低了每包皮棉的生产成本，而不是靠增加设备的能力或台数来提高轧花机的生产效率。

一、棉模储运技术的应用条件

因为棉模装备较为庞大、昂贵，所以适合中等规模的植棉农场、轧花场采用。为保证投资的合理，单个棉模至少要达到能处理 800 个皮棉包的应用规模（最好是 1 200 包），一台 4 行采棉机（最好 6 行）应配备一个棉模，对于统收棉机（6 行或 8 行）也应配备一个棉模，棉花产量特别高或特别低可酌情改变配备比例。

同样，棉模运输装备也较为庞大、昂贵，单台棉模运输车的运输量至少应达到 5 000 包皮棉的应用规模，在一个轧花场所服务的区域内，5 个棉模（每个棉模压制 100 个棉垛合计可处理 6 000 包皮棉）和一个棉模运输车可代替 50 台（单台载量 10 包皮棉）子棉拖车，只有达到这样的应用水平，棉模储运装备才能有利可图。

二、棉模的子棉要求

为避免对棉花品质的损伤和降低棉花的价值，棉模设备必须仔细管理。在收获时，如果子棉的水分较低且被仔细地储存，那么损失将可降低到最小。棉花过度疯长和后期复生（脱叶后）且使用机械采收时，子棉中绿叶类杂质含量过高。因此，好的脱叶措施对于子棉储存是十分必要的。子棉水分过高可导致棉模发热并可能产生点污棉，而绿叶类杂质含量过高可使子棉水分增加，子棉水分保持在 12% 以下可储存而不会导致皮棉和种子退化。采收的子棉被制成棉模，如果管理得当，其品质只是被维持而不会变得更好。

在收获时，应经常检查子棉的水分。如果没有专门的仪器，可采用一种简便的方法：用牙轻轻地咬棉子如果口感干脆，那么子棉水分较合适可安全地储存。早晚检查子棉水分很重要，因为此时子棉的含水率一般比中午高。收获时，水分测定仪应该定期进行校核，按照操作手册的要求使用以保证数据准确。使用时首先应选取有代表的机采棉棉样，在确保仪器清洁、内部干燥的情况下使用。手持棉样（最好戴橡胶手套）使其紧密地充满测室，然后加载。为保证数据准确，一个棉样可测定 2 ～ 3 次取平均值。

三、打模子棉的田间运输

采棉机不应该因等待卸棉而长时间停止工作，或者行进 180 m 以上的路程卸棉，否则采棉机的生产效率将会大大降低。当棉模打模机装满要移动到一新的卸花地点时，子棉田间运输车可提高采棉机的工作效率。子棉田间运输车后，采棉机可以将子棉卸在地头两端，由田间运输车将子棉运送到打模机工作的地点。棉模要建在避免采棉机急转弯或过多空行程的地方，这样采棉机的效率都可提高。

新疆兵团目前使用的田间运输车主要是自主研发和制造的，还有一些子棉抓斗，结构简单、成本低廉、使用方便，在实际作业过程中都起到了很好的效果。田间打模、建模只是一个过渡过程，随着新型打模采棉机的出现，田间转运车将有可能会逐渐退出棉花全程机械化的工艺过程。

四、卸花地点的选择和准备

在雨量较多的植棉地区，水分引起的对子棉损害一直是一个问题。如果管理较好，棉垛可安全地存放数周。卸棉地点排水不畅、缺乏覆盖布、压制的棉垛顶部凸凹不平都会导致损失。选择卸花地点时可参考以下原则：靠近田间道路或畅通的地方；地表无砾石、植物秸秆、杂草等；在潮湿的天气情况下，车辆可靠近；远离重载运输道路、火源和易遭破坏的地方；上空无各类输电线、电缆线等通电通信设备。

在棉模停置的地方，排水的好坏十分重要。如果棉模位于水中或潮湿的地面上都会引起子棉霉烂。在雨量较多的植棉地区，棉垛停放应南北朝向，这样在雨后比东西朝向的棉垛可更快地散失水分。

五、棉模的压制

压制的棉模要保证子棉分布均匀，有较强的紧实度，外形要成面包型，不易散落。因此，在棉模压制过程中要注意：采棉机卸棉时，应保证将收获的子棉一次卸完。第一次和第二次卸棉时，要分别卸在棉模的两端，第三次将收获子棉卸在棉模中部。然后由专门操作人员升起压实器来回压实子棉，直到三次卸的子棉全部被压实一遍再进行卸棉。棉模压实得越紧，防雨效果越好，并且在储存、装载、运输过程中子棉损失也越少。棉模的顶部应呈面包状，覆盖上雨布后防雨效果较好，如果顶部较平或者局部塌陷，雨天易积水，影响放置时间。

个别采棉机装有子棉计量系统，使用这一系统可以保证卸棉时沿棉模长度均匀分布子棉，并且卸棉过程较快，还可避免卸棉时子棉从棉模中溢出，特别在整个棉模压制快完成的时候，方便操作人员升起压实器，均匀压实子棉。

六、棉模雨布的选择

当棉模被压制完成后，需要用高质量的防雨布覆盖子棉垛。通常应选择标示有制造厂、电话号码、制造日期及性能详细说明的正规厂家的产品。

产品性能指标应包括以下项目：抗拉强度、抗裂强度、斯潘塞强度（抗穿刺）、水静压值、水蒸汽传导速率、抗磨损强度、表面抗黏附力、抗紫外线强度和冷脆温度等。另外对线数、用纱支数、厚度、抗氧化值也应明显标示。

许多项目可用来比较覆盖布的不同。例如，双面涂层的比单面涂层要好，抗紫外强度高的可长时间地暴露在阳光下。棉垛覆盖布应允许水蒸气逸出，这样可尽量减少在棉垛中形成冷凝水。合成纤维制成的覆盖布覆盖棉垛可形成冷凝水，必须予以注意。如果使用这类覆盖布，其设计应允许在正常风力情况下，棉垛上部和覆盖布下部的水汽可逸出。

七、棉模系绳的选择

为避免棉垛松塌，且保证覆盖布与棉垛成一整体，必须使用系绳固定棉垛。在选用棉模系绳时，要考虑到系绳的材质，在保证满足承受最大断裂载荷的基础上，还要考虑系绳的使用舒适程度，抗腐蚀老化能力，循环利用性能以及使用经济性等指标，特别要注意的是，应避免因系绳产生杂质而引入子棉异性纤维，影响棉花品质。棉搓绳（最低断裂载荷200 磅）是首选，除了拥有较强的断裂载荷之外，还具有较好的循环利用能力，最重要的是，由于采用棉纤维材质，在使用过程中不会引入异性纤维。目前使用的较经济的是 1/4 英寸粗或 3/8 英寸粗的尼龙编织绳。但也存在一些问题，由于尼龙丝材料的固有特性，尼龙编织绳的抗腐蚀能力较差，循环利用能力稍弱，且容易引入异性纤维，因此，在尼龙编织绳的使用时要注意：尼龙编织绳绝对不允许混入子棉中，特别是在轧花场棉垛喂入装置运行时。

八、棉模的监管

在棉模压制成形后的 5 ～ 7 d 内，应每天检查棉垛内部的温度，如果温度上升很快，或持续上升 15 ～ 20 ℉（8.3 ～ 11.1℃），应尽快将棉垛付轧。检测表明：棉垛内部温度的上升可导致皮棉变黄和产生轻度点污棉。测试内部温度已达到 110 ℉（43.3℃）时，应立刻将该棉垛付轧。所有的棉垛在雨后和最初的 5 ～ 7 d 后一周检测两次内部温度。

在后期气温较低时，由于收获的子棉水分较高，打成棉模会导致其内部温度以较低的速率在数周内持续上升。不管在什么时候，只要温度的上升量超过了 20 ℉（11.1℃），棉垛应立刻付轧。正常收获期收获子棉时，由于子棉水分处于安全储存范围，打成的棉模内部温升不会超过 10 ～ 15 ℉（5.55 ～ 8.33℃），而且会逐步降低。

九、棉模的记录

每个棉模应该有一个记录，主要内容应包括采收日期、天气情况、大致包数、温度记载等项目。这些记录可作为棉花损失时向保险公司索赔的依据，在棉垛压制成形后当日，应将有关必要的数据报送轧花场，所有的记录应尽可能长期保留，用记号笔书写的卡片装入塑料袋内并系放在棉垛上，也可用喷写笔喷涂上棉垛编号、棉农等信息，使用的喷写笔必须是专用的，要求即不容易消失，也不会对子棉的品质造成污染。

第七节 清理加工工艺及设备

机采子棉的含杂特性决定了机采棉清理加工工艺及设备配套是以子棉的清理和烘干为主，工艺中共设置了七级子棉清理工序，两级子棉烘干工序，三级皮棉清理工序。烘干的目的在于降低叶片类杂质的含水率，减少杂质与棉纤维之间的附着力以利于清除杂质。皮棉清理的作用是进一步提高皮棉的轧工质量。皮棉加湿的目的是提高打包机的工作效率、减少崩包，而且可以保持纤维品质增加棉包商业重量。

七级子棉清理所配套的设备依据其工作原理的不同可分为气流式重杂清理机、刺钉滚筒式子棉清理机和锯齿式子棉清理机以及组合式子棉清理机四种机型，皮棉清理机可分为气流式和锯齿式两种机型。

山东天鹅棉麻机械公司和邯郸金狮棉机有限公司国内两家企业在引进美国机采棉清理加工技术装备的基础上，分别研制开发了各具特色的机采棉清理加工工艺和设备。在设备选型上，山东天鹅棉麻机械公司以美国大陆鹰公司为技术依托，子棉清理烘干系统中，采用了两级塔式烘干设备、增设了一级提净式子棉清理机（可旁通），子棉的二级清理工艺中采用了冲击式子棉清理机；邯郸金狮棉机有限公司则在拉姆斯公司设备的基础上，针对机采棉的特点，按照先清重，后清轻，再清细小杂质的顺序，推出了机采棉清理加工成套设备。

一、拉姆斯公司工艺及设备

美国拉姆斯公司机采棉清理加工工艺流程分为七个系统，它们按流程的顺序是：子棉喂入系统、一级子棉烘干清理系统、二级子棉烘干清理系统、输棉及轧花系统、皮棉清理系统、集棉和加湿系统、打包和棉包输送系统。

配套设备为：伸缩吸管子棉喂入机→转网式子棉分离器→子棉喂料控制箱→重杂沉积器→大容量子棉烘干塔（间隔 27 英寸）→倾斜六辊子棉清理机→枝杆及绿叶清除机→标准子棉烘干塔（间隔 13.5 英寸）→倾斜六辊子棉清理机→带回收装置的倾斜六辊子棉清理机→输棉绞龙及溢流棉处理装置→喂棉机→锯齿轧花机→气流式皮棉清理机→锯齿皮棉清理机→热气发生器（燃气或燃油）→集棉机→附热气流导入装置的皮棉滑道→下压式皮棉打包机→棉包称重及输送装置。如图 6-72 所示。

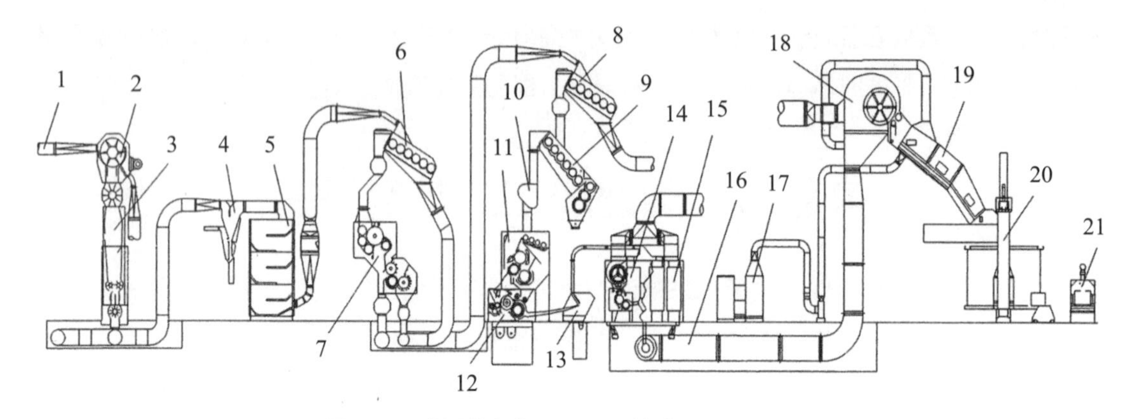

图 6-72　美国拉姆斯公司机采棉清理加工工艺图

1- 吸棉管；2- 定网子棉分离器；3- 喂入控制箱；4- 青铃沉积器；5- 烘干塔；6- 倾斜六辊子棉清理机；7- 提净式子棉清理机；8- 倾斜六辊子棉清理机；9- 回收式六辊子棉清理机；10- 配棉绞龙；11- 提净式喂花机；12- 锯齿轧花机；13- 气流式皮棉清理机；14，15- 锯齿式皮棉清理机；16- 集棉管；17- 加湿器；18- 集棉机；19- 皮棉滑道；20- 打包机；21- 棉包输送装置

（一）提净式子棉清理机

1. 工作原理

拉姆斯“LITTLE GIANT”提净式子棉清理机宽度有 6 英尺、8 英尺和 12 英尺等，该设备设计简单，适用于不同生产规模的棉花清理加工线，维护方便，无须经常监测。工作过程如下：

子棉在重力的作用下均匀落到第一个抛掷输送器上，第一个抛掷式输送器将子棉喂给大齿辊，依附在齿辊表面的子棉和杂质在锯齿的钩拉下随大齿辊转动，当碰到阻铃板时，铃壳被挡回原抛掷输送器，该抛掷输送器将杂质（包括铃壳、棉秆、棉叶等）和部分子棉送到机器的一端，在重力作用下掉到第二个抛掷输送器上，第二个抛掷输送器又将子棉抛喂给大齿辊，杂质被反弹回来，子棉被锯齿勾走，同时，该抛掷输送器又将杂质和少部分子棉送到机器外。上述第一、第二抛掷输送器的底板冲有圆孔，使细小杂质在输送过程中送到第三个输送器上，大刺辊钩拉的子棉，先遇到钢丝刷被抹紧，杂质则在离心力和排杂棒阻隔作用下，脱离齿辊。除铃后的子棉随齿辊一同转动，转至刷棉辊处被刷下，之后由一调节挡板控制或排出机外，或进入除棉秆机。

除铃后的子棉，在重力作用下均匀喂入除棉秆机的上工作辊，一排固定的钢丝刷把子棉抹在锯齿上，随着工作辊高速旋转，杂质产生 20 ～ 30 倍于自身重量的离心力，再在 3 根排杂棒的有效阻隔下，脱离工作辊，同时有一部分子棉也脱离工作辊，在重力作用下喂入第二或第三（回收辊）工作辊，一部分受到较大离心力的杂质，直接排入杂质绞龙。干净的子棉被刷棉辊刷下，排出机外。喂人第二工作辊的子棉，经历的过程同上；喂入第三工作辊的子棉数已很少，使刷齿能更有效地钩拉子棉，虽然其转速略低一些，但在格条栅网底的作用下，能更有效地清除杂质，所有杂质被绞龙排出机外。第二、第三工作辊上干净的子棉，被同一个刷棉辊刷下，排出机外。

该提净式子棉清理机设备有简单的旁通管路，无须清理的子棉直接进入下一加工环节。

提净式子棉清理机的技术特性见表 6-8。

表 6-8　提净式子棉清理机的技术特性

项　目	指　标	6MQL—8 型	6MQL—15 型
主要性能指标	处理量（kg/h）	8 000	15 000
	清铃效率（%）	不低于 98	不低于 98
	清秆 / 清壳效率（%）	不低于 95	不低于 95
主要性能指标	清僵效率（%）	70	70
	清杂效率（%）	40 ～ 50	40 ～ 50
	100 kg 子棉耗电量（MJ）	0.612	0.468
	噪声（dB）(A)	不大于 85	不大于 85
主要规格与技术参数	滚筒有效宽度（mm）	2 000	3 000
	大刺条（升松）辊滚筒直径（mm）	350	670
	刺条辊滚筒直径（mm）	450	450
主要规格与技术参数	两回收辊直径（mm）	350	350
	拨棉辊直径（mm）	300	300
	钢丝刷与锯齿滚筒间隙（mm）	1 ～ 2	1 ～ 2
	刺条滚筒与除杂棒间隙（mm）	10 ～ 30	10 ～ 30
	拨棉辊与齿条辊间隙（mm）	1 ～ 2	1 ～ 2
	回收辊与格条栅（一）、（二）的间隙（mm）	15 ～ 20	15 ～ 20
	配用电动机（kW）	1.1（喂棉） 11（主电动机）	7.5（清铃） 0.015（提净）
	外形尺寸（长 × 宽 × 高，mm）	2 700 × 1 880 × 1 980	4 040 × 2 400 × 4 182
	整机重量（kg）	3 800	6 000

2. 设备结构

主要部件：两台带格栅的排杂锯齿滚筒、毛刷脱棉滚筒、旁通阀、三角皮带传动系统、排杂绞龙的输出部分和排杂滚筒的链式传动系统、电机基座（不需要滑动基座）等。

配套辅助设备：带三角皮带驱动的电机、带链式驱动的排杂器、卸棉料斗、钢支架、排杂管道平台、防护门、梯子、闭风器、连接风管等。

防护罩。

配套动力：① 6 英尺提净机：10 马力（7.5 kW）。② 8 英尺提净机：15 马力（11 kW）。③ 12 英尺提净机：25 马力（18 kW）。

设备重量：

① 6 英尺提净机：1 179 kg。② 8 英尺提净机：1 741 kg。③ 12 英尺提净机：3 401 kg。

3. 常规操作

（1）调　整

操作者必须牢记：减小滚筒与格栅之间的间隔会增强清理效果，但同时会增加设备的磨损降低其性能，增大间距则相反。确保传动轮同心并且锁紧，设备调整完成后，正常操作包括适时启动和关闭设备。含水率过高的棉花会导致清杂效果不佳，锯齿不够锋利会导致过量排杂，生产效率会降低。

（2）启动顺序

轧花机应当始终依次启动，从最后的设备开始启动，依次往前，以达到设备正常工作状态。

（3）停止程序

设备的停止顺序与启动顺序相反，从子棉喂入系统开始，以此防止阻塞。除非在紧急情况下，不得违反此顺序。

4. 旁通操作

（1）一般情况

根据子棉含杂等指标，确定是否需要通过提净机，如果不需要清理，则打开旁通管路，既保持了棉花的品质，又节省能耗。

（2）操作要点

旁通通道控制阀门把手位于提净机左侧中间，该阀门控制棉花是否旁通。

当把手位于上方时，棉花顺着正常通道进入提净机，进行清理加工。

当把手位于下方时，棉花进入提净机的通道关闭，直接进入卸料斗，棉花得以旁通。

（二）回收式清花机

1.开机前的准备

关闭所有控制电源，装好钥匙。开动设备前，确保人员在安全的地方，拉响警报至少5 s，在安装或检修时不要依靠安全内锁。

2. 设备调试

（1）滚筒部分

格栅与齿钉滚筒齿尖之间的间隔在出厂时已预先调整为1/2英寸（12.7 mm），无须再调整。

（2）回收部分

固定毛刷的刷子与锯齿根部应相匹配。如需调整，见后文。

锯齿尖与回收机下的三根格栅间隔为1/2英寸（12.7 mm）。

转动毛刷滚筒，毛刷与锯齿重叠为1/16英寸（1.5 mm）。试调完毕后，首先检查所有的间隔，再决定是否需要调整某一滚筒。如须调整，按以下步骤进行：

① 稍微放松滚筒轴承与框架紧固的螺栓。② 用木锤轻敲轴承，将其调整好。③ 重新上紧轴承螺栓。④ 检查回收机部分，看是否需要进一步调整。

转动毛刷滚筒与蜗管之间的间距1/2英寸（12.7 mm），该间距可借助蜗管底板上的螺栓进行调整。

防护罩与钉齿间距离为5/16英寸（8 mm）。该间距可根据需要借助蜗管底板上的螺栓进行调解。

（3）轴向的滚筒调试

检查滚筒是否在两个边板中间，以防止滚筒与边板发生摩擦，对没有位于边板中间的滚筒需要做以下调整：① 放松两边轴承的锁紧套。② 用木锤敲击滚筒轴，直至滚筒尾部两端与边板距离相等。③ 重新上紧轴承的锁紧套。④ 检查皮带传动轮的定心，根据需要进行调整。

（4）标 识

安装好防护罩，彻底清理机器，检查所有安全标识是否完整，如果丢失或损坏请及时更换并按照要求贴好。

（5）试运行

启动设备之前，目测周围是否有可能损坏设备的物体（如：螺栓，木板，工具等）。要特别注意检查传动紧固部分和有粗糙或锋利边缘的部分。

用手按正常方向旋转设备，反向旋转会损坏毛刷。若设备内有其他物体，滚筒旋转几圈后会将它们弹出，这种转动可在异物损坏设备前被清除。

确保所有工作人员在设备启动前不要靠近设备。所有观察窗和检修口都安全关闭好。

启动后，让设备至少空转 5 min，以确保设备运行正常。

3. 操作说明

（1）启　动

确保所有人员在设备启动前保持清醒，所有观察窗和检修口都处于关闭状态，启动设备前警报拉响至少 5 s。设备的启动顺序与棉花加工方向相反，首先启动打包机，集棉尘笼，皮棉清理机，轧花机，倾斜六辊 / 回收清花机，卸料系统，排杂系统，按清理机的“启动”键，启动清理机。

（2）正常停机

正常停机过程与启动过程相反。从卸料系统开始将设备依次关闭。

在停机前确保设备中的棉花已完全通过，关闭设备时先关闭卸料系统依次到棉包运送装置。

注意电源关闭后滚筒会继续转动，务必在所有运转停止后再打开防护门。离开设备前，将设备清理干净以备下次启动。

（3）紧急停机

按总控台上的“紧急停止”按钮。进行紧急停机操作时，要求所有工作人员务必熟悉操作程序。

（4）设备清理

清理设备前必须关闭电源并锁紧。若不关闭电源，受阻机器在阻塞清除后会重新旋转。

必须等待设备完全停止才能进行检修。由于惯性，关闭电源后设备会继续旋转，此时将手伸入机器会极其危险。注意将手伸人设备进行检修时要十分小心，不准穿宽松衣物，佩戴首饰。

当出现意外停机时，必须进行彻底清理，再重新启动。

清花机发生阻塞时，不得立即关闭清花之后的设备，须等待后面的设备将棉花清空后再关闭。

清理清花机前要先关闭清理机，取消连接，锁紧电源，等待所有转动部件停止后，再打开防护门，用手清空棉花。

检修清花机时，特别注意不能对轴直接使用管钳，也不能在轴承环处使用扳手，这样会对设备造成损坏。应做一个带销子的轴套与轴相配套，扳手可以用在带销子的轴套上。

轴套制作：取一段 4 ～ 5 英尺长（1.2 ～ 1.5 m）的厚壁钢管，钢管内径要比轴外径小一些，在钢管上打眼并做键槽与轴相配套，按照每一个轴的尺寸制作一个轴套，那样就可以用手转动设备。

当清理回收部件尤其是锯齿滚筒周围堵塞时，要确保总控台电源和设备电源已全部切断。当用手清理回收部件时，不要将手靠近齿辊，用软木棒轻轻将棉花移开即可。不能用金属工具在齿辊周围检测，这样会损坏锯齿。也不能倒转设备，这样会损坏固定的毛刷。

4. 检　查

（1）日　检

检查所有驱动的同心度与松紧度，检查是否有过度磨损迹象，查明并排除诱因。清理提净机的外侧，使用不高于 30PSI 的压缩空气，同时佩戴护眼设备。

（2）周　检

清理设备的内侧与外侧。检查钉齿滚筒是否有折断或者是磨损的钉齿。检查锯齿滚筒中是否留有杂质或其他物体，锯齿是否变钝或折断。检查毛刷滚筒的毛刷与锯齿间距是否为 1/16（1.27 mm），毛刷是否有磨损。检查固定毛刷，以便修正设置，修理磨损。检查格栅与滤网是否有损坏。及时修理或更换受损部分。检查格栅（或滤网）与清理滚筒齿尖的间距，注意调整。检查链条和链轮是否有磨损，松紧度是否够。清理驱动器并加以润滑。检查所有的紧固配件，注意加固。对需要润滑的轴承加以润滑。

（3）年　检

检查所有滚筒、格栅和滤网等设备并进行清理，润滑电机、机器以及其他生产商加以说明的配件。

（三）热气流清理机

1. 安　全

检查所有的连接装置运行是否正常。检查所有防护门安装是否良好。检查所有安全警报器是否清晰可见，无遮蔽物。检查所有驱动设备和移动设备状况是否良好，防护有效。检查周围环境是否清洁。

2. 启　动

启动设备前清点工作人员，换岗时尤其要注意清点人数。工作人员不得穿宽松衣物，将长发挽起，不戴首饰。设备运行期间，在设备运行或马上就要开动，或任何电源开启状态，请勿将手或身体任何部分伸入设备。等待所有设备停止运转后，再打开防护门，进行检修。每个工作人员务必在开关处放一把锁，装好钥匙。每人不得有他人钥匙。当确认每个人都安全后，启动按钮。

3. 基本操作说明

（1）启 动

确保所有人员在机器启动前保持清醒，所有门与入口关闭安全。启动机器前告警至少5 s。正常启动的轧花机与棉花流动方向相反。压力首先启动，集棉尘笼随后，然后为皮棉清理机，穿过喂入进入倾斜式清理机 / 回收式清理机然后到卸料系统。启动清杂系统。按清理机的“启动”键，启动清理机的电机。此流程利于防止阻塞。

（2）正常停止

正常停止过程与启动过程相反。从卸料系统开始将机器依次逐一关闭。确定在系统中的棉花在关闭电源前全部通过了机器。从卸料系统开始到打包机依次关闭机器。电源关闭后滚筒会继续转动，务必在所有运转停止后再打开防护门。离开设备前，将设备按照要求清理干净（见清理部分），以备下次启动。

（3）紧急停止

按中央控制台的“紧急停止”按钮。所有工作人员包括操作者和维修人员务必熟悉安全的操作程序。

（4）设备清理

清理机器前务必关闭电源，并锁紧。若不关闭电源，受阻机器在阻塞清理后会重新旋转。必须等待所有机器完全停止。由于惯性，关闭电源后机器会继续旋转，此时将手伸入机器会极其危险。将手伸人机器时高度注意。不准穿宽松衣物，佩戴首饰。

当子棉中存在金属时，使电机停止，或其他原因引起机器受阻时，必须在重新启动前进行清理。当清理机发生阻塞时，不得立即关闭清理机之后的机器。等待后面的机器将棉花清空后再关。关闭清理机，断电，锁紧电源。等所有部件转动停止后，打开防护门，用手清空棉花。绝对不得对轴直接使用管钳。不要对轴承环使用扳手，这样会损坏它。做一个带销子的轴套与轴相配套，扳手可以用在带销子的轴套上。制作一个轴套，取一个4～5英尺长的厚壁管子管子的内径要比轴的内径小一些，在管子上打眼并做键槽以和轴相配套，按照每一个轴的尺寸制作一个这样的轴套就可以用手转动了。

（四）闭风器

1. 安 装

（1）准 备

闭风器法兰及其固定法兰的空隙要堵上或用橡皮胶带封住，封不严会造成漏气，还会造成堵塞。要确定喂入器轴与驱动器的轴平行，转动方向要符合要求。

（2）设备调整

安装链条传动系，要校对链轮，张紧链条。

（3）启　动

如果新的密封条太僵硬，不能转动，可在表面上试擦工业用滑石粉。如果有摩擦过大，可以去掉一些密封条，同时保持链轮的平衡，然后空转机器，以减少摩擦。不可将相邻的两个密封条同时取掉，以免造成不平衡。此时不能用油或润滑剂，因为石油类制品会损坏密封胶条，污染棉花。

2. 安全检查

（1）关闭电源

检查设备时，要中断并锁上所有发动机电源。中断不需要检查的所有控制线路。每个检查人员都要用挂锁锁上停电处，并随身携带钥匙。

（2）常识说明

预防性维修是指为了减少机器故障和突然停机，定时的对机器进行检查，清理，润滑，调适和修理。

（3）清　理

好的护理是良好维修的重要组成部分。脏、杂质和纤维能隐藏小问题，带来严重后果。干净的轴承能用很长时间，杂质能是脏轴承很快磨损，要经常检查和清理。

（4）检查清单

检查盖板和机器外壳是否摩擦过度。

检查出入法兰的空气密封是否完好。

每天检查：① 运转时声音是否有异常；② 检查链轮是否同心和链条张紧度是否合适；③ 检查外壳是否有凹痕或其他磨损过度。

每周除检查上述以外还要检查：① 检查盖板是否磨损过度；② 检查轴承是否磨损过度；③ 检查滚筒链和链轮是否磨损过度。

（5）清理区域

清理所有非工作人员，张贴警示标识，落实每个人的职责。

（6）解释工作

向每个工作人员准确表述要做什么，有什么危险。

要强调不经允许不能擅自行动。

（7）锁上电源

只保留工作需要的线路，其他的所有控制线路和发动机线路都应中断上锁，再用测试器或电压表确定电源是否关闭；有时有故障的线路或区域会导致部件发热。

工作时不能带戒指、手表、项链或其他导体，工作时用绝缘工具和梯子，避免水电混合。

（8）维护建议

法兰：法兰是易磨损的配件，当磨损时就会漏气，要及时更换。

轴承：这些自定位的轴承带有它们自己的轴座或法兰盖，它们的另一个特征是自锁轴套在偏心凸轮上运转。生产厂家已经对轴承提前润滑，并且密封。轴承箱备有润滑设备，轴承能得到润滑，但谨防过度润滑。如果你决定润滑轴承，每周使用少量的润滑油并用干净的抹布除去多余的润滑剂。

链驱动：每周检查链条和链轮，看是否磨损和上紧适当。用不生锈的喷洒润滑剂，比如 Molykote557 清理驱动机。

二、山东天鹅棉机公司的工艺及设备

山东天鹅棉业机械股份有限公司位于山东省济南市，是以生产棉花加工成套设备为主业的中美合资合作公司，成立于 1946 年，2002 年整建制改造为山东天鹅棉业机械股份有限公司。2005 年，与美国大陆鹰公司成功合资合作，生产、经营逐步与国际接轨。主要产品有：6MWD10 固定式自动喂花系统、MSZB10 移动式自动喂花系统、MJP-1 皮棉加湿系统、MDY-400A1 静音节能液压棉花打包机、多功能排僵式子棉清理机、子棉异性纤维（残膜）清理机、MYP- Ⅱ型高效齿形滚刀皮辊轧花机、MY-126 种子专用锯齿轧花机、MY-109 生态锯齿轧花机、MDY-400B 型系列成套打包装置、锯齿轧花成套设备系列、棉子剥绒成套设备、皮辊轧花成套设备、机采棉加工成套设备系列、锯齿轧花机系列等设备。

（一）机采棉清理加工工艺流程

山东棉麻机械公司开发的机采棉清理加工工艺可分三大系统：子棉烘干、清理系统；轧花、皮棉清理系统；集棉、打包系统，成套设备小时生产率 7 ～ 10 t。

配套设备为（按工艺流程顺序）：通大气阀→重杂分离器→三辊分离器→储棉箱→烘干塔→倾斜式子棉清理机→闭风阀→提净式子棉清理机→闭风阀→烘干塔→倾斜式子棉清理机→闭风阀→冲击式子棉清理机→配棉绞龙→锯齿轧花机→气流式皮棉清理机→锯齿式皮棉清理机→集棉机→打包机。如图 6-73 所示。

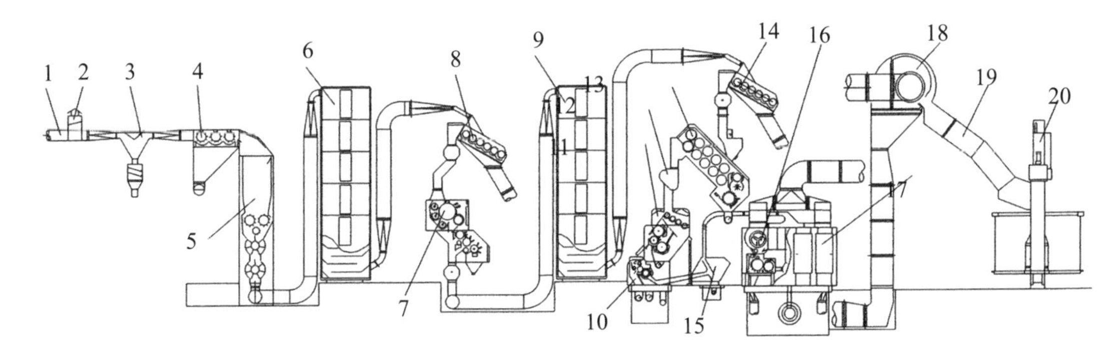

图 6-73　山东棉麻机械公司机采棉清理加工工艺图

1- 吸棉管；2- 通大气阀；3- 重杂沉积器；4- 外三辊；5- 喂入控制箱；6- 烘干塔；
7- 提净式子棉清理机；8- 倾斜六辊子棉清理机；9- 烘干塔；10- 锯齿轧花机；11- 提净式喂花机；
12- 配棉绞龙；13- 冲击式子棉清理机；14- 倾斜六辊子棉清理机；15- 气流式皮棉清理机；
16，17- 锯齿式皮棉清理机；18- 集棉机；19- 皮棉滑道；20- 打包机

在工艺中，设计了人工常规采棉、人工快采棉清理加工工艺，通过调整管路阀板的位置，可实现不同的清理加工工艺流程。

（二）主要清理加工设备

1. MQZY-15B棉花异性纤维清理机

（1）设备型号、名称

型号：MQZY-15B。

名称：子棉异性纤维清理机（图 6-74）。

（2）适用范围

MQZY-15B 子棉异性纤维清理机主要用于清理子棉在采摘、摊晒、储存、运输过程中混入的各种异性纤维杂质，如编织袋丝、人畜毛发、家禽羽毛、地膜片等。

（3）主要特点

缠绕部 4 根缠绕辊呈“S”形曲线排列，再加上弧形缠绕托板的包覆作用，增强了缠绕清理的效果。换辊机构操作简单，用户根据子棉含杂情况可自由选择缠绕辊的道数。

抛射部采用叶片式抛射辊，不会损伤子棉，抛射时子棉与异性纤维即可产生初步分离。

气流清理部分尘笼采用两侧吸风，风力分配均匀，尘笼两端的风门可自由调整吸风气流的大小。同时尘笼内含有闭风胆，使杂质能够完全被剥杂辊剥落由排杂绞龙排出，不会出现回杂现象。

分离室内封闭，利用淌棉板的网孔补充气流，使分离室内的空气流动均匀一致，又可排出细小重杂。

（4）主要性能指标

① 子棉处理量：15 t/h。② 清理效率：＞70%。

（5）工作原理

MQZY-15B 子棉异性纤维清理机利用机械缠绕、机械抛射和气流吸附的共同作用来清理多种异性纤维杂质。

子棉从上一道工艺流程首先进入子棉异性纤维清理机的喂料部，喂料部内的刺钉辊和开松辊将大团子棉开松，均匀的喂入缠绕部，喂料部前门打开可定期清理开松辊上缠绕的杂质。

缠绕部内有四道缠绕辊，在缠绕钉的缠绕和缠绕托板的包覆作用下，子棉与异性纤维杂质分离。缠绕托板可上下调整，缠绕辊缠满杂质后可随时更换。缠绕清理主要清除的是较长纤维杂质，如长编织丝等。对于长异性纤维杂质含量低的子棉（如机采棉）可减少缠绕辊及缠绕托板数量，减弱或省略缠绕清理环节；缠绕部传动见图 6-75。

经过缠绕清理后子棉进入抛射部，抛射辊高速旋转，将子棉抛入分离室内，形成具有一定速度的散状棉层，以便于气流吸附清理。

清理部的两道尘笼采用两侧吸风，吸风尘笼产生的气流将抛射棉层内的异性纤维杂质吸附到两道尘笼网面上，待网面旋转后，由剥辊将杂质剥落到排杂绞龙内排出机外。清除杂质后的子棉在自身重力作用下落到淌棉板上，再由闭风阀送入下一道工艺。根据子棉性质及现场状况调整尘笼两侧的风门可控制分离室内的风量，达到最佳清理效果。吸附主要清理的是轻短纤维杂质及片状杂质，如短编织丝、羽毛、地膜片、短发丝等，同时分离室内的淌棉板还可清除细小重杂。

2. MQZX-15倾斜式子棉清理机

（1）设备型号、名称

型号：MQZX-15。

名称：倾斜式子棉清理机（图 6-76）。

（2）适用范围

倾斜式子棉清理机是一种将杂质（不孕籽、僵瓣棉、铃壳、叶屑、尘土等）从子棉中分离出来的机械，子棉经清理后杂质明显降低，同时还能使子棉提高 0.5 ～ 1 个品级。

（3）主要特点

具有清杂效率高；产生的棉索少，子棉外观好看；几乎不损伤纤维等优点。

（4）技术特性

① 叶屑、尘土清除率：≥70%。② 棉秆清除率：≥35%。③ 清理前后对比品级：≥0.5 级。④ 噪声：≤85 dB（A）。⑤ 吨子棉耗电量：≤1.5 kW · h。

（5）工作原理

子棉经风吸（或从分离器的闭风阀下落）到第一个刺辊后，经击松后落入下面的刺辊，子棉在6个刺辊下面与格条栅之间，经过打击、相对摩擦、子棉的滚动等过程后，杂质由格条栅部排出，而子棉从出口部落入下一道工序。

3. MQZJ-10排僵式子棉清理机

（1）设备型号、名称

型号：MQZJ-10。

名称：排僵式子棉清理机（图6-77）。

（2）适用范围

本机器用于棉花加工企业在棉花加工生产线上清理子棉。

（3）主要特点

排僵式子棉清理机是一种组合式子棉清理机，它既有刺钉辊筒清理单元，也有锯齿辊筒清理单元，将二者有机的融为一体。

排僵式子棉清理机具有软特杂清理、僵瓣清理、开僵瓣、杂质清理4种功能，是当今市场上仅有的集4种功能于一体的子棉清理机，是子棉清理的理想设备。

该机既能分开使用，又能整体组合，方便用户选择和使用。既保护了子棉品级又节约了能源，使用户在使用过程中具有更大的灵活性。

（4）技术特性

①清杂效率：≥50%。②清僵效率：≥70%。③落棉率：≤0.3%。④噪声：≤85 dB（A）。⑤100 kg子棉耗电量：≤0.18 kW·h。⑥排杂性质：僵瓣、不孕籽、铃壳、棉秆、叶屑、尘土等。

（5）工作原理

采用了先进的抛掷式清理技术，将刺钉辊筒清花和锯齿提净清花融为一体。

4. MQZT-15提净式子棉清理机

（1）设备型号、名称

型号：MQZT-15。

名称：提净式子棉清理机（图6-78）。

（2）适用范围

快采棉、机采棉。

（3）主要特点

主要用来清除机采棉中的棉铃壳和棉秆，属于大杂清理机。

（4）技术特性

采用串联抛掷式输送器和高弹性挡铃板，提高了排杂效率，降低了纤维损伤。

主要性能指标：① 铃壳清除率：≥85%。② 棉秆清除率：≥60%。③ 细杂清除率：≥15%。④ 子棉损耗：≤0.5%。⑤ 吨子棉耗电量：≤1.5 kW · h/t。⑥ 噪声：≤ 85 dB（A）。

（5）工作原理

提净式子棉清理机工作原理是利用抛掷反弹的原理清除铃壳，利用提净和离心原理清除棉秆。抛掷式输送器抛掷子棉"U"形刺条辊把子棉钩拉，铃壳由阻铃板阻隔输送器把部分重杂（如石块、棉秆、铃壳等）排出。排杂棒阻隔实现子棉与杂质的分离。子棉进入到提净式子棉清理机下部通过三道型刺条辊的钩拉排杂棒分离把一些细小杂质排出（如棉叶、棉秆、尘土），比较干净的子棉输送到下一个工序。

5. MQZH-15回收式子棉清理机

（1）设备型号、名称

型号：MQZH-15。

名称：回收式子棉清理机（图 6-79）。

（2）适用范围

用于棉花加工企业在棉花加工生产线上清理子棉。

（3）主要特点

该设备主要部分包括清理部和回收部。回收部能将清理部排落的小花头回收，进入子棉流。刺钉辊筒为机械铆接、锥度球冠型刺钉的 12 棱结构，辊筒制造精度高，径向跳动小。刺钉辊筒与格条栅采用非同心圆结构。

（4）技术特性

① 清杂效率：≥ 70%。② 排杂性质：不孕籽、铃壳、棉秆、叶屑、尘土、僵瓣等。③ 清理前后对比品级：提高 0.5 级。④ 噪声：≤ 85 dB（A）。⑤ 100 kg 子棉耗电量：≤ 0.18 kW · h。

（5）工作原理

清理部利用筛分原理实现杂质与子棉的分离。回收部利用擦拭抖动结合惯性离心力回收掉落的小花头。

6. MY96-17锯齿式轧花机

（1）设备型号、名称

型号：MY96-17。

名称：锯齿式轧花机（图 6-80）。

（2）适用范围

适合任何从事细绒棉加工的企业使用。

（3）主要特点

机型中等，配套灵活，操作维修方便；全自动控制，性能特别稳定，安全运转率不低于98%；采用中箱排子技术，适应高回潮率子棉加工，节能；采用进口美国盲板锯片，产量高、寿命长，轧工质量好；整机结构科学合理，采用多种新技术、新材料；采用流线型、全封闭、专业加工防护罩，安全、环保；不同台数整机灵活配套，可组建不同规模的轧花生产线。

（4）技术特性

主要性能指标：① 台时产量：0.6 ～ 1.2 t。② 功率：46.12 kW。③ 皮棉轧工质量：达到或优于付轧同等级棉花国家标准。④ 噪声：≤90 dB（A）。

（5）工作原理

子棉通过锯片钩拉、肋条阻隔来实现纤维与棉子的分离。

喂入轧花机前箱的子棉通过拨棉刺辊送至轧花锯片，锯片锯齿钩拉住子棉经阻隔肋条进入工作箱。此时子棉在工作箱内运行速度和锯片线速相等，在通过肋条工作点时，锯片将镶嵌在锯齿中纤维钩拉走。剩下的随棉卷继续运转。子棉在工作箱内的停留时间大约1 min，形成正常工作棉卷后。由锯片周而复始运行钩拉，被锯片新钩拉的子棉进入工作箱内，此时此位置就产生了由速度差所生成的间隙，被轧净的棉子从此处接连不断地被挤出工作箱，顺轧花肋条和阻壳肋条中间排出。被锯齿钩拉的纤维经后箱装有高于锯片线速度数倍的毛刷刷入皮棉道，送至皮清机，经清理后送至集棉尘笼进行打包包装。

7. MY126-19.4锯齿式轧花机

（1）设备型号、名称

型号：MY126-19.4。

名称：锯齿式轧花机（图6-81）。

（2）适用范围

适合任何从事细绒棉加工的企业使用，特别适合种子棉加工。

（3）主要特点

特殊的子棉预处理结构对种棉进行自然分级筛选；加工“顺势而为”，最大限度地减少机械对子棉的打击，保持轧出皮棉、棉子的原生状态；采用大工作箱、大片距，棉卷松紧适宜，纤维与棉子自然分离，最大限度地保持皮棉天然的外观形态与原有长度，保证棉子完好无损；特殊的工作箱结构，开合箱灵活方便，棉子毛头率自由调整；科学利用流体力学原理，有效改善工作环境，提高刷棉效率，确保皮棉质量；因花配车，调整方便。

（4）技术特性

主要性能指标：① 台时产量：1.4 ～ 2.3 t。② 功率：87.85 kW。③ 皮棉轧工质量：达到或优于付轧同等级棉花国家标准。④ 噪声：≤90 dB（A）。

（5）工作原理

子棉通过锯片钩拉、肋条阻隔来实现纤维与棉子的分离。

喂入轧花机前箱的子棉通过拨棉刺辊送至轧花锯片，锯片锯齿钩拉住子棉经阻隔肋条进入工作箱。此时子棉在工作箱内运行速度和锯片线速相等，在通过肋条工作点时，锯片将所镶嵌在锯齿中纤维钩拉走。剩下的随棉卷继续运转。子棉在工作箱内停留时间大约1 min——指形成正常工作棉卷后。由锯片周而复始运行钩拉，被锯片新钩拉的子棉进入工作箱内，此时此位置就产生了由速度差所生成的间隙，被轧净的棉子从此处接连不断地被挤出工作箱，顺排子道排出。被锯齿钩拉的纤维经后箱装有高于锯片线速度数倍的毛刷刷入皮棉道，送至皮清机，经清理后送至集棉尘笼进行打包包装。

8. MY199-16锯齿式轧花机

（1）设备型号、名称

型号：MY199-16。

名称：锯齿式轧花机（图 6-82）。

（2）适用范围

适合任何从事细绒棉加工的企业使用。

（3）主要特点

喂花部使用新型刺钉辊、“U”形齿条辊和刷棉辊，子棉受力均匀，无飞尘，清杂效率高，下花连续均匀；全新的工作箱参数设计，更利于棉卷运转，皮棉产量高、质量好，棉子毛头率易于控制；开合箱采用曲柄结构，平稳可靠；新型结构替代了棉子梳、阻壳肋条，降低使用成本；整机结构合理，运行平稳，维护方便，有效改善工作环境。

（4）技术特性

主要性能指标：① 台时产量：2.0 ～ 3.0 t。② 功率：107.25 kW。③ 皮棉轧工质量：达到或优于付轧同等级棉花国家标准。④ 噪声：≤90 dB（A）。

（5）工作原理

子棉通过锯片钩拉、肋条阻隔来实现纤维与棉子的分离。

喂入轧花机前箱的子棉通过拨棉辊送至轧花锯片，锯片锯齿钩拉住子棉进入工作箱。子棉在通过肋条工作点时，镶嵌在锯齿中的纤维被钩拉走，剩下的随子棉卷继续运转。锯片周而复始进行钩拉，被钩拉完纤维的棉子，随子棉卷运行至活动盖板的位置时，子棉卷线速度最低，该处由于锯片又新钩拉子棉进入工作箱内，此位置就产生了由速度差所生成的间隙（低密度区），被轧净棉纤维的棉子与子棉卷无附着力，从此处不断地被挤出工作箱，顺着轧花肋条排出。被锯齿钩拉的纤维经后箱装有高于锯片线速度数倍的毛刷刷入皮棉道，送至皮清机，经清理后送至打包机进行打包包装。

9. MQP-400X2000E皮棉清理机

（1）设备型号、名称

型号：MQP-400x2000E。

名称：皮棉清理机（图 6-83）。

（2）适用范围

本机器仅用于棉花加工企业在棉花加工生产线上清理皮棉。

（3）主要特点

整机采用多种特殊材料，结构合理，性能稳定可靠；合理的分梳比及分梳工艺长度确保整机高产、优质、低耗，纤维损伤小；刺条采用特殊材料及齿型，使用寿命长，清理效果好，对纤维损伤小；特殊结构的排杂刀使整机在最大限度清除杂质的同时，有效减少纤维损耗；防护罩采用本高 1.5 ～ 2.0 mm 一级冷轧板，通过数控设备加工成型，采用先进的磷化工艺和塑粉涂覆技术，强度大、精确度好、抗氧化。

（4）技术特性

主要性能指标：① 台时皮棉处理量（子棉含水＜ 7%）：1.0 ～ 1.8 t。② 功率：19 kW。③清理后的皮棉质量：符合 GB1103-2007 中轧工质量的规定。④空载噪声：≤85 dB（A）。

（5）工作原理

皮棉在轧花机毛刷气流的吹送，以及皮棉清理机风机的吸引下，通过管道，送往尘笼，含尘气流则从风道中排入尘室，贴附在尘笼的皮棉，随着尘笼顺时针旋转，被罗拉剥取下来，形成均匀连续的棉胎，均匀地被刺辊钩拉梳理。被钩拉的纤维跟随刺辊做高速圆周运动，由于不孕籽、自然杂质及大颗粒的疵点较重，所以在离心力的作用和 7 根尘棒的阻挡下排出，通过吸杂管道收集清理。当被钩拉的纤维与毛刷相遇时，即被毛刷刷入皮棉道，送到集棉尘笼进行打包。

10. MQP-600x3000E皮棉清理机

（1）设备型号、名称

型号：MQP-600x3000E。

名称：皮棉清理机（图 6-84）。

（2）适用范围

本机器仅用于棉花加工企业在棉花加工生产线上清理皮棉。

（3）主要特点

整机采用多种特殊材料，结构合理，性能稳定可靠；合理的分梳比及分梳工艺长度确保整机高产、优质、低耗，纤维损伤小；刺条采用特殊材料及齿型，使用寿命长，清理效果好，对纤维损伤小；特殊结构的排杂刀使整机在最大限度清除杂质的同时，有效减少纤维损耗；Φ600 刺辊的应用，使刺辊转速有效降低，整机稳定性、可靠性显著提高；防护罩采用本高 1.5 ～ 2.0 mm 一级冷轧板，通过数控设备加工成型，采用先进的磷化工艺和塑粉涂覆技术，强度大、精确度好、抗氧化。

（4）技术特性

主要性能指标：① 台时皮棉处理量（子棉含水＜ 7%）：2.4 ～ 3.6 t。② 功率：27.5 kW。③ 清理后的皮棉质量：符合 GB1103-2007 中轧工质量的规定。④ 空载噪声：≤85dB（A）。

（5）工作原理

皮棉在轧花机毛刷气流的吹送，以及皮棉清理机风机的吸引下，通过管道，送往尘笼，含尘气流则从风道中排入尘室，贴附在尘笼的皮棉，随着尘笼顺时针旋转，被罗拉剥取下来，形成均匀连续的棉胎，均匀地被刺辊钩拉梳理。被钩拉的纤维跟随刺辊做高速圆周运动，由于不孕籽、自然杂质及大颗粒的疵点较重，所以在离心力的作用和七根排杂刀的阻挡下排出，通过吸杂管道收集清理。当被钩拉的纤维与毛刷相遇时，即被毛刷刷入皮棉道，送到集棉尘笼进行打包。

11. MDY400C打包机

（1）设备型号、名称

型号：MDY400C。

名称：打包机。

（2）适用范围

棉花打包。

（3）主要特点

机械部分：MDY400C 打包机主体机架部分采用主压梁、预压梁分体叠加式结构，主压立柱、中心立柱采用螺母台肩式定位连接型式。两只主压油缸及预压油缸、脱箱油缸均安装在上梁上，为下压式结构。机械整体部分设计合理，结构紧凑，刚性及稳定性好。棉箱采用了焊接型式的整体式结构，脱箱安全可靠，安装方便，包型方正美观；棉箱的导向采用了以耐磨塑料为材料的滑块与导轨配合的导向型式，与目前国内采用的导柱导套型式相比，这种导向型式灵活可靠，脱箱阻力大大减小；打包机脱箱到位后，采用插销油缸的棉箱定位是它的独到之处，采用这种结构进一步增加了系统工作的安全性；脱箱采用油缸安装在上梁的上脱箱型式，工作平稳，安装方便，易于维修；转箱采用了液压马达控制技术，转箱无冲击，快速而平稳；预压系统的棉包计量采用反应敏感的新型压力传感器控制，使计量更加准确；打包机的钩持器采用以钩持器下底面为受力点的结构型式，与目前国内采用的以钩持器顶面为受力点的结构相比，这种结构钩棉效果明显，同时在棉箱上箱口增加了吸花罩，能有效防止飞花等现象；辅机系统配套完整，接包小车、棉包套包器、棉包推包器、电子秤、输送机、接包架、棉包标签条码自动生成系统以及在线水分检测。实现了棉包下线的自动化控制；MDY400C 打包机真正实现了“积木”式安装，安装快捷方便；配置信诺全自动塑带捆包机，完成棉包的自动捆包装置。

液压系统：MDY400C 打包机的液压系统部分采用帕克公司产品；阀块的设计采用两通插装阀结构，运行平稳可靠、无冲击，工作效率高；转箱采用液压马达，工作更平稳，更可靠；主压下行采用导向结构，压头运行更平稳。

电气部分：主压及预压信号感应板采用无级位置调整，调整更方便、更准确；主压、预压、脱箱压力和主压、预压电流通过模拟量输入模块到 PLC 中，实时采集，实时控制。使打包机工作精度更准；对主压下行、脱箱上下行、棉包计量和转箱动作实行报警指示，减少危险；具备故障自动显示系统，便于及时了解运行情况；保护功能：棉箱锁紧装置可以锁紧棉箱，并且使用两个接近开关进一步增加安全系数。当转箱到位后，转箱锁紧装置可以锁紧棉箱，从而使棉箱不至于越程，起到保护作用。

（4）技术特性

主要性能指标：① 台时产量：13.62 t（60 包）。② 公称力：4 000 kN。③ 功率：194.35 kW。④ 整机重量：45 t。

（5）工作原理

MDY400C 棉花液压打包机分主机、辅机、信息共享三大部分，主机部分完成皮棉自动打包功能，辅机部分完成棉包的自动输送功能，条码、在线测水完成信息共享功能。主机由液压系统驱动油缸工作，通过 PLC 智能控制系统的控制，不同的油缸协调工作，共同完成喂棉、踩棉、打包、脱箱、提箱、抛包、称重等工作的自动化过程。

皮棉经过集棉装置与风分离后形成棉胎，经淌棉道进入打包机送棉部，由送棉油缸推动进入棉箱，然后，由预压油缸进行踩压。送棉油缸与预压油缸协同工作，送棉一次，踩棉一次，经过多个循环后，随着预压踩棉次数的不断增加，预压压力也逐渐增加，当达到预压压力设定值时，高精度的压力继电器发出棉包计量信号，此时，预压油缸返回至记数器显示为“3”的位置停止。同时发出提箱、转盘开锁、转箱、落箱指令。当转箱、落箱到位后，预压油缸又开始一个新的打包循环。另一侧，主压油缸柱塞自动下行，经 SP1、SP2、SP3 压力继电器的信号反馈，系统自动控制主压油缸的工作流量，工作速度逐渐变慢同时系统压力逐渐增大，当下行到位时，柱塞停止，脱箱缸开始工作，棉箱自动上行到位停止，锁箱缸将棉箱锁紧。此时，可以安全的开始手动、半自动或者自动穿丝及搭扣工作。穿丝完毕后，人工发出指令，柱塞上行、接包小车前进。接包小车前进到位后，自动抛包。同时柱塞上行（如果不打裸包，柱塞上行几秒至棉箱内停止，待抛包完成、小车后退时自动下行到位，完成摊包布，包压头的工作。完成后，人工再次发出指令，此时，柱塞上行，落箱下行，到位后停止，主压等待下一个循环。如果打裸包，柱塞将直接上行到位，待抛包完成、小车后退时，落箱下行到位停止，主压等待下一个循环）。接包小车后退到位后停止，推包器自动推包前进，前进到位后自动返回停止。之后，就可以进行棉包的条形码标签自动生成工作，至此，打包机完成了一个完整的循环。

图 6-74 MQZY-15B 棉花异性纤维清理机

图 6-76 MQZX-15 倾斜式子棉清理机

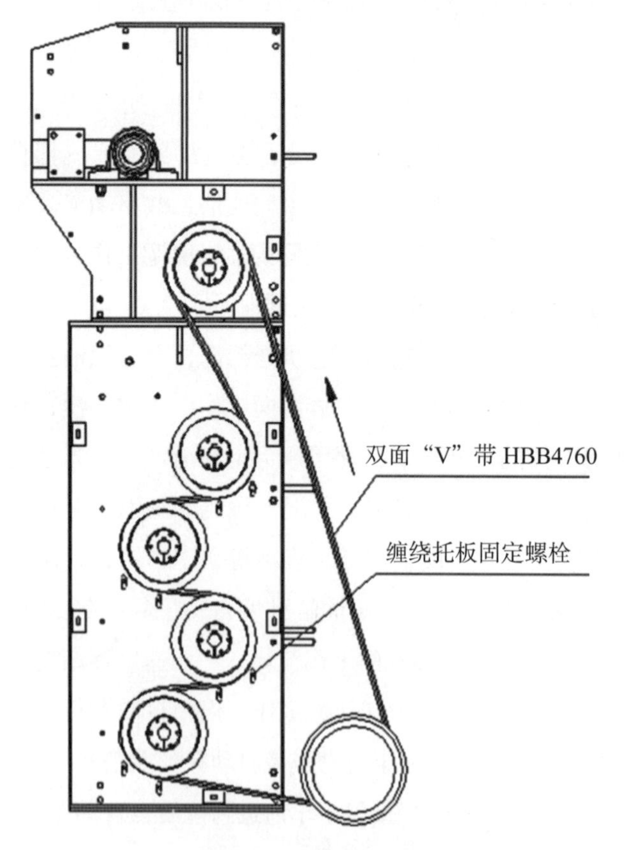

图 6-75 缠绕部传动图

图 6-77 MQZJ-10 排僵式子棉清理机

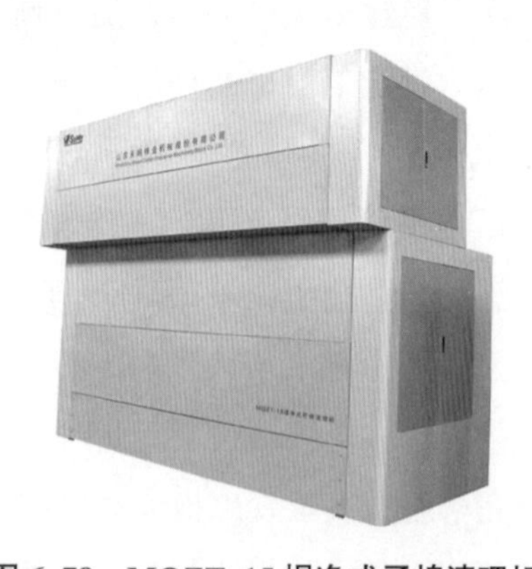

图 6-78 MQZT-15 提净式子棉清理机

图 6-79　MQZH-15 回收式子棉清理机

图 6-80　MY96-17 锯齿式轧花机

图 6-81　MY126-19.4 锯齿式轧花机

图 6-82　MY199-16 锯齿式轧花机

图 6-83　MQP-400x2000E 皮棉清理机

图 6-84　MQP-600x3000E 皮棉清理机

三、金狮棉机公司工艺及设备

邯郸金狮棉机有限公司（中棉公司控股企业），自1999年以来，研制的机采棉清理新工艺设备，在兵团通过多次性能试验，能有效地清除子棉中的棉铃、棉壳、棉秆、僵瓣棉等重杂物和棉叶、不孕籽、尘杂等细小杂质，可以改善子棉的外观形态和色泽，不影响机采子棉的品质，保证皮棉加工质量，提高轧花机的效率。

（一）机采棉清理加工工艺流程

邯郸金狮棉机有限公司在国内外机采棉清理加工工艺及设备基础上，推出了机采棉清理加工成套设备。该设备针对机采棉含杂高、含杂种类多、含水高的特点，按照先清重后清轻再清细小杂质的顺序，设定了五级子棉清理、三级皮棉清理、二级烘干的加工工艺，以确保清理加工后皮棉的品级和含杂，并在工艺路线上设置了旁通管路，使设备既适合机采棉又适合人工快采及手摘棉的清理加工。

该机采棉清理加工工艺改进了倾斜式子棉清理机的结构，减少了沉积箱和阻风阀，增加了卸料器。遵循了先清除重杂，再清除细小杂质的原则，在清除重杂物之前，尽量减轻对子棉的打击力度和次数，使重杂在不被破坏原有形态时得到清除，提高设备清除重杂的效率，为皮棉的加工质量提供保障。

1.工艺流程

自动棉膜开松机或货场→重杂物清理机→子棉卸料器→自动喂料控制器→一级烘干塔→子棉卸料器→子棉清铃机→回收式子棉清理机→二级烘干塔→子棉卸料器→倾斜式子棉清理机→回收式子棉清理机→配棉绞龙→轧花机→气流式皮棉清理机→锯齿式皮棉清理机（两级）→集棉机→皮棉加湿器→打包机。

2. 工艺过程

机采棉清理加工工艺过程（图6-85）如下：采棉机采收的子棉经由运棉拖车运至加工厂，或者在田间被打成棉模，由棉模车将棉模运送到棉花加工厂，然后卸在自动喂棉机上。自动喂棉机将棉模开松，并喂入子棉输送系统（子棉输送系统也可以直接从货场棉垛吸棉）。在子棉输送系统中设有重杂物清理机，首先将大颗粒杂质及僵瓣清除。然后通过子棉卸料器将气料分离，把子棉卸入喂料控制器。喂料控制器将一定量的子棉喂入一级子棉烘干系统进行烘干。烘干后的子棉通过子棉卸料器喂入清铃机清除子棉中的棉铃、棉壳、僵瓣棉和其他重杂物等。清除后的子棉靠重力进入回收式子棉清理机，以清除子棉中棉叶、不孕籽和尘杂等细小杂质。然后子棉被送入二级子棉烘干系统进行烘干。二次烘干后的子棉被吸入子棉卸料器然后进入倾斜式子棉清理机，倾斜式子棉清理机对子棉中的细小杂质进一步清理，然后将子棉喂入回收式子棉清理机。回收式子棉清理机再次对子棉中的细小杂质进行彻底清除。清理干净的子棉被配棉绞龙分配到各个轧花机进行轧花。加工出的皮棉送入气流式皮棉清理机，清除不孕籽、破子、棉叶等较大杂质。然后，送入两级锯齿式皮棉清理机再次清除皮棉中的各类杂质。轧花机和皮棉清理机排出的不孕籽棉被不孕籽回收系统吸入不孕籽提净机对有效的纤维进行回收。清理后的皮棉被送入总集棉机实现气棉分离，并将皮棉压成棉胎送入皮棉溜槽。皮棉加湿系统将皮棉溜槽中的皮棉回潮到规定值。最后进入打包机打包。成型的棉包被运包车运至自动计量及输包系统进行称重计量并输送出车间，打包机自动取样机构自动取样，信息采集打印条形码，记录棉包信息，从而完成整个加工过程。

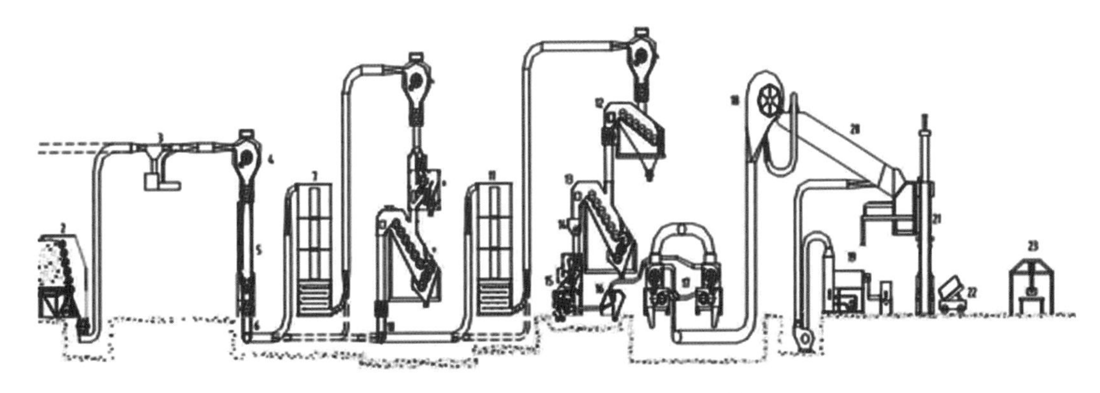

图 6-85　机采棉清理加工工艺流程图

3. 工艺设备

（1）子棉输送系统

打模机和运模车。为配合采棉机的田间作业而研制了打模机和运模车，它把采棉机采收的子棉打成模块，并运送到棉花加工厂自卸到自动喂棉机上。

自动喂棉机。自动喂棉机有两种形式，一种是开松部固定不动，棉模由排辊输送平台向前输送；另一种是棉模不动，开松部在固定轨道上往返移动，开松后的子棉由输送带送到一端，经管道进入车间加工，喂入下道工序。开松滚筒的转速不益太高，应使其既能开松棉模又不破坏重杂物的原有形态，便于清理工序有效地清除重杂物。

风力输送装置。由吸棉管道、重杂物清除机和容积式子棉卸料器组成。经自动喂棉机松解后的子棉，喂入到吸棉管道，在管道中部设置了重杂物清除机，首先将子棉中所含重杂物进行清除，然后由子棉卸料器将子棉卸入喂料控制器。吸棉管道有两个吸口，除吸自动喂棉机松解后的子棉外，如果子棉不需要开松，另一吸口可以直接从货场棉垛吸棉。

（2）子棉烘干及清理系统

一级子棉烘干设备。由子棉喂料控制器、热源部分、烘干塔或烘干滚筒、调温装置和输送管道组成。进入子棉喂料控制器的子棉被连续均匀地喂入输送管道，此时来自热源的热空气与子棉混合进入烘干塔或烘干滚筒进行烘干脱水。热空气的温度可以根据子棉含水率的大小自动调节。热源部分可采用燃煤式热风炉，在烘干塔或烘干滚筒的进出口间设有旁通，不需要烘干的子棉可直接进入下道工序。

一级子棉清理设备。由容积式子棉卸料器，清铃机、回收式子棉清理机和输送管道组成。一级烘干后的子棉由风力输送到子棉卸料器。子棉卸料器将子棉与热空气分离，并将子棉喂入清铃机以清除棉铃、棉壳、棉秆、僵瓣等重杂及棉叶和尘杂。然后，子棉靠重力进入回收式子棉清理机清除不孕籽、棉叶、尘杂等细小杂质。同时子棉清理机又对杂质中的子棉进行回收，以降低子棉损耗。清理后的子棉被喂入下道工序。不需要清理重杂的子棉可通过旁通管道直接进入下序清理细小杂质。

二级子棉烘干设备。由热源部分、烘干塔或烘干滚筒、调温装置和输送管道组成。热源部分可与一级烘干系统热源合用，也可单独配置。经一级清理后的子棉，当仍需烘干时，进入二级烘干塔或烘干滚筒进行烘干。如不需烘干则由旁通管道直接进入下道工序进行清理。

二级子棉清理设备。由输送管道、倾斜式子棉清理机和回收式子棉清理机组成。二级烘干后的子棉被风力输送到卸料器把子棉和热空气进行分离然后进入倾斜式子棉清理机，对子棉中的不孕籽，细小杂质及尘杂进行清理，清后子棉靠重力喂入回收式子棉清理机对上述杂质进一步清理。经两道烘干和多种子棉清理机的清理，子棉的外观形态及品质得到改善，为皮棉的加工升级创造了条件。

（3）轧花及皮棉清理系统

该系统由配棉绞龙、轧花机、溢流箱、容积式子棉卸料器、气流式皮棉清理机、皮棉道和两级锯齿式皮棉清理机等组成。经清理后的子棉由重力式子棉清理机喂入配棉绞龙，配棉绞龙将子棉配送到各轧花机的储棉箱内。当储棉箱中的子棉超过轧花机的生产能力时，多余的子棉被配棉绞龙输送到溢流箱。溢流箱内的子棉超过一定量后，再由输送管道及子棉卸料器喂回配棉绞龙。储棉箱内的子棉被轧花机的喂棉部件均匀地喂入轧花机工作箱进行轧花。同时，喂棉部分对子棉再次进行清理，轧花部分也对皮棉进行初步清理。轧出的皮棉由皮棉道进入气流式皮棉清理机清出皮棉中含有的不孕籽、带纤维子屑、棉叶、棉结、索丝等大颗粒杂质。然后，再经皮棉道进入两级锯齿式皮棉清理机，以清除皮棉中剩余的杂质，保证加工后皮棉质量符合国家标准的有关规定。

在两级锯齿式皮棉清理机之间设有旁通管道，如果皮棉不需要进行二次清理，可直接进入下道工序。

（4）集棉及打包系统

该系统由皮棉道、总集棉机、皮棉溜槽、加湿器、400 型打包机和棉包重计量、条码系统及输包装置组成。皮棉清理机清理后的皮棉由皮棉道进入总集棉实现棉气分离并形成棉胎落入皮棉溜槽。皮棉溜槽内的皮棉被打包机喂棉装置喂入包箱，进行预压、打包。棉包包重自动计量并由输送装置输送至车间外。当皮棉含水率较低时，加湿器开始工作，使皮棉均匀地回潮至控制值，以利于打包。

（5）不孕籽回收系统

该系统由不孕籽输送管道和不孕籽提净机等组成。轧花机和锯齿式皮棉清理机排出的不孕籽，由输送管道送入不孕籽提净机，将不孕籽中的游离纤维进行回收，以减少皮棉损耗。

4. 工艺特点

该工艺配置了棉模开棉机、烘干系统、加湿系统和棉包自动计量及输包装置。新研制的高效子棉清理机组和 6MY168-17 大型轧花机、6MY98-17 中型轧花机组解决了以往设备存在的问题，设备性能进一步提高，运转更加可靠。

该工艺及设备适应棉花加工行业向规模化、集约化、效益型转变的需要。轧花机结构设计合理，提高了单机生产率。清理工艺的合理配置，保证了加工后的皮棉质量。因此，加工同等数量的子棉所需设备的台数较以往有所减少，缩小了占地面积。

该工艺自动化程度高、耗电低、劳动强度低。在各关键部位设置了检测元件，并实现了电视监控。采用了现代化的微机控制手段，实现了智能化生产。它可根据原料的情况自动生成生产工艺，提高了自动化程度，降低了操作者的劳动强度。动力配备更加合理，降低了耗电量。

该工艺适应性强。在工艺路线上多处设置了旁通管路，该工艺既适合机采棉的清理加工，又适合人工快采和手摘棉的清理加工。

（二）机采棉成套设备结构原理及性能技术参数

机采棉的整个加工过程中，要将含杂 10% 左右的机采子棉加工为含杂低于 2% 的皮棉，清杂工作量大，子棉需经二次烘干，多级清理。皮棉需经二级清理，因此，清理机械的性能对机采棉的加工质量起着重要的作用。

邯郸棉机主要有中型和大型两种系列机采棉清理加工设备。中型设备主要包括：6MZQ-8、6MZQ-8C 倾斜式子棉清理机、6MQL-8 清铃机、6MHZQ-8 回收式子棉清理机、6MY98-17 智能轧花机、6MPQ400-2000C 皮棉清理机等；大型设备主要包括：6MZQ-15、6MZQ-15C 倾斜式子棉清理机、6MQL-15 清铃机、6MHZQ-15 回收式子棉清理机、

6MY168-17 智能轧花机、6MPQ400-2800 皮棉清理机、6MDY400 液压棉花打包机等。

1. 6 MZQ-8、6MZQ-15倾斜式子棉清理机

（1）设备型号、名称

型号：6MZQ-8 6MZQ-15。

名称：倾斜式子棉清理机。

（2）设备断面图

断面图见图 6-86。

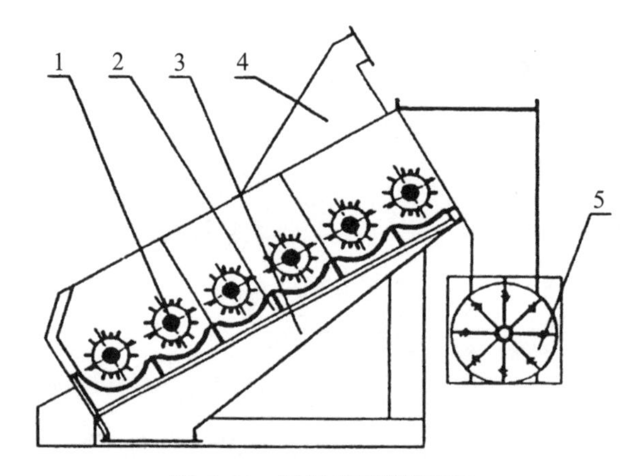

图 6-86 倾斜式子棉清理机

1- 钉刺辊筒；2- 排杂格栅；3- 排杂滑道；4- 子棉入口；5- 闭风阀

（3）用途、使用范围及特点

清理含水率不大于 12% 的手摘棉、人工快采棉和机采棉。主要清理子棉中的细小杂质，如砂石、灰尘、棉叶、铃壳和小的棉秆等。具有清杂效率高、处理量大、运行平稳、性能可靠等特点。

（4）主要性能指标

① 台时处理量：8 000 kg/h（15 000 kg/h）。② 清杂效率：40% ～ 60%。③ 百千克子棉耗电：≤0.16kW · h。④ 噪声：≤85 dB（A）。⑤ 配套动力：15 kW（22 kW）。

（5）设备主要结构和工作原理

该机主要由 6 个清花刺钉辊、格条栅、阻风阀、机器侧壁、溜杂槽及传动系统等几部分组成。

6MZQ-8（6MZQ-15）倾斜式子棉清理机一般需要与沉积箱、风机、沙克龙等设备进行配套使用。子棉在风机负压气流的吸引下，进入清理机内，在清花刺钉辊的冲击作用下，子棉被打击由下至上滚动向前。与此同时，子棉被开松、抖动，黏附在子棉表面的外附杂质在重力、离心力的作用下，通过格条栅摩擦、撞击，从格条栅间隙中排出，排出的杂质在风力及重力作用下，进入沉积箱。由于沉积箱容积增大，风速降低，大量的杂质因重力作用而沉降在沉积箱中，一些细小的尘杂则随风通过风机进入沙克龙中，进一步对含尘空气进行除尘，洁净的空气排入大气中。经过清理的子棉通过阻风阀进入下道工序。

2. 6 MZQ-8C（6MZQ-15C）倾斜式子棉清理机

（1）设备型号、名称

型号：6MZQ-8C 6MZQ-15C。

名称：倾斜式子棉清理机。

（2）设备断面图

断面图见 6-87。

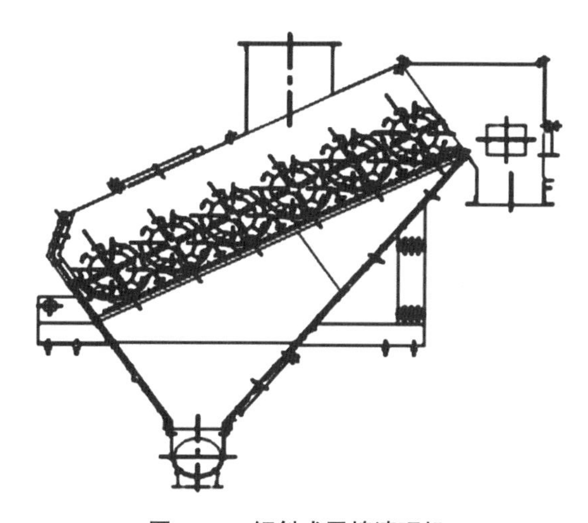

图 6-87　倾斜式子棉清理机

（3）用途、使用范围及特征

可以清理含水率不大于 12% 的手摘棉、人工快采棉和机采棉。主要清理子棉中的细小杂质，如砂石、灰尘、棉叶、铃壳和小的棉秆等。具有清杂效率高、处理量大、运行平稳、性能可靠等特点。

（4）主要性能指标

① 台时处理量：8 000 kg/h（15 000 kg/h）。② 清杂效率：40% ～ 60%。③ 百千克子棉耗电：≤0.16 kW · h。④ 噪声：≤85 dB（A）。⑤ 配套动力：15 kW（22 kW）。

（5）设备主要结构和工作原理

该机主要由 6 个清花刺钉辊、格条栅、阻风阀、机器侧壁、溜杂槽及传动系统等几部分组成。6MZQ-8C 、MZQ-15C 倾斜式子棉清理机一般需要与卸料器、风机、沙克龙等设备进行配套使用。子棉在风机负压气流的吸引下，进入卸料器内，然后通过卸料器进入到清花机中，在清花刺钉辊的冲击作用下，子棉被打击由下至上滚动向前。与此同时，子棉被开松、抖动，黏附在子棉表面的外附杂质在重力、离心力的作用下，通过格条栅摩擦、撞击，从格条栅间隙中排出，排出的杂质经排杂绞龙排出机外。经过清理的子棉通过出棉口进入下道工序。

3. 6MQL-8、6MQL-15清铃机

6MQL-8、6MQL-15 清铃机是适用机采棉和手工快采棉清理的大型子棉清理设备，主要清除子棉中的棉铃、棉壳、棉秆、僵瓣棉、硬杂及尘杂等杂质，该机集开松、提净和回收三种功能于一体，并在设备内部设有旁通通道，可选择子棉是否经过该机清理。

（1）设备型号、名称

型号：6MQL-15。

名称：清铃机。

（2）设备断面图

断面图见图 6-88。

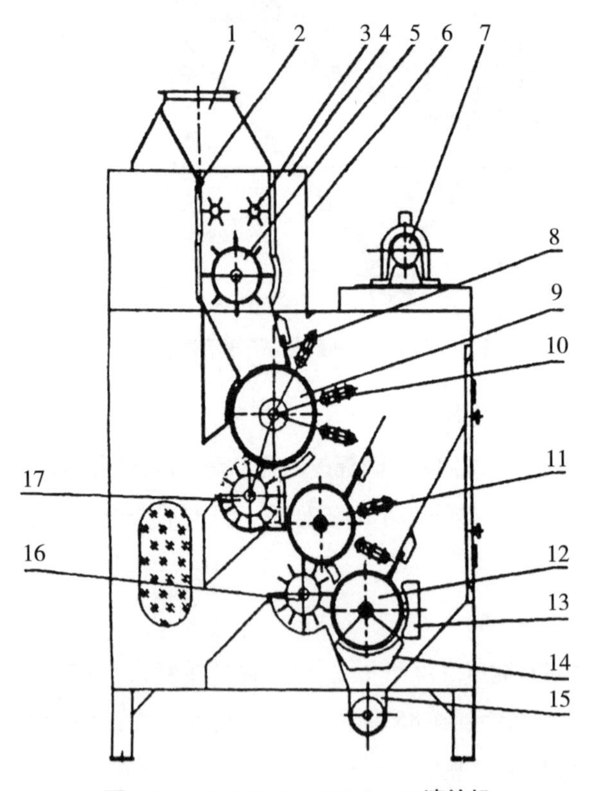

图 6-88　6MQL-8、6MQL-15 清铃机

1- 子棉入口；2- 换向板；3- 开松辊；4- ；5- 抛掷输送器；
6- 箱体；7- 电动机；8- 钢丝刷；9- 大齿辊；10- 排杂棒；11- 上工作辊；
12- 回收辊；13- ；14- 格条栅网底；15- 排杂绞龙；16- 刷棉辊；17- 刷棉辊

（3）适用范围

该机适用于加工含水率不大于 10%，不含大硬特杂的中、长纤维机采棉和手摘棉。

（4）主要特点

① 可清除子棉中的僵瓣棉，改善子棉的品级。② 刷棉辊采用全钢结构，避免了设备造成的“三丝”现象。③ 排杂机构调整简易，根据子棉含杂量，可控制清杂效果。④ 清理后的子棉适合锯齿钩拉，可提高轧花机产量。⑤ 子棉的有效回收可降低衣亏。⑥ 结构简捷，操作方便，可靠性高。⑦ 采用全封闭的安全防护罩，密封性好，外形美观，使用安全。⑧ 耗电低。

（4）主要性能指标

① 台时处理量：8 000 kg/h、15 000 kg/h。② 清铃效率：不低于 98%。③ 清秆 / 壳效率：不低于 95%。④ 清僵效率：≥70%。⑤ 清杂效率：40% ～ 50%。⑥ 百千克子棉耗电量：0.13 kW · h。⑦ 噪声：不大于 85 dB（A）。⑧ 喂花部配套电机：XWDY1.1-8130-71，1.1kW。⑨ 提净部配套电机：Y180L-6，11kW；Y180L-6，15 kW 。

（5）工作原理

子棉经进料口进入后由换向板控制其流向。若子棉不需清理，可向前扳动换向板换向手柄使子棉通过清铃机前部而排出清铃机；若子棉需要清理，可向后扳动换向板换向手柄。

子棉在重力的作用下均匀落到第一个抛掷输送器上，第一个抛掷式输送器将子棉喂给大齿辊，依附在齿辊表面的子棉和杂质在锯齿的钩拉下随大齿辊旋转，当碰到阻铃板时，铃壳被挡回原抛掷输送器，该抛掷输送器将杂质（包括铃壳、棉秆、棉叶等）和部分子棉送到机器的一端在重力作用下掉到第二个抛掷输送器上，第二个抛掷输送器又将子棉抛喂给大齿辊，一般杂质被反弹回来，子棉被锯齿勾走，同时，该抛掷输送器又将杂质和少部分子棉送到机器外。上述第一、第二抛掷输送器的底板冲有圆孔，使细小杂质在输送过程中就排到第三个输送器上，大刺辊钩拉的子棉，先遇一钢丝刷被抹紧，杂质则在离心力和排杂棒阻隔作用下，脱离齿辊。除铃后的子棉随齿辊一同旋转，转至刷棉辊处，被刷下，之后由一调节挡板控制或排出机外或喂入除棉秆机。

除铃后的子棉，在重力作用下均匀喂入除棉秆机的上工作辊一排固定的钢丝刷把子棉抹在锯齿上，随着工作辊高速旋转使杂质产生 20 ～ 30 倍于自身重量的离心力，再在三根排杂棒的有效阻隔下，脱离工作辊，同时有一部分子棉也脱离工作辊，在重力作用下喂入第二或第三（回收辊）工作辊，一部分受到较大离心力的杂质，直接排入杂质绞龙。干净的子棉被刷棉辊刷下排出机外。喂入第二工作辊的子棉，经历的过程同上；喂入第三工作辊的子棉数已很少，使刷齿能更有效的钩拉子棉，虽然其转速略低一些，但在格条栅网底的作用下，更有效地清除了杂质，所有杂质被绞龙排出机外。第二、第三工作辊上干净的子棉，被同一个刷棉辊刷下排出机外。

4. 6MHQ-8、6MHQ-15回收式子棉清理机

6MHQ-8A（6MHQ-15）回收式子棉清理机（图 6-97）在机采棉清理工艺中主要与 6MZQ-8（6MZQ-15）倾斜式子棉清理机及 6MQL-7（6MQL-15）清铃机配套使用。是一种具有回收功能的子棉清理设备。主要用于清理子棉中的中小杂质，如：细叶、碎枝秆、铃壳片等。同时，经该机清理后的子棉，达到了充分开松，为以后轧花工序的顺利进行，提供有利条件。该机具有清杂效率高，处理量大、运行平稳、性能可靠等特点。

（1）设备型号、名称

型号：6MHZQ-8A、6MHZQ-15。

名称：回收式子棉清理机。

（2）设备断面图

断面图见图 6-89。

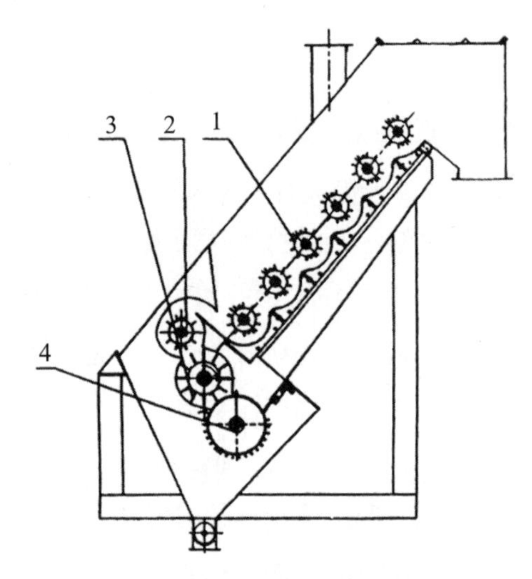

图 6-89　6MHZQ-8A、6MHZQ-15 回收式子棉清理机

1- 钉刺辊筒；2- 回收锯条辊；3- 拨棉辊；4- 回收刺辊

（3）用途、使用范围及特征

该机可以清理含水率不大于 12% 的手摘棉、人工快采棉和机采棉。该机设有新型的排杂网结构，清杂效果好，并设有回收装置，对清理后杂质中的单粒子棉具有回收功能，减少子棉加工中的落棉现象，减少衣亏损失，该机使用同步齿形带，使传动可靠，减少设备的堵塞现象。

（4）主要性能指标

① 台时处理量：8 000 kg/h（15 000 kg/h）。② 清杂效率：40% ～ 60%。③ 百千克子棉

耗电：≤ 0.18 kW·h。④ 噪声：≤ 85dB（A）。⑤ 配用动力：Y180L-6，15kW（Y200L2-6，22kW）。

（5）主要结构及工作原理

主要结构：该机由清理部、回收部及传动系统等部分组成，清理部主要由 6 个清花刺辊、排杂网、溜杂槽等部分组成；回收部主要由回收锯条辊、拨棉辊、回收刺辊、钢丝刷、格条栅和排杂绞龙组合等部分组成。

工作原理：进入 6MHZQ-8A（6MHZQ-15）回收式子棉清理机的子棉，在重力作用下，首先喂给清花刺钉辊，在清花刺钉辊的冲击作用下，子棉被打击抛掷，由上向下运动进入刺钉辊与排杂网之间，受刺钉连续不断的打击，子棉沿排杂网面由下向上滚动，在此过程中，子棉被开松、抖动，大部分干净的子棉沿排杂网面向上运动，经清理机出口排出机外，进入下一道工序。而大部分杂质则穿过排杂网进入溜杂斗内。为了提高清杂效率，采取了大排大清的结构设计，因而在排出杂质的过程中，一部分单粒子棉也一同被排落。为此在设备下部设置了回收单粒子棉的结构。混有单粒子棉的杂质顺溜杂槽滑落至回收锯条辊与钢丝刷之间。由于钢丝刷的挤压使单粒子棉与杂质的混合物附着在回收锯条辊的锯齿上，回收锯条辊的高速旋转，使杂质产生离心力，受格条栅的有效阻隔进入排杂绞龙，经绞龙排出机外。而子棉受锯齿钩拉，并送至拨棉辊，在拨棉辊的刮拨及气流作用下，送给回收刺钉辊进行回收，回收的子棉经过回收通道与原子棉流混合在一起进行清理。清理干净的子棉经清理机出口排出机外，进入下道工序的加工。

5. 6MY98-17、6MY168-17智能轧花机

（1）设备型号、名称

型号：6MY98-17、6MY168-17。

名称：智能轧花机

（2）设备断面图

断面图见图 6-90。

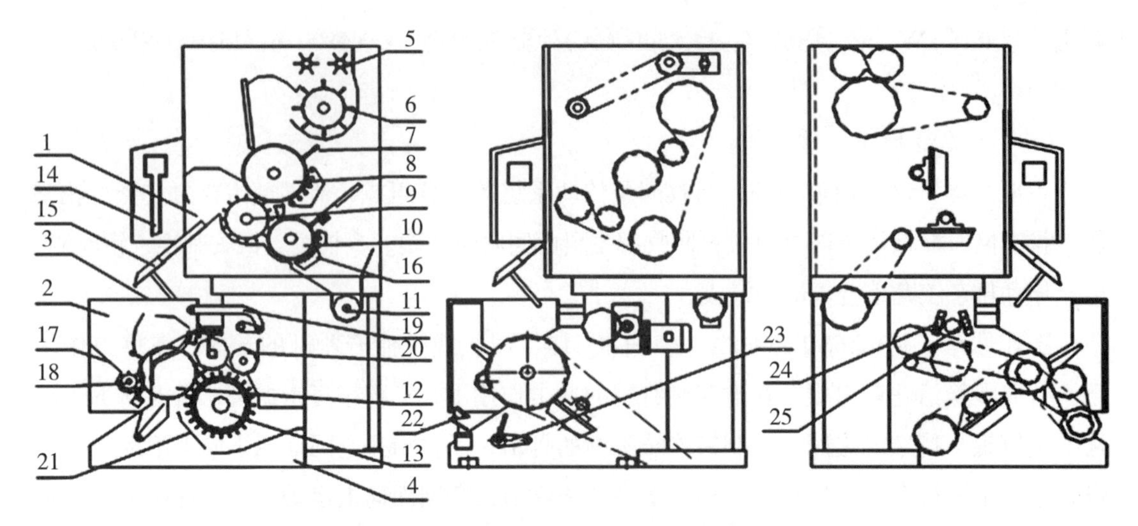

图 6-90　6MY98-17、6MY168-17 智能轧花机

1- 清花喂花部；2- 前厢；3- 中厢；4- 后厢（机架部）；5- 喂花辊；6- 开松辊；7- 钢丝刷；8- 大齿条辊；9- 小毛刷滚筒；10- 回收齿条辊；11- 排杂绞龙；12- 锯片滚筒；13- 毛刷滚筒；14- 除尘管；15- 淌棉板；16- 格条栅；17- 导流板；18- 拨棉刺辊；19- 开箱机构；20- 刮板绞龙机构；21- 下排杂调节板；22- 刹车机构；23- 工作箱调整机构；24- 开箱行程开关；25- 合箱行程开关

（3）主要特点

设备自动化程度高，可实现智能控制。该机喂花为变频无极调速，并且通过电机驱动，实现了自动开合箱，减轻了操作者的劳动强度。触摸屏式操作，采用 PLC 控制，以工业级人机界面替代了以往的操作按钮，可根据子棉的品级、回潮率和含杂率自动生成最佳加工工艺，实现了智能控制，实现人机对话。

上部设有清花喂花装置，清杂效果好，喂料更均匀。

关键部件通用性高。该机采用与剥绒通用的 320 mm 的锯片，合理的工作厢几何形状设计，采用了新型的不锈钢材料，电镀轧花肋条，使棉卷运转更好，确保产量、质量。

设备衣亏小，对子棉水分适应性强。该机能保持较小的棉子毛头率，而且前厢不掉小花头，减少了衣分的亏损。在加工回潮率为 6.5% ～ 8% 左右的子棉时，能保证质量和产量，在加工回潮率在 8% ～ 10% 的子棉时，仍能维持正常的连续生产。

采用刮板绞龙上排杂结构，保证排杂效果，提高皮棉加工质量。

可靠性高。该机结构设计合理，保护措施完善，动力配备恰当，确保设备稳定可靠地运行。

（4）性能指标

6MY98-17（6MY168-17）智能轧花机适用于加工纤维长度 23 ～ 33 mm，含水率不大于 10%，并经过初步清理的子棉，在加工标准级子棉时性能达到以下指标：① 台时皮棉产量：980 ～ 1 150 kg（1 680 ～ 2 000 kg）。② 每百千克皮棉耗电量不大于：3.5 kW · h 。

③ 噪声不大于：85 dB（A）。④ 总装机容量：42.3 kW（83.1 kW）。

（5）工作原理

储棉箱内的子棉经一对喂花辊定量地运送到开松辊上，子棉在开松辊及排杂网的双重作用下，被打击、抖动、摩擦、旋滚，大量的细小杂质及不孕籽被清除。开松后的子棉被开松辊抛至大锯条辊上，子棉随大锯条辊一起向前旋转，当经过钢丝刷时，钢丝刷将子棉刷附在锯齿上，而重杂物及僵瓣棉被暴露在锯条辊表面，由于重杂物及僵瓣棉表面光滑，不易被钩拉，且重量较大，当运行过钢丝刷后，在离心力和钢丝刷的作用下，大部分重杂物及僵瓣棉被清除，没被清除的重杂物及僵瓣棉与子棉一同随大锯条辊运行至格条栅时，被冲击抖动，缠裹在子棉中的重杂物及僵瓣棉被清除。清理后的子棉被刷棉辊刷落在淌棉板上；被清除的重杂物、僵瓣棉和少量的子棉落到回收锯条辊上，子棉被回收辊回收后经刷棉辊刷落到淌棉板上，而重杂物及僵瓣棉被排入排杂绞龙排出机外。落在淌棉板上的子棉，通过磁铁夹时，子棉中铁性杂质被清除，蓬松的子棉从淌棉板上流下进入轧花部，同时在淌棉板的上方设有除尘管，将飞绒及细小尘杂清除。

用户应根据棉子、不孕籽、杂质的不同输送方式，自行确定地沟或地坑尺寸，地脚预留孔周围混凝土厚 100 mm。地基参考图见图 6-91。

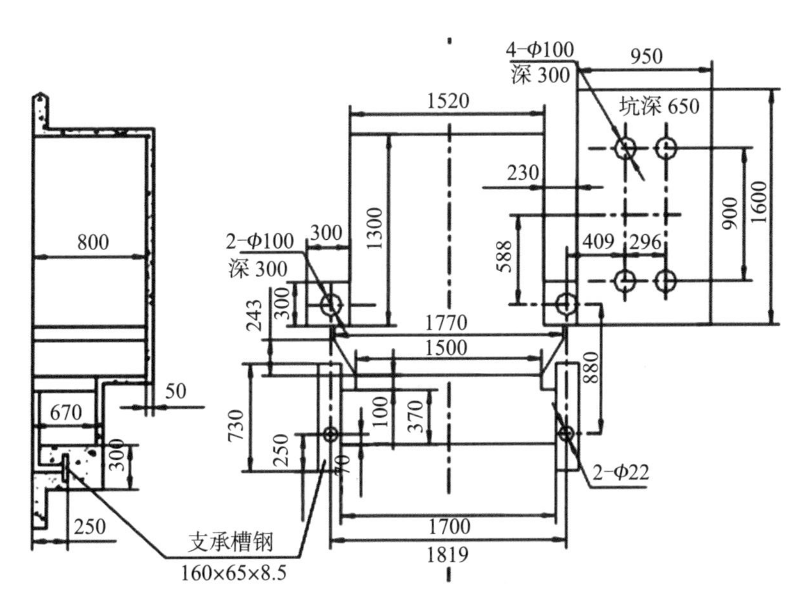

图 6-91　6MY98-17（6MY168-17）智能轧花机地基图

6. 6MPQ400-1500（2000C、2800）皮棉清理机

6MPQ400-1500（2000C、2800）皮棉清理机（图 6-92）可与 6MY88-17 轧花机、6MY98-17 轧花机、6MY128-17 轧花机、6MY168-17 轧花机配套使用，主要由以下四部分组成，集棉部分、给棉部分、清棉部分、刷棉部分。

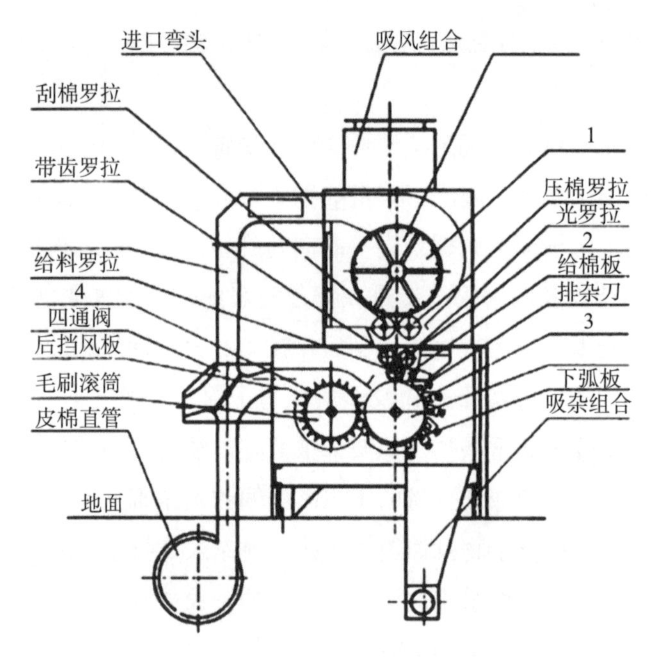

图 6-92　6MPQ400-1500 皮棉清理机

1- 集棉部分；2- 给棉部分；3- 清棉部分；4- 刷棉部分

（1）主要特点

① 为可控棉胎锯齿式大型皮棉清理机（简称皮清机），能耗小，清杂效率高，纤维损耗低。② 采用坚固的自锁齿条，使用寿命长，维修方便，六把排杂刀，清杂效果好。③ 具有棉胎厚度自动检测装置，能防止故障蔓延扩大，损坏机件。机架采用积木式结构，维修方便。④ 6MPQ400-2800 皮棉清理机采用电器控制系统，清理电机采用软起动器平滑起动，解决了大型皮棉清理机起动难问题，可避免轴头的损伤，减轻皮带的磨损。

（2）主要技术指标

① 台时产量：见表 6-9。② 清杂效率 30% ～ 40%。③ 棉纤维损耗率 1.2% ～ 1.6%。④ 百千克皮棉耗电＜ 1.5 kW · h。⑤ 噪声＜ 85 dB（A）。

表 6-9　6MPQ400-2800 皮棉清理机台时产量

加工皮棉	含水率（%）	1500 型台时产量（kg/h）	2000 C 型台时产量（kg/h）	2800 型台时产量（kg/h）
327	9 ～ 10	800 ～ 700	1 000 ～ 850	1 700 ～ 1 300
	8 ～ 9	900 ～ 800	1 200 ～ 1 000	2 000 ～ 1 700
	7 ～ 8	1200 ～ 900	1 600 ～ 1 200	2 200 ～ 2 000
	≤ 7	1 350 ～ 1 200	1 800 ～ 1 600	2 400 ～ 2 200

（3）工作原理

皮棉在轧花机毛刷气流的吹送及皮棉清理机尘笼引风的吸引下，通过四通阀、锥管和进口弯头进入皮棉清理机的集棉部分，并被吸附在尘笼表面。含尘空气进入尘笼内部并从尘笼两侧排出，经引风组合、风机排入除尘装置。而皮棉随尘笼旋转，被压棉罗拉压紧，并由刮棉罗拉刮剥下来喂给给棉部分。由于代齿罗拉和光罗拉线速较高，棉层被牵伸变薄，并喂给给棉罗拉和给棉板。棉层在给棉罗拉和给棉板的共同握持下，棉层变得更薄，并在握持状态下，均匀地被刺辊钩拉梳理。被勾持的纤维随刺辊作高速旋转运动。由于不孕籽、子屑等大颗粒疵点较重，在惯性离心力的作用下移至刺辊表面，悬附在刺辊气流圈的外层，被排杂刀冲击切割，沿刀的表面排出，落入排杂箱。而被刺辊钩拉的纤维被毛刷刷入皮棉道，送至总集棉。如果皮棉不需经皮棉清理机清理，则皮棉可以通过五通阀，皮棉道直管，直接被送到总集棉。

7. 6MDY400液压棉花打包机

6MDY400 液压棉花打包机与大型棉机成套设备配套使用，它具有 t 位高，棉包密度大，自动化程度高，性能稳定，刚性与稳定性好，安全可靠，操作简单，维护方便等特点。

（1）技术规格及主要参数

① 公称力：4 000 kN。② 包装尺寸：1 400 × 530 × 700 mm。③ 包重：227 kg±10 kg。④ 压缩高度：485 ～ 500 mm。⑤ 台时产量：不小于 4 500 kg/h。⑥ 整机容量：84.2 kW。⑦ 整机质量：约 58 t。

（2）6MDY400 打包机的工作原理

当物料（皮棉、化纤等）由管道进入推棉器（1）中，推棉油缸带动推棉板（2）将物料推入包箱（8）中。由于推棉板做往复运动，使物料不断进入推棉器并送入包箱中。垂直安装的踩压缸（4）与推棉器协调地做往复动作，将不断进入包箱的物料进行预压缩。待包箱中的物料达到预定的重量后自动停止踩压和推棉。定位缸（5）将定位销（6）拔下，提箱油缸（7）将包箱总成及转盘（3）提起，转箱油缸（9）带动齿条驱动装在中心柱上的齿轮（10）做 180° 往复转动，以带动转盘及包箱总成转动，使装满物料的包箱处在主压位置，转箱到位后定位销锁住包箱，踩压缸、推棉器自动继续工作。勾棉缸将勾持器（12）从包箱中脱开，主压缸（11）下行将物料压缩成包。到达成包位置后，顶箱缸（13）上顶包箱使包箱沿导向柱上移露出物料，以便人工穿丝捆扎。捆扎完毕，按下装在立柱上的按钮（15）翻包缸（14）将包自动翻出，铺好包布后，按下按钮（15），主油缸回程，包箱下落复位，等待下一循环。

该机电气系统采用 PLC 控制，与液压系统有机地结合起来，自动地完成打包、脱箱、喂棉、踩压、提箱转箱、定位、翻包、冷却等动作。该机使用提前脱箱设计，节省了打包和脱箱作用力。

（3）6MDY 400 打包机辅机部分

包括接包小车、推包机、电子称、输送机、转包架等。与主机协调工作，提高了生产效率和打包机的自动化程度，减轻了工人的劳动强度。6MSB400 自动称重及输包系统见图 6-93。

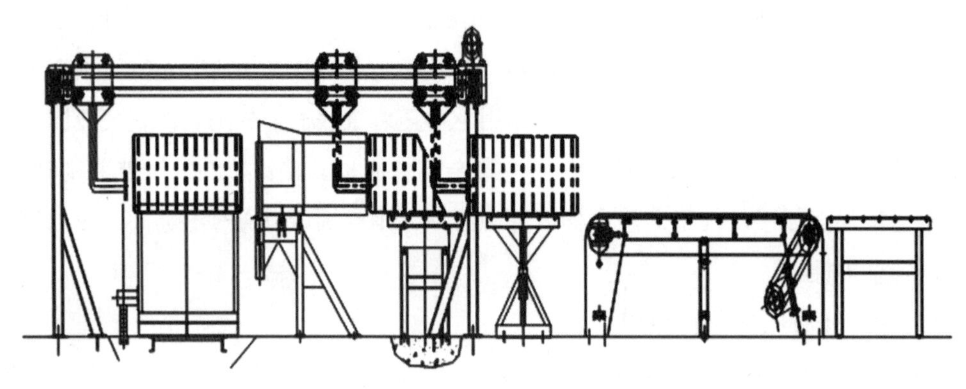

图 6-93　6MSB400 自动称重及输包系统

（4）主要特点

采用程序控制，在使用普通包箱结构情况下，实现了节省主压力和降低液压系统高负荷的要求，提高了设备的可靠性。

可实现转箱的“零”冲击。在结构中增设了缓冲缸，避免了转箱到位后的猛烈撞击，增加了整机的稳定性，避免了机件损坏，改善了操作环境。

实现包箱的“零”变形。采用整体包箱结构，刚性及稳定性好，带负荷工作时，包箱变形量接近于零，从而使得包形美观。

自动化程度高，操作程序简单。除穿丝、铺包布外，打包人员只需按两次装在打包机立柱上的按钮，其他过程均可自动完成。

采用电接点耐震压力表计量包重，使计量更准确。

踩压和推棉均采用液压驱动，通过 PLC 程序对接近开关和液压系统的控制来改变踩压和推棉速度，并使之协调动作。针对动作频繁、速度快的要求，液压缸采用新型、先进、可靠的独特的密封圈，保证了使用寿命和运行平稳。

液压系统结构紧凑，整齐美观，占地面积小，并设有冷却系统。踩压和推棉采用一个电机驱动，降低能耗，节约加工成本，液压泵采用目前国内最先进的斜轴泵，其具有压力高、噪音低、抗冲击、可靠性高等特点，从而确保了该机的可靠性。

采用触摸屏操作，PLC 程序控制，并设有复位功能、报警画面，降低了操作水平，真正实现了人机友好对话。

使用质量稳定可靠的接近开关替代行程开关，使系统检测准确，增长了使用寿命。电气控制模板留有多个接口，便于加工控制程序升级，使加工生产线协调工作。

（三）典型棉花加工成套设备主要性能指标

1. 4-6MY98-17中型轧花成套各单机主要性能指标

主要性能指标见表 6-10。

表 6-10 中型轧花成套各单机主要性能指标

序 号	名 称	型 号	动力配备（kW）	生产率（kg/ 台・h）	特 点
1	锯齿轧花机	6MY98-17	35.3	980 ～ 1 150	自动喂料、开合箱、控制棉卷密度
2	皮棉清理机	6MPQ400-2000C	19	800 ～ 1 800	塞车自动停机、六把排杂刀、拼板结构
3	子棉清理机	6MZQ7	15.2	7 000	具有清软特杂、清僵、清细小杂功能
4	集棉机	6MJM140A	2.8	3 000	
5	锯齿剥绒机	MR160-10	20.5	头道＞ 4 000 二道 800 ～ 1 000 三道 1 000 ～ 1 200	自动开合箱、全封闭
6	液压打包机	6MDY400	87.5	4 500	国际标准包型

2. 3-6MY168-17大型轧花成套各单机主要性能指标

主要性能指标见表 6-11。

表 6-11 大型轧花成套各单机主要性能指标

序 号	名 称	型 号	动力配备（kW）	生产率（kg/ 台・h）	特 点
1	锯齿轧花机	6MY168-17	83.1	1 680 ～ 2 000	自动喂料、开合箱、控制棉卷密度
2	皮棉清理机	6MPQ400-2800	19	1 120 ～ 2 500	塞车自动停机、六把排杂刀、拼板结构
3	子棉清理机	6MZQ-15 倾斜式 6MHZQ-15 回收式 6MQL-15 清铃机	22 22 22.5	15 000	清铃、清僵、清细小杂功能

（续表）

序　号	名　称	型　号	动力配备（kW）	生产率（kg/ 台 · h）	特　点
4	集棉机	6MJM160	2.8	4 500	
5	锯齿剥绒机	MR160-10	20.5	头道 3 500 ～ 4 500 二道 1 000 ～ 1 200 三道 900 ～ 1 100	自动开合箱、全封闭
6	液压打包机	6MDY400	87.5	4 500	国际标准包型

四、其他清花设备简介

（一）江苏大丰清花设备简介

大丰市供销机械厂有限公司生产的清理加工设备主要有 MQZ-8 型子棉清理机、MQZ-5 型子棉清理机、MQHG-2700 型子棉清理机、MQHQ-2700 型气流式滚筒清理机等几种。下面就以上几种机型结构原理操作说明、技术调整维修要点及设计特点等作简要介绍。

1. MQZ-8型子棉清理机

MQZ-8 型子棉清理机由喂料部、清理部、回收部、排杂部、支架部、动力传动系统等组成。

子棉由气流输送，经子棉卸料系统与气流分离，（子棉也可由提净式喂料输送机提至清理机顶部）进入喂料部（喂料部由入棉口，喂料辊、软特杂回收辊组成）入棉口，由喂料辊均匀喂给，经软特杂回收辊并清除软特杂质（如绳索、布包、麻片等）后，进入清理部（清理部由锯片辊、齿钉辊组成），由于清理部锯片辊筒与齿钉辊筒的旋转方向不同，具有相对运动的速度差，子棉介入两者之间形成子棉道，子棉在子棉道被传送的过程中，得到充分的开松，打击和抖动，杂质僵瓣及少量的子棉沿底板顺着锯片间隙落入底板。蓬松的子棉经卸料口排出机外（回收部由钢丝刷、“U”形齿条辊，中间回收辊，上回收辊，格条栅，排杂调节板、外弧板、中间隔板等组成）回收的子棉被上回收辊送回子棉道。杂质、僵瓣由排杂部筛拣后，由绞龙排出机外。

MQZ-8 型子棉清理机台时处理量不低于 8 000 kg；锯片片距 16 mm；锯片辊与锯片辊之间最小间距为 5 mm；锯片辊筒与齿钉辊筒之间的最小间距为 9 mm；齿钉辊筒与齿钉辊筒之间最小间距为 14 mm；中回收辊与上回收辊之间的间距为 17 mm；“U”形齿条辊与中间回收辊之间的间距为 5 mm；“U”形齿条辊与排杂调节板之间参考间距为 10 mm；“U”

形齿条辊与钢丝刷的调节距离为 0 ～ 5 mm；“U”形齿条辊与排杂调节板之间的参考距离为 5 mm；外弧板、中间隔板与中间回收辊间距为 10.5 mm；边缘弧板、中间隔板与上回收辊间距为 12 mm。

2. MQZ-5型子棉清理机

MQZ-5 型子棉清理机主要由喂棉口、机架、清花滚筒、排杂网、出棉口等部分组成。

子棉经喂棉口喂入后，被第一个清花滚筒齿钉钩拉，进入清花滚筒与排杂网之间，在滚筒高速旋转和齿钉的冲击下，子棉滚动碰撞、松懈、蓬松，同时棉纤维中的尘杂被迫分离。在清花滚筒离心力的作用下，杂质从排杂网孔中排出，经淌杂板进入绞龙排杂道，而子棉又被下一清花滚筒的齿钉所钩拉，再一次重复清理过程，经第四个清花滚筒清理后的子棉抛出后落在出棉口的淌板上，完成了整个清理过程。

此清花机有 4 个齿钉滚筒，滚筒直径为 ϕ466 mm，滚筒（包括齿钉）表面线速度为 8.3 ～ 8.7 m/s，滚筒与滚筒之间的间距为 10 mm，齿钉滚筒与排杂网间距为 18 ～ 22 mm，台时处理量 4 500 ～ 5 000 kg。

3. MQHG-2700型子棉清理机

MQHG-2700 型子棉清理机由喂料口、回收部、排杂部、支架、动力传动系统等组成。

子棉由气流输送，经子棉卸料器系统与气流分离，进入喂料口，在齿钉滚筒的高速旋转和自身重力的作用下子棉落到最下面的齿钉滚筒并被送往筛网表面。齿钉深入子棉团内部，钩拉、打击子棉团，使子棉团内部联结力受到破坏而疏松。子棉团在筛网表面揉搓边沿筛网向上运动，子棉中的杂质被不断地筛分出去。接着子棉被最下面一个齿钉滚筒抛给上面一个齿钉滚筒，重复上述动作，又被抛给再上面的一个齿钉滚筒，直至运动到最上面一个齿钉滚筒的筛网端面时，就沿切线方向抛出，依靠自重从卸料口排出机外。落入底板的杂质、僵瓣及少量的子棉沿底板滑到钢丝刷上，落下的子棉被回收部回收。回收的子棉被上回收辊送回子棉道。杂质、僵瓣由排杂部筛拣后，由绞龙排出机外。

本机有 6 个齿钉滚筒，直径为 ϕ400 mm，配用 15 kW 的电机，齿钉滚筒与筛网之间的间距为 15 mm，齿钉滚筒与齿钉滚筒之间的间距为 20 mm，“U”形齿条辊与中间回收辊之间的间距为 4.5 mm，中回收辊与上回收辊之间的间距为 5 mm。

MQHG-2700 型子棉清理机采用 6 个齿钉滚筒，使子棉不断地受到冲击得到充分的开松，清杂效果非常好。由于未采用锯片滚筒，避免了因锯片滚筒表面线速度选择不当，损伤纤维和棉子，产生棉结、索丝等疵点；在设计中增设了多处观察窗，用户可随时观察各个滚筒的运行情况；由于喂料口在本机的位置比较高，可充分发挥清花机的清杂效果。

4. MQHQ-2700型气流式滚筒清花机

MQHQ-2700 型气流式滚筒清理机与上面介绍的几种清花机原理基本相同，也是齿钉滚筒式利用齿钉深入子棉团内部打击、开松子棉与排杂栅配合，达到子棉与尘杂的分离。最大的区别是采用了气流使整个设备内部处于负压状态，从而使尘杂与子棉分离。这种设备最大的优点是当尘杂与子棉一分离立即会被吸走，减少了空气中的粉尘，改善了工人的劳动环境。

以上四种清花机各有各的优点，它们都是与轧花设备配套用于子棉清理的主要辅机，能清除子棉中非纤维性杂质和死僵瓣棉以及不孕籽、绳、布等软特杂，对减少机件的磨损、提高皮棉质量、避免火灾事故的发生、减少落棉损失，特别是加工低级棉时起到极为重要的作用。经清理后的子棉，可得到充分的开松，为下道轧花工序的顺利进行提供了有利条件。

（二）郑州棉机所设备简介

1. MGG-A型脉冲—叶片辊式成套子棉干燥设备

MGG-A 型子棉干燥设备为脉冲—叶片辊式，是适用于手摘棉加工工艺、机采棉加工工艺最新型的子棉干燥设备。该设备采用叶片辊抛打子棉，同时热空气气流垂直穿透子棉，使其与热空气充分接触的原理，提高烘干效率，降低烘干机的风运阻力及能耗。设备能与各种热源配套使用，具有操作简便，升温快，保温性能好，换热效率高。该设备具有棉花不与明火接触，安全可靠，不污染棉花、烘干效率高等特点。

（1）主要性能和机型

台时处理子棉量：3 ～ 15 t 各种规格。

主要机型：① MGG-6A，台时处理子棉 6 t。② MGG-12A，台时处理子棉 12 t。

（2）主要结构及工作原理

MGG-A 型子棉干燥机由叶片辊干燥塔、子棉控制箱、烘干供热系统及连接管道组成子棉从货场经气力输送管路送至子棉控制箱进料口，由分离器经子棉控制箱出料口卸料后与供热系统的热空气混合进入烘干管路，然后从叶片辊干燥塔顶部入口进入塔体内，塔内的多个叶片辊对子棉不断的进行多次抛打，使热空气充分穿透子棉得到充分干燥。干燥后的子棉通过塔体下部出口进入原工艺中的分离器，使子棉与热空气分离后，进入子棉清理机，废热空气通过除尘器净化排出，从而完成全部干燥过程。

该干燥机接入子棉输送主管路后，分为两个分路，当子棉比较干燥不需要烘干时，可不通过烘干机，直接进入原工艺中清花机上部分离器，而子棉潮湿需要烘干时，经过本烘干系统完成烘干过程后再进入原工艺中清花机上部分离器。整个系统设计的合理化，为轧花厂提供了非常便利的使用条件，符合我国目前的实际情况。另外，子棉含水率不同时，要求除水率不同，可通过调节供热装置的供热量改变风温来完成。

2. MGZ-B型脉冲-搁板增热式子棉干燥机

MGZ-B 型子棉干燥机是脉冲 + 搁板（含有增热、保温搁层）组合式子棉干燥设备。适用于手摘棉、人工快采棉及机采棉加工工艺。该机保留了原脉冲 – 搁板式子棉干燥机中的脉冲干燥技术，在干燥机的搁板层之间又增加了增热保温系统，使干燥塔体不降温，弥补了原搁板烘干设备之不足。该机应用先进的干燥技术，采用先进的热源技术，且能和多种热源配套使用。具有操作简便、升温快、保温性能好、换热效率高、棉花不与明火接触、安全可靠、不污染棉花等特点，一次除水率高。该机减少了棉花在设备内的循环时间，从而减小了风运阻力，降低了能耗。

（1）主要性能和机型

台时处理子棉量：3 ～ 15 t 各种规格。

主要机型：① MGZ-6B：台时处理子棉 6 t。② MGZ-12B：台时处理子棉 12 t。

（2）主要结构及工作原理

MGZ-B 型子棉干燥机由烘干主机（干燥塔）、脉冲干燥器、子棉控制箱、供热系统、保温系统、供热风机、保温风机以及连接管道组成。

子棉从货场经气力输送管路送至子棉控制箱上部子棉分离器进料口，经子棉控制箱下部闭风阀出料口卸料后与供热系统的热空气混合后进入烘干管路，先经脉冲干燥器，然后从干燥塔顶部入口进入塔体内，塔内的烘干搁板及保温搁板使子棉得到充分干燥。干燥后的子棉通过塔体下部出棉口进入原工艺中的清花机上部子棉分离器，子棉与热空气分离后，进入清花机，废热空气通过除尘器净化后排出，从而完成全部烘干过程。

热空气和子棉在干燥塔内流动的过程中，要消耗一部分热量，温度随之下降，下降到一定程度时，会影响烘干效果。而保温系统的热空气流向正好和子棉的流向相反，是从塔体的下部进入塔内，自下而上流动，正好弥补塔体内自上而下烘干温度逐步降低之不足，使塔体内温度保持基本恒定，从而保证高的烘干效果。

该干燥机接入子棉输送主管路后，分为两个分路：当不需要烘干时，子棉可不通过干燥机，直接进入原工艺中清花机上部子棉分离器；需要烘干时，子棉经过本烘干系统完成烘干过程后，再进入原工艺中清花机上部子棉分离器。另外，不同回潮率的子棉，要求除水率不同，可通过调节供热装置的供热量改变风温来完成。

3. MJPH-1400B型滑道式皮棉加湿机

由郑州棉麻工程技术设计研究所研制生产的 MJPH-1400B 型滑道式皮棉加湿机（图 6-94），用于对加工后含水率过低的棉纤维进行回潮加湿，使其达到国家标准要求的范围，与国际棉花交易的标准要求接轨。该设备适应我国现代棉花加工工艺配置和棉花质量检验体制改革选用的配套设备之一。

皮棉含水率过低，在打包时使能耗增大，生产率降低，棉包的压缩密度达不到要求，造成棉包的“崩包”现象严重，给棉花的流通、运输及保管造成不便；同时，由于皮棉过于干燥使纤维表面静电增大，也造成极大的安全隐患。皮棉加湿技术的推广应用对提高棉花加工工艺的技术水平有着十分积极的促进作用，有益于棉花加工企业降低生产成本、提高经济效益。

（1）工作条件和工作环境

该设备主要分为滑道式皮棉加湿器、电控部分、直燃式燃油（或燃气）热风炉、雾化系统等部分。滑道式皮棉加湿器安装在棉花加工生产线上集棉机和打包机之间，雾化系统与电控部分、燃油（或燃气）热风炉共同组装在一底架上，与滑道式皮棉加湿器两者之间用加湿风机（风机放在滑道式皮棉加湿器下面）和保温管道连接，要求用户把加湿主机安装在专为其设计的、密闭干净的房间（即：加湿主机房）内。

MJPH-1400B 型滑道式皮棉加湿机适用的供电电压为三相 380±10%，频率为 50Hz±5%；适用于 -15 ～ 40℃的工作环境温度；水源为自来水或专用水箱供水，水质符合一般工业用水标准；要求加湿主机房内空气流畅和干净。雾化系统喷水塔内的水必须每班更换一次，保持水洁净无污染，防止污染棉花。必须注意的是，在冬季使用要防止供水系统冻结。

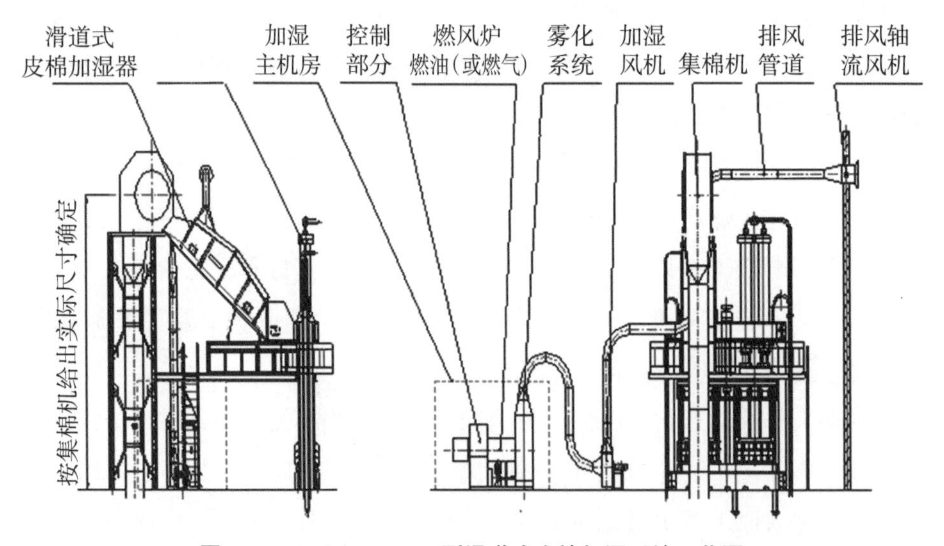

图 6-94　MJPH-1400B 型滑道式皮棉加湿系统工艺图

（2）规格型号及主要参数

型号：MJPH-1400B。

台时加湿皮棉：4 000 ～ 4 500 kg/h。

加湿量：2% ～ 4%。

加湿后皮棉含水率：达到国际标准。

装机容量：12 kW。

（3）主要设备、部件及系统工艺

滑道式皮棉加湿器、加湿主机（包括：燃油或燃气热风炉、电控部分、雾化系统的组合）、加湿风机、排风轴流风机。系统工艺见图 6-94。

（4）设备系统说明

外部空气在加湿风机的作用下，首先被吸送到热风炉内；柴油（或天然气、液化气）经热风炉燃烧器加压（雾化）燃烧从而把空气加热；然后热空气进入雾化系统的喷水塔内，通过雾化水的喷淋，转化成需要的高温高湿气流；高温高湿气流通过保温连接管道经过加湿风机后，又被吹送到滑道式皮棉加湿器（即皮棉滑道）内，穿过下滑的皮棉层把皮棉加湿。加湿后的皮棉最后被送到皮棉打包机中，进行打包。

为了得到合适的热湿气流，除了改变燃烧器的喷油嘴大小外，喷水塔的水泵和循环风机也都采用了先进的变频调速技术。同时，为了提高电器自动控制系统的运行可靠性和自动化程度，控制部分采用了 PLC 可编程控制技术。

滑道式皮棉加湿器出口的残余热湿空气，又通过滑道上面设置的通道，把滑道顶部保温，以防止凝水，然后经管道通过排风轴流风机排入大气（或通过管道输送到集棉机的出棉口顶部进行预加湿），提高能源的利用率。

4. MJPT-A型塔式皮棉加湿系统

由郑州棉麻工程技术设计研究所研制的 MJPT-A 型塔式皮棉加湿系统，用于皮棉打包前对回潮率低于 6.5% 的棉纤维进行加湿，使其达到国家标准要求的范围，是棉花质量检验体制改革推荐的配套设备之一。

（1）工作条件和工作环境

该设备主要分为热风炉、雾化器、皮棉加湿塔等。塔式皮棉加湿机安装在棉花加工生产线上皮棉清理机和集棉机之间，热风炉产生的热空气通入雾化器后将水雾化，在皮棉加湿塔内与皮棉清理机输送过来的皮棉混合完成加湿过程，出皮棉加湿塔后到集棉机。

MJPT-A 型塔式皮棉加湿系统适用的供电电压为三相 380±10%，频率为 50Hz±5%；适用于 -15 ～ 40℃的工作环境温度；水源为自来水或专用水箱供水，水质符合一般工业用水标准；要求进入热风炉的空气洁净。雾化器内的水必须每班更换一次，保持水干净无污染，防止污染棉花。

（2）规格型号及主要参数

规格型号及主要参数见表 6-12。

表 6-12　MJPT-A 型塔式皮棉加湿机规格参数

型　号	台时加湿皮棉	加湿量	加湿后皮棉回潮率	装机容量
MJPT-2A	2 t/h	2% ～ 4%	6.5% ～ 8.5%	25.5 kW
MJPT-3A	3 t/h	2% ～ 4%	6.5% ～ 8.5%	29.5 kW
MJPT-4A	4 t/h	2% ～ 4%	6.5% ～ 8.5%	36.5 kW
MJPT-5A	5 t/h	2% ～ 4%	6.5% ～ 8.5%	36.5 kW

（3）主要设备、部件及系统工艺

塔式皮棉加湿机含热风炉、雾化器、皮棉加湿塔等，还需配套热风炉鼓风机、引烟风机。

（4）工作原理

利用棉纤维的吸湿性能和空气容纳水分的能力进行皮棉加湿。以空气为介质，先对空气进行加热，外部空气在热风炉鼓风机的作用下，首先被吹送到热风炉内被加热变成热空气；然后热空气进入雾化器内，在雾化水的喷淋下，转化成需要的高温高湿气流；高温高湿气流通过保温连接管道送到皮棉加湿塔，与皮棉清理机过来的皮棉混合，在热湿空气与棉纤维之间形成一个温度差、湿度差和压强差，迫使棉纤维吸收热湿气流的水分子转化成吸收水，达到皮棉加湿的目的。

5. MJZT-A型塔式子棉加湿机

郑州棉麻工程技术设计研究所研制的 MJZT-A 型塔式子棉加湿机，用于对回潮率低于 6.5% 的子棉进行加湿预处理，增加棉纤维的强力，减少棉纤维被锯齿轧花机锯片钩拉时产生断裂的机率，降低短纤维含量。该设备适应我国气候干燥棉区和棉花加工生产线上子棉烘干后回潮率过低时使用，是棉花质量检验体制改革推荐的配套设备之一。

（1）工作条件和工作环境

该设备主要分为热风炉、雾化器、子棉控制箱、塔式子棉加湿机、子棉分离器等。塔式子棉加湿机安装在轧花生产线上子棉清理机和轧花机之间，热风炉产生的热空气通入雾化器后将水雾化，经子棉控制箱与子棉清理机输送来的子棉混合后进入塔式子棉加湿机，出子棉加湿机后到子棉分离器与空气分开进入轧花机。MJZT － A 型塔式子棉加湿机适用的供电电压为三相 380±10%，频率为 50Hz±5%；适用于 -15 ～ 40℃的工作环境温度；水源为自来水或专用水箱供水，水质符合一般工业用水标准；要求进入热风炉的空气洁净。雾化器内的水必须每班更换一次，保持水干净无污染，防止污染棉花。

（2）规格型号及主要参数

规格型号及主要参数见表 6-13。

表 6-13　MJZT-A 型塔式子棉加湿系统规格参数

型　号	台时加湿子棉	加湿量	加湿后子棉回潮率	装机容量
MJZT-6A	6 t/h	2% ～ 4%	6.5% ～ 8.5%	70.1 kW
MJZT-8A	8 t/h	2% ～ 4%	6.5% ～ 8.5%	74.1 kW
MJZT-12A	12 t/h	2% ～ 4%	6.5% ～ 8.5%	88.5 kW
MJZT-15A	15 t/h	2% ～ 4%	6.5% ～ 8.5%	92.7 kW

（3）主要设备、部件及系统工艺

塔式子棉加湿机含热风炉、雾化器、子棉控制箱、子棉加湿塔、子棉分离器等，还需配套子棉绞龙、热风炉鼓风机、引烟风机、吸子棉风机。

（4）工作原理

外部空气在热风炉鼓风机的作用下，首先被吹送到热风炉内被加热成热空气；然后热空气进入雾化器内，在雾化水的喷淋下，转化成需要的高温高湿气流；高温高湿气流通过保温连接管道送到子棉控制箱，与子棉混合被输送到子棉加湿塔内，对子棉加湿。加湿后的子棉最后被送到轧花机。

6. MCZF 型除尘机组

MCZF 型除尘机组是郑州棉麻工程技术设计研究所设计、制造的适合于棉花、化纤等加工行业除尘的新型设备。MCZF 型除尘机组适用于棉、毛、麻、丝、化纤等加工行业的含有纤维性粉尘空气的过滤、净化和对有效纤维的回收。经过滤后空气含尘浓度可达到国家排放标准。

（1）主要特点

① 滤尘效果好、除尘效率高。② 处理风量大，阻力小。③ 一级圆盘过滤器和二级尘笼过滤器集中于金属箱体内，结构简单、紧凑，克服了以往棉花加工行业除尘系统体积大、投资大、占地面积大等缺陷，不需要设置专门除尘室。④ 滤料采用不锈钢网，阻燃性能好。⑤ 一级圆盘过滤器可把长纤维分离出来进行回收，二级尘笼过滤器收集的短纤维，经处理后可做三道绒。⑥ 实现机电一体化，设备启动可单机启动或联动。配备压力监测系统，以便及时调整系统内工况。⑦ 易操作，好管理。操作只需启动按钮，设备留有观察窗，箱体内设有工作灯，可随时观察机组内运行情况。⑧ 安装维修，方便快捷。本机组为

拼装结构，箱体及尘笼用螺栓连接，拆装方便，可移动使用。传动部位不隐蔽，机内易损件少，维修简便易行，降低了维护保养工作的劳动强度。

（2）主要规格及参数

主要规格及参数见表6-14。

表6-14　MCZF型除尘机组规格参数

主要规格		MCZF-8B	MCZF-10B
过滤风量（m^3/h）		80 000	100 000
一级滤尘阻力（Pa）		＜20	＜20
二级滤尘阻力（Pa）		＜320	＜320
滤后空气含尘浓度（mg/m^3）		＜120	＜120
总配备功率（kW）		22.87	25.62
外形尺寸	长L（mm）	≤8 900	≤9 700
	宽B（mm）	≤4 000	≤4 000
	高H（mm）	≤3 600	≤3 600

（3）主要结构及工作原理

MCZF型除尘机组为箱体式，由一级圆盘过滤器（包括转动吸嘴），二级尘笼过滤器（包括往复吸嘴），一级旋风分离器，二级旋风分离器，混风箱（含尘空气进口）和传动机构等主要部分组成。

MCZF型除尘机组利用负压原理进行过滤，达到空气净化目的。含尘空气进入一级圆盘过滤器前面的混风箱，通过圆盘过滤器除去纤维及大尘杂，圆盘过滤器与机组箱体密封固定在一起，而连续回转的转动吸嘴将阻留在圆盘过滤器上的纤维尘杂通过一级集尘风机吸送到一级旋风分离器内，进行分离回收，由纤维挤压器排出。经圆盘过滤器过滤后的含尘空气进入二级尘笼过滤器，空气由外向内进行二次过滤，过滤后的净化空气，由排风轴流风机直接排放。而过滤下来的短纤维和灰尘，由往复吸嘴吸除，通过二级集尘风机将短纤维和灰尘吸送到二级旋风分离器进行尘、气分离，分离出的短纤维通过粉尘挤压器排出。

五、南通MDY400型液压打包机

江苏南通产MDY400型液压打包机，生产国际通用包型的I型包。用于棉花、化纤、麻类、草类、药材等类似松散物料的压缩成包。具有自动化程度高、安全可靠、操作简单、维护方便、节省包装运输费用等特点。

1. 技术规格及主要参数

公称力：4 000 kN。

包形尺寸：1400 × 530 × 700（mm）。

成包重量（皮棉）：227±10 kg。

压缩高度：485 ～ 500（mm）。

台时产量（皮棉）：4.5 t/h。

装机容量（包括辅机）：82.4 kW。

整机重量：约 55 t。

2. 主要部件和配套件的规格参数

（1）主油缸（两套）

油缸内径 ϕ360 mm；活塞杆外径 ϕ290 mm；活塞杆行程：2 265 mm（2 345 mm）。

（2）整体棉箱

内部尺寸：1 360 × 500 × 2 650（mm）；棉箱有效容积：1.8 m^3。

（3）喂棉与踩压

由液压缸完成：踩压力 70 kN；频率 5 ～ 6 次 /min。

（4）控制系统

液压控制系统采用的是二通插装阀；电气控制系统采用的是可编程序控制器（PLC）。

（5）主要电机

主压电机型号 Y225M-4，功率 45 kW；预压电机型号 Y200L-4，功率 30 kW；转箱减速机型号 BSY131A-17 × 11-0.75（摆线针轮减速机，该减速机为电机直联型，其电机功率为 0.75 kW。该电机在下文及有关原理图中被称为转箱电机）。

3. 结构与作用

MDY400 型液压打包机由液压控制系统、电气控制系统、主机、辅机四大部分组成。

液压控制系统是打包机的主要动力源，为主机各液压缸提供压力油，由两套油箱组成。液控系统以油箱为平台，电机、泵、阀等与油箱组成一个整体，方便安装接管。

电气控制系统由电气箱与操纵台两部分组成。电气箱置于油泵房内，内部装有各电机的主电路及各种保护器；操纵台安置于打包机的正面最佳观察位置处，其内部装有操纵按钮、PLC 等。主机是整台打包机的主体部分，由机架与多个执行或功能装置组成。

机架为框架结构，由底座、左右立柱、上横梁、中心柱等组成，是安装各执行装置的平台和基准。

主机部分执行（或功能）装置有喂棉与预（踩）压装置、顶压装置、脱箱油缸、棉箱与转盘、提箱机构、转箱机构、定位装置、勾棉装置、走台、出包油缸。

主机的结构特点：主油缸和预（踩）压装置对称布置在机架横梁上，两套结构新颖的整体结构棉箱对称分布于转盘上。棉箱与转盘可绕中心柱旋转，实现预（踩）压与打包的工位互换。整机美观整齐，特别是主油缸置于机架上方，因而构筑地基与厂房时不需另行土建施工楼板，地下施工量小，土建费用低。

辅机部分包括：接包小车、推包器、套包器、输送带等。

4. 工艺流程

喂棉装置与预（踩）压装置协调动作，将淌棉道上流淌下来的物料喂入空棉箱并预压缩。当物料喂入量达到计量重量时，喂料与踩压停止，棉箱变换工位。变换结束后喂料与踩压重新开始，同时主油缸动作压缩物料。当压缩到预定位置时，主压停止，脱箱油缸将棉箱顶起，人工穿丝，搭扣。然后，主压工退上升，棉包被推出，由辅机部分将棉包带出秤重、缝包等，最后将棉包送出打包车间。

六、MMIS-I 型棉包条形码信息管理系统

（一）棉花公证检验体制改革介绍

棉花质量检验体制改革，是我国棉花流通体制改革的重要组成部分，也是建立棉花市场体系、发展棉花现代物流的关键。推进棉花质量检验体制改革，对提高棉花流通效率，降低棉花流通成本，提高棉花质量，增强我国纺织品国际竞争力，都具有十分重要的意义。

棉花质量检验体制改革的目标是：力争用 5 年左右的时间，采用科学、统一、与国际接轨的棉花检验技术标准体系，在棉花加工环节实行仪器化、普遍性的权威检验，建立起符合我国国情、与国际通行做法接轨、科学权威的棉花质量检验体制。

棉花质量检验体制改革的主要内容是，改用国际通用棉包包型，在加工环节采用快速检验仪实行仪器化公证检验，并对成包皮棉逐包编码实行信息化管理。具体包括：在加工环节实现公证检验；采用快速检验仪器进行仪器化科学检验；制定仪器化检验棉花质量标准；采用国际通用棉包包型；规范棉包重量；实行信息化逐包编码；发展棉花专业仓储；改革公证检验管理体制。

实行棉花质量检验新体制，现有的棉花加工企业均需改用新型大型打包机，并使用条形码等新技术，促进棉花加工企业加快联合、兼并、重组，实现规模化、产业化经营。

2006 年度是棉花质量检验体制改革推广的第二年，各地棉花加工企业积极踊跃参与改革，有 500 多家已圆满完成了设备的更新改造，其中有 406 家企业按照质检改革的要求加工新棉并积极送检，送检大包皮棉由于质量指标真实可信，销售价格比同等级小包皮棉每 t 高 200 ～ 300 元，提高了送检企业的经济效益。国家有关部门推出了多项改革扶持政策促

进棉花质量检验体制改革，如落实加工企业设备改造贴息、铁路优先运输大包棉花、新疆收储对大包棉花加价等，这些扶持政策都收到了较好的效果。为了大力推动改革，国家还将陆续出台优惠扶持政策，棉花质量检验体制改革已是大势所趋，势在必行。

MMIS-I 型棉包条形码信息管理系统是国家棉花质量检验体制改革工作协调指导小组办公室立项、由中棉工业有限责任公司北京中棉机械成套设备有限公司开发研制的产品，是研制完善棉花加工设备方面若干项目之一，是目前唯一的棉花质量检验体制改革棉包条形码信息管理系统配套产品。该产品将棉花加工、检验、流通作为一个整体，从信息流、物流、资金流全面考虑，成功地将加工厂、检验机构、棉麻公司通过网络和软件连接在一起。该系统实现了现场实时采集数据、现场实时打印条码，从检验机构下载 HVI 检验数据、打印公检证书，字迹清晰、数据准确、公证性好；具有对加工厂进行工资结算、成本分析、查询统计、报表生成、码单打印、智能组批、自动销售、客户管理等功能，提高了企业的工作效率和管理水平，降低了人力成本，减少了手工操作造成的错误。

条码信息管理系统是国家棉花公正检验体制改革的轧花厂平台，由国家棉花质量检验体制改革项目实施小组组织开发。条码信息系统于 2003 年进入实测运行，并于 2004 年投入到 19 家参与公证检验的轧花厂试运行，在 2005 年 3 月 22 日顺利通过部级新产品开发成果鉴定。

该产品 2004 年在 19 家试点加工企业使用反应良好，2005 年在各参加公检的加工企业正式推广使用，2006 年投放到 409 家参加公检的加工企业使用，各项工作运行正常，达到预期使用目的，为国家棉花质量检验体制改革的顺利实施在技术和设备上提供了有力保障。

（二）系统概述

1. 项目介绍

由中棉工业有限责任公司北京中棉机械成套设备有限公司承担的国家棉花质量检验体制改革项目“条码信息管理系统”，以条码作为棉花初始信息的载体，实现了棉花加工、检验数据的信息化管理。该项目的研制开发，改变了加工环节人工重复抄写报表、重复检验、手工抄写销售码单、销售时人工计算的现状，实现了自动采集初始信息，自动形成报表、码单，网上下载检验数据，即对加工、检验、销售信息实现有效管理、快速查询、统计、传输。条码信息系统提供采集棉包初始信息、生成条码、准确与检验中心检验数据对接、完成轧花厂和棉麻公司内部管理、销售结算等功能。棉花质量检验体制改革方案中要求每个棉包都有全国唯一的身份标识——32 位条码，在质量检验、内部管理和棉包物流过程中通过条码记载的信息对棉包实现全面管理。“条码信息管理系统”为我国棉花检验从抽样检验到逐包检验、从感官检验到仪器化检验的飞跃提供了重要技术基础。

2. 系统功能

系统实现的功能主要有以下方面：

自动采集包号、包重、回潮率等原始信息，自动打印条码，信息来源准确、快速，不受人为因素干扰。

自动形成报表、码单，自动计算工资、销售量、交易金额等，对销售状况进行记录。

对加工、销售状况进行查询、统计，随时监控加工、销售情况。

棉包检验数据远程下载，快速传递信息，打印公证检验证书。

可以根据检验结果挑包组批，根据每包回潮、含杂计算公定重量。

（三）系统组成及工作流程

系统组成原理如图 6-95 所示。

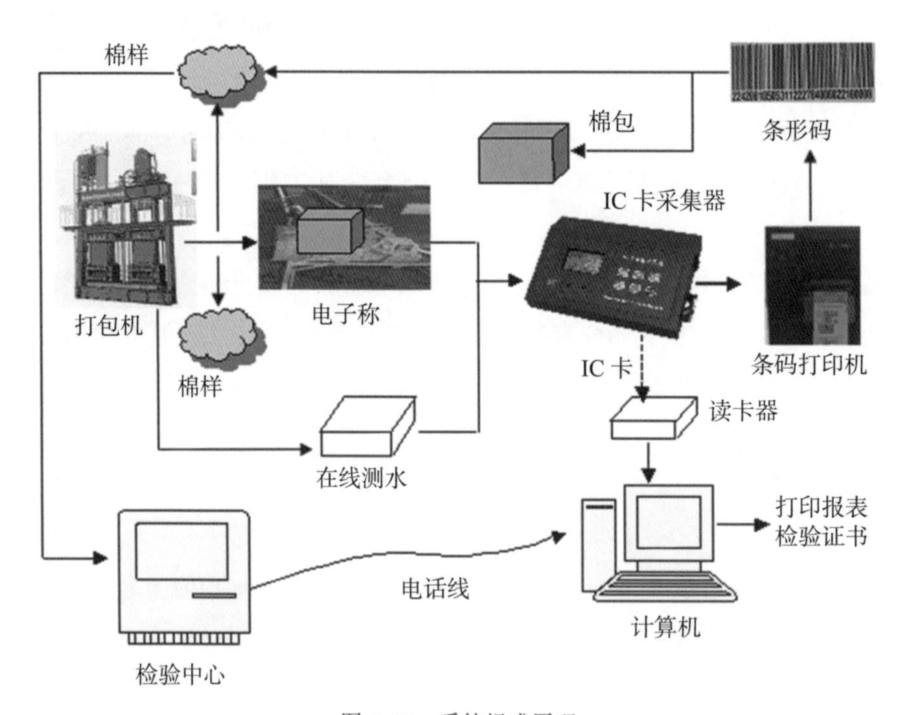

图 **6-95**　系统组成原理

系统的整个工作过程是：打包机在打包的同时，在线回潮测定装置测出棉包回潮率，并将该数据发送给在线回潮测定装置的接收机；取样装置（取样刀）在棉包上取两个棉样，棉包经传送装置推放至电子台秤上后，电子秤上棉包的重量数据连同先前测量好回潮率数据一并传送给 IC 卡数据采集器，数据采集器将该数据保存在 IC 卡和数据采集器中，同时发送打印命令给条码打印机打印该棉包的条码。打印的 32 位条码记载有该棉包的加工信息，同时也是该棉包的唯一“身份证”。两个较大的条码标签固定在棉包上，随棉包通行，两个较小的条码标签放在两个棉样中。当天加工结束后，一方面，把 IC 卡中的棉包加工信息通过读卡器读入计算机的数据库中；另一方面，把带有条码标签的棉样送承检机构，通过 HVI 设备检验后，检验结果保存在承检机构服务器的数据库中。加工企业通过调制解调器拨号到承检机构服务器，将检验数据下载到企业端计算机数据库中，根据条码这一唯一的“身份证”将检验数据和加工数据对应在一起，这样，用户可以方便地对棉包进行组批、销售、查询等操作，实现对本企业生产、检验数据适时、全面的管理。

参考文献

陈学庚，胡斌. 2010. 旱田地膜覆盖精量播种机械的研究与设计 [M]. 乌鲁木齐：新疆科学技术出版社.

李宝筏. 2003. 农业机械学 [M]. 北京：中国农业出版社.

唐军，陈学庚. 2009. 农机新技术新机具 [M]. 乌鲁木齐：新疆科学技术出版社.

张伟，胡军，车刚. 2010. 田间作业与初加工机械 [M]. 北京：中国农业出版社.

周亚立，刘向新，闫向辉. 2012. 棉花收获机械化 [M]. 乌鲁木齐：新疆科学技术出版社.

第七章 棉花种植信息化与管理精确化

第一节 基于地理信息系统（GIS）的棉田养分管理

将棉田的土壤类型、土壤质地、土壤养分含量、历年施肥和产量情况等信息按照地理信息系统（geographic information system，GIS）的管理标准，建立 GIS 数据库和 GIS 图层，形成精准施肥管理的技术支持体系，并在此基础上形成精确农业的变量施肥技术，在田间任何点位上实现各种营养元素的全面平衡供应，使肥料施入更为合理，使肥料利用效率和施肥增产效益提高到较理想的水平。基于 GIS 的棉田养分管理技术的完整系统的构成如图 7-1 所示。

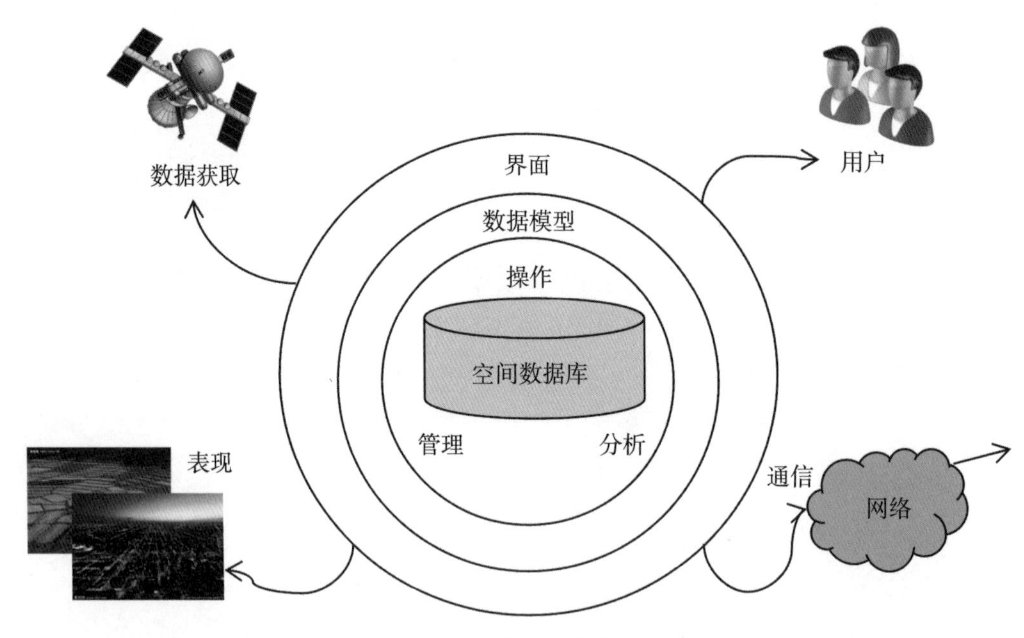

图 7-1 地理信息系统的构成

地理信息系统（GIS）具有以下特征：① 具有采集、管理、分析和输出多种地理信息的能力，具有空间性和动态性。② 在计算机系统支持下进行空间地理数据管理，并由计算机程序模拟常规的或专门的地理分析方法，作用于空间数据，产生有用信息，完成人类难以完成的任务。③ 计算机系统的支持是地理信息系统的重要特征，它使得地理信息系统能快速、精确、综合地对复杂的地理系统进行空间定位和过程动态分析。

空间数据是 GIS 的基础，在棉花生产的 GIS 建设中，需要的管理核心数据包括以下内容：① 棉田耕作条件，即土壤条件（肥力、水分、土壤类型）、地形、光照、病虫害信息。② 品种类型、需水量、需肥量、产量等。

一、基于 GIS 的棉田养分管理系统应用的意义

在地理信息系统支持下，基于空间数据库，利用已存储的棉田土壤背景数据库，即农业灌溉、施肥、种子等数据库，以及新获取的“征兆图”进行分析并作出判断，形成“诊断图（Diagnosis map）”，将这些结果与管理信息系统（MIS）等相结合进行综合分析，结合各要素对棉花生长及产量形成的重要性赋予权重，在地理信息系统中分析运算，生成土壤适宜性评价图。在棉花的养分管理实践中，系统可针对棉花目标产量的实现提供养分分区管理辅助方案。

实施过程可描述为：携带定位系统和棉花采收机上产量传感器自动采集田间定位及小区平均产量→通过计算机处理，生成经济产量分布图→根据田间地形、地貌、土壤肥力、墒情等参数的空间数据分布图，支持棉花管理的数据库与棉花生长发育模拟模型、投入产出模拟模型、棉花管理专家知识库等，建立棉花管理辅助决策支持系统，并在决策者的参与下生成棉花管理处方图→根据处方图，农业机械按小区实施肥料管理变量投入和精细棉作管理，完成基肥的施用。在膜下滴灌条件下，棉花生长期的追肥占总施肥量绝大部分的比例，可以通过随水施用的方法、使用完全可溶性肥料、利用分区管理技术进行精确施用。

二、基于 GIS 的养分分区管理原理

以土壤特性相对均匀的村或条田为单位，建立以地块或农户为单位的土壤养分分区管理的方法称之为养分分区管理方法。在该方法支持下的模型以土壤网格取样和土壤养分状况系统研究法（ASI）的土壤养分推荐模型为基础，经地理信息系统的一系列处理，形成土壤养分管理图（表）。在该管理模型中，管理单元是人为划分的，在较小的规模下，管理单元可以是农户的地块，也可以是生产小组的地块。

GIS 的空间分析功能除为精细农业提供了通用分析模型外，为了更好地实现决策支持，还需要针对目标区建立专业模型，以准确定义各个因子之间的关系及其时空变化，如土壤水分和肥力的时空模型以及其对作物产量的影响等。

三、养分分区管理实例应用

自 20 世纪 90 年代末以来，新疆兵团开展了大规模的基于 GIS 的养分分区管理技术应用，大幅度提高了新疆棉区的棉花养分管理水平，为新疆棉区棉花单产、总产的稳步提升

提供了养分管理基础。本书以新疆兵团七师 125 团棉花养分管理信息化应用进行实例分析说明。

（一）125 团农田养分数据库的建立

兵团第七师 125 团自 1996 年以来在全团范围内开展了土壤养分定点监测试验，采用随机取样法在植棉区共设置 176 个监测点，采用差分全球定位系统（DGPS）定位，结合团场每年采集的土壤样品生成相应的采样点分布图（图 7-2）。土壤养分指标包括土壤有机质、全氮、速效磷、速效钾。

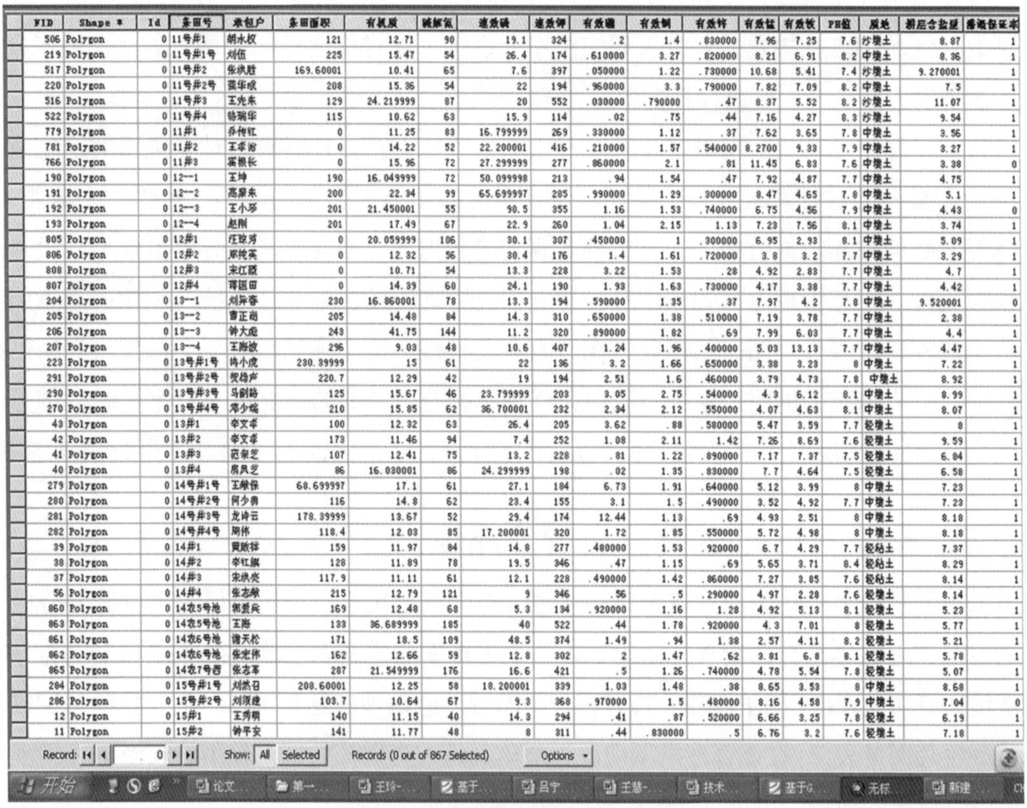

FID	Shape *	Id	条田号	承包户	条田面积	有机质	碱解氮	速效磷	速效钾	有效硼	有效铜	有效锌	有效锰	有效铁	PH值	质地	耕层含盐量	播期保证率
506	Polygon	0	11号#1	胡水权	121	12.71	90	19.1	324	.2	1.4	.830000	7.96	7.25	7.6	沙壤土	8.87	1
219	Polygon	0	11号#1号	刘伍	225	15.47	54	26.4	174	.610000	3.27	.820000	8.21	6.91	8.2	中壤土	8.36	1
517	Polygon	0	11号#2	张洪胜	169.60001	10.41	65	7.6	397	.050000	1.22	.730000	10.68	5.41	7.4	沙壤土	9.270001	1
220	Polygon	0	11号#2号	黄华成	208	15.36	54	22	194	.960000	3.3	.790000	7.82	7.09	8.2	中壤土	7.5	1
516	Polygon	0	11号#3	王先来	129	24.219999	87	20	552	.030000	.790000	.47	8.37	5.52	8.2	沙壤土	11.07	1
522	Polygon	0	11号#4	杨瑞华	115	10.62	63	15.9	114	.02	.75	.44	7.16	4.27	8.3	沙壤土	9.54	1
779	Polygon	0	11#1	乔传红	0	11.25	83	16.799999	269	.330000	1.12	.37	7.62	3.65	7.8	中壤土	3.56	1
781	Polygon	0	11#2	王幸论	0	14.22	52	22.200001	416	.210000	1.57	.540000	8.2700	9.33	7.9	中壤土	3.27	1
766	Polygon	0	11#3	雷根长	0	15.96	72	27.299999	277	.860000	2.1	.81	11.45	6.83	7.6	中壤土	3.38	0
190	Polygon	0	12--1	王坤	190	16.049999	72	50.099998	213	.94	1.54	.47	7.92	4.87	7.7	中壤土	4.75	1
191	Polygon	0	12--2	高翠朱	200	22.34	99	65.699997	285	.990000	1.29	.300000	8.47	4.65	7.8	中壤土	5.1	1
192	Polygon	0	12--3	王小芬	201	21.450001	55	90.5	355	1.16	1.53	.740000	6.75	4.56	7.9	中壤土	4.43	0
193	Polygon	0	12--4	赵刚	201	17.49	67	22.9	260	1.04	2.15	1.13	7.23	7.56	8.1	中壤土	3.74	1
805	Polygon	0	12#1	汪琼芳	0	20.059999	106	30.1	307	.450000	1	.300000	6.95	2.93	8.1	中壤土	5.09	1
806	Polygon	0	12#2	邓纯英	0	12.32	56	30.4	176	1.4	1.61	.720000	3.8	3.2	7.7	中壤土	3.29	1
808	Polygon	0	12#3	宋红霞	0	10.71	54	13.3	228	3.22	1.53	.28	4.92	2.83	7.7	中壤土	4.7	1
807	Polygon	0	12#4	蒋国田	0	14.39	60	24.1	190	1.93	1.63	.730000	4.17	3.38	7.7	中壤土	4.42	1
204	Polygon	0	13--1	刘异春	230	16.860001	78	13.3	194	.590000	1.35	.37	7.97	4.2	7.8	中壤土	9.520001	0
205	Polygon	0	13--2	曹正尚	205	14.48	84	14.3	310	.650000	1.38	.510000	7.19	3.78	7.7	中壤土	2.38	1
206	Polygon	0	13--3	钟大彪	243	41.75	144	11.2	320	.890000	1.82	.69	7.99	6.03	7.7	中壤土	4.4	1
207	Polygon	0	13--4	王海波	296	9.03	48	10.6	407	1.24	1.96	.400000	5.03	13.13	7.7	中壤土	4.47	1
223	Polygon	0	13号#1号	杨小虎	230.39999	15	61	22	136	3.2	1.66	.650000	3.38	3.23	8	中壤土	7.22	1
291	Polygon	0	13号#2号	倪倚声	220.7	12.29	42	19	194	2.51	1.6	.460000	3.79	4.73	7.8	中壤土	8.92	1
290	Polygon	0	13号#3号	马剑锋	125	15.67	46	23.799999	203	3.05	2.75	.540000	4.3	6.12	8.1	中壤土	8.99	1
270	Polygon	0	13号#4号	郑少瑞	210	15.85	62	36.700001	232	2.34	2.12	.550000	4.07	4.63	8.1	中壤土	8.07	1
43	Polygon	0	13#1	李文孝	100	12.32	63	26.4	205	3.62	.88	.580000	5.47	3.59	7.7	轻壤土	8	1
42	Polygon	0	13#2	李文孝	173	11.46	94	7.4	252	1.08	2.11	1.42	7.26	8.69	7.6	轻壤土	9.59	1
41	Polygon	0	13#3	范桂芝	107	12.41	75	13.2	228	.81	1.22	.890000	7.17	7.37	7.5	轻壤土	6.84	1
40	Polygon	0	13#4	房凤芝	86	16.030001	86	24.299999	198	.02	1.35	.830000	7.7	4.64	7.5	轻壤土	6.58	1
279	Polygon	0	14号#1号	王献保	68.699997	17.1	61	27.1	184	6.73	1.91	.640000	5.12	3.99	8	中壤土	7.23	1
280	Polygon	0	14号#2号	何少勇	116	14.8	62	23.4	155	3.1	1.5	.490000	3.52	4.92	7.7	中壤土	7.23	1
281	Polygon	0	14号#3号	龙玲云	178.39999	13.67	52	29.4	174	12.44	1.13	.69	4.93	2.51	8	中壤土	8.18	1
282	Polygon	0	14号#4号	周伟	118.4	12.03	85	17.200001	320	1.72	1.85	.550000	5.72	4.98	8	中壤土	8.18	1
39	Polygon	0	14#1	黄欧祥	159	11.97	84	14.8	277	.480000	1.53	.920000	6.7	4.29	7.7	轻粘土	7.37	1
38	Polygon	0	14#2	李红旗	128	11.89	78	19.5	346	.47	1.15	.69	5.65	3.71	8.4	轻粘土	8.29	1
37	Polygon	0	14#3	宋洪亮	117.9	11.11	61	12.1	228	.490000	1.42	.860000	7.27	3.85	7.6	轻粘土	8.14	1
56	Polygon	0	14#4	张志敏	215	12.79	121	9	346	.56	.5	.290000	4.97	2.28	7.6	轻壤土	8.14	1
860	Polygon	0	14农5号池	郭爱兵	169	12.48	68	5.3	134	.920000	1.16	1.28	4.92	5.13	8.1	轻壤土	5.23	1
863	Polygon	0	14农5号池	王海	133	36.689999	185	40	522	.44	1.78	.920000	4.3	7.01	8	轻壤土	5.77	1
861	Polygon	0	14农6号池	谢天松	171	18.5	109	48.5	374	1.49	.94	1.38	2.57	4.11	8.2	轻壤土	5.21	1
862	Polygon	0	14农6号池	张宪伟	162	12.66	59	12.8	302	2	1.47	.62	3.81	6.8	8.1	轻壤土	5.78	1
865	Polygon	0	14农7号西	张志军	287	21.549999	176	16.6	421	.5	1.26	.740000	4.78	5.54	7.8	轻壤土	5.07	1
284	Polygon	0	15号#1号	刘然召	208.60001	12.25	58	18.200001	339	1.03	1.48	.38	8.65	3.53	8	中壤土	8.68	1
286	Polygon	0	15号#2号	刘须健	103.7	10.64	67	9.3	368	.970000	1.5	.480000	8.16	4.58	7.9	中壤土	7.04	0
12	Polygon	0	15#1	王秀明	140	11.15	40	14.3	294	.41	.87	.520000	6.66	3.25	7.8	轻壤土	6.19	1
11	Polygon	0	15#2	钟平安	141	11.77	48	8	311	.44	.830000	.5	6.76	3.2	7.6	轻壤土	7.18	1

Record: 0 Show: All Selected Records (0 out of 867 Selected) Options

开始 论文… 第一… 王玲-… 基于… 吕宁… 王慧-… 技术… 基于G… 无标… 新建…

图 7-2 属性数据库的建立界面图

1. 空间数据库建立

将配准后的图件资料导入 ArcGIS 中，建立相关要素的矢量图层，以条田为单位采用屏幕数字矢量化处理，将棉田影像图层转化为 GIS 数字化图层，然后以条田为基本单元输入相应的信息完成空间数据库的建立。

2. 属性数据库建立

在空间数据库中的每个要素，都有属性数据与之相对应，采用二次录入相互对照的方法，用键盘法将属性数据统一录入 Excel 表，然后导出属性数据另存为能被 ArcGIS9.3 打开的 dbf 格式或 ASCll 文件，再导入到 ArcGIS9.3 中空间数据库的属性数据中，以保证数据录入准确无误。

（二）耕地分等定级指标体系的构建

1. 根据土壤肥力确定耕地质量等级

应用主成分分析方法，在复杂的棉田土壤肥力指标体系中筛选出若干个彼此不相关的综合性指标，且能反映出原来全部指标所提供的大部分信息，以此来综合评价耕地质量。并以此主要信息作基础对所有棉田进行综合评价并进行归类分等。大量研究表明，重要指标土壤有机质、全氮、碱解氮、速效磷对棉花单产相关性达到极显著水平，盐分与棉花单产负相关达到极显著水平，全氮与碱解氮相关系数也达到了极显著。根据耕地分级所选取指标间的相关性小的原则，保留全氮的数据作为评价指标。而速效钾和微量元素锌、锰与产量相关性不显著，不作为评价指标。

2. 主成分提取

对观测指标进行主成分分析得到各主成分的特征向量、特征值及累积贡献率（表 7-1），并提取主成分。提取主成分的个数一般要求累积贡献率要超过 85% 即可。据此本文提取了 3 个主成分，各主成分的方差贡献率分别为 53.75%、19.87% 和 14.29%，累积贡献率达 87.91%，它们已代表了棉田质量 87.91% 的信息。由表 7-1 可知第 1 成分中单产（X_1）、有机质（X_3）、全氮（X_4）、速效磷（X_5）所占的比重远大于其他指标的系数，所以第 1 主成分是棉田土壤肥力的综合反映。第 2 主成分以 X_2 所占的比重最大，它反映了耕地的土壤质地，反映的是土壤的结构。第 3 主成分的 X_2 的系数为负数，对第 3 主成分起明显的减值作用，是不良土壤质地对耕地质量的影响，另外 X_3、X_5 所占比重也比较大，突出地反映了土壤保肥能力及养分状况。

表 7-1 主成分分析表

项目	主成分 Z_1	主成分 Z_2	主成分 Z_3	主成分 Z_4	主成分 Z_5	主成分 Z_6
单产（X_1）	0.511 9	0.015 4	−0.148 6	0.103 2	−0.839 5	0.013 1
质地（X_2）	0.057 4	0.777 9	−0.515 1	0.289 9	0.177 8	0.103 0
有机质（X_3）	0.483 5	−0.256 9	0.145 2	0.430 0	0.327 0	0.622 3
全氮（X_4）	0.519 8	−0.076 5	0.021 8	0.103 7	0.325 7	−0.757 0
速效磷（X_5）	0.461 9	0.081 1	0.179 1	−0.820 1	0.216 6	0.169 1
总盐（X_6）	−0.131 6	0.062 3	0.011 8	−0.060 6	−0.060 3	0.014 1

（续表）

项　目	主成分 Z_1	主成分 Z_2	主成分 Z_3	主成分 Z_4	主成分 Z_5	主成分 Z_6
特征值	3.225 2	1.192 3	0.857 3	0.392 2	0.186 4	0.146 6
方差贡献率	0.537 5	0.198 7	0.142 9	0.054 0	0.0311	0.0244
累积方差贡献率	0.537 5	0.736 3	0.879 1	0.944 5	0.975 6	1.000 0

根据主成分计算公式可以得到这 3 个主成分与原 6 项指标的线性组合如下：

$$Z_1=0.511\,92X_1+0.057\,4X_2+0.483\,5X_3+0.519\,8X_4+0.461\,9X_5-0.131\,6X_6 \quad（式 7-1）$$

$$Z_2=0.015\,4X_1+0.777\,9X_2-0.256\,9X_3-0.076\,5X_4+0.081X_5+0.0623\,4X_6 \quad（式 7-2）$$

$$Z_3=-0.148\,6X_1-0.515\,1X_2+0.145\,1X_3+0.021\,8X_4-0.179\,1X_5+0.011\,8X_6 \quad（式 7-3）$$

3. 耕地质量等级划分

可根据土壤肥力等级主成分分析特征值等将 125 团耕地质量划分为 5 个等级（图 7-3）。

（三）土壤养分含量的统计特征

表 7-2、表 7-3 为土壤养分调查目标区 2001 年、2011 年土壤属性数据的描述性统计结果。按照新疆土壤普查肥力划分标准，整体上碱解氮、速效磷、有机质含量均值都属于中度偏低水平，2011 年数值略高于 2001 年，速效钾的含量从 2001 年 351.7 mg/kg 含量较丰富的水平下降到 2011 年度 220.3 mg/kg 含量一般的水平，10 年间速效钾含量降低较大。根据变异系数（CV）的大小可粗略估计变量的变异程度：弱变异性，CV＜10%；中等变异性，CV=10%～100%；强变异性，CV＞100%，研究区土壤属性在空间上仍表现为中等强度的变异，从数值上来看 2011 年度变异系数 CV 值要明显小于 2001 年，变异性趋于缓和。从各个养分变异系数来看速效磷的 CV 值最大，2001 年、2011 年其变异系数分别为 59.96%、49.48%，这主要与磷在土壤中的移动性相对较小、当季作物对 P 的吸收少和土壤磷的收支平衡一般为盈余，使磷肥在土壤中残留较多，导致土壤中 P 分布不均，同时与耕作制度以及施肥方式也有一定的关系。

表 7-2　2001 年研究区土壤养分描述性统计分析

土壤属性	最小值	最大值	平均值	中值	标准差	偏度	峰度	变异系数
碱解氮（mg/kg）	7.0	168.0	35.7	31.0	18.3	1.20	2.55	51.13
速效磷（mg/kg）	6.0	90.0	26.5	22.3	15.9	1.79	3.08	59.96
速效钾（mg/kg）	152.0	448.0	351.7	359.0	58.2	-0.76	6.02	16.54
有机质（g/kg）	1.2	27.0	10.8	9.1	5.0	1.67	2.48	46.70

表 7-3 2011 年研究区土壤养分描述性统计分析

土壤属性	最小值	最大值	平均值	中值	标准差	偏度	峰度	变异系数
碱解氮（mg/kg）	11.0	138.0	47.7	44.0	20.7	1.23	3.99	43.32
速效磷（mg/kg）	2.0	94.0	31.9	30.0	5.8	0.71	3.60	49.48
速效钾（mg/kg）	135.0	353.0	220.3	117.0	38.3	1.27	2.02	31.84
有机质（g/kg）	3.0	32.0	12.9	12.0	5.5	0.71	3.06	42.64

（四）土壤养分含量的趋势分析

图 7-4 是运用 ArcGIS 9.3 软件的地统计分析模块绘制的土壤养分的趋势特征，图中 X 轴表示正东方向，Y 轴表示正北方向，Z 轴表示各点的实测值的大小，将数据点旋转 30°，能够更清楚的分析养分的空间趋势。从数据分布三维趋势图中可以看出，两个时期土壤有机质、碱解氮在东西（绿线）和南北（蓝线）方向上数据的分布均有先上升再下降或先下降再上升的趋势，即表现为倒“U”字或正“U”字的形状，故在趋势剔除中采用一个二次多项式来拟和数据。速效磷和速效钾在两个方向上均呈一次线性分布，因此可采用一个一次多项式来拟和数据。

（五）土壤属性的半方差函数模型

采用地统计学 Kriging 插值法，对区域化变量的取值进行无偏最优估计。由表 7-4 可见，土壤养分的块金系数大多都在 25% ～ 75%，养分含量具有中等程度的空间相关性，速效钾含量在 2001 年份的块金系数小于 25%，属于强的空间相关性。表现出中等的空间自相关性，说明其空间变异性主要是由结构性因素和人为因素共同作用的结果。结构性因素如母质、地形、土壤类型等可以导致土壤养分空间分布具有较强的空间相关性，而随机性因素如施肥、耕作措施等各种人为活动可以使得土壤养分的空间相关性减弱。速效磷、速效钾含量的块金系数由 2001 年的 53.5%、19.51% 增加到 2011 年的 69.69%、65.46%，这充分说明了人为的随机因素对土壤养分含量的影响在逐渐增大，有机质和碱解氮 10 年间空间系数变化差异不大，都属于中等强度的空间相关性（表 7-4）。

表 7-4　土壤属性的半方差模型参数

土壤属性	年　份	分布特征	模　型	块金值 C0	基台值	C0/（C+ C0）(%)	变程（km）
有机质	2001	正态分布	Spherical model	4.97	17.73	28.03	5.21
	2011	正态分布	Spherical model	32.45	127.35	25.48	4.89
速效氮	2001	对数分布	Exponential model	0.014	0.038	36.84	3.27
	2011	对数分布	Exponential model	0.27	0.86	31.40	1.98
速效磷	2001	对数正态	Exponential model	132.43	247.53	53.50	13.07
	2011	对数正态	Exponential model	214.11	307.24	69.69	15.33
速效钾	2001	对数正态	Exponential model	82.01	420.32	19.51	5.44
	2011	对数正态	Exponential model	214.22	327.24	65.46	2.24

（六）基于时间尺度的土壤养分空间变化特征

在建立了半方差模型的基础上，采用普通克里格插值法对土壤养分的未测数据点进行插值并绘制土壤养分含量空间分布图，同时也绘制 2001 年与 2011 年土壤养分变化分布图，它是由 2011 年与 2001 年的栅格值分布图在 ArcGIS 的 Grid 模块下进行减法运算得到的。含量变化图中负值表示从 2001 年到 2011 年含量减少，正值则表示含量增加。通过 ArcGIS 中数据表的 Field Calculator 功能进行各区域面积统计。表 7-5 和表 7-6 是土壤养分在 2001 年、2011 年土壤养分含量的变化，土壤有机质、碱解氮、速效磷含量从 2001—2011 年呈现显著增加趋势，在 2001 年 80.7% 的面积有机质含量集中在 8 ～ 12 g/kg，2011 年度土壤有机质含量 8 ～ 12 g/kg 的占了 41.06%，12 ～ 16 g/kg 的占了 45.19%，大于 16 g/kg 的占了 12.74（图 7-5）。碱解氮含量在 2001 年小于 40 mg/kg 的占了 88.45%，2011 年碱解氮含量小于 40 mg/kg 的占了 18.82%，40 ～ 60 mg/kg 的占了 69.49%，60 ～ 90 mg/kg 的占了 11.62%（图 7-6），速效磷含量在 2011 年度大于 30 mg/kg 的占了 9.42%，2011 年度面积比例提高到 64.68%（图 7-7）。示范区土壤速效钾含量从 2001—2011 年呈现出大幅降低的趋势，2001 年度速效钾含量几乎所有区域都大于 210 mg/kg，10 年后的 2011 年度，大部分集中在 80 ～ 160 mg/kg（图 7-8），这也充分说明了研究区土壤钾较为丰富，长期以来钾肥施用较少，但随着主要农作物单产水平的提高和连年的耕作，农作物从土壤中带走了大量的钾，使土壤钾有了较大的消耗，致使农田土壤速效钾含量下降。

表 7-5　土壤有机质、碱解氮含量 10 年间变化

含量区间	面积百分比（%）		含量区间	面积百分比（%）	
	2001 年有机质	2011 年有机质		2001 年碱解氮	2011 年碱解氮
＜ 8 g/kg	4.11	1.01	＜ 40 mg/kg	88.45	18.82
8 ～ 12 g/kg	80.70	41.06	40 ～ 60 mg/kg	11.55	69.49
12 ～ 16 g/kg	15.18	45.19	60 ～ 90 mg/kg	0.00	11.62
＞ 16 g/kg	0.00	12.74	＞ 90 mg/kg	0.00	0.07

表 7-6 土壤速效磷、速效钾含量 10 年间变化

含量区间	面积百分比（%）		含量区间	面积百分比（%）	
	2001 年速效磷	2011 年速效磷		2001 年速效钾	2011 年速效钾
＜ 7 mg/kg	0.00	0.00	＜ 80 mg/kg	0.00	1.97
7 ～ 13 mg/kg	0.00	0.73	80 ～ 160 mg/kg	0.00	74.41
13 ～ 30mg/kg	90.58	34.58	160 ～ 201 mg/kg	0.33	13.41
＞ 30mg/kg	9.42	64.68	＞ 210 mg/kg	99.67	10.21

（七）棉田施肥处方图生成

为了计算施肥配方，需要相关施肥参数，首先根据主要作物种类和布局及土壤类型进行分区，各区布置肥料效应“3414”田间试验，“3414”方案是二次回归 D- 最优设计的一种，指氮、磷、钾 3 因素、4 个水平、14 个处理优化的不完全实施的正交试验。考虑各种方法的优缺点并结合研究团场的实际情况，本文采用养分平衡法计算施肥量。

养分平衡法的基本原理是根据养分平衡公式：施肥量 =（作物吸收养分量 - 土壤养分供应量）/ 肥料利用率，根据试验区的实际情况得到的参数，实际计算所用的配方施肥量的计算公式为：

$$R=\frac{Q\times T-P\times K\times 2.25}{M} \quad （式 7-4）$$

其中：R 表示目标肥料施用量，单位为 kg/hm^2。Q 表示目标产量，采用平均单产法来确定，平均单产法是利用施肥区前 3 年平均单产和前 3 年递增率为基础确定目标产量，计算公式为：目标产量 =（1+ 递增率）× 前 3 年平均单产。农业部 2006 年印发的《测土配方施肥技术规范（试行）修订稿》规定，一般作物的递增率为 10% ～ 15%，露天菜地为 20%，设施菜地为 30%，单位为 kg/hm^2。T 表示作物单位产量养分吸收量，通过对正常成熟的农作物全株养分的化学分析，测定各种作物 100 kg 经济产量所需养分量。P 表示土壤

养分测定值，单位为 mg/kg，2.25 为该养分在每 225×10^4 kg/ hm^2 表土中换算成 kg/hm^2 的系数。*K* 表示校正系数。*M* 表示肥料利用率。

几种主要作物每 100 kg 经济产品对养分的吸收量见表 7-7。

目标产量分布和氮肥推荐施用量见图 7-9。

研究区磷、钾肥推荐施用量见图 7-10。

表 7-7　几种主要作物每 100 kg 经济产品对养分的吸收量

（kg）

吸收养分量	早稻	晚稻	小麦	大麦	玉米	谷子	大蒜	棉花	胡萝卜	油菜	甘薯	花生	大豆
N	1.8	2.0	0.45	2.7	2.6	2.5	0.51	5.0	0.3	5.8	0.35	6.8	0.2
P_2O_5	0.6	1.0	0.5	0.9	0.9	1.3	0.13	1.8	0.1	2.5	0.18	1.3	1.8
K_2O	3.1	2.9	0.5	2.2	2.1	1.8	0.18	4.0	0.5	4.8	0.55	3.8	4.0

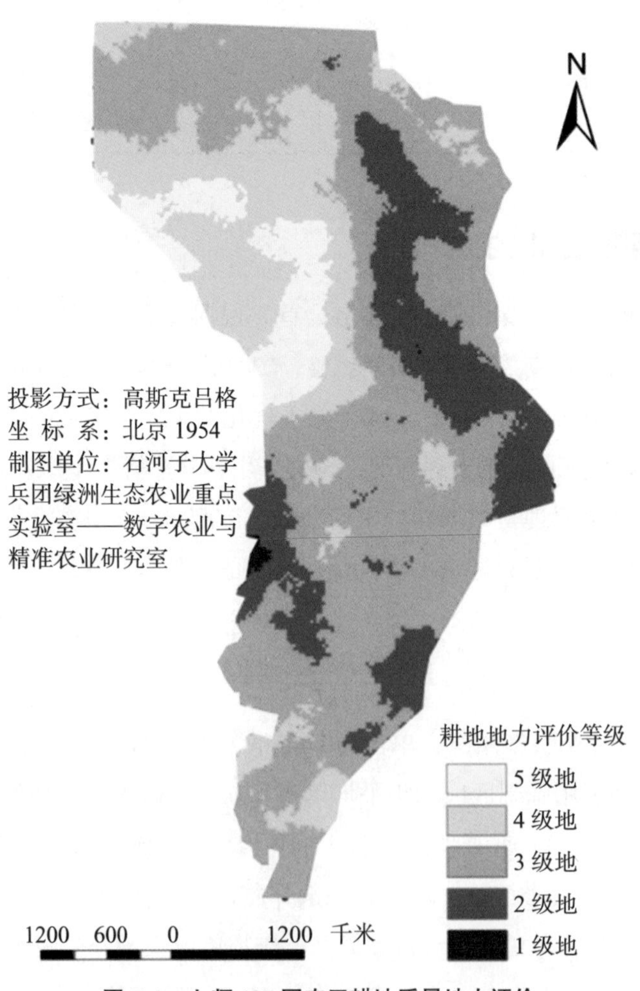

图 7-3　七师 125 团农田耕地质量地力评价

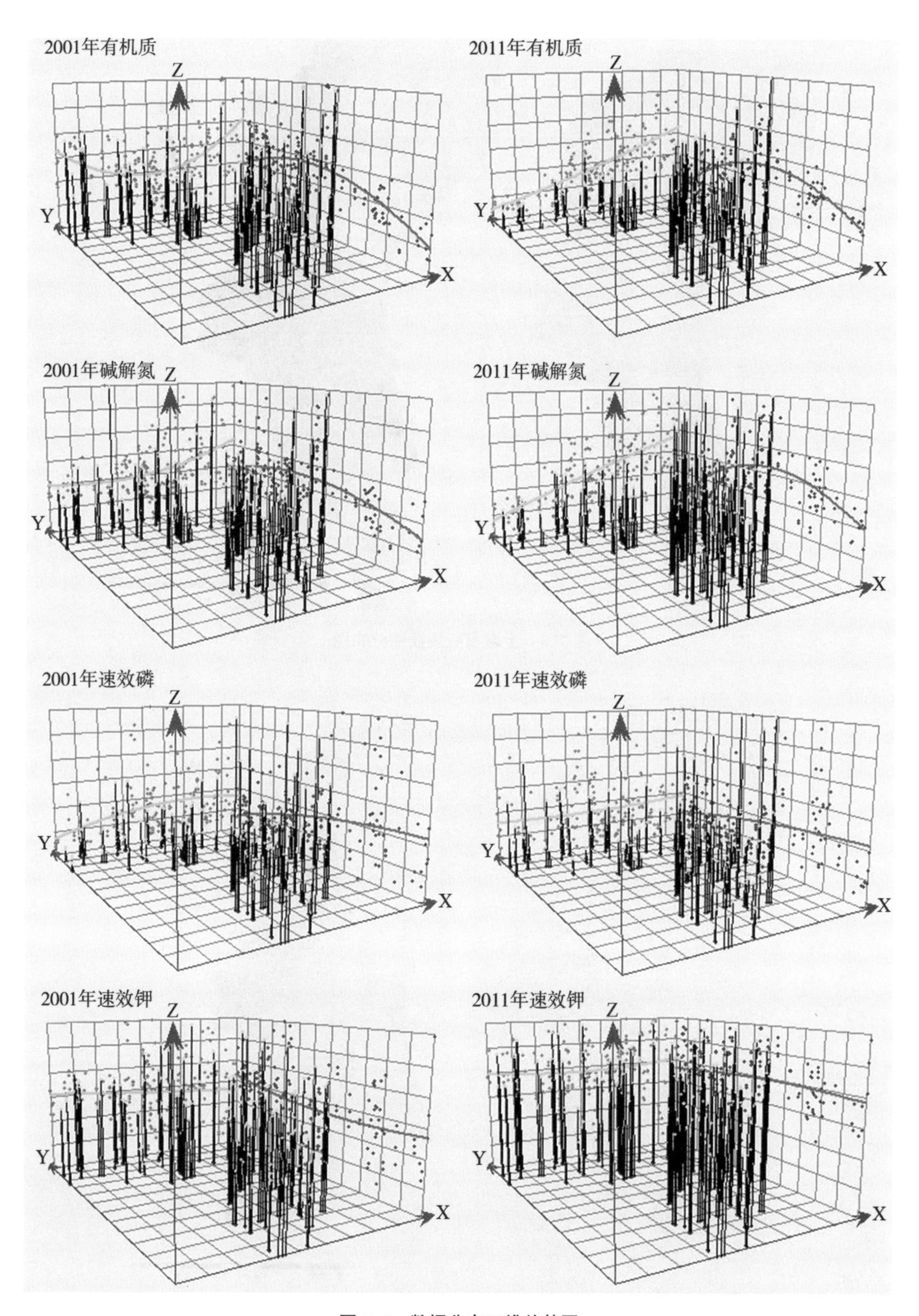

图 7-4　数据分布三维趋势图

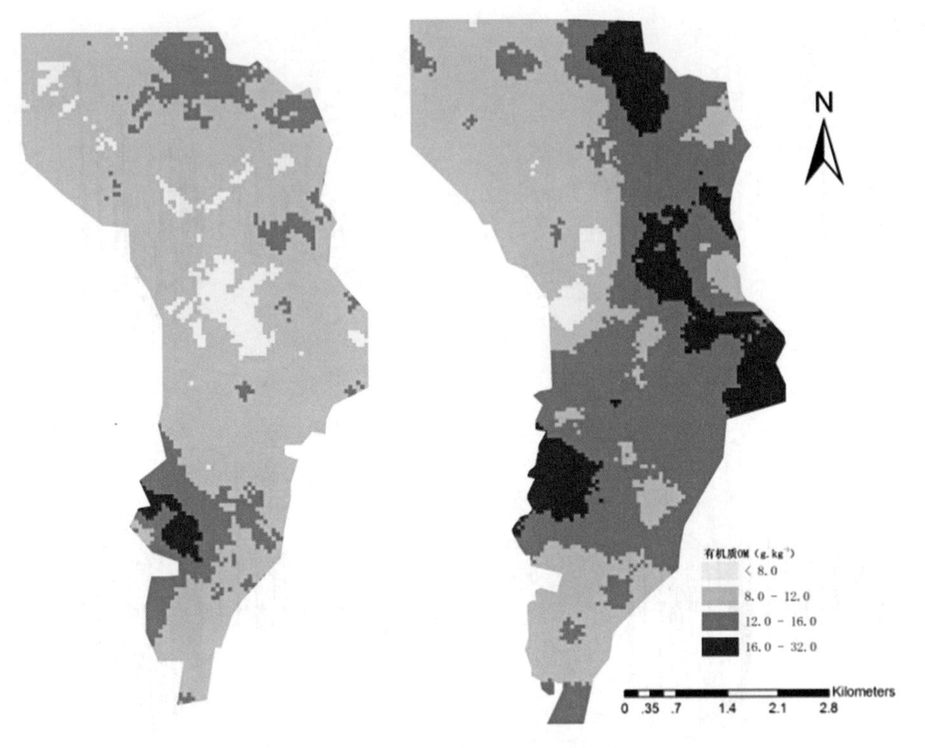

图 7-5　土壤有机质插值分布图

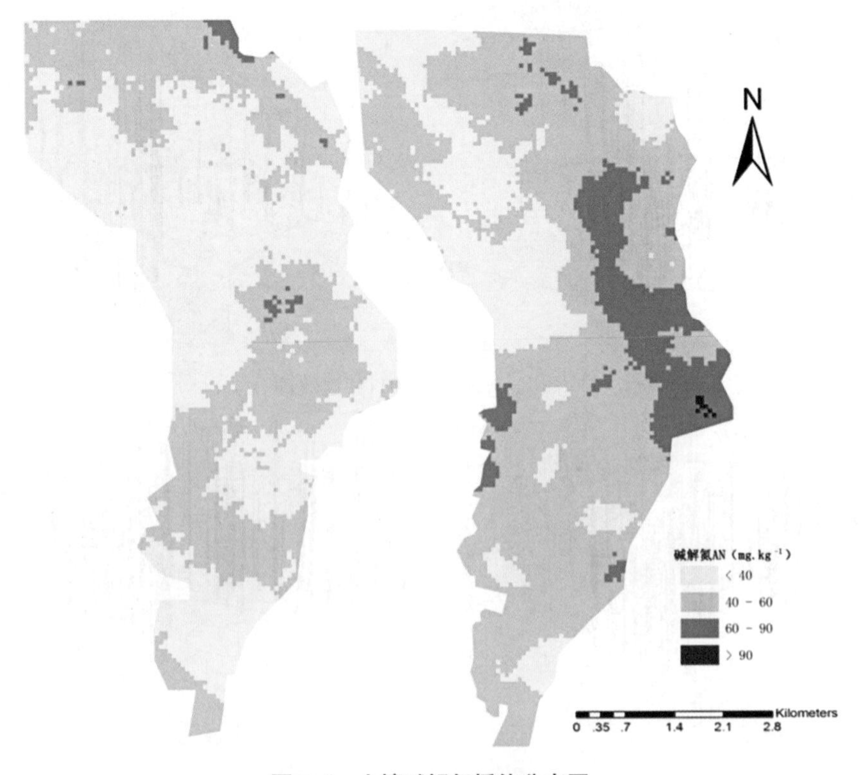

图 7-6　土壤碱解氮插值分布图

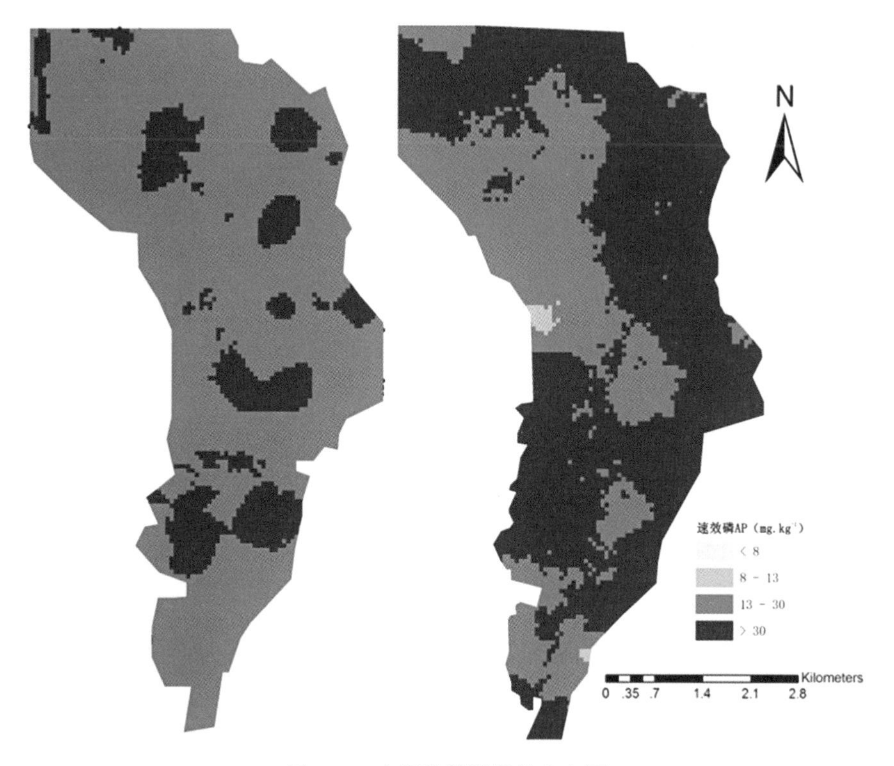

图 7-7　土壤速效磷插值分布图

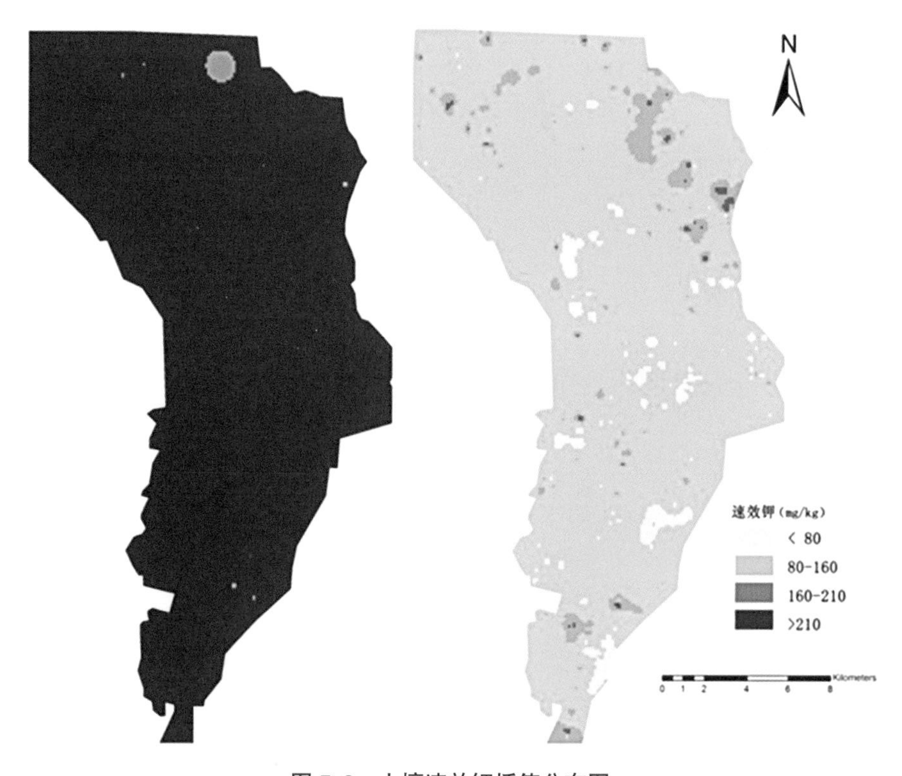

图 7-8　土壤速效钾插值分布图

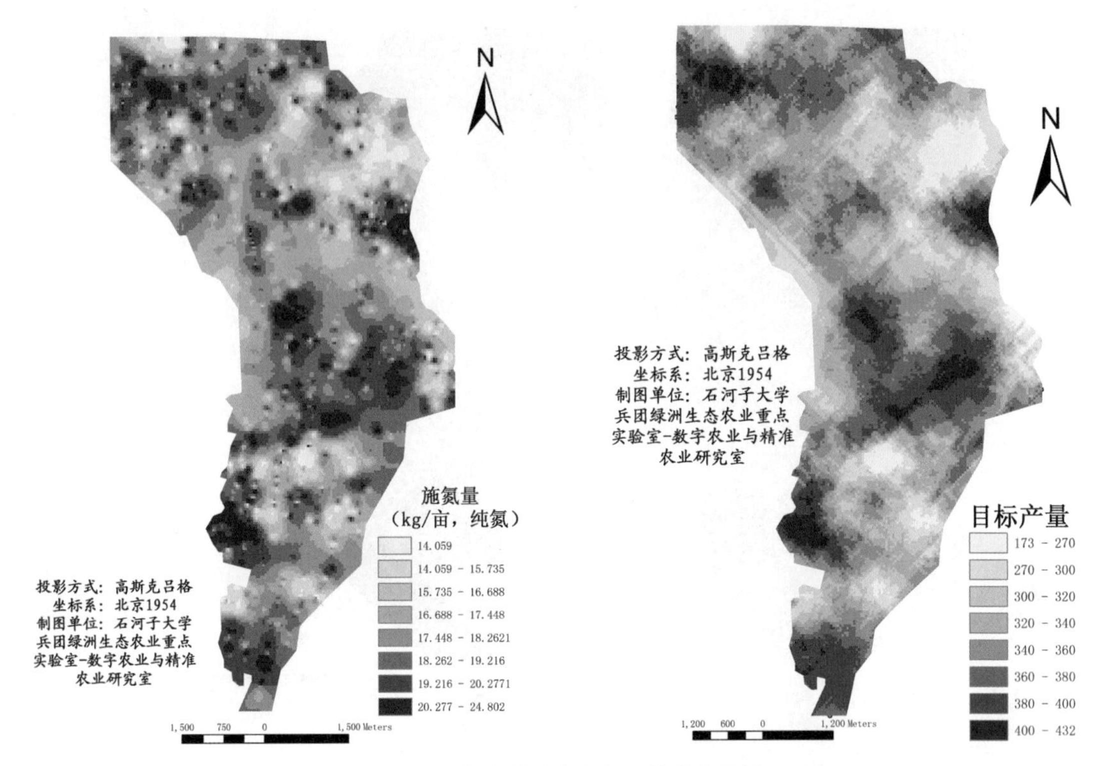

图 7-9 目标产量分布和氮肥推荐施用量

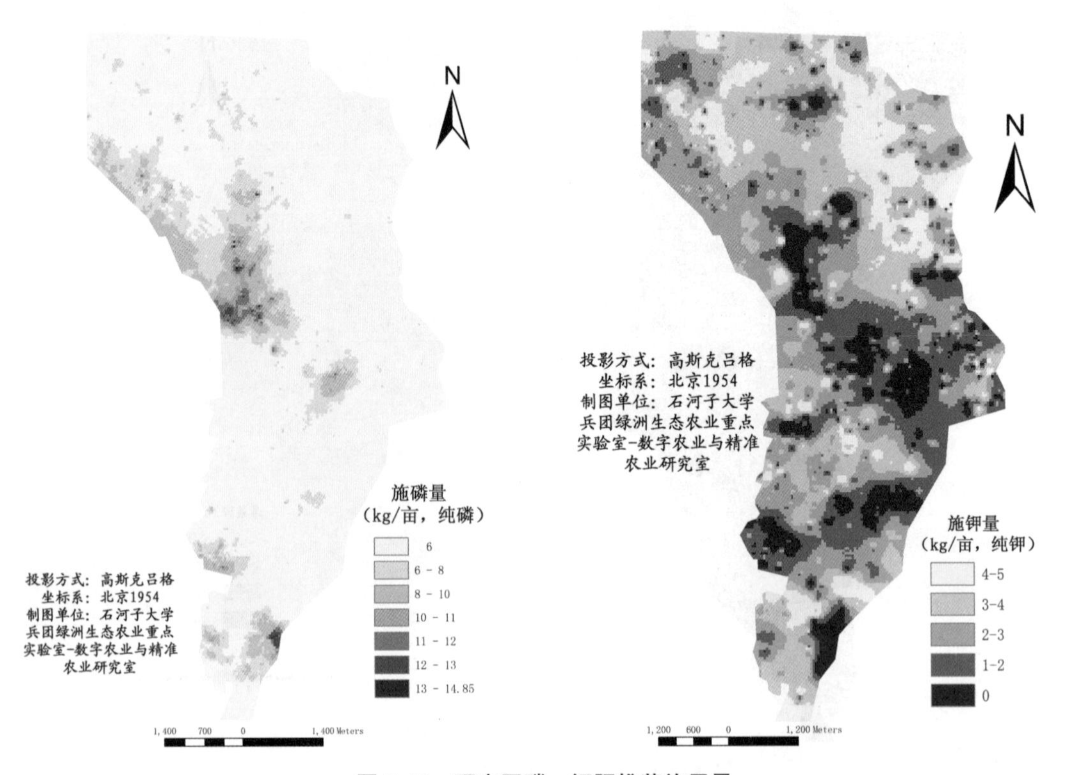

图 7-10 研究区磷、钾肥推荐施用量

第二节 基于全球定位系统的棉田农机物联网应用

随着科学技术的快速发展，建立适应现代农业发展的农机服务体系，使农机作业管理逐渐趋向于智能化、节约化、精准化和大型化，农机物联网对农机现代化发展提供技术支撑，是其向信息化、现代化发展的必由之路。通过基于全球定位系统（GPS）自动导航的农机管理物联网服务平台，可根据农业生产实际需求进行合理地配置农机具，为农机资源的精确分配提供实时解决方案，还可以通过本平台获取正在作业农机的具体位置信息，实现对农业装备的统筹管理，了解作业区域农机的类别和配套数量，增强农机区域化管理的准确性和快捷性。

一、基于 GPS 的自动驾驶农机物联网管理系统

随着农业生产效率的提高，农用机械大型化的发展趋势也日益迅猛，棉花生产迫切要求最大限度地提高农业机械装备的工作效能，即要求农机具有作业速度快、作业幅度宽、作业质量好等方面的特点。基于 GPS 的农机物联网服务平台是实现以上三个特点的重要支撑平台，该平台主要由四部分构成：农机物联网信息监控中心、物联网车载系统、自动驾驶系统、农机具监控系统。详见图 7-11。

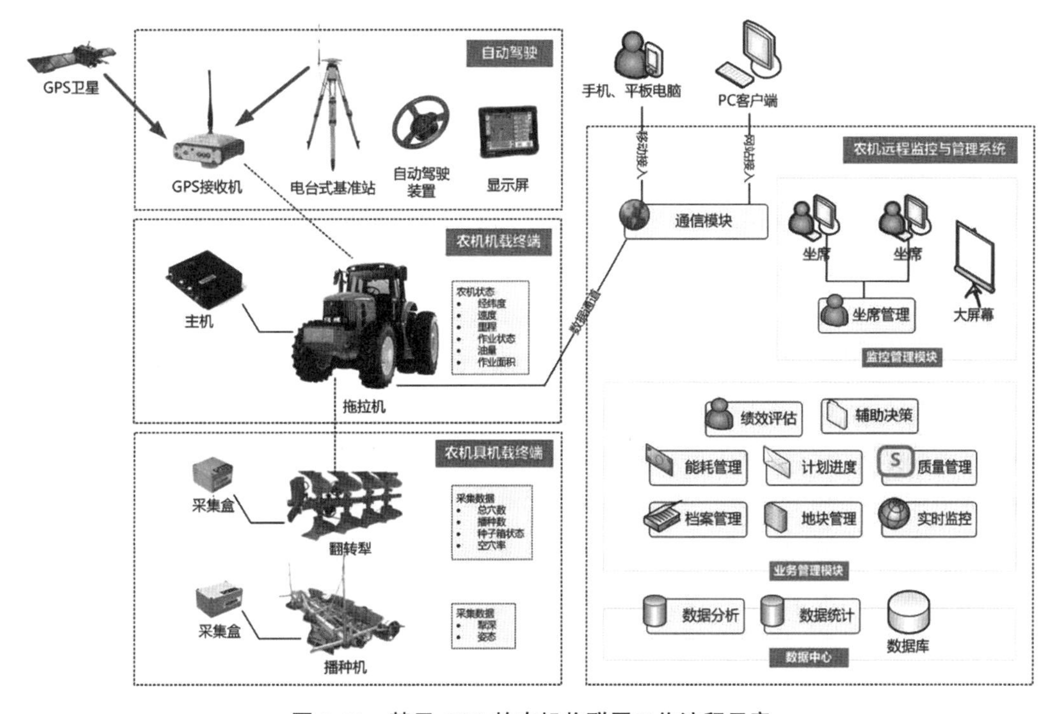

图 7-11 基于 GPS 的农机物联网工作流程示意

（一）系统总体设计

将农机管理与服务、田间操作与任务执行等过程进行集成，通过基于 GPS 的农机物联网服务现代农业生产。基于 GPS 的自动导航系统采用上位机决策与下位机控制相结合的方法，上位机负责导航信息解算以及导航决策，而下位机则负责具体的控制任务。

录入和管理物联网平台的基础数据主要有三大类：农机数据、管理数据和农田数据。

（二）监控平台

监控系统可实时监控所有农机、农具的作业状态，并在地图上实时显示，操作员可直观的监控农机当前的作业情况。

在监控平台上，系统按照进度、效率、质量三个维度来监控作业的整个流程。

1. 作业进度

通过“作业进度”管理模块监控农机的作业量，例如作业面积和作业时间，从而监控整个作业计划的执行情况。

2. 作业效率

通过“作业效率”模块监控机车作业过程中农机的使用效率。例如，作业过程中地头调头、重复犁地面积等信息的统计信息报告等。通过此管理人员可及时有效地促进农机户改善作业方式、提高作业效率，而达到省时省油提高效率的目的。

3. 作业质量

“作业质量”模块是衡量作业结果的一项重要指标，通过在农机上安装数据采集器，对农机的每次作业结果都进行质量评估，实时记录并上传到平台数据库。管理人员可以对犁地深度、播种空穴率等项目进行实时评估，当作业质量发生问题时，终端也可以通过声光报警的方式及时通知驾驶员及时纠正，从而控制作业质量。

（三）任务调度系统

为了更加合理有序的安排农机作业，任务调度平台对作业地块和作业农机进行统筹管理。主要有作业计划制订、农机分配、实时调度、进度监控等功能。

（四）告警平台

告警系统管理农机产生的告警信息，分发给相关人员处理，直到报警取消或被处理。告警处理流程见图 7-12。

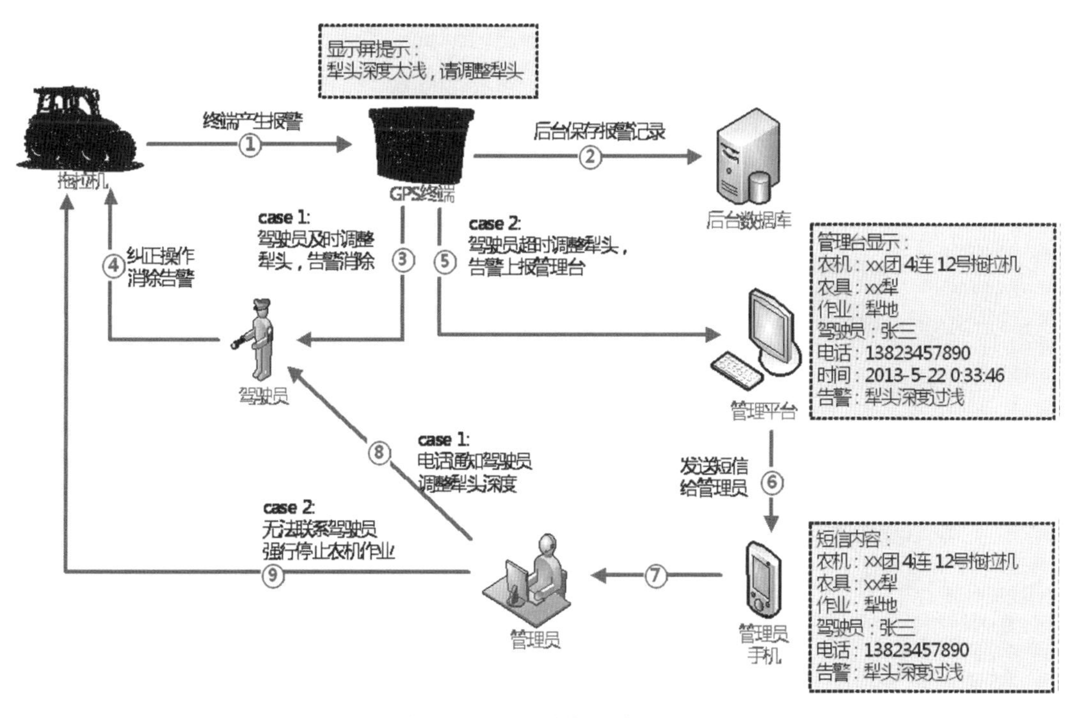

图 7-12　农机服务平台告警系统工作流程示意

（五）辅助决策平台

辅助决策平台根据当前采集到的基础信息，经过智能分析算法得出相关决策结果，为管理者提供决策参考服务，达到精准作业目标。

（六）统计系统

统计系统分析系统的相关数据，生成相应的报表，并进行排名，协助管理者进行日常数据管理，在一定程度上提供决策依据。主要包括作业质量报表、作业效率报表、作业进程及告警报表等。

二、自动驾驶系统

（一）自动驾驶工作原理

在导航光靶上设定行走路线和导航模式，通过实时动态差分法（Real-time kinematic，RTK）卫星定位系统向控制器发送定位信息，通过方向传感器向控制器发送车轮的实时运动方向，控制器根据卫星定位的坐标及车轮的转动情况向液压控制阀发送实时指令，机车操控系统通过控制液压系统油量的流量和流向控制车辆的行驶速度，并确保车辆按照导航光靶设定的路线行驶。保证农机直线行驶的同时，结合线之间的偏差可以控制在 2.5 cm/km，可较充分地解决播种过程中重播、漏播的问题，达到降低生产成本、提高土地利用效率的目的。自动驾驶系统可根据设备放置的场所及其工作情况可分为基站和车载 2 个部分（图 7-13）。

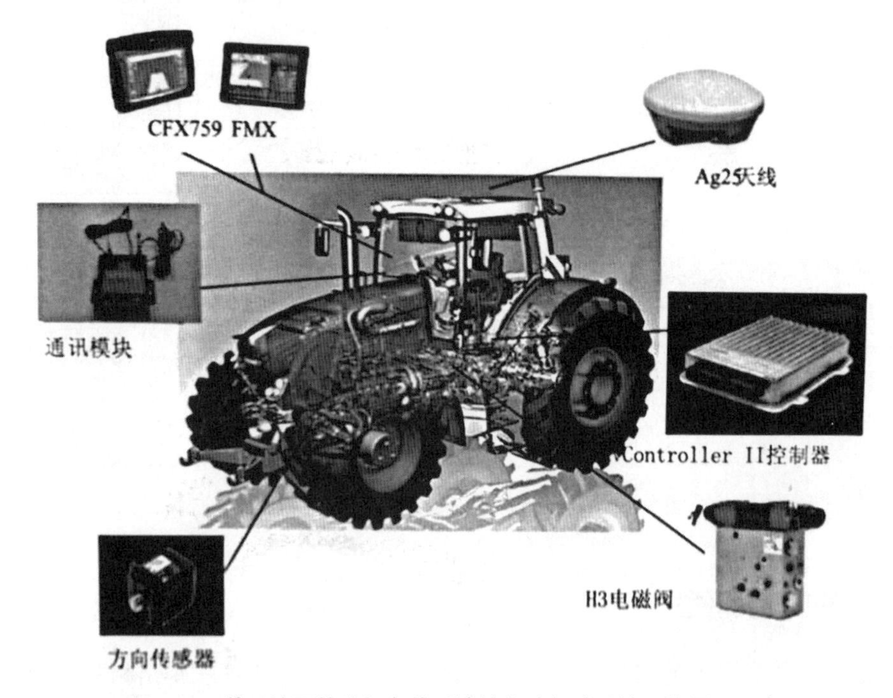

图 7-13　基于地面基站与车载系统的自动驾驶系统工作原理示意

（二）基站工作原理

Ag432 接收机通过高灵敏度的 Zephyr Geo MD12 天线同时接收 GPS+GLONASS 信号，当 Ag432 运行 15 min 后，便会得到 cm 级精度的经纬度数据。Zephyr Geo MD12 天线经纬度记录精度可达到 1 s，即基站可每秒钟获取一次机车所在经纬度值，解算出两次经纬度之间的差值将差值通过服务器或者发射电台广播出去。

（三）车载部分工作原理

农机上的通讯模块收到基站广播的差值后，将差值发送到导航光靶上，导航光靶通过 Ag25 天线每秒校准一次，同时根据接收到的差分信号，进行解算，就能得到高精度的状态。比如运行状态中农机所处的经纬度、高程、运动速率与运动方向等。驾驶员可以在导航光靶上设置好农具宽度与农机的行驶轨迹，并将这些信息传输给 NavController Ⅱ控制器。

方向传感器会每秒感应一次农机的转向信息，比如农机向哪个方向转动了，转动了多少度等。同时将这些信息传输给 NavController Ⅱ控制器。

NavController Ⅱ控制器根据导航光靶和方向传感器发送过来的信息，就能知道农机精确的运动状态。比如农机向哪个方向先进，速度多少，正向哪个方位发生转向，转向多少度等。根据导航光靶发送的预定路线，向 H3 电磁阀发出转向命令。

H3 电磁阀将控制器发出的电信号转换为液压油信号，控制农机的液压转向系统，使农机的转向按照预告设定的路线行进。

三、数据服务中心

物联网平台的数据中心将计算、存储、网络、虚拟化和管理统一到同一个平台中，使得平台操作简便、业务灵活、数据安全。数据中心是整个物联网平台的基础，为上层业务和应用提供基础数据服务。

数据主要分为两大类：资源数据与结构化数据。资源数据是系统的基础数据，例如条田信息、农机农具信息、农户信息等，结构化数据是系统运行中产生的数据，例如分析数据、统计数据等。

服务中心以数据中心为基础，为应用提供统一的 API 接口服务，简化应用的逻辑流程，更好的贴合用户实际需求。服务中心主要包括：辅助决策、作业管理、消息收发、数据分析等。

四、系统中心机房

中心机房是农机物联网信息系统的中枢，数据服务中心基础设施的建设，很重要的一个环节就是计算机机房的建设。对机房的要求是布局合理，技术先进，操作方便，管理科学，确保主机、存储及网络等重要设备持续、可靠、安全地运行并具有可扩充性。机房的环境须满足计算机设备、网络设备、存储设备等各种电子设备对温度、湿度、洁净度、电磁场强度、噪音干扰、安全保安、防漏、电源质量、振动、防雷和接地等的要求。

配备大型 LED 调度屏，将总控中心内的各种信息源通过集中控制设备，投放到在屏幕系统上，全面直观地显示系统运行信息，包括农机状态或者作业信息；滚动信息、通知、标语口号等，存储数据信息容量大；其他图文信息的发布。大屏幕显示系统由大屏幕显示器、投影机等模块组成，支持多种信号输入，显示比例合理，能够按照不同策略对各类信息进行组合，并能够在各种显示组合之间定时或人工切换。

第三节　农田墒情监测与水肥一体化管理技术

一、基于无线传感网络技术（WSN）农田墒情监测技术

土壤墒情是作物根系分布层土壤水分状况的真实反映，其多少直接影响着作物的正常生长及其产量与品质的形成，是最重要和最常用的土壤信息之一。无线传感网络技术（wireless sensor network，WSN）的出现，为农田环境信息的实时采集、传输、处理、分析提供了集成化解决方案，为农业环境自动监测开拓了全新的研究与应用思路。与 GPS、GIS、地统计学与空间插值分析、实时数据库等已有的知识与技术积累，并结合 WSN 的技术优势，能有效解决农田环境监测领域中信息获取自动化程度低、时效差、空间覆盖度低、缺乏多源数据集成、管理模式落后等问题，提高农田环境监测水平。

（一）监测系统的总体设计

农田土壤温湿度监测系统的总体结构示意图如图 7-14 所示，它为包括节点层和管理层的双层结构。该系统由无线传感器监测网络和远程数据管理中心两部分组成。无线传感器监测网络由分布在农田中多个传感器节点组成，按照一定的时间间隔采集土壤水分、土壤温度，传感器节点基于 ZigBee 无线通讯协议构建树簇型网络，所有传感器节点数据最终路由到汇聚节点，由汇聚节点将全部数据通过 GPRS 远程无线通信方式转发到远程数据管理中心。远程数据管理中心负责数据接收、存储、显示以及土壤湿度在时间和空间分布上的连续变化趋势的分析。

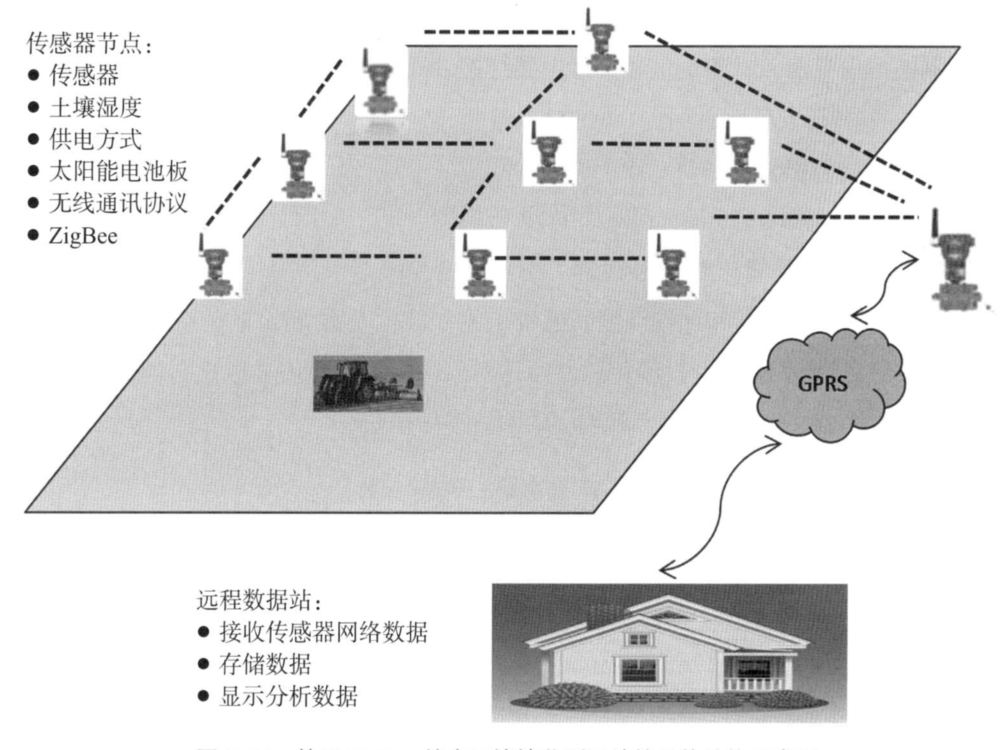

图 7-14　基于 ZigBee 的农田墒情监测系统的总体结构示意图

（二）无线传感器监测网络节点的设计

无线传感器监测网络包括两种类型节点：一类为传感器节点，负责土壤温湿度数据采集，其数目根据监测需要可多可少，基于 ZigBee 无线通讯协议组成树簇型网络；另一类为汇聚节点，一个控制系统仅有一个，作为 ZigBee 网络协调器，负责数据汇总和远程转发。

1. 传感器节点

以 JN5121 无线微处理器模块为核心，扩展设计了外围总线、多路传感器接口太阳能供电系统。JN5121 是一款支持低成本、低功耗 2.4GHz IEEE802.15.4 的 SOC 片上系统，集成了无线射频收发器和微处理器的单晶体模块，具有 16MHz 32 位 RISC CPU，64KB ROM 可以写入网络堆栈协议，96kB RAM 能够支持路由和协调器设备类型程序。JN5121 的无线收发器高度集成化，集成了 2.4GHz 无线电、O-QPSK 调制解调器、基带控制器和安全协同处理器。

2. 传感器节点控制板

以 JN5121 为核心，它通过 SPI 接口扩展 1MB 闪存，用于数据存储；基于 JN5121 异步串行端口扩展 RS232 和 RS485 接口，通过 RS232 连接上位机，用于板载程序的写入和调试，通过 RS485 总线实现扩展控制。本模块可满足太阳能供电或电池电源输入，为控制板各种器件供给能量，同时还支持电源输出，为外接传感器提供能量。节点控制板设计扩展支持6路传感器模拟信号输入，通过信号调理电路连接JN5121的A/D接口实现传感器数据采集。此外，节点控制板还设计有看门狗和保护电路。

3. 土壤湿度传感器

土壤水分传感器采用Aqua-tel 秆式TDR传感器产品，应用时域反射原理确定含水土壤混合体的介电常数，计算土壤水分含量。土壤温度传感器采用基于半导体PN极测量原理的ST10。土壤水分传感器和土壤温度传感器的主要技术参数见表7-8。不同传感器信号和电源电缆分别连接到节点控制板的传感器通道对应接口，模拟信号经过调理后接入JN5121的A/D通道，通过标定曲线转换得到相应的测量参考值。

表7-8　传感器主要技术参数

传感器名称	技术参数				
	量程	测量精度	工作电压	输出信号	工作电流
AQUA-TAL 土壤水分传感器	0% ～ 100%	± 1%	5 ～ 12V（DC）	0 ～ 1.5V（DC）	35mA
ST10 土壤温度传感器	-20 ～ 50	± 1℃	—	—	—

4. 土壤湿度传感器标定

TDR法作为目前世界上先进的土壤水分监测方法，具有不破坏样本、快捷、准确的特性，并能连续、自动地定位监测土壤水分动态变化，从而达到数据自动采集的目的。AQUA-TEL-TDR 秆式测管的直径和长度分别为19 mm和635 mm，在棉花生育期符合监测根区水分的要求，其重复性误差小于1%。采用烘干法测定的土壤含水量与TDR传感器输出的电压值之间就可以进行直接标定。TDR标定结果见图7-15。模型拟合公式为：

$$y=12.251x-13.468 \qquad \text{（式 7-4）}$$

式中x为测定电压值，y表示土壤体积含水量。这里使用的是一个通用模型，为了增强模型的精确性，用户可以进一步进行标定，即按照传感器的标准安装要求安装传感器，等土体水分达到平衡后，可用烘干法进行实地标定得到特定用户所在土壤条件下的水分标定曲线，将大幅度提高其监测精度。

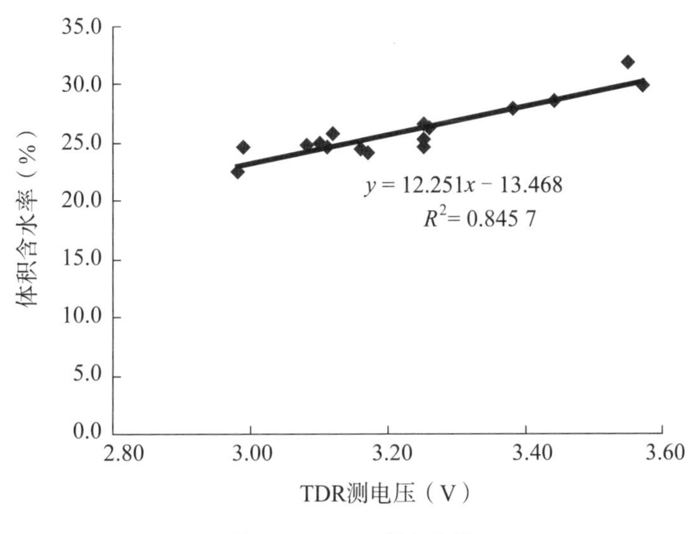

图 7-15　TDR 标定曲线

（三）基于干旱程度诊断及土壤水分含量监测的灌溉预测预报

在各轮灌区可安装多个土壤水分传感器，在超过 80% 的水分传感器达到系统的设定临界值时，系统取土壤湿度的加权平均值计算土壤体积含水量并判断是否达到灌溉要求的含水状态，如果达到系统会自动发出指令按设定的轮灌顺序执行灌溉命令。

诊断作物受旱的指标可分为土壤水分状态指标和作物生理指标，其中，土壤水分状态指标是最为传统的指标，尽管它是一种间接诊断作物水分亏缺的指标，但可直接用于指导农田灌溉，尤其适合膜下滴灌条件下作物干旱程度诊断。用土壤适宜含水率指标或作物缺水指数 CWSI（CWSI=1-ET/ETp）对作物的土壤干旱进行诊断，覆膜滴灌棉花不同生育阶段的土壤水分临界值不同，干旱诊断程度也有差异（表 7-9）。

表 7-9　滴灌棉花适宜土壤含水率（占田间持水量百分比）与作物缺水指数

生育阶段	苗　期	蕾　期	花铃期	吐絮期
适宜土壤水分（占田持 %）	55 ～ 70	60 ～ 70	70 ～ 80	60 ～ 70
ET/ETp	0.4	0.6 ～ 0.7	0.7 ～ 0.8	0.6 ～ 0.7
CWSI	0.6	0.4 ～ 0.3	0.3 ～ 0.2	0.4 ～ 0.3

1. 覆膜滴灌棉田蒸散量模型

（1）灌水定额及灌水周期

基于土壤湿度临界值和干旱程度，诊断指标的滴灌农田时段内灌水定额 M 及灌水周期 T 可根据以下方程确定：

$$M=0.1\gamma\times H\times P\times(\theta\max-\theta\min)/\eta \qquad (式 7-5)$$

$$T=\eta\times M/ET(t) \qquad (式 7-6)$$

式中，M 为灌水定额（mm）；γ 为土壤干容重（g/cm^3）；H 为计划湿润层厚度（cm），膜下滴灌棉花一般取 0.8 m；P 为滴灌土壤湿润比（%），取 0.8；θmax、θmin 为适宜土壤含水率上、下限（干土重的百分比），由实测获得；η 为灌溉水利用率，滴灌一般取 0.9；ET（t）为时段内田间实际蒸散量（mm/d），在北疆地区取 5.5 mm/d，南疆地区取 6.5 mm/d。

（2）蒸散模型

农田水分蒸散涉及到土壤—植物—大气连续体（SPAC），结合新疆覆膜滴灌棉田的生产实际，其蒸散量模型可根据以下公式求得：

$$ET=K_s\times K_c\times ET_0 \qquad (式 7-7)$$

式中：ET 为蒸散量（mm/d）；ET_0 为参考作物蒸散量（mm/d）；K_s 为土壤水分修正系数；Kc 为作物系数。

（3）参考作物蒸散量 ET_0

计算参考作物蒸散量的方法有很多，如 FAO Penman-Monteith 公式、Priestley-Taylor 公式、Makkink 公式、Penman 公式以及 FAO-24 Blaney-Criddle 公式等，从计算方法和实际工作需要出发，系统采用 1992 年联合国粮农组织（FAO）专家咨询会议推荐的 Penman-Monteith 公式来计算参考作物蒸散量。

$$ET_{0i}=\frac{0.408\Delta(R_{ni}-G_i)+\gamma\frac{900}{T_i+273}U_{2i}(e_{ai}-e_{di})}{\Delta+\gamma(1+0.34U_{2i})} \qquad (式 7-8)$$

$$ea(T_{\max i})=0.611\exp(\frac{17.27T_{\max i}}{T_{\max i}+237.3}) \qquad (式 7-9)$$

$$ea(T_{\min i})=0.611\exp(\frac{17.27T_{\min i}}{T_{\min i}+237.3}) \qquad (式 7-10)$$

$$e_{ai}=\frac{ea(T_{\max i})+ea(T_{\min i})}{2} \qquad (式 7-11)$$

$$e_{di}=\frac{RH_{mean}}{\frac{50}{ea(T_{\min i})}+\frac{50}{ea(T_{\max i})}} \qquad (式 7-12)$$

$$\Delta=\frac{4\,098e_{ai}}{(T_i+273.2)^2} \qquad (式 7-13)$$

$$\delta=0.409\sin(0.017\,2J_i-1.39) \qquad (式 7-14)$$

$$\varphi=\frac{3.141\,592\,6\times latitude}{180} \qquad (式 7-15)$$

$$W_s = ar\cos(-\tan\varphi\tan\delta) \quad （式 7-16）$$

$$N_i=7.64W_s \quad （式 7-17）$$

$$d_{ri} = 1 + 0.033\cos(0.017\,2J_i) \quad （式 7-18）$$

$$R_{ai} = 37.6d_{ri}(W_s\sin\varphi\sin\delta + \cos\varphi\cos\delta\sin W_s) \quad （式 7-19）$$

$$R_{nsi} = 0.77(0.19 + 0.38n_i/N_i)R_{ai} \quad （式 7-20）$$

$$T_{kxi} = T_{\max i} + 273 \quad （式 7-21）$$

$$T_{kni} = T_{\min i} + 273 \quad （式 7-22）$$

$$R_{nli}=2.45\times10^{-9}(0.9n_i/N_i+0.1)(0.34-0.14\sqrt{e_{di}})(T_{kxi}^4+T_{kni}^4) \quad （式 7-23）$$

$$R_{ni}=R_{nsi}-R_{nli} \quad （式 7-24）$$

$$G_i = 0.38(T_i - T_{i-1}) \quad （式 7-25）$$

$$P=101.3\left(\frac{293-0.006\,3Z}{293}\right)^{5.26} \quad （式 7-26）$$

$$\lambda = 2.501-2.361\times10^{-3}T_i \quad （式 7-27）$$

$$\gamma = 0.001\,63P/\lambda \quad （式 7-28）$$

$$U_{2i} = 4.87U_{hi} / 1n(67.8h_m-5.42) \quad （式 7-29）$$

式中，ET_{0i} 为第 i 天参考作物蒸发蒸腾量（mm/d）；Δ 为温度、饱和水气压关系曲线上在气温 T_i 处切线斜率；R_{ni} 为第 i 天净辐射（$MJ/m^2\times d$）；G_i 为第 i 天土壤热通量（$MJ/m^2\times d$）；γ 为湿度常数（kPa/℃）；U_{2i} 和 Uhi 分别为 2 m 高和 h 米高处第 i 天平均风速（m/s）；e_{ai}、ea（$T_{\max}$）、ea（$T_{\min}$）分别为第 i 天日平均、最高气温时、最低气温时的饱和水气压（kPa）；e_{di} 为第 i 天实际水气压（kPa）；Ji 为第 i 日日序数（1 月 1 日为 1，逐日累加）；T_i、$T_{\max i}$、$T_{\min i}$ 分别为第 i 天平均气温、最高气温、最低气温（℃）；R_{nsi}、R_{nli} 和 R_{ai} 分别为第 i 天净短波辐射、净长波辐射和大气边沿净辐射（$MJ/m^2\times d$）；n_i 和 N_i 分别为第 i 天实际日照时数和最大可能日照时数（h）；φ 为地理纬度（rad）；W_s 为日照时数角（rad）；δ 为日倾角（rad）；d_{ri} 为第 i 天日地相对距离；P 为气压（kPa）；Z 为气象站海拔高度（m）；T_{i-1} 为第 i-1 天平均气温（℃）；λ 为汽化潜热（MJ/kg）；h_m 为实际风标高度（m）。

本系统由于具有农田环境采集站，可获取系统示范区某天的气温、风速、相对湿度、日照强度等气象资料，结合示范区地理纬度、海拔高度、棉花生长日序数等参数，根据有关公式计算以上参数，即可获取示范区覆膜滴灌棉田某日的 ET_0。

（4）作物系数 $\boldsymbol{K_c}$

作物系数 K_c 是作物蒸发蒸腾量 ET 与参照作物蒸发蒸腾量 ET_0 的比值，其值大小与作物种类和生育阶段有关。有人认为作物系数 K_c 与作物叶面积指数有关 $K_c=aLAI+b$，a、b 为经验系数，不同作物不同区域的取值不同，一般冬小麦分别取 0.2 和 0.18 左右，水稻取 0.1

和 0.8 左右。本文采用式 7-30 确定作物系数：

$$K_c=0.428\,0LAI^{0.698\,8} \quad （式 7-30）$$

式中：K_c 为作物系数；LAI 为叶面积指数。

（5）土壤水分修正系数 $\boldsymbol{K_s}$

土壤水分修正系数 K_s 有多种表达式，可根据 Jensen 模型计算土壤水分修正系数：

$$K_s=\ln(A_v+1)/\ln(101) \quad （式 7-31）$$

A_v 可表示为：$A_v=[(W-W_m)/(W_f-W_m)]\times100\%$ （式 7-32）

式中：W 为根区实际含水量（%）；W_f 为田间持水量（%）；W_m 为萎蔫系数（%）。

2. 灌溉控制系统

灌溉自动控制系统（Irrigation Auto-control System）是一个根据用户需要由控制中心发出指令来完成自动灌水过程的智能装置。系统根据传输到控制系统的决策指令确定是否进行灌溉。由监控系统发出的对各个监控点的状态信息被传送到控制中心并做出动作执行信息，这些信息通过 ZigBee 或 GSM/GPRS 信息被传输到相应的田间（或水源）数据采集终端和灌溉控制终端上，从而实现对监控点设备进行控制（开启 / 关闭）的目的。

采集系统利用安置在田间的各类传感器采集各类环境参数（采集时间可自由设定），然后传输给控制室中的计算机，系统处理后提供灌溉预报，需要灌溉时控制模块发出灌溉指令，当阀门控制器接到打开指令时，就会以脉冲信号的方式发出信息使田间输水管道上的电磁阀自动打开进行灌溉，同时，灌溉过程中计算机对管道压力进行实时监测，当发现管道压力过高便自动停止供水或开启另一轮电磁阀，以保证输水管道的安全运行（图 7-16）。

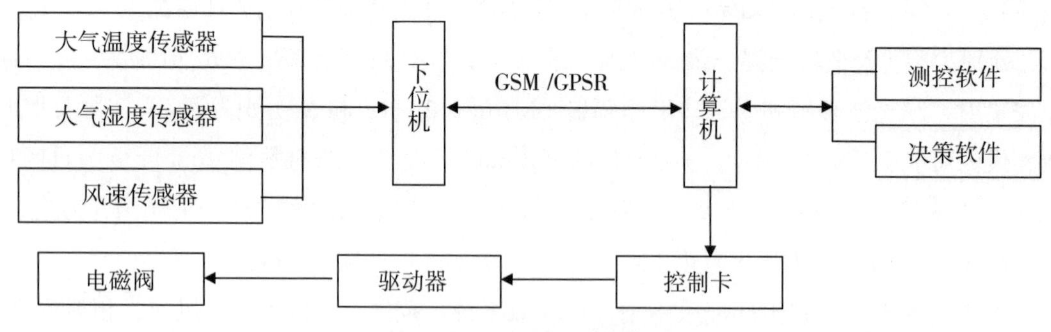

图 7-16 自动控制系统原理

二、基于“三网融合”的水分管理决策支持系统

将自组网（如 ZigBee）、移动网与互联网进行有机的结合，实现信息采集、传输、处理、发布及控制的快速完成，即称之为“三网融合”应用。“三网融合”的农田水分监测、决策支持与灌溉控制系统可利用地理信息系统的优势，将基本信息和实时信息集成到工程

图上，使用户可以方便直观地了解灌溉设施、下位机和传感器的工作状况；查询功能将为用户提供方便、快捷的查询途径，用户可根据系统提供的条件组合查询，也可以通过构造复杂的条件达到快速定位的目的；图形浏览为用户进行图形查看、图层控制提供了便利，同时，用户也可根据需要对专题图及数据信息进行输出打印（图 7-17）。

决策支持系统（Decision Support System，DSS），是一种应用性计算机科学，它把模型或分析技术与数据存储功能相结合，帮助管理者解决半结构化问题。水分管理决策支持系统主要包括数据库子系统（Data Bases Management Sub-system，DBMS）、模型库子系统（Model Bases Management Sub-system，MBMS）、知识库子系统（Knowledge Bases Management Sub-system，KBMS ）、方法库子系统（Ways Bases Management Sub-system，WBMS）、人 - 机交互子系统（Man-Machine Interface Sub-system，MMIS）。控制系统（Control System）是根据用户的要求和目的，通过计算机向控制设备发送控制指令，完成控制操作。

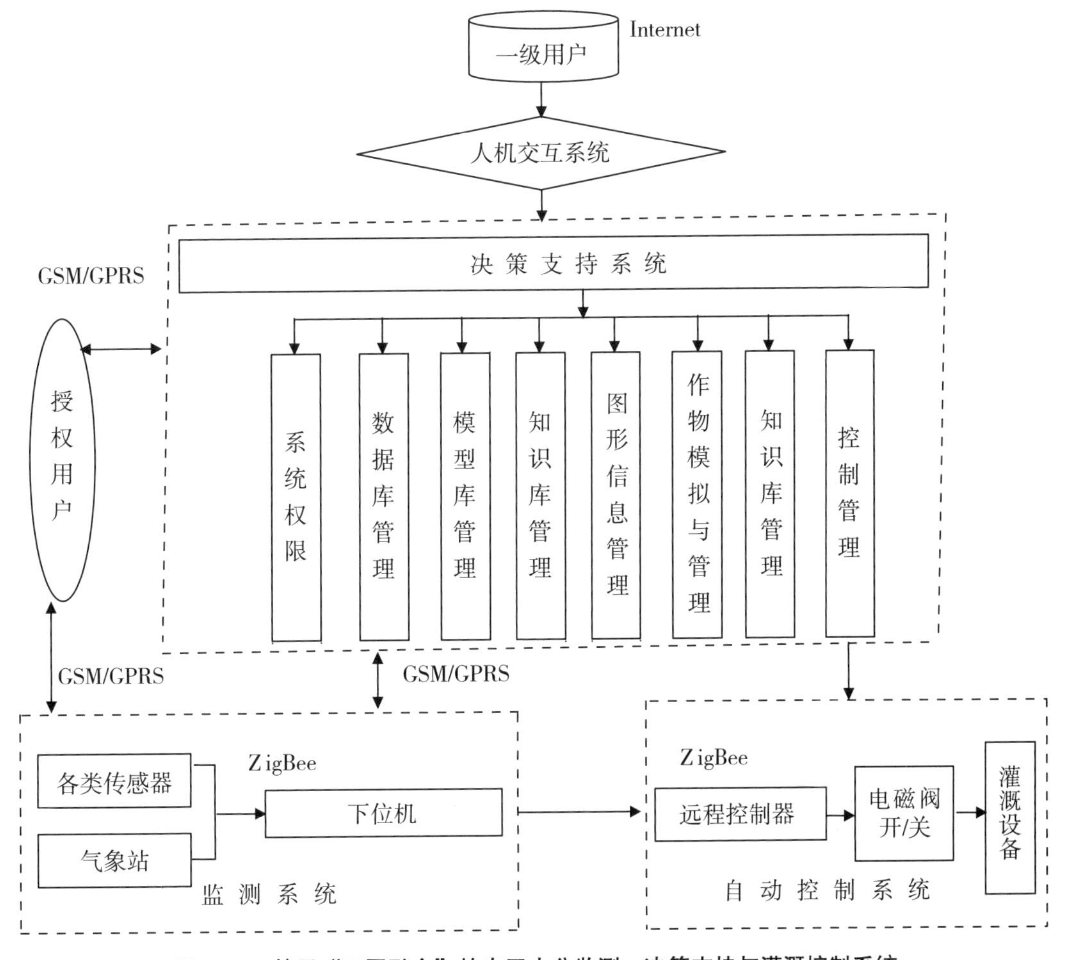

图 7-17 基于“三网融合”的农田水分监测、决策支持与灌溉控制系统

当墒情信息被评估完成后就进入灌溉的决策支持阶段。在该模块中，系统应根据当前土壤含水量开展对目标棉田的墒情评估。评估的主要内容包括：对主要根系所在土层的土壤有效含水量进行实时计算，对土层内的土壤水分做出处于“缺水”“丰水”或“适水”状态的判断；根据土壤主体根系土层中有效水量计算结果、棉花生长当前阶段的耗水特征（生育时期、叶面积指数等）、气象综合因子（气温、辐射强度、风整等）等对棉田的未来一定时段内的逐日耗水量做出预测，并根据不同时段棉花所允许的土壤墒情适宜临界值预测未来灌溉日期及其适宜灌溉量。

三、水肥一体化管理技术

实施水肥一体化（随水施肥）的养分管理技术是提高水分与肥料利用效率的有效方法。自从膜下滴灌技术推广应用以来，有大量研究报道。通常情况下，大量元素氮磷钾均可通过灌溉随水施用。但在生产实践中，考虑到磷元素的移动性较差，通常 75% 以上甚至全部磷肥都可作为基肥施用，只有少量的磷在棉花生长季节随水施肥。氮肥、钾肥只有少量作为基肥施用，其绝大部分或全部作为追肥随水施用。水肥一体管理可以通过自动施肥机器或人工操作完成，最关键的是这些养分在何时以何种数量施用给棉花最为重要。

（一）氮　肥

作为几乎全部追肥施用的氮肥在随水施用过程中，前人进行了大量的探索研究。Hou 等研究了 4 种供肥模式，即在灌溉的起始阶段肥（N-W）、在灌溉结束前（W-N）、在灌溉的中间阶段（W-N-W）和灌溉全程（W&N）施肥的 4 种模式。结果表明，N-W 与 W-N 处理的氮肥当季吸收比例显著高于 W-N-W 和 W&N 处理，虽然 N-W 处理具有最高的氮素利用效率（NUE），但与 W-N 处理差异不显著；W-N 与 W-N-W 具有相近的 NUE，W-N-W 处理的 NUE 最低。从收获后土壤中的氮素残留来看，W-N 处理最高，N-W 处理最低，但这些值都没有与 W&N、W-N-W 处理形成显著差异。李少昆等研究表明，在灌溉开始的先期阶段施肥对于提高氮肥吸收能力和提高氮素利用效率都是有益的（图 7-18）。

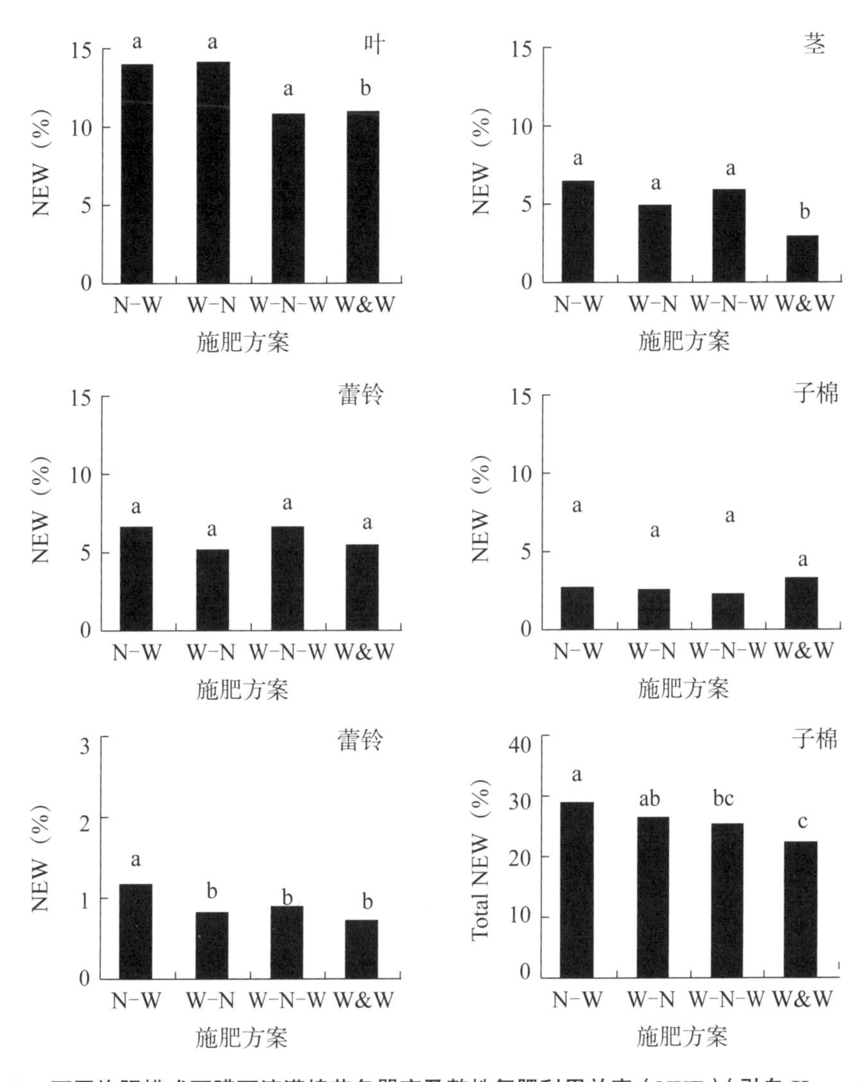

图 7-18　不同施肥模式下膜下滴灌棉花各器官及整株氮肥利用效率（NUE）（引自 Hou，2007）

（二）磷　肥

杨明花等以 92% 的磷肥作基肥，8% 作追肥的施用方法，对膜下滴灌杂交棉的磷肥施用量进行了研究。结果表明，磷的施用量为 150 kg/hm^2 的情况下，增产效果较好，杂交棉子棉产量达 6 460.2 kg/hm^2，磷钾肥料利用率较高，氮肥利用率、钾肥利用率可以达到 52.4%、76.8%。施敏等对农八师高产膜下滴灌的施肥技术进行总结，棉花的目标产量为 6 000 ～ 7 500 kg/hm^2，认为基肥氮磷钾比例应为 1.0∶0.4∶（0.1 ～ 0.2），即秋耕时施入尿素 120 ～ 180 kg/hm^2、施三料过磷酸钙 150 ～ 180 kg/hm^2 即可。在棉花生长旺盛的 6 月下旬至 7 月底的 40 多天时间内，以施用氮素为主，该期氮素施用量约为 450 kg/hm^2 左右。赵玲等研究表明，随水施用磷肥虽然对棉花结铃数没有明显影响，但可提高氮、磷肥料利用率，与基施相比氮肥利用率提高 4.85% ～ 12.34%，磷肥利用率提高 36.75% ～ 45.88%。

（三）钾　肥

在黄淮海地区，施用钾肥可以通过增加上部果枝和外围节位的成铃数、铃重来显著提高棉花产量。曾胜和等针对膜下滴灌棉花的钾肥施用技术开展了研究（表 7-10）。结果表明：在该研究试验条件下虽然土壤富含钾素，但继续对滴灌棉花施用钾肥使灰漠土平均增产 9.1%，含钾较高的潮土棉花平均增产 6.6%；在适宜的氮磷肥条件下，潮土滴灌棉花的最佳施钾量为 60 kg/hm^2，最高产量施钾量为 70.6 kg/hm^2；灰漠土滴灌棉花的最佳施钾量为 73.3 kg/hm^2，最高施钾量为 93.3 kg/hm^2。滴灌棉花氮肥与钾肥的适宜配合比例为：灰漠土为 N∶K_2O = 1∶0.32；潮土为 N∶K_2O = 1∶0.26；在研究者试验条件下，滴灌棉花钾肥基施（70%）+ 滴施（30%）增产效果最佳，较不施钾肥对照增产 9.6%。根据差减法计算，钾肥基施 + 滴施处理钾肥利用率最高（62.4%），所以，钾肥的施用以基施配合滴施效果最好。

表 7-10　潮土钾肥不同施用方法的利用率

处　理	生物产量（kg/hm^2）	经济系数	吸钾总量（kg/hm^2）	钾肥利用率（%）
CK	11 583.2	0.41	283.65	—
全部滴施	12 567.0	0.40	327.67	59.7
70% 滴施 +30% 滴施	12 694.5	0.41	330.45	62.4
全部基施	12 648.7	0.41	326.55	57.2

资料来源：曾胜和等，2008

（四）水肥一体化应用原则

水肥一体化技术是将灌溉与施肥融为一体的农业新技术。水肥一体化是借助压力系统（或地形自然落差），将可溶性固体或液体肥料，按土壤养分含量和棉花不同生长阶段对养分的需求特点，将配兑成的肥液与灌溉水一起通过可控管道系统和灌水器（滴头）形成缓慢流动的水滴均匀、定时、定量地浸润作物根系主体生长区域，使主要根系所在区的土壤始终保持疏松和适宜的含水量。同时，根据棉花不同生长阶段的需肥特点、土壤质地及其基础肥力状况制订随水施肥大量元素与微量元素的施肥方案，在灌溉的同时向棉花根部定向定量施肥，确保棉花生长发育及产量形成的营养平衡。

水肥一体化技术的优点是灌溉施肥的肥效快，养分利用率高，还可以避免传统施肥法将肥料施在较干的表土层易引起挥发损失、溶解慢、肥效发挥慢等问题；尤其避免了铵态和尿素态氮肥施在地表挥发损失的问题，既节约氮肥又有利于环境保护。所以水肥一体化技术使肥料的利用率大幅度提高。据华南农业大学张承林教授研究，灌溉施肥体系比常规施肥技术节省肥料 50% ～ 70%；同时，大大降低了因过量施肥而造成的水体污染的风险。由于水肥一体化技术通过精确定量调控满足作物在关健生育期“吃饱喝足”的需要，杜绝缺素症状的发生，因而在生产上可达到作物的产量和品质均良好的目标。在新疆棉区全部膜下滴灌技术的情况下，已经 100% 实现了水肥一体化技术，但在使用该技术中主要存在的问题是，在肥料种类的选择及不同种类肥料的混合使用等方面还不够精确，需要特别注意。

1. 水肥一体化管理对灌溉施肥要求

（1）肥料溶解与混匀

施用液态肥料时不需要搅动或混合，一般固态肥料需要与水混合搅拌成液肥，必要时分离，避免出现沉淀等问题。

（2）施肥量控制

施肥时要掌握剂量，注入肥液的适宜浓度大约为灌溉流量的 0.1%。例如灌溉流量为 750 m^3/hm^2，注入肥液大约为 750 L/hm^2；过量施用可能会使作物致死以及环境污染。

（3）灌溉施肥的程序分 3 个阶段

第一阶段，选用不含肥的水湿润；第二阶段，施用肥料溶液灌溉；第三阶段，用不含肥的水清洗灌溉系统。

总之，水肥一体化技术是一项先进的节本增效的实用技术，在有条件的农区只要前期投资问题能得到有效解决，又有技术力量的支持，推广应用起来将成为助农增收的一项有效措施。

2. 水肥一体化管理对肥料的要求

水肥一体化技术要求使用的肥料是完全水溶或绝大部分水溶性的。要注意目前许多市场上销售的不能完全溶解的普通肥料，如颗粒状复合肥和红色钾肥等不能用于滴灌系统的水肥一体化施用，否则，将会严重堵塞过滤系统或者滴灌带滴头等。

水肥一体化技术中可用的肥料：

① 氮肥：尿素、硝酸钾、硝酸铵、酸氢铵。② 磷肥：磷酸二氢钾、磷酸二氢铵、液体磷铵。③ 钾肥：氯化钾、硝酸钾、硫酸钾。④ 复合肥：水溶性复合肥。⑤ 镁肥：硫酸镁。⑥ 钙肥：硝酸钙。⑦ 沤腐后的有机液肥：如鸡粪、人畜粪尿。

3. 棉花生长阶段水肥一体化施用方案

水肥一体施用装备可分为两种情况。当灌溉系统控制面积较小时，如 1 hm^2 以内时，一般可选择小型自动施肥机完成；当控制面积较大时，应选择大型自动施肥机或简易的压差式施肥器（图 7-19）。

图 7-19　自动施肥机工作现场

第四节　作物视频监测与图像采集分析技术

作物长势监测已发展到大尺度的遥感监测阶段，基于计算机视觉技术（数码相机或视频）获取数字图像的近地面遥感监测方法已经驶入了信息化的快车道。其监测原理就是利用机器视觉技术和物理元件传感器组合数码照片、数字视频、决策模型以及其他文本信息的技术，构建作物长势监测图像或视频库、模型库和知识库等数据库，并开发相关的数字图像识别系统软件、远程视频监测诊断系统软件，将复杂的农业生产与作物种植管理简单化，其操作快捷，覆盖面广。

我国已研发和投入生产使用的作物长势监测系统大部分主要应用于作物形态特征监测，构建作物长势监测模型等，并取得了一定的试验示范效果。但这些系统难以实时、快速、准确地获取作物苗情信息，更不能获取影像数据。因此，加快基于计算机视觉技术的大田作物长势长相研究显得尤为重要。其监测手段将会成为作物长势监测与诊断的全新领域。

在利用现代农业信息化进行规模化生产管理过程中，如何利用数字图像和视频监测等先进、快捷的监测手段进行决策分析，评价棉花的生长变化趋势和 N 素营养状况具有巨大的应用价值。移动网络信息技术 4G（The 4 Generation mobile communication technology）已经为作物长势监测创造了信息基础。它集成 3G 与 WLAN 技术于一体，而且传输视频图像信息质量高。通过无线网络自动、实时、快速、准确、量化、无损地获取棉花群体表象表征，利用计算机视觉技术、图像分析与处理技术和农业物联网技术尽早地掌握棉花各生育期内长势情况，实时地获取棉花长势信息显得尤为重要。

一、研究棉花视频监测系统的意义

棉花群体特征主要是指其在生长发育阶段群体组成单元的整体分布情况。掌握群体特征的目的是能准确快速地获取棉花的群体变化特征，及时掌握棉花长势空间分布与营养状况。目前对作物群体特征监测的研究主要包括 2 个方面，一是对作物的宏观长势情况与其生长环境的监测。二是对群体长势信息的获取、近地设备及其配套应用系统的研发。

构建基于计算机视觉技术的棉花长势监测与远程诊断系统研究的主要目的：其一，通过无线网络远程自动传输快速无损获取监测信息，得出监测结论，为棉花长势信息提供技术指导，为农业生产提供技术支持；其二，充分利用现有资源和农业物联网系统，使监测结果具有可靠性和广泛性；其三，监测结果具有科学性。因此，建立棉花数字图像长势监测诊断技术与方法，对棉花长势长相经过数码照片或视频图像等自动化远程监控和智能化管理十分有必要。

棉花视频监测主要是采用计算机视觉技术与农业物联网技术相结合的方法，通过数码相机和高清数字摄像头在棉田自动实时获取棉花生育期内群体冠层图像，通过图像分割算法自动提取棉花群体颜色特征参数值，并建立颜色特征参数与棉花群体指标间的监测模型。其方法新颖，数据获取量大、速度快、精度高、优势显著，解决了传统人工目测和手工测量方法带来的误差或错误，减少了主观人为因素，节约劳动力资源，是潜力较大的近地面遥感监测方法。可小面积监测也可大范围拓展，对精准农业和智慧农业的发展有着极其重大的意义。

系统地将机器视觉、数字图像、人工智能、无线网络通信等多种信息技术与棉花栽培管理过程科学结合，快速诊断与跟踪决策棉花的 N 素营养状况，对于科学施肥、提高棉花 N 利用效率等具有重要的意义。对于提高棉花品质、保护环境有着积极的推动作用。对于制订地域经济发展规划和农场种植者生产管理实施都具有积极的现实意义。对于促进我国农业信息智能化发展有着重要意义，对于快速提取棉花群体冠层颜色特征指标并探索评价其长势状况的新方法有着重要的推动意义。对于缓解农业专家和技术人员不足、加快农业科技成果转化，推进农业信息化建设具有相当重要的意义。

二、系统工作原理

针对不同生长环境下棉花群体冠层在整个生长发育过程中表现出不同的颜色特征，选用数码相机和 CCD 数字摄像头作为机器视觉实时监测设备，运用数字图像处理技术提取棉花冠层覆盖度等颜色特征参数，利用统计学方法分析建模，应用计算机视觉技术对棉花进行长势监测与诊断。搭建一套融合计算机视觉技术、农田物联网技术和远程监测技术于一体的棉花长势监测与氮素诊断系统。实现对棉花长势信息和氮素营养状况快速监测、准确诊断。棉花视频监测系统主要工作原理包括棉花群体冠层图像获取、数字图像分割、模型建立与检验、远程监测与诊断服务平台搭建等几个方面。

三、系统组成与实现

棉花群体特征主要是指其在生长发育阶段时空范围内整体分布情况。掌握群体特征的目的是能准确快速地获取棉花的群体变化特征，及时掌握棉花长势空间分布与营养状况。目前对作物群体特征监测的研究主要包括 2 个方面，一是对作物的宏观长势情况与其生长环境的检测。二是对群体长势信息的获取、近地设备及其配套应用系统的研发。

在基于农业物联网的基础上，采用 B/S 分布式网络结构设计，组装集成配套技术体系，开发基于计算机视觉技术的棉花长势监测与养分诊断远程服务平台。远程监测主要采用数码相机或 CCD 数字摄像头，通过有线或无线局域网或者移动通讯网络将远程拍摄到的棉花冠层数码照片或视频图像传输到网络远程控制中心，该远程控制中心对棉花冠层图像进行处理，提取能准确反映棉花长势状况的特征参数，从而建立棉花长势图像与视频信息远程监控体系，并结合当地实际情况和棉花栽培管理的具体措施，对棉田土壤基础地力，种植模式、覆膜方式、水肥管理规程、当地农业气象信息以及获取的数字图片、数字视频信息进行远程采集。系统根据用户的要求和实时需求，提供测量参数与监测诊断指标，并能在远程服务控制中心与浏览客户端（PC 机或者基于 Android 系统智能手机）显示测量参数和诊断模式。

（一）系统结构

棉花长势监测与 N 素诊断远程数字图像监控系统网络服务平台搭建，主要基于农业物联网信息技术，采用互联网 B/S（浏览器 / 客户端）结构，用户浏览是通过万维网（WWW）客户端和智能手机 Android 系统。

系统总体结构分三层。第一层为感知层，即对棉花长势信息或群体冠层信息的感知，通过智能手机、数码相机和数字摄像头等检测工具获取，建立数字图像采集中心，或称作数据采集系统。第二层是网络层，是棉花长势监测与诊断网络服务中心，是本平台的核心部分，主要对采集的棉花冠层图像通过图像处理系统进行分割等处理、分析；建立图像颜色参数数据库，棉田农学参数标准模型库和历史经验信息数据库等，并进行模型校验，决策分析，并给出诊断结果，最后将信息发布。第三层是应用层，这一层是一个开放的端口，主要针对客户端（农民或种植户），通过 PC 浏览器和手机 Android 系统对网络服务中心传输的信息进行浏览，根据专家决策分析的信息实施棉花种植管理。

通过对系统框架分析可以看出，要想取得较为理想的监测诊断结果，系统设计必须由棉田远程控制监测与网络服务中心、田间数据获取与图像采集视频监测中心、数字图像分析处理中心、棉花生长信息决策与诊断中心、用户浏览中心等部分组成。以棉田远程控制监测与网络服务中心为核心，构成一个环式的大型的集棉花监测管理于一体的网络服务平台，该平台以开放式的物联网架构技术将分析决策直接发布给棉花种植户。整个系统兼容性强，可相对独立工作。

（二）数据库构建

数据库构建是决策系统尤其是网络服务系统的核心，主要功能是对知识库、方法库或模型库进行存储、备份、恢复、导入、导出等。系统若离开了数据库其功能服务就失去了数据编辑的意义。大量数据存储于数据库，本研究主要包括数字图像数据，棉田基础地力和土壤基础信息数据、农业气象数据，模型运算数据、决策诊断知识数据等组成。根据近地面遥感监测设备数码相机等设备构建的监测模型对棉花长势状况作出判断，结合农田气象信息数据库与历年棉田经验知识数据诊断所获取的知识数据对棉花长势进行诊断，最后得出棉花生长发育信息及相应决策方案。

（三）服务功能

基于物联网技术和 Web 服务平台实现的主要功能由棉田苗情远程数字图像与数字视频采集、图像处理与分割、监测与诊断指标确定、模型的建立与调用、数据库的建立、备份与查询（包括历史数据查询）、棉花长势诊断结果发布、系统维护等几部分组成。

数字图像与数字视频采集功能是整个系统运行的基础，实时收集棉田近地面观测资料，不断补充、更新数据库，是确保图像监测精确度的关键。该服务系统必须建立一套完善的图像采集体系，强化图像采集质量，实时更新。通过农业物联网连接信息源，组合气象信息，土壤信息，以及田间调查的基础数据信息等导入数据库系统，以便决策分析使用。

图像处理与分割功能主要通过数字图像处理软件对采集到的图片数据进行预处理和颜色信息分割，得到色彩模型数据，目的是通作物实际长势数据（如 LAI 等）建立关系模型，从而填补模型分析库。

监测与诊断指标的确定和模型的建立与调用相互制约，是合理进行决策分析的关键，通过大量的数据调查研究和总结前人的经验，提取数字图像系统与棉花农学参数之间的关系，构建数字图像参数与农学参数之间的关系，从而实现通过图像参数就能准确地推断出棉花各生育期内的农学参数，从而得到棉花的准确长势情况。

数据库的建立、备份与查询以及历史数据查询功能的实现的本质是管理后台数据库，即按照系统要求统一表单模式，建立报表，实现分布式管理数据。通过分析统计图形图像数据，气象数据，农学基本数据等，在数据统计、调用、查询、挖掘、维护上实现数据类型的多样性和灵活性。需与模型公式、应用软件和分析工具建立接口，以便进行数据交换。

棉花长势诊断结果发布是一个非常重要的服务功能模块，给农业管理部门等提供一个方便快捷的工作服务平台。农业管理者提供决策支持服务，为种植户提供解决方案与措施。通过实时发布棉花长势情况，方便管理者宏观调控，提供权威信息服务。为农户棉花跟踪管理进行引导，提高信息服务能力。

系统维护是系统后期正常运行的保障，包括对整个系统的网络进行，软硬件配置，数据库管理、安全管理等功能维护。

四、应用实例

（一）基于覆盖度的棉花长势监测氮素营养诊断模型

棉花生长发育进程和产量形成受肥料影响很大，尤其是 N 肥的影响。利用数码相机等近地面遥感监测设备对棉花进行长势监测和 N 素营养状况评价，可提高棉花 N 肥利用率，从而增加棉花产量和提高棉花质量。应用数码相机获取棉花群体冠层图像，并进行实时准确地背景分割，获取其冠层覆盖度（CC），是建立在基于计算机视觉系统和数字图像处理技术之上的重要技术环节。由于棉花种植模式的特殊性，有宽窄行之分，应用传统目测法或测量法计算其冠层覆盖度主要是依赖于手工测量棉株伸展的宽度，这种方法获取棉田覆盖度一般分为两部分，一部分为宽行覆盖度，另一部分为窄行覆盖度，然后将这两部分覆盖度求和即得当前目标棉田群体覆盖度。这种方法得到的 CC 值误差大，且不能准确反映棉田冠层叶片疏密情况。

棉花冠层图像背景分割是将图像中棉花冠层与土壤背景层等进行分离，即将土壤、基质等背景部分（土壤区域）与棉花、其他杂草等绿色植被区域分离。由于棉花冠层图像颜色与土壤背景颜色差异相当大，所以对棉花冠层图像分割的过程中，其分割质量的好坏主要取决于在棉花群体目标体模式识别中能否将棉花与其他杂草等信息加以区别。在自然条件下，影响棉花冠层图像分割质量的因素也很多，其中太阳光照的强弱是影响棉花群体冠层颜色特征识别和杂草颜色识别的主要因素。

棉花群体冠层覆盖度 CC 是基于计算机视觉技术与数字图像处理技术且相对比较容易获取的一个参变量，也是一种行之有效的研究方法，具有一定的应用价值和挑战性。

1. 棉花冠层覆盖度CC与NDVI和RVI间的关系分析

运用手持式作物冠层测量仪获取各 N 素处理棉花冠层归一化植被指数（NDVI）和比值

植被指数（RVI）。将 NDVI 和 RVI 值与其相对应的覆盖度值 CC 进行比较。研究表明，CC 与 NDVI 和 RVI 值间呈显著线性关系，且均有较好的相关性。通过相关性分析表明，棉花冠层覆盖度 CC 与 NDVI 呈显著线性正相关，与 RVI 间呈显著线性负相关。由此可见，棉花冠层覆盖度 CC 同归一化植被指数 NDVI 相类似，能较好地诊断与评估棉花 N 素营养状况。

2. 棉花冠层覆盖度CC与3个农学参数间的关系分析

研究表明，在盛花期之前，即出苗后 90 d 左右，不同 N 素处理下，棉花冠层覆盖度 CC 与 3 个农学参数间非线性指数函数关系差异显著，且各 N 素处理参数间具有明显的规律性变化。将棉花冠层图像覆盖度 CC 与棉花地上部分总含氮量、叶面积指数 LAI 和地上部分生物量动态变化关系拟合。从而建立基于 CC 与棉花 3 个农学属性之间的统计回归模型（模型函数略）。这充分证明不同氮素条件下，棉花冠层覆盖度 CC 与 3 个农学参数间密切相关，具有很好的模拟效果和生物学意义。由此可见，在棉花从出苗到盛花期这个生长阶段，图像特征参数 CC 能准确诊断棉花 N 素营养状况，可作为数字化精准施 N 肥和最佳施 N 肥的监测指标。

农业生产上，获取作物冠层覆盖度 CC 的方法有多种，最常见的是人工田间调查，然而手工调查与测量需要花费大量的时间，消耗大量的人力、物力和财力，且田间调查受人为因子、环境因子等诸多因素的影响与限制，从而导致资源浪费。更关键的是田间人工实地调查获取覆盖度时人为引起误差大。而近地面遥感监测技术则是一种既快捷方便又能大面积获取作物冠层覆盖度的方法。多种近地面遥感监测设备已经被用于监测作物的生长状况和预测产量。如，采用手持光谱测量仪（The GreenSeekerTM）获得作物冠层归一化植被指数 NDVI 和比值指数 RVI 的值，进而分析这些光谱指数与作物含氮量、LAI 和地上部生物量间相关性。然而，这些光谱测量仪器图像分辨率低，数据采集范围受限，采集的数据准确性不高甚至失去监测意义。

目前，数码相机可作为另一种近地面遥感监测设备，通过准确提取作物冠层图像覆盖度 CC 的方法替代以上其他光谱监测工具。由于数码相机便于携带且成本低，采集到的图像分辨率高，图像直观，监测速度快、无损耗。因此应用数码相机进行作物长势监测优势突出，前景巨大。国内外许多研究人员已经做了大量的研究。采用数码相机每间隔一定时间段采集一次作物图像，采集到的图片能用图像分割法快速准确的分割，从而分析作物冠层结构发生的潜在变化，数字图片也便于存档以供将来参考。应用数码相机可以采集作物冠层图像进行作物长势监测、计算作物冠层 CC 和裸地面积等，因此采用数码相机作为近地遥感监测能取得较高的经济效益。

应用数码相机获取作物冠层图像 CC 比使用其他工具更准确实用，将棉花冠层图像分为2部分，一层为棉花冠层，另一层为土壤背景层。为了更准确描述复杂自然环境中棉花冠层图像，本研究通过求阈值将棉花冠层图像分为4层，冠层图像包括光照冠层（Sunlit canopy，SC）与阴影冠层（Shaded canopy，ShC）；土壤背景层分为光照土壤层（Sunlit soil，SS）和阴影土壤层（Shaded soil，ShS）。

前人研究表明，随着作物生育进程地不断推进，作物覆盖地面的范围越来越大，冠层覆盖度CC的值越来越大。当冠层覆盖度比较大时，通过数码相机获取作物CC稍偏低于实际覆盖度值。主要原因是作物冠层上部叶片遮盖了作物下层的叶片，在图像上形成黑暗部分（并非阴影冠层）。这部分阴影区域在图像中占据了相对较小一部分冠层图像，计算机在识别时误认为土壤背景并删除。然而，本研究通过2种方法提取棉花冠层覆盖度CC，结果表明，这部分误差较小，并不影响应用CC进行作物长势监测和N素营养状态诊断的有效性。

近年来，随着3D数码相机（Three-dimensional digital cameras）的快速发展，将3D数码相机与作物N素诊断决策系统连接起来，并运用农业物联网技术和远程控制技术可连续不断的获取作物冠层动态信息，从而对作物N肥需求量进行评价将是农业信息技术应用的重点内容。

（二）基于颜色特征参数的棉花长势监测与营养诊断模型

棉花生长发育阶段，生长环境和生长条件不同，其植株表现出颜色特征就不同。本书研究了基于RGB模型和HIS模型的颜色参数值对棉花群体冠层图像的颜色特征影响。研究结果表明，施N量不同，植株接收营养状况就不同，其生长发育过程中群体结构就不同，棉株各部位表现出的颜色特征就不同。

1. 不同品种棉花图像特征参数与农学参数间相关性分析

棉花冠层图像参数值指标包括R、G、B值和H、I、S值，归一化标准颜色值g、r、b，以及不同特征颜色组合值2g-b-r、G/R、G-R等关键参数。棉花农学参数包括地上部生物量累积（Aboveground biomass accumulation，AGBA），叶面积指数LAI，棉花地上部棉株N累积量（Aboveground Total N Content）等重要指标。对棉花冠层不同特征颜色参数与农学属性之间的相关性分析，分析二者之间年际间差异，品种间差异，不同施N量间差异。

本书对2010—2011年新疆石河子新陆早43号（XLZ 43）和新陆早48号（XLZ 48）的试验数据进行汇总整理，将其农学参数与冠层图像参数进行整合，整理，筛选。最后对棉花地上部生物量，叶面积指数（LAI），棉花植株总氮累积量等农学参数在2品种间的相关性进行了汇总、分析，并分析了包括R值、G值、B值、G/R值、g值、r值、b值、和G-R等13个图像特征参数在2棉花品种间的相关性。

独立 T 检验数据显示，2 品种间农学参数与图像参数均差值和标准误差值均相等，且均值和标准差没有明显差异。因此，2 棉花品种间相关性差异不显著。

2. 不同N处理棉花图像特征参数与农学参数间相关性分析

棉花叶面积指数 LAI、地上部生物量积累 AGBA 以及棉株 N 累积量与冠层图像特征参数有没有必然的联系，相互之间的关系密切与否，需要运用统计学方法进行相关性分析找出它们之间的关系。因此，研究重点是分析不同 N 素水平下，棉花群体指标 LAI、地上部生物量、地上部棉花植株总氮累积量与其冠层图像 RGB 模型的特征参数之间的关系。本书用 SPSS 统计分析软件对 2010—2011 年棉花群体指标与图像参数进行相关性分析。结果表明，不同氮素处理棉花群体指标与图像特征参数 CC、G−R、2g−r−b 等具有明显的相关性。CC 与棉花 3 个群体指标的相关系数分别为 0.926**、0.933**、0.941**；G−R 与 3 个群体指标的相关系数分别为 0.945**、0.968**、0.935**；2g−r−b 与 3 个群体指标的相关系数分别为 0.906**、0.935**、0.898**；G/R 与棉花 3 个农学参数间相关系数依次为 0.859**、0.889**、0.892**。所有这些参数都表明了正相关关系，除了归一化绿色值 g 与归一化蓝色值 b 显示负相关，且相关性均达到了显著或极显著水平。

研究结果表明，CC 与棉花群体指标植株 N 累积量相关性最显著。其相关性系数最高，相关系数 r=0.941**，各颜色参数与棉花农学参数间相关性系数大小次序依次为 CC ＞ G−R ＞ 2g−r−b ＞ G/R；G−R 与棉花叶面积指数 LAI 相关系数最大，相关系数 r=0.968**，各颜色参数与棉花农学参数间相关性系数大小次序依次为 G−R ＞ CC ＞ 2g−r−b ＞ G/R。

由此可见，不仅 CC 可以作为棉花冠层颜色特征参数，可对棉花进行长势监测与 N 素营养水平诊断，同时特征参数 G−R、深绿色 2g−r−b 和 G/R 等也可以作为重要的监测指标，对棉花长势长相进行决策分析和 N 素营养状况进行评估。

国内大量研究表明作物叶面积指数 LAI、生物量等与颜色参数有密切相关性。国外 Kyu-Jong Lee，Byun-Woo Lee（2013）等通过对不同氮素水平下作物冠层图像特征参数 CC、GMR、G/R 等与水稻地上生物量、LAI 以及叶片氮含量或作物总含氮量的相关性进行分析，得出以上图像特征参数与水稻地上生物量、LAI 以及叶片氮含量或作物总含氮量之间有指数回归关系，且相关性达到了显著或极显著的水平。

不同 N 素营养水平、不同密度处理群体结构、不同地域以及不同光温条件等因素影响着棉花的生长发育状况，毫无疑问也影响着棉株冠层的颜色变化。研究结果表明，不同的 N 素营养状况直接影响棉花冠层颜色特征参数。应用视频图像处理技术能准确表征棉花的长势信息和棉花冠层图像颜色特征信息，且图像分割方法简便易用，可操作性强，因此进行棉花氮素营养诊断以及施肥推荐具有很高的应用价值。

虽然不同作物氮素营养指标所反映颜色特征参数不同，但基于计算机视觉技术和应用数字图像分析处理技术进行作物营养诊断的方法具有一定的普遍性。值得注意的是，采用数字图像进行不同作物营养诊断，必须准确地把握作物所诊断时期，因为不同作物生长的关键生育期不同，其差异性很大。总的来说，应用数码相机获取大田作物冠层图像采样快，精度高，无损耗。因此，基于计算机视觉技术的棉花长势监测与氮素营养状况诊断方法和理论体系具有良好的发展前景，可应用于棉花生长发育过程中的施肥决策与氮肥决策推荐系统。

参考文献

曹卫星．2004. 农业信息学 [M]．北京：中国农业出版社．

李少昆，王崇桃．2002．图像及视觉技术在作物科学中的应用进展 [J]．石河子大学学报（自然科学版），6（1）：79-86．

杨明花，姜益娟，聂万林，等．2010．施磷量对膜下滴灌杂交棉氮磷钾养分吸收利用及产量的影响 [J]．干旱地区农业研究（5）：75-78．

赵玲，侯振安，危常州，等．2004. 膜下滴灌棉花氮磷肥料施用效果研究 [J]．土壤通报，35（3）：307-310．

曾胜河，吴志勇，闫静，等．2004．钾肥在棉花膜下滴灌中的施用技术 [J]．中国棉花（5）：33-34．

Behrens T，Diepenbrock W．2006．Using digital image analysis to describe canopies of winter oilseed rape during vegetative developmental stages[J]．Journal of Agronomy and Crop Science，192（4）：295-302．

Carlson T N，Ripley D A. 1997. On the relation between NDVI fraction vegetation cover and leaf area index[J]．Remote Sensing Environment，62：241-252．

Chen X，Zhang F，Römheld D V，*et al.* 2006. Synchronizing N supply from soil and fertilizer and N demand of winter wheat by an improved Nmin method[J]．Nutrient Cycling in Agroecosystems，74（2）：91-98．

Gitelson A A，Kaufman J Y，Stark R，*et al.* 2002. Novel algorithms for remote estimation of vegetation fraction [J]．Remote Sensing Environment，80（1）：76-87．

Graeff S，Claupein W．2003. Quantifying nitrogen status of corn（Zea mays L．）in the field by reflectance measurements [J]．European Journal of Agronomy，19（4）：611-618．

Guevara E A，Tellez J，Gonzalez-Sosa E．2005. Use of digital photography for analysis of canopy closure [J]．Agroforestry Systems，65（3）：175-185．

Guo Zhengyang, Hao Yuetang, Juntong, *et al.* 2012. Effect of fertilization frequency on cotton yield and biomass accumulation [J]. Field Crops Research, 125: 161–166.

Haboudane D, Miller J R, Pattey E, *et al.* 2004. Hyperspectral vegetation indices and novel algorithms for predicting green LAI of crop canopies: modeling and validation in the context of precision agriculture[J]. Remote Sensing Environment, 90 (3): 337–352.

Hansena P M, Schjoerring J K. 2002. Reflectance measurement of canopy biomass and nitrogen status in wheat crops using normalized difference vegetation indices and partial least squares regression[J]. Remote Sensing of Environment, 86 (4): 542–553.

HOU Zhen an, LI Pin fang, LI Bao guo, *et al.* 2007. Effects of fertigation scheme on N uptake and N use efficiency in cotton[J]. Plant and Soil, 290 (1–2): 115–126.

Jia L L, Chen X P, Zhang F S, *et al.* 2004. Use of digital camera to assess nitrogen status of winter wheat in the northern china plain[J]. Journal of Plant Nutrition, 27 (3): 441–450.

Jia L L, Chen X, Zhang F. 2007. Optimum nitrogen fertilization of winter wheat based on color digital camera image [J]. Communications in Soil Science and Plant Analysis, 38 (11–12): 1 385–1 394.

Laliberte A S, Rango A, Herrick J E, *et al.* 2007. An object–based image analysis approach for determining fractional cover of senescent and green vegetation with digital plot photography [J]. Journal of Arid Environments, 69 (1): 1–14.

Lee K J, Lee B W. 2013. Estimation of rice growth and nitrogen nutrition status using color digital camera image analysis [J]. European Journal Agronomy, 48: 57–65.

Lee W S, Alchanatis V, Yang C, *et al.* 2010. Sensing technologies for precision specialty crop production[J]. Computers and Electronics in Agriculture, 74 (1): 2–33.

Li Q Q, Dong B D, Qiao Y Z, *et al.* 2010a. Root growth, available soil water, and water–use efficiency of winter wheat under different irrigation regimes applied at different growth stages in North China [J]. Agriculture Water Management, 97 (10): 1676–1682.

Li Y, Chen D, Walker C N, *et al.* 2010b. Estimating the nitrogen status of crops using a digital camera [J]. Field Crops Research, 118: 221–227.

Mao W, Wang Y, Wang Y. 2003. Real–time detection of between–row weeds using machine vision [R]. ASAE, 031004.

Mayfield A H, Trengove S P. 2009. Grain yield and protein responses in wheat using the N–Sensor for variable rate N application [J]. Crop and Pasture Science, 60 (9): 818–823.

Pagola M, Ortiz R, Irigoyen I, *et al.* 2009. New method to assess barley nitrogen nutrition status based on image color analysis: comparison with SPAD-502 [J]. Computers and Electronics in Agriculture, 65 (2): 213-218.

PanGang, Li Fengmin, Sun Guojun. 2007. Digital camera based measurement of crop cover for wheat yield prediction[R]. In Geosciences and Remote Sensing Symposium, IEEE International, 797-800.

Raun W R, Solie J B, Taylor R K, *et al.* 2008. Ramp calibration strip technology for determining midseason nitrogen rates in corn and wheat [J]. Agronomy Journal, 100 (4): 1 088-1 093.

Rorie R L, Purcell L C, Mozaffari M, *et al.* 2011. Association of "greenness" in corn with yield and leaf nitrogen concentration [J]. Agronomy Journal, 103 (2): 529-535.

Sakamoto T, Anatoly A G, Brian D W, *et al.* 2012a. Application of day and night digital photographs for estimating maize biophysical characteristics[J]. Precision Agriculture, 13 (2): 285-301.

Sakamoto T, Gitelson A A, Nguy-Robertson A L, *et al.* 2012b. An alternative method using digital cameras for continuous monitoring of crop status [J]. Agricultural and Forest Meteorology, 154: 113-126.

Sakamoto T, Shibayama M, Takada E, *et al.* 2010. Detecting seasonal changes in crop community structure using day and night digital images [J]. Photogrammetric Engineering and Remote Sensing, 76 (6): 713-726.

Sui R X, Thomasson J A, Hanksb J, *et al.* 2008. Ground-based sensing system for weed mapping in cotton [J]. Computers and Electronics in Agriculture, 60 (1): 31-38.

Wang Y, Wang D J, Zhang G, *et al.* 2013. Estimating nitrogen status of rice using the image segmentation of G-R thresholding method [J]. Field Crops Research, 149: 33-39.

Yu Z H, Cao Z G, Wu X, *et al.* 2013. Automatic image-based detection technology for two critical growth stages of maize: emergence and three-leaf stage [J]. Agricultural and Forest Meteorology, 174: 65-84.

第八章 棉花种子产业化

第一节 棉花种子产业化概述

一、棉花种子产业化的意义

棉花是我国最重要的经济作物之一，我国是世界上最大的棉花生产国，棉花面积约占世界植棉面积的15%，皮棉产量约占世界总产量的22%。我国棉花播种面积占农作物总面积的3%，其产值却占农作物产值的10%左右。棉花生产及其产业链在我国经济发展、劳动就业和外贸出口中发挥着极其重要作用。

棉花种子产业化作为农业产业化的基础与有机组成部分，是我国棉花产业实现可持续发展的必由之路。棉种产业是从棉花新品种选育开始，经过试验示范、种子生产、加工、质量检验到市场销售和服务的全过程。棉种产业化是以市场为导向，以科技创新为依托，以企业为主体，以品种为龙头，以效益为中心，以法制为保障，将育种科研、种子生产、收购加工、质量监控、市场营销、技术服务等环节有机的联结在一起，实现棉种科研、生产、贸易一体化。棉种产业化体系包括技术创新、良种繁育、中间试验、种子生产、质量控制和市场营销六大体系。

棉花种子产业化的意义主要体现在以下方面。

（一）实现大型龙头企业与科研院所、高等院校的优势互补，加快棉花产业化进程

我国过去棉花新品种培育主要依靠科研院所和高等院校，由于缺乏对生产的了解，其育种目标与市场需求并不吻合，所培育的新品种与生产实际需要脱节；而且自身缺乏产业化能力，导致新品种无法快速大规模应用于棉花生产。棉种企业长期与棉农接触，知道什么地区需要什么类型品种，需要解决什么关键问题，所以育种目标明确，但由于缺乏先进的育种技术和优良种质资源，培育优良棉花新品种难度较大；棉种企业有了优良新品种后，能很快根据品种特征特性研制相应的配套栽培技术并组装集成，通过高产示范区、品种展示田和扩大宣传等措施推广应用，势必受到广大棉农欢迎。因此，国家提出的以企业为主体的棉花商业化育种模式，把新品种研发与种子生产、加工、试验示范、推广有机结合，形成上下互动机制，育成的新品种依靠自身的生产和加工能力转化为棉农需要的优质良种，

从而提高了棉花生产效益。

（二）中间试验与新品种推广紧密结合，实现良种良法配套

在中间试验中，需要根据不同地区生态特点、种植制度确定新品种，同时在新品种推广应用于生产前，需要研制相应的配套栽培技术，并给棉农做出高产样板，以事实教育农民，说服农民。

我国过去在新品种推广应用于生产前，缺乏中间试验环节，只是简单根据品种审定时规定的推广区域推广，在种子销售时没有科学的、可操作性强的配套栽培技术指导，不管土地肥力、灌溉条件、管理水平和种植模式，只是做概念性介绍，使棉农无所是从，导致新品种不能充分发挥潜在优势，降低了新品种的使用价值。种子企业可以凭借自身的科技能力，筛选适合不同地区种植的棉花新品种，并根据品种特征特性和适宜种植区域研制配套栽培技术并组装集成，实现良种良法真正配套，并建立品种高产展示田和高产示范园区，树立高产示范样板，使新品种、新技术同步推广，让棉农得到实惠。

（三）种子生产规模化、专业化有利于提高质量，降低成本

棉种产业化要求企业种子生产规模化、专业化，同一品种在同一地区实行规模化繁殖，避免了品种间自然传粉造成的混杂，也可有效防止晾晒、运输、轧花等作业造成的机械混杂，有利于保证品种纯度；规模化生产势必提高机械化水平，从而降低种子生产成本，使棉农买到质优价廉的放心种子。

规模化种子生产的规模因地域不同、品种不同而有所区别。根据中棉种业科技股份有限公司的繁种实践，杂交棉制种的规模一般远小于常规棉良种繁育的规模，杂交棉制种达到一村一种，或一场一种，面积在 30 hm^2 以上，产种量在 5 万 kg 以上；而常规棉良种繁育规模通常在 100 hm^2 以上，以一乡（镇）一种，或一团（场）一种，产种量在 15 万 kg 左右。在新疆棉区，由于植棉面积大，种子需求量大，种子生产的规模应该更大。特别是对一些综合性状优良、市场前景看好的常规棉品种，采取规模化种子生产更有利于提高种子质量，实现集中收获，集中清花，统一加工，统一检验，统一包装，从而降低种子生产成本，提高种子企业经济效益。

（四）新品种的规模化种植保证原棉质量，提高纺织工业效益

目前我国棉花品种“多、乱、杂”问题十分突出，一个中等规模的产棉县可能种植 50 个以上品种，有多家种子企业销售不同品种的种子，由于品种间纤维品质指标不同，势必在收购子棉时造成原棉质量混杂，无法分类储藏，分品种加工，不利于纺织工业用棉需求，

使纺纱配棉困难。根据对青岛几个棉纺企业的调查，由于原棉来自不同品种，绒长最低27 mm，最高31 mm，断裂比强度最低26.5 cN/tex，最高31.8 cN/tex，马克隆值从4.2到5.5不等，实际纺纱配棉时不得不按照最低标准配棉，造成每t棉纱浪费140元左右成本，棉纺企业一直呼吁棉花收购实行按品种收购，但由于产业化规模小，按要求种植困难，所以只是流于形式。

实行新品种区域化种植后，同一地区收购的是同一个品种原棉，各种品质指标比较一致，纺纱时配棉简单，便于控制纺纱质量。

（五）棉花集约化种植可提高机械化水平，减轻劳动强度，分流劳动力从事其他产业

在农业产业化中，实行土地流转后，棉花可实现从播种、施肥、中耕、治虫到收获全程机械化，解决植棉费时费工、效益低下的难题，大大减轻棉农的劳动强度，并可分流部分青壮年劳动力从事其他产业，从而增加农民收入。我国黄河流域和长江流域棉区，棉花收获全部靠人工，根据黄河流域和长江流域棉花生产调查，目前收获1 kg子棉的劳动价格是1元，按每亩子棉产量250 kg计算，仅收摘1项需要250元，子棉的销售价格在每千克6元左右，每亩收入不过1 500元左右，这相当于需要花费毛收入的1/6；按目前每公顷棉花净经济效益7 500元计算，相当于1个青壮年劳动力2个月的打工收入，经济效益的巨大差异导致棉农植棉积极性下降，棉花面积连年减少，广大棉农呼吁国家出台棉花最低保护价，提高植棉补贴水平，如果实行土地流转，采取农民专业合作社、家庭农场等集约化生产模式，这一矛盾可部分缓解，棉花面积锐减的局面可得到有效遏制。

二、棉种产业化的发展历程

（一）棉花良种繁育发展历程

我国自19世纪末引进推广陆地棉品种以来，种子生产的发展历程大体上可以分为三个时期。

1. 单纯引种时期

我国历史上种植的是纤维粗短的亚洲棉，也称中棉，也有部分草棉，陆地棉引入我国最早的记载是1865年，早期引种陆地棉具有很大的盲目性，大多失败。1919年经过品种适应性试验，确定了一些较适合我国种植的陆地棉品种，如脱字棉、爱字棉、隆字棉、金字棉等，并大量引种推广，但推广后缺乏有效的繁殖措施，混杂退化严重，品种的更新更换依靠不断向国外引种来解决。据记载，1892—1936年直接向国外大量引种推广的有9次之多。

截至 1936 年全国陆地棉的种植面积占棉田总面积的 52.4%，其中黄河流域棉区种植面积最大，占 68.5%；长江流域棉区种植面积最小，占 31.5%。全国尚有近一半的棉田仍然种植亚洲棉和极小部分的草棉，在陆地棉推广地区，良种面积很小，大部分是混杂退化品种。

2. 从引种为主向自繁过渡时期

1937—1955 年，以防止品种混杂为主要目标，我国设置种子管理区和种子棉轧花场，开展基础繁殖、保种与推广工作。

鉴于陆地棉良种推广中混杂退化较快，1934 年开始在主要产棉省建立繁殖场，1936 年河南省制定了《棉种管理暂行规则》，1937 年开始分别在安阳、洛阳及陕县设置斯字棉 4 号、斯字棉 3 号及德字棉 531 棉种管理区，同年陕西省也在泾阳设置斯字棉 4 号棉种管理区，棉种管理区内规定种植同一品种，并设置轧花场专供区内农户加工种子棉，防止品种混杂。棉种的推广通过各省划分指导区，由植棉指导所负责。1937—1945 年我国主产棉省河北、河南、山东、山西、江苏、浙江、江西及湖北棉花种子的繁殖、保种及推广由于抗战的暴发而陷于停顿，棉产中心向四川、湖南、陕西及河南西部转移，1940 年四川省在三台、射洪、蓬溪及荣县设置德字棉和脱字棉种植管理区和特约种子繁殖场，以保持推广品种的纯度。1945 年抗战胜利后，面对大面积棉花品种混杂退化问题，陆地棉品种的更新与更换仍需从国外引种，截至 1949 年全国植棉面积仍有 48% 是亚洲棉，种植陆地棉良种面积不到 10%。

1949—1955 年国家加强棉种的管理，并建立繁殖、保种和推广制度，加速陆地棉良种的推广普及，国家在河北省建立斯字棉 2B 种子管理区和良种轧花场，1950 年春从美国引进岱字棉 15 良种 480 t，分别在江苏、浙江、江西建立种子管理区，并在山东建立斯字棉 2B 和斯字棉 5A 种子管理区，在江苏建立德字棉 531 和珂字棉 100 种子管理区，加强棉花良种繁育和保种工作，方法是集中繁殖，严格去杂去劣，良种子棉由良种棉轧花场加工保种，从而加快了德字棉 15、斯字棉 2B 等优良品种的繁殖推广。1950 年 11 月，农业部发布了《建立棉种繁殖推广制度及 5 年普及良种计划（草案）》，要求科研单位建立种子区，生产“原原良种”，繁殖良种的农场进行单株选择、混合繁殖，生产“原良种”，每 1.33 万～ 6.66 万 hm^2 棉田建立一个良种繁殖区，配备一个良种轧花场，对良种子棉分收分轧，生产推广良种。贸易部和农业部联合做出决定，对良种繁殖区的子棉实行加价 4% 的收购办法，以鼓励农民繁殖良种，并保证良种棉集中收购，交良种轧花场轧花保种。因此，各主要棉区分别建立了棉花良种繁殖区，并配套建设了良种棉轧花场 58 个。良种棉轧花场大部分归农业部门直接管理。这一时期的棉花原种生产技术基本采用“五选四分”留种法，即片选、株选、铃选、瓣选、粒选和分收、分晒、分轧、分藏的办法。截至 1956 年陆地棉良种在黄河流域和长江流域棉区已基本普及，取代了生产上长期种植的亚洲棉和退化陆地棉品种，改变了从国外引种进行品种更换的被动局面。

3. 自繁时期

1956—2000 年，以加强人工选择为主，建立棉花原种场、种子繁殖区、种子棉加工场为主体的棉花种子生产体系，可分为三个阶段。

（1）第一阶段（1955—1977 年），我国棉花良种繁育实行自繁的发展阶段

1955 年，中央农业部进一步制定了棉花良种繁育和推广制度的试行方案，棉花良种繁育借鉴前苏联的经验，提出了以棉花原种繁殖场、良种繁殖区、良种场为主体，棉花生产、加工一条龙的棉花良种繁育体系，并制订了《棉花良种繁育原种工作方法（草案）》，1956 年中央农业部拨出专款，在各主产棉省加强了棉花良种繁育的体系建设，共建立棉花原种繁殖场 126 个，良种轧花场增加到 81 个，此后由中央农业部组织，通过组团考察和邀请专家讲学，全面学习并推广前苏联棉花良种繁育的技术和经验，原种生产方法采用品种内杂交、选择与培育相结合，建立品种内杂交圃（复壮圃）、株行圃和原种圃的程序生产原种。

1959—1962 年，由于自然灾害的影响，棉花生产下降，良种繁育工作放松，多数种子棉加工厂由农业部门移交商业部门经营，棉花种子混杂退化又趋严重，当时生产上推广面积最大的岱字棉 15，1958 年在黄河流域和长江流域种植面积达 350 万 hm^2，占全国棉田面积的 61.7%，根据 1959 年中国农业科学院棉花研究所与主产棉省联合考察的结果，岱字棉 15 平均田间纯度 76.1%，1961 年则下降为 67.2%，1963 年更下降至 54.1%。1963—1965 年，中央农业部派出工作组，帮助江苏省南通地区实施一套棉花良种繁育推广制度，做出全面规划，并制定了棉花原种场繁育原种的技术操作规程、良种繁殖区的管理办法、良种轧花场的管理办法和操作规程、良种种子质量检验标准和检验方法等，在全国起到了重点示范作用。

1965 年 2 月，农业部在江苏南通举办全国棉花良种繁育讲习班，讨论修订了棉花原种场繁育原理与工作方法（草案），停止了品种内杂交在原种生产上的应用，原种生产方法改为单株选择、分系比较、混系繁殖法，即株行圃、株系圃和原种圃三年三圃制。由于农业部的组织和推动，全国主要产棉省均逐步建立了棉花良种繁育体系，到 1965 年在全国共建立棉花原种场 151 个，种子棉轧花场 102 个，这一时期的棉花良种生产从开始的“五选”逐步过渡到推行从前苏联引进的“品种内杂交法”，至 20 世纪 70 年代初逐步被“三圃制”淘汰。

1966—1976 年，棉花良种繁育工作处于停顿状态，据 1972 年中国农业科学院棉花研究所对五省 54 县的调查结果，棉花品种田间纯度平均 71.4%，尚未达到 1959 年的水平，“文化大革命”期间，不少地区的种子机构被撤销，原来建立的棉花良种繁育体系大部分遭到破坏，良种繁育工作处于停滞阶段，仅有少数地区开展群众性的棉花提纯复壮工作。

（2）第二阶段（1978—1985 年），中国棉花良种繁育恢复发展阶段

1978 年国务院和农业部加强种子工作的领导，提出了“要求 1980 年基本实现种子生产专业化、加工机械化、质量标准化和布局区域化，1985 年基本实现以县为单位，组织统一供种”的“四化一供”种子工作目标，从此棉花良种繁育体系也逐步得到恢复。当时国务院副总理李先念在 1979 年全国棉花生产会议上强调指出：“全国 260 个重点产棉县都要有原种场、良种繁育区、良种轧花场和经营棉种的机构，搞好棉种的提纯复壮和繁育供应工作。”1979—1980 年农业部种子局在 33 个重点产棉县加强了良种繁育工作，重视良种繁育体系建设，使棉花良种繁育工作得到恢复和发展，1979 年 9 省 32 个县联合考察结果，棉花品种平均田间纯度为 76.9%，略高于 1959 年的水平，1981 年大田平均纯度又有提高，特别是江苏、湖北、山东、上海等地大面积棉花品种田间纯度达到 80% ～ 90%。

在棉花原种生产技术上，取消“品种内杂交”这一环节，逐步采用改良混合选择法（即三圃制），即单株选择—分系比较—混合繁殖的程序生产原种。1982 年国家标准局正式颁布了《棉花原种生产技术操作规程》（GB3242-82），规定棉花原种生产统一采用“三圃制”进行，1985 年国家标准局又发布了《农作物种子分级标准（棉花种子）》（GB4408-84），其中规定棉花原种的质量标准：纯度不低于 99%，净度不低于 97%，健子率和发芽率不低于 85%，水分不高于 12%。从而使棉花良种繁育工作进一步走向正规化的道路。

（3）第三阶段（1985—2000 年），良种繁育蓬勃发展阶段

1984 年全国棉花生产获得大丰收，全国棉花总产达到 623 万 t，超过了美国和前苏联，跃居世界第一位，但原棉供大于求，挤压严重，而且纤维品质较差，不能很好满足纺织工业和出口的需要，因此，尽快提高棉花质量成为棉花生产的中心任务。因此，从 1985 年起，国家决定选择一批重点产棉县，与地方联合投资分期分批建设优质棉种和棉花生产基地县，良种繁育体系建设的主要内容是棉花原种场、良种繁殖区和良种加工场（良种棉轧花场及棉种脱绒包衣加工场），1985—1996 年全国共批准建设优质棉基地县 216 个。

种子棉轧花场实施种子硫酸脱绒、机械精选、包衣覆膜等一系列提高种子质量的措施，为了及时掌握全国棉花种子质量情况，1990 年农业部以中国农业科学院棉花研究所为依托，成立了棉花品质监督检验测试中心，每年对全国三大棉区主要产棉县的棉种企业种子和棉花纤维进行抽样检测，并把抽查结果报送农业部，同时向社会公布，对种子质量不合格的企业提出限期整改措施。

1990 年农业部以〔1990〕农字第 6 号文件下发了《关于加强优质棉基地县棉花良种管理区几个问题的通知》，对良繁区的组织领导与管理、良繁区的设置与确定、品种确定与更新、良繁区种子供应与保纯、良繁区所繁种子向大田供应的方法以及搞好对原种场和良繁区的扶持六方面的问题做了详细规定。1985—2000 年全国共批准建设优质棉基地县 252 个。

通过优质棉基地县的建设，我国棉花良种繁育体系进一步得到完善，各优质棉基地县都新建或改建了棉花原种场、良种棉轧花场和良种脱绒包衣加工场，并专门划定了良种繁殖区，从而实现了原种场、良种繁殖区、良种加工场相配套，原种繁殖、良种生产与加工、经营销售、推广服务一条龙，棉种生产加工的基础设施和条件大大改善，棉种商品化、质量标准化和统一供种水平均显著提高，使我国棉花生产用种彻底告别了“白子”（毛子）时代，具备了精量播种和机械化播种的基本条件。据统计，1995 年全国棉种统一供种率达到 52%，共生产加工脱绒棉种 9 000 万 kg，脱绒棉种应用面积达 153.3 万 hm^2，约占全国棉田面积的 28%；生产加工包衣棉种 1 050 万 kg，包衣种应用面积 50 万 hm^2，约占棉田总面积的 9.1%。

1996 年国家技术监督局颁布了《农作物种子质量标准》，其中《经济作物种子纤维类》（GB4407.1-1996）规定：棉花原种毛子纯度不低于 99%，良种不低于 95%，净度不低于 97%，发芽率不低于 70%，水分不高于 12%。棉花原种光子纯度不低于 99%，良种不低于 95%，净度不低于 99%，发芽率不低于 80%，水分不高于 10%。

（二）农业产业化与棉种产业化发展历程

1. 农业产业化

1995 年 3 月 22 日，《农民日报》发表《产业化是农村改革与发展的方向》，在全国大报上第一次提出“产业化是农村改革与发展的方向”，明确指出“产业化是农村改革自家庭联产承包制以来又一次飞跃”。同年 5 月 2 日，《农民日报》一版头条发表评论员文章《积极稳妥发展农业产业化》，是全国大报中第一篇正面肯定农业产业化的评论员文章。1995 年下半年，时任国务院总理的李鹏同志来山东视察农村工作，对实施农业产业化发展农村经济的做法，予以充分肯定和高度评价。1995 年 11 月初，根据中央和国务院有关领导意见，《人民日报》派出时任经济部主任的艾丰同志和记者潘承凡同志，专程赴潍坊就农业产业化问题，进行了为期一周的深入系统的调查研究，酝酿人民日报社论的起草，就艾丰同志起草的社论初稿，山东潍坊市领导同志提出了很多意见和建议。1995 年 12 月 11 日，人民日报以大社论的规格、超常规的篇幅发表社论《论农业产业化》，并配发三篇述评。这篇社论的发表，基本结束了对潍坊农业产业化名词概念及内涵为期三年的争论。至此，农业产业化思想在全国得到了广泛传播，产生了极大的反响。这既为这一新的农业发展思路进入中央决策奠定了思想舆论基础，又为农业产业化在全国的推行和实施起到了重要的导向作用。

1996 年 2 月 4 日，江泽民同志在致信供销社全国代表会议时第一次提出“引导农民进市场、推动农业产业化”。同年 6 月 4 日，江泽民同志视察农业、农村工作，提出“农业发展也要靠两个转变”的重要思想，为农业产业化提供了理论基础。他在讲话中对产业化给予充分肯定，为农业产业化的顺利健康发展指明了方向。

2001 年 10 月，全国农业产业化现场经验交流会在潍坊市召开，100 多名省、市、自治区和地市党政分管领导、70 多个中直部门的主要负责同志参加了会议，时任农业部部长的杜青林同志到会讲话，会议主要解决了潍坊农业产业化如何进一步推广全国的问题。十多年来，胡锦涛、江泽民、李鹏、朱镕基、吴邦国、温家宝、贾庆林、李瑞环等五十多名党和国家领导人先后多次前往潍坊考察，对潍坊农业产业化给予了高度评价和充分肯定。全国所有省份的党政主要领导和分管领导以及农业、财政、金融、经贸、外经贸、供销等系统的有关负责同志也都先后多次参观考察潍坊农业产业化。美国、俄罗斯、日本、韩国、新加坡等 70 多个国家的专家、学者及领导人纷纷慕名而来，就潍坊农业产业化问题进行考察探讨，仅 2008 年潍坊市就接待国内外农业产业化考察团（组）几百个。农业产业化是中国农业发展史上一次重大的革命。

实现全面建设小康社会的宏伟目标。关键在农村，重点在农业，难点在农民。因此，把解决“三农”问题作为全党工作的重中之重，这是新时期做好农村工作必须坚持的指导思想。

从 1982 年到 1986 年，中央连续出台了 5 个关于农村工作的“一号文件”，极大地调动了农民的生产积极性。2004 年和 2005 年，中央再次出台了关于农村工作的“一号文件”，充分体现了新形势下党中央、国务院把解决“三农”问题作为全党工作的重中之重的战略意图。“一号文件”的核心内容是解决农民的增收问题，这就要求农业农村工作必须紧紧围绕农民增收这个主题，切实抓好各项政策措施的落实。

我国的基本国情决定了要保持农业和农村经济的稳定增长，不断提高人民生活水平，只有通过对农业和农村经济结构进行调整、优化，走农业产业化经营道路，才能保持农村稳定，保障农业发展，保证农民增收。

农业产业化是在农村商品经济发展过程中，农民实践创造后各级总结完善的一种农村生产经营模式。其基本内容是以资源为基础，以市场为导向，以产品为龙头，以不同所有制形式的企业为依托，以“公司 + 基地 + 农户”为主要形式，实行生产布局规模化，农工商一体化，产、供、销一条龙的生产经营模式，从而进一步明确推进农业产业化经营的重要性和必要性。

实践证明，农业产业化经营，体现了农业先进生产力的发展要求，是促进农业和农村经济结构战略调整的现实选择，是促使传统农业走向现代农业的必由之路，是农业从粗放经营走向集约经营的主要转换方式，是工农业由非平衡发展转向平衡发展的载体，对促进农业和农村经济发展，加快实现农业现代化具有重要意义。

农业产业化经营是农业和农村经济结构战略性调整的重要带动力量。解决分散的农户适应市场、进入市场的问题，是经济结构战略性调整的难点，关系着结构调整的成败。目前，干部和群众对结构调整的重要性和紧迫性虽有一定程度的认识，但结构调整这篇大文章还没有完全做好，结构上的问题，品种品质上的问题，布局上的问题还没有从根本上解决。农民对“种什么？养什么？发展什么？”还不完全清楚，甚至顾虑重重；有的连农村基层干部也不完全清楚。具体体现为：市场还看不准，发展路子还不宽，对农民的信息和技术服务还比较滞后。总体上还缺乏明确的规划，不同程度地存在简单模仿外地经验和模式。要使结构调整不断向农业的深度和广度进军，有一点显得十分重要，就是要使千家万户的小生产与千变万化的大市场有机对接起来。农业产业化经营的龙头企业具有开拓市场，赢得市场的能力，是带动结构调整的骨干力量。从某种意义上说，农户找到龙头企业就是找到了市场。龙头企业带领农户闯市场，农产品有了稳定的销售渠道，就可以有效降低市场风险，减少结构调整的盲目性，同时也可以减少政府对生产经营活动直接的行政干预。农业产业化经营对优化农产品品种、品质结构和产业结构，带动农业的规模化生产和区域化布局，发挥着越来越显著的作用。

农业产业化经营，是实现农民增收的主要渠道。改革开放的二十多年以来，是农民收入增长较快的时期，但近几年农民收入增长缓慢，城乡收入差距进一步拉大。农民增收缓慢的内在原因是：农产品产量与农村劳动力“两个充裕”并存；农业生产劳动率和农产品转化加工率“两个过低”并存。发展农业产业化经营，可以促进农业和农村经济结构战略性调整向广度和深度进军，有效拉长农业产业链条，增加农业附加值，使农业的整体效益得到显著提高，可以促进小城镇的发展，创造更多的就业岗位，转移农村剩余劳力，增加农民的非农业收入；可以通过农业产业化经营组织与农民建立利益联结机制，使参与产业化经营的农民不但从种、养业中获利，还可分享加工、销售环节的利润，增加收入。

农业产业化经营是提高农业竞争力的重要举措。加入世贸组织后，国际农业竞争已经不是单项产品，单个生产者之间的竞争，而是包括农产品质量、品牌、价值和农业经营主体、经营方式在内的整个产业体系的综合性竞争。积极推进农业产业化经营的发展，有利于把农业生产、加工、销售环节联结起来，把分散经营的农户联合起来，有效地提高农业生产的组织化程度；有利于应对加入世贸组织的挑战，按照国际规则，把农业标准和农产品质量标准全面引入到农业生产加工、流通的全过程，创出自己的品牌；有利于扩大农业对外开放，实施“引进来，走出去”的战略，全面增强农业的市场竞争力。

2. 棉种产业化

改革开放前，我国棉花生产实行以生产队为单元的集体化生产，棉花育种技术经过了引种、系统育种、简单杂交育种和复合杂交育种几个阶段；良种繁育经过了片选、块选，

20 世纪 50 年代引进前苏联的“三圃制”繁育技术，其后一直作为经典模式长期使用；20 世纪 70 年代后，棉种生产实行以县为单位的良种繁育体制；种子包装基本采用大麻袋包装；播种采用毛子浸种播种；种子企业基本是国营种子公司，棉花产业化无从谈起。

改革开放以来，尤其是进入 21 世纪以来，我国棉种产业从无到有，从小到大逐步形成。在新品种选育、试验示范、良繁体系建设、种子加工、质量检测和营销推广等方面取得了骄人的成绩，以企业为主导、市场为目标、由分散经营向集团化和产业化经营的棉花产业化格局初步形成。

棉种产业化的先导是棉种企业的兴起和发展。中国农业科学院棉花研究所在 20 世纪 80 年代的棉种经营和推广是由该所的行政机构开发处进行，种子采用大麻袋包装，全部是毛子，主要经营品种是中棉所 12、中棉所 16、中棉所 17 和中棉所 19。1996 年成立科技贸易公司，至 2004 年开始供应硫酸脱绒包衣棉种，2006 年在科技贸易公司的基础上，经过引入股份制，组建了中棉种业科技股份有限公司，注册资本 5 000 万元。公司地址位于郑州市高新技术开发区，主要经营品种是中棉所 29、中棉所 41、中棉所 50、中棉所 63、中棉所 66 等，并先后在安徽合肥、新疆喀什、库尔勒、阿克苏、石河子设立分公司，在全国三大棉区设立试验站，步入规模化、产业化、标准化的发展快车道。其他如创世纪公司、国欣农村技术服务总会、鑫秋农业科技股份有限公司等棉种企业先后成立。

截至 2014 年，全国种子企业总量由 3 年前的 8 700 多家减少到目前的 5 200 多家，减幅达 40%；注册资本 1 亿元以上企业 106 家，增幅近 2 倍；销售额过亿元的企业 119 家，增幅 30%；前 50 强种子企业销售额已占全国 30% 以上。目前专业经营棉种的主要种子企业 28 家，兼营棉种的主要种子企业 45 家，在 73 家棉种经营企业中销售额超过 1 亿元的 18 家，超过 3 亿元的 3 家，超过 10 亿元的 1 家。73 家棉种经营企业的注册资本总额为 18.7 亿元。投资渠道主要来自企业固定资产、无形资产和自有资金、科研单位科技成果作价、自然人投资等。

三、棉花种子产业化的发展趋势

（一）棉花新品种培育以企业为主体，实现商业化育种

我国棉种市场上推广的品种多达 100 ～ 200 个，由于新品种培育缺乏创新机制，逐步导致这些品种在丰产性、抗逆性等方面存在同质化程度高，遗传基础狭窄，缺乏突破性品种，生产上需要的品种匮乏，如超高产、抗病丰产优质、高品质棉、抗干旱耐盐碱、适合机采等。在市场经济的促进下，我国棉种经营主体出现了股份制企业、私营企业、个体工商业等多元化经营主体，打破了计划经济时代国营种子公司垄断经营的局面。经营主体多

元化带来了品种“多、乱、杂”和同质化严重的一些弊端。目前，我国大多数棉区特别是黄河流域和长江流域棉区，品种多、乱、杂现象十分严重，随着农业种植结构不断调整，棉花价格逐步与国际接轨，植棉面积逐步压缩，但品种数量却居高不下，每个主产棉县棉花品种多达 30 ～ 60 个，有的高达 100 个左右。品种多乱杂带来的直接不利影响是品种间同质化严重、种子质量良莠不齐等，容易造成质量纠纷和生产事故；品种多乱杂不利于优良品种的区域化布局，并且容易给棉农消费者造成购种误导；品种多乱杂不利于主导品种的推广，影响了我国棉花单产水平的进一步提高。

过去国家支持科研单位和大学培育棉花新品种，一方面削弱了科研单位和大学的基础研究地位，不能全力投入科技创新，无法赶超国际同类基础研究，另一方面科研单位和大学市场化能力薄弱，培育的新品种与生产一线脱节，无法实现大规模商品化，形成技术棚架，同时种子企业自身研发能力受到影响，需要与科研单位和大学协商，签订技术转让或合作开发合同，无法形成差异化合力。

为此，国务院多次下发文件，支持种子企业为主体开展作物商业化育种。2011 年《国务院关于加快推进现代农作物种业发展的意见（国发〔2011〕8 号）指出：“目前我国农作物种业发展仍处于初级阶段，商业化的农作物种业科研体制机制尚未建立，科研与生产脱节，育种方法、技术和模式落后，创新能力不强”，对商业化育种高度重视，投入专项资金支持企业从事商业化育种；2012 年国务院办公厅《关于印发全国现代农作物种业发展规划（2012—2020 年）的通知》（国办发〔2012〕59 号）指出，要“坚持企业主体。充分发挥种子企业在商业化育种、成果转化与应用等方面的主导作用。鼓励“育繁推一体化”种子企业整合农作物种业资源，通过政策引导带动企业和社会资金投入，推进“育繁推一体化”种子企业做大做强。”农作物实现以企业为主体的商业化育种后，科研单位和大学可以集中精力从事基础研究，在育种新材料创制、育种新技术和新方法上实现创新，为企业提供更加扎实的技术支撑。

（二）棉种生产规模化和专业化

目前我国棉花良种繁育存在的主要问题是基地规模小且分散，缺乏规模化繁育基地；社会化、组织化程度低，管理混乱，人员素质参差不齐；繁育技术缺乏标准化，不能与国际接轨，繁种质量良莠不齐；良繁基地设施落后，不能有效保障种子繁育质量等。虽然我国种子生产制定了严格的许可制度，但许多企业缺乏稳定的繁育基地，采取分散委托繁育方式，仍不能实现良种繁育规模化和标准化，与我国农业发展要求和世界发达国家相比较仍有较大差距。

实现棉花种子产业化，要求培育大型“育、繁、推”棉种龙头企业，种子企业数量继续压缩，企业参与国内外竞争的能力进一步增强，棉花种子要实现规模化生产，由此带来种子质量进一步提高，机械化的种子加工自动化程度较高的流水生产线必将使种子生产成本降低，最终给棉农带来实惠。

（三）种子检验技术科学化、标准化

我国棉花种子质量控制技术较落后，种子合格率不高。在棉花种子市场监督检验体系中，通常种子质量检验包括四项必检指标：纯度、发芽率、水分、净度。而在种子生产过程中，需要通过严格的质量控制过程来实现这几项指标达标。随着分子生物学技术的迅速发展，许多发达国家把分子检测纳入种子纯度检测的指标，利用分子指纹图谱判定品种的真实性，而且种子质量检测指标包括有毒和有害杂草种子。如美国许多棉花种子企业检测种子质量中，检测项目包括其他作物种子、杂草种子和有害杂草种子，而且生产用种种子纯度标准达 99.5%，而我国种子质量检测仍以常规技术及指标作为判断依据，农业部《种子法实施细则》规定，良种（毛子）纯度为 98%。分子检测仅在大型棉种企业采用，未作为质量检测指标使用，而且检测技术不规范，以 SSR 检测为例，各个种子企业使用的 SSR 引物和使用数量并不统一，因此检测结果仅作为品种真实性的辅助指标，与棉花种子产业化的需要很不适应。

随着棉种产业化的发展，我国棉花种子质量检测技术需要改进提高，检测标准要与国际接轨，检测项目需要增加，品种真实性的 DNA 检测结果应作为判断依据。

（四）培育具有核心竞争力的种子企业

种子企业集团化、规模化是发展趋势。目前我国注册的种子企业有 5 200 多家，同时具备研发、试验示范、种子生产、加工、检验、销售能力的企业为数很少，企业虽多，却缺乏有竞争力的大型龙头企业，多数种子企业的销售额一般都在几百万元或几千万元，而目前全球排名前十位的种子公司销售额已达到近百亿美元，约占全球种子贸易额的 1/3；世界四大基因工程巨头杜邦、孟山都、先正达和安万特公司垄断了全球基因种子市场的 1/4。因此，我国企业无法形成强大的竞争力。这种状况导致我国种子市场无序竞争和品种“多、乱、杂”现象严重。虽然近年我国种子企业迅速发展，企业规模在一定程度上有了很大提高，种业集聚度得到很大提升，全国种业五十强企业占据了 1/5 的市场，但同国际大公司相比，2002 年其总经营额还不到美国先锋种子公司经营额的 1/3。

实施棉花种子产业化，需要培育大型棉种龙头企业，使其在资金、技术、设备、人才等资源要素上同步完善，逐步具备参与国际竞争的能力，将使我国棉种产业化达到新的水平。根据专业人士分析，到 2020 年，我国应在三大棉区创建一批大型龙头企业，其中黄

河流域 3 ～ 4 家，长江流域 2 ～ 3 家，新疆南部棉区和北部棉区各 2 ～ 3 家，上述龙头企业生产和经营的棉花种子市场份额占总量的 60% ～ 70%；龙头种子企业经营的新品种，70% ～ 80% 由企业为主或自主培育；龙头种子企业的种子生产技术、种子加工和检测技术达到世界一流水平。

第二节　棉花种子产业化体系

现代棉花种子产业化体系，主要包括以商业化育种为核心的技术创新体系，以区域化、规范化为核心的中间试验体系，以规模化、专业化为核心的良种繁育体系，以现代化、精细化为核心的种子加工体系，以网络化、社会化为核心的种子营销推广体系，以系统化、标准化为核心的种子质量监控体系，在实现农民快乐植棉，打造现代棉业，提升棉花产业核心竞争力中发挥支撑作用。

一、技术创新体系

《全国现代农作物种业发展规划》（2012—2020 年）明确提出：“充分发挥种子企业在商业化育种、成果转化与应用等方面的主导作用。鼓励‘育繁推一体化’种子企业整合农作物种业资源，通过政策引导带动企业和社会资金投入，推进‘育繁推一体化’种子企业做大做强”，并提出 2020 年种业发展规划，“形成科研分工合理、产学研紧密结合、资源集中、运行高效的育种新机制，发掘一批目标性状突出、综合性状优良的基因资源，培育一批高产、优质、多抗、广适和适应机械化作业、设施化栽培的新品种；建成一批标准化、规模化、集约化、机械化的优势种子生产基地，主要农作物良种覆盖率达到 97% 以上，良种在农业增产中的贡献率达到 50% 以上，商品化供种率达到 80% 以上；培育一批育种能力强、生产加工技术先进、市场营销网络健全、技术服务到位的‘育繁推一体化’现代农作物种业集团，前 50 强企业的市场占有率达到 60% 以上”。

（一）国家对棉花新品种的需求与商业化育种

随着我国棉花种植结构调整和确保国家粮食安全政策的实施，黄河流域和长江流域两大棉区植棉面积逐步压缩，棉田将转移到丘陵岗地和干旱、盐碱地区，因此棉花育种目标要随之调整。在黄河流域棉区，培育耐干旱、盐碱品种成为未来棉花育种的主要目标，随着城镇化步伐的加快，培育适合棉花生产全程机械化的品种也成为主要育种目标；在长江流域棉区，培育具有高优势的杂交棉尤其是三系杂交棉品种，培育适合盐碱滩涂地区种植的耐盐碱棉品种，培育生育期短、适合棉油（瓜、菜）套种的棉花新品种成为重要育种目标；在新疆棉区，培育早熟、抗棉蚜和适合机械采收的棉花品种以及耐旱碱棉花品种将为该棉区的可持续发展增添新的活力。

（二）建立商业化育种机制

商业化育种的实质是在种子企业建立技术创新机构，吸纳社会资金，承担国家科技项目，组建专家和专业技术团队，与科研院所和高等院校在种质资源和育种技术上开展合作交流，聘请有关专家进行技术指导和人员培训，鼓励科研院所和高等院校专家到企业从事专职和兼职合作研究，以企业为主体培育适合目标市场的各类棉花新品种，创建院士工作站、工程技术中心和技术培训基地等创新平台，逐步形成企业的核心竞争力（周关印，2014）。

科研院所和高等院校的优势是开展基础性、理论性研究，创新育种材料和育种技术，种子企业的优势在于种子生产、加工、质量控制和完善的市场网络，只要形成育种体系，便可实现育、繁、推一体化。实现两者有机结合，需要解决利益分配和成果共享问题。中国农业科学院棉花研究所与中棉种业科技股份有限公司签署了棉花商业化育种战略合作协议，从体制和机制上保障了商业化育种的顺利实施。

（三）培育“育、繁、推”一体化的龙头企业

根据国务院的指示精神，我国棉种大型企业的科技创新机制正在形成，科技创新能力迅速提升，但企业的科技创新能力仍较弱，制约了企业的发展，需要逐步调整方向，适应商业化育种的科技需求。中棉种业科技股份有限公司建立了科技创新中心，组建了河南省院士工作站和河南省棉花遗传育种工程技术中心，承担了科技部 3 项科技支撑计划项目，其中 2014 年启动的“棉花商业化育种技术研究与示范”项目，将与中国农业科学院棉花研究所、河南农科院经济作物研究所、国欣农村技术服务总会等单位合作，在 5 年内创制早熟或特早熟等目标性状突出的短季棉新材料 30 ～ 50 份，耐盐碱新材料 30 ～ 50 份，适于机采棉新材料 30 ～ 50 份；开发功能标记 40 ～ 50 个。

二、中间试验体系

我国棉种产业化中存在的突出问题是有品种无技术，或有技术不精准，难以真正实现良种良法配套，许多品种的配套栽培技术需要育种家提供，未能根据不同地区、不同耕作栽培制度和栽培管理水平向棉农提供有价值的栽培技术规范，造成栽培技术千篇一律。针对上述重品种、轻配套技术的实际情况，棉种企业在产业化中需要更加关注集成和推广适合品种特征特性的配套栽培技术，使棉农快乐植棉，提高效益。

棉花中间试验体系是科技创新体系的功能延伸，是新品种应用于生产的桥梁和纽带，主要是针对不同的生态区域，通过建立生态试验站和试验网络，根据当地生态特点和种植模式，研究新品种的适宜推广范围，确定棉花平衡施肥、化学调控、病虫害综合防治、促早栽培等关键技术并进行配套组装集成，通过新品种、配套技术试验、示范、展示，为新品种的繁育、生产、推广提供技术支撑和配套技术服务，指导当地棉花生产。中间试验包括新品种、新技术等单项试验、新品种与新技术集成试验、高产展示以及高产高效示范园区建设等。

（一）新品种、新技术等单项试验

新品种单项试验指新品种通过省级及省级以上审定后，为了确定适宜的种植区域、适宜的种植模式以及对当地病虫害、低温、高温、干旱、盐碱等逆境条件的适应性，需要进行新品种试验，这与省级及省级以上区域试验和生产试验并不矛盾，是对区域试验和生产试验的补充和完善。新品种包括已审定的品种和即将审定的品种，也可包括临近地区已审定的品种。

众所周知，一个优良品种并不能适应所有的地区，也不能适应一个地区的所有种植模式，为此，棉种企业需要对新品种做生态适应性研究，确定最佳种植区和最佳种植模式，这是棉种产业化的关键问题。中棉种业科技股份有限公司在“十二五”期间承担了科技部支撑计划项目，要求在全国三大棉区建立新品种测试体系，对新品种、新品系（杂交组合）进行生态适应性测试，目的是为新品种的生态适应性提供试验依据。该项目经过几年实施，已测试棉花新品种、新品系（杂交组合）120 多个，推荐参加省级以上区域试验品种 37 个，收到良好的效果（表 8-1）。

表 8-1　棉花新品种测试体系实施情况

测试项目	黄河流域	长江流域	新疆棉区	合　计
建立网点	12	12	4	26
测试品种	42	56	28	126
推荐品种	14	16	7	37

在安排新品种单项试验时，应注意以下问题：

一是试验条件要与当地生产条件尽量一致。如当地种植密度较高，试验应安排较高密度；当地是育苗移栽，也应安排相应的育苗移栽，在育苗时间、移栽时间、移栽苗龄、移栽方法等措施与生产尽量一致，才能得到符合当地生产的有用信息。

二是设置重复和适当扩大小区面积。一般应设置 3 次重复，试验结果通过显著性检验，才能真正说明品种的丰产性和适应性。常见这类试验只设置 1 次重复，或者说不设重复，这样的试验结果可靠性差，用来指导品种筛选不可靠。小区面积应大于区域试验，一般 30 m^2 左右为宜，以提高试验的精确度。

三是加强田间管理，各项农事操作力求均匀一致，当天完成。施肥量要均匀，施肥量接近当地水平，或略高于当地水平，中耕、灌溉、病虫害防治、间苗、定苗等操作要当天完成，如果不能当天完成，遇到降雨、刮风等异常天气，将影响试验的准确性。田间药剂防治病虫害时，最好使用同一台机器，以防止不同机器作业造成试验误差。

四是试验要重复两年以上。这是因为年际间温度、降雨量、病虫害发生程度有所不同，仅一年试验不具有代表性。常见的问题是有的试验仅做了一年，就向棉农推荐某品种，结果因某品种的抗病性差或晚熟等缺陷给生产造成损失。

其他单项技术的试验原理和试验方法与新品种试验基本相同，即除了需要试验的因素不同外，其他试验条件尽可能一致。

（二）新品种与新技术集成试验

新品种与新技术集成试验的目的是把新品种及其配套栽培技术组装集成，通过试验对不同试验因素的参数不断调整，形成可用的、完整的技术体系，在生产上推广应用。过去有人认为棉花栽培技术是通用的，不需要考虑不同品种的生长发育规律和特征特性，这是一种误解。实际上品种不同，所要求的栽培技术和指标也不同，如按照统一模式管理，无法发挥品种的内在优势。中国农业科学院棉花研究所培育的抗虫棉品种中棉所 41 于 2002 年通过国家审定后，组织了促早栽培、平衡施肥、病虫害综合治理、良种繁育等学科联合攻关，于 2005 年完成了中棉所 41 配套技术集成，并建成专家系统，制成光盘，在全国主产棉区推广应用，取得了明显成效，一度成为全国推广面积最大的转基因抗虫棉品种，其中陕西、山西多年占棉田面积 70% 以上，累积推广面积 300 万 hm^2，2009 年获得国家科技进步二等奖。

（三）高产展示与高产高效示范园区建设

新品种及其配套栽培技术组装集成后，究竟效果如何，是否符合当地棉花生产实际，棉农是否接受，需要通过示范展示进行验证，向棉农宣传，才能解决技术棚架问题。

高产展示是以品种为基础，以配套栽培技术为依托，形成大面积高产示范片，以事实为依据向棉农提供样高产样板的最好形式。目前各大中型棉种企业都十分重视建立新品种示范基地，在棉花不同生长发育阶段组织现场会、观摩会等，并与媒体结合，宣传新品种、新技术的增产效果。如中国农业科学院棉花研究所与中棉种业科技股份有限公司联合，2011 年在长江流域培育了大面积中棉所 63 的高产示范田，创造了棉花单产的新纪录，先后组织 5 次现场观摩，中央电视台 1 套节目在新闻联播中报道，使种植中棉所 63 的棉农收到鼓舞，中棉所 63 的推广面积迅速扩大，成为长江流域的主推品种。

高效示范园区的功能基本与展示田相同，但示范推广面积更大，说服力更强，其中包括园区棉田、道路、交通建设规划和新品种、新技术的有机结合，对大面积提高棉花产量、普及推广新品种、新技术发挥了重要作用。

根据品种的特征特性集成配套栽培技术后，建立新品种高产示范田和高效示范园区，用事实教育农民，把科学植棉技术送到千家万户，是实现快乐植棉、科学植棉的重要环节。高产示范田是把配套栽培技术组装集成后全面应用，让棉农认识对某品种采用某套栽培技术行之有效，高效示范园区属于中间试验，其作用是把系列配套栽培技术扩大应用，为大面积推广应用树立样板。

中棉种业科技股份有限公司 2010 年在湖南省临澧县合口镇回龙村一组建立 6.67 hm^2 的杂交抗虫棉中棉所 63 高产示范田，应用扩行缩株增密、测土配方施肥、因苗长势科学化调、前期促根早发、中期增叶增枝、后期保根保叶防早衰的系列栽培技术，平均每公顷密度 1.93 万株，单株成铃 78.6 个，创造了实收子棉 7 222.5 kg 的高产纪录，曾在中央电视台《新闻联播》节目报道，此后中棉所 63 成为长江流域棉区主推品种。

三、良种繁育体系

品种是科学技术的载体，是重要的生产资料，棉花新品种育成后，需要通过科学化、规模化的良种繁育技术生产大量优质良种，满足棉农对新品种的需求，为了实现新品种规模化生产，需要通过一系列试验示范环节确定新品种的种植适宜区域，并引导棉农认识新品种，种植新品种，了解新技术，应用新技术，这是棉种产业化体系的重要组成部分，也是实现棉花高产优质高效的基础。

（一）棉花良种繁育技术

1.棉种生产的规模化

目前，我国棉花良种繁育存在的主要问题是基地规模小且分散，缺乏规模化繁育基地；良繁基地设施落成后，不能有效保障种子繁育质量；90% 以上棉花杂交种子的生产方式主要是人工去雄授粉杂交制种法，具有人工操作费时费工、工作强度大、制种田管理复杂、种子生产成本高等特点，只能在拥有大量廉价劳动力的条件下才能开展。而随着我国城镇化的快速发展、农村经济条件的不断改善和生活水平的迅速提高，大量劳动力进城务工，人工成本越来越高，不但使杂交种制种成本增加，而且严重制约了杂交棉在生产上进一步扩大规模种植，与新时期棉种产业化的目标很不适应。因此，必须研究建立新的制种体系，实现简化制种，降低劳动强度和用工投入，才能保证杂交棉进一步扩大种植规模。

2. 棉种规模化生产的基本要求

棉种规模化生产首先要求良种繁育基地集中连片，做到一村一种，或一乡（镇）一种，一场一种，种子生产田周围不能种植其他品种。种子规模化生产的好处表现在以下几方面：

一是可以避免其他品种花粉传播对生产用种种子的污染，有利于保持品种纯度。棉花是常异化授粉作物，异交率在3%～12%，主要靠昆虫传粉，据研究，棉花避免昆虫传粉的有效距离在80 m以上，因此，种子生产田四周应种植玉米、高粱等高秆作物，或种植同一品种的其他种子，也可以通过河流、山丘、建筑物等自然条件实施隔离。

二是棉种规模化生产可以统一管理，集中收获，集中加工，避免机械混杂和人为混杂，有效保证种子纯度。棉种在收获期间，收获工具和机械容易携带其他品种的种子，特别在棉花晾晒中，由于刮风以及鸡、鸭、鹅、鸟类的活动，常会使种子棉中混进其他品种种子；在机械加工中，由于轧花机清理不干净，会混入其他品种种子，而集中种植后均可有效避免上述混杂因素的干扰。

三是便于集中使用资金，实现机械设备更新改造。目前我国棉花加工设备较陈旧老化，维修、保养不到位，与国外大型棉种企业差距较大，其中一些设备利用率低。鉴于上述情况，国家对棉花产业化十分重视，其中包括投入大量资金，建设种子生产加工基地，棉花规模化制种，便于承担国家此类项目，及时跟新改造种子棉加工设施，提高棉种质量。

针对目前我国棉种产业化中存在的问题，不少专家呼吁在三大棉区建立规模化棉种生产加工体系，研究新的良种繁育技术与杂交棉制种技术，提出黄河流域建立3～5个，长江流域3～4个，黄河流域建设繁育基地3～5个，规模350～600 hm^2；鉴于杂交棉制种的特点，在长江流域建设繁育基地4～6个，每个基地规模350～550 hm^2；新疆南疆和东疆建设繁育基地3～4个，每个基地规模1 500～2 000 hm^2，北疆建设基地2～3个，每个基地规模1 500～2 000 hm^2。建设内容包括排灌设施、土壤培肥、土地平整、种子加工、储藏、检验设备更新改造等。

3. 棉花良种繁育技术

我国棉花良种繁育技术经历了漫长的历史发展过程，从棉农自发实施的块选、片选到“三圃制”“良圃制”、自交混繁法，目前形成以四级种子生产程序为基本内容的良种繁育技术。

（1）基于群体混合选择的块选和片选技术

此项技术在我国农作物良种繁育中具有悠久的历史，新中国成立前农民自留种多数采用块选、片选技术，新中国成立后我国大面积引进美国陆地棉品种，留种广泛采用此项技术。其技术核心是在种植优良品种的区域选择生长健壮、群体表现整齐一致的田块，经过去杂去劣后混合收获，作为优良种子使用，或在田间选择生长健壮、群体表现整齐一致的片区，作为该品种的典型代表混合收获，加工后作为优良种子使用。该技术对保持原品种优良种性起到积极的作用，如我国 20 世纪 50 年代从美国引进的陆地棉品种岱字棉 15、斯字棉 2B 和从前苏联引进的品种军棉 1 号等，通过片选、块选技术种植 20 余年，种性基本保持如初。此项技术的优点是操作简单，种子生产成本低，收获种子基本能表现该品种的特征特性；缺点是经过多年种植，该品种在机械混杂、自然变异、昆虫传份、人为等因素的综合影响下，原品种的典型性、一致性和遗传稳定性逐步丧失，导致品种逐步退化。该技术在我国自育品种大面积推广应用后逐步退出历史舞台。

（2）基于单株选择为基础的良种繁育技术

该技术主要包括以"三年三圃制"为核心的单株选择、分系比较、混系繁殖的良种繁育技术，以及由此衍生的其他技术，其核心是在田间根据表现型选择代表性单株为基础，由此繁殖和生产原种和良种。

20 世纪 80 年代山东省安丘县与中棉所合作，在中棉所 12 良种繁育中采用此项技术，建立了一套棉花良种繁育体制，对棉花良种实行专管专营，从良种引进、试验示范、繁育、推广和供种，实现了一条龙的管理体制，并制定了相应的配套政策和措施，做到了责、权、利一致，较好地处理了个人、集体、部门和国家的关系，达到了一县一种、统一供种、年年更新的目标，建立了株行圃村、株系圃村和原种乡二级三圃棉花良种繁育统一管理的新体制。1990 年株行圃面积达 2 hm^2，株系圃 35 hm^2，原种圃 1 350 hm^2，原种 1 代 5 330 万 hm^2，达到了可年产原种 100 万～150 万 kg，一代良种 400 万～600 万 kg 的规模，良种纯度达到国家标准。1988 年和 1989 年累计生产原种和原种一代良种 270 万 kg，实现了全县换种，新增皮棉 160 万 kg，新增经济效益 902 万元，该技术 1992 年获得国家星火奖。

随着我国经济的发展和科技水平的提高，要求良种生产方法简单，周期缩短，成本降低，效果显著，因而对"三圃制"逐渐提出质疑。这种程序属于循环繁殖技术路线，其核心是"选"和"试"，与良种繁育的本意有所偏悖。如果是品种的培育者，通过单株、株行和株系，要选出符合原品种特征特性的后代也许并不困难，但其他繁种单位或育种者要掌握某一品种的选择标准并非易事，可能常顾及了一些性状，而忽视了另一些性状，造成越选与原品种差距越远，以致面目全非。如中国农业科学院棉花研究所 20 世纪 80 年代推出的高产优质抗病棉花品种中棉所 12，曾先后通过国家、黄河流域、长江流域 9 省市品种审定，是我国育成的划时代棉花品种，获得国家发明一等奖。当时不少单位通过建立"三圃制"自行繁种，1994 年中棉所收取 20 余份有关样品进行比较试验，发现同是"中棉所

12”，不同样品间衣分相差 5%，子指相差 3 g 左右，霜前皮棉产量相差 25 kg/ 亩，抗病性差异更大。这说明，不正确选择是造成品种混杂退化的主要原因之一。

由于“三圃制”繁种周期长（从选择单株到混系繁殖 2 代一般需要 5 年），往往待“三圃制”生产出良种，该品种也将退役，这与现今品种应用速度要求很不适宜。总之，“三圃制”具有生产周期长，增加品种世代，加速品种老化，不利于品种及时更新；单株、株行、株系比较淘汰率高、繁殖系数低，试验和考种耗资大、费工费时，成本高；优中选优的高度选择，会产生遗传漂变，导致遗传基础贫乏或性状偏离等问题，必须尽快改进。

“三年三圃制”及其衍生技术容易偏离原品种种性、繁殖成本高、周期长的弊端仍然存在。实际上“三年三圃制”在最初引入我国时是作为系统育种技术选择优良品种的，而且我国用此项技术从美国引进品种中选出了大量优良品种，如 1942 年陕西省农业改进所从斯字棉 4 号中采用此技术育成泾斯棉，比斯字棉 4 号增产 13%；金陵大学 1947 年从斯字棉 4 号中系统育成 517，比斯字棉 4 号增产 19.6%；江苏徐州农科所 1955 年从斯字棉 2B 中系统育成徐州 209 比斯字棉 2B 增产 15.5%；1961 年从徐州 209 中系统选育育成徐州 1818，比对照岱字棉 15 增产 18.5%，累计种植面积 520 亿 hm^2，成为当时推广面积最大的品种。上述事实说明，以单株选择为基础的棉花育种技术是用于创造新品种而不是作为良种繁育技术应用的。由于 20 世纪 80 年代以前我国农作物良种繁育技术落后，采用上述技术对我国棉花品种良种繁育确实起到了积极作用，为我国棉花生产发展作出了重大贡献，随着良种繁育技术的发展，此项技术已不适宜作为主要良种繁育技术继续推广应用。

孙善康于 1989 年提出“三年两圃法”种子生产程序，即把分系比较改为混系种植，株行去杂去劣后进入原种一圃和二圃繁殖两年，因这二圃工作内容相同，故称“三年二圃”法。此法生产的原种纯度与产量均不比三圃法低，但工作量减少一半以上，也减少了初选单株数，并在一定程度上保持了原品种的典型性和同质性，对原群体纯度较低的品种较为适宜，但该项技术仍建立在从群体中选择的基础上，仍会因产生遗传漂变而影响原品种种性。

陆作楣等针对“三圃制”的缺陷，提出从育成品种中选择一定数量的典型单株自交，下年种成株行并分行自交，第三年将入选株行混合种植并任其自然授粉，同时每个入选的自交株行种植并连续自交，以备下年种植。自然授粉所产生的种子及基础种子，供生产上扩大利用，这种方法称为“自交混繁法”，其原种生产程序见图 8-1。

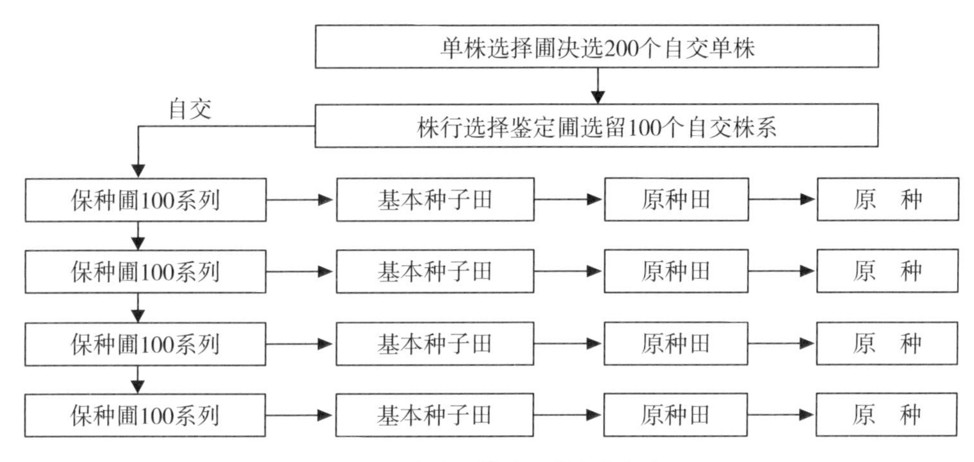

图 8-1　自交混繁法原种生产程序

这种方法通过多代连续自交和选择，既提高品种个体纯合性，保持原品种特性，提高纯度，同时保持多个自交株行混合繁殖生产原种，以保持群体的遗传基础。但从品种现状和生产要求看，由于取材少、群体小、周期长，其间仍可造成部分混杂退化，连续多代自交仍有群体经济性状衰退，且生产成本高。

改良众数选择法。实践证明，在良种繁育过程中，如果加强某些性状的选择压力，虽然可以取得一定的效果，但另一些性状则由于选择而被削弱了，因此，建立以单株为基础的良种繁育技术，如果不严格注意保持原品种的典型性，将使一个品种逐步失去原有的遗传平衡，成为一个与原品种面目全非的另一个品种。鉴于棉花良种繁育在选择技术上存在的问题，以及品种更新速度加快，为了提高繁育效果，并更好地适应更换速度加快的需要，朱绍琳提出了“改良众数混选法”，用于改良棉花原种生产技术。其特点是：改选择单株为混合选组；改表现突出单株当选为众数当选（即单株某性状选择中多数单株表现的性状值）；选组要求严格，以保证原品种的典型性，后代要求放宽，以利于扩大繁殖群体。具体做法如下。

混合选组：选择棉株长势正常的品种繁殖田（一般是原种繁殖田）作为选组田，在棉花吐絮盛期每隔 5 ～ 10 株选收 1 株，遇到异形株则不入选。每株收获 2 个正常吐絮铃，每 5 株共 10 个铃混合为一组，测定各组的衣分、铃重和纤维品质，每个测定项目均以平均数 1 个标准差范围内作为当选标准，选组的数量根据下一年“组系比较圃”的计划面积和最后入选的比例确定。其好处是组数较多，有选择余地；采用混合选组、众数当选法可以避免人为选择造成与原品种的偏移；选组在同一时期进行，每组子棉数量基本一致，考察的主要性状的可比性强；混合选组可以一次完成，比较省工。

建立组系比较圃：上年入选的组，分组种植，每组行数一致，淘汰有明显异形株及长势、结铃差的组系，其余混合收获。

原种繁殖圃：种植上年混系种子，进一步扩大繁殖，调查田间品种纯度，取样考种并测定纤维品质，生产的种子即为原种。

虽然改良众数选择法是从原种田无选择的抽取单株成组，改变了“三圃制”从群体人工选株易造成遗传漂变的弊端，但工作量大，原种繁殖成本高，费工费时，而且每株仅收取2个棉铃，繁殖效率较低。

与上述方法相似的或近似的有株系循环法、循环选择法等，其共同特点是以选择单株为基础，通过株行、株系生产原种，其主要弊端是遗传飘移、成本高、周期长。

（3）基于重复繁殖理论的四级种子生产技术

1988年河南省提出小麦良种繁育的育种者种子、原原种、原种和良种的四级种子生产程序。张万松等在推广豫麦10号中，实行育种单位、繁种单位和推广单位的横向联合，运用四级种子生产程序效果显著，随后河南省在小麦、水稻、玉米、大豆等作物良种繁育中，推广应用四级种子生产程序效果良好。2000年4月中国种子协会与河南省种子协会，在郑州市召开了“全国农作物种子生产技术与良繁体系改革学术研讨会”，会议充分肯定了“四级种子生产程序”。

基于我国棉花良种繁育技术存在的问题，中国农业科学院棉花研究所郭香墨等在借鉴王淑检、张万松等人应用于小麦品种良种繁育的四级种子生产程序的基础上，提出棉花四级种子生产程序，并在1996年首先应用于中棉所21的良种繁育中，与中国农业科学院棉花研究所科技贸易公司合作，使该品种在河南省及周边地区大规模推广应用，品种种性保持如初，收到了明显的效果。“四级种子生产程序”应用育种家种子重复繁殖技术路线，即种子生产总是以育种家种子为源头，通过限代繁殖生产良种。按照这一程序进行种子生产时，把繁育种子按世代高低和质量标准等分为四级，即育种者种子、原原种、原种和良种。其良种应用于生产的主要形式是实行育、繁、推、销一体化，构成良种繁育新体制，见图8-2。

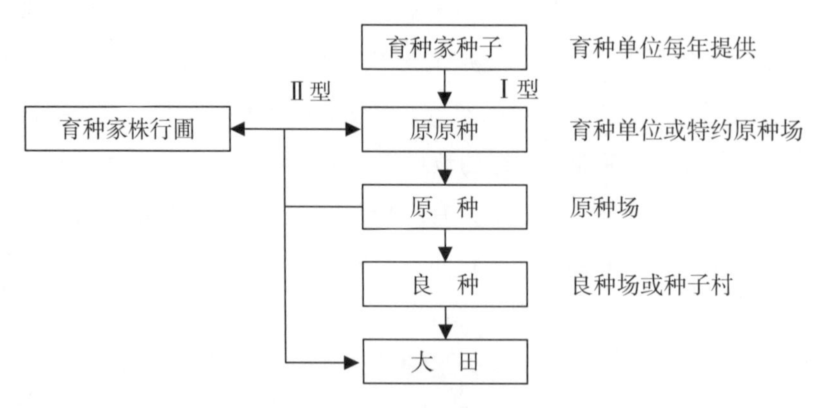

图8-2　棉花四级种子生产程序

在正常情况下，由于育种家种子储藏数量是按预测计划确定，种源充足，只需按Ⅰ型原原种的繁育程序，就可满足生产需要；如果育种家种子即将用尽，应由育种家负责，通过育种家的保种圃进行原原种繁育。其生产方法是单行种植、分株行鉴定、整行去杂、混合收获的技术规程，即Ⅱ型原原种的繁育程序。如选出株行、株系确比原品种有改进，对于耕作制度改变和提高品种对某一生态区的特殊适应性具有重要意义。

1）四级种子生产程序的理论基础

良种繁育的研究对象是农作物品种群体，良种繁育的目的是在保证品种纯度和典型性的基础上，获得优质和足量的种子群体，整个繁育过程应保持种子的遗传稳定性。而品种群体遗传稳定性，取决于群体的基因频率和基因型频率的相对平衡，即群体的遗传结构。哈迪—温伯格定律是群体遗传学的基本定律，其中心内容是：在随机支配的大群体内，若没有选择、突变、迁移或遗传飘移因素的作用，基因频率和基因型频率在世代间保持恒定；而且基因频率和基因型频率间存在简单的关系。因此，凡能改变群体基因频率和基因型频率的因素，都能影响品种群体遗传稳定性。

群体遗传学认为，作物只要有较大的群体，又不受其他因素的影响，经多代繁殖后，都可建立起遗传平衡，从而使群体的遗传组成代代相传，而优良品种或自交系，都是经过多代选育而成的遗传基础稳定的群体。因此，在繁育良种时，只要良种繁育技术路线合理，就能避免或减少其他因素的干扰，保证品种的真实性。

四级种子生产程序属于重复繁殖技术路线，即种子生产总是以育种者种子为源头，经四级繁殖，生产出农田用种，种子群体是由小到大不断繁殖过程。整个过程只坚持严格防杂保纯措施，不再进行人工选择。这样，不仅可把基因迁移减小到最低程度，还可杜绝因选择不当引起的遗传漂变，有效地保护优良品种群体丰富的遗传基础和群体的遗传缓冲性。由于世代周期短，其基因突变的机率也小，即使有突变，也很难在群体中存留和发挥作用，因而自然选择导致遗传组成的改变更小，能有效地保持原品种的优良种性和纯度。

2）四级种子生产程序的优点

“四级程序”是当代种子生产的先进技术，主要表现在：

其一，“四级种子生产程序”具有坚实的遗传学理论基础。该程序的特点是在整个种子繁殖过程中，尽量保持品种群体的遗传稳定性。从育种家种子开始到生产出大田用种，种子群体是由小到大不断繁殖过程。整个过程只坚持严格防杂保纯措施，不进行人工选择，这样可减少遗传漂失，有效地保持优良品种群体丰富的遗传基础和群体的遗传缓冲性，因而能有效地保持品种的优良种性和纯度。

其二，“四级种子生产程序”确保种性和纯度，实现质量标准化。该程序从育种家种子开始，在整个种子生产过程中，只坚持严格防杂保纯措施，不再搞人工选择，避免了种出多门，能有效地防止品种混杂退化和走样变形；操作简便经济省工，缩短生产年限。该程序在整个种子生产过程中，每年不再搞试验、选择和考种等繁琐环节，只坚持严格防杂保纯措施，还比“三圃制”节省土地，生产原种时间短；节省种源，便于低世代储藏分期利用。利用营养钵育苗或地膜覆盖精量播种技术，繁种系数高，不必长期保存大量基础种子，这样就可利用现代化低温低湿统一储藏基础种子，逐年分期利用；减少繁殖世代，延长使用年限。该程序通过种家种子低温和低湿储藏与短周期低世代繁殖相结合进行，保证种植生产连续使用低世代种子，从而保持优良品种应用初期的优良性能，延长了使用年限。能从根本上控制种源，避免“种出多门”，有利于实现种子标准化；有利“育繁推”一体化的现代种子企业操作。该程序以品种为纽带，将育种、繁种和推广应用连成一体，发挥各自的优势，使整个良种繁育有序地进行。有利于实现种子管理法制化和生产专业化。

其三，“四级种子生产程序”的推广应用促进了良繁体系新框架的形成。“四级种子生产程序”的提出和应用，体现了育、繁、推三方优势互补、利益分享、风险共担原则，使育种者、种子生产者和经营者形成合力，使体制改革沿着种、工、贸、育、繁、推一体化的种子产业化道路健康发展，从而促进了良繁体系新框架的形成，因此，它给育、繁、推注入了活力，也必然推动整个种子工作的发展。

其四，“四级种子生产程序”与发达国家的良繁路线接轨。

经济合作与发展组织（OECD）的种子生产程序和种子认证等级是前基础种子（per-basic seed）、基础种子（Basic seed）、认证种子一代（Certified seed，1st generation）、认证种子二代（Certified seed，2nd generation）；欧洲经济共同体（EEC）的种子生产程序和种子认证等级是前基础种子（per-basic seed）、基础种子（Basic seed ）、认证种子一代（Certified seed，1st generation）、认证种子二代（Certified seed，2nd generation）、商品种子（Commercial seed）。其他国际组织和发达国家种子生产程序和种子类别见表 8-2。

表 8-2　世界机构及主要发达国家种子生产程序和种子类别

序号	世界机构和国家	种子生产程序和种子类别			
1	世界粮农组织（FAO）（主要推荐 AOSCA 方案）	育种家种子 Breeder seed	基础种子 Foundation seed	登记种子 Registered seed	认证种子 Certified seed
2	北美官方种子认证机构检验协会（AOSCA）	育种家种子 Breeder seed	基础种子 Foundation seed	登记种子 Registered seed	认证种子 Certified seed
3	经济合作与发展组织（OCED）	前基础种子 per-basic seed	基础种子 Basic seed	认证一代种子 Certified seed，1st generation	认证二代种子 Certified seed，2nd generation

（续表）

序号	世界机构和国家	种子生产程序和种子类别			
4	国际小麦玉米改良中心	Breeder's seed	Foundation seed	Registered seed	Certified seed
5	欧洲经济共同体（EEC）	前基础种子 per-basic seed	基础种子 Basic seed	认证一代、二代种子 Certified seed，1st，2nd generation	商品种子 Commercial seed
6	美　国	育种家种子 Breeder seed	基础种子 Foundation seed	登记种子 Registered seed	认证种子 Certified seed
7	加拿大	育种家种子 Breeder seed	精选种子 Select seed　基础种子 Foundation seed	登记种子 Registered seed	认证种子 Certified seed
8	新西兰	育种家种子 Breeder seed	基础种子 Basic seed	认证一代种子 Certified seed，1st generation	认证二代种子 Certified seed，2nd generation
9	瑞　典	先基础种子 pre-basic seed　基础种子 Basic seed	认证一代种子 C1=certified seed，1st generation	认证二代种子 C2=certified seed，2nd generation	商品种子 Commercial seed
10	墨西哥	育种家种子 Breeder seed	基础种子 Foundation seed	登记种子 Registered seed	认证种子 Certified seed
11	日　本	育种家种子	原原种	原种	检验种
12	意大利	育种家种子	基础种子	检验种	商品种
13	法　国	育种家种子（原始材料）	原种	基础种	合格种

从上述国际组织和发达国家的种子生产程序和种子类别可以看到，其虽然有所差异，但基本特点是相同的。有五个共同特点：一是育种家种子是种子繁殖的唯一资源。以此为起点，逐级繁殖，以确保原品种的本来面目。二是种子生产技术路线是重复繁殖。从育种家种子开始到大田生产用种，是种子连续不断的繁殖过程，只进行防杂保纯，而不进行选择，下一轮仍重复相同的繁殖过程。三是限代繁殖。一般对育种家种子繁殖 3 ～ 4 代即告终止，种子繁殖代数少，周期短。种子种在农田里，就不允许再回到种子生产流程内。如美国规定基础种子后的代数一般不超过两代。四是只繁不选，防杂保纯，以保持优良品种的遗传稳定性。五是繁殖系数高。种子生产是群体迅速增大过程，可最大限度地提高繁殖系数，为品种产业化增强了优势。他们对种源的保存和供应的方法分两种：一种是对育种

家种子足量繁殖，储藏于低温干燥库内，分成若干份，每年拿出一份繁殖基础种子；另一种是由育种者负责每年或隔年设置育种家种子繁殖小区（保种圃），生产育种家种子，为进一步繁殖基础种子提供种源。除了育种家种子外，他们还十分重视基础种子的作用及生产，把这称为育种者种子和登记种子二者之间的“生命环”。只要该环节工作好，就为下两级种子生产提供了可靠的保障。

其五，“四级程序”深受种子工作者欢迎。经过多年应用实践，“四级程序”深受育种者、种子生产者和用种者欢迎，一些地方应用该程序已取得了显著经济效益，这是我国良种繁育技术改革的又一新的发展。目前，应用范围从小麦一个作物逐步扩大到棉花、大豆、芝麻、花生、玉米、水稻、油菜和甘薯等作物，并形成了四种不同的应用模式（即常规种模式，杂交种模式，自交系、不育系杂优利用模式和无性繁殖作物模式），为“四级程序”在各类作物上试用提供了技术依据。经过多年应用实践，一些地方应用该程序已取得了显著经济效益，这是我国良种繁育技术改革的又一新的发展。

3）四级种子生产程序推广应用情况

郭香墨等首先提出棉花四级种子生产程序，并在中棉所21良种繁育中率先应用。中国农业科学院棉花研究所自1996年起，首先把“四级程序”应用于“中棉所21”的良种繁育中，与中棉种业科技股份有限公司（其前身是中国农业科学院棉花研究所科技贸易公司）合作，使该品种在河南省及周边地区大规模推广应用，品种种性保持如初。由于中棉所率先研制和应用棉花“四级程序”，新品种推广规模大，特别在推广中棉所41、43、29、35、24、27、36等骨干品种中，规模迅速扩大，新品种推广周期长，经济效益和社会效益显著增加（表8-3）。

表8-3　中棉所应用棉花四级种子生产程序获奖情况

品　种	应用年限（年）	累计推广面积（hm^2）	获奖情况
中棉所41	11	312.7	国家科技进步二等奖
中棉所43	9	171.3	新疆科技进步二等奖
中棉所29	10	237.8	国家科技进步二等奖
中棉所35	8	221.7	河南省科技进步一等奖
中棉所24、中棉所27、中棉所36	6	213.3	国家科技进步二等奖

1997年郭香墨主编的《棉花新品种及良种繁育技术》一书提出：四级种子生产程序应是现阶段棉花乃至各种作物良种的发展方向，应积极研究其配套技术和种子质量监督标准，

确保种子生产专业化。目前中棉种业科技股份有限公司在棉花常规种种子繁殖和杂交棉亲本繁殖及杂交制种中，全面采用四级种子生产程序，不但有效保障了棉花新品种的优良种性，而且提高了繁殖系数，节约了种子生产成本，维护了新品种的知识产权，使该公司成为棉花种子产业化的龙头企业，为加速公司上市创造了技术条件，在此基础上建立的种子生产网络，为实现“育繁推”一体化、“产加销”一条龙奠定了坚实的基础。

中棉种业科技股份有限公司应用情况：中棉种业科技股份有限公司是在原中国农业科学院棉花研究所科技贸易公司的基础上改制而成的大型棉种股份制公司，注册资金 7 000 万元，集现代化的种子生产、加工、销售和技术服务于一体，在我国黄河流域、长江流域和西北内陆棉区建立了较完善的新品种试验示范基地和良种繁育基地，其“中棉”牌和“中杂”牌商标驰名全国。该公司自 20 世纪末开始应用棉花四级种子生产程序生产棉花优质良种和杂交种，主要做法是：一是与育种家和育种单位建立紧密的合作关系。每年由育种家在严格隔离条件下生产育种家种子，原原种生产中实行严格隔离和去杂保纯，公司负责在隔离条件下生产原种和良种，形成良性循环，保证新品种种子不走样、不混杂。近年来利用该技术程序生产的中棉所 41、中棉所 42、中棉所 49、中棉所 60、百棉 1 号等常规品种，每年都达到国家和农业部质量标准。至 2012 年，利用该技术已生产优质精加工良种 3 500 万 kg，从未出现任何质量问题，该公司被河南省确定为“高新技术企业”和棉种质量“信得过”产品。二是杂交种生产由育种家直接生产亲本育种家种子和原原种，亲本原种和杂交种制种由该公司生产，每年由育种家提供亲本原原种种子，亲本原种繁殖在隔离条件下进行并严格去杂保纯。杂交种生产实行制种田土地流转和长期土地承包方法，制种基地基本稳定，制种人员一般都经过严格技术培训和具有多年种植经验，因此杂交种质量稳定。三是四级种子生产程序的灵活运用。在常规棉品种和杂交种种子生产过程中，如原原种或原种数量充足，可直接用原原种生产杂交种，用原种作为生产用种，这样种子质量更加可靠。品种主要有中棉所 63、中棉所 66、中棉所 69、中棉所 70、B78 和苏棉 28 等品种，每年种子供不应求。

山东鑫秋种业科技有限公司应用情况：山东鑫秋种业科技有限公司是一家民营股份制种业公司，该公司自 21 世纪初创建以来，不断发展壮大，注册资金 8 000 万元，在我国棉业界具有重要影响。2002 年中棉所培育的双价转基因抗虫棉新品种中棉所 41 通过国家审定后，首先在山东省通过鑫秋公司繁育良种，当时与中棉所合作，应用棉花四级种子生产程序，把原原种在该地区建立 3 000 亩繁育基地，在生产优质良种中，该公司通过与农民签订土地租赁合同的方法，建立起集中连片的繁殖区，生产的优质良种，通过中棉种业和该公司合作销售，并建立试验示范基地，研制配套栽培技术并推广应用，为中棉所 41 的大面积推广普及做出重要贡献。在推广中，有的地区反映中棉所 41 有早衰现象，影响产量和品质，但推广应用了配套栽培技术后，上述缺点得到及时克服。此后该公司先后自育鑫秋1号、鑫秋3号、鑫秋4号等棉花优良品种，应用四级种子生产程序繁殖良种，每年生产优质良种600多万kg，种子质量不断提高，生产成本进一步降低，规模不断扩大，成为山东省乃至全国有影响的大型棉业公司。该公司的基本做法是：将大量的育种家种子在低温库中储存，每年拿出一定数量种子繁殖原原种，在育种家种子即将用尽时，通过育种家建立保种圃再行繁殖，坚持用育种家种子作为良种繁育的源头资源，决不用最后一级良种再繁殖。各级种子繁殖田集中连片，每片仅限繁殖一个品种，以减少隔离区，提高纯度和繁殖效率。他们认为，棉花四级种子生产程序是最先进、最实用的种子良繁技术。如果说产品质量是企业的生命，那么良种繁育技术就是企业的血液。

河间市国欣农村技术服务总会应用情况：该服务总会是河北省最早的一家由棉农发起成立的私营股份制企业，目前经营规模居全省首位，在全国有很高的知名度。该总会应用棉花四级种子生产程序繁殖良种始于20世纪末，当时中棉所首次育成短季转基因抗虫棉国审品种中棉所30后，与该公司合作繁殖和生产中棉所30良种，他们研究了三年圃制、三年两圃制、自交混繁法、四级种子生产程序等繁殖技术，认为四级种子生产程序是最有效的良繁技术，于是由中棉所每年提供原原种，该公司繁殖原种并生产良种，使中棉所30品种推广8年后仍保持良好种性。由此他们在后来育成的国欣棉1号、2号直至6号的良种繁育中，坚持采用四级种子生产程序，现在每年繁殖优质良种500万～700万kg，种子质量始终可靠。他们建议该技术应作为棉花良种繁育的国家标准尽早发布执行，以达到种子生产科学化，实现与国际接轨。

天津市推广应用四级种子生产程序情况：天津市自1990年以来，推行“四级种子生产程序”，实行棉种“育、繁、推”横向联合，解决了“三圃制”存在的许多弊端和“育、繁、推”脱节等问题，效果十分显著。在实施四级棉种生产程序过程中，主要采取五项措施：一是制订《技术规程》，规范棉种生产。根据《中华人民共和国标准化法》及有关法律、法规和规章，按照农业标准化的“简化、统一、协调、优化”原理，坚持技术先进、经济合理、安全可靠和切实可行的原则，制订出“棉种生产技术操作规程”（天津市地方标准“DB/T1001998），1998年由天津市质量技术监督局批准发布。二是加强基地建设，保证四级棉种生产程序实施。采用四级棉种生产程序，必须有可靠的棉种生产基地，才能保证棉种生产的数量和质量。根据天津市的实际情况，在植棉重点县，由市、县农业局组建县棉花原种场和县棉种轧花厂，由县农业局统一领导，并组织其周围的乡、村，作为棉种生产基地，由县棉花原种场繁殖原种，繁种村繁殖生产用种，建立以良种棉加工厂为核心，原种场为骨干，特约繁种村为桥梁，良繁区为基础，实行厂、场、村、区四配套，种、管、收、轧四结合的棉种生产基地。三是搞好品种布局，稳定主栽品种。通过四级棉种生产程序生产出的高质量棉种，只有通过区域化棉花品种布局，组织统一供种，才能发挥其应有的作用，否则势必造成新的混杂退化，影响良种优良性状的发挥。为此，由种子部门和有关专业人员，根据实际情况，提出科学的棉花品种布局意见，并结合统一供种组织实施。保持主栽品种的相对稳定，彻底扭转品种更换频繁的作法，以利建立健全良种繁育供应体系，提高良种繁育技术和品种配套栽培技术水平。四是以种为纽带，实行横向联合。实行种子科研育种、生产和经营的横向联合，是推广应用优良品种的最佳方法，也是发展育、产、销一体化棉种产业的最佳选择。天津市在棉花良种繁育供应体系建设上，与中国农业科学院棉花研究所联合，在繁育和推广中棉所16的过程中，采用了四级棉种生产程序，由育种者提供原原种，天津市区生产原种和良种，实行育种、繁种、经营、推广等横向联合。中棉所16从引种起，仅经4年时间就成为天津市主栽品种，大大提高了该市棉花的产量和质量，棉农十分欢迎。随后，将该方法又应用于中棉所20、中棉所30等品种，均收到较好的社会和经济效益。五是强化棉种世代管理。对各级棉种生产经营实行许可证制度。棉花原种生产，由生产所在地省级农业行政主管部门核发《许可证》。棉花良种生产，由生产所在的地（市）级农业行政主管部门核发《许可证》。县种子公司组织统一经营棉花良种，由所在地县级农业行政主管部门核发《许可证》。种子管理部门对各级棉种生产，实行技术考核制度，采取控制措施，使各级棉种生产严格按世代进行，严禁生产、经营质量不合格的棉种。天津市采用四级棉种生产程序提高了经济效益和社会效益，实现了棉种标准化。1990—2000年累计增产皮棉153.77万kg，新增利润2 060.53万元。从2001—2013年新增经济效益2 013万元。

（二）棉花良种繁育技术发展趋势

四级种子生产程序的理论依据是育种家种子重复繁殖技术，是科学、高效的良种繁育技术，是我国农作物良种繁育技术与繁育体系的一项重大改革，虽然已被国内多数种子企业应用，但目前仍未作为国家良种繁育技术标准颁布实施，需要进一步研究和完善，而且需要制定各级种子质量标准，并参考美国、欧洲经济合作组织的种子质量考核检验标准，如杂草种子含量、有毒有害种子含量等，制定符合我国国情的质量标准并推广应用。

规模化繁殖是良种繁育的必然趋势。目前我国棉花种子企业多而全，小而散，种子质量难以控制，驾驭市场能力和抵御风险能力不强，根据农业现代化的要求，应整合种子企业，培育龙头企业，参考美国孟山都、先锋等大型种子企业的成功经验，培育科技创新能力，研发能力和市场应变能力，把我国棉花种子企业做强做大。

四、种子加工体系

20世纪90年代以前，我国棉花种子基本不加工，有的种子商为了提高种子发芽速度，增加额外收入，使用剥绒机剥下种子表面短绒后销售。至从美国岱字棉公司在中国建立冀岱公司，生产和销售棉花脱绒包衣光子后，我国棉农基本普遍接受了酸脱绒包衣种子。

与不脱绒包衣种子比较，脱绒包衣种子具有以下优点：

一是发芽率和发芽速度提高。种子除去表面短绒后，在土壤中吸水速度加快，种子吸涨后萌发速度加快，出苗时间缩短。据试验，土壤相对湿度70%以上、地下5 cm地温超过14℃时，未脱绒毛子出苗时间一般需要7～8 d，而脱绒光子出苗时间为5～6 d，后者早出苗2 d左右。种子酸脱绒后，经过机械精选，除去了秕籽、烂籽、未成熟种子等不健康种子，发芽率一般达到80%以上，而毛子发芽率仅为70%左右，前者提高发芽率10%左右。二是种子表面带菌少，减少苗病，有利于培育壮苗。种子经过酸脱绒和包衣后，种子表面无杂菌附着，包衣剂中含有防治棉花苗期易发生的立枯病、炭疽病、根腐病等，因此大大减少了棉花苗期病害的发生和危害，为培育壮苗打下坚实的基础。使用毛子播种前，需要浸种后拌入多菌灵等药物，防止苗病发生，如果浸种时间短，毛子表面附着力小，且不易拌种均匀，效果远不及脱绒包衣光子。三是便于机械化种植，提高工作效率。目前棉花播种一般使用播种机，速度快，效率高，播种质量有保证，大大减轻了劳动强度，有利于实现棉花规模化种植，一台播种机一般每小时可播种0.7～1 hm^2，过去采用毛子播种，机械化程度低，不少地方使用人工点播，无法与机器播种相媲美。

作为棉种产业化的重要组成部分，棉种加工要求精细化、规范化，要严格控制脱绒、清洗、干燥、筛选、包装每一道工艺流程，做到无烧伤、无残酸、无破损、无短绒，水分适当，包衣均匀，外观精美。

（一）棉花种子脱绒方式

1.机械脱绒

目前使用的“刷轮式棉种脱绒成机”，采用纯机械方式脱去短绒。其特点是：操作简单、维修方便，加工成本低，生产过程只需电力，不需要其他附属设施和辅料，但破损率偏高。

2.化学脱绒

目前普通应用的有泡沫酸脱绒和稀硫酸（过量）脱绒两种工艺。稀硫酸（过量）脱绒与泡沫酸脱绒的主要区别是：过量式酸脱绒用硫酸量超过实际用量的3～4倍和棉种搅拌，然后将多余的酸液甩掉回收过滤再用。而泡沫酸脱绒是将脱绒用量稀硫酸液加上一定量的发泡剂，使硫酸液体积增大 30 ～ 50 倍，以泡沫的形式覆盖棉子表面，棉子靠毛细管的作用吸收酸液附在短绒上，因为不是浸泡，所以对有刀伤和裂纹的棉种发芽影响不大。

（二）棉花种子泡沫酸脱绒技术

棉花良种泡沫酸脱绒并经种衣剂包衣是加速棉种产业化进程，实现棉种标准化、现代化的重要措施。目前，全国各重点优质棉基地县（市）都已配套棉子泡沫酸脱绒成套设备。用于大田生产的棉花种大多都是丸粒化的包衣种子，其防病虫、保苗、促早发效果提高了棉花产量和纤维品质；同时，省工时，易管理，降低了生产成本，经济效益十分显著。

目前生产中的设备大都由供热系统、吸尘系统、棉子输送及计量系统、泡沫酸配制及洒注系统、烘干系统、中和系统、种子精选系统、包衣分装系统几大部分组成。其生产自动化程度高，从毛子进料到成品包衣至小包装在一条流水线上完成，按台时产量可分为 1t/ 台 · h、500 kg/ 台 · h、300 kg/ 台 · h 几种类型，各重点优质棉基地所装备的大多是 1 t/ 台 · h 类型。

1. 工作原理

将泡沫化的稀硫酸均匀、定量地喷洒在被锯齿剥绒机剥绒后的棉子表面上，经过搅拌、湿润，泡沫酸充分渗透入棉短绒中，接着对其加热烘干，棉短绒逐渐被炭化，通过摩擦和撞击，使短绒脱落变成光子，然后对其进行碱中和，最后种子经过精选、包衣而成成品包衣子。

2. 加工技术

（1）毛子剥绒

毛子脱绒前需经过剥绒处理，一般要求其含绒量达到 7% ～ 8%。含绒过高，既浪费酸电，又影响棉子输送和计量，且脱绒效果差。要做到低含绒量，剥绒时势必挤碎部分棉子，增大破子率。故要求分多次轻剥绒既要保证棉子含绒量达标，又要防止破损棉子。一般地讲，子粒较大的棉子如“徐州 553”较好剥绒，棉子含绒量可剥到 7% ～ 8%，而子粒较小的棉子如“泗棉 3 号”等品种，绒则较难剥，经过三道剥绒，其棉子含绒量为 8% ～ 9%，略高于脱绒所规定的指标。所以，良种轧花厂在加工种子棉时，要根据不同的品种适当调节好剥绒机的拔子辊与锯齿间的间距。

（2）泡沫酸的配制与定量供应

泡沫酸液中，硫酸浓度不宜过高，否则加工中易烧伤棉子，但也不宜过低而影响脱绒效果，一般掌握在 10.3% 左右。泡沫酸的发泡效果要好，这样可以保证硫酸充分地喷洒在棉绒上，使其均匀地渗透入短绒中，否则脱绒效果差。故调制泡沫酸用的发泡剂应采用高效发泡剂，如“鄂 2 号”等品种，其用量低且发泡效果好。泡沫酸脱绒的生产季节一般在冬季，温度低，发泡剂易凝结稠化，冷热水都难以将其化开。配制前，发泡剂必须调制成液态的水剂，使其充分与酸水混合。生产时可预先把筒装的发泡剂置于锅炉房内温度较高的地方，使其难以稠化凝结。

泡沫酸是根据棉子含绒的多少通过计量器定量供应的。当棉子含绒量为 7% ～ 8%、生产量为每小时 1 t，10.3% 浓度的泡沫酸输出流量计可调至每小时 115 ～ 135 L。实际生产中，可依据以上参数相应调节，使其达到最佳匹配。

泡沫酸的发泡过程是通过输入压缩空气在泡沫酸发生器中完成的。输给泡沫酸发生器内的空气压力不得超过 0.05 MPa，压力过高会损坏发生器中的砂芯滤板。泡沫酸发生器最好选用硬质 PVC 板材制成的，生产中常用的有机质玻璃发生器，当温度太低时，其焊接处易冻裂而形成裂缝，造成泡沫酸渗漏，从而给计量结果带来误差。

（3）滚筒温度的控制和升降调节

经过泡沫酸湿润酸解的棉子，其干燥脱绒过程是在二个滚筒中进行的。滚筒内温度的高低，棉子在滚筒内行走的快慢直接影响脱绒效果和种子的生命力。温度过高，棉子在筒内时间太长，虽然脱绒效果好，但也烧伤了种子；反之，温度太低，种子行走速度过快，则棉绒难以完全脱绒，因此，实际生产中一定要把握好这二点。一般地说，第一滚筒进口温度应控制在 165 ～ 170℃，棉子在筒内行走时间不宜超过 15 min；第二滚筒出口温度控制在 52 ～ 54℃，出口种子的温度不得超过 51℃，棉子在筒内停留的时间不宜超过 10 min。温度可通过蒸汽阀和电辅助加热器来控制，棉子在滚筒内停留的时间则由滚筒角度来调节。

（4）光子碱中和

毛子经过脱绒后，其光子表面残留部分硫酸，必须对其进行碱中和处理，使其残酸量小于 0.15%。实行生产中常用的中和方式为碱中和，即用浓度为 15% 的碱液定量供给匹配数量的光子，经过搅拌，使碱液充分均匀地湿润光子，达到中和的目的。碱液计量通过不同类型的碱勺来控制，供子量则由计量锤来调节。配制碱液的固碱可采用市场上常见的工业片碱，其纯度大多在 80% ～ 95% 之间，根据其纯度配制成 15% 的碱液即可。

3. 生产中常见的故障及其预防

（1）电器故障

良种轧花厂一般都建在农村，常出现突然断电现象。年度生产前须同供电部门取得联系，以保证供电顺畅，防止突然全线断电，造成滚筒内棉子的烧伤报废。生产中电工不得脱岗，预备好易损件在场，如交流接触器、熔断器、热继电器，倒顺开关等。

（2）密封故障

烘干滚筒两端连结处、子绒分离箱、吸尘管道等处密封部位，因长时间遭受高温的烘烤和摩擦碰撞，易损坏造成漏风。漏风导致滚筒内抽风量减小，不能及时快速地将热交换器处的热量吸到滚筒内，虽然滚筒的进口温度很高，但筒内温度却达不到标准，被酸解的棉绒得不到充分干燥碳化，难以脱落。同时，漏风也造成车间内酸性粉尘量过高，影响人的身心健康。要求年度生产前将这些部位的密封材料全部更换。

（3）计量及其他故障

泡沫酸脱绒的棉子、酸、碱都要计量，相互按比例匹配。计量系统出现故障往往不易察觉，常常造成配比失调而影响加工质量和种子发芽率。

酸液流量计球阀被卡死：配制槽中易混入一些棉子等杂质，这些杂质常常随酸液流进计量器内，把流量计玻璃柱中的球阀卡死，无论酸液流量多大，其始终被卡死而显示同一刻度，造成计量失误。生产中要防止杂物掉入配酸槽中，经常检查流量计中的球阀是否轻微晃动，若固定不动则被卡死，须立即拆除清理。常用的方法是拆下流量计底部的塑料阀兰，向玻璃柱内注入高压空气冲洗即可。

棉子计量仓出口被堵塞：当棉子含绒量过大或棉子中混入异物如纸屑、包装绳等杂物时，常常导致计量仓出口处被堵死而造成棉子计量不准确。预防方法是，喂子人员喂子时要将杂物清除干净，皮辊轧花机在轧出的棉子一定要经过剥绒后才能脱绒。

中和器故障：其一是计量铁锤滑落造成进子量减小。其二是碱液勺脱落造成供碱量降低。其三是灰绒等杂物堵塞筛状漏液柱，造成定量供给的碱液有部分又重新回流至碱槽中，导致供碱量减少，光子不能完全被中和。另外，中和系统一旦发生故障，从第二滚筒中出来的温度约50℃的热子不能马上被中和降温，堆积于包装物中时间太长会影响种子发芽率。同时，冷确后未被中和的棉子待停车后再进行中和，其表面的水分难以散发，导致成品包衣种子含水量高，而刚出滚筒的热子立即进行中和，种子表面的水分易挥发。预防中和器发生故障的方法是将计量铁锤和碱液勺用螺丝固定死，改善除尘效果，生产中要勤观察检查。

滚筒中勺状阶梯螺旋抄板脱落：滚筒中勺状阶梯螺旋抄板的作用是输送棉子和增强棉子摩擦碰撞强度。抄板是焊接于滚筒内壁上的，经常遭棉子冲撞易脱落。抄板脱落后，一则棉子在筒内行走时间延长影响种子生命力。二则碰撞摩擦效果差，短绒难以脱落。

4. 泡沫酸脱绒光子质量的控制

脱绒前要测定毛棉子的含绒量，根据其含绒的多少和台时生产量，将棉子、泡沫酸、碱按比例匹配好。开车后要随时检测光子的残酸率，将其及时反馈给当班负责人。根据多年的生产经验，生产中每间隔 2 h 要测定一次光子残酸率，绝对保证成品光子残酸率在 0.15% 以下。另外，成品包衣子入库前还要进行净度、健子率、破子率、生活力、发芽率（势）、含水率等各项质量指标检测，质量达不到标准不许入库。

（三）过量式稀硫酸棉花种子脱绒工艺

与泡沫酸脱绒成套设备相比，过量式稀硫酸脱绒工艺的主要技术优点如下：一是毛子处理量大，操作方便，物耗、能耗低，成本低。小时产量高，在相同用工、用酸量、用燃料量的情况下，加工能力比泡沫酸脱绒设备高 2 倍。小时加工量，在美国已达 5 ～ 10 t，我国已达 3 ～ 5 t 。二是稀硫酸脱绒酸绒比为 1∶5，而泡沫酸为 1∶（ 4 ～ 4.5），而且硫酸可以回收循环利用，不仅消耗硫酸少，降低成本，而且大大减少了对环境的污染。三是种子脱绒干净，残绒率为 0.5%，而泡沫酸为 1% ，残酸率与泡沫酸脱绒工艺相同，但不用氨中和，种子表面没有盐渍，包衣后种子不发黑。四是精选度高，对种子损伤小，烧种率大大降低，成品的棉种质量稳定，利于储藏。总之，带离心机的过量式稀硫酸脱绒工艺，是目前棉种脱绒工艺中较成熟、种子加工质量较易控制的一种。

1. 工作原理

先将浓硫酸稀释成 8% ～ 14% 的稀酸液，加上活化剂等混合，在酸贮罐内用液下泵和一组喷头喷到待脱绒的毛子上在搅拌器内进行充分搅拌，使棉种表面全部渗透酸混合液，经酸处理的棉种用中心绞龙推进器将其喂入离心机脱液，使多余的酸混合液甩出返回酸混合罐内循环使用，经过脱液后的棉种用烘干机干燥（内采用本工艺的烘干机大多是以煤炭和脱掉的废绒做燃料的直热式热风炉提供热能，温度只能人为控制），随着棉绒内水分的干燥蒸发，硫酸浓度提高，使棉短绒炭化部分短绒被脱掉，经烘干后的棉种送入摩擦机内，已炭化的棉种经空心翻板的翻动在摩擦机不停旋转的作用下使棉子自动跌落碰撞摩擦，达到脱绒磨光的目的。最后经风筛式清选机、重力式清选机精选，包衣机包衣风干或烘干后定量装袋入库。

2. 操作要领

稀硫酸脱绒的过程是将稀硫酸均匀喷洒搅拌在毛子上，通过硫酸的作用使短绒炭化再经烘干摩擦脱掉短绒。要保证脱绒后的种子质量，一是要控制原料毛子短绒的含量，一般要求短绒含量控制在 9% 以下，这样不但能提高脱绒的效果，还能减少酸液的用量。二是尽量减少剥绒过程中对种子的损伤，要使短绒率在 9% 以下，必须先进行机械剥绒。应选配半成新的锯片并放松剥绒车抱合板，避免因锯片太锋利棉卷抱合太紧以及转速太快造成过多破损。三是保证原料毛子的内在质量，原料毛子的含水量不得超过 12%，健子率需在 75% 以上，发芽率不低于 70%。

严格控制温度和残酸量。在过量式稀硫酸脱绒工艺中，对种子质量影响最大的是对温度和残留硫酸的控制，温度过高必然影响种子的活力，残酸过多则会影响种子的储藏和出苗，因此要求烘干机的进口温度 120 ～ 140℃，温度计传感器装在进气管道中心距滚筒端面进料箱约 250 ～ 300 mm，不得超过 150℃，温度计传感器装在进气管道中心距滚筒出料箱顶部约 250 ～ 300 mm 处，摩擦机的出口温度一般控制在 45℃。

过量式稀硫酸脱绒工艺主要是通过离心机来控制残酸量，因此在整套设备中必须确保离心机的性能和正常运转，要求种子残酸率在 0.05% ～ 0.25%，切忌过量酸脱绒后再用重碱中和。残酸率要求每 2 h 取样测定 1 次。

3. 关键质量控制环节

过量式稀硫酸脱绒技术，主要的质量控制环节是烘干机、摩擦机的出入口温度和残留酸的控制。滚筒内温度高低和种子在滚筒内行走的快慢直接影响到脱绒效果和种子活力，在实际生产中必须严格控制好温度和种子在滚筒内的时间。采用能够自动控温的燃烧机，第一滚筒进口温度应控制在 165 ～ 220℃，棉子在筒内的时间不宜超过 10 min ；第二滚筒出口温度控制在 52 ～ 54℃，棉子在筒内的时间不宜超过 18 min。当然，由于温度和时间可以互相补偿，因此也可以通过降低温度、延长时间的办法来保证彻底脱绒和种子不受伤害。温度可以通过温度调节按钮来控制，棉子在滚筒内的行走时间则由滚筒水平角度来调节。开车后要随时检测光子的残酸量，将其及时反馈给当班负责人，一般生产中间每隔 2 h 要测定一次光子残酸率，依据检测结果检查各环节运行状态，一般残酸率在 0.05% ～ 0.25% 之间，残酸高时可采用适当降低稀硫酸浓度、增大离心机转速或采用碱中和等手段控制，但切忌过量酸脱绒后再用重碱中和。另外种子的水分、破损率和残绒率也要采取必要的控制措施。

严格进行种子精选。脱绒后的种子净度和健子率是加工种子好坏的重要指标，应对脱绒后的种子进行风选和比重选，通过调节风门大小和托板振动速度等尽可能去掉杂质嫩子废子等，提高种子的健子率。

（四）棉花种子质量指标及常用工艺参数

泡沫酸（稀硫酸）脱绒前对毛棉子的技术要求：净度≥97%，健子率＞75%，破子率≤5%。发芽率≥70%，水分＜12%，短绒率≤9%。

泡沫酸（稀硫酸）脱绒后光子的质量指标：残绒率≤0.5%，残绒指数（27），残酸率＜0.15%，净度≥99%，发芽率≥80%，水分≤12%，破损率（含化学损伤）＜7%。

包衣棉种的质量指标：发芽率≥80%，水分≤12%，破子率＜8%，包衣合格率≥90%，种衣牢固度≥ 99.65%（表 8-4）。

表 8-4 泡沫酸、稀硫酸脱绒主要工艺参数（供参考）

序 号	项 目	泡沫酸	稀硫酸
1	酸绒比	1 : 5 ～ 5.5	1 : 5 ～ 5.5
2	酸水比	1 : 10	1 : 10
3	发泡剂用量	0.5 kg/t 棉种	
4	烘干机进口温度	150 ～ 170℃	120 ～ 140℃
5	烘干机出口温度	< 54℃	< 54℃
6	摩擦机进口温度	80 ～ 110℃	80 ～ 100℃
7	摩擦机出口温度	< 54℃	< 54℃
8	烘干机出口种温	< 45℃	< 45℃
9	摩擦机出口种温	< 50℃	< 50℃
10	烘干、摩擦时间	40 ～ 50 min	30 ～ 40 min

从棉花加工生产线获得的棉种毛子表面附着大量的棉绒，棉绒的存在降低了棉种质量，影响棉种的发芽率。同时，棉种成熟度及纯度等因素均影响棉种的质量。为确保棉种的高品质，必须对棉种进行分选加工。通常物料的分选加工主要包括初选和精选。

（五）棉种分选加工工艺

1. 工艺原理

种子分选主要目的是剔除混入的异作物或异品种种子，不饱满的、虫蛀或劣变的种子，以提高种子的精度级别和利用率。目前常用的种子分选技术主要根据种子外形尺寸、种子密度、空气动力学特性、种子表面特性、种子颜色和种子电特性等一种或几种物料特性的差异进行分离，以清除掺杂物和不合格品。棉种分选加工工艺综合利用了棉种和掺杂物之间的尺寸、密度、空气动力学特性、表面颜色特性和电特性等物料特性的差异，依次完成棉种的初选和精选过程。

2. 工艺设备

根据棉种分选加工工艺要求，主要涉及的棉种加工设备包括：风筛选设备、磨光或者抛光设备、比重清选设备、色选设备、介电分选设备、包衣设备等。各设备主要工作过程及主要特点如下：

（1）风筛选设备

风筛选是利用种子的空气动力学特性和种子尺寸特性，将空气流和筛子作用结合起来的种子清选分选装置。5XF-3.0 风筛式清选机主要由喂入搅动器、弹力喂入挡板、前后吸风道、木质筛箱、偏心驱动机构、下吹风机、沉降机、二级回收出口、机架等部分组成。

棉种依靠自重自行流入喂入搅动器，振动器定时地把喂入的棉种和掺杂物送入气流中，依靠空气流吸力将进入的物料分离，气流先除去轻的棉绒等掺杂物，剩下的棉种散布在第一级筛板上，通过此筛将大杂质除去，而棉种则进入下层筛子上，在此筛上种子按大小进行粗精选，棉种流过尾筛后，再受气流作用，重的、好的种子掉落下来，而轻的种子及杂物被升举而除去。该设备主要特点有：喂入调节机构能够控制喂入量大小，保证喂入均匀流畅及筛面宽度方向上的物料厚度一致；筛箱采用木质，可承受较大的振动冲击，吸收机器产生的共振，使机器工作更加平稳；下吹风机的等分导流槽使分布在尾筛上的风压匀，风机转速无级调节，保证清选不同物料都能得到满意的效果；根据不同生产率、作物及所分等级需要可变换不同的加工流程；通过橡胶球自动清理筛面，保证有效的清筛效果。

（2）抛光设备

磨光机主要由 2 个圆柱体的刷棍组成，通过对棉种种皮的磨刷和种子表皮间相互摩擦可除去种子表面上的残绒、残酸和磨掉一些秕子、破子。

磨光机的应用，解决了棉种加工烘干温度过高，硫酸配制用量过大，残酸、残绒含量严重超标的问题，有效地降低了棉种残绒、残酸的含量，提高了棉种的商品质量（胡慧，2005）。同时，经磨光机处理过的棉种，色泽光亮，色差明显，大大减少了棉种中的杂质，降低了棉种中的残绒指数，降低了红子、秕子和空壳的数量，有利于密度式选种机的精选，更有利于棉种色选机准确无误地把红子、黄子和白子（包括残绒指数在 1 ～ 4 级的种子视同白子）选掉，提高了后续精选加工的质量。

（3）比重清选机

比重（密度）清选机是依靠种子与掺杂物之间比重（密度）的差异实现物料分离的设备，5XZ-3.0 型比重清选机是新疆石河子天佐种子机械公司的专利产品，其工作过程如下：清选作业时，待加工种子经过喂入装置（在喂入装置处对种子进行一次除尘），在喂入装置上的调节阀作用下均匀落到一级振动台面上（台面可调），种子经过一级振动台面均匀的布满二级台面。在二级台面上方装有一个大型的吸尘器，对种子进行二次除尘。种子在振动台面往复运动及风机气流共同作用下，由于种子中各成分的密度不同而在振动台面上开始分层，本实用新型采用的是波浪状台面，确保前移分层的种子不会来回滑动，达到良好的分层效果，同时台面良种输出口两侧分别设置自平衡气囊和卸风阀，用以控制台面料层的厚度。最上层为轻种子（秕子、不成熟种子等），在振动及气流作用下逐渐向振动台面低端移动，根据种子中轻种子的密度可以设置各排杂口的开口大小，最后轻种子由设置好的排杂口排出。下层为好种子，在波浪形台面的振动及摩擦推动作用下移向振动台面的高端（即好种子出口方向），最后由排种口排出。该系列比重清选机主要优点为台面旁边设置自动调节装置，可根据台面上种子的多少自动调节排种口的大小，从而达到平衡；设置了二级台面，更好地保证了清选质量；采用波浪形台面不仅可以提高种子处理量，而且也可以降低机器的振动频率。

（4）色选机

颜色分选机是根据种子子粒颜色不同，对光的反射也不相同，剔除子粒中因发霉而变色的或受到病虫害的子粒。色选机由喂料系统、检测系统、控制系统、辅助部件等部分组成。棉种经过进料口的振动喂料器，使棉种呈单层排列，滑向溜槽，在溜槽的出口处装有高稳定光源。当物料经由振动喂料系统均匀地通向选别区域时，光电探测器测得反射光和投射光的光量，并与基准色板的反射光量相比较，将其差值信号放大处理，当信号大于预定值时，信号经内部控制电路给控制系统一工作指令，以驱动电磁阀动作，进而控制喷气嘴的动作，喷气嘴将异色种子和掺杂物吹出，从而达到颜色选别的目的，实现棉种精选的目的。色选机的主要优点为：基于成熟棉种和不成熟种子以及掺杂物之间表面颜色特性的差异，采用先进的光电检测和光电控制技术技术，实现种子的无损检测和自动化、智能化分选；根据棉种原料的差别，通过调节背景板，可实现不同棉种原料的分选。

（5）介电种子分选机

介电种子分选机是利用不同质量种子之间的电特性的差异，实现种子的精选分级。滚筒式介电选种机主要由进料斗、进料滚筒、分选滚筒、接料槽、传动系统和调速电机等构成。机器工作时，喂料斗内种子经进料滚筒排出后，受喂料挡扳作用，使种子呈单层状态进入旋转的分选滚筒，并在滚筒上被极化。极化后的种子与分选滚筒一起旋转，此时种子在重力、极化力、惯性力和摩擦力的共同作用下，由于不同种子之间的极化力的不同，种子将沿不同的运动轨迹脱离分选滚筒。好种子和较大粒的种子较早脱离分选滚筒落入Ⅰ号盛种槽。而坏种子由于所受极化力较大，且通常质量较小，被紧紧地吸附在滚筒的表面上，落入Ⅱ号盛种槽，当分选滚筒转过最低点时，仍不能脱离分选滚筒的种子则由旋转种刷把它从分选滚筒上强制刷落，进入Ⅱ号盛种槽。Ⅰ、Ⅱ各级种子所占比例由调节隔板调节。介电分选主要优点：利用种子在电特性上的差异，结合物理机械特性，使活力不同的种子分开，从而提高种子质量；介电分选过程中所产生的强大静电场能刺激种子胚芽，使蛋白质发生凝聚，从而可以改善植物的遗传特性，增强种子的吸水能力，促使营养物质迅速分解，强化输送、促进发芽，提高种子的呼吸作用和光合作用。

（六）棉种包衣

大量研究证明，由于种衣剂在土壤中只吸水膨胀而不被溶解，随着种子的发芽，活性组分通过成膜剂空间网状结构中的孔道向胚乳或根部缓慢释放，被植物内吸传导到植株各部分使药膜、肥膜等缓慢释放，从而使种子周围形成防治病虫和供给营养的屏障。因此，种子包衣后能够提高发芽率，有效防治苗期病虫害，促进生长，提高作物产量等。

5GB100A 型种子包衣机主要由动力部分、传动部分、转动搅拌滚筒以及机架等组成。该机利用转动的滚筒实现包衣，即棉种及种衣剂在滚筒内，通过滚筒的搅拌作用，充分混合，实现包衣；同时，采用全封闭结构，无污染，移动方便，操作简单。

随着精量播种技术的推广实施，对棉种的质量和发芽率的要求越来越高。尤其随着精准农业战略的提出，棉花精密播种技术的日益推广，对高品质棉花种子的需求显得更加迫切。也只有这样，才能适应现代精准农业发展的要求。种子是先进技术的载体，针对目前棉种加工行业面临的种种问题，必然会寻求先进的科学技术来解决。本书介绍的棉种分选加工工艺将先进的种子分选技术与传统的分选技术有机结合，极大地提高了棉种的质量和发芽率，适应了精准种子工程发展的技术要求。整个分选加工工艺过程中还存在一些不足之处，通过对相关设备进一步研究，对相关配套设备技术进一步熟化，可进一步提高棉种质量和商品性。

五、营销推广体系

（一）种子营销推广体系现状

1. 市场容量巨大

就棉花种子市场来看，2012 年全国农户棉花种子消费总量为 1.51 亿 kg，平均单价约为 27.83 元 /kg，当年行业市场规模约为 41.99 亿元；2013 年全国农户棉花种子消费总量为 1.37 亿 kg，平均单价约为 30.54 元 /kg，行业市场规模约为 41.69 亿元（数据来源：《2012 年棉花种植业回顾、2013 年分析及 2014 年的展望》，2013.10），较上一年有所下滑。根据统计，在种子企业库存依然未消化完成、进口棉花价格仍然较低、国内劳动力成本上涨等诸多因素的共同影响下，2014 年棉花种植面积及行业总体市场规模回升的难度较大。但是经过这几年的调整，行业过剩产能逐步淘汰、库存基本消化完毕，预计在未来两到三年内行业整体可能会逐步回暖。

2. 行业竞争激烈，行业集中度提高

目前，随着企业兼并重组加快，全国持经营许可证已经有原来的 8 700 多家变为现在的 5 200 多家，种子企业减少了四成；每年销售收入超过 1 亿元的种子企业增加到 119 家，增幅达到 30%；前 50 强种子企业每年的销售收入约占全国的 1/3。全国棉花种业产业化力量，随着国务院出台《关于加快推进现代农作物种业发展的意见》和《全国现代农作物种业发展规划（2012—2020）》的实施，我国的棉花种业企业发生了快速发展与重大调整，其中注册资本 1 亿元以上的全国首批 32 家育繁推一体化企业建成，其中涉棉企业 11 家。全国注册资金3000万元以上的种业企业204家，其中长江棉区涉棉种业企业25家，黄河棉区21家，新疆18家。

在长江流域棉区以转基因抗虫杂交棉为主导品种的企业中，中棉种业科技股份有限公司外、创世纪种业有限公司、湖北惠民农业科技有限公司、合肥丰乐种业科技股份有限公司、湖南隆平高科亚华棉油种业有限公司、安徽荃银高科种业股份有限公司等企业有较强的竞争力。在黄河流域以常规抗虫棉为主导品种的企业中，河间市国欣农村技术服务总会、山东鑫秋农业科技股份有限公司、山东圣丰种业有限公司等企业具有较强的竞争力，但由于黄河流域最近几年面积萎缩严重，在此区域的发展空间受到一定的限制。

新疆棉区种子企业规模不断壮大，注册资金3 000万元以上的涉棉种业有18个，注册资本1亿元以上涉棉种子企业3家，分别是新疆九禾种业有限公司、新疆塔河种业有限公司和新疆桑塔木种业有限公司。目前，经营1 000 t以上种子的规模企业有300多家，其中70%在新疆，新疆塔里木河种业股份有限公司和新疆富全新科种业有限公司经营规模达到10 000 t级水平，经营7 000～8 000 t棉花种子规模约2～3家，如中棉种业科技股份有限公司新疆分公司—新疆中棉种业有限公司和河间市国欣农村技术服务总会（国欣种业）等。对新疆企业四年累计产销量的抽样调查统计结果显示，产销量10 000 t以上、5 000～10 000 t和5 000 t以下的企业各占约1/3。2013—2014年，内地大型种子企业开始进军新疆棉种市场，加之新疆棉区内未涉棉种业企业也转投新疆棉种市场，将使该棉区内棉花种业企业竞争强度增强。

3. 品牌、产品差异不突出

种子对棉农而言，重在实用价值。品牌的建立要以长期高质量、特性突出的自有品种来支撑。品种选育和种子生产周期长，大量的具有产权的品种往往需要几年的潜心研究才能投入市场。目前一部分种子企业开展了棉花新品种的创新研究及商业化育种工作，还有很大一部分公司尚未具备拥有自主知识产权品种的原始创新能力，有的甚至采取模仿、套牌、套购知名种子企业品种等短视行为。因此，导致品牌无差异、产品同质化现象严重。

（二）种子营销推广体系建设

种子营销推广体系建设的核心是营销推广队伍建设。营销推广是一门科学，而且是一门专业性很强的学科，同时也是一门艺术。就棉花种子来说，一般通过锁定区域经销商目标市场、调控销售终端价格、中试示范开发用种农户、优质的售后技术服务四方面来使营销推广重心下移、进而掌控市场。

1. 锁定区域经销商

种子企业可以通过选择县级批发商和控制零售商来锁定经销商。选择县级批发商主要考察批发商的配送能力、资金实力、合作诚意、服务质量等关键指标，并且要求经销商精通业务、思想素质高、法制观念强、对农民负责并具备一定的种子专业知识；能掌握每一品种的特征特性及栽培技术，掌握种子生产、经营、检验等环节的技术要求和质量标准；掌握种子知识、包装、加工等方面的科学知识；还要学习和遵守种子法律法规等有关政策。在加强品牌建设的同时，为批发商分析市场，进行品种示范，加强终端出货，进行全程跟踪式服务。

2. 控制零售商

在目标乡镇市场开展调查，建立零售商档案。要求零售商要主动深入农户，勤于拜访，宣传种子企业在产品、质量、价格、服务等方面的优势。零售点要大力宣传种子公司所销售的优良品种、特征特性、栽培要点、产量水平、适宜地区等，使农民朋友体会到在零售点既能买到放心的种子又能学到科学种田的知识。种子企业要以周到的优质服务锁定经销商，加大竞争对手的进人壁垒。这样使得种子企业有自己的大网，经销商有自己的小网，网中有网，网网相连，网网不断，网出一个巨大的市场空间，这种营销网络有利于加速新品种的推广。

3. 开发用种农户

在确定零售商以后，就要对农户施加影响。种子企业对农户的影响关键是要对计划推广的棉花新品种安排一定数量的示范田。在示范田品种成熟时，一方面组织当地的群众和技术人员集中前来参观，对表现突出的品种重点介绍；另一方面，在田间示范的每个品种要挂上牌子，并标明品种名称、种植密度、栽培管理技术要点，方便农民过路观看。通过与其他品种比较，使农民提前对该品种有真实直观的认识，并对该品种的栽培管理有所了解，有利于以后该品种的大面积推广。

4. 提供优质的售后服务

提高服务质量有利于提高种子企业的知名度和美誉度，提升公司形象。由经销商和农户共同负责，强化经销商的服务意识，增强其服务责任。种子企业应该和当地的农业技术推广部门联合，共同组建技术服务体系，全方位地开展农业技术服务与咨询业务。从买卖种子的短期行为变为长期、全面的合作，与棉农建立一种“双赢”的长远发展的战略伙伴关系。

（三）种子营销推广技术培训与信息化建设

1. 种子营销推广模式选择与培训

当前种业营销采取区域代理和终端直销两种主要模式，以区域代理模式为主，终端直销尚处于尝试阶段。起初，为了开拓外区新兴市场，采取“省级代理、县级代理、乡镇终端”三级代理模式，通过省级代理实施企业的本土化营销策略，收到了积极的效果。因为具有区域代理权的省级代理公司，在单一品种的省级市场销售中，没有相应竞争对手的市场干扰，在制订营销计划、品种定价、产品宣传、市场管理上具有很强的主动性。但随着生产型企业对外区市场的逐步渗透，企业对省级代理的下级营销网的可操控度也逐步增强。因此，为了克服省级代理管理上的不足和节省省级代理环节所消耗的利润，增强企业竞争活力，21 世纪初，生产型企业逐步摒弃省级代理这一环节，采用“县级代理、乡镇销售终端”二级代理扁平化销售模式。这直接带来管理效率的提升和利润空间的增大，二级代理分销渠道模式受到广泛青睐，目前已经成为种子营销的主要渠道模式。

但是，当前种子销售渠道模式仍然具有局限性。主要表现在以下三个方面：一是渠道模式过于单一，同质化渠道管理下的同质化品种的市场行为最终会导致企业不得不微利操作，甚至很多企业的部分品种仅是保本销售或者负利润运营。这给刚开始商业化不久、研发能力脆弱的民族种业带来了极大压力。二是这种模式易于跟进，对企业规模和实力、经销商资质和类型并没有特定的要求，门槛过低必然使终端市场乱象横生，这势必导致许多无优势或优势不突出的品种充斥市场，套种、套牌、假种、劣种等侵权坑农现象时有发生。三是渠道链条前后端利益分配不合理、对话不平等。全国注册的种子企业 8 700 多家，农业部颁发证书的 255 家，众多的企业品种最终会进入到乡镇终端。乡镇终端的话语权无疑就非常大，直接结果一方面是乡镇终端获得产品的主要利润，县级代理获得一定的利润，而产品生产企业只能获得微薄的利润，导致许多企业的经营业绩甚至赶不上一个县级代理；另一方面，往往由于乡镇终端选择主推品种的动力在于利润空间，使得很多优秀的、优质的品种受到忽视而无法在生产上推广应用。

2013—2014 年，我国种业营销与推广渠道模式进行了新的尝试。除传统的二级分销渠道与推广模式外，还有以下几种：一是直销模式。以行政区划、生态类型、种植规模为参考，在重点乡镇建立种子直销点。这种模式的优点是产品直接到终端，服务更快捷，品牌塑造力更强；缺点是管理成本较高，企业人力资源压力较大。二是超市模式。超市直接与生产企业对接，由农户自主选择品牌或品种。这种模式的优点是产品直接到终端，减少了中间利润环节，缺点是品牌宣传效果不佳，品牌忠诚度很难建立。三是订单模式。随着农村土地的流转，销售推广直接面向种植大户或大型农场，采用订单模式来推动生产企业品种业务的开展。四是绑定模式。某些种子企业与肥料厂家或植物生长调节剂厂家联合，捆绑销售推广，这种模式的能够实现网络资源的共享，大大减少了促销费用。

2. 种子营销管理与信息化建设

我国已经进入工业化、信息化、城镇化和农业现代化同步推进的新时期，没有农业的信息化，就没有农业的现代化。种业信息化是农业信息化的基础和重要组成部分。种子企业已经进入非常激烈的市场竞争，种子企业的信息化意识也大大增强。如部分种子企业ERP系统在内部管理应用以及日常办公的OA系统与网络化普及。种业转型升级迫切需要种业信息化作驱动，种业企业做大做强迫切需要种业信息化作支撑，建设种业强国迫切需要种业信息化作后盾。

做好品种营销推广信息化工程是发展种业信息化的重要建设内容。重点是开发作物种植环境信息监测与智能分析系统、精确用种机械设备、种子产品定制与精准推广信息技术支持系统，开发种子电子商务平台和农技服务信息体系。一是运用物联网技术，从农作物品种田块信息、制种过程质量信息、收获、数量、原料批次、加工批次、成品代码信息、销售商数据库信息直至种植户信息等建立全程跟踪系统，确保种子质量安全，实现风险可控、质量可追踪。二是建立种子电子商务平台。按照自愿原则，组织部分重信誉有实力的大中型种子企业参与，让零售商和农民足不出户即可购买到放心种子和相关服务。三是建立新品种新技术信息发布平台。建立和完善种子种植户信息数据库，配合如短信、飞信、微信等现代通信手段，定向开展种业新品种发布、配套农业栽培技术培训与推广等。

六、质量监控体系

（一）种子产业监管体系

我国种子产业监管体系主要由国家种子局监管、省级监管、市级监管、县级监管等组成。国家级和省级属于决策层，市级、县级等属于执行层。

国家种子管理局对种子产业的监管：其管理包括了制定我国整个种子产业发展战略、法律法规起草、指导种子管理体系建设、种子生产经营及质量监督、相关标准或规程的制定等。按照权力关系，直接管理全国各省市种子产业总的情况，尤其是作为最高决策机关，管理和掌控我国种子产业发展大局，对我国种子产业发展方向起着决定性作用。

省级种子管理站（局）对种子产业的监管：我国共有31个省级种子管理站（局），其主要职责根据国家种子管理局总体规划制订全省农作物种子发展规划和工作计划，管理区内种子生产、经营、使用行为，负责全省农作物区域试验、生产试验的监督，负责全省农作物种子生产、经营许可证的核发与管理工作，负责全省种子质量的监督、抽查与管理等。

市级种子管理：我国共有地市级种子管理与监督部门333个，基本职责包括品种管理、质量管理、行政许可、行政处罚、行政监督、事故鉴定等内容。

县级种子管理：我国共有县级种子管理部门2 862个，具有种子行政许可、行政处罚、行政管理等职能。负责种子市场监管、种子质量检验、新品种区域试验、种子信息服务与推广四个主要方面的工作任务。

（二）种子企业内部质量监控体系

种子企业是种子质量管理与监控的主体，并承担种子质量责任。同时对种子企业规定了更高的质量要求，如生产主要农作物的商品种子必须满足生产许可证的条件。目前大部分企业在依法经营的前提下实施全面的种子质量管理，主要通过建立健全种子管理内部组织、建立种子质量管理制度、建设种子质量检验室，强化种子生产基地管理、生产过程质量管理、种子储藏加工管理、种子检验管理等不断加强内部种子质量管理工作，努力提高企业管理水平，对稳定种子市场和种子产业化发展起到了积极的推动作用。

1. 种子质量监控组织体系

是在企业高层统一领导下，由专门从事企业种子质量检验、种子生产及储藏加工过程控制等质量监管的工作人员所组成。其组织结构形式有职能制（生产区域制）、事业部制等，其主要职能是进行种子质量的全面管理与监督。主要包括三个方面：一是制定和落实种子质量管理制度，根据国家种子质量标准建立企业相应的质量检验标准并进行具体落实，尤其是严格执行国家强制标准等；二是加强企业内部种子质量检验，积极进行质量检测仪器设备设施建设、进行种子检验人员的业务培训和提升检测能力；三是对种子各环节的质量进行管理，主要包括种子本身质量管理、种子生产基地管理、生产过程管理、种子收购加工管理、种子储藏管理等。

2. 种子质量监控的制度体系

科学、严谨的制度是保证种子质量管理与监控的前提条件，种子企业严格执行法律法规和相应的质量标准，并制定企业内部质量监管制度。合理完善的种子质量管理与监管制度主要包括企业内部相应的质量管理制度和职责，如检验工作制度等；与种子质量相关的执行标准，如操作规程、业务流程、标准体系等。

3. 种子生产质量管理与监督

种子生产质量管理是保证种子质量的关键环节，为了生产出高质量的种子，特别是为确保种子纯度，必须实行种子生产过程的全程质量管理，将各项质量控制措施贯穿于种子生产的各个技术与管理环节。种子生产质量管理主要包括生产计划与制度制定、种子生产源头管理、种子生产过程管理等。

种子生产计划和制度的制定，制订可行的生产计划，制定专业技术人员和检验人员的管理制度，并明确各自的责任。种子生产源头管理，主要包括种子繁殖土地环境（隔离条件的安全以及病虫害防治管理等）管理，种子来源管理尤其是严格把握亲本种子质量。

种子生产过程管理，主要包括制定相应的种子田间管理标准以及操作规程；根据制种类别的不同（种子繁殖方式）和不同品种特点，按照种子田间检验国家标准及《农作物种子生产技术操作规范》等，建立健全种子生产档案，载明生产地点、生产地块环境、前茬作物、亲本种子来源和质量、技术负责人、田间检验记录、产地气象记录、种子流向等内容。

4. 种子收购管理与质量监督

种子收购前准备：种子收购前应准备好收购场地、包装物和标签，收购场地应根据收购量大小及制种农民的多少来确定；包装物准备主要是提前做好专用包装物，防止人为混杂和掺杂使假；种子标签的主要内容为繁制种户姓名、产地、数量及田间初定等级。

种子收购时应实行分户收购，分户取样、封存（用于室内检验），分户包装，并放置内外标签，分户编号、建立台账，收购时目测种子颜色、形态以判定有无混杂以及净度状况，对色泽、形状不一致的问题种子应另行处理，对净度未达到要求的应重新风选后收购；用快速水分测定仪进行水分测定，对水分不合格的种子应重新翻晒，达到合格才收购轧花。

种子收购结束后应立即对分户样品进行室内鉴定，结合田间初定级别，最后确定种子等级与质量状况。

5. 种子加工、储藏管理与质量监督

种子加工管理是指对种子脱绒、烘干处理，通过风筛选、重力选进行清选、精选，然后进行包衣、包装等种子加工过程的全程管理。其主要目的是进一步保证、提高种子质量，提升种子产品自身价值。其主要内容包括：建立健全种子加工管理制度和责任制度，对种子进行全面、全程质量管理；严格按加工工艺流程的质量标准进行规范操作；加强中间环节的控制，即质检人员按照规定及时进行中间样品抽检，发现问题应及时进行信息反馈及加工调整等处理；按国家规定的种子包装和包装设计要求，及时对种子包装进行严格的监督和检查等。

种子储藏管理，对入库种子制定并执行现代化分类储藏制度，积极改善储藏条件，实行专人保管，定期消毒，确保安全储藏。对越夏种子，应该进行冷储，随时掌握质量变化动态，确保种子质量安全。

6. 种子检测管理与质量控制

种子质量的高低只有通过种子检验才能显现出来，所以，种子企业必须进行各个环节的质量检测，加强种子检测管理，才能确保种子质量，杜绝劣种进入市场。

主要通过种子质量检测的体制和机制（制定相应的种子质量检测制度，例如建立健全种子亲本检验制度、田间检验制度、纯度检验制度、收购检验制度、入库检验制度、封样保存制度等；在具体的管理中做到职责到位、分工明确、奖罚分明等）；完善检测手段，稳定充实检验人员，执行制度和履行职责并及时督促落实各种检查和测试等措施，切实做好种子检测管理工作，确保种子质量。

第三节　棉花种子产业化实践案例

一、中棉种业科技股份有限公司

中棉种业科技股份有限公司（以下简称“中棉种业公司”）注册资本 7 000 万元人民币，是河南省认定的高新技术企业，郑州市“诚信守法”企业，2007 年通过 ISO 企业管理质量认证。注册商标“中棉”“中杂”牌，公司拥有中棉所棉花新品种的独家生产经营权，公司设市场营销部、生产加工部、质量技术部 、人力资源部、计划财务部、仓储物流部、市场维权部和办公室。公司现有员工 119 人，其中博士 3 人，硕士 12 人，高级职称 13 人。

公司在河南安阳拥有 3 000 亩育种家种子繁殖基地，在河南、山东、河北、安徽、江苏等地拥有稳定的杂交棉制种基地近 2 万亩。在新疆拥有 1 万亩原种繁殖基地和 5 万亩良种繁殖基地。公司在河南安阳、郑州、安徽合肥、山东东营拥有 4 条现代化的种子酸脱绒、精选及包衣包装生产线，拥有先进的种子检测仪器设备和规模化的种子储存和晒场设施。

公司在安徽、新疆、山东投资组建了 3 个区域性全资（控股）子公司即安徽中棉种业长江有限公司、新疆中棉种业有限公司、山东众力棉业有限公司。通过区域公司和代理制初步形成了覆盖我国主产棉区集种子生产、销售、培训、服务与一体的营销服务网络。

公司主营业务为棉花种子及原棉生产、加工、销售，农业技术咨询、服务，农产品深加工等；新拓展业务有小麦、玉米等种子生产、销售。

公司致力于发展成为在转基因棉花产业核心技术（转基因育种及配套生产技术）领域处于国内领先并在国际上有一定影响的研产贸一体化，经营多元化（原棉种子纵向一体化，小麦、玉米、农资、农化产品等相关多元化），市场国际化的技术先导型企业集团。在棉花种子产业化方面具有以下突出特点。

（一）技术依托单位科技实力雄厚

中棉种业公司技术依托单位中国农业科学院棉花研究所（以下简称中棉所）作为唯一的国家级棉花专业科研机构和全国棉花科研中心，以应用研究和应用基础研究为主，组织和主持全国性的重大棉花科研项目，着重解决棉花生产中的重大科技问题，开展国际棉花科技合作与交流，培养棉花科技人才，宣传推广科研成果与先进的植棉技术，编辑出版《棉花学报》和《中国棉花》专业期刊。

全所固定资产金额为 26 512 万元，万元以上仪器设备 807 台（套），土地面积 319 hm^2，工作用房 2.6 万 m^2；在海南三亚建有国家农作物种质棉花资源圃和南繁基地；在新疆阿克苏、石河子和安徽望江等处建有棉花育种生态试验站。在棉花品种技术创新尤其生物技术育种方面在我国已形成明显的学科优势，中棉所转基因实验室已完全掌握农杆菌介导、花粉管通道法和基因枪轰击法转化基因的方法，是目前国内唯一能同时开展三种基因转化方法的单位。而且已开发出具有国内领先、国际先进水平的棉花规模化基因高效转化新技术，该技术不受受体基因型限制，已建立转基因技术平台，转化技术已成熟。

先后培育 92 个棉花新品种，种植面积曾占全国的 50%。20 世纪 90 年代，率先在国内培育出转 Bt 基因抗虫棉品种，解决了棉铃虫为害问题，使国产抗虫棉种植面积由 1998 年的 5%，上升到目前的 80% 以上。育成的转基因抗虫棉中棉所 41、52、60、63、66、69、71、72 等棉花品种成为我国棉花生产上的主导品种，为我国棉花生产的持续健康发展提供了强有力的技术支撑。现在主持的 973 计划项目“棉花纤维功能基因组学研究与分子改良”课题和 863 计划项目“优质高产棉花分子品种创制”课题，将为促进棉花生产再上新台阶做出新的贡献。

建成棉花种质资源中期库，收集保存 8 300 多份材料，被国内有关单位广泛应用，使用率占全国 400 个育成品种的 50% 以上。在海南岛三亚建有国家农作物种质棉花资源圃，宿生保存 40 多个棉种，占世界上现有棉种数的 80% 有余。建立的棉花高产栽培、平衡施肥、病虫害综合治理等技术和棉花良种繁育推广体系，为我国棉花优质、高产、稳产提供了有力保障，先后获得河南省“科技兴农先进单位”和农业部“科技推广年活动先进单位”荣誉表彰，并被科技部授予“国家棉花新品种技术研究推广中心”。

（二）企业自主研发能力迅速提升

1. 研发基础条件

中棉种业科技股份有限公司在河南郑州国家高新区拥有土地 6 hm^2，与中国农业科学院棉花研究所联合建有“棉花转基因育种国家工程实验室”，建有“河南省棉花育种工程技术研究中心”“河南省棉花油菜遗传育种院士工作站”。公司专门成立研究开发机构，主要从事棉花、小麦、油菜等作物新品种的选育与技术研究工作。公司具备从事科研育种、技术鉴定、质量检验等仪器设备 40 多台（套）。2012 年、2013 年研发投入分别为 481.0 万元、530.0 万元，占销售收入的 4.7%、3.8%。公司建立了覆盖全国的棉花商业化育种及生态鉴定网络体系。在河南安阳开展了企业棉花科研育种工作，拥有高标准棉花科研育种试验田 200 亩；在山东东营建立抗（耐）盐碱棉花新品种生态育种试验站 33.3 hm^2；在长江流域棉区建立了湖南常德（4 hm^2）、安徽合肥（6.7 hm^2）、江西九江生态育种试验站（2 hm^2）；在新疆棉区建立了北疆石河子（33.3 hm^2）、南疆阿克苏生态育种试验站（8 hm^2）。

2. 研发进展与成果

中棉种业科技股份有限公司拥有国家新型实用专利和外观设计专利 6 项，申报国家发明专利 2 项，外观设计专利专利 7 项，见表 8-5 和表 8-6。

表 8-5　中棉种业科技股份有限公司拥有国家专利一览表

序号	专利类型	专利名称	专利权人	取得方式	专利号	到期日
1	实用新型	棉花防落去雄器	中棉种业	自主研发	ZL200920032306.X	2019.3.23
2	实用新型	棉花电动采粉器	中棉种业	自主研发	ZL200920032307.4	2019.3.23
3	实用新型	棉花两用房水授粉器	中棉种业	自主研发	ZL200920032305.5	2019.3.23
4	实用新型	一种棉花光籽种子翻混系统	安徽中棉	合作研发	ZL201020233546.9	2020.6.21
5	实用新型	棉种硫酸脱绒中种子温度连续测量控制装置	安徽中棉	合作研发	ZL201020233559.6	2020.6.21
6	外观设计	包装袋	中棉种业	自主研发	ZL201030103321.7	2020.1.26

表 8-6　中棉种业科技股份有限公司申请国家专利一览表

序　号	专利类型	专利名称	专利权人	申请号	申请日
1	外观设计	包装袋（72）	中棉种业	201430084617.7	2014.4.11
2	外观设计	包装袋（63）	中棉种业	201430084605.4	2014.4.11
3	外观设计	包装袋（66）	中棉种业	201430084598.8	2014.4.11
4	外观设计	包装袋（71）	中棉种业	201430084597.3	2014.4.11
5	外观设计	包装袋（55）	中棉种业	201430084610.5	2014.4.11
6	外观设计	包装袋（28）	中棉种业	201430084624.7	2014.4.11
7	外观设计	包装袋（B78）	中棉种业	201430084606.9	2014.4.11
8	发　明	一种田间鉴定棉花耐高温的筛选方法	中棉种业	201410079760.6	2014.2.27
9	发　明	一种早期鉴定杂交棉纯度的育种方法	中棉种业	201410235694.7	2014.5.26

针对全国三大棉区棉花生产中存在的关键性和共性技术问题，开展新技术、新产品研发。在棉花新品种选育上，针对河南省和全国棉花生产中需要解决的关键技术，开展高优势杂交棉、耐盐碱棉、短季棉和和机采棉新品种选育和关键配套技术研究与示范，加速新品种产业化。在种子质量控制上，进一步完善常规检测技术，积极开发 SSR 指纹图谱检测技术，制定种子检测技术规范和质量控制标准，有效提高种子质量。在科研条件平台建设上，通过公司自筹资金以及国家拨款，建成一个初具规模的能够开展棉花商业化育种研究、示范推广和人才培养的科研基地。合作育成棉花品种 7 个，自主育成小麦品种 3 个，申报植物新品种权共计 5 项，研制安徽、河南等地方技术标准 13 项。

另外，中棉种业公司选育的中 SGK1514、中 9518 棉花品种已完成陕西省区域试验和生产试验程序，等待审定；有 11 个棉花新品系正在参加新疆、河南、山东、安徽、天津和陕西省棉花区域试验和生产试验。小麦中育 1123 于 2014 年进入生产试验，2015 年将通过国家品种审定；4 个新品系中育 1152、中育 1215、中育 1211、中育 1325 正在参加河南省及国家区试。玉米、油菜分别有 2 个品种也正在参加河南省区域试验。

3. 科研项目与对外合作

中棉种业公司先后承担了国家发改委、财政部、科技部、农业部等国家级重大科技项目和产业化项目与课题 8 项，省部级科技与产业化项目 10 余项。在国家项目的支持下，大大提升了公司的科技创新能力和产业化运营能力。中棉种业公司注重加强国内外科技交流与合作，与中国农业科学院棉花研究所、华中农业大学、河南省农业科学院、郑州大学、河南科技学院等科研院所签订了战略合作协议或合作合同，有偿引进创新型科研成果，利用各自资源优势实现互补，并通过公司承担的国家和河南省项目的实施提高科技创新水平，加强人才队伍建设。

（三）转基因棉花新品种规模化生产取得重大突破

近几年，中棉种业公司在棉花人工杂交制种管理体系上采用“科研育种单位 + 公司 + 制种公司 + 制种农户”四位一体的全新管理模式，由科研育种单位参与到杂交棉制种整个过程中，一方面由育种单位育种家提供高质量亲本种源，从源头上保证制种质量，另一方面，由育种家及专业技术人员提供全过程技术服务，提高制种产量；在制种技术上采用全株制种、小瓶授粉等新技术，实现棉花杂交制种规模化、集约化，工效提高 1 倍多。

（四）杂交棉简化制种技术研究取得重大突破

技术依托单位中国农业科学院棉花研究所在棉花核不育系两系和胞质不育系三系研究上取得了突破，主要表现在：① 核不育系两系研究进展显著：中棉所率先培育出转基因抗虫不育系中抗 A，以此不育系选配转基因抗虫杂交棉品种——中棉所 38。采用不育系，利用昆虫传粉是棉花杂交制种中最为简捷方式，经研究，探索了一套蜜蜂辅助传粉制种体系，申请了国家发明专利，在研究不育系昆虫传粉的基础上，培育一个转基因抗虫杂交棉中棉所 54。② 胞质不育三系研究取得突破：胞质不育系的恢复系恢复性提高一直是个难点，经过不懈努力，中棉所取得了突破，筛选出优质型、高产型和抗虫型等多类型优良胞质不育三系材料。已育成三系配套转 Bt 基因高产杂交棉新品种中棉所 83，2011 年通过山西省审定。

（五）具有较为健全的中试、示范网络体系

中棉种业公司依托品种和市场优势，结合主产棉区生态特点，在我国三大主产棉区建立了 4 个生态试验站和 60 多个棉花新品种中试示范网点，每年测试新品种 30 余个（刘金海，2013）。生态试验站主要从事适合不同生态区气候特点及种植模式定向筛选新品种与配套技术集成研究。生态试验站上连品种创新，下连区域市场，发挥其棉种科研与产业开发的桥梁和纽带的作用。中试示范点主要根据品种特征特性及当地土壤条件、种植习惯和种植模式将集成配套技术应用于生产，创建高产、超高产示范样板田，通过召开新品种现场观摩会，宣传、推广棉花新品种及配套技术，可以大力推进转基因棉花新品种推广速度。

（六）具有较为完善的种子加工和质量检验技术体系

公司拥有现代化的种子加工及包衣包装生产线，拥有先进的种子检测技术和仪器设备条件，拥有一流的种子储存和晒场设施。已建种子酸脱绒包衣加工车间的基础上，已建成过量式稀硫酸棉种脱绒加工设备成套生产线，新投资购置了成套的种子计量、分装、成袋设备，对各种子基地生产的不同质量的种子进行分类精加工、包衣和分装。公司加工的种子发芽率、残酸、水分、标重等加工品质指标全部采用国家和行业的最高标准。在质量监控体系建设方面，对棉种的生产、收购、加工、检验、分装、包装、销售及售后服务等环节进行质量监督、控制，并与农业部棉花品质监督检验测试中心合作，组建了农作物种子标准化种子检验室。

（七）建立了较为完善的营销推广网络

中棉种业科技股份有限公司及其区域合资公司，通过代理制、特约销售等形式在黄河流域、长江流域和新疆三大主产棉区建立了较为完善的棉花新品种推广销售网络，目前拥有忠诚的代理商 268 家，年经销推广国产转基因抗虫棉“中棉所”系列棉花新品种 1 200 万 kg，为全国棉业经济和棉花生产的持续发展发挥了重要作用。遍布全国的棉种经销网络，

使这些科技成果得到了很好的转化，产生了良好的经济效益和社会效益。现有推广网络基础也为项目实施提供了保证。

综上所述，中棉种业公司在国家项目的支持下，大大提升了公司的科技创新能力和产业化运营能力，在全国范围内，初步形成了覆盖黄河流域、长江流域和新疆全国三大主产棉区的棉种产业“品种创新、中间试验、良种繁育、种子加工、质量监控和营销推广”六大产业化体系。

二、河间市国欣农村技术服务总会

河间市国欣农村技术服务总会（以下称国欣总会）于 1984 年成立，是以棉农为主体的经济技术合作组织，全国首批育、繁、推一体化企业，“农业产业化国家级重点龙头企业”。注册资金 1.028 亿元，总资产 4.7 亿元，是“中国种业骨干企业”。企业通过了 ISO9001 质量管理体系认证，国欣总会被河北省授予第一批放心农资企业，“国欣”牌棉花种子获得“河北省名牌产品”称号。企业连续多年入选中国种业 50 强、国家棉花加工企业 30 强。国欣棉种被评为“中国名牌”产品，“国欣”商标是“中国驰名商标”。国欣总会参与完成的“棉花化控栽培技术体系的建立与应用”“棉花种质创新及强优势杂交棉新品种选育及应用”分别荣获“国家科技进步二等奖”。“国欣棉 6 号、国欣棉 8 号的选育与应用”和“国欣棉 9 号、国欣棉 11 号的选育与应用”分别获得沧州市科技进步二等奖。“国欣”牌棉种的各项指标全面超过国家标准。在连续三年农业部产品质量抽查中，国欣棉种质量位居内地棉区第一。

（一）种子产业化基础设施与规模

主要建筑物有办公楼 2 座，总面积约 4 000 m^2；培训楼 1 座，面积约 10 000 m^2；轧花及种子加工厂一座，包括车间 5 座，面积 4 000 m^2，轧花生产线 2 条，种子加工生产线 9 条；年生产 600 万 kg 皮棉、4 000 t 种子能力；总占地 15.3 hm^2。

（二）产学研结合情况

目前承担了中国农业科学院棉花研究所的强优势组合筛选试验，中国农业大学轻简化栽培试验及“863”计划项目棉花强优势杂交种创制与应用等试验项目。科研单位提供土地租金、生产资料等费用，国欣总会组织实施。中国农业科学院生物所研制的双价抗虫基因导入优良品系，系统选育及杂交选育品种 16 个，这些品种权属由双方共同所有，品种由国欣总会独家开发推广，国欣总会向中国农业科学院生物所按种子销售量支付一定额度的基因使用费，一般每个品种每年最低支付 20 万元。

通过与中国农业科学院棉花研究所、中国农业大学、中国农业科学院生物技术研究所、河北农业大学等科研院所专家教授的合作，国欣总会从专家那里得到技术，促进了自身的发展，完成了许多育种任务，大大地提高了国欣总会的科研能力，国欣总会与科研部门有了更紧密的联合。现在，这种合作形式已由最初的不定期技术指导，发展到科研人员参股驻会，为部分专家（已退休）配股等形式，科研院所专家与国欣总会形成血肉相连的利益共同体。

早在20世纪90年代开始，国欣总会与中国农业大学合作研究“棉花化学控制栽培技术体系的建立与应用”技术，获得极大成功，项目由中国农业大学和国欣总会共同获得国家科技进步二等奖。此项技术主要由国欣总会推广应用，该项目主要产品为棉花化学调控剂“缩节安”，该产品由中国农大委托制造，国欣总会从中国农大购买后销售推广，双方同时获得一定利益。

（三）研发项目情况

共同承担国家科技部“科技支撑”项目和农业部“转基因重大专项”项目。由中国农业科学院棉花研究所牵头，国欣农村技术服务总会参加的“转基因棉花新品种繁育和栽培关键技术的研究”项目，由中国农业科学院生物技术研究所牵头，国欣农村技术服务总会等单位参与的“抗盐碱棉花育种及产业化”项目正在实施阶段。由中国农业大学和国欣总会共同牵头，由华中农业大学等科研单位参加的“转基因棉花新品种产业化”项目已通过验收。由国欣农村技术服务总会牵头，中国农业大学、河北农业大学、河北省农科院参加的“转基因抗虫杂交棉新品种育繁推及产业化”项目，正在扎实稳步推进。这些项目为公司种子产业化实施提供了研究基础。

（四）研发平台建设与院校合作

国欣农村技术服务总会与河北农业大学、中国农业大学共同建设“河北省棉花种子工程技术中心”。通过种子工程中心的建设，集成一批综合高效新技术体系，建立棉花信息共享技术平台，构建棉花产业的“种子生产、种子加工、营销推广、质量保证和技术服务”五大技术体系，形成新型棉花新品种育繁推、产学研相结合的棉花新品种产业体系，育成一批新品种，加快产业结构调整，实现产业结构优化，促进农业增效、农民增收，实现产量、质量和效益的统一，全面提升我国主要作物的竞争力，为棉花工程技术研究等重大关键技术提供支撑。

国欣农村技术服务总会主要组织开展科技成果转化及产业化，接收行业、部门及企业、高等院校、科研单位委托的工程技术研究和试验等。建设大学生、研究生实习基地，组织人才培训，人才交流。将所获得的具有不同特异性状、适宜不同生态区种植的棉花新品种（系）在相应生态区进行中试与示范。两所高校主要负责提供、组织有关专家、教授到工程中心所在地进行不定期的技术指导、培训和人才培养等工作，负责培养高层次技术人才和工程化管理人才，以及培养研究生等，并承担部分研究任务。

（五）自主研发成果情况

研发、生产、经营的品种均拥有自主知识产权。积累了 1 000 多个品种资源，培育出 16 个具有自主知识产权的抗虫棉品种。国欣棉 3 号、国欣棉 6 号、国欣棉 8 号、国欣棉 9 号和国欣棉 11 号先后通过国家审定，SGK3、欣抗 4 号、GK99-1、国欣 4 号、国欣棉 10 号、欣试 65086 和国欣棉 1 号相继通过省级审定。这些品种分别在抗逆、抗病、抗虫、优质、高产方面达到国内先进水平。

（六）品种购买与成果转化

2008 年向华中农业大学购买棉花品种“华杂棉 H318”使用权、2010 年向河北农业大学购买棉花新品种“农大棉 9 号和“农大 601”使用权，不断丰富国欣总会品种资源，不断加强后代选育，培育高产、优质、抗病虫品种，不断提升品种竞争力；同时使新成果加快转化推广，提高棉农收益。

（七）种子产业化经验

1. 研究方面

创新种子产业是高科技含量、高知识密集型的基础产业，高新科技是知识种业发展的核心和灵魂，种子企业必须要有丰富的种质资源和品种、要有自己的科研基地、要有掌握高新科技和经验丰富的科研人员，这样才能不断地培育出新的品种，在市场竞争中永立不败之地。主要做法是：第一，实行新产品开发项目负责制，体现责任大、贡献大、回报大的经济报酬原则；第二，推行岗位竞争末位淘汰制，增加工作压力；第三，推行人才合理流动制，保持企业创新活力；第四，推行管理职务公开竞选制，鼓励人才脱颖而出；第五，推行员工继续教育制，提高员工的科技文化素质；第六，建立学科研究、学术会议制度，营造企业良好的科研氛围；第七，建立企业知识产权保护制度，保护技术人员的劳动成果；第八，逐年加大科研投入。

2. 推广方面

2013 年销售收入 1.17 亿元，年种子加工能力 4 000 t；营销模式已形成会员渠道和经销商渠道两套网络。会员网络主要由 4 000 多名会员组长组成了中坚力量，充当“二传手”，会员达60 000户。经销商网络已建成321个，覆盖新、冀、鲁、豫、苏、皖、鄂、晋、陕等十几个省市。“国欣”牌棉种在全国市场占有率为8%，在河北省的市场占有率为25%，黄河流域棉区市场占有率列第一位，是我国棉种业的龙头企业。种子产业化主要成功经验有以下几个方面。

一是实现企业运营机制与运作方式的创新。面对信息技术的快速变化，种业企业需要以人的能力来增加竞争优势。因此，要以人为本，依靠激励、感召、启发、诱导等方法进行柔性管理，实行一套行之有效的人才激励机制，创造一种人尽其才的制度。

二是实现企业管理方式与管理手段的创新。强化基础，提高科学管理水平，是种业企业提高竞争能力的重要途径。针对企业中普遍存在的突出问题，重点要加强成本、资金和质量管理，要强化成本核算，加强会计基础工作，构建资金监督体系，推进经营预算与计划管理，实行产品全方位的质量控制与严格的品质保证制度，推行ISO系列标准。

三是实现种业企业文化的创新。拥有文化即拥有明天，文化是明天的经济。当前应从如下方面着手：一是培养具有个性特色的企业精神，尤其是企业家精神，是企业发展的凝聚剂和催化剂，对广大员工有导向、凝聚和激励的作用。二是建立新型的企业价值观，不同的价值观会导致不同的经营理念。三是实施科教兴企的战略。科教兴企有利于员工文化素质的提高，有利于企业形成良好的科技文化氛围。四是构建管理文化。企业管理应把自身素质、人的精神、群体共识放在管理诸要素的首位，通过文化环境的感染、诱导和约束等方式去激发员工的内在潜力。五是创造名牌产品。一个名牌的形成过程，必然体现着独具特色的企业文化。种业企业在品种繁育、生产、销售、服务和广告宣传等各个环节要控制和提升文化内涵，赋予其文化的、人性的丰富价值，使产品魅力无穷，长盛不衰。

三、新疆生产建设兵团

新疆现已发展成为我国最大产棉区，新疆建设兵团涉及棉花种植的共有11个师、110个团场，棉花总产占新疆棉花总产的43.6%，是重要的产棉基地。建设兵团在棉种产业化上具有独特优势，在棉花良种繁育、种植技术、种子加工、机械化采收等方面居全国领先水平。

（一）良种繁育与推广

兵团良种繁育体系完善，制度完备，团场统一组织棉花良种繁育，集中连片种植，种子田实现了全程机械化管理，收获前组织专人去杂，经过严格的质量检验后决定是否符合良种质量标准，种子棉单独用采棉机采收，种子加工就地进行，生产的良种以师为单位实行统一供种，真正做到一场一种。

（二）中间试验体系健全

兵团普遍建立了师级农科所，每年组织新品种多点比较试验，筛选适合本师种植的高产、优质、抗病棉花新品种；对确定推广的棉花新品种进行配套栽培技术研究，根据品种特征特性研究确定适宜的种植密度，各个生育期的肥、水、化调指标，研究新品种对棉蚜、枯萎病和黄萎病的抗性，生长后期研究品种的结铃性、吐絮情况和早熟性，收获后测定品种的铃重、衣分、产量和纤维品质指标，最终提出该品种的系统配套栽培技术。

兵团各团场普遍建立高产示范田和新品种展示田，在田间管理关键时期组织职工参观学习，掌握栽培技术要点，并分发技术资料，普及植棉技术。兵团高产示范田的特点是面积大，管理均匀一致，技术到位，说服力强。兵团各级领导对棉花试验非常重视，每年召开现场会，拨出专项经费支持试验，扩大宣传新品种和配套栽培技术。

（三）种子加工与质量控制

兵团普遍采用机械精量播种技术，对种子质量要求很高。为此，兵团在承担繁育良种任务的团场建立种子加工场，配备专人负责种子加工工艺和质量检验，种子检验室设备先进，检测仪器配套完善，制定了种子加工和质量检验规程和标准，对确保种子纯度、净度、发芽率、破子率、残酸量、包衣度等重要种子加工质量指标具有作用。

（四）种子销售与技术服务

兵团所有产棉师均建有种子公司，负责全师种子供应，一般是把良种按团场供应，再由团场向连队分发。种植的品种由团场决定。

各师农科所负责配套技术研发，各团场技术人员组织实施，连队技术人员逐块检查指导，向棉农推荐肥料、农药、生长调节剂使用的品种和数量以及注意事项。

由于兵团具有较好的棉种产业化基础，组织得力，技术到位，所以棉花品种适宜，产量高，原棉纤维品质一致性好。

参考文献

部守臣．1983．谈谈良种繁育推广体系改革问题 [J]．种子（1）：62–64．

范濂．2001．作物良种繁育技术与体系的一项重大改革 [J]．河南农业科学（7）：5–6．

付云海，耿月明，等．2014．论我国种业营销渠道模式创新 [J]．中国种业（3）：1–4．

郭敏，陈光辉．2008．种子营销网络的现状与问题分析 [J]．作物研究（5）：517–520．

郭香墨，刘金生，丰嵘，等．1996．我国棉花良繁体系的形成与发展 [J]．中国农学通报，12（4）：28–30．

郭香墨，刘金生，马文龙．1997．棉花新品种与良种繁育技术 [M]．北京：金盾出版社．

郭香墨，刘金生．2006．棉花良种引种指导 [M]．北京：金盾出版社．

郭香墨，刘金生，等．1997．棉花新品种与良种繁育技术 [M]．北京：金盾出版社．

胡慧，李举文，陈军．2005．磨光机与棉种加工质量的关系 [J]．中国棉花（10）：30．

黄殿成．2009．我国棉花杂交种产业化现状、问题与对策 [J]．中国棉花，36（7）：34–39．

黄滋康．1996．中国棉花品种及其系谱 [M]．北京：中国农业出版社．

江本利，朱加保，阚画春，等．2010．浅谈棉花种子的质量控制与识别技术 [J]．江西棉花（6）：48–49．

孔庆平．2014．新疆棉花良种重大科研攻关调研报告（2015—2020）[R]．

李波．2014．我国种子产业管理体系探微 [J]．中国种业（2）：1–4．

刘金海，郭香墨，郜新强，等．2013．我国棉花新品种测试体系的建立及其功能分析 [J]．中国棉花，40（11）：6–8．

刘金生，郭香墨．2002．中国棉花良繁技术创新的思考 [J]．中国农学通报，18（6）：93–95．

陆作楣．1990．棉花“自交混繁法”原种生产技术研究 [J]．南京农业大学学报（4），14–20．

陆作楣．1986. 谈谈“提纯复壮”的局限性 [J]．种子（1）：49–51．

孟庆华，刘继永，王胜利，等．2008．棉花种子过量式稀硫酸脱绒包衣技术 [J]．种子加工（8）：72–73．

年伟，汪永华，邵源梅．2004．种子加工工序及其基本要求 [J]．中国种业，8：43–45．

孙海艳，李军民，等．2014．关于我国种业信息化建设的思考 [J]．中国种业（6）：1–3．

孙善康．1988．棉花原种生产方法探讨 [J]．种子（15）：90–93．

孙善康．1993．三年两圃法棉花原种生产程序 [J]．中国棉花（2）：16–7．

王春平，张万松，陈翠云．1999．四级种子生产程序及其在小麦良种繁育中的应用 [J]．河南农业科学（7）：5-6．

邢朝柱，郭立平，吴建勇，等．2012．转基因三系杂交棉－中棉所83[J]．中国棉花，39（7）：39．

薛中立，唐宏达，阳秋波，等．2011．湖南省临澧县中棉所63千斤棉超高产栽培技术及体会 [J]．中国棉花，38（4）：42．

喻树迅．2008．短季棉育种学 [M]．北京：科学出版社．

愈敬忠．1984．棉花原种更新周期探讨 [J]．中国棉花（5）：1-4．

张同树，李先兵，张瑞．2000．棉花良种科技产业化体系研究与应用 [J]．农业技术经济（1）：44-47．

张万松、陈翠云，王淑俭，等．1997．农作物四级种子生产程序及其应用模式 [J]．中国农业科学，30（2）：27-33．

中国农业科学院棉花研究所．2003．中国棉花遗传育种学 [M]．山东：山东科学技术出版社．

周关印，郭香墨，邰新强，等．2014．棉花商业化育种实践 [J]．中国棉花，41（6）：11-13．

周关印，郑文俊．2002．我国棉种技术创新及产业化发展对策 [J]．中国农学通报（3）：82-84．

Fryxell P A，et al．1992. A revision of Gossypium seat．Grandicalyx（Malvaceae）including the description of six new species[J]．Syst．Bot．：91-114．

第九章　棉花现代生产组织与社会化服务体系

棉花在我国是关系国计民生的重要物资，棉花产业涉及生产、加工、流通、纺织、出口等多个行业，解决了我国大量城乡劳动力就业问题，不仅是纺织工业发展的重要支撑，还是植棉农户增收的重要途径。棉花质量关系到产、供、需各方利益，贯穿于整个棉花产业链，对于纺织工业和国民经济有非常重要的影响。棉花生产组织模式关系到棉花的生产效率，决定棉花产业的生产效益，对棉花产业能否健康持续发展有重要作用。因此，探索我国棉花现代生产组织模式有重要的现实意义，是快乐植棉的关键所在。

第一节　棉花现代生产组织形式

棉花现代生产组织形式主要有兵团农场生产组织形式、农业合作社生产组织形式、家庭农场生产组织形式。这几种生产模式走在棉花生产组织的前沿，有各自优点，是现代棉花生产的重要组织形式，是快乐植棉的根源。

一、兵团农场生产组织形式

兵团棉花作为全国重要的优质棉生产基地，大部分团场已经实现了标准化生产，从种植到采收等一系列流程都已实现了机械化。兵团的棉花生产支持着兵团经济发展和职工生活改善，其总产占到新疆总产的 43.6%，是兵团的支柱产业之一。已有 11 个植棉师、110 个植棉团场，占新疆兵团团场总数的 63%；棉花产值占农业总产值的 55%。其总产占到全国总产的 19.6%，人均棉花产量、商品率居全国第一（图 9-1）。主要表现在以下几个方面。

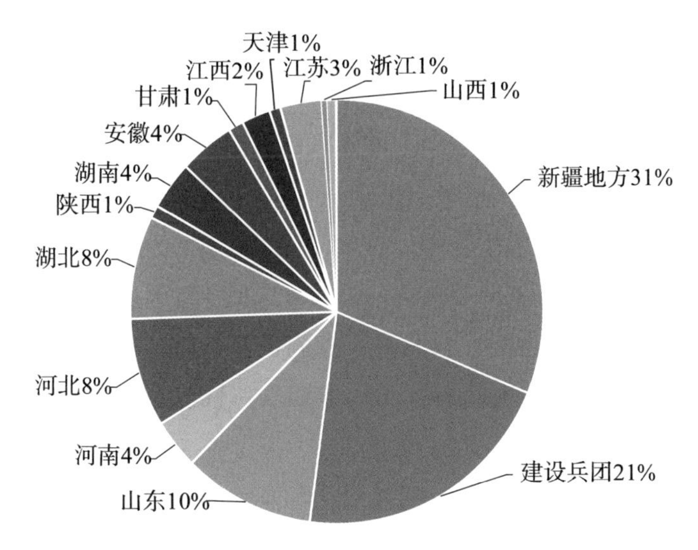

图 9-1　2012—2013 年度我国各棉产区产量比例

（一）生产技术进步促进棉花产业可持续发展

新中国成立以来，尤其是改革开放以来，为尽快增加新疆棉花单产，提供供给量，新疆引进了很多种国外先进棉花品种。改革开放以后新疆棉花育种技术进步很快，在单产和品质等方面超过国外品种，同时也随着棉花栽培技术的提高，地膜覆盖、水肥一体化技术等相继出现。虽然棉花生产经历了几次大波动，但随着技术的进步，新疆棉花仍然取得了较大的发展，从棉花的单产变化中可以明显看到这一点。图 9-2 表明，1978 年以来，由于棉花新品种的引进、改良，使得新疆棉花单产不断提高，1978 年新疆棉花单产水平仅为 365.6 kg/hm^2，到 2012 年增加到 2 056.9 kg/hm^2，单产水平增加了近五倍。在 1997 年以后，在转基因棉花逐步推广及棉花收购体制改革等技术作用下，棉农收益提高，棉花单产迈上了新台阶，新疆棉花播种面积大幅度增加。

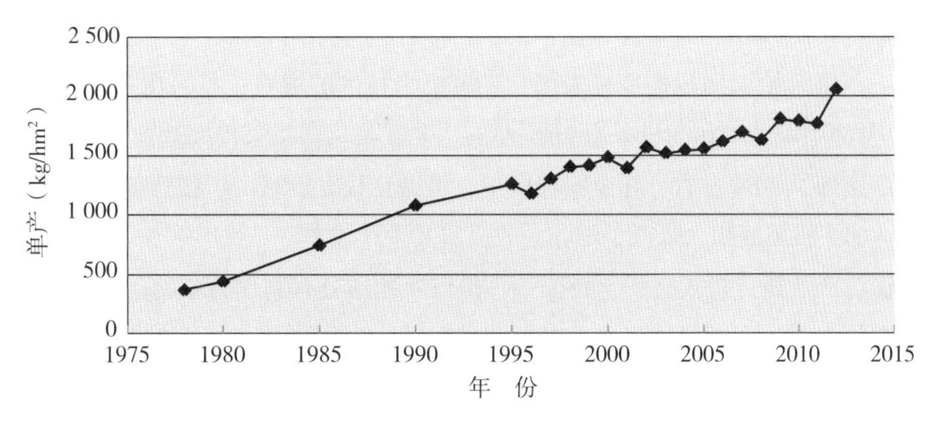

图 9-2　1978—2012 年新疆棉花单产变动情况

（二）育种技术进步保障棉花产业健康发展

20世纪50年代以前，仅有通过丝绸之路传入的直接种植利用的草棉（又称非洲棉）及自然变异形成的当地棉农土种，另外还有就是30—40年代从前苏联美国引进的陆地棉。这些品种大都铃小衣分低、绒短、中晚熟、品质差。20世纪50—60年代，新疆陆续从国外（主要是前苏联）和当时棉花生产水平较高的长江流域植棉区大量引进棉花新品种进行鉴定试种，主要是陆地棉和海岛棉品种。1978年，新疆农业科学院经济作物研究所成立，正式开始现代新疆棉花新品种选育工作。1996年，新疆农业科学院承担国家棉花研究项目，为棉花的育种工作做出了很大贡献。2005—2007年，通过主持承担新疆科技厅“国外特异陆地棉种子资源搜集与研究”项目以及对乌兹别克斯坦、澳大利亚的湿地考察访问，对国外包括美国、澳大利亚、塔吉克斯坦等主要植棉国较新的棉花品种资源材料进行了系统的搜集种植、观察鉴定，丰富充实了新疆棉花种子资源数量和类型。棉花品种的引进及育种技术的提高，极大促进了棉花品质的提升以及产量的提高。目前，新疆已经拥有较健全的育种技术，在单产和品质方面都居全国棉区之首。

（三）机械化水平进步促进棉花产业增收

1990—2000年间，新疆棉花产量在全国的比重总体呈现逐年增长趋势，因为这一时期劳动力成本低，人工采收费用在棉花生产成本中的占比较低，同时棉花生产成本低，手采品质较好，因此新疆棉花采摘只有手摘一种方式。“九五”时期，新疆兵团开始了机采棉试点工作，1996年，兵团投资3 000万元立项实施“兵团机采棉引进试验示范项目”，在农一师一团和八团进行机采棉高产技术栽培试验，进口美国几种型号采棉机进行小面积采收试验。2001年兵团机采棉大面积推广，机采面积达18 800 hm^2，到2002年达25 400 hm^2，其中南疆15 200 hm^2，北疆10 200 hm^2。机采棉清理加工质量有明显提升，一级棉有一定比例，多数单位达到二级或二级偏下水平。由于棉花生产成本大幅上升，尤其是人工成本及生产资料，新疆开始大面积推广机采棉，随着机采技术的成熟，机采比重开始大幅上升，由2000年全部手采到现在的机采率20%左右，尤其是兵团机采棉率达到了50%以上，有些团场甚至达到了90%左右，在全国棉区中，机械化程度最高。新疆棉花机械化水平的上升，极大增加了机采面积，降低了棉花采收成本及生产成本。

兵团棉花产业经营模式有三个特征：一是以农地的公有制作为基础，团场和承包职工家庭共同参与农业生产经营过程，大农场套小农场，统分结合。二是农地经营权分割。农户拥有固定的土地（自用地、承包经营地、自费开荒地）使用权（30～50年）和在承包经营地上的生产经营权；团场因为“五统一”，实际拥有更大的农地经营控制权。三是“强统弱分”的治理结构。党政军企合一，决定了在农场内部，威权机制是主要机制。因而，团场农业双层经营实行的是以集约化（企业）经营为主导的“分工”和“确权”机制。

兵团棉花购销采用订单收购、统一销售的模式，2006 年兵团推进农业政策和经营体制改革，强化了职工作为农场土地经营的主体地位，并对兵团大宗农产品实施订单收购。订单农业一定程度上降低了职工农业生产风险，但存在收购价滞后于市场且兑现时间长等问题，职工私自售卖棉花、团场设卡现象仍然存在。为进一步推进农产品购销体制改革、彻底实现流通环节市场化，兵团党委于 2007 年五届十次全委（扩大）会议明确规定：兵团系统内全部放开棉花等大宗农产品销售，从 2008 年起凡涉及棉花等大宗农产品管理过程中设“卡”的单位必须全部撤卡，订单外农产品种植户可自行销售；2008 年、2009 年兵团各师团都落实了该政策。撤卡后，团场职工拥有了棉花自主售卖权，即在收购环节引入了市场竞争，结果普遍出现团属轧花厂服务质量提高、兑现售款及时、“压秤压级压价”现象减少等良好局面，部分轧花厂甚至到职工地头、自治区下辖植棉区收棉花，职工群众对该政策满意度比较高，干群对立冲突有所减缓。除撤卡外，兵团党委五届十次全委会还首次提出各团场可直接参与棉花销售，减少了各师棉麻公司的分利行为，保护了团场的利益，但也造成了兵团棉花等大宗农产品销售主体规模过小、过于分散、彼此竞争加剧等问题。棉花自主销售权下放政策，目前还存在反复性，如 2010 年，随着棉花价格暴涨，部分师团又开始设卡，各师也将棉花销售权限从各团场收回，由各师棉麻公司统一销售。虽然棉花购销政策改革相对滞后并有所反复，但与 2008 年前相比，棉花收购价格、兑款时间都有了积极地改进，主要表现在棉花收购价更加贴近市场，部分师团棉花收购价按照兵团及各师指导价进行收购兑现后，年终再以综合销售平均价实施二次分配，即“一次交售，两次结算”，并初步形成了缓解风险的利益共担机制。

二、农业合作社生产组织模式

近年来，我国农民专业合作组织有了较快发展。据有关部门统计，全国各种类型的专业合作社已超过千万个，对促进我国农业和农村经济发展正在发挥日益重要的作用。我国虽是农业大国，但同发达国家的农业生产水平相比，我国还有很大差距。实现由农业大国向农业强国的跨越，必须推进农业从传统发展模式向现代发展模式转变。要实现这一目标，则需全面推进我国农业产业化经营的进程。借鉴发达国家农业发展的经验和我国许多地区的实践，发展专业合作社是实现我国农业产业化经营的重要途径。

党中央和国务院对发展农民合作经济组织十分重视，在关于农村工作的系列文件中都明确提出鼓励农民专业合作社的发展。2007 年 10 月，全国人民代表大会正式通过和颁布《中华人民共和国农民专业合作社法》，为规范和促进农民专业合作组织发展提供了法律依据并开辟了广阔道路。2009 年，中共中央发出的 1 号文件《关于 2009 年促进农业稳定发展农民增收的若干意见》中，再次强调要加快发展农民专业合作社，并提出了具体要求，充分说明发展专业合作组织已成为当前和今后相当长时期农村工作的重要内容。农民专业合作社是在农村家庭承包经营基础上，同类产品的生产经营者或者同类农业经营服务的提供者、利用者，自愿联合、民主管理的互动型经济组织。在日益激烈的市场竞争中，农民迫切需要联合起来，提高组织化程度，共同进入市场，提高产品的竞争力。因此，农民专业合作社是适应市场经济的需要而产生的。

根据现代经济学观点，合作是个人或组织为达成共同的目标，通过资源联合，有意识、有计划的共同协助与相互扶持，从而增强自己群体竞争能力的过程和行为。通过棉花合作社生产组织模式，把分散的小农户集合起来，与农户签订订单，扩大了植棉面积，可以带动棉农收入。棉花合作社生产模式有以下优点。

（一）兴办棉花专业合作社，使棉花生产产业化成为可能

在我国，棉花是仅次于粮食的种植业产品，是纺织工业的主要原料。全国有 4 000 多万农户从事棉花生产，2 000 多万人从事棉花加工、流通和纺织工业生产。我国棉花产业不仅满足了国内 13 亿人口对纺织品和服装的要求，同时也在世界各国市场占据重要地位。因此，棉花产业是我国国民经济的重要产业，通过组建棉花专业合作社，提高棉农的组织化程度，逐步实现棉花生产集约化。棉花合作社能引导棉农实现集约化生产、规模化经营，使个体能人变为能人群体，增强带动能力，成为推动棉花产业化进程的劲旅。产业化的核心是形成利益共同体，而合作社就是这样一个组织载体。只有合作社参与其中，龙头企业才能大大减少与广大棉农的交易成本，广大棉农就可以消除与企业交易过程中信息不对称带来的问题。

（二）传递信息与技术，保障生产科技化

合作社通过手机短信、宣传资料、上门口述等形式，让合作社社员及时了解国家棉花产业政策，掌握棉花市场的价格信息，在与合作社社员签订棉花订单合同的同时，在全镇范围内发放《购种指南》、《棉花高产优质栽培技术》资料，并组织植棉大户、科技植棉能手、10 户联系点棉农开展技术交流和科技植棉讲座。合作社及时的信息与技术传递，切实让广大社员种棉有了方向、增收有了目标。

在搞好植棉技术资料印发的同时，合作社可以组织专家、固定专人，跟踪管理，深入田间地头，讲解棉花生产中的难点问题，为棉农及棉花生产提供全方位的技术服务。

综上所述，合作社采取灵活多样的形式，为棉农提供了贯穿整个生产过程的全方位服

务：产前，根据两个年度市场形势的分析判断和择机适度提前套保的情况，组织合作社与棉农签订收购订单，让棉农放心种棉；产中，为棉农垫付生产资金，组织生产资料、良种供应和各类培训班，帮助棉农科学植棉；产后，免费为棉农发放棉包、棉袋、棉帽以及必要的生产和运输工具，指导棉农“四分”，提高种植收益，特别是收购结束后，合作社还对棉农进行二次返利，让棉农不仅能拿到生产环节的利润，还能参与分享流通环节的利润。正是这样，银力集团获得优质、稳定的资源，棉农也真正得到了实惠，促进棉农增收、棉花产业的可持续发展。

三、家庭农场经营模式

开放的市场经济给各行业的发展提供了无限生机，棉花市场的开放也给广大棉农带来了小小的甜点，即棉农在家中喝着茶水、看着报纸就把棉花卖给了进村入户收购的小商小贩。收购商贩在整个打包、装车过程中，把原本农户分摘、分晒、分存的棉花混合在一起，甚至把前期的僵瓣棉、烂桃棉掺入到好白棉当中，使“四分”好的棉花又成了“全棵棉”，然后运输到收购、加工企业进行交售，加工企业只好将所收到的混合子棉进行加工后入市销售。而棉花家庭农场经营模式可以很好的解决上述问题，主要优势具体如下。

（一）加快结合土地流转，发展家庭农场

中国棉花协会棉农分会秘书长王定伟说道，种棉花的未来应有以下几点：一是规模化成为未来一个必然的方向；二是职业化才能让棉农掌握必要的技术；三是农业装备精良化造就新生代棉农。要把以上想法落到实处，就要根据当地政府安排，结合土地流转模式，从一百亩、两百亩甚至上千亩成立棉花家庭农场，筛选适合当地种植的高产、优质并且通过国家或省级品种审定部门审定的优良品种，农场主与品种供种单位签订《种子质量保证协议》。这样就需要从品种的纯度一直到纤维品质指标等详细签约，为提高棉花质量及纤维品质铺好路，最终形成规模化种植、标准化生产。

（二）促进棉花种植机械化，技术管理科学化

聘请具有高级理论知识和实践经验的植保、农技人员，组成“棉花技术专家团”，签订技术指导责任状，指导家庭农场全部实行机械化种植，减少用工，降低成本，服务项目具体到整地、造墒、施肥、播种、田间管理、科学化控、病虫害防治等，真正做到科学管理，保证质量，提高单产，增加效益。

（三）促进棉花“四分”到田间，颜色级分类到地头

棉花采摘时，农场主给采摘人员统一配备纯棉缝制的采摘用具，即卫生帽、采摘兜、包装用具，防止异性纤维混入棉花，同时把田间的僵瓣棉、烂桃棉和正常吐絮的好白棉等各类棉花单独采摘、晾晒、入库，真正从源头抓好棉花“四分”。收获后由农场主结合棉花收购加工企业，对“四分”好的子棉进行高价交售、经营，既保证了棉花质量又增加了农场主的效益，最终使优质资源得到保护和利用。加大宣传力度，保护资源质量。采用各种方式大力宣传棉花国家标准和棉花质量监督管理条例，认真贯彻落实棉花颜色级标准，倡导棉花收购各环节优棉优价，拒绝形成“全棵棉”，努力保护好棉花优质资源。

四、棉花现代生产组织的特征

（一）交易费用较低

在现有棉花经营模式中，小规模的农户收集所需的“完全信息”所花费的成本远远大于由此获得的收益。而棉花现代生产组织经营模式下，棉农不再为搜集信息而支付成本，只需要按要求统一生产即可。另外，可以进一步节省谈判和签约的交易费用，在棉花现代生产组织经营模式下，彻底解决农户私自违约的问题，减少信息不对称引发的道德风险和逆向选择，使交易更加稳定，减少了双方重复博弈环节，从而大大节省了交易费用。

（二）易形成规模效益，促进农民增收

规模效益是指在一定技术水平上，生产要素等比例增加时，产出增加价值大于投入增加价值的情况，即随着规模的扩大，单位产出成本下降。实现棉花现代生产组织改革后，分散的土地、农资、劳动力可以在一定范围内重新规划、分配、管理，减少资源的重复使用，提高单位要素的利用率，实现棉花规模化生产，大大降低了棉花标准化生产成本，提高棉花的产量和品质以及在市场中的竞争力。棉花现代生产组织生产模式可以激励现代棉花生产组织业内部整合可利用资源，增加棉花标准化建设投入，努力改善生态环境，成立资金的棉花研发机构，加大科技投入，促进棉花生产机械化，降低棉花生产成本，提高棉花经济效益。建立棉花品质安全标准和检验检测体系，提高棉花品质，从而实现棉花现代化生产。

（三）可提高农民素质，加快人才队伍建设

棉花现代生产组织可以提高农民素质，加快人才队伍建设。棉花现代生产组织可以牢

固树立“人才强商”“人才兴商”的理念，有针对性的培养一批懂市场、会经营、善管理的农业管理干部和专业人员队伍，实现管理方式上质的转变。一要扎实推进“蓝色证书”和“阳光培训”工作，依托现有培训资源，围绕棉花行业发展需求，开展多种形式的职业培训和职业鉴定工作。二要加快人才培训和企业家队伍建设，重点培养一支精通现代企业管理、具有创新精神和创业能力、能够适应激烈市场竞争需要的高层次企业家队伍，同时把促进龙头企业家和农工专业合作社社长的成长，作为增强农业竞争力的重要依托，加快农村各类人才的技术培训，着力培养农村经纪人和农产品营销队伍，使之成长为发展棉花产业化的重要力量。三要强化项目培训，加大项目管理人员培训，引导棉花现代生产组织实施好精深加工项目。建设完善一支高素质的人才队伍。

（四）易实施品牌建设，提高棉花附加值

农业品牌是现代农业的标志，标准化的农产品，品质优、质量好，棉花现代生产组织模式可以依托棉花产业优势，提升棉花品牌建设，增加农产品附加值，打造我国棉花特色品牌，提升棉花国际竞争力，促进农民收入，有品牌优势的农产品才有竞争力。棉花现代生产组织可以紧紧围绕龙头抓品牌，打造农产品加工领域的品牌产品，重点建设名牌农产品生产基地，推进标准化生产、精确化加工的品牌发展战略，倾力打造精深加工基地，依靠科技支撑，提升龙头企业深加工层次，提升农产品在国内外的竞争力，提高农产品加工附加值，另外可以积极组织龙头企业参加全国性、地区性、国际性、自主品牌展览展示和推介活动，加大宣传，扩大品牌的影响力。

（五）降低棉花经营风险，延长产业链

由于现代棉花生产模式具有一定的抗风险能力，可以有效分担市场风险和自然风险。另外，棉花现代生产组织经营后，棉花现代生产组织拥有从初级棉花生产到对棉花的加工，甚至到棉花销售领域的包装、物流及售后服务等一系列的自主经营权，可以延长产业链到产前、产中、产后各个阶段，通过加工、流通、创新等，实现棉花产业增值，实现工业化和市场分工的社会利益再分配。增强了棉花产业抗风险的能力，实现更紧密的“工业反哺农业”。另外，可以提高农户素质，提升棉花产业科技化、工业化、市场化水平，大大降低了市场风险对传统农业的破坏性。

（六）利于加快科技创新，加强品种管理

近年来，各棉花生产地区为追求单产的提高，大量引进抗病丰产品种，由于没有实行棉花品质区域化种植，在生产上种植的品种“多、乱、杂”问题一直未能有效解决，中熟、

中早熟、早熟品种并存，造成混收、混级、混储，棉花品质混杂，棉包间品质一致性较差，给纺织企业调配原棉造成困难。各种纤维内在品质本身的差异，造成原棉纤维内在品质一致性差。另外，由于棉花主栽品种不抗病及新疆抗病育种工作的滞后，造成生产单位大量引进内地抗病短季棉品种在病地种植，替代感病品种，形成一地多种、一场多种、百花齐放的局面。

棉花现代生产组织可以加快棉花育种工作，找出我国棉花育种与国外棉花育种上的差距，把生产与科研有机结合起来，瞄准世界棉花育种先进水平，培育出适应我国棉区种植的新品种。另外，棉花现代生产组织可以统一供种，减少经营环节，这样会更有利于品种的统一，改变现在棉花品质参差不齐的现状。

（七）促进棉花生产标准化，提高棉花品质

发展优质棉花生产其目的就是着力提升棉花品质，提高效益，增强市场竞争力，进一步发挥棉花生产的优势和潜力。棉花现代生产组织可以以优质化、专用化、多样化的市场需求为导向，以优化品种、品质结构为重点，以提高效益和增加农民收入为目的，依靠科技进步，实施区域化种植，规模化生产，产业化经营，努力建设优质棉花生产基地。加强农业标准化体系建设，提高农业标准化程度。标准化体系建设是农业标准化工作的重中之重，落实标准化生产“四统一”“四结合”。按照国家《农业标准化示范区管理考核办法》要求，实行统一供种、统一供肥、统一供药、统一地膜的“四统一”管理标准。在农业标准化工作过程中，组织多研究、多探索，讲求工作实效，注重工作方法，做到四个结合：一是指导实施农业标准化与建立农业现代化结合起来；二是指导农业标准化的实施与扶贫开发工作结合起来；三是把农业化标准化的实施与产业化经营和农业龙头企业的生产结合起来；四是把农业标准化的实施与建立基地建设结合起来。棉花现代生产组织有实力推进棉花标准化生产，切实提高棉花品质。

传统农业以家庭为单位的小农生产，在实施棉花标准化过程中，无法应对自然风险与市场风险，无法作为市场主体参与农产品的市场竞争。面对严峻的国内外市场竞争形式，只有实行棉花现代生产，以棉花公司作为标准化实施的主体，才能更好的实施农业标准化，提高我国棉花的竞争力。在十八届三中全会中提出，加快构建新型农业经营体系，推进家庭经营、集体经营、合作经营、企业经营等共同发展的农业经营方式的创新。鼓励承包经营权在公开市场上向专业大户、家庭农场、农民合作社、农业企业流转，发展多种形式规模经营。鼓励和引导工商资本到农村发展适合企业化经营的先导种养业，向农业输入现代生产要素和经营模式。因此，棉花现代生产经营是实施棉花标准化的必由之路，因为棉花标准化必须以市场为导向，让棉农按标准化生产必须具备两个条件，一是要有人帮助，二

是要保证棉农增加收益。另外，棉花现代生产经营模式实现了棉花经营主体与市场的直接联结，通过“看不见的手”的作用，自发激励企业组织整合内部可利用资源，调动企业内外积极因素，增加棉花标准化投入，促进标准化人才引进，改善棉花生产生态环境，建立棉花质量、安全性标准化体系和检验检测体系，从而真正实现棉花产业由政府的“事业”向棉花经营主体的“产业”转变，实现棉花生产领域的“政企分开”，棉花现代生产经营是棉花标准化是必由之路，是棉花现代化生产的必由之路。

第二节　生产社会化服务体系

农业社会化服务体系是指在家庭承包经营的基础上，为农业产前、产中、产后各个环节提供服务的各类机构和个人所形成的网络与组织系统，包括物资供应、生产服务、技术服务、信息服务、金融服务、保险服务，以及农产品的包装、运输、加工、储藏、销售等内容。建立新型农业社会化服务体系，为农民提供全方位的社会化服务，可以解决农业小生产与大市场之间的矛盾，是提高农业整体素质和竞争力、确保国家粮食安全、建设中国特色现代农业的必然要求。党的十八大报告指出，要“坚持和完善农村基本经营制度，构建集约化、专业化、组织化、社会化相结合的新型农业经营体系”。2013 年中央“一号文件”进一步提出，要坚持主体多元化、服务专业化、运行市场化的方向，充分发挥公共服务机构作用，加快构建公益性服务与经营性服务相结合、专项服务与综合服务相协调的新型农业社会化服务体系。这是对新形势下农村改革发展的重大部署，也为新型农业社会化服务体系建设指明了方向。

目前，发达国家农业社会化服务体系十分完善，这与其国家经济实力有着密不可分的关系。发达国家用于农业的补贴远远高于发展中国家，这就为其农业及农业社会化服务体系发展创造了极好的经济条件，再加上发达国家相关法律法规十分完备，市场体系十分健全，所以又为农业社会化服务体系发展创造了良好的外部环境；发展中国家虽然没有雄厚的经济实力和优越的外部条件，但其立足于本国现有资源与优势，选择适合的方式来建设农业社会化服务体系，也有可借鉴之处。综合发达国家与发展中国家农业社会化服务体系发展现状及其特征可以看出，农业社会化服务体系已经成为农业发展的重要推动力量，无论在发达国家还是在发展中国家，农业社会化服务水平都在不断提升，政府的主导作用没有变，农业合作组织已经成为农业社会化服务体系的重要力量，私人服务部门的服务也越来越广泛。随着主产区的逐步西移，棉花生产布局更加集中，种植模式也愈加规模化，对生产社会化服务的需求也更加迫切。

一、生产资料供应

棉花生产社会化服务是一项系统工程，涉及品种选育、栽培农艺、田间管理、化学调控、机械采收等诸多环节。生产资料供应在棉花生产社会化服务体系中占有重要地位，它关系棉花生产的第一步。棉花生产资料包括种子、化肥、地膜、滴灌设备及一系列田间管理，采收等设备。

（一）依靠农业专业合作社实现生产资料供应社会化服务

新疆是我国棉花主产区，棉花在生产机械化、田间技术管理等方面都达到了很高的水平。为了更好地解决农户自己购买生产资料和销售农产品难以与市场抗衡的问题，生产社会化服务体系应当首先从流通领域开始，以购买农用生产资料和销售农产品作为主要职能，为农户提供农业生产资料等方面的社会化服务。由农业专业合作社购入棉花生产资料的价格是与厂商谈判来商议决定的，从而厂商的大部分产品也要通过农业专业合作社向棉农出售，农业专业合作社的谈判能力较强，可以通过讨价还价迫使生产厂商压低价格，这样通过农业专业合作社购买的生产资料价格要比其他渠道便宜得多。农业专业合作社在以较低的价格向农户提供生产资料的同时，也能确保生产资料的质量安全。各地农业生产部门也需成立多层质量检验机构，在购进生产资料之前先进行检验，只有合格后才提供给农户使用。如果不合格，会与厂商协调，提出改进意见，如果厂商不接受改进意见，农业专业合作社则不再经销其产品。棉花生产专业合作社的生产资料供给服务主要方式是“预约订购，送货到户”。棉花生产专业合作社在棉花生产资料供应社会化服务中应当扮演重要角色，进而实现生产社会化服务体系的不断完善。

（二）基础设施的建立是实现农业生产社会化的基础

农业生产经营相关的基础建设是影响棉花综合生产能力提高、棉农增收的关键因素。因此，需要国家加大投入力度及各级政府大力支持，加快建设步伐，尽快改变农业基础设施长期薄弱的局面。首先，要进一步推进小型农田水利建设。加大对小型农田水利建设工程的补贴力度，同时采取资金奖励、资金补助等形式鼓励广大农民参与小型农田水利工程建设。切实推进小型农田水利工程产权制度改革，明确建设主体和管护责任；其次，大力发展节水灌溉。搞好节水灌溉示范，引导农民积极采用节水设备和技术，扩大大型灌溉排水泵站技术改造规模和范围，对农业灌排用电给予优惠；最后，要加强耕地保护与土壤改良。全面落实耕地保护责任制，切实控制占用耕地林地数量。加大资金投入，改造中低产田，扩大测土配方施肥规模。鼓励农民使用绿色资源，如秸秆还田、增施有机肥等。

（三）完善农资配送服务

一方面，要完善棉花生产相关农资配送服务，提高农资配送效率。首先，农资生产企业自营配送模式要摒弃“自给自足”的“小农意识”，合理配置资源，在保证配送速度的同时，最大限度利用配送空间，减少资源浪费，并要加强农业企业管理，培养专业物流技术人员建立并管理物流配送网络体系，以减少营运成本；其次，要大力发展第三方外包型农资配送模式，这种外包型农资配送可以利用第三方物流企业的专业优势，使农资企业和农户都可以享受到高质量、高水平的服务。可以建立农资企业与第三方物流企业之间的利益连结机制，鼓励第三方物流企业参与农资配送，形成一体化的农资配送链条，从而提高农资配送服务质量；最后，继续完善邮政农资配送模式，强化站点建设，加大监管力度，培养专业人员从事农资配送服务，避免“外行人做专业事”的问题出现；最后，要推进农资连锁经营配送模式的发展，规划农资物流和配送中心，完善“配送中心 + 中心示范店 + 加盟店”的发展模式；另一方面，要积极创建农资配送体系。在现代物流飞速发展的背景下，要结合当前农资供应的实际，以业务流程为中心，构建区域性的农资物流配送中心；以需求拉动思想为动力，促进农资配送与技术配送迅速黏合；树立快速反应思想，尽快建立配送管理信息系统。

二、种植技术服务

当前，我国经济社会发展进入一个崭新的阶段，农村、农业、农民出现了一系列新情况和新问题。实现党和国家建设现代化农村的新目标，满足农民增收的新需求，解决农业面临的新问题，对规模化、集约化、机械化和信息化等植棉技术提出了越来越迫切的需求。因此，面对种植技术现代化这样一个全新课题，研究和开发现代化种植技术，为棉花生产发展提供现代化技术支撑，是棉花科技界义不容辞的责任，对棉花生产的可持续发展，对建设棉花生产强国具有重要的意义。

（一）技术进步服务棉花种植

在棉花栽培技术中，育苗移栽、地膜覆盖栽培和棉田化学调控技术等技术改变了中国传统的植棉方法。地膜覆盖是指土壤表面使用覆盖物的栽培方式，在历史上中国不少地区群众摸索出使用沙子、落叶、秸秆等作为覆盖物，目前应用较为广泛的地膜是塑料薄膜。在棉花栽培过程中使用地膜覆盖可起到调温、保墒的良好效果，解决棉花出苗难、保苗难的问题，尤其是克服了北方棉区温度低、干旱等限制棉花生长的不利因素。化学调控技术是提高作物生产力的一项重要技术资源，它是指在棉花生产发育的不同阶段，根据气候、土壤条件、种植制度和群体结构要求，使用化学调控剂来塑造理想株型、群体冠层结构的技术。中国棉田化学调控技术的发展和地膜覆盖技术的配合使用，还是得“矮、密、早”栽培体系得到发展和应用，棉花株高和株型得到有效控制，种植密度合理增加，实现了早熟、早产。

（二）栽培模式的发展，提升种植服务

在棉花生产过程中，人们在综合运用各种技术的基础上还探索出新的节本、高产、增效的栽培模式，在实际生产中运用较为广泛的矮密早栽培技术模式。“矮密早”栽培技术，是20世纪90年代以后在新疆主要推广应用的棉花栽培技术和模式。这项技术是根据新疆的气候特点，如花铃期温度高、日照时间相对较长，光照充足，蒸腾作用强，昼夜温差大，有利于棉铃发育，棉花生长后期气温下降快，无霜期较短，决定棉花成铃时间短，棉花产量必须以伏桃和伏前桃，下部铃和内围铃为主。实行高密度种植，新疆的棉花总体产量大大高于内地产量。

简化精细整地，整地施肥和施除草剂一体化作业。现在，新疆生产建设兵团用旋耕机器翻地和耙地，先进的旋耕机翻地没有脊、沟和地头地边，高度差不大于3 cm，地平土细，大大提高了种植的基础水平。既方便了灌溉，又节约了用水，播种、覆膜、打孔、覆土实行一体化作业，工序减少3道。棉花播种机械化水平高达100%。机械化实现了精量和准确定位播种，还实现了播种、施肥、施除草剂、铺设滴灌管和地膜等多道程序的联合作业。一是精量播种，一穴播一粒精加工种子，出苗后不需疏苗、间苗和定苗。二是膜上打孔和覆土，自然出苗，不要放苗。三是滴灌技术的应用，有效管理水分，简化了播种前造墒，把一播全苗技术集成组装到了极高水准，大大简化了管理程序实现了“快乐植棉”。

（三）公益性服务设备，完善棉花种植技术服务体系

建议新一轮基地建设改善植棉的公益性服务条件、设备，提升现代化植棉水平。发展现代植棉业，需要武装和改善装备，大力培育服务型、公益性的农业公司、组织和机构。为此，建议新一轮棉花基地和高产创建增加投入，建设公益性植棉服务装备和条件：一是工厂化和规模化育种设备的建设。二是机械化、半机械化、药械等大中型装备和棉田滴灌设备的购置。三是培育现代棉农。大力培育和扶持专业化植棉服务队伍，特别是鼓励大学生回乡，培养现代棉农，发展现代植棉业，进而实现棉花可持续发展。

三、农机服务

（一）农机社会化服务现状

新疆生产建设兵团（以下简称兵团）现有团、连农机服务组织 654 个。主要是农机站、农机服务中心、机耕队的形式，是兵团农机社会化服务的主体，拥有大中型拖拉机 4 万余台，大中型配套农具 7.5 万余台（架），大型收获机械 1 700 余台，主要从事机耕、机播、机收、中耕、植保、运输等农机化作业，从业人员 55 486 人。

兵团现有大型机械化收获服务组织 9 家，以股份合作制的公司化的形式运营，主要从事棉花机械化采收工作，拥有和控股采棉机 1 134 台，占兵团采棉机总数的 78.91%，从业人员 3 850 人（其中 3 700 为临时聘用人员）。

兵团现有农机维修点 302 个。以企业形式运营，主要从事农机维修、农机技改和农具制造等工作，其中：一级维修点 29 个，二级维修点 21 个，三级维修点 46 个，专业维修点 194 个，从业人员 893 人。

兵团现有农机供油站（点）198 个。以企业形式运营，主要从事汽柴油供应工作，从业人员 449 人。

兵团现有农机中介组织 2 家。以协会形式运营，从业人员 25 人（兼职）。

兵团现有农机专业合作社 48 家。经与国家和自治区工商局协商，2013 年 8 月 26 日对兵团成立专业合作社进行了批复，在注册环节取得突破，目前各垦区积极组建成立农机专业合作社。

（二）农机社会化服务发展的主要做法

1. 积极开展农机管理标准化活动，加强农机“五统一，五规范”管理

积极开展农机管理标准化活动，全面实施以提高田间作业质量为核心的农机管理“十个标准化”，即：管理体系标准化，机械作业标准化，装备管理标准化，技术推广标准化，维护修理标准化，经营核算标准化，信息统计标准化，库区建设标准化，队伍建设标准化，安全监理标准化。加强农机“五统一、五规范”管理，即：统一作业标准，规范作业层次；统一收费标准，规范收费方式；统一市场管理，规范市场秩序；统一库区建设，规范机具管理；统一技术培训，规范队伍建设。

2. 积极开展调研、考察和交流活动，学习兄弟省市先进经验和做法

为推进农机社会化服务组织发展，积极开展调研和考察活动，2014 年 5 月兵团农机社会化服务组织考察团赴黑龙江等省市，学习和考察农机社会化服务组织建设的先进经验和做法。9 月 25 日，兵团召开《兵团推进专业合作社健康发展电视电话会议》，会议邀请了中国人民大学农业与农村发展学院、中国合作社研究院孔祥智教授等就农民合作社做了专题讲座，部分师做了典型交流发言。

3. 积极筹措资金，加强农机社会化服务基地建设

2010—2012 年，兵团预算内经费安排 2 200 万元建设团场农机服务基地 13 个，2012 年以国家棉花基地建设项目经费建设 5 个农机服务推广基地。2010—2013 年，国家保护性耕作工程建设项目安排资金 6 800 万元，在兵团 20 个团场实施，主要用于农机棚库和服务体系建设。

4. 积极发挥农机购置补贴资金的引导作用，加快推进农机社会化服务组织建设

为支持农机社会化服务组织，在农机购置补贴实施方案中规定："要优先确保农机专业服务组织、林果园艺和其他各类农业专业合作社及标准化、规模化畜牧养殖场的需求。""农业生产经营组织年度内享受补贴购置机具不超过 50 台（套），补贴资金总额不超过 500 万元。"等政策引导农机社会化服务组织发展和建设。

5. 积极与有关部门加强联系和沟通，在农机合作社注册登记环节取得突破

经多方联系沟通，国家工商行政管理总局于 2013 年 7 月 2 日对兵团《关于支持解决兵团农工兴办专业合作社予以工商注册登记问题的函》（新兵函〔2012〕198 号）进行了批复，新疆维吾尔自治区工作行政管理局于 2013 年 8 月 26 日下发了《关于印发 < 兵团团场农工设立农民专业合作社登记暂行办法 > 的通知》（新工商企登〔2013〕130 号），至此农机专业合作社登记注册环节问题得到解决。

（三）农机社会化服务在农业现代化建设中的重要作用

1. 农机社会化投入成为农机化投入的主体

自 1998 年后，兵团农机化投入转为个人投入为主，随着农机购置补贴政策实施的不断深入，农机社会化服务组织成为农机化投入的主体，2013 年，农机社会化投入超过 12 亿元，购置农业机械 2.3 万台（架），其中，拖拉机 5 100 余台，收获机械 780 余台；配套农具和其他机械近 1.61 万台（架 / 套），享受国家农机购置补贴资金 3.6 亿余元。

2. 农机社会化装备水平不断提高

2013 年年底兵团农机总动力达到 445 万 kW，大中型拖拉机 4.7 万台，大中型配套农具 7.9 万台（架），更新大中型拖拉机 5 100 台，当前兵团 100 马力以上的拖拉机已达到 6 000 余台，采棉机 1 550 台，联合收割机 1 420 台，农用飞机 32 架，畜牧、园艺机械数量分别新增 620 台、1 010 台。大型装备能力强，效率成倍提升，工作质量得到保证，经营效果良好。

3. 农机社会化作业水平不断提高，服务领域不断拓宽

2013 年，兵团机耕面积 109 万 hm^2，机播面积 118.5 万 hm^2，机收面积 87.3 万 hm^2，机耕、机播、机收水平分别达到 100%、99.8%、73.55%，种植业综合机械化水平已达到 92.01%，比上年增加 0.5%。2014 年比较突出的特点是机收面积比上年增加 5.7 万 hm^2，主要是机收番茄，机收甜菜，机收棉花面积均有大幅度提高农跨区作业能力和水平不断提高，已从单纯的机收作业，拓展到机耕、机播、机插、机械植保等作业。

（四）农机社会化服务面临的发展形势和存在的主要问题

农机社会化服务目前已成为农机化服务的主体，需进一步引导和规范，国家出台了一系列扶持和优惠政策，兵团也制定了一些配套政策进行部署，培育和壮大农机服务主体，提高农机服务组织化程度。通过调研基层单位对加强农机社会化服务也有积极的需求，因此农机社会化服务面临非常好的发展环境，同时也存在一些问题，主要表现在农机社会化服务基地建设缺乏资金等政策保障。兵团通过加强农机社会化基地建设，加大资金投入等措施，建设“四位一体”的农机棚库基地，努力使农机社会化基地建设水平与农机化发展水平同步提升。但由于资金有限，缺乏长期政策支持，目前农机社会化服务基地建设不能满足现代农业生产发展需求。

（五）推进新型农机社会化服务发展的思路、目标和政策建议

1. 工作思路

以转变农机化发展方式为主线，以调整优化农机装备结构、提升农机化作业水平为主要任务，以农机标准化服务区建设为重点，加快建立健全农机社会化服务体系，提升兵团农机社会化服务能力和辐射带动周边的能力。着眼于发挥好兵团组织化程度高的优势，以培育新型农机社会化经营主体，积极探索推动农业集约化、专业化、组织化、社会化生产的实现形式，加快构建具有兵团特征的新型农机社会化经营体系。

2. 发展目标

培育和壮大农机化服务主体，提高农机服务组织化程度。着力推进兵团农机化收获集团和农机化制造集团的组建工作，积极推进兵团组建八大集团的战略部署。积极开展农机管理标准化活动，加强农机化“五统一、五规范”管理，加强农机社会化标准化服务区建设，培养专业化队伍，提高农机化作业水平和效益。到“十二五”末在 2 个国家级现代农业示范区、兵团 20 个现代农业示范团场、2 个全国农机化示范团场全面建成规模化、组织化、标准化的农机社会化服务组织。

3. 政策建议

（1）加强对农机社会化服务组织基地建设的扶持政策

为加快兵团农业现代化建设，特别是全国农业机械化推广基地建设，应加快农机化服务基地建设，提高农业生产综合能力水平。建议给予农机社会化服务基地的棚库建设给予补助政策，每个团场补助500万元，用于农机化服务基地棚库建设、维修调试设备和培训教学设施的购置。

（2）加强对农机社会化服务的指导和评价工作

农机社会化服务，应以壮大服务主体，提高组织化程度为目标，不断提升农机化服务水平，拓展农机化服务领域，培养农机化专业队伍，提高农机化作业收益。建议加强对农机化服务组织的指导和调研工作，积极开展农机社会化服务评级评星活动，相互学习，取长补短，促进农机社会化服务组织建设和运行水平不断提升。

（3）农机社会化服务的运行模式应因地制宜探索发展

农机社会化服务的运行模式目前有多种形式，如合作社、中心、公司、协会等，各垦区、师、团应积极探索农机社会化的运行模式，不搞一刀切，要根据自身条件、历史沿革、工作思路和发展目标等因地制宜做好农机社会化服务工作。

四、金融服务

农业科技、金融及信息服务贯穿农业生产经营的全过程，因此，其发达程度直接关系到农业生产经营的效益和农业社会化服务水平。发达国家这方面的服务十分先进，科研水平极高，金融服务到位，信息服务发达，有力地推进了现代农业的发展。我国这方面底子薄，发展比较缓慢，在为农服务方面还有欠缺，因此应加快推进农业科研推广体系、农业金融体系、农业信息化服务体系的构建和完善，为发展现代农业奠定良好的基础。

金融是破解“三农”问题的重要力量，现代农村金融体系的建设也是新型农业社会化服务体系建设的关键部分。棉农在进行农业生产经营过程中需要投入大量资金以购买生产资料、置备小型农用机械等。而由于农业经营具有周期长、风险大、收益低等特征，一般的金融机构不愿意提供农业贷款。因此，为满足农户对资金的需求，棉花生产社会化服务体系中应当包括金融服务，承担起为棉农提供资金、发放贷款的服务。金融服务应当围绕棉农和农业发展银行，利用银行吸收的存款和政府的财政补贴，保障棉农生产。

在农业信贷方面，要完善各金融服务机构的服务功能，不断创新金融产品，丰富业务品种，以满足广大农户及农业龙头企业的多样化金融服务需求。积极参与农业扶贫开发业务，适时开办农业综合开发贷款、农村基本建设和技术改造贷款、扶贫开发贷款等开发性金融业务。要充分发挥农村信用社联系农民的金融纽带作用，大力发展农村信用合作事业，加强信贷管理，提高信贷资产质量；在农业保险方面，当务之急要加快农业保险立法进程，在立法中明确农业保险的政策性定位，以应对我国农业发展中存在的风险。地方政府应牵头建立农业风险担保基金，建立风险分散机制。创新农业保险产品，降低涉农项目的风险。加大农业保险补贴力度，补贴范围要从农户扩大到经营政策性险种的农业保险经营机构，同时促进农业保险的需求和供给。

五、气象信息服务

根据调研结果，农户对各类信息的需求程度按由大到小顺序依次为价格信息、市场供求信息、技术信息、政策信息、农民用工信息、气象信息。气象信息已经成为农户关注的重要问题，成为影响农户决策及保障收入的重要因素。随着农户思想的进步及总体文化水平的不断提高，农户对于气象信息的需求越来越强烈。

棉花生产的气象信息服务不仅可以预警气象灾害，将损失降到最低，还可以利用完善的平台提供棉花销售信息。通过建立农村信息化网络来推动农产品市场的发展。棉花生产社会化服务体系中的气象信息服务主要由基础设施建设、应用软件开发、国家级农村信息化项目三部分组成。通过数据的传播可以使棉农第一时间了解气象信息，及时作出应对。棉花在采收季节对气象信息需求最强烈，因为 9 月既是棉花采收期也是霜降期。霜降对于棉花价格来说就是一道分水岭。这是由于霜后的棉花基本比霜前的棉花每千克要低 1 元左右。由于霜前花的质量比霜后花要好，很多纺纱厂纺的高质量棉纱基本都用霜前花，棉农都力争把棉花在霜降之前采摘上来卖掉，所以及时的预报气象信息，有利于棉农及时作出棉花采收安排，减少损失，快乐植棉。

现代农业信息服务建设在我国还处于起步阶段，因此要从基础抓起，不断完善。首先，要加强农业信息化基础设施建设，完善农业信息传递机制。要加快乡村信息服务站、农村信息网络、邮政、电信等基础设施建设，尽快实现信息服务站、村级网络、邮政、电信的全面覆盖；其次，要加强分类指导，提高农业信息服务的针对性。应根据本地区农业产业发展及生产经营情况来进行科学规划，有针对性地指导农业信息服务，及时将真实的气象信息通过网络平台通知到各家各户。

第三节 产品流通服务体系

一、子棉销售

（一）不同补贴政策下的子棉销售

新疆作为国家优质棉生产基地，其播种面积、单产、总产、调出量连续多年位居全国首位。目前，全疆 14 个地（州、市）中的 67 个县（市）种植棉花，约有 50% 的农户（其中 70% 以上是少数民族）从事棉花生产，棉花产值占全自治区种植业产值的 65%，新疆农民人均收入中的 35% 来自棉花生产（主产区占到 60% 以上）。子棉销售的情况直接关系到各族农民的收入、边疆少数民族地区的稳定团结等问题。

为了稳定子棉的销售，保证棉农的收入，2011—2013 年，国家实行棉花收储政策对棉花统一收购，启动以 19 800 元 /t 作为目标价格的临时收储政策，让农民的棉花有地方卖，保证收益，因此也被称作“托底价”。“托底”政策，确实对稳定全国棉花生产起到了重要作用。随着国内外棉价出现倒挂，这项“托底”政策已明显不适合当前的棉花市场。2012 年，中外棉花“价格倒挂”达到每吨 5 000 ～ 6 000 元；2013 年，中国棉花临时收储价格为每 20 吨 400 元，而进口棉花完税后成本为每 15 吨 580 元，比国内临时收储价格低 4 820 元。棉花产量提升的同时却没能惠及下游产业，造成了大量生产却没人买得起的商品。“托底”走进了死胡同。

为了更好地保障农民利益，并稳定棉花产业的可持续发展，2014 年在新疆试行棉花目标价格政策，在市场形成农产品价格的基础上，释放价格信号引导市场预期，并通过差价补贴保护生产者利益。目标价格制度将政府对生产者的补贴方式由包含在价格中的“暗补”变为直接支付的“明补”，让生产者明明白白得到政府补贴，将减少中间环节，提高补贴效率。最重要的是，这种按照差价补贴的办法为农民提供了更有弹性的补贴空间。在目标价格补贴启动的情况下，如果棉农销售棉花的价格正好在目标价格和市场均价之间，此时实际销售价格越高，农民获利越多，这有助于提高农业生产组织化、规模化程度，激励农业技术进步，控制生产成本。

在补贴方式上采用种植面积和实际子棉交售量相结合的补贴方式，中央补贴资金中 60% 按种植面积补贴，40% 按照棉农实际子棉交售量补贴，价格因素只影响但不决定补贴额度，尽可能多地保障农民利益。

为了更好地推行目标价格，子棉销售交售增加了以下环节：基本农户和农业生产经营单位将子棉交到经自治区资格认定的棉花加工企业，棉花加工企业购进的子棉应依法取得普通发票或开具收购发票，票面项目填写齐全。对目前无法使用网络发票系统的农业生产经营单位，由国税机关代开机打普通发票。票据一式五联，即发票联（基本农户留存）、存根联、记账联、税务机关联、企业财务联。票据应注有农户和农业生产经营单位交售棉花种植户姓名（生产经营单位名称）、身份证号（证照号码）、所在乡（镇、村）、棉花加工企业全称、子棉重量、单价、衣分率、回潮率、含杂率和结算重量。

棉花加工企业按照税务票如实填写农户、农业生产经营单位种植证明，并在每次子棉交售时如实填写相关信息，签盖公章。按照以上程序，为次年的补贴做好凭证工作。

（二）兵团特殊的子棉销售措施

由于兵团棉花生产组织方式不同于普通的家庭联产承包责任制，其实行的是以职工家庭生产承包管理为基础、团场生产经营为主的统分结合的双层经营体制。“土地承包经营、产权明晰到户、农资集中采供、产品订单收购”是团场的基本经营制度。农业师和团场具有在子棉收获后为承包职工提供产品收购、加工等职责，所以与其他棉农相比，兵团职工在棉花销售上自主性较小，为了提高职工的积极性保障团场子棉的销售，保障职工“快乐植棉”，兵团采取了以下措施。

1. 实行订单收购，提出棉花收购参考价格

兵团根据棉花的生产成本和保证棉农收益稳定的要求，统一确定棉花收购价格区间，在实际运作中以真实的市场价收购产品，则需要综合运用保护价、单一价、变动价等市场价手段，用最低价格、固定价格、随行就市价等多样化的收购价格满足职工的多样化销售需求，既形成在出现市场风险时对棉花的最低保护价又形成优质优价的收益，使职工的经济收益更加公平、公正。棉花等级的确定，棉花水杂的扣除，市场风险承担、交售方式等都要公开约定，防止合同某一方由于市场环境的变化而转嫁市场风险，发生违约行为。

2. 团场负责收购、加工棉花

兵团现行棉花生产管理体制决定了职工没有私自销售棉花的权利，职工必须将收获的棉花统一交给团场（团场棉花加工厂）。在 2008 年以前团场通过设置收购关卡来管住棉花等大宗农产品。在 2008 年以后，兵团宣布撤除棉花等大宗农产品关卡，团场通过与职工签订产品订单、连长负责制、大宗农产品收购与职工福利挂钩等多种措施来管理棉花，并将收购的棉花资源，交由团场棉花加工厂统一收购加工。在这种管理方式下，尽管子棉收购主体还存在具有资质的棉纺织企业和新疆地方棉花加工厂与不具有资质的企业和小规模的散户商贩，但团场（团场棉花加工厂）在子棉收购上占有绝对的优势。但是，根据调查问卷分析，72.9% 的受访团场认为职工交售棉花积极性一般，存在少量棉花倒卖现象。

3.兵团、师棉麻公司负责销售棉花

兵团除建工师外，每个师都有棉麻公司，另外还有一些具有棉花收购资质的企业和上市公司，如神农股份公司、前海公司、兵团棉麻公司、农垦进出口公司、新农开发等，总计 26 家棉花经营企业（未包含具有棉花经营销售权的团场）。兵团、师棉麻公司将收购来的棉花统一销售，主要销售对象是在疆的棉纺织企业（约占 15%）、内地棉纺织企业（约占 85%）、国外棉花进口企业（变动较大，所占比例较小）。主要通过以下方式销售棉花：一是涉棉企业与各地棉纺织企业签订供销合同，进行现货交易（较多）；二是兵团棉花销售企业通过电子撮合交易、协调交易和竞买竞卖交易等方式在全国棉花交易市场上出售棉花（极少）；三是兵团棉花销售企业参与棉花期货交易，直接进入国际棉花市场（极少）。

二、子棉加工与储存

子棉加工是指轧花、剥绒、下脚回收清理及打包 4 个步骤。轧花是指通过轧花机将棉纤维与棉子分离，分离出来的棉纤维即皮棉。剥绒是指把轧花后分离出来的棉子上所附着的短纤维通过剥绒机与棉子分离的过程。下脚回收清理是指轧花和剥绒过程中排出的僵瓣、不孕籽、落地棉、带纤维杂质和尘土中的棉纤维分别回收清理。打包是指将轧出的皮棉、剥下的棉短绒和回收清理出的棉纤维分别打包成棉包，便于运输。

近 10 年来，棉花加工工艺基本保持稳定，没有太大的变化，但是棉花加工设备的发展却非常迅猛。棉花收购加工市场的放开，棉花加工企业迅猛发展，对棉机的需求加大，棉机生产企业不断增加，轧花机和打包机产量巨幅增大。

为了配合国储 400 型打包机的加工速度和规模，改革试点企业开始选用大型轧花机组，比重逐年增加。而打包机结构的产品结构也发生了变化，尤其是质检体制改革推行之后，由于棉花质量检验体验改革方案要求参与改革的棉花加工企业必须换成 400 型大型打包机，导致打包机产品结构全面调整。

2007 年，国家对棉花加工企业做了进一步的规范管理，对棉花加工资格认证条件作出统一规定，并增加了棉花加工资格审核认定程序的内容。质量保证能力审查和复查内容有：① 棉花加工企业具备满足进场子棉质量验收条件的场地；具备满足分类别、分等级置放且与加工能力相匹配的子棉仓库或货场；具备与加工能力相匹配符合加工工艺要求、能够保证棉花加工质量的厂房，主要加工设备周围应保留足够的空间安装辅助设备，便于取样和暂存样品；具备置放、周转或包皮棉的仓库或货场。② 棉花加工企业的棉花质量检验环境条件应符合的要求。具备满足进厂子棉检验的试轧室；具备用于进厂子棉质量验收和指导加工的实验室，其中分级室应符合 CB/T13786 标准或具备北窗光线；具备用于保管棉花加工企业留样的棉花室。③ 棉花加工企业应具备满足生产需要且计量检定合格的棉花质量检验仪器设备，包括子棉衣分试轧机、原棉回潮率测定仪、回潮率在线测试装置、原棉杂质分析机、磅秤、衣分称、天平、钢尺等。④ 棉花加工企业应配备考核合格的且满足工作需要的专职棉花检验及加工技术人员，包括获得棉花质量检验师执业资格证书人员，棉花检验、加工技术职业资格证书人员，棉花扦样人员。⑤ 棉花加工企业应配备符合国家规定的压力 t 位 400 t 及以上的打包机、自动取样装置、称重装置、条码信息系统等设备，配备 80 片（含）以上的轧花机，且棉花加工工艺能够保证棉花质量。⑥ 棉花加工企业应配备有效的棉花文字标准以及有效的且满足质量检验需要的棉花品级实物标准和棉花手扯长度实物标准等实物标准样品。

按照有关要求，以轧花机的产量为基准，依据锯齿轧花机与打包机的配置使用情况推算加工企业数量，即 2 台中型轧花机配 1 台 200 型的打包机、4 台中型轧花机配 1 台 400 型的打包机和 2 台大型轧花机配 1 台 400 型的打包机形成 1 条标准生产线，其中 80 ～ 118 片的轧花机为中型轧花机，121 ～ 171 片为大型轧花机。

国家于 2014 年颁布《子棉货场安全技术规范》国家标准充分考虑了在棉花收购、储存过程中，对子棉货场的设立、消防安全、棉花收购安全及储存安全的技术要求，是在大量调研的基础上完成的。有助于棉花收购、加工企业加强子棉货场的安全管理。该标准对子棉货场安全进行了技术规范，推动了子棉收购环节的信息化管理和子棉质量、安全预警机制的建立，填补了我国子棉收购环节的标准空白。

棉花市场流通体制改革以后，国家棉花储备制度逐步建立，并不断完善。在棉花市场较为平稳的正常年份，国家只是进行储备棉的正常轮换，购入卖出储备棉的规模很小。当棉花市场的供求严重失衡、棉花价格出现较大变化时，国家则是通过大规模的收储和抛储来改变市场供求关系，进行宏观调控。随着抛储的不断进行，棉花市场供给得到保证，纺织企业在全球金融危机后复苏，不至于因为棉花价格持续快速上涨而背上沉重成本负担。但是随着国内外棉花差价变大，抛储棉也遇到了新的问题：价格低迷、成交量低等。2014 年，国家实行目标价格补贴，打破了原有的国家收储制度，棉花流通体制必将有所改变。

目前，随着机采棉种植规模的扩大，棉花种植进一步向优势、高产棉区集中。2010 年兵团棉花种植面积达 746.97 万亩，皮棉总产量达 115 万 t，机械化采棉所需要的清杂设备已配套 116 条生产线，可满足 23.33 万 hm^2 棉花清杂任务。机采棉模式种植面积 420 万亩，采棉机保有量 708 台，比 2009 年增加 104 台；完成机采面积 257 万亩，比 2009 年增加 83.55 万亩。其中，农一师、农八师面积较大，分别机采 50 万亩和 137 万亩，农八师机采面积已占植棉面积的 65%。农五师、农六师和农七师机采面积分别为 22.8 万亩、21.75 万亩和 13 万亩。为充分发挥采棉机功效，协调组织了部分采棉机进行了跨区机械采收，跨区机采作业面积达 70 万亩，为历年跨区采收最大。

机械化采棉技术及工艺已经成熟，硬件配套趋于合理，已具备大规模推广的基础条件。截至 2010 年年底，兵团有棉花清理加工生产线 303 条。其中，手采棉生产线 157 条，占总生产线的 51.82%；机采棉生产线 116 条，占总生产线的 38.28%。异性纤维清理机 172 台，棉模系统打模机 37 套，开模机 30 套。子棉、皮棉加湿机 24 台（子棉加湿机 9 台，皮棉加湿机 15 台），在线烘干机 281 台，独立烘干机 36 台，子棉清理机 802 台（国产 745 台，进口 57 台），8 种型号轧花机 1 566 台，打包机 255 台（其中 400 型打包机 172 台）。剥绒机 2 561 台。2010 年，兵团投入 51 090.3 万元资金对生产线进行技改，全部实现棉花包取样公检。随着棉花收获机械化技术日益成熟和大面积应用，预计“十二五”期间，兵团还需新建（改建）机采棉清理加工生产线 90 余条（赵峰，2011），以实现机采棉的大面积推广。

机采棉加工能力逐渐提高，机采皮棉品质呈现波动趋势，与手采棉等级相差较大。2010 年兵团实施机采的师有农一师、农二师、农四师、农五师、农六师、农七师、农八师、农十师、农十三师共 9 个师。当年清理加工机采皮棉 21.3 万 t，较上年增长 30%。其中加工机采棉数量最多的师是农八师，加工机采皮棉 13.01 万 t，较上年增长 44%，公检品级 4.62 级。机采棉加工质量较好的师是农二师，加工机采皮棉 3 267t，公检平均等级 4.37 级，但仅占兵团加工机采皮棉总数的 1.5%。与手采棉相比等级差距拉大，2010 年兵团 11 个植棉师加工手采棉 42.72 万 t，公检手采棉 13.59 万 t，平均等级是 3.42 级，较上年 2.87 级降 0.55 级。公检机采棉 20.19 万 t，平均等级是 4.37 级，较上年 3.28 级降 1.09 级。

三、棉花物流服务

2001 年国家开始深化棉花流通体制改革，实行社企分开、储备棉与经营棉分开的政策，打破了棉花的垄断经营，逐步建立起以市场为导向的棉花流通体制。随着棉花市场化程度的加深，棉花加工企业、棉花经纪人、民营企业等中介组织也参与到棉花流通中来。棉花的交易方式也开始改变，由传统的面对面交易拓展为市场交易、网上交易和期货交易等多种方式，棉花交易走上了多元化的交易模式。流通体制的改变推动了棉花物流业的发展，与新流通体制和交易方式所匹配的物流方式也逐步发展起来。

（一）交通基础设施建设力度增大

作为棉花产量占到国家总棉产量 46.67%（2012 年）的新疆，其物流业得到了国家和自治区政府的高度重视，为了支持新疆棉花产业的更好地发展，国家不断加大对新疆交通基础设施的建设力度。目前，新疆已经形成了铁路和公路交织的运输网络，除此之外，自治区还有公路、铁路、民用航空、管道运输线等交通工具。

截至 2013 年年底，新疆铁路营运里程达到 4 911 km，比 2010 年增加 518 km，铁路网密度达到 29.6 km/ 万 km^2。现已开通了乌鲁木齐至兰州、西安、郑州、北京、济南、汉口、杭州、连云港、上海、重庆、成都等列车，基本形成以乌鲁木齐为中心，以 8 条国道为主骨架，东联甘肃、青海，西出中亚、西亚各国，南通西藏自治区（以下简称西藏），并与境内 68 条省道相连接，境内地市相通，县乡相连的运输能力强的公路交通运输网。预计 2020 年将建成乌鲁木齐、库尔勒、喀什、哈密、奎屯 5 个铁路枢纽和 16 条铁路专用线。一旦规划中的铁路体系全部建成，必将在很大程度上提高新疆棉花运输量，促进新疆与中亚物流的顺利开展。

新疆的公路基础设施明显改善，2013 年公路里程 17.01 万 km，增长 2.7%，其中，高速公路 2 728 km，增长 19.8%。为尽早发挥大通道对地方和区域经济的支持，从 10 月开始到 11 月底，新疆喀什—伊尔克什坦口岸高速公路、伊宁—墩麻扎高速公路、奇台—木垒高速公路、五彩湾—大黄山高速公路和克拉玛依—乌尔禾高速公路共 5 条高速公路主线将实施全面通车。2013 年，新疆公路货运量达到 68 237 万 t，约占新疆总货运量的 80%。

（二）棉花物流主体多元化发展

随着新疆棉花流通在包装、运输、装卸、仓储等环节得以改善，越来越多的棉花经营主体参与到棉花物流过程中。

一是新疆供销合作社及棉麻公司。尽管新疆棉花长期由供销社企业垄断经营的局面早已被打破，但由于棉花长期受计划经济体制影响，国营棉麻公司和供销合作社还是棉花流通过程中的主要力量。二是传统的运输、仓储企业。这类物流主体专门负责企业的不同部门分散经营物流活动中的采购、装卸、包装、运输、仓储、配送等中的一个具体的环节。三是棉花产业化经营中的公司。棉花产业化经营，提高了棉花的市场竞争力，隶属于自己公司的物流链，不仅节省了棉花运营的成本，还提高了棉花物流的效率。目前，新疆已经拥有实力雄厚的棉花连锁经营企业 30 多家，物流配送中心有 210 多个，连锁经营网点 24 630 个，覆盖了 700 多个乡镇，4 000 多个行政村。四是棉花专业合作社。合作社的统一加工、统一包装、统一销售，降低运输成本，提高了生产效率。在农资的配备上，农业合作社在统一成员生产流程、生产技术的基础上，可以通过统筹规划，在农技专家的指导下，科学地确定单位田土的农资耗用量，合理搭配、适当包装。然后，采用专业的配送手段将生产所需农资送至田间地头，提高生产效率，有利于实现棉花产业的现代化。

（三）第三方物流的辅助加强

近年来，内地植棉面积逐年减少，新疆棉花内销产量快速上升，规模小且分散的组织已不能满足新疆棉花物流的需求，第三方物流得到了快速的发展。第三方物流是相对“第一方”发货人和“第二方”收货人而言的，是由第三方物流企业来承担企业物流活动的一种物流形态。既不属于第一方，也不属于第二方，而是通过与第一方或第二方的合作来提供其专业化的物流服务。在竞争激烈的棉花行业中，棉花生产者、棉花纺织企业、棉麻公司等棉花经营主体作为各个物流的结点，已经意识到现代物流的“第三利润源泉”作用，在经营好本企业的核心产品的同时，主动求助于第三方物流企业专营本企业的辅助产品或服务，这为第三方物流的发展注入了新的活力，物流市场的兴起，使得第三方物流的作用越来越被重视。新疆提供全程物流服务的第三方物流企业有中铁物流公司新疆分公司、新疆邮政局物流公司等公司，虽然数量较少，但是仍在快速发展之中，大型的专业化配送中心都在建设中。许多传统的运输、仓储等服务性企业和大型生产企业的物流部门也处在向现代第三方物流转变的过程中。

四、皮棉现货交易服务

全国棉花交易市场由中国政府于1998年决定设立，是不以营利为目的的服务组织。全国棉花交易市场中心市场设在北京，在22个棉花主产区和主销区设立常年交易工作站，作为全国棉花交易市场的分支机构。

全国棉花交易市场遵循公开、公平、公正和诚实信用的原则，主要功能是组织交易、发现价格、规避风险和传递信息，为棉花交易双方提供交易结算、实物交收、质量检验、储运、信息、咨询和人才培训等服务，实行会员制和交易商制。在中华人民共和国境内登记注册、具有独立法人资格的棉花经营企业、纺织企业、棉花进出口企业以及其他具有棉花相关业务背景的企业，均可申请成为交易市场交易商。截至2010年3月，交易市场交易商逾2 200家。

1999年10月全国棉花交易市场开始试运行。1999年12月以来，交易市场接受国家有关部门委托，通过竞卖交易方式累计采购和抛售国家政策性棉花近1 000万t，成交金额1 000多亿元。国家政策性棉花通过交易市场公开抛售，开创了我国储备物资由计划分配转向利用市场机制配置资源的先河。

在组织做好国家政策性棉花交易的基础上，交易市场积极探索商品棉的规范交易，于2002年12月推出了商品棉电子撮合交易，并提供资金、物流配送、信息等配套服务。截至2010年3月，累计成交1 800多万t，办理棉花入库、出库400多万t，涉及指定交割仓库、监管仓库117家。商品棉电子撮合交易以交易规范、交割方便、质量和履约有保证、资金安全、能够规避价格波动风险等特点受到国内涉棉企业的密切关注和积极参与，也受到国际棉花界的高度评价，其成交价格已成为反映中国棉花供求和现货价格走势的“晴雨表”，并且对国际棉花价格产生着重大影响。与此同时，为帮助交易商解决资金问题，交易市场通过仓单质押的方式为广大交易商提供融资服务，截至2010年3月，累计向交易商提供资金支持近80亿元。

目前，交易市场在与国内大型仓储、公路运输、铁路运输等企业开展广泛合作的基础上，建立覆盖全国的棉花物流配送体系，逐步实现统一品牌、统一管理制度、统一业务操作规程。一个以现代物流为基础、电子商务为手段的覆盖全国的棉花交易网络和交易体系已经初步形成。

交易市场将在继续完成国家政策性棉花交易的同时，以推进商品棉规范交易为中心，不断加强资金管理、仓库管理和风险管理，将交易市场逐步建成中国规模最大、现代化程度最高的棉花交易中心、信息传播中心和物流配送中心，在此基础上，通过积极吸引国外棉商成为交易商，逐步构建一个国际性的棉花现货交易服务平台，进一步提高交易市场的核心竞争力和影响力，为引导我国棉花生产、流通和消费做出更大贡献。

全国棉花交易市场（以下简称交易市场）新疆办事处是交易市场为积极支持新疆棉花产业发展、推进现代棉花交易方式而在新疆设立的办事机构。办事处主要职能业务是：统一管理、协调交易市场在新疆（包括自治区和兵团）的棉花业务；协助交易市场有关部门做好在新疆的业务策划宣传、开发交易商、仓单质押业务、监管仓库管理等；负责新疆地区涉棉企业商品棉电子撮合交易及网上超市交易业务指导；与有关部门统一协调交易市场新疆棉运输计划。

新疆棉电子撮合交易和网上超市业务——帮助交易商实现预期利润和规避市场风险。为帮助交易商解决购棉、卖棉及规避风险等问题，交易市场充分发挥互联网和电子商务信息技术优势，推出商品棉电子撮合交易、商品棉网上超市交易和商品棉协商交易。为方便新疆区内交易商更多了解电子撮合交易、网上超市交易等业务，交易市场新疆办事处针对企业进行有关业务培训，并接受企业委托量身定做销售方案，帮助企业实现预期利润和规避市场风险。

农发行贷款棉花第三方监管业务——交易市场受贷款农发行委托开展贷款棉花第三方监管业务，利用交易市场物流体系的近百家监管交割仓库，帮助新疆棉花有序移库，接受新疆贷款农发行委托做好异地监管，实现新疆棉销售前移，增强新疆棉的竞争能力。

协调新疆棉运输——交易商存放在新疆区内参加交易市场交易交割业务的棉花、农发行委托监管的棉花以及需要提供资金服务的棉花，交易市场新疆办事处均可协调解决出疆铁路运输问题。交易商向新疆办事处业务申报并将棉花运送至交易市场在新疆设立的监管仓库生成仓单后，由交易市场新疆办事处牵头与新疆有关单位衔接运输问题。新疆棉资金服务——为帮助交易商解决在新疆购棉资金困难及在新疆购棉后的资金周转问题，交易市场与有关银行合作推出资金服务业务，即新疆区内仓单质押业务和买方质押业务。

新疆区内仓单质押业务是指交易商以其自身所有的、存放于交易市场新疆监管仓库的商品棉所生成的《全国棉花交易市场商品棉仓单》(以下简称《仓单》),通过交易市场将该《仓单》质押给合作银行,获得特定资金的使用权。

买方仓单质押业务是指买方交易商将通过交易市场购买或协议转让购买的商品棉,以协议形式转让给交易市场,交易市场将这部分商品棉质押给银行以获得一定数额的资金,从而帮助买方交易商结清应付卖方的全部货款。

五、皮棉期货市场服务

2004年6月1日,棉花期货在郑州商品交易所上市,棉花开始进入期货市场。截至2014年,棉花期货上市交易达到10年之久,在发现未来价格、保护农民利益、服务流通体制改革、规范市场秩序方面,都发挥了积极的作用。我国棉花期货市场面向涉棉企业、农村合作经济组织和广大棉农展开服务,通过价格发现、套期保值基本功能以及其他衍生功能的发挥来服务"三农"。总体来讲,通过棉花期货规避市场风险,既有利于棉花产业化经营的健康发展,又能有效地增加农民收入,从根本上解决棉花产销脱节问题。

(一)"农户+公司+银行+期货公司"模式的服务功能

"农户+公司+银行+期货公司"是一种利用期货市场的价格发现、套期保值、日清算式强制交割,具有随时对冲了结头寸的自主退市功能,为订单农业提供公平的价格参考、规避市场风险、加强风险监控、提高履约率棉花期货服务模式。

在棉花产业中,多数龙头企业与农民建立有订单关系,且利益联结机制较紧密,通过期货市场来规避价格风险形成"农户+龙头企业+期货"的组织模式。这一组织模式中,龙头企业是核心,其利用期货市场价格信息作为经营决策参考,通过参与棉花期货的套期保值管理和规避市场价格风险,提高企业的经营管理水平。同时,农民由于和企业签订订单形成利益共同体,可以分享企业反哺利益,间接获取稳定的收入。银行为涉棉企业提供信贷支持,进行套期保值业务,同时与期货公司共同对涉棉企业的风险进行监管。期货公司在企业进行套期保值的过程中提供合理的套期保值策略与及时的市场信息服务。

期货市场依托这种组织模式开展对棉花产业服务,核心对象是龙头企业,扶持龙头企业利用期货信息和进行套期保值交易的能力,提高借贷融资的能力。农民通过龙头企业分享最新的市场与价格信息,通过获取稳定的订单价格,获取稳定的收入。

(二)"农户+协会+公司+银行+期货市场"模式的服务功能

流通加工企业通过领办合作社、专业协会的形式与农民建立订单关系,形成"农户+

龙头企业领办的合作社（协会）+ 龙头企业 + 银行 + 期货公司”组织模式。在这种模式中龙头企业通过期货经纪中介参与期货市场，龙头企业利用期货市场价格信息作为经营决策参考，并通过参与期货市场套期保值管理原料或产品的价格风险，提高资信水平和借贷能力。银行等金融机构全程跟踪龙头企业套期保值情况，并根据龙头企业经营风险情况对其信贷进行动态调整，在龙头企业实现锁定经营风险和效益的情况下扩大信贷规模，支持龙头企业发展。农民由于和龙头企业签订订单形成了利益共同体，则可通过龙头企业或龙头企业领办的合作社、专业协会分享最新的市场与价格信息，通过获取稳定的订单价格和超出订单价格之外的“二次结算”机制，分享龙头企业反哺生产基地建设，间接获取稳定的收入。

期货市场依托这种组织模式开展对“三农”的服务，核心对象是依然是龙头企业，扶持龙头企业利用期货信息和进行套期保值交易的能力，提高借贷融资的能力，并依托龙头企业领办的行业协会、合作社或其他农务支脉将期货信息与知识传导至广大农民。农民通过获取稳定的订单价格和超出订单价格之外的“二次结算”机制，分享龙头企业反哺利益，获取稳定的收入。这种模式比较适合那些在棉花收获销售之后获取稳定收入外，还愿意承担风险获得利润的种棉农户。为保障棉农利益，公司采取两种方式让利于民。一是在棉花收购时，一般采取由合作社按高出最低保护价 3 ～ 5 元 /kg 的价格收购；二是在年底，根据收益以棉种的形式返利给棉农。

（三）“农户 + 合作社 + 银行 + 期货公司”模式的服务功能

期货合作社是在政府支持和引导下，农民在自愿互利的基础上组成的自治性合作组织。它以集体的名义签订远期合约，同时利用期货市场、远期市场和期货市场，规避农产品价格波动风险，进而实现农业规模化经营和农民资金互助。其核心在于利用合作社组织农户的优势把期货市场和现货市场结合起来，规范合作社与农民的权利和义务，从而充分利用期货价格来组织生产，解决农产品价格风险和农民资金问题，实现农产品高效流通和农民持续稳定增收。其优势在于它是自治性合作组织，避免在“公司 + 农户 + 期货市场”模式中农户和企业的不对等、企业垄断价格伤害农民利益的情况发生。

合作社是非营利机构，作为弱势群体农民的联合，奉行一人一票的民主原则而不是企业里的一元一票，合作社共同经营的唯一目的就是增加社员的收入。在市场经济中，分散的小农不具备承担自然风险和市场风险的双重压力，选择合作社把农民组织起来参与竞争，解决小农户与大市场的矛盾。避免出现与企业合作过程中的违约、企业向农民争利润以及利润分配不均的现象。

六、棉花景气指数服务

（一）中国棉花生产景气指数

作物生产景气指数在美国、英国等一些发达国家已经成为一项重要的经济指标，它的发布对农业生产指导、农产品的现货、期货与股票价格产生重要影响，甚至导致股市的激烈震动。我国加入 WTO 后，随着棉花市场化进程的加快，政府及棉农和企业需要及时了解棉花种不种和种多少，由此提出棉花产前信息化研究、开发和服务的新课题。在科技服务项目的资助下，项目组对 CCPPI（China Cotton Production Prospective Index-CCPPI）的模型构建，建模思路，信息的采集、加工、诊断和发布等一系列工作进行了长达 6 年尝试，研究形成并发布 CCPPI，在对棉花生产提供产前信息化服务方面取得了满意的阶段性结果，对棉花种不种和种多少作出了前瞻性的回答。

中国棉花生产景气报告信息系统包括信息采集系统、信息加工系统、信息综合诊断系统和信息发布系统。这些系统最终为形成和发布 CCPPI 服务。信息采集系统分直接信息和相关信息。直接信息采集按照全国棉花产区分布特点，国内主要采集农业部、国家统计局和全国供销总社等数据源。

信息加工系统：建立中国棉花生产景气数据库，采用 mapinfo 地理信息系统（GIS）和 Surfer8.0 统计软件进行加工；结合棉花生长模型估算趋势产量和预测产量，进一步建立 CCPPI。

综合诊断系统：在获得大量数据的基础上，以农学家为主，结合气象学家、农业经济学家和政府官员等综合评价棉花价生产能力。信息发布系统：快捷便利发布途径有 www.chqcot.com.cn（中国优质棉网站）、中国棉花生产景气报告（不定期刊物）、演讲和论坛、权威媒体和定期刊物等。

CCPPI 是反映中国棉花生产和消费平衡状况的指标，是指导中国棉花生产走势的前瞻性指标。CCPPI=f（t，p，m，c），式中：t 代表时间阶段变量；p 代表产量水平变量，含最终产量与趋势（过程）产量，是一系列因素的综合作用结果，其中包括中国棉花生长模型；m 代表市场水平变量，含原棉进出口模型和消费模型；C 为国家棉花储备水平变量，含建立的适宜消费 / 库存比模型。当 CCPPI= 100 时，棉花产销大致平衡，植棉效益一般；生产呈稳定走势，规模保持相对稳定。CCPPI ＜100 时，棉花产大于销，资源过剩，植棉效益将会降低；生产呈缩减走势，规模要适当调减。CCPPI ＞100，棉花产不足销，资源短缺，植棉效益将会提高；生产呈增加走势，规模要适当扩大。

在经济全球化条件下农业生产首先要解决种什么和种多少的问题，特别是作为工业原料性作物和以制成品出口为主的棉花，要获利和规避市场风险，则更是如此。连续的CCPPI与跟踪市场变化而形成的适时性数据和模型模拟结果，则可以预测棉花生产的走向——或增或减或持平，并可进一步量化增多少和减多少，为政府及生产者和企业的决策提供科学依据与支持。中国棉花生产景气报告的研究与发布为我国棉花生产宏观形势的把握提供了可能，具有前瞻性的指导作用。

中国农业科学院棉花研究所、国家棉花产业技术体系研究指出，中国棉花生产景气指数（CCPPI）2013年再次下滑39点，年内在最高点200与最低点153之间波动。2014年CCPPI将继续下降，预测全国棉花产业将呈现棉纺“恢复性”增长和生产“缩减性”扩大的分化态势。

（二）棉花产业扶持措施——依据棉花景气指数

1. 新棉花政策的启动

2014年国家启动新疆棉花目标价格补贴试点、继续良种补贴和高产创建，主攻机采棉环节，支持新疆优质棉基地建设。农业部提出种植业“三稳”和“三进”的工作要点，“三稳”即粮食稳定增产，棉油糖稳定发展，蔬菜生产稳定发展；“三进”即高产创建和增产模式有新进展，产品质量安全有新进展，资源节约利用有新进展，其中稳定棉花面积是关键。

2. 农业保险的设立

搞好新疆目标价格补贴改革试点工作，同时启动农业保险。西北棉花目标价格资金256.1元/亩是基于正常年景。当棉区灾情发生或灾情偏重，这一补贴显然是杯水车薪，因此要采用农业保险措施。一是做到应保尽保和提高赔付率，这是解决农业生产因灾减收和致贫问题的有效对策措施。二是借鉴美国棉花灾害赔付做法，当收益低于预期值时保险补偿及时启动，政府只对超过预期收入10%以上的收入损失部分进行赔付，其余收入损失部分则仍由农户承担，农保针对一定区域而不是单个农场（户）。

当目标价格补贴与农业保险同时启动，将可能保障农民植棉收益不减少。设计纯收益的92.5%作为补贴基础数据，设计农保补偿收益损失10%以上的部分，大致可保障植棉收益的稳定。

3. 培育新型市场主体

加大棉花支持力度，稳定棉花生产发展。大力培育“代育代栽”的新型市场主体，棉花高产创建和增产模式、经验要取得新进展；机栽棉和机采棉面积继续扩大，特别是内地机采棉示范积极性高涨，多地都在制定出台工作方案。启动棉花轻简育苗移栽技术的财政补贴试点，加大扶持棉花专业合作社、植棉大户和家庭农场、棉花专业化服务机构，形成一批新经验。

第四节 宏观政策服务体系

棉花作为国家重要的原料性大宗农产品，在农业、农村和国内经济发展中有着重要意义。20世纪末为了适应社会主义市场积极发展的总体要求，中国棉花市场进行市场化改革，逐步建立起在国家宏观调控下，主要依靠市场实现棉花资源合理配置的新体制。21世纪初，中国加入世界贸易组织（WTO）后，棉花产业迅速融入国际市场一体化的发展之中。中国棉花市场化改革后，特别是加入WTO以来，国家棉花宏观政策为适应国内外经济环境的新变化做出了重要调整，对实现快乐植棉及其发展起到了积极促进作用，但也存在一些问题，这些问题一定程度上制约着棉花产业的进一步发展。本章在对中国棉花宏观政策服务体系进行总结梳理的同时，提出促进国内棉花产业健康发展的政策思路。

一、棉花进口配额管理

从1996年开始，中国将与农产品贸易相关的非关税措施进行关税化。2001年为尽快适应加入WTO后发展需要，国务院指出，加快改进棉花进出口体制，建立和完善进出口贸易管理体制度及关税配额管理制度。

国内棉花进口实施配额管理制度，进口棉配额分两种：一种是关税配额，进口关税率为1%，目前每年的发放量是89.4万t，在每年公历年度的年初发放（即元旦后发放），配额的有效期最多可延长至下一年的2月底；另一种是关税外配额，目前关税外配额实施的是滑准税制度，根据财政部公布的2012年滑准税公式，使用滑准税配额的棉花进口税率略高于1%，进口棉价格在100美分以下的适用4%～40%的滑准税税率，进口棉价格越低，滑准税税率越高。滑准税发放的数量根据市场情况而定，滑准税配额的有效使用期限是当年的年底，过期作废。

需要说明的是，进口棉配额是免费发放给企业的，每个企业获得分配的数量同企业规模和每年的棉花进口数量有一定的关系。根据国家政策的规定，进口棉配额是不允许买卖的，但在市场需求的驱动下，目前进口棉配额仍存在一个无形的市场，进口棉配额的价格综合反映内外棉市场的价差以及外棉的市场需求情况。

（一）棉花进口配额的基本情况

1. 配额数量

2002年1月中国正式加入世界贸易组织不久，国家又及时出台了《农产品进口关税配额管理暂行办法》（商务部、国家发展和改革委员会令2003年第4号），《办法》规定2002

年以后，我国棉花配额内关税税率降至 1%，配额外优惠关税税率为 40%，关税内配的数量在入世后三年一直保持着 89.4 万 t（国营贸易比例 33%）的不变水平。

2. 申领条件

《办法》中的管理条例明确规定棉花进口关税配额申请者的基本条件为：申请前一年前在国家工商管理部门登记注册（需提供企业法人营业执照副本）；具有良好的财务状况和纳税记录（需提供申请年之前两年的有关资料）；三年内在海关、工商、税务、检验检疫方面无违规记录；企业年检合格；没有违反《农产品进口关税配额管理暂行办法》的行为。

在具备上述条件的前提下，棉花进口关税配额申请者还必须符合下列条件之一：第一，国营贸易企业；第二，申请的前一年有进口实绩的企业；第三，纺纱设备 5 万锭以上的棉纺企业。

3. 分配标准

中国棉花进口配额管理秉持公开、公平、公正的原则进行分配，以满足各类纺织企业的生产需要，并在工作过程中进行改进和完善。每年棉花进口关税配额申领时间为 10 月中下旬，国家发展和改革委员会于次年 1 月 1 日之前通过授权机构向最终用户发放《农产品进口关税配额证》。企业通过一般贸易、加工贸易、易货贸易、边境小额贸易、援助、捐赠等贸易方式进口上述农产品均需申请农产品进口关税配额，并凭农产品进口关税配额证办理通关手续。由境外进入保税仓库、保税区、出口加工区等海关特殊监管区域的，免予申领农产品进口关税配额证。

国家发改委会根据申请者的申请数量、历史进口实绩、生产能力和其他相关商业标准进行分配。如进口关税配额量能够满足符合条件申请者的申请总量，则按申请者申请数量分配关税配额量。如进口关税配额量不能满足符合条件申请者的申请总量，则有进口实绩的申请者，可优先获得配额；无进口实绩的申请者，将以其加工能力或经营数量等为主要依据，按比例分配进口关税配额量。其中申请数量低于按比例分配数量的，则按申请数量分配。

（二）入世后我国棉花进口配额管理剖析

从表 9-1 中可以看出，加入 WTO 前，中国对棉花进口采取关税配额措施，配额内关税税率为 3%，配额外优惠关税税率为 90%，配额外普通关税税率为 125%。在 2002 年以后，我国棉花配额内关税税率降至 1%，配额外优惠关税税率为 40%。关税内配额的数量在入世后三年一直保持着 80.40 万 t 的不变水平，从 2004 年至今一直保持 89.4 万 t，但是每年却在增发新的配额，其中 2006—2008 年的增发配额量分别为：260 万 t、270 万 t、270 万 t，分别占同期关税内配额的 290.82%、302.01% 和 302.01%，使得每年的总配额数量大大的增加了。不仅如此，2012 年我国棉花进口总量达到了空前的 513.7 万 t，其中增发配额是 374.4 万 t。这说明由于国内外棉花生产成本等诸多因素的影响导致国内与国际市场棉花差价较大，配额外全关税进口量大幅增加，全年达到 32.6 万 t，同比增长 2.6 倍。

表 9-1　2001—2013 年我国棉花进口相关数量一览表

年　份	配额内关税率（%）	配额外关税率（%）	配额外实际税率（%）	关税内配额（万 t）	增发配额（万 t）	总配额（万 t）	实际进口量（万 t）
2001	3	90 ～ 125		—	—	—	—
2002	1	76	—	81.9	0	81.9	17.10
2003	1	76	5	85.6	50	135.6	87.01
2004	1	40	5	89.4	100	189.4	190.04
2005	1	40	滑准税	89.4	140	229.4	256.92
2006	1	40	滑准税	89.4	270	359.4	364.24
2007	1	40	新滑准税	89.4	260	349.4	245.96
2008	1	40	新滑准税	89.4	260	349.4	211.10
2009	1	40	新滑准税	89.4	40（加工贸易配发）	189.4	152.70
2010	1	40	新滑准税	89.4	100（大部分加工易） 166.8（滑准税）	259.4	283.90
2011	1	40	新滑准税	89.4	270（滑准及加工贸易）	359.4	336.90
2012	1	40	新滑准税	89.4	374.4（滑准、加工贸易、进口储备棉）	481.1	513.70
2013	1	40	新滑准税	89.4	—	—	414.80

数据来源：根据中国棉花网、中国棉花信息网、中国纺织协会网数据整理而得

二、皮棉公检服务

1999 年国内棉花流通体制市场化改革，2002 年中国加入世界贸易组织，棉花产业逐渐进入市场化和全球化发展的环境中。为了提高国内棉花质量标志的公信度和权威性，进行更为准确的分级分价，在快乐植棉的收购阶段让购买者和销售者都可以获得公开透明的棉花品级信息，2003 年 9 月中国政府决定，自 2004 棉花年度进行中国棉花质量检验体制改革，即开始实行棉花公检。

在 2007 年对原先的公检标准 GB1103-72 进行了优化，形成了新标准 GB1103-2007。虽然我国皮棉公检服务实施的时间也不短了，但依然存在一些与快乐植棉相悖的地方，或

说是新标准 GB1103-2007 在执行过程中仍存在一些人为不利之因素，导致公检指标部分数据失真误检，最终破坏了新标准的原义。比如，棉花的品级仍用感观检验结合色特征来评定，造成新标准依然需要人为的感观检验。如此一来，必然造成品级评定的不公正或不真实。坚定仪器化公检、包包检验及上信息条码势在必行，是彰显皮棉检验的公正公平的唯一之道，也是经济发展的必然结果。如果对马值、色特征、成熟度、整齐度、一致性及断裂比强度等相关指标的评定，完全由仪器检验数值来评定的话，就杜绝了人为因素，也凸显了棉花内在品质的重要性。

目前，皮棉公检存在不足的原因大致如下：一是部分棉花生产企业唯利是图，违规违法，使纤检执法机构防不胜防；二是纤检部门的部分技术执法人员不称职，存在“人情检”、“关系检”现象；三是纤检机构有的执检人员只重视电脑数据的集合，而忽视了对实际企业生产全过程中重点环节的实时监督，弱化了监督检查的力度，给企业留下了制假造假、送假样、得真果的空间；四是部分棉花生产企业为造假制假特意将皮棉回潮探测仪探头进行人为处理，使回潮探测仪所测值想要多少就是多少，使回潮数值完全失真；五是部分棉花企业在取样、备样中偷梁换柱，以次充好，造成了初检棉样都是假样。

完善皮棉公检政策，提高公检效率和资源配置效率，在棉花检验环节真正实现快乐植棉，应当从以下环节入手：第一，推进仪器化公检，应该取缔皮棉品级检验中的感观检验，把皮棉品级检验中感观检验项目纳入基层企业收购、生产检验中去。当今科技如此发达，完全有能力使品级评定指标实现仪器化。第二，纤检机构要进一步加大执法力度，对各种准检仪器按照统一的标准校验发证。要提升专业棉检仪器操作人员的职业道德和技术能力，同时也要加强对纤维检验发证部门的监督力度，杜绝乱检乱校、乱发合格证的现象。第三，对各棉花生产企业回潮探测仪予以科学、合理的监督及执法，杜绝企业对回潮率值的造假。解决了回潮的问题，也就解决了皮棉产销、运、储、用中的失重，真正实现棉花市场交易各环节的公平、公正和公检。

三、棉花目标价格补贴

2011 年以来，国家实行棉花临时收储政策，对稳定国内棉花生产、保护农民利益、推动 400 型棉花加工设备发挥了重要作用。但随着国际市场价格持续走低，棉花进口成本大幅低于临时收储价格的矛盾日益突出，国家收储压力急剧增加，市场活力减弱，不利于整个产业的持续健康发展。2014 年国家提出开展棉花目标价格改革试点，探索推进农产品价格形成机制与政府补贴脱钩的改革，有利于在保障农民利益的前提下充分发挥市场在资源配置中的决定性作用，促进棉花产业上下游协调发展，为实现快乐植棉产生积极作用。

根据 2014 年“中央一号文件”要求，国家发改委、财政部、农业部启动 2014 年新疆棉花目标价格改革试点，2014 年棉花目标价格为每吨 19 800 元。

棉花目标价格政策是在市场形成农产品价格的基础上，通过差价补贴保护生产者利益的一项农业支持政策。当市场价格低于目标价格时，国家根据目标价格与市场价格的差价和种植面积、产量或销售量等因素，对试点地区生产者给予补贴；当市场价格高于目标价格时，国家不发放补贴。具体补贴发放办法由试点地区制定并向社会公布。

（一）棉花目标价格补贴政策的主要内容

棉花目标价格改革试点的主要内容：一是在逐步全国范围内取消棉花临时收储政策。政府不干预市场价格，价格由市场决定，生产者按市场价格出售棉花。二是对新疆棉花实行目标价格补贴。种植前公布棉花目标价格。当市场价格低于目标价格时，国家根据目标价格与市场价格的差价对试点地区生产者给予补贴；当市场价格高于目标价格时，不发放补贴。三是完善补贴方式，目标价格补贴额与种植面积、产量或销售量挂钩。

1. 参与主体及发放方式

目标价格补贴对象是试点地区种植者，总的原则是多种多补，少种少补，不种不补。

目标价格补贴发放分两步进行，一是采价期结束后，如果市场价格低于目标价格，中央财政按照目标价格与市场价格的差价和国家统计局统计的产量，核定对每个试点省（区）的补贴总额，并将补贴额一次性拨付到试点地区。二是试点省区根据实际情况制定具体补贴办法，负责将中央拨付的补贴资金及时、足额发放到种植者手中。

由于与目标价格对应的市场价格是一个平均价格，所以农民领到的补贴也是按照目标价格与市场平均价格的差额计算的。如果农民卖出的价格高于市场平均价格，实际得到的收入就会多一些。因此，农民要尽可能提高农产品品质，并努力把握市场节奏，争取将产品卖个好价钱。

2. 目标价格补贴标准的确定方式

试点阶段目标价格每年确定一次，以便根据试点情况变化及时调整。目标价格在作物播种前公布，以向农民和市场发出明确信号，引导农民合理种植，安排农业生产。试点地区同一品种目标价格水平都是一致的，新疆全区实行统一的棉花目标价格。

在新疆试点阶段采取生产成本加基本收益的方法确定目标价格水平。之所以采用这一方法，是在立足当前农业生产实际的基础上，统筹兼顾保护农民利益和更多发挥市场作用等因素确定的。一是可以更好地保护农民利益。生产成本加基本收益的方法，可以较好地适应现阶段我国农产品生产成本刚性上升的实际情况。无论市场价格和生产成本如何变动，都可以保障农民种植不亏本、有收益，防止生产大幅滑坡。二是有利于发挥市场机制作用。市场活动天然有风险。农民是市场经济的主体，在通过市场获得收益的同时，必然也要承担市场波动的风险。在大多数行业，市场风险都是由市场主体全部承担的，考虑到农业生产的特殊性，国家应该对少数重要农产品生产给予适当保护，但也不能由国家承担全部市场风险。因此，目标价格只保证农民获得基本收益而不是全部收益，当市场价格下跌时，农民也要承担部分收益下降风险，真正发挥市场机制作用，引导农民合理调整种植结构，提高农业生产竞争力和抗风险能力。

3. 监测和确定棉花市场价格

当市场价格低于目标价格时，国家启动目标价格补贴。与目标价格对应的棉花市场价格为采价期内全省（区）平均市场价格。

采价环节：采集到厂（库）价格作为市场价格，即棉花采集轧花厂收购子棉的价格。之所以不采集地头价格作为市场价格，主要是由于农民在地头直接出售的农产品，水分、杂质含量差异较大，难以找到代表品，所采集的价格悬殊较大，难以保证价格数据的代表性和准确性。

价格指标：棉花市场价格为轧花厂收购的子棉折皮棉价格。有关部门根据监测的子棉价格、棉子价格、衣分率等指标，按以下公式计算子棉折皮棉价格：

子棉折皮棉价格 =[子棉价格 − 棉子价格 ×（1− 衣分率）]/ 衣分率 + 加工费用

衣分率是指轧出的皮棉重量占子棉重量的比例，即子棉产皮棉率。

采价期：采价期为农产品的集中上市期，其中棉花为当年的 9 月至 11 月。根据历史经验，在实施临时收储前，采价期棉花的交售量达到全年交售量的 85% 左右，基本能够代表试点地区的实际出售价格。

核定方法：市场价格由国家发展改革委会同农业部、粮食局、供销总社等部门共同监测，按省核定，一省一价，即市场价格按监测的全省（区）平均价格水平核定，不是指单个农户的实际出售价格。

（二）意义和作用

1. 推进我国棉花价格市场机制的形成，加快棉花与国际市场接轨

改革开放以来，我国坚持推进农产品市场化改革，陆续放开了大部分农产品价格，2004 年全面放开了粮食市场和价格。放开农产品价格后，为保护农民利益，稳定农业生产，2008 年开始国家对棉花实行了临时收储政策。临时收储政策实施以来，国内棉花价格总体高位运行，有效地调动了农民种植积极性，为稳定物价总水平、保持国民经济持续较快发展起到了重要支撑作用。

伴随着近几年以来国际市场农产品价格大幅走低，实施直接价格支持政策面临新的困难和挑战，特别是产业链长、受国际市场影响大的棉花矛盾突出。2011 年和 2012 年连续两年国内外价差超过 5 000 元 /t，与进口国相比国内棉花几乎无任何竞争优势。由于国内价格大幅高于进口成本，市场主体不愿入市收购，国家收储压力急剧增加，棉花收储量超过总产量的 90%，上下游价格关系扭曲，市场活力减弱，不利于整个产业链的持续健康发展。

2. 有利于探索推进农产品价格形成机制与政府补贴脱钩的改革

开展目标价格改革试点，目的就是在保障农民利益的前提下充分发挥市场在资源配置中的决定性用，将价格形成交由市场决定，以促进产业上下游协调发展。一是政府不干预市场价格，企业按市场价格收购，有利于恢复国内产业的市场活力，提高国内农产品的市场竞争力。二是将政府对生产者的补贴方式由包含在价格中的“暗补”变为直接支付的“明补”，让生产者明明白白得到政府补贴，这有利于减少中间环节，提高补贴效率。三是充分发挥市场调节生产结构的作用，有利于使效率高、竞争力强的生产者脱颖而出，提高农业生产组织化、规模化程度。

当然，开展目标价格试点也会对一些企业带来挑战。如临时收储期间，轧花厂收购加工的棉花可以直接卖给国家，旱涝保收，不需要承担市场风险，但在新的形势下，这些企业需要直接面向市场，自行寻找下游用户并承担市场价格波动风险，但这也是市场经济条件下的正常情况。

（三）目标价格补贴与现行农业补贴的区别

主要区别有两点：一是现有涉农补贴大多按照计税面积发放，与是否种植和种植何种农作物不挂钩，是普惠制补贴；目标价格补贴要与作物实际种植面积或产量、销售量挂钩，多种多补，不种不补。二是现有补贴相对固定，只增不减，年年发补贴；目标价格补贴要与市场价格挂钩，只有当市场价格低于目标价格时才发补贴；低的越多，补贴越多。

2014 年新疆（兵团）棉花目标价格补贴实施方案：

1. 2014年新疆棉花目标价格补贴实施细则

根据试点方案，棉花目标价格补贴的发放，将按照核实确认的棉花实际种植面积和子棉交售量相结合的方式进行，中央补贴资金的 60% 按面积补贴，40% 按实际子棉交售量补贴。

也就是说，中央财政补贴资金下达后，自治区财政厅根据自治区人民政府审定的当年全区棉花实际种植面积，将补贴资金总额的 60% 切块下达各地（州、市）；根据自治区人民政府审定的当年子棉交售量，将补贴资金总额的 40% 切块下达各地（州、市）。特种棉（包括长绒棉和彩棉）的补贴标准，按照自治区人民政府审定的陆地棉补贴标准的 1.3 倍执行。

需要注意的是，要领取到补贴，棉农必须得将子棉交到经自治区资格认定的棉花加工企业，拿上企业开具的普通发票或收购发票，且票面项目应填写齐全。

业内人士认为，新的补贴方式更科学，将有效地防止种棉户只注重种植面积而忽视棉花质量，同时，对于那些依靠套种棉花来获取补贴资金的种植户也是约束。

2. 新疆生产建设兵团棉花目标价格补贴实施细则

（1）发放补贴办法

中央财政按照目标价格与市场价格的差价和国家统计局统计的产量，核定对兵团的补贴总额，并一次性拨付。兵团财务局按照国家认可的兵团棉花产量及中央拨付补贴资金总额，将补贴资金拨付到植棉师，师拨到团场及代管的兵直单位，种植者凭棉花加工企业出具的子棉收购结算票据向棉花种植所在团场申请发放补贴。彩色棉，长绒棉等特种棉补贴标准与自治区保持一致，适当高于白色陆地棉。各单位需将棉农实际种植面积、预测产量于 9 月 3 日以前分别在连队和团场进行公示，没有经过公示，没有子棉交售票据以及兵团以外流入的棉花，均不给补贴。

（2）市场监测价格核定

与目标价格对应的棉花市场价格为轧花厂收购的子棉折皮棉价格，监测对象为新疆主要等级棉花，即 3128、3129、2128、2129 级棉花，市场价格由国家发改委会同农业部、供销总社等部门共同监测，9 月 1 日至 11 月 30 日，每个工作日监测。自治区要监测子棉收购价格、棉子销售价格、衣分率、皮棉销售价格，兵团由于子棉和棉子大部分都不是市场价格，相关部门只要求兵团监测皮棉销售价格。选取兵团及主要植棉师棉麻公司作为价格监测点。

（3）统计子棉交售量

首先，印制子棉交售票据。兵团植棉者将棉花交到经兵团授权认定的棉花加工企业，棉花加工企业出具子棉收购结算票据，票据一式四联，即种植者、加工企业、所在团场、所在师棉麻公司各持一联，票据应注有交售时间、姓名、身份证号、联系电话、土地所属单位、棉花加工企业全称、子棉重量、等级、回潮率、含杂率等主要信息，各植棉师结合本师具体情况可增加指标，于 8 月底前统一印发。

其次，子棉统计数量的核实与公示。11 月中旬，团场棉花加工企业将植棉者实际交售子棉相关数据汇总后报团场，经团场审核后，将面积、预测产量和子棉交售量分别在连队和团场进行公示，预测产量作为统计子棉产量的主要依据，两者相差一般不超过 5%，无异议后，上报师统计局，师审核后，将子棉交售量于 11 月底前报兵团统计局汇总、审核。

最后，测算皮棉产量。兵团皮棉必须全部实行公检，公检方式与自治区保持一致，兵团统计局负责按照相关统计制度，统筹考虑面积、预测产量、子棉交售量、测算、核实各师皮棉产量，按国家要求报送国家、自治区，作为国家核定兵团棉花目标价格补贴的依据。

（4）认定棉花目标价格补贴加工企业加工资格

根据《兵团棉花目标价格改革加工企业资格认定实施细则》，按照认定标准，认定流程，对各类兵团棉花加工企业，分别由兵团和师发展改革委认定，8月底前兵团和自治区资格认定机关对各自认定的棉花目标价格补贴加工企业名单，在各部门门户网站进行联合公示，公示期为10个工作日，公示期满后，兵团和各师发展改革委分别对所属认定的棉花加工企业颁发带有统一编号的牌匾。

四、棉花综合补贴政策

（一）滴灌补贴

从2005年起，对农民购买节水设备进行补助试点，鼓励和支持农民使用先进适用的农业节水灌溉设备，推进农业节水。为此，农业部制定了《膜下滴灌设备补助试点资金管理办法》，明确要求补助资金的使用遵循公开、公正、农民直接受益的原则，主要补贴公用部分（首部、干管、支管等）和部分户用部分（毛管等）。要求参与项目的滴灌设备企业应提供符合国家农业产业政策、符合国家标准要求的农业灌溉产品，并遵循公平、竞争和择优的原则，确定滴灌设备的种类、型号、价格及供应厂商。项目内容及工作程序要求向项目区农户公开，并通过村级组织和县级组织将设备和技术落实到农户。农业部将加强项目的全程管理与监督，加强调研，并在适当的时候召开现场会，总结推广项目成果。

2009年，自治区财政安排1.8亿元专项资金补助高效节水工程，每亩滴灌补助100元，其他节水工程每亩补助30元，2010年每亩滴灌的补贴标准提高到200元。从2009年起，中央财政通过小型农田水利设施建设补助专项资金支持新疆发展高效节水灌溉，同时加大对节水灌溉贷款贴息资金的支持力度。自治区财政安排贴息资金4 214万元，拉动节水灌溉贷款超过6.67亿元。新疆各地州、县市及农牧民也积极筹资用于农业高效节水建设。兵团以整合农业综合开发、优质棉基地、土地治理、扶贫、以工代赈、预算内等各类资金为重点，利用银行贷款、社会资金、职工筹资、投工投劳等形式，形成共同建设合力，近十年来，兵团累计投入80多亿元推广田间节水灌溉，其中银行贷款和自筹资金70多亿元。

滴灌补贴的实施，在保障快乐植棉用水方面起到了不可忽视的作用，也促进了节水灌溉技术在兵团和新疆的推广应用，为保障水资源有效配置和利用以及棉花产业安全起到了积极作用。

（二）良种补贴

优良品种是实现棉花优质高产的基础，种棉的生产、供应和质量状况直接影响到棉花生产水平、植棉效益和棉花质量的提高。种子市场开放后，国内棉花种子供应渠道不断增加，棉花品种“多、乱、杂”现象非常突出，一户多种、一田多种现象非常普遍。

2007 年在对大豆、小麦、玉米等农作物进行良种补贴取得较好效果的情况下，中央出资 5 亿元作为对棉花良种的推广补贴，补贴区域为黄河流域、长江流域和新疆棉区三大区域的 8 个棉花主产省区。覆盖冀、鲁、豫、苏、皖、湘、鄂、新共 8 个省区 3 333 万亩棉田，其中新疆自治区补贴面积占总面积的 63%，内地主产区占 40% 左右。连续补贴 2 年，分 4 年实施。补贴标准为：新疆 150 元 /hm^2，内地 225 元 /hm^2。以县为单位组织实施，每县确定 5 个优良品种，做到一村一种。

从实际效果来看，2007—2008 年通过招标确定供种单位，将优质棉种以优惠价格卖给农户，再由政府对棉种企业进行补贴的情况下，全国各项目区对解决棉种多乱杂效果比较显著，调动了农民种棉积极性。但 2009 年后棉花良种补贴操作方式发生了变化，棉种补贴资金改变为直接发放给农户，享受补贴的常规棉和杂交棉种植面积都有所减少，主要是由于许多地区仅仅将补贴的款项以每亩 15 元的形式发放给棉农，而不管棉农是否选购指定的良种；或有些地区将补贴款项支付给种子公司，种子公司以较低的价格将种子卖给棉农，而许多棉农已习惯使用自留棉种，不愿意花钱买种子，这样就影响了补贴政策的实施效果。因此，建议进一步规范棉种市场，政府管理部门切实起到监督作用，提高补贴效率，保障补贴资源有效配置到棉农，从种植环节做到快乐植棉。

（三）农机补贴

农业机械化设备和器具购置补贴政策是国家调节农业生产、市场供求、城乡居民收入以及工农关系的一种重要的干预手段。各地对农业机械化设备和器具补贴的办法，主要是实行“五制”，即购买实行招投标制、补贴实行直接支付制、受益实行公示制、管理实行监督制、成效实行考核制。补贴标准如表 9-2 所示。

表 9-2 棉花相关设备和机具购置补贴原则

补贴区域	补贴对象	补贴资金
重点向棉花优势产区倾斜，兼顾其他地区	农业机械护设备和器具大户（种棉大户）；直接为棉花生产服务的农业机械化设备和器具组织；购置配套棉花机械化设备和器具的农民或服务组织。	一般情况下补贴率不得超过机具价格的 30%，大型棉花采摘机单机补贴限额可提高到 30 万元，新疆维吾尔自治区和新疆生产建设兵团可提高到 40 万元。
补贴内容	**补贴机具**	**补贴数量**
与棉花种植相关的器具均可参与	向棉花种植关键环节的急剧倾斜，主要是大马力拖拉机、气吸式播种机，棉花采收机等	一年享受原则上不超过 3 台（件），两年内不得转让、转卖。

从实施效果来看，2013 年，中央财政共安排农机购置补贴资金 217.5 亿元，比上年增加 2.5 亿元，共补贴购置各类农业机械约 594.6 万台（套），受益农户达到 382.8 万户，为粮食生产“十连增”、农民增收“十连快”做出了重要贡献。其中，国家专门针对新疆和兵团的棉花种植情况，提出新疆维吾尔自治区和新疆生产建设兵团大型棉花采摘机单机补贴限额可提高到 40 万元，单台补贴高于全国其他区域 10 万元。这样一来，一是推动了主要产棉区棉花机具总量较快增长和结构持续优化，有力提升了农业技术装备水平。二是加快了棉花农机化技术推广应用，促进了农业生产方式转变。三是培育了新型农业生产经营主体，推进了农业生产经营体制创新，推动了农业技术集成应用、农业节本增效和土地规模经营，激活了现代农业建设和新农村发展活力，为构建集约化、专业化、组织化、社会化相结合的新型农业经营体系发挥了重要作用。四是激发农村有效需求，进一步推动了棉花农机工业快速发展和技术革新。根据兵团农业局农机处的数据显示，截至 2013 年底，兵团农业机械总动力达到 458 万 kW，农机总值达到 48 亿元，农业综合机械化率达到 93%，居全国领先地位，高出全国平均水平的 35%。

随着农技补贴的实施，农业机械数量不断增加，农村机耕道路建设和农场、库、棚问题愈加突出，急需有关部门设立专项予以解决。笔者认为，要增设实施农机具更新报废补偿机制，鼓励农民更新淘汰耗能高的老旧农机具，实现节能减排，保障安全。另外，还要加大对农机安全生产的监管。

（四）优质棉基地建设项目补贴

“七五”期间，国家和地方联合投资在全国兴建了 135 个优质棉基地县，“八五”期间，优质棉基地县数量扩大为 187 个，“九五”至“十二五”期间继续实施。每个入选的优质棉基地县，可获得国家一次性约 200 万的资金投资。这项资金主要用于改善棉花生产的基础设施状况，如建立棉花原种场、良种繁育场、推广优良品种、地膜覆盖、模式化栽培、化学调控等各项技术。

1995 年初，新疆向国务院提出建立优质棉生产基地的设想并获得了批准。该项目自“九五”起连续三个“五年规划”获得国家支持，成为新中国成立 60 年来中国对单一省区、单一农作物投资年限最长的一个项目。一般规定，在每个优质棉基地县每年投入补贴约 2 000 万，以保证棉花品种和质量优良。

在国家大力支持下，新疆建设兵团已进行了 3 期（5 年为一期）优质棉基地建设，使兵团棉花产业不断登上新的台阶。据了解，2013 年中央预算内安排的 1 亿元资金将用于建设育种研发平台 1 个，品种选育和良种引进实验基地 14 个、高产稳产棉田 30 万亩、节水棉田 50 万亩、机采棉 80 万亩及购置残膜回收设备等。兵团“十二五”优质棉基地建设预计总投资 7.15 亿元，其中，中央预算内资金为 5 亿元。

除此以外，我国在棉花领域还实施了多项补贴，为实现快乐植棉提供保障，以保证棉花产业安全和棉花产业健康发展，促进棉花资源进一步合理配置。表 9-3 中列举了部分作为参考。

表 9-3　我国棉花综合补贴项目细分表

补贴领域	补贴项目	实施时间	项目用途
生产领域	棉花技术改进费	1980—1998 年	棉花生产技术的改进与推广
	棉花生产扶持费	1988—1995 年	为农民提供于改善正中环境的拨款，如控制病虫害和使用较好的化肥
	棉花生产投入品补贴	1978—1998 年	对农户生产、出售棉花给予化肥等补贴
	棉花生产专项资金	1994—2001 年	培育、推广棉花优良品种和防治病虫害
	棉花生产贴息贷款	1993 年	2.2 亿元促进棉花生产
	政策性储备贷款补贴	2001 年至今	国家宏观调控
棉花流通	棉花企业优惠贷款	1994 年至今	国家宏观调控
	出口补贴	1997—2001 年	扶持棉花出口
	目标价格补贴	2014 年至今	促进棉花价格与国际市场接轨

五、临时收储政策

1998 年 11 月，国家颁布《关于棉花流通体制改革的决定》，积极推行在国家宏观调控指导下依靠市场力量实现棉花资源有效配置的新体制。棉花的收购数量和销售价格由市场决定，而政府基于市场供求形势确定棉花收购的指导价格。棉花进入市场后价格波动激烈，特别是 2010 年 9 月到 2011 年 8 月，在此期间，棉花价格经历了一轮大幅波动。2010 年 3 月棉花价格为 15 000 元 /t，短短六个月时间，涨到 9 月的 18 000 元 /t，同年年底棉价一路攀升到 30 000 元 /t，上涨幅度达到 66.7%。2011 年 3 月国内市场棉花价格一度高达 31 000 元 /t，同比涨幅高达 100%，然而从 3 月开始，棉价又一路下滑，最低时跌破 19 000 元大关。棉花价格暴涨暴跌让棉农和棉纺企业无所适从，给整个产业链的各个环节增加了风险，产业链的各个环节无一收益。为了稳定棉花价格，调节棉花供需矛盾，维持国内棉农、棉纺企业的市场预期，保障棉农、棉纺企业的利益，实现棉花生产稳定发展，政府于 2011 年 3 月颁布了《2011 年度棉花临时收储预案》。2011 年度的棉花临时收储预案执行时间为 2011 年 9 月 1 日至 2012 年 3 月 31 日。在这期间，若棉花市场价格连续五个工作日低于棉花临时收储价，中储棉总公司将发布临时收储公告，正式启动收储预案。预案制定临时收储价格为 19 800 元 /t，为标准级皮棉到库价格，其中交储企业收购子棉折皮棉价格 18 800 元 /t。执行本预案的棉花主产区为山东、山西、湖南、湖北、陕西、河北、河南、天津、江苏、安徽、江西、甘肃和新疆 13 省（区、市），这 13 个棉花生产区的棉花产量占全国棉花产量的 98% 以上。2012 年度棉花临时收储价格是 20 400 元 /t，比 2011 年提高 600 元 /t。2013 年国家继续敞开收储，临时收储价格不变，标准级皮棉临时收储价格与 2012 年度一致，为 20 400 元 /t。

（一）临时收储政策的积极作用

不可置否的是，2011 年开始的棉花临时收储政策，在一定程度上对快乐植棉起到了积极的作用和影响。其一，保证了国内棉花价格趋稳，国际棉价下跌对其影响不大；其二，棉农的基本利益得到保障，全国棉农种棉积极性基本稳定；其三，棉花临时收储政策保护了国内棉花产业免受冲击；其四，国内棉花供应量稳定，保证了纺织服装产业的原料供应；其五，推动 400 型棉花加工设备成效显著。

（二）临时收储政策的局限性

1. 棉农利益受损，种植面积萎缩

虽然在收储政策支撑下，子棉收购价格保持基本稳定，棉农基本利益得到保护，收益好于上年，但人工和农资等费用近年来持续增长，棉花种植成本连年上涨，亩均成本已从 2009 年的 1 100 元左右上涨至 1 600 元以上。与粮食等作物相比，棉花补贴种类少、幅度小，棉农积极性不高。另外，根据《全国农产品成本收益资料汇编》的统计数据，近 8 年来，我国棉花亩利润平均仅为 246 元，如果除去新疆的大田种植，内地棉花的利润更是每亩不足 200 元。棉花效益递减，导致我国的棉花种植面积已由 2007 年最高时的 8 889 万亩萎缩到 2014 年的不足 7 000 万亩。

2. 国内外棉花价差大，中棉纺企业生存日艰

2013 年 5 月 25 日，国家计征关税和增值税后，国内市场棉价高于国际市场棉价 5 460 元 /t，甚至比巴基斯坦的棉纱价格还高。在国际市场竞争中，国内外棉价差的存在使得我国的众多外向型纺企在原料成本方面处于劣势，国内外棉花价差不断拉大更是严重削弱了国内纺织服装企业在国际市场上的竞争力，影响了整个棉纺织企业的健康发展。

3. 庞大棉花库存，国家财政包袱沉重

根据棉花年鉴的数据大概估算，当前国储棉库存超过了 1 000 万 t，占有国家资金在 2 000 亿元左右（每吨按 20 000 元推算），每年国家要支付的资金利息、仓储费，以及要承担的国储棉高收低抛的损失在 300 亿元左右。国储棉当前已经实实在在地让国家背上了沉重的财政包袱。

六、小 结

中国现行的棉花支持服务政策对保障国家棉花安全和增加棉农收入做出了重要贡献，在一定程度上实现了快乐植棉，但棉花产业持续发展问题依然严峻，棉农增收依然困难，需要进一步调整和完善现行服务政策。笔者在分析我国棉花实际情况的基础上，提出了我国棉花支持服务政策调整和完善的建议，主要结论如下。

（一）不断完善棉花补贴政策，保障快乐植棉的生产

第一，对于良种补贴政策，良种补贴品种的确定严格实行推介制，充分尊重棉农和基层意愿。供种企业的确定实行政府采购制度，通过发布采购公告、招投标、评标等严格的采购程序，确定中标企业，规范棉种市场。完善棉种价格监管制度，加强对棉种质量、棉种价格的监管与调控，防止劣质棉种坑害棉农。建立统一供种工作制度，明确良种补贴统一供种的工作主体、工作程序、质量监管办法等内容。第二，对于农机购置补贴政策，充分考虑全国棉花主产区的自然条件和经济条件，丰富与完善农机购置补贴目录。对农机购置补贴目录中的农机具采用指导性定价。完善农机质量投诉监督体系，严把补贴农机具的质量关，做好售后服务工作。完善农机培训制度，稳定农机专业技术人员队伍。第三，引入生态环境直接补贴，我国的棉花生产对农药、化肥的依赖已是众所周知，通过适时建立生态环境的直接补贴，鼓励农民使用生态农药、生态化肥，采用清洁型棉花生产方式，从而既有利于保护生态环境，提升棉花品质，又增加农民收入。第四，建立棉田休耕的直接补贴，棉田休耕可以有效增加土地肥力，改善土壤结构，维护生态平衡，提高棉花单产，同时还可以调节棉花市场供求，增加棉农收入。因而可以结合我国目前已经实施的退耕还林政策，在适宜的时机建立棉花休耕补贴政策，对于休耕一定比例的棉农给予补贴。

（二）建立稳定的财政投入增长机制

快乐植棉服务政策体系的有效运行需要稳定的财政投入增长机制给予保障。一是继续提高财政支持棉花产业的增长速度，努力提高财政投入的比重。尽管这些年我国在棉花产业总支出额在不断增加，但每亩棉田平均的财政投入远远低于发达国家支持水平。只有继续提高财政投入的比重，提高补贴标准，才能加大专项生产性补贴、综合性收入补贴等的力度，更好地完善棉花直接补贴政策，提高我国棉花在国际市场的竞争力。二是加强棉花支持保护立法的建设。国际经验显示，发达国家一般采取立法的形式来保障本国农产品补贴政策的有效实施。它能使各国服务支持政策保持一定的连续性和稳定性，只有将棉花服

务支持政策体系纳入到法律法规中去，才能继续提高财政支农的比重，确保各项补贴资金的来源，有效建立起稳定的财政投入增长机制。因而，要在框架下完善《农业法》《农业保险法》《土地承包法》《粮食流通管理条例》等，形成我国棉花支持政策的法律体系。

（三）完善我国棉花政策的执行监督管理体制

棉花支持政策的监督管理体制是棉花政策有效运行和实现快乐植棉的重要保障。目前，我国棉花政策的制定和监督由国家发改委、财政部、农业部、工商局、质量技术监督局、国家粮食局、农业发展银行等部门负责。为了提高它们的监督效率，首先是理顺管理体制，加强各部门间的合作与协调，明确各部门的职责与分工，建立统一共享的棉花数据库；其次是减少棉花交易环节，交易环节越少，越易于监督管理，政策效果也就越好；再次是加强宣传，提高各项政策的透明度，将棉花补贴的品种、程序、资金、计算方法、结果等公布或上网公示，接受社会公众和媒体的监督；最后是完善农业方面的立法，实行依法监督。

参考文献

陈岩. 2005. 走“公司＋棉花合作社＋农户”的路子是实现棉花产业化经营的有效形式 [J]. 中国棉麻流通经济（4）：32-34.

杜珉. 2006. 中国棉花进出口贸易分析 [J]. 农业展望（5）：6-10.

高强，孔祥智. 2013. 我国农业社会化服务体系演进轨迹与政策匹配：1978—2013 年 [J]. 改革（4）：5-18.

谷国富，仝昭巍. 1999. 新疆地区子棉干燥技术要求的分析 [J]. 中国棉花加工（5）：14.

韩剑锋. 2012. 农机购置补贴政策的有效性及运行机制研究 [D]. 陕西：西北农林科技大学.

何凤文. 2014. 新疆棉花生产模式研究 [J]. 农业与技术（8）：111.

霍远. 2011. 新疆棉花成本效益及补偿机制研究 [D]. 乌鲁木齐：新疆农业大学.

孔祥智，楼栋，等. 2012. 建立新型农业社会化服务体系：必要性、模式选择和对策建议 [J]. 教学与研究（1）：39-45.

孔祥智，史冰清. 2009. 当前农民专业合作组织的运行机制、基本作用及影响因素分析 [J]. 农村经济（1）：3-9.

李建民. 2011. 新疆子棉烘干、热源及其相关标准问题综述 [J]. 中国棉花加工（1）：32-34.

李丽，胡继连. 2014. 棉花收储政策对棉花市场的影响分析 [J]. 山东农业大学学报（社会科学版）(1)：21-25.

李清密. 2001. 发展棉花合作社是棉花企业求得再生的重要途径 [J]. 中国棉麻流通经济

（1）：24-26.
刘从九，巩颖慧，潘天鹏. 2011. 安徽省棉花专业合作社发展问题探析 [J]. 安徽农学通报（下半月刊），22：1-2，23.
刘玺光，任佩利. 2008. 认真贯彻《农民专业合作社法》大力发展棉花合作社 [J]. 中国棉麻流通经济（4）：15-18.
毛树春. 2010. 我国棉花种植技术的现代化问题——兼论“十二五”棉花栽培相关研究 [J]. 中国棉花，37（3）：2-5.
农业部经管司、经管总站研究小组. 2012. 构建新型农业社会化服务体系初探 [J]. 农业经济问题（4）：4-9
孙加力. 2005. 政府政策与新疆棉花生产发展 [D]. 北京：中国农业大学.
孙鹏程，栗红梅，等. 2013. 黄河流域棉区棉花生产全程机械化及品种选育方向探讨 // 中国棉花学会 2013 年年会论文汇编 [C].：81-82.
谭砚文，关建波. 2014. 我国棉花储备调控政策的实施绩效与评价 [J]. 华南农业大学学报（社会科学版）（2）：69-77.
王虹，刘莉. 2013. 解读：棉花收储和新标准同步行——专访中国棉花协会副秘书长王建红先生 [J]. 中国纤检（9）：28-30.
王力，毛慧. 2014. 植棉农户实施农业标准化行为分析——基于新疆生产建设兵团植棉区 270 份问卷调查 [J]. 农业技术经济（9）：72-78.
温云龙，王跃春. 1997. 子棉加工清仓管理 [J]. 中国棉花加工（6）：28.
肖大伟. 2010. 中国农业直接补贴政策研究 [D]. 哈尔滨：东北农业大学.
徐玲. 2009. 中国棉花进口贸易保护政策研究 [D]. 南昌：江西财经大学.
张家洲. 2011-07-04. 新疆优质棉基地建设将持续 20 年 [N]. 中国纺织报.
张杰，王力，赵新民. 2014. 我国棉花产业的困境与出路 [J]. 农业经济问题（9）：28-34，110.
张正文. 2013. 新疆棉花产业发展研究 [D]. 乌鲁木齐：新疆大学.
张治学. 2010. 针对皮棉公检而论 [J]. 中国纤检（11）：47.
中国农业科学院棉花研究所，国家棉花产业技术体系研发中心. 2009. 2009/2010 年度中国棉花生产景气报告 [J]. 中国棉麻流通经济（2）：3.
朱金鹤，崔登峰. 2012. 新疆兵团棉花购销制度的演进和主体利益行为及对策建议 [J]. 农业现代化研究（5）：603-606.

第十章　纺织产业的基本形势

第一节　世界纺织产业的基本形势

一、1976—1980 年世界纺织产业情况

联合国组织一批国际专家研究及预测世界主要产业的发展趋势，对于纺织产业，一大批专家根据 1976 年全球人年均纤维消费量达到 6 kg（其中服装人年均消费量 3.6 kg）的指标和当时国际消费形势，一致得出结论认为："纺织产业发展已经到达'顶峰'"。专家分析认为，虽然全球仍有一批经济落后的国家人民生活水平较低，服装和家用纺织品消费量偏低。一些国家和地区的人民还有不少人穿着破旧缝补的服装，中国的服装和家用纺织品也按每年每人"布票"限额使用，但是，在那些年也有一批国家，纺织品挥霍无度，例如当时的西亚波斯湾的科威特，人年均纺织品消费量达到了 32 kg，超越了美国。相当一部分青年男士新衬衣只穿一天即抛弃，浪费严重。故认为年消费量平均 6 kg/ 人已达"顶峰"。专家们认为，世界上任何产业都有"诞生、发展、提升、到达顶峰、延续、衰退、没落、甚至灭亡"的过程。当时经济发达的纺织大国（英、美、法、德、意等）因为劳动力成本的大幅高涨，显著高于第三世界国家，丧失了成本竞争优势，1980 年提出"纺织产业是夕阳产业"，将纺织生产企业大批转向国外（当时主要转向"亚洲四小龙"）。1980—1988 年间英国转出纺织生产能力 94%，美国转出纺织生产能力 96%，只保留极小量高档、精密的产品，并成为纺织服装产品的重大进口国家。

二、1980—1990 年世界纺织产业情况

世界经济发达的纺织大国大呼"纺织产业是夕阳产业"并大量将纺织生产转移到国外的同时，纺织产业发生了历史观念的重大转化。联合国组织专家研究和预测社会发展的过程，提出了矿产资源制约的问题。专家们认为：地球上的矿产资源是不可能再生的，随着社会和经济的发展，矿产资源大量开发，最终将收缩和枯竭。当时特别突出的重点内容是金属，尤其是铁和钢。当时专家们预测，全球钢铁总产量 1980 年到 2000 年将增产 15%，但是到 2050 年，钢铁总产量将降到 1980 年的 50%。在面临资源枯竭的严酷的时代，必须寻找替代物种。根据当时航天、军工等行业发展的经验，专家们提出了可以替代的最优材料是"纤维增强复合材料"（以纺织品为增强材料，以树脂为基体复合成的结构材料。这些

材料重量轻、强度高、耐高温、耐腐蚀等等)。由此为纺织品开发了“服装”和“家用纺织品”以外的广阔第三领域，即“产业用纺织品”。

产业用纺织品其实已有很长的悠久历史。人类进入中古时代钓鱼的线、捕鱼的渔网、抛石球的绳索、射箭的弓弦、搬运粮食物品的网袋应该都是产业用纺织品，不过数量不多。进入文明时代，马鞍、车篷、车缆、船缆、船帆、造纸用的抄纸网等等，成为产业用纺织品的重要领域。到了现代，很多产业已经用上纺织品。例如汽车轮胎的帘子线、电灯泡的灯丝、造纸机的造纸毛毯、机器皮带轮的传动带等等成为重要的产业用纺织品。但是，它们在纺织产业中的比例很低，算不上一个“产业门类”。

进入20世纪80年代，高速公路和铁路路基的土工布，水利防洪、水库堤坝稳固基础的增强体，纤维增强复合材料用于建筑物防水、保温，制造各种机器的机架和精密的机械零部件，制造汽车、火车、飞机、导弹、火箭、人造卫星、航天器等、以及农林灌溉、防虫网、防冰雹网、防鸟网、医疗卫生的创可贴、人造皮肤、人工血管、人工食管、人工心脏瓣膜、人工肾、人工肺、人工疝气托、人工骨骼等等，许多产业都用纺织材料作为装备的增强基础材料，使产业用纺织品成为纺织产业宏大发展的重要推动力源头。在1980年到1990年的十年间，人口增长有限，服装和家用纺织品增长有限的条件下，纺织纤维年加工量由3 067万t猛增到4 187.6万t，全面否决了1977年联合国发布的：“纺织产业已经到了‘顶峰’”和1980年美、英等经济发达的原纺织大国决断的“纺织产业是‘夕阳产业’”的结论。

三、1990—2010年世界纺织产业形势

1986年开始，纺织加工企业开始大幅向中国大陆转移，特别是1986年到2003年，使中国成为世界纺织加工的第一生产大国。全球纺织纤维加工总量由1990年的4 187.6万t，2000年的5 439.6万t，2005年的6 761.5万t，到2010年的8 888万t，一路快速提升。其主要原因，首先是人口暴增；同时经济发展、生活改善，一大批经济逐步发展的国家开始不穿破旧缝补的服装；其次是家用纺织品快速发展，窗帘在许多地区普及使用；经济发达的大国，普遍使用地毯，大幅推进了家用纺织品的消费量；再次，更重要的是产业用纺织品用量蓬勃发展，除了航天、航空、军工、国防等领域广泛推广之外，土工、水利、建筑、运输、农林、渔业、灾害急救、医疗卫生和机械、电工、电子等许多行业广泛采用产业用纺织品。高速公路采用土工增强材料衬底、稳基、防泥沙渗漏、护坡等技术，一般三十年不用翻修。中国的青藏铁路，相当长度路段在海拔5 000 m以上的永久冻土路段，必须防止路基因升温塌陷破坏、保持了−3℃以下低温等要求，必须依靠产业用纺织品保护。这些因素促使全球人·年均纤维量突破了12 kg/人·年，达到1976年全球平均数的两倍。

四、世界纺织产业发展预测

世界纺织产业是不是“夕阳产业”？世界纺织产业今后将如何发展？这是许多经济学家、科学家十分关注的问题，也是联合国十分关注的问题。近十年来，联合国多次组织全球重要专家进行全球经济发展预测的研究，并发布了关于 2050 年全球经济形势的预测。在这些预测中，提出了 2050 年全球纺织纤维加工量的估计。2050 年全球纺织纤维加工量将达到 2.53 亿 t。其中，预计服装加工纺织纤维量 4 150 万 t，占 16.4%；家用纺织品加工纺织纤维量 4 100 万 t，占 16.2%；产业用纺织品加工纺织纤维量 17 050 万 t，占 67.4%。它启示我们纺织产业中，服装产业随着人口增长及不同季节、不同用途（工作、在家、休闲、旅游等不同需求）2050 年人·年均服装纤维消费量将为 6.35 kg/ 人·年；产业用纺织品，随着社会发展、社会需求大增，金属资源溃乏，均需纤维增强复合材料支持，以及高性能纤维发展成本下降，扩展应用到大量领域而迅猛发展，2050 年人·年均纤维消费量将为 17.40 kg/ 人·年。

五、世界纺织纤维生产的品种和产量

全球纺织纤维总产量情况见表 10-1。

表 10-1　全球纺织纤维总产量

（万 t）

年　份	纺织纤维总产量	棉纤维产量	棉纤维占比
1770	140	113.0	80.71
1800	160	122.0	76.25
1850	220	173.0	78.64
1900	399.1	316.2	79.23
1950	940.4	664.7	70.68
1970	2 456.1	1 508.0	61.40
1980	3 067.0	1 425.5	46.48
1990	4 187.6	1 871.0	44.68
2000	5 439.6	1 916.9	35.24
2005	6 761.5	2 439.5	36.08
2010	8 888.0	2 487.5	28.11

纺织产业加工纤维的品种，近40年来有了长足的进步。天然纤维除了传统的纤维品种之外，增加了许多新品种。植物纤维的种子纤维中棉纤维是开发最早、使用时间极长、发展量最大的种子纤维，受到各方关注和重视。近年国际上超细超长品种（纤维平均长度达46 mm）等进步惊人。木棉纤维近年来有了重大发展，特别是它驱除螨虫的功能受到特别青睐。还有牛角瓜纤维开始受到重视，2014年8月27日在广西壮族自治区（以下简称广西）南宁市召开了该纤维产业发展论证会议。动物纤维中绵羊毛突出发展了超细绵羊毛，纤维平均直径在16.5 μm以下，最细的平均直径达到11.3 μm；除山羊绒、骆驼绒、牦牛绒、长毛种兔毛、骆马毛、羊驼绒、黄羊毛等之外，人工饲养收获裘皮的动物留种越冬后蜕落的绒毛也开始利用，特别是北极狐绒、水貂绒、乌苏里貉绒受到重视。藏羚羊因受到国外来青海、西藏大量盗猎使种群由20世纪初近千万头猛降到90年代中期不足10万头，受到国际动物保护组织的重视，在中国青海西宁市召开了多个国家（包括美国、印度等在内）的专门会议，发布了禁止猎杀、禁止使用藏羚羊绒、禁止加工销售藏羚羊绒产品的“西宁宣言”。十多年来，藏羚羊群有所恢复，中国建设青藏铁路还为藏羚羊育种迁徙专建了铁路高架桥通道，并在人工饲养上取得了长足发展，为藏羚羊绒这种全球最细、最精致的动物毛纤维（平均直径8～10 μm）准备了条件。植物韧皮纤维中的苎麻、亚麻、黄麻、槿麻、罗布麻和无毒大麻（汉麻）等，植物叶纤维蕉麻、剑麻等，植物维管束纤维中的竹纤维、莲梗纤维等都得到了广泛应用。动物腺体纤维中的桑蚕丝、柞蚕丝、蓖麻蚕丝、天蚕丝、槲蚕丝、栗蚕丝等都得到了重视和应用，蜘蛛丝也受到了关注。

化学纤维中的再生纤维包括黏胶纤维、纤维素醋酸酯纤维、纤维素硝酸酯纤维、海藻纤维、甲壳素纤维、聚乳酸纤维得到广泛应用。化学纤维中的合成纤维，除传统的涤纶（聚酯纤维）、锦纶（聚酰胺纤维）、腈纶（聚丙烯腈纤维）、维纶（聚乙烯醇纤维）、乙纶（聚乙烯纤维）、丙纶（聚丙烯纤维）、氨纶（聚氨酯纤维）外，高性能、新功能、复合纤维数十个品种大批量生产。同时金属纤维（不锈钢纤维、金纤维、银纤维、铜纤维、镍纤维、钨纤维等）、无机纤维（玻璃纤维、玄武岩纤维、活性炭纤维、黏胶基碳纤维、腈纶基碳纤维、沥青基碳纤维、碳化硅纤维等）快速发展，成为纺织纤维中新的领军品种。2010年全球生产情况见表10-2。

表10-2　2010年全球及中国纺织纤维生产量

（万t）

纤维品种	全球产量	中国产量	中国进口	中国出口	中国加工
天然纤维总计	2 826.97	710.584	343.948 8	6.692	1 074.840 8
棉纤维	2 487.5	665.00	293.69	0.16	958.53
毛纤维小计	119.95	10.303	20.655 8	5.511 3	25.447 5

（续表）

纤维品种	全球产量	中国产量	中国进口	中国出口	中国加工
绵羊毛（折洗净毛）	111.9	8.53	20.61	5.100	24.04
山羊绒（折无毛绒）	1.45	0.94	0.040 8	0.264 6	0.716 2
兔毛（净毛）	0.35	0.17	0.001	0.143 7	0.027 3
其他动物毛（净毛）①	6.25	0.663	0.004	0.003	0.664
蚕丝纤维小计	15.42	12.905	0.469 5	0.131 4	13.243 1
桑蚕丝（生丝、绢丝）	15.14	12.73	0.469 5	0.131 4	13.068 1
柞蚕丝（生丝、绢丝）	0.18	0.17	—	—	0.17
其他蚕丝（生丝、绢丝）②	0.10	0.005	—	—	0.005
麻纤维小计	204.10	22.376	29.133 5	0.889 3	50.620 2
苎麻（精干麻）	6.15	5.65	0.000 1	0.070 1	5.580 0
亚麻（打成麻）	51.8	2.24	14.216 2	0.683 6	15.572 6
黄麻（熟黄麻）	62.5	0.006	2.406 3	0.001 0	2.411 3
无毒大麻（汉麻）(精干麻）	7.0	4.36	0.000 2	0.095 4	4.264 8
槿麻（熟洋麻）	22.4	6.50	12.510 7	0.039 2	22.591 5
剑麻（麻纤维）	38.1	3.46			
蕉麻（麻纤维）	14.1	0.15			
其他麻（麻纤维）③	2.05	0.01			
再生纤维总计	864.4	181.64	91.89	19.29	254.24
黏胶纤维	357.8	169.57	10.24	19.29	160.52
醋酯纤维④	482.3	11.72	81.65	—	93.37
其他再生纤维⑤	24.3	0.35	—	—	0.35
合成纤维总计	4 984.26	2 800.67	73.682	160.091	2 714.261
聚酯纤维	3729.6	2 525.80	30.81	140.41	2 416.20
聚酰胺纤维	402.41	145.20	20.01	12.94	152.27
聚丙烯腈纤维	197.80	67.13	19.64	0.44	86.33
聚乙烯醇纤维	5.93	5.66	0.035	—	5.695
聚丙烯纤维⑥	599.80	29.69	1.167	2.391	28.466
聚氨酯纤维	35.63	26.69	1.88	3.88	24.69
其他有机合成纤维⑦	13.09	0.50	0.14	0.03	0.61

（续表）

纤维品种	全球产量	中国产量	中国进口	中国出口	中国加工
芳香聚酰胺纤维	8.62	0.34			
聚酰亚胺纤维	0.72	0.007			
聚苯硫醚纤维	0.33	0.016			
聚氟乙烯纤维	2.04	0.022			
超高分子量聚乙烯	1.38	0.08			
人工无机纤维	212.39	78.66	0.866	0.004	66.116
碳纤维	3.63	0.12	0.86	0.00	0.980
玻璃纤维⑧	202	75	—	—	65
金属纤维⑨	0.15	0.05	0.006	—	0.05
其他无机纤维⑩	6.61	3.49	—	0.004	0.086
纺织纤维总计	8 888.02	3 771.554	510.386 8	186.077	4 109.457 8

注：① 包括骆驼绒、牦牛绒、羊驼绒、狐绒、貂绒、乌苏里貉绒。② 包括蓖麻蚕丝、栗蚕丝、槲蚕丝。③ 包括蕉麻、罗布麻、竹纤维（竹原纤维）。④ 国产的大部分及进口主要用于香烟过滤咀。⑤ 包括海藻酸钙纤维、甲壳素纤维、壳聚糖纤维、聚乳酸纤维、细菌纤维素纤维。⑥ 包括膜裂纤维纱。⑦ 包括聚对苯二甲酰对苯二胺纤维、聚间苯二甲酰间苯二胺纤维、聚全对位苯砜酰胺纤维、聚苯硫醚纤维、聚四氟乙烯膜裂纤维纱、聚四氟乙烯长丝、聚偏氟乙烯纤维、聚酰亚胺纤维、超高分子量高强度高模量聚乙烯纤维、聚对亚苯基苯并二噁唑纤维。⑧ 玻璃纤维相当部分不经纺织加工直接使用。⑨ 包括铜纤维、镍纤维、不锈钢纤维、金纤维、银纤维。⑩ 包括碳化硅纤维、玄武岩纤维、活性碳纤维

六、美国棉花产业的协同生产和服务化发展

近年来，美国棉花公司在协同生产及服务化发展方面又有了较大进展。美国棉农集约种植，最小 3 000 亩较大 20 万亩，在选种（每一个农场种一个品种）、种植、灌溉、修株形、施肥、治病害到喷落叶剂，机械采摘子棉的整个种植过程均听从棉花公司建议，并由棉花公司实施。子棉收取集中、预处理、轧棉、打包、逐包检测形成条码，入库定位均由棉花公司加工，并引入全国网络，可以查询每一包皮棉的品质指标和存放地点。皮棉棉包产权仍归棉农私有，棉花公司属于代管。不仅如此，2014 年进一步发展棉花服务业，美国棉纺企业取消了企业自己的棉花库。棉纺企业提前一个月向棉花公司提出棉花需求意向，提供下一个月内需要加工的棉纱数量、品种（线密度即支数）、用途类别（机织还是针织产品）、较详细的应用内容：用于什么织物（外衣还是内衣、与什么纤维交织、织物单位面积重量是多少、染色还是印花、染色是染纱还是染布等）和强度基本要求。公司根据这些要求，采取计算机自动配棉系统在棉花库信息表中选择棉包协配设计同时为保证最终要求送一组配棉方案，由棉包中取小样，利用小型棉花纺纱机试纺出细纱，对试样进行强度、条干均匀度、外观、手

感、染色性能进行测试，如果全面达到用户要求，配棉方案确定。按此设计方案，每天将所需用的棉包运送到棉纺企业的清棉车间，按设计在抓棉系统中排放。因此，棉纺企业不需要自己进行配棉设计，而且棉纱交货的品质也由棉花公司提供保证。因此，美国棉花公司的服务事业已经延伸到纺织领域，并成为其重要的经济收入和利润来源。

第二节　中国纺织产业基本情况

一、中国近年纺织产业基本数据

近年来，在美国次贷危机影响全球经济的阴影下中国纺织纺织产业经济形势仍比较好，具体重点数据见表 10-3 和表 10-4。

表 10-3　2008—2013 年中国纺织产业经济和国家经济形势

项　目	2008 年	2009 年	2010 年	2011 年	2012 年	2013 年
国内生产总值	300 670	335 353	397 983	471 564	528 175	568 845
国内规模以上企业实现利润（亿元）	24 066	25 981	38 828	54 544	55 999	62 831
社会消费品零销总额（亿元）	108 488	125 343	156 998	183 919	210 265	237 810
全年出口总额（亿美元）	14 285.50	12 016.63	15 779.30	18 986.00	20 489.40	22 100.20
全年进口总额（亿美元）	11 330.90	10 056.03	13 498.30	17 434.60	18 178.30	19 508.90
进出口差额（亿美元）	2 954.60	1 960.61	1 831.00	1 551.00	2 311.30	2 597.30
全国总人口（万人）	132 802	133 474	134 100	134 735	13 539	136 072
纺织品服装出口金额（亿美元）	1 896.24	1 713.32	2 120.01	2 541.23	2 625.63	2 920.75
纺织品服装进口金额（亿美元）	186.46	169.24	203.20	231.57	248.01	275.45
纺织品进口、出口差额（亿美元）	1 709.78	1 544.08	1 916.81	2 309.66	2 377.62	2 645.30
纺织规模以上企业数（户）	47 232	52 963	55 391	35 891		38 618
纺织规模以上企业主营业务收入（亿元）	29 819.09	32 961.50	42 173.63	53 397.39	57 247.34	53 848.87
纺织规模以上企业主营企业税金和附加（亿元）	122.56	141.73	196.96	259.15	289.12	326.68
纺织规模以上企业利润总额（亿元）	1 061.85	1 331.49	2 347.46	2 956.42	3 028.23	3 506.05
纺织规模以上企业工业总产值（亿元）	31 236.41	34 268.04	43 193.82	54 786.50	57 247.34	63 848.87

（续表）

项　目	2008 年	2009 年	2010 年	2011 年	2012 年	2013 年
纺织规模以上企业工业销售产值（亿元）	30 476.96	33 470.67	42 253.55	53 603.73		
纺织规模以上企业出口交货值（亿元）	7 031.00	6 730.33	7 944.21	9 160.07	8 904.10	9 545.06
纺织规模以上企业从业人员（人）	10 892 750	10 842 373	9 724 500	10 263 897		

表 10-4　2008—2013 年中国纺织产业经济指标在国家总值中的比例

（%）

项　目	2008 年	2009 年	2010 年	2011 年	2012 年	2013 年
纺织规模以上企业工业销售产值占全国生产总值的比例	10.14	9.98	10.62	11.37		
纺织规模以上企业从业人员占全国人口的比例	0.82	0.81	0.73	0.76		
纺织规模以上企业工业销售产值扣除出口交货值后占社会销售总值的比例	21.61	21.33	21.85	24.16		
纺织服装全年出口额占全国出口额的比例	13.27	14.26	13.44	13.38	12.81	13.22
纺织服装全年进口额占全国进口额的比例	1.65	1.68	1.46	1.33	1.36	1.41
纺织品服装全年出进口差额占全国出进口差额的比例	57.87	78.76	104.69	148.91	102.87	101.85

由表 10-3 和表 10-4 的数据，可以看到中国纺织产业不断取得显著进展，并在中国国民经济中、中国社会经济中占有重要地位。纺织产业规模以上企业直接从业人数虽然不到全国人口 1%，纺织全产业企业直接从业人员不到全国人口 2%，但纺织工业产值占到全国工业销售产值的 10% 以上，纺织服装等国内销售金额占全国社会销售总值的 20% ～ 25%，出口金额占全国出口金额 13% 以上，出口顺差金额占全国顺差的总和以上。

二、中国是全球纺织产业第一大国

第一，中国大量生产天然纺织纤维。棉纤维、苎麻纤维、汉麻纤维（无毒大麻纤维）、山羊绒、牦牛绒、乌苏里貉绒、藏羚羊绒、桑蚕丝、榨蚕丝等的产量都是全球第一。

第二，化学纤维中的黏胶纤维、涤纶、锦纶、腈纶、维纶、氨纶、乙纶的产量也是全球第一。特别是涤纶产量占全球 67.7%。

第三，全球纺纱环锭 2.32 亿锭，中国 1.27 亿锭，中国环锭占全球 55%；全球纺纱转杯纺锭 814 万枚，中国 350 万枚，占 43%。中国纺织纤维加工总量 2010 年达到 4 109 万 t，占全球加工总量46%，近年超过50%。

三、中国是全球纺织品服装贸易第一大国

2012年中国纺织品出口贸易额954.5亿美元，占全球纺织品出口贸易总额2 856.7亿美元的33.4%，全球第一。2012年中国服装出口贸易额1 596.1亿美元，占全球服装出口贸易总额4 226.9亿美元的37.8%，全球第一。中国纺织品服装出口不仅量大，而且竞争优势显著。2012年纺织品服装进出口顺差2 307.3亿美元，在国际上占有重要地位，而且为中国国际贸易平衡、为中国经济和大量进口产品提供了近三十多年的重要支撑。

四、中国纺织产业的基本特征

中国纺织产业有显著的特色和突出的一系列特征。除了上述的世界最大的加工产业、全球国际贸易中具有显著竞争力的产业之外，还有多项特征。

第一，中国纺织产业是非常重要的民生产业。一方面它是解决全国人民生活最重要的“衣、食、住、用、行”五项之首“衣”的遮羞、蔽体、冬季保暖、恶劣环境下保护、礼仪、体现自我精神的重要显示物。其次，也是“住”的家用纺织品和建筑、装修材料的主要供应者。同时，也是“用”、“行”的各种物件包括箱、包、囊、袋以及汽车、火车、公路、铁道、航空的基本材料的供应者。中国从20世纪50年代初到1983年，全国人口用纺织品，全依据国家发放的“布票”使用。1983年废除“布票”，敞开供应，满足了全国人民的生活需要。这是非常了不起的重大事件。现在全国人年均纤维消费量达到10 kg/人·年，是全国人民重要的消费领域。不仅如此，中国纺织产业具有巨大的规模，直接就业人员2 200余万人。连系种植、养殖、原始材料加工、包装、运输、经营、销售等间接就业人员约1亿人。是中国就业人数最多的产业之一。因此，纺织产业是中国最重要的民生产业之一。

第二，中国纺织产业是中国经济发展、社会发展中非常重要的材料科学领域中新兴特种材料（高性能材料、新功能材料等）的新兴产业的一部分。它为许多重要产业、关键产业、新兴产业提供不可或缺的重要材料。例1：大飞机结构材料以前都是用金属，但金属的缺点是比重大（重量大）、强度不够高、易被腐蚀、耐高温限度较低、有脆性等。如果用高性能纤维（例如腈纶基碳纤维）增强复合材料，可以做到强度大大提高，但重量只有金属的1/5到1/3，大大减少能源消耗，可以提高飞行速度、距离更长、而且耐腐蚀、寿命长、飞鸟碰撞损伤小。特别是大飞机的刹车盘，在大飞机数十吨上百吨体重降落时，由机速300 km/h，用19～20 s刹停，六个刹车盘将飞机动能转换成热能，升温可高到1 500℃以上。一般材料，一次刹车将全部垫材烧毁。现在用“碳纤维增强/无定形碳基体”的复

合材料，可以刹车许多次，长期稳定使用。这方面可适用到许多需要减轻重量、提高可靠性的结构体制造使用。特别是航天器、火箭、卫星等，都采用了高性能纤维增强复合材料。制造结构件、外蒙皮、支架、太阳能电池板收缩展开用支架等。例 2：土工合成材料，除了高速公路和铁路路基稳固增强、护坡防坍塌之外，路基础使雨水顺利渗流，而且保证泥沙不会流失，利用多种材料（网格栅、非织造毯等）复合；此外河堤稳固、水坝基础和边坡稳固、大堤防地震裂缝破坏和河堤灾害溃缺时快速封堵缺口等等，均采用类似材料和类似方法加固。例 3：人工渔池、人工水池、农田灌溉渠等底层稳固和防止水渗漏，采用土工网格栅、土工非织造复合毡加防渗漏膜复合，保持水源不漏失，也不因渗漏水后地基松软引起塌陷破坏。此外，农林用的防冰雹网、防鸟网、防虫网；农用大棚，船用蓬、帆、缆绳，消防队员的水龙带、消防服（防火、阻燃、耐高温、防烫伤），军用防弹头盔、防弹服，民用防割手套、警用防刺服，海产渔业的网箱、医用防护服（2003 年中国防“非典”的医用防护服和当前非洲“埃博拉”病毒的医用防护服等）、褥疮的创可贴、人造器官（人造皮肤、人工血管、人工心脏瓣膜、人工肺、人工肾、人工疝气托等）等各种用途。这些新材料，使纺织产业成为鹤立鸡群的新兴材料产业。产业用纺织品按中国标准分类包括：医疗与卫生用纺织品；过滤与分离用纺织品；交通工具用纺织品；土工用纺织品；结构增强用纺织品；建筑用纺织品；安全与防护用纺织品；农业用纺织品；绳、线、带类纺织品；包装用纺织品；文体与休闲用纺织品；工业用毡、毯类纺织品；篷帆用纺织品；合成革用纺织品；隔离与绝缘用纺织品；其他产业用纺织品。

第三，中国纺织产业结合和融入五千年中华文化底蕴、历史传承、审美观念、绿化因素、民族特性，并与世界源流交汇，显示出特别的风格、情趣与品牌。中国纺织产业既继承了长远历史发展中的精华，又不断创新发展出中国特色的产品。特别在近几年来，中国纺织产业由三十年大力“引进、消化、吸收、再创新”的基础上，大力开拓“原始创新”的发展，展示出“中国特色”和“中国制造”的新面貌。

第四，中国也是一个纺织文化、纺织学术、纺织科学研究、纺织教育发展的大国。许多经济发达的纺织大国在“去纺织工业化”过程中纺织高等教育萎缩，许多具有辉煌历史的纺织学术期刊停办、收缩。纺织专业学术论文减少，学术著作锐减。在此过程中，中国设有纺织服装学科的高等院校增至 90 余所，在校学生逾 2 万人。学术期刊蓬勃发展，纺织学术论文大幅增加，纺织学科专利蓬勃大增，纺织学术专题著作大量出版，多个国际标准化组织秘书处迁到中国。中国正在从学术、理论、科技、人才层面支持全球纺织产业的发展。中国编写出版的纺织科技理论著作近年有 20 多种，包括用英文出版的著作，见表 10-5。

表 10-5 纺织科技理论著作一览表

1	胡祖明，于俊荣，陈蕾，曹煜彤选编．化学纤维成型机理的探索．上海：东华大学出版社，2011年8月第1版，537千字
2	高绪珊，吴大诚等编著．纤维应用物理学．北京：中国纺织出版社，2001年2月第1版，550千字
3	王启宏，徐昭东主编．材料流变学探索．武汉：武汉工业大学出版社，1987年12月第1版，296千字
4	杨锁廷主编，马会英审．现代纺纱技术．北京：中国纺织出版社，2004年7月第1版，339千字
5	张文赓，郁崇文著．梳理的基本理论．上海：东华大学出版社，2012年4月第1版，102千字
6	张文赓著．罗拉牵伸原理．上海：东华大学出版社，2011年3月第1版，98千字
7	周炳荣著．纺织气圈理论．上海：东华大学出版社，2010年11月第1版，162千字
8	竺韵德，俞建勇，薛文良主编．集聚纺纱原理．北京：中国纺织出版社，2010年7月第1版，182千字
9	徐卫林，陈军著．嵌入式复合纺纱技术．北京：中国纺织出版社，2012年7月第1版，207千字
10	Shangyuan Wong，Xiuye Yu 编著．New Textile Yarns．王善元，于修业，新型纺织纱线．上海：东华大学出版社，2007年4月第1版，576千字
11	张义同编著．近代织物力学和稳定性分析理论．北京：北京大学出版社．2003年3月第1版，133千字
12	田宗若著．复合材料中的边界元法及数值解．西安：西北工业大学出版社，2006年12月第1版，293千字
13	吴三灵，李科杰，张振海，苏建军编著．强冲击实验与测试数据．北京：国防工业出版社，2010年6月第1版，350千字
14	顾伯洪，孙宝忠著．纺织结构复合材料冲击动力学．北京：科学出版社，2012年1月第1版，700千字
15	张文斌，方方主编．服装人体功效学．上海：东华大学出版社，2008年9月第1版，500千字
16	Xiangyi Zeng，Yi Li，Da Ruan． Computational Textile． Springer Press，2006
17	Yi Li，ASW Wang．Clothing Biosensory Engineering． Woodhead Publishing Limited，2006
18	Yi Li． The Science of Clothing Comfort． The Textile Institute Press，2001
19	Yi Li，XQ Dai． Biomechanical Engineering of Textiles and Clothing． The Textile Institute Press，2006
20	张欣，杨国荣，李毅等．服装起拱与力学工程设计．北京：中国纺织出版社，2002

五、中国纺织产业中纤维原料使用量和品种分布

从中国2010年纺织产量中纺织纤维原料品种的生产量、进口量、出口量和加工使用量（表10-2）可以看出，中国纺织纤维的生产量3 771.55万t中，天然纤维占18.84%；其中棉纤维生产量占全国纤维总量的17.67%，占天然纤维总量的93.58%。再生纤维产量占纤维总产量的4.82%。合成纤维产量是纤维总量的74.26%。人工无机纤维产量是纤维总产量的2.09%。

中国棉花纤维虽然已是全球生产第一大国，但还要大量进口棉纤维。2010年进口量293.69万t，是中国棉产量的44.16%，是中国棉纤维加工总量的30.64%，2010年中国纺织产业加工棉纤维958.53万t，是全球棉纤维产量的38.53%。

中国纺织加工纤维近十年来的发展，合成纤维取得最大进展。聚酯纤维（涤纶）2010年生产量2 525.80万t，占全球产量2 729.6万t的92.53%。聚酰胺纤维（锦纶）2010年产量145.20万t，占全球产量402.41万t的36.08%。聚丙烯腈纤维（腈纶）2010年产量67.13万t，占全球产量197.80万t的33.94%。聚乙烯醇纤维（维纶）2010年产量5.66万t，占全球产量5.93万t的95.45%。聚氨酯纤维（氨纶）2010年产量26.69万t，占全球产量35.63万t的74.91%。同时，新型有机合成纤维也有了重大发展，芳香聚酰胺纤维（包括芳纶1313、芳纶1414、芳砜纶）、聚酰亚胺纤维、聚苯硫醚纤维、聚氟乙烯纤维（特别是聚四氟乙烯膜裂纤维）、超高分子量高强度高模量聚乙烯纤维等均实现了工程产业化。人工无机纤维中碳纤维取得重大突破，T-300型为主的碳纤维工程装备生产能力已达11 800 t/年。玻璃纤维各种品种更加成熟，2010年产量已达全球产量37.13%，不仅供应了多方面需求，而且供应了风力发电机桨叶的生产和中国发射人造卫星太阳能电池板支架张开折叠支架的制造。金属纤维（包括不锈钢纤维、铜纤维、镍纤维、金纤维、银纤维）的超细纤维（最细直径4μm，最近开始生产直径2.5μm）已产业化生产，产量占全球产量33%。无机纤维中的碳化硅纤维，玄武岩纤维等也取得了重大产业化工程化进展，不仅供应了国内多方面重大项目（例如西电东输1.2 MV（兆伏）、2 000 A的输电电缆中的增强、绝缘体），而且供应了欧洲市场。

六、纺织产业行政和管理机构及其变迁

中华人民共和国成立之初，特别是1949年10月1日成立大会之日起，当时中华人民共和国政务院（后改为国务院）下属已成立的“部”只有三个：外交部、农业部、纺织工业部。“衣、食、住、行”是人民生活最主要的项目。纺织工业部成立50年中，“文化革命”中期曾与轻工业部合并，1978年再分开。20世纪90年代末，纺织工业部撤销，改为中国

纺织工业总会，后又改名为中国纺织工业联合会。中国纺织工业联合会下设各相关主要行业的纺织工业协会：中国化学纤维工业协会；中国棉纺织行业协会；中国毛纺织行业协会；中国丝绸协会；中国麻纺行业协会；中国长丝织造协会；中国印染行业协会；中国针织工业协会；中国服装协会；中国家用纺织品行业协会；中国产业用纺织品行业协会；中国纺织机械工业协会。

目前，纺织产业行政和管理的国家行政管理机关为工业和信息化部的消费品司纺织处。各省、市、自治区为工业和信息局纺织处及各地区的纺织工业协会。

中国纺织学术机构重点有中国纺织工程学会，成立于 1935 年；及中国纺织服装教育学会等归属中国科学技术协会领导和管理。中国纺织工程学会下设各学科的分委员会，具体有 18 个专业委员会：棉纺织专业委员会；毛纺专业委员会；麻纺专业委员会；针织专业委员会；化学纤维专业委员会；染整专业委员会；丝绸专业委员会；纺机器材专业委员会；纺织设计专业委员会；家用纺织品专业委员会；服装服饰专业委员会；标准与检测专业委员会；空调除尘专业委员会；产业用纺织品专业委员会；技术经济专业委员会；信息专业委员会；新型纺纱专业委员会；环保专业委员会。

1949—1950 年及 1963—1967 年纺织工业管理的内容包括天然纤维（棉、麻、毛、丝）纤维收购、初加工、纤维分等分组、纤维品种培育、化学纤维生产和企业管理、纺织染整生产、服装、家用纺织品的设计、生产、销售，纺织机械及器材的设计、生产、供销和纺织品服装出口贸易等工作。1952 年开始为前苏联提供了专门供应用的出口毛精纺产品——2201 华达呢。这个产品成为 1958 年以后，特别是 1960 年开始前苏联要中国支付抗美援朝期间原议定前苏联提供的军事装备援助改为中国购置、由中国支付的重要物质（猪肉、鸡蛋、毛织物三者）之一。1963 年我国研究了国际上国家经济发展规律和可持续发展的重要措施，提出关键产业链必须上、中、下游、从头到尾完整结合，并在纺织产业中试点，在纺织工业部设立专门的司局进行统一管理。在此期间，对棉纤维和毛纤维生产提供了重大支持和提高了管理水平和质量水平。当时有两个突出的实例。一个实例是棉纤维管理问题，系统改善了标准概念，实行了棉田采收棉朵时根据特征将“僵瓣”（死亡未成熟子棉）、虫害棉（特别是影响成熟度和黏性的棉朵）不采在同一布袋中；同时，精密检修子棉加工设备（特别是除杂机和锯齿轧棉机的针布保持没有歪倒针齿），而且对每一轧棉厂均指定距离较近的棉纺厂清棉车间的设备维修工人（保全工）承担直接责任进行检查和维修，保证每台锯齿轧棉机针布没有一个歪倒针齿。不到一年半时间，保证了棉纤维质量大幅提升，皮棉中基本没有棉索、基本没有破子、极少棉结。为出口棉织物质量提升提供了原料的品质保证。第二个实例是绵羊毛解决了两个重大问题。一个是绵羊毛中沥青问题：当时相邻村民为防止采毛用绵羊被混群交叉，每户村民在羊只身上不同部位分别涂沥青作记号以区分羊只所属，但这些沥青在毛纺织染整加工过程中无法清除，造成毛纺织染整产品因沥青疵点降级降价严重和出口被退货。在纺织工业部统一领导下由陕西纺织院校和毛纺企业合作开发了专用染料（红、绿、蓝三种颜色），雨淋不会褪色，但弱碱水能彻底洗净，无偿赠给全国牧民，在同村分别涂饰在羊头、颈、背、尾、脸侧、肚侧不同色彩至少30种标识，易于识别，不会混淆。从1965年开始彻底解决了沥青疵点问题。另一个是当时全球绵羊有特殊传染病（乌尔它布鲁斯氏秆菌病 brucellosis，人与家畜绵羊、山羊共生传染病源，通过奶汁、皮肤、眼黏膜传染，显示发热、寒战、多汗、全身疼痛、脊椎炎等）。不仅严重影响羊只死亡率，而且，对人传染致病数量也不少，给国内多个机构增加沉重负担和每年发生传染疾病流行的重大危险问题，而当时，没有专用有效的药物和治疗技术系统。为彻底消灭这些病菌和病毒，纺织工业部在得到国家中央核研究机构的支撑下，由二机部提供放射性同位素源，在陕西建设了一座利用钴60放射性同位素辐射消毒毛包的装置，毛包不用开包，挂入悬挂移动链条上，随循环链条沿曲线进入辐射区，在墙厚2 m的钢筋混凝土建筑中曲线前进，接受钴60放射照射杀死任何病菌和病毒。毛包由另一端输出卸下。既简单又消毒彻底，免除了传染和治疗（现在可联合用磺胺药与链霉素或金霉素、土霉素等治疗）。结合饲养中羊病治疗，经几年工作，使传染病得到控制。即使在文化大革命社会动荡期间，运行正常。由于1979年到1982年间一再检查，全国无一人一羊感染病例，1983年将该装置停用撤销，彻底解决了这一传染病问题。三十多年来，中国国内未发现一例传染。

七、中国纺织产业近年来的技术进步

中国纺织产业在数量猛增的同时，纺织科学技术也有了长足的进步。特别是在化学纤维纺丝技术及设备、纺纱技术及设备、织造（包括梭织、无梭织造、纬编针织、经编针织、非织造织物、编织）技术及设备、印染技术及设备、整理技术及设备和服装技术及设备方面，分别都有了重大进展，一部分技术及设备，突破了国际创新，进入国际先进水平，甚或国际领先水平。

（一）化学纤维纺丝技术及设备创新进展

化学纤维纺丝技术在适应各种不同性能和品种的条件下，熔融纺丝、湿法纺丝、干法纺丝、干喷湿纺等方面都取得了长足进步。分别在原料提纯、熔融或溶解、纺丝纤细程度（单丝线密度常规的1～3 dtex之外粗的超过20 dtex，细的低于0.5 dtex，甚至超细的到0.05 dtex）、牵伸和凝固成形系统、卷绕成形的各个阶段过程，都取得了高品质、大产量、设备高度自动化进展。特别是喷丝板多孔、孔形复杂异形截面和多中空孔、多种原料交叉包裹复合纺丝等喷丝板的设计和加工，以及合成纤维材料处理、聚合、输送、纺丝、卷绕一步法生产系统和大型装备（年生产能力单台 40 万 t 到 60 万 t）取得长足进步，生产稳定、品质优良。

同时化学纤维变形加工技术完善发展。包括各种原料的预取向丝、牵伸定形丝、加弹丝、全取向丝、空气变形丝、低收缩丝、高收缩丝等完整开发，以适应各种要求、各种性能、各种用途的不同需求。

在静电纺丝技术上突破和超越国外科技研究工作，取得了重大进展，从单喷头到多喷头，从 100 kV 单向电纺到电纺气流纺复合，形成单丝直径 50 ～ 300 nm 的特超细纤维以及无规网、平行丝束等多种产品。

（二）纺纱技术及设备创新发展

纺纱技术在原来走锭纺纱、环锭纺纱、转杯纺纱等传统方法的基础上，首先使环锭纺纱取得了重大突破，锭速由 10 000 ～ 18 000 转 /min 突破到 20 000 转 /min 以上；同时，大牵伸超细纺纱取得重大突破，棉纱和精梳毛纱最细纺到 1.9 tex（500 公制支数以上），苎麻纱也纺到了 2.3 tex（260 公制支数）。近十年来全球没有其他国家试生产成功。环锭纺纱也发展了许多新型改进内容，包括紧密纺纱、柔顺纺纱、全聚纺纱、赛罗纺纱、塞洛丝（菲尔）纺纱、缆形纺纱、低扭矩纺纱、嵌入式复合纺纱等许多改进形式，显著提高了成纱均匀度和强度、减少了纱线毛羽。

增多了纱线品种（包括竹节纱线、花色纱线、纤维染色多色纤维复合纺纱等）、产生了长丝和短纤维同时混合纺纱的方式、配合自身的集体落纱、自动插管、显著降低了劳动强度、提高了全自动化水平，并在节能、减排、降耗上取得进展，并形成了数百万锭的生产能力。除此之外，喷气涡流纺纱技术、倍捻捻线机技术（二倍捻、三倍捻、四倍捻技术）也获得推广，显著提高了生产效率，节约了能源、提高了设备自动化信息化水平，包括自动捻纱接头、全程自动检测纱线条干均匀度并切除剔去疵点，使原生产中多道工序一步完成。

棉纤维纺纱生产全程自动化取得重大成果。从棉纤维性能大容量快速检测、计算机自动配棉、自动排棉包技术、清棉 / 梳棉自动联合机、併条 / 条卷 / 精梳自动联合机，粗纱机全自动集体落纱自动送管纱、细纱机全自动集体落纱自动送管纱、络纱机全自动络筒自动接头的“粗、细、络”联、筒纱性能检测和切除疵点、无结头捻接及装箱全过程自动化、系统化、信息化，所有机器全由电子计算计管理和控制，大幅节省劳动力。棉纺纱生产一万锭用人数量由每日三班一般的 350 人减至 28 人，已形成示范生产。

（三）纺织品织造技术和设备创新发展

有梭织机在精细纱线、高密纺织品织造和色纱交织多臂复杂织纹组织及提花织造的技术和设备改造提高方面已有重大突破，可生产精细、美观、复杂的纺织品。

无梭织机包括箭杆送纬、喷气送纬、喷水送纬，幅宽可选范围显著扩展，目前大量织机幅宽在 2 m 以上，4 ～ 6 m 幅宽已不稀奇，最大幅宽已达 14 ～ 16 m 超宽幅（直接织造新型高速造纸机的抄纸网毡和造纸毯）。配有多达 30 片综的多臂织机，或者配有 11 000 提花针的提花织机。同时，近年三维织物已经诞生，可以直接织造出三维立体的设备机件专用骨架体。

纬编针织织造技术及设备有了重大进展，一方面可以机电控制生产结构复杂的一次成形纺织成形件。特别是袜，除了袜筒、袜后跟、袜背、袜底、袜头三维一体可以一次成形，而且可以在袜筒、袜背部分织出立体花纹（例如儿童袜在袜背上织出小的鸭子头和伸出的上咀片、下咀片；儿童步行时，小鸭咀片还能张开、闭合扇动）。另一方面，纬编针织技术和设备增加了添纱系统（经向添纱、纬向添纱、斜向添纱）。在纱圈中嵌入不同方向伸直的纱线，使纺织品可以在模具上立体成形。例如现在可以一次织成防弹头盔的增强体基础件，经复合直接生产防弹头盔。

经编针织织造技术和设备近年有重大进展，一方面，针织密度范围大幅扩展，从较稀疏到较密、高密、特密形成完整系列；同时，针织组织广泛发展，可形成许多种花纹；再者双针床及多针床经编针织机一次成形各种服装，免除剪裁、缝纫，形成无缝迹服装普遍使用；另一方面，经编针织过程中添纱技术成熟（经向添纱、纬向添纱、斜向添纱）使针织物在柔软、适体的同时，显著减少拉伸变形量。并可能形成能承载很大外力的基础骨架。使经编针织纺织品也成为结构材料的重要基础增强骨架。例如碳纤维或玻璃纤维的巨大风力发电机桨叶和人造卫星太阳能电池翻板支架等复杂结构的纤维增强复合材料的增强体就是经编针织物生产的。新的直径 3 mm 以下的超细人造血管也只能用特精细经编针织技术生产。

（四）非织造纺织品生产技术和设备创新发展

非织造纺织品是将纤维有序或无序排列后利用针刺、水刺、压黏等方法，使纤维缠结形成的纺织品。近年来非织造技术和设备的发展，已经形成分梳铺网及针刺、水刺或压黏中多种缠结方式缠结，甚至多层复合包括夹入织物复合的非织造设备。目前大量用于土工防泥沙渗漏的土工布、高温尾气（锅炉厂、热力发电厂、钢铁厂、水泥厂、垃圾焚烧场等的高温尾气）烟尘过滤解决 PM2.5 污染问题的滤尘袋的纺织品等，也广泛用于家用纺织品的毡、毯、垫用物品等。

（五）染色、印花、整理技术和设备创新发展

纺织品染色技术在原有基础上大力克服用水量大、污水排放量大、对环境污染以及耗能高、速度慢、成本高等问题。近年的创新染色新技术包括冷轧堆、涂料染色、喷墨染色等方法之外，创新试用超临界二氧化碳染色，不用水、无污染排放、耗用材料少、速度快、效率高。形成二氧化碳超临界液化、循环流染色、二氧化碳蒸发回收、不用烘干等特殊技术和设备。同时筒子纱线染缸自动化染色系统已经成熟，装筒、进缸、配色、送料、升温、运转、完成、放液、洗涤、出缸、辐射烘干、检验、装箱全过程计算机控制自动化系统。已经建成示范工厂（日产 5 t 染色纱线）并在多个企业推广使用。

印染技术和装备也有很大进展突破。平网印花、圆网印花、最多 16 色复杂图案印花，散点误差小于 0.2 mm。电子计算机喷墨印花已实施多年，快速、细致、精密、美观，包括大幅图案及照片效果甚佳，广泛受到欢迎。

纺织品整理技术近年来也有重大发展，包括起绒、刷绒、剪毛、轧光、熨烫、热定形、罐蒸热湿定形和各种功能整理获得显著突破，包括：防油、防污、抑菌、抗菌、防臭、抗皱、柔软、挺括、防紫外线辐射、防水，等等。不仅在服装和家用中广泛受到欢迎，而且也在遮阳伞、帐篷等方面获得广泛的应用。

（六）服装设计、生产技术与装备创新发展

服装产业已开始向广泛个体定制方向发展。量体采用人体三维测量、计算机形成有关数据，计算机辅助设计、计算机样板试穿演示，计算机绘制样板、自动剪裁、样板辅助缝纫、快速发货的试验工作。这是服装产业工业化和信息化两化融合的试验工作。

缝纫机也有了重大创新。特别是某些专用缝纫工作，创新研制新型缝纫机。例如锅炉厂、热力电厂、钢铁厂、水泥厂、垃圾焚烧场高温过滤的滤尘袋是直径 160 ～ 340 mm、长 6 ～ 8 m 的圆柱管。普通缝纫机是无法缝制的。为此专门设计和制造了专用缝纫机。

（七）纺织设备器材创新发展

中国纺织装备上的器材近年也有了重大创新发展。例如纺织精纺工序环锭细纱机的锭带，改成多层结构，使正面的摩擦因数和反面的摩擦因数有重大差异，保证在主轮和锭盘上平稳传动又减少了张力盘的耗能。同时，减薄厚度、提高柔软性，使带动 4 只纱锭每一循环中 5 次 90° “折曲 · 伸展”，3 次 180° “折曲 · 伸展”的弯曲功耗能量大幅下降，使纱锭传动的动能消耗下降 30%。又例如梳棉机盖板金属针布和精梳机锡林金属针布改革针

尖侧向坡度，提高分梳抓取纤维的精细度；改变齿条上每齿的侧向位置，使同一齿条各齿尖分梳纤维位置左右交叉，提高分梳效率。再例如纺纱胶辊的胶质、弹性模量、表面摩擦因数调节改善，显著提高了对纤维握持的稳定性，并提高了使用周期。又例如万针提花织机的提花针和经编提花针织机的梭改用碳纤维增强复合材料制造，减轻了重量、减小了体积、提高了刚度、减小了变形、稳定了生产、提高了精度。此外，织机的综丝、筘片，精选了材料、精密设计了形状尺寸，显著提高了织机织造的精密度，提高了效率，减少了疵点。诸如此类，品种繁多，使纺织染整服装加工效率提升，品质优化，产品精细，适应市场需求。

第三节 中国纺织产业发展面临的制约和困难

中国纺织产业 60 年来，特别是近 30 年的蓬勃发展，成为全球纺织加工第一大国，但是，在新时期中，中国纺织产业也面临许多制约和困难，主要有三个方面。

一、纺织纤维原料的制约

（一）全球人口暴增天然纤维耕地受限

联合国发布的全球 2050 年人口预测值近 15 年来有重大变化。全球 2050 年人口：2000 年发布预测值是 76 亿，2009 年 1 月修改为 92 亿，2010 年 1 月修改为 93 亿，2011 年 2 月修改为 94 亿，2013 年 6 月修改为 96 亿。此预测数字指出从 2035 年开始，全球耕地只种粮食不够全球人吃饭。20 世纪 50 年代，毛泽东同志将农业产品区分为 12 大类：“粮、棉、油、麻、丝、茶、糖、菜、烟、果、药、杂”。如果全球耕地只种粮食，连油、菜、糖、茶都不能用耕地种植，那将十分紧张。不仅如此，中国从 2009 年起已由粮食净出口国（年出口量大于进口量），转变为粮食净进口国（年进口粮食大于出口量）。为此，2009 年 3 月，人大、政协大会期间，时任总理温家宝的《政府工作报告》宣布“18 亿亩耕地红线”的规定，保证粮食生产。事实上，2013 年中国进口大米已达 1 210 万 t。因此，天然纤维将逐渐不能利用耕地种植和饲育。因此，需要开发优异品质的、适应盐碱地、荒滩地、山坡地种植和饲育的天然纤维新品种。目前，中国盐碱地面积 14.8 亿亩、低洼盐碱水域 6.9 亿亩，一般土壤含盐量 8% ～ 10%。目前中国一般棉花品种种植要求土壤含盐量 0.3% 以下，需要能适应的新品种。

（二）保护地球环境要求收严，木材、纤维素再生纤维受限，需另觅出路

近60年来，地球环境恶化，许多生物（动物、植物）品种大量灭绝，气候严重恶化，酷热、严寒骤增，干旱、暴雨频发（数百年“天无三日晴”的贵州出现数月的干旱）。人类为保护地球要求保护环境、保证全球的绿化面积、保证水源的合理利用和防止污染、保证大气中二氧化硫的增加速率、保证土壤、地面、地下影响环境恶化的因素。

适应全球的要求，中国也将严格保护现有的环境资源，做到所有制造业“节（约）能（源）、减（少污水、污气、污物）排（放）、节（约用）水、降（低原料、材料、辅件、器材等的消）耗、对环境友好”的需求。中国这些方面的资源受到严重的制约。中国的资源形势见表10-6。

表10-6　中国资源形势

项　目	全　球	中　国	中国占比（%）
人口（亿人）	70.0	13.47	19.24
土地面积（万 km^2）	13 394.2	959.8	7.17
人均土地（m^2/人）	19 134	7 125	37.24
耕地面积（万 km^2）	916	120	13.10
人均耕地（m^2/人）	1 309	891	68.09
淡水资源（万亿 m^3）	52.769 8	2.829 7	5.36
人均淡水（m^3/人）	7539	2 200	29.18
森林面积（万 km^3）	3 861.1	168.27	4.36
人均森林面积（m^2/人）	5 515.9	1 249.2	22.65

注：表中数据为2012年数据

由表10-6可以看出：中国人均土地面积、人均耕地面积、人均淡水资源、人均森林面积都远低于全球人均资源。因此，中国应更加重视环境的保护。在保护绿化面积时，必须严格控制森林砍伐，这将严格限制木材纤维素再生纤维的木材资源。纺织再生纤维必须另觅出路。

（三）石油天然气资源受限，合成纤维资源需另觅出路

目前合成纤维的原始资源，97%以上是石油和天然气。但是石油和天然气是短期内不能再生的资源（再生周期9 000万年到2亿年）。联合国组织专家调研分析，美国多所大学也组织专业队伍调研分析。根据目前已勘探到的石油、天然气资源量，加两倍计算（陆地

深层油气尚有未勘探到的矿藏，海洋底尚有未勘探的区域）按目前年开采量预计到2050年，石油和天然气将全球枯竭。因此，合成纤维的原料也必须开始研发，另觅出路。

二、中国纺织产业受第三世界后发展中国家成本优势制约

中国37年改革开放以来，纺织产业迅猛发展的同时，纺织产业的成本逐步显著上升。

原料成本上升，特别是国产原始原料不足，依赖进口，受到出口国的制约，成本显著增高。天然纤维中棉纤维国家收购储存棉收购价2012/2013年度标准价19 800元/t，2013/2014年度20 400元/t。但在这两年中美国、澳大利亚、印度、布基纳发索等十余国家出口到中国进口的皮棉价格在人民币14 000～16 000元/t。2013年1月到5月，美国皮棉价格曾涨至人民币17 000元/t以上。经调查，原因是美国合众国国会议员多人联合向国会提出申报议案，要求将执行多年的棉农直补经费停止。因为全球人口暴增，粮食日渐紧缩，应该停止种植棉花，改种粮食；尤其是目前全球尚有8亿人口粮食不足，粮食价格将快速上涨，对美国经济环境复苏作出贡献。特别是2003年以来，美国政府对种植棉花的棉农直补经费达到折合皮棉0.43美元/kg，如果此议案被通过，美国棉花纤维成本将大增，故棉价大幅上涨。但4月美国议会否决了这项决议，故棉纤维价格又跌回常规价格。国产棉纤维价格过高造成重大困难。

绵羊毛纤维进口量高达85%，山羊绒进口也近10%。黄麻纤维（不包括槿麻即洋麻）几乎全部依赖进口；再生纤维中黏胶纤维的木材浆粕依赖进口超过70%。合成纤维聚合基体的石油化工原料，进口依托90%以上。这些纤维原料成本上升，影响了原料成本上升。

除此之外，还有更重要的成本问题。中国劳动力成本近30年来有了巨幅上升。根据调查，2009—2010年中国沿海地区纺织加工劳动力成本是印度全国纺织加工劳动力成本的4倍，是孟加拉的6～8倍。同时，中国“十二五”规划规定，在此期间：“最低工资翻倍”。纺织产业的劳动力工资也属最低工资领域。因此现在差异已达8～15倍，这是非常严重的问题。

中国纺织产业的能源成本，包括电力、煤、石油、天然气等的成本是全球最高类型国之列。2013年4月在美国调研结果美国电力价格折合人民币0.43元/度，叶岩气开发之后，价格更低。中国各省、市、区电价互有差异，但在0.5～0.9元/度。

中国材料运输成本也是世界各国中很高的国家之一。中国纺织产业环境治理成本是较高的，而且在近几年将大幅上升。废水的处理成本还将大幅上升。为解决各地雾霾保证PM2.5限额，污气处理成本也需大幅度提高。纺织加工的污物处理，也需要巨大成本，并在今后几年大幅提高。

在这些国内成本大幅提升的情况下，第三世界经济尚在发展中的国家，特别是东南亚、

南亚和非洲的许多发展中国家，占有非常强大的优势。中国纺织产业这方面承受着巨大的压力。2012 年 8 月起，印度出口到中国进口纯棉纱 124 万 t，其中纯棉纱线密度 28 ～ 29.5 tex（英制支数 20 和 21）加进口关税的售价为人民币 17 800 元 /t，比我国棉花纤维价格低 2 000 元 /t。2013 年 6 月中旬美国出口售到中国线密度 37 tex（英制 16 支）纯棉纱加进口关税售价人民币 17 400 元 /t。因此，对于这些抵挡纺织产品的加工环境，中国的竞争优势已不复存在。

三、经济发达的原纺织大国实施“再工业化”，中国纺织产业进一步受到制约

全球经济发达的大国中大部分都是原来的纺织大国（英、美、法、德、意等）。英国在 200 年前由农业国家发展为工业国，重点是纺织产业大国。美国在 160 年前由农业国发展为工业国，重点是纺织产业大国。在 70 年前，他们开始“去工业化”，发展第三产业（服务业）。特别从 40 年前开始，将纺织产业大量迁向国外，仅只保留了极少量纺织加工能力，生产极高档、高附加值的纺织产品。但是，2012 年到 2013 年，这些全球最发达的原纺织大国，提出“再工业化”方针。2013 年 1 月美国奥巴马总统担任二届总统，提出“再工业化”是美国经济复苏的总方针，对纺织产业发展再生给予大力支持。提出：美国投资家在美国以外建设的纺织企业要求迁回美国；美国投资家准备投资建设纺织企业要求建在美国；外国投资家要建纺织企业，欢迎建到美国。2013 年，美国纺纱机增加约 100 万锭。美国 2013 年 6 月开始向中国出售棉纱。英国 2013 年 1 月中下旬在首都伦敦泰晤士河塔桥召开“英国的早晨”大会，宣传和发布恢复纺织产业发展、投资建设企业、将境外企业迁回英国的“再工业化”计划。欧盟也发布了“工业 4”计划，在法、德、意等国“再工业化”，发展纺织产业。因此，中国纺织产业在高端纺织产品市场，面临经济发达的原纺织大国的强势打压。

第四节　中国纺织产业可持续发展战略

一、纺织纤维资源的战略转移

虽然中国纺织产业近十年来的发展已无法仅仅依赖国产纺织纤维原料资源，大幅度进口天然纤维（棉纤维 30%、绵羊毛 85%、山羊绒 10%、黄麻纤维近 100% 等）、再生纤维原物质（黏胶纤维的木材浆箔 70%、甲壳素纤维的螃蟹壳等）和合成纤维的石油化工原料。但是，今后的发展，由于全球人口暴增，全球粮食供应日趋紧张；全球环境保护，木材浆

箔日益受限；全球石油、天然气逐渐枯竭，石油化工原料无法大量保证；因此，中国纺织产业原料资源不应该、也不可能继续过量依赖进口，必须转变思路、探索脱困之路。

（一）中国天然纤维不用“粮田”、不用“耕地”种植和饲育

中国耕地人均面积占 891 m^2，而全球平均人均耕地面积为 1 309 m^2；而淡水资源中国人均量仅 2 200 m^3，不及全球人均淡水量 7 539 m^3 的 30%。中国现在又开始放开生育两子女政策，而中国从 2009 年起已经由“粮食净出口国”转变为“粮食净进口国”，中国天然纤维中的种子纤维品种和植物韧皮纤维品种、植物叶纤维品种以及养蚕的桑树等都应该逐步放弃在耕地中种植，更不能占用“粮田”。其出路是尽量利用盐碱地、荒滩地、山坡地种植和饲养。近几年来，中国学者已经做了大量工作。实际上近 15 年来，中国棉花已有许多地方在盐碱地种植，包括在新疆南疆地区等，且情况良好。甚至早在 1896 年，中国机器棉纺织业引进创始人张謇先生在江苏省南通海边滩涂引种棉花就有盐碱地，并大力改造盐碱地。同时，近 10 年间，中国在传统植物纤维中利用盐碱地、改造盐碱地已作重大启动。黄麻、槿麻（洋麻）、无毒大麻（汉麻）等在山东、江苏、黑龙江等省盐碱地试种均已取得良好成绩。不仅可以种植、收割，而且对盐碱地改造起到了重要的示范作用。

同时，在新品种挖掘中，也有进展。2009 年，我国在云南省红河哈尼族彝族自治州海拔 1 200 m 山区发现了一种木本种灌木棉种。在海拔 1 250 m 山坡上试种（北纬 26° 以南），一年开三次花，结三次棉桃，并在海南省儋州市山区中试种。这方面还需要长远跟踪努力。苎麻也有山区品种，1992 年至 1993 年，中国和法国联合调查苎麻纤维品种过程中，中国在湖北省两北山区寻找到两种超细苎麻纤维品种，一种纤维线密度 3.3 dtex（公制支数 3 000），曾在湖北、湖南多地试种，生长良好。另一种纤维线密度 2.0 dtex（公制支数 5 000）。当时在山下种植不能成活而搁置。除此之外，种子纤维还有多个品种，例如木棉树（《红色娘子军》电影中的英雄树），在南方亚热带地区的山区、平原广泛生存的乔木，并且是绿化的重要品种。木棉果实中的纤维，近果壳的部分，纤维长度近 30 mm，囊芯部分纤维长度 16 ～ 25 mm。纤维两端封闭，干缩不压扁，无转曲，整体密度很轻，0.03 ～ 0.04 g/cm^3。历史上，大量用于浮海救生的衣物和工具，佛教僧人用于袈裟。近十年来，中国已研发了木棉纺纱技术与装备，并成立了产业技术创新战略联盟。还有牛角瓜乔木的果实，一批品种纤维长度近 30 mm，长的到 34 mm，线密度 1 dtex，拉伸断裂比强度 3.4 cN/dtex。除在南方有大量生存外，中国北方也有生长。也是绿化的重要乔木品种。2014 年 8 月 27 日在广西壮族自治区南宁市召开了产业发展论证会，研究了牛角瓜纤维的开发应用。同时，相当一部分韧皮纤维，自然生长在“非耕地”上，例如罗布麻，本来就生长在新疆罗布泊，是沙漠地区防止沙化的重要植物。除此之外还有突出的进展：喂蚕用的桑树植物，

过去都种植在平川的气候、水源非常良好的地区，并且田块周边挖有深沟排水。同时，它也是多年生植物，无法轮种其他植物。现在长江三峡库区岸边试种，即使短期水淹浸渍仍能正常生长。诸如此类，天然纤维中的种子纤维、韧皮纤维、叶纤维、维管束纤维等都在寻找和发掘利用盐碱地、荒滩地、山坡地种植，不用“粮田”，也不用“耕地”，并辅助了绿化环境、改善气候的工作。

（二）再生纤维尽量利用农废产品并开发新品种

再生纤维中目前最主要的是黏胶纤维。生产黏胶纤维的原料，一百多年来最主要的是木材浆箔。但是目前，为了保护地球、防止环境继续严重恶化，必须保持地球上森林的面积。正如表 10-6 所列，中国森林面积只有 168.27 万 km^2，是全球 3 861.1 万 km^2 的 4.36%；中国人均森林面积 1 249.4 m^2/ 人，只占全球人均森林面积 5 515.9 m^2/ 人的 22.65%。中国更应重视森林面积的保护，不可无规砍伐。为此，2009 年以来，已努力实施利用农业和其他行业废弃产品作为原料来生产黏胶纤维。目前，已较广泛采用的是棉花籽剥绒下来的棉短绒、棉纤维分梳下来的短纤维、甘蔗榨糖后的甘蔗渣、桑叶喂蚕后的桑条、多种麻类植物剥取韧皮后的麻秆芯、以及试用玉米秆、稻草、麦秆等提取纤维素作黏胶纤维原料的浆箔原料。同时，开发了速生竹材提取纤维素等。同时尽量利用其他废弃产品开发新的再生纤维。目前取得工程化产业应用的有：将海带提取碘（用于食盐的添加剂）后的海带渣和多种海藻提取海藻多糖经纺丝加工生产海藻酸钠纤维或海藻酸钙纤维，它具有高吸水功能，适当增加抗菌剂后作医用敷料等具有特殊效果。还有食物加工中剔取蟹肉后的螃蟹壳、取虾仁后的虾皮等可提取甲壳素或壳聚糖，经纺丝形成甲壳素纤维或壳聚糖纤维，具有良好的抑菌、抗菌性能，用于医用敷料有消炎、止血、镇痛功能，成为极受欢迎的材料。此外废弃的蛋白质例如酪素蛋白、大豆蛋白、蚕蛹蛋白、废毛蛋白、皮屑（皮革磨削加工下来的皮屑）蛋白等均可与纤维素等复合纺丝生产蛋白质复合纤维，其中含有多种氨基酸，与人体有很好的相容性。此外由废弃农产品提取乳酸，特别是左旋乳酸，经聚合成大分子后纺丝生产聚乳酸纤维，不仅在服装、家用中受到普遍欢迎外，在产业用纺织品领域，特别是医疗领域，因为它和人体细胞亲和力好，作为人体器官材料植入人体后，人体细胞能正常长入，而且一定时间后聚乳酸纤维在人体中会降解、自然顺利排出，受到医疗产业的特别关注。

（三）开发生物工程技术利用农废产品生产合成纤维的化工原料

中国合成纤维是纺织纤维的大类，如表 10-2 所示，中国合成纤维的产量是中国纺织纤维总产量的 74.26%，中国合成纤维的加工量是中国纺织纤维总加工量的 66.05%。但是中国合成纤维生产的化工原料90%以上依靠进口，而且都是石油化工原料。从长期可持续发展角度考虑，石油、天然气2050年将全球枯竭。合成纤维必须另觅资源。十年来，多国科技工作者给予了重大关注。中国科技工作者也含辛茹苦走出了新路。这就是利用生物工程技术（利用细菌和细菌酶，用生物化学工程方式和过程，改变有机化合物分子结构，产生出所需要的有机化学分子结构的物质）将农业和其他产业废弃物，生产出所需要的化工原料。目前重点加工资源对象是农废产品，特别是以玉米秆为原料，采用生物工程技术生产乙二醇、丙二醇、丁二醇等产品（生产涤纶的主要原料之一），现已建成千t级的示范工厂正式生产。利用玉米秆生产对二甲苯和对苯二甲酸（生产涤纶的另一种重要原料）中试已经完成，正在准备建设示范工厂。利用玉米秆生产已二酸和戊二醇（生产锦纶的原料）的技术已经实现，正在建设示范工厂。同时，以煤炭为原料（中国能源发展规划，在当前燃煤、燃油、燃气的基础上大力开发风力发电、太阳能发电、水坝蓄水发电、海岸潮汐发电、核能源发电等的基础上，中国煤炭资源可以用到2100年）开发煤化工技术生产乙烯（聚乙烯纤维和维纶的原料）、丙烯（聚丙烯纤维和腈纶纤维的原料）、芳香系列产品二甲苯等（涤纶的原料）、已二酸、庚二酸、辛二酸、癸二酸、已二胺、辛二胺、癸二胺等（锦纶纤维的原料）也已取得试验成功的例证。因此，中国合成纤维在农废产品利用生物工程技术开发的指导思想下开辟了广阔光明的前途。

（四）废旧纺织品的再生利用

全球废旧抛弃纺织品每年4 000万t，中国每年也有1 000万t以上有机化合物进入垃圾，占用巨大空间，造成长期的环境污染。因此，废弃纺织品再生利用是一件不可忽视的重要问题。近几十年的发展过程中，废旧纺织品的处理加工技术已有重大进步。技术、工艺、设备、器材等均已形成系统，但是工作实施有很大困难。首先是废旧纺织品回收在中国尚未形成群众习惯和工作体系。2011年开始在上海市部分区试行，困难仍然很大。其次是废旧纺织品再生加工程序复杂，它要经过消毒（防止某些病菌病毒的感染传播，特别是防止传染病暴发）、清洗、分拣（不同品种分开）、去缝迹、初级开松、精细开松、混合物分开、成分提纯（去除杂质、去除不要的色素等）、溶解、增黏（提升高聚物聚合度）、纺丝、后加工、纺织加工等十多道工序。其次，其中部分关键程序，特别是消毒、清洗、分拣工序，工作关键、工作量大，成本非常高。但对于穿着、家用的废弃物，为防止病菌、病毒传染和暴发流行传染疾病，又非常重要，不可减省。最后，如此加工的产品，其品质、性能很难保证达到原生新纤维的水平，绝大部分品质、性能比不上原生新纤维的产品，但成本和售价要比原生新纤维的产品高，这是社会接受上的重大障碍。对此，许多经济发达大国（美、法、英、德等）2002年开始进行宣传教育：“为了保护地球、为了保护环境、为了节约资源，人民有责任为此付出自己的支持和贡献；对于废弃纺织品再生加工的纺织产品应该花较多的钱购买性能、品质略差于原生纤维的产品”。在十多年的宣传教育下，一些经济发达的大国，逐步实施。美国2011年国会通过法律：经第三方监督认证、挂有合格“再生”吊牌的纺织品，人民应该支持售价高于原生新纤维的纺织品（虽然，它们的品质、性能略低于原生新纤维生产的纺织品）。美国人民认识并已予以接受。2012年法国国会也通过相似规定，推行挂有“再生”吊牌的纺织品。英国、德国、意大利等国正在国会讨论中。对于这件事中国要全面实施，暂时还有困难，还需要有一个过程。因此，中国为此建设了废旧纺织品再生利用产业的技术创新战略联盟，先从一些阻力较小的部分入手。目前已经进行的工作包括四个方面。

1. 服装生产厂剪裁下来的“边角料”

服装生产厂剪裁下来的“边角料”没有经过穿着、使用，不会有传染性病菌、病毒（不需要消毒）；也不会有污物污垢（不需要清洗）；剪裁时不同品种、不同颜色、不同纤维、不同混合物的纺织品布料是分别处理的（不需要另行分拣）；而且，“边角料”上没有缝纫的缝迹，不需要剔除缝迹。因此，这一部分纺织废弃物不需要经过消毒、清洗、分拣、去缝迹工序，所以成本不会比原生新纤维高。现已在国内开始再生加工生产应用。

2. 中国人民解放军军服回收利用

从2007年开始中国人民解放军复员军人必须将军服全部交回，不准带走。这具有相当大的数量。这些回收的军服进行消毒、清洗、分拣、储放工作由中国人民解放军进行和管理，有关经费不计入成本。后道加工只由剪缝迹开始，成本大幅下降。现在已在浙江省诸暨市形成产业群，将再生纺织品供应军需使用。

3. 建筑用隔热毡试用

废旧抛弃纺织产品中一些分拣困难、损伤严重、颜色混杂，但纤维性能较好（含涤纶、锦纶等纤维）的材料，为简单起见，免省消毒、清洗、分拣工序，经分梳形式强开松，使部分纤维达到单纤维形态后，气流输送，多层铺层成结构疏松、厚度2～20 cm的纤维层，采用针刺或压黏方法形成结构比较稳定的毡层，用于建筑层隔热、保温用。当作为屋面铺层时，上表面加覆沥青层，可以同时防水。这种产品防水性能好，成本低。日本在20世纪末至21世纪初曾推广使用。但因为这种隔热毡较难实现阻燃功能，中国目前建筑规范给予限制。

4. 聚酯瓶再生纺丝使用

聚酯瓶经清理（除去瓶盖、瓶盖颈、贴纸）、清洗（洗除瓶内残液、干渣）、分拣（不同材料、不同颜色）后，经粉碎、混合、溶解或熔融、过滤、增黏（提升聚合度）、过滤、纺丝工序，纺制成涤纶丝。由于这种涤纶丝的高聚物聚合度分布略宽，性能略有差距，目前重点用于中、低档纺织产品。目前，由于美国已经实现了完全相同的聚酯瓶组批（同一公司生产、同一公司使用、同一饮料商标的聚酯瓶组成一批）而且许多聚酯瓶已去除瓶盖、瓶盖颈、无贴纸，已完成清理、分拣工作、加工方便；而国内目前回收的聚酯瓶品种杂乱、颜色多样、瓶盖颈未去除，给加工带来沉重负担；因此目前中国聚酯瓶再生纺丝的聚酯瓶主要购自美国。等到国内整理聚酯瓶回收处理工作进一步提升后，将会全面采用。

二、中国由纺织加工大国向纺织强国发展战略

2015 年 5 月 19 日中央公布了《中国制造 2025 规划》，要求中国包括制造业 2025 年进入世界纺织强国的第一方阵。坚持发展社会主义市场经济，坚持全面深化改革，坚持积极主动对外开放，以“创新驱动、质量为先、绿色发展、结构优化”为战略发展方针，同时重点关注八项战略对策。

（一）创新驱动

创新是纺织产业发展的引擎，是结构调整优化和转变经济发展方式的基本动力源。因此，创新必须放在制造业发展全局的核心位置。只有把科技创新潜力更好地释放出来，把以前依靠建厂房、买设备、扩大产能规模、过度消耗资源等内容因素的驱动力，转移到依靠产品创新、制造技术创新、生产模式创新、管理模式创新等因素为驱动力的新转变。同时，应该加速地使创新模式从“跟随、并行”向“引领”转变，使产品开发从“引进、消化、吸收、再创新”向“原始创新”和“集成创新”转变。

“创新驱动”战略方针包含三项战略对策。

1. 推行数字化、网络化、智能化制造

这是革命性变化的核心技术，也是纺织产业由传统产业进行转型升级的主要技术手段。从产品创新、制造技术创新和产业模式创新三个层次推动纺织制造业发展。

2. 提高创新设计能力

产品设计是产品创新的第一步，是延伸产业链和创新链的关键环节，必须特别重视和大力推广应用先进设计技术、开发设计工具盒软件、构建设计资源的共享平台；鼓励代加工企业向产业链上游、研发设计环节拓展，实现代加工向代设计转变。

3. 完善技术创新体系

创新能力建设是实现创新驱动发展战略的保障，深化体制改革，解决科技与经济结合不紧密的问题，激发企业创新驱动力，使企业真正成为技术创新的主体。同时重视加强产业共性技术的研究开发，围绕战略性新兴产业和前沿技术发展。加强工程技术人才的培养，加强高技能人才的培养。

（二）质量为先

质量是产业核心竞争力的体现，是支撑经济转型升级的基础，是国家强盛的关键核心问题。中国纺织产业必须从原来依赖资源成本和劳动力成本低的竞争优势，重点发展数量和规模向依靠质量升级、品种优化的质量效益竞争优势转变。

“质量为先”战略方针包含两项战略对策。

1. 强化制造基础

关键原材料、关键辅料、关键设备、关键零部件、关键制造工艺、关键制造技术在很大程度上决定了产品质量的优劣，这些是提高产品质量的基础。增强质量发展基础、增强标准体系建设、加快对纺织产业成为先进制造业、战略新兴产业、现代制造服务业的标准和规范的制定和修订。建设产业计量测试服务体系，完善认证、认可、检测、监督体系。

2. 提升产品质量

强化企业质量主体责任，推广先进质量管理方法和质量管理体系认证，推动企业建设全员、全方位、全生命周期的质量管理体系。建立质量诚信体系，打击违法行为。加强自主品牌创建和培育。

（三）绿色发展

绿色发展是纺织制造业可持续发展的必由之路，要着力节约能源消耗；降低废水、废气和固体废弃物的排放；节约用水；降低原料、材料、辅料消耗，提高效率，对环境友好。

“绿色发展”战略方针包含一项战略对策，即推行绿色制造。

首先要求纺织制造业循环发展，要求构建原料、辅料、能源等充分或循环利用的生态工业系统。加快现有生产工艺和生产装备的节能、减排、节水、降耗的环保改造，建立循环经济链。其次要开发和推广量大面广的节能、减排、节水、降耗和环保的产品和装备，推广绿色生产工艺。再次是发展再制造工程，促进循环节约产业的发展。

（四）结构优化

结构优化是纺织产业科学可持续发展的主线，是提高经济素质、经济升级的主要途径。要注重提升原属劳动密集型产业的效率和质量，培养具有全球竞争力的企业群体和优势产业，推进现代纺织服务业。

“结构优化”战略方针包含两项战略决策。

1. 培养具有全球竞争力的优势产业和企业群体

大力发展战略型新兴产业——新兴纤维材料和产业用纺织品。即着力培育一批既大又强、输出技术、输出资本的大企业，又着力培养一批以产品“做精、做专、做特”构筑企业竞争优势的高成长性中小企业。

2. 发展现代纺织制造服务业

纺织制造业除生产服装、家用纺织品、产业用纺织品之外，要重视制造加工只用几天、几十天，但产品使用或后加工要几年、几十年甚至更长。要延伸创新链和产业链，提高附加值必须延伸向服务业。除发展现代物流、电子商务等新的商业链模式之外，在专业定制、运行维护、洗涤熨烫、全程使用等方面有许多服务工作可以进行。

三、中国纺织产业由大国变强国的主要思路

中国纺织产业由大国变强国要经过艰苦的转型升级过程，在实施“创新驱动、质量为先、绿色发展、结构优化”战略发展方针过程中，必须重视两个重点思路。

（一）“政、产、学、研、用”紧密结合

在中央和地方各级政府主导下，以企业为主体，产、学、研紧密结合，一切创新和研发工作密切围绕最终产品的开发和最终市场的应用。

政府主导是国家和地方经济统筹、地区布置、总体协调的基础。一个企业、一个产业如果不和地方的地区布局、经济规划相协调，这个产业、这个企业是不可能发展的。现在产业、企业必须“集群”。产业、企业的集群，必须在同一个地方，完全围绕着同一类产品、同一个目标、同一个市场、同一个特色方向。在一个集群点上，要形成完整的产业链。沿产业链纵向，要有原材料，包括最原始的基础原材料的供应；要各种辅助材料的供应，包括加工设备易损件的供应；要有从初步加工到最终产品加工的技术、设备、生产系统；要有最终产品的营销系统、银行、邮汇系统，等等。沿产业链的横向，要有电源供应系统、水源供应系统、电话线网供应系统、光缆信息供应系统、下水排放系统、废料处理系统、道路交通系统等；要有信息传输机构；要有各工序加工设备的维修机构、检验机构；要有原料品质的检查、检验、测试、仲裁机构、包括律师事务所等；要有最终产品品质的检查、检验、测试、认证、仲裁机构；要有企业资质的检查，认证机构；要有废气、废水、废物排放的处理机构和检查、检测、认证、管理机构；要有产业各有关部门的人才培训机构。从近几年经济发达大国产业集群的发展经验和我国少数试点集群点来看：今后产业集聚园的建设应该将工业园区和生活园区相结合。在产业园区，除集聚了制造、加工的实体，同时集聚职工居住区（中国从 20 世纪 50 年代到 80 年代都是如此进行的）。这不仅保证了企业的人事协调，便于快速解决临时急迫问题，而且大大减少了行车拥堵、大量自驾车停车场的难题。但是产业集群中居住区也要同时解决生活问题，包括：购物超市、蔬菜市场、

饮食市场、邮局、电话亭、电视网线、垃圾处理站、幼儿园、小学、中学、医院以及必要的绿化空间等。如果离开了这些布局和设施，企业不仅很难发展，而且很难生存。因此，任何产业，任何企业不能离开政府主导独立行动。

产、学、研结合是为了紧密围绕创新。要创新，特别是要“原始创新”和“集成创新”必须产、学、研和多学科交叉结合才能取得成效。

创新的核心可能只是生产链中的一个点，但是创新的目标，不应该只是这一个点，而应该是最终产品的品质和性能、最终产品的应用效果和功能、最终产品的市场适应度、最终产品的市场面。因此产、学、研紧密结合进行“创新”过程中，必须紧密围绕着最终产品的开发和最终市场的应用。因此，研发项目的目标必须明确地围绕最终产品的结构、性能、功能、特色和最终市场的应用。只有这样，才可能使“创新”在有限的人生阶段中看到有用的时效，而不是等许多年后甚至下一辈看到应用。更重要的是最终产品在一定的应用市场及环境中，对性能、功能、品质有一系列要求（而不是只有一种要求）。为了满足这些要求，创新研发过程中要仔细测试和分析创新效果的优点和缺点。要注意到，毛泽东同志在 20 世纪 50 年代讲过：“事物总是一分为二的。世界上不会存在只有优点没有缺点的事和物；也不会存在只有缺点没有优点的事和物”。创新研发要仔细分析效果和性能，使最终效果和性能符合最终用途和环境条件的要求。由于每一种最终产品在某一种使用环境、条件的要求下都是对某些性能有重点要求，而其他性能无关紧要，因此可以“避重就轻”，发扬优点，回避缺点。

紧密围绕最终产品的开发生产和最终市场的应用是重要的核心要求。任何创新、研发，科学技术水平再高、创新再突出，如果没有最终产品，以致没有最终市场，所获得的创新只能锁在保险柜内，没有最终产品的半成品或没有最终市场的最终产品只能放在仓库内，不仅没有经济效益，而还可能成为经济负担。正因如此，所有创新工作，对于产、学、研集体和每一个参加者都必须紧密围绕最终产品的开发和最终市场的应用。

（二）组建产业的技术协同创新战略联盟

围绕具体局部产业方向和内容包含该局部产业从原料、初加工、制造、生产、营销、有关协会及相关技术、设备、器材、检测、管理的研发机构（大学院校、研究院所）等在内的企业、机构组成的联合集体，建立理事会，按照理事会章程实施的联合战略联盟。联盟内部，可以区分具体产品方向分别组成完整的生产链及其创新研发体系。在联盟内部经费集体自筹（国家和地区对相应的产业方向有相应的资助）、创新专利集体共有、效益集体共享。产品整理系统，系统之间无市场竞争、系统内没有无序竞争。所有系统集中力量紧密围绕本系统最终产品及最终市场，调研市场要求及发展方向，积极协调开展科学技术创新研发，开发最终产品、占领最终市场。从根本上克服中小企业无法形成完整产业链，企业之间创新发展，但产品雷同、无序竞争、争夺市场、压级压价、压缩利润空间、影响产品品质、最后两败俱伤的局面。特别在当前中国纺织产业面临第三世界经济发展中国家低成本优势和经济发达的原纺织大国“再工业化”的双重挤压形势下，低中档产品成本优势几乎完全丧失，最尖端产品又开始受到挤压的环境下，中国纺织企业必须克服内部相互无序竞争的状态，集中力量，分头猛攻各自的创新点，占领各自的新产品制高点，开拓各自的市场，形成分头齐进的局面，取得市场新的胜利。

四、纺织新产品创新开发的重要方向

纺织新产品必须不断创新开发，持之以恒，永不停步。根据当前社会发展需求和走向纺织强国的发展道路，中国纺织产业必须加强基础理论研究，夯实创新开发基础，集成多学科交叉复合联合攻关，使新产品适应和满足社会发展需求的前沿，为社会进步贡献产业和学科的智慧和力量。

结合当前社会发展和需求分析，纺织新产品适应服装、家用、产业用三大领域，必须重点发展五个方面的特色。即高（高性能）、新（新功能）特（特殊及专用需求）、精（精细、精美、精密、精湛）、优（优异品质）。

（一）高性能

1. 高强度、高模量、超高强度、超高模量

一般服装穿着二年三年不破损，已是很好了。但是，许多特殊环境和条件下的装备、受力环境大大超过了常规，就需要更高的强度并结合更轻的重量。一百年来，人类研究了纤维增强复合材料，一步一步走向创新的顶端。汽车轮胎的橡胶低模量有弹性、摩擦力大、制造方便，但强度不够加了帘子线织物作受力骨架增强，开始用的是棉帘子线，后来用高强黏胶纤维帘子线，再后来用锦纶帘子线、高强涤纶帘子线。强度大幅提高，汽车故障显著减少，轮胎寿命延长。又例如，火箭和导弹，如果送几 kg、几十 kg 的东西上天，金属加工制作是可以的。如果要送几 t、几十 t 的东西上天，光燃料至少 200 t，它的强度和它自身的重量就无能为力。现在用了碳纤维和芳纶纤维增强的复合材料，重量只有金属的 1/5 到 1/3，比强度要高 8 倍、10 倍、甚至 13 倍。这样火箭和导弹就很容易送卫星上天了，甚至给航天舱送若干 t 物品。同样服装也有要求强度非常高的品种，古代防刀、抢、箭、戟的盔甲，先用牛皮制造，后来用铜制造，但是到现代，抵住枪的子弹，那些防弹服、防弹头盔就必须用对苯二甲酸对苯二胺纤维和超高分子量高强度高模量聚乙烯纤维。同样现在的银行运钞车由持枪战士押运，车体是防弹的，也和防弹服和防弹头盔类似。至少能抵抗

6.4 ～ 7.6 g 的子弹速度 550 m/s 的冲击动能。还有大型飞机如果还用金属制造，本体重，载客载货量受限。能（油）耗高，每次航行距离短。改用碳纤维、芳纶纤维复合增强体，减轻了飞机本身重量，显著增加了载客量和载货量，节约了燃油消耗、增加了每次航行距离，而且不怕飞鸟撞击，显著提高了效益。

2. 耐高温、耐烧蚀

有些物体需要抵抗高温和火焰烧蚀。一个例子是大飞机的刹车盘。大飞机载人载货后一般至少 10 t 重，特大型飞机将达上百 t，降落时由速度 300 km/h 触地，要求 18 ～ 19 s 刹停。六个刹车盘要有足够大的摩擦力（摩擦因数要求高），而且，18 ～ 19 s，把这么大的动能全转变成摩擦的热能，刹车盘温度将猛增到 1 000℃以上。用一般材料均被磨损和高温烧毁，只能承受一次降落。现在大飞机刹车盘用的是碳纤维毡增强、无定型碳基体的“碳 / 碳复合材料”，特点是摩擦力大、耐高温、磨损少。可以降落数十次甚至更多。再一个例子是火箭的喷火喉管。喷火口呈一定曲线的弧度，使燃气喷火产生的推力推动火箭上天。这里一方面是温度高，一般可能达到 1 600℃，另一方面燃火掃过喉管壁有很大摩擦力会产生磨损，同时喷火火焰中仍有剩余氧气会对喉壁氧化烧蚀。因此，一般材料无法适应如此恶劣条件。现在能用的，也只有碳 / 碳复合材料。再例如大型风力发电机的桨叶，小一些的例如 3MW 的桨叶三叶。每个长数十米，如果用金属制造，每叶重量将超过 30 t，风是无法转动它的。现在用3MW的玻璃纤维、5MW的碳纤维，桨叶重量只有3 t，风力才能转动它。

3. 智能型功能

服装、家用和产业用纺织品在许多不同环境下，希望具有智能型的功能。其中有一些典型的例证。一种是形状记忆纺织品：纺织品加工成一定形状的服装和物件，为携带方便，在一定影响因素作用下压缩成体积很小的形状，在一定条件（例如温度）下暂时固定。在需要使用时，施加一定条件（例如提高温度），使之快速恢复成原设计的形状。特别是一些体积庞大的物件，例如帐篷，有这种功能就方便得多。特别是卫星、航天器、月球车等。例如雷达信号发射和接收的天线罩（一般呈半球形，直径要大到数米），为了能在火箭舱中放置，必须折叠、压缩成很小的体积。但是到了太空上，特别是在无人操作的环境中，要能恢复成原来的形状并形成稳定的半球形，必须有极强的形状记忆功能。再一种是纺织品变色的功能。随环境和条件，染料改变不同的颜色。例如温敏变色纺织品，在不同温度时，显示不同的颜色（如果是有机染料，在不同温度下显色基因迁移或改变，显示不同颜色）起到显著地警示作用。又如电致变色纺织品，在不同的电场电位的条件下，显示不同的颜色。它一方面可以作为不发光的显示器，作为自动检测系统的一部分，也可以在某些环境中作为警示系统，警示电压的变化。还有湿敏变色功能纺织品，显示染料在不同湿度下，分子结合水分子数不同时，显示不同的颜色，例如应用氯化钴时，纺织品含水量不同颜色由紫蓝色，变桃红色变白色，成为重要的警示材料。如此等等。由此还可以设计制成变色迷彩隐形服装，在不同环境下，同一服装，改变控制电压，形成不同环境下的变色迷彩隐身服装。这些纺织品还可能成为电子信息器件，智能柔性感测传感器、显示器、开关等原件，为电子产业提供补充元器件。

综上所述，纺织品新功能要求已成为新型服装、家用、产业用纺织品新产品开发的重要关注点。上述产品要求纤维具有高强度、高模量、超高强度、超高模量、耐高温、耐烧蚀、抗化学腐蚀、重量轻（体积密度低、比重轻）、高摩擦因数、低摩擦因数、耐腐蚀等。在许多特殊环境中，要求低摩擦因数（滑动面之间摩擦力小，减少能量消耗），例如轴和轴承之间、移动滑动面之间等。现在可以采用聚四氟乙烯纤维用于摩擦面上，使摩擦面之间摩擦力小、滑动磨损低。除此之外还有多种高性能新型纤维。例如可以导光的纤维，由两层玻璃（皮芯结构）利用折射率差异（芯层折射率 n1=1.62，皮层折射率 n2=1.52）产生全反射，使导光损耗率显著下降。现在用于通讯光缆，对于 1.3 ～ 1.5μm 波长的传输光能损耗率为 0.2 dB/km，因此可以隔数百公里设一增强中继站即可。可以用于海洋底部通讯光缆。此外还有导热纤维、导磁纤维、耐强辐射（电子流、中子流等）纤维等。

（二）新功能

在服装、家用、产业用纺织品近代发展中，除轻薄、美观、实用外、在一系列基本功能方面提出了许多新要求，如皮肤接触舒适性，特殊环境下的适应性等。现举例如下。

1.防水、防油、防污

微雨、小雨不会渗漏，饮食中胸前不会沾脏，污物不会黏贴，关键是外表面纤维的表面电场力低，基本无活性基因，水滴、油滴、污物颗粒在表面自动滚落，不会沾污。

2. 导汗（导湿）、快干

服装、家用纺织品和某些产业用纺织品，不要求吸水（液态水和空气中的水蒸气不会吸入纤维中，即不是高回潮率，而是低回潮率），但液态水在纤维表面具有沿长度方向的凹形沟槽，利用表面张力将液态水导出。液态水导至纺织品外层后，争取较大比表面面积，有利于液态水蒸发，达到快干的目的。

3. 高吸水

某些纺织品要求高吸水（液态水吸入纤维表面之内）；一种方法是纤维内部有大量缝隙、孔洞可以储存液态水；同时，也可在排列不整齐（结晶度不高）的高分子链侧向，附有大量亲水基因，可以吸储大量液态水。现有纤维中海藻酸钙纤维吸收液态水量可以达到干纤维重量的 20 倍，并可能使表面附近空气的相对湿度较高。这对于皮肤表面疮口的敷料最受欢迎，因为它使疮面部分液体被吸尽，使疮面上的细菌无法生存，同时，使疮面空气相对湿度较高，疮面细胞可以持续生长。

4. 保暖、凉爽或恒温

服装、家用及部分产业用纺织品在不同环境下有的要保暖，有的要凉爽（服装冬季要保暖、夏季要凉爽），实际上都是控制适当的热传导率。在任何固态物体片层的热传导方面，实际上有着比较复杂的问题。首先，固体片层两面温度不相同，热能由高温侧向低温侧传导。如果两面都是空气，高温侧空气分子有较大热运动能，空气分子高速撞击固体表面，把动能传给固体分子，因动能减少，空气分子用低速离开固体表面，这部分能量传递是一种方式。固体片层内部由高温侧向低温侧传递热能是依靠分子震动的振幅，对高聚物大分子，还可沿分子链传递振幅。固体片层低温侧热能的释放，也还是靠分子的震动能（分子运动速度）。低温侧空气分子以低速度撞向固体表面，吸收固体的能量（遇到高振幅的固体分子），气体分子以高速度离开固体表面，带走分子动能，也是热能传输。因此，固体片层由高温侧空气到低温侧空气实际上有三段热阻：热空气到固体层前表面的热阻，固体层内部传导的热阻，固体层后表面到冷空气的热阻。现在的检测方法，并未将这三层分开。但是固体层导热要求的设计，应该照顾到这三种情况。而且，对于纺织品，固体层内部还有两种，一种是通过纤维传导，另一种是通过固体层内空气间隙、孔洞传导。在这里，固体层内空气间隙传导部分受影响最大的是固体层两面的气压差。没有气压差时，空气分子是靠相互碰撞传导能量的。有气压差时，分子流动传导的热能量将大得多。因此，最简单、最直观的方法是：想求保暖时，要尽量使纤维之间的空隙形成尽可能弯曲的复杂通道，空气很难流动通过。要求凉爽时，要尽量使纤维间、纱线间留出直通通道，使空气顺利流通。其次才是热空气侧气体 / 固体界面的设计和冷空气侧固体 / 气体界面的设计。至于“恒温”要求现实上是增加储能材料。当前最简单的是将 18 碳链有机化合物例如 18 碳链脂肪酸（熔点 30 ～ 32℃，凝固点 27 ～ 29℃）用塑料膜包封成 1 ～ 3 μm 的微胶囊，保存在纺织品内纤维之内。在冷环境中要保暖时，先将纺织品在烘箱中加热，使所有胶囊内物质熔融，使用中，在低温下放热，将连续保持 30 ～ 29℃较长时间，直到所有胶囊内物质凝固为止。在热环境下，热环境中要求降温时，先将纺织品在冰箱中冷却，使所有胶囊内物质冻结，使用中在高温环境中吸热，将连续保持 29 ～ 30℃较长时间，直至所有胶囊内物质全部熔融为止。在这种条件下，可保持恒温 30℃左右（人体皮肤正常温度）2 ～ 4 h。要保持其他温度，需改变微胶囊内的物质（改变所需熔融 / 凝固点的温度）。

5. 远红外辐射

纤维添加某些物质，如氧化锆颗粒等的微粉在化学纤维纺丝时混入，将使纺织品在略提高材料温度的条件下，显著提高材料对外的红外线辐射量，特别在波长 8 ～ 15 μm 波段的发射量。人体皮肤温度一般在 30℃左右，这种条件下服装内衣的远红外发射会显著高于环境，使皮肤升温，使皮肤下微毛细动脉血管和微毛细静脉血管的衔接区“动静脉吻合”的阀门打开，增加微毛细血管的血液循环。由于人体温度在37℃左右，热血循环加快，这些局部皮肤也开始升温。同时，微毛细血管血流加快循环，将会将皮肤下积累的物质（液体和固体）输送带走，并使局部的神经松弛。因此，对于局部病灶起到缓解作用：例如局部病灶发炎、水肿区域积水积液和病灶分泌物质被输送带走后，水肿消散、疼痛减轻或消失。又例如睡觉时头贴近远红外发射的枕头，使枕头接受人头部热能升温到35℃以上，枕头显著增大远红外辐射量。人头部接受远红外辐射后，头部动脉静脉吻合阀门打开，微循环畅通，脑神经松弛，有利于安静睡眠。这些功能对病痛、失眠等疾患可起到缓解作用，受到关注。为此2000年专门发布了纺织行业标准FZ/T 64010-2000远红外纺织品。

6. 防风透气

服装用纺织品，在特殊环境下，尤其在严寒冬季室外，希望防止寒风吹透降温冻伤。但是如果用通常阻隔空气的致密材料，虽然把寒风挡住了，但是人体出的汗气不能渗透出去，将在衣内凝固，产生“闷”的感觉，极不舒服。这时需要纺织品在挡住风的同时，能让湿气透出去。纺织品的设计要考虑留出水蒸气分子通过的通道。

7. 抑菌、防臭

服装和家用纺织品经常与皮肤接触，要经常在接近人体皮肤的空间，不可避免地会接触和储存有与人体皮肤有害的细菌。近年来社会发展、环境变化、人际社会交往增多，产生更多机会接触到外界各种有害的细菌。因而，对于服装和家用纺织品具有抑菌、抗菌、杀菌的需求日益增长。尤其在特殊环境中，接触有害细菌的概率更高，造成的为害更大。例如，1998中国多地肆虐大洪水，中国人民解放军80万人抢险救灾，奔走在河堤、海岸等地。全部干部战士感染了多种病菌，严重造成脚部糜烂的干部战士83%，裆部糜烂的干部战士73%。因此，服装和家用纺织品具有抑菌功能成为广泛的需求。简单的方式是纺织品加工中用抑菌物质以整理剂方式附着到纺织品表面，但是，这种方式所增加的抑菌作用坚持时间不太长，经多次洗涤后，功能会显著下降。现在比较受重视的方法，是将抑菌物质在化学纤维纺丝时添加进入，包裹在化学纤维内，使用寿命长，效果好。这里有一个另外的问题，就是不同的抑菌剂的抑菌谱不会完全相同；使用不同的抑菌剂应该针对不同的抑菌谱。1925年制定纺织品抑菌、抗菌测试方法的国际标准和多国的国家标准时，将发现的各种细菌区分为三大类，即革兰氏阳性细菌、革兰氏阴性细菌和霉菌，制定测试方法时考虑到避免测试中泄漏造成传染病暴发，从每一大类中选择了一种对人体无大害的细菌为代表性测试对象，选择了金黄色葡萄球菌的一种（细菌号ATCC 6538即NCCB 46064）、大肠杆菌中的一种[大肠埃希氏菌（细菌号NCCB 89160）]和白色念珠菌。现在发现，能抑制这三种细菌的抑菌剂（药物），不一定能杀死所有的细菌，特别是对人体有害的细菌。中国人民解放军总医院经过多年研究，从中国广泛青年人群中皮肤出现病症区域取样分析，发现在这些皮肤病灶区域没有金黄色葡萄球菌、大肠杆菌和白色念珠菌，但是发现了几种在中国人皮肤病症区域中比较普遍的菌种：红色毛癣菌、须癣毛癣菌、犬小孢子菌，还有绿脓杆菌。因此，抑菌剂的选择应该有一定的针对性。抑菌谱很宽的一种抑菌剂是银离子，因此，相当一批抑菌功能纺织品采用银离子作为抑菌剂。银离子的使用方法有多种，有的在织物染整完成后用含有银离子抑菌剂的溶液浸渍、烘干，但这种方法不能耐水洗，使用寿命较短；另一种方法是伴纺入镀银纤维，但这种方法的表层银膜容易氧化，无法形成，效果也不理想。银离子比较成功的方法之一是采用抱沸石粉碎的颗粒（单晶体是中空球状有开口的包囊），将银离子注入囊中，在化学纤维纺丝时加入，形成包覆在纤维内的有开口的囊球。实测效果良好，使用寿命很长，水洗 100 次抑菌效率不下降。这种抑菌纺织品还有一种附加的功能是“防臭”。服装穿着后，尤其是在出汗后，常会散出臭味，特别是袜子和内裤最突出。经研究分析发现：人体皮肤外有表皮层、中有乳头层、下有真皮层（再下为皮下组织）。表皮层的细胞呈扁平鳞状，多层重叠。中国人体皮肤表皮层各部分厚度不尽相同，平均约 40 层。每天乳头层近处有新生细胞分裂生长，最外层表皮细胞有死亡。人类内衣服装有一个重要的、大家不注意的功能，是在人体动作过程中，内衣内面与皮肤表面摩擦，将死亡的表皮细胞磨掉下来，并吸纳于内衣中。人体皮肤细胞死亡后被磨掉下来，大部分都是单片细胞，尺度在 50 μm 左右，目视无法发现。但死亡的表皮细胞若不被磨掉下来，积累起来，就是皮肤的“老茧”（皮肤上的硬块）。（人体头发根部的表皮没有内衣磨掉，结合成数百个表皮细胞，脱落下来即“头皮屑”）。人体衣服中还有不少种类细菌，其中有几十种就靠“吃”这些死亡的表皮细胞生活。它们分泌一些酶在分解人体表皮细胞时，会同时生成一些硫的化合物和氨的化合物，这就是服装“臭气”的来源。如果服装有抑菌性能使这些细菌无法生长，就没有表皮细胞被酶分解产生的臭气了。所以，纺织品抑菌和防臭是共存的功能。

8. 防蚊、驱螨

蚊虫不仅叮咬侵袭人体，而且是疟疾、登革热等重要疾病的传染源。尤其是在某些特殊环境下，成为人类生活安定的重要干扰源。像重大灾害发生时，大批人群集中在旷野，临时住宿露天或帐篷中，即使大量喷药也无法回避大量蚊虫干扰及造成暴发传染病。在西部某边境地区的中国人民解放军边界岗哨区，蚊虫极多。中央军委首长巡视现场发现：大量蚊虫围绕岗哨飞舞。双手一次拍掌，现场打死蚊虫 183 只。在这种环境下人的生存更要依靠防蚊辅助材料。现在纺织品已能实现将某些驱除蚊虫的化学药剂，例如避蚊胺（N，N- 二乙基甲苯甲酰胺）等，在缓慢释放的微胶囊包裹下纺入化学纤维中，对空气缓慢释放，驱除蚊虫不靠近人体；或驱除蚊虫不靠近蚊帐。2009 年已发布驱避蚊虫效果的测试方法标准：GB/T 13917.1—.9–2009 农药登记用卫生杀虫剂室内药效试验及评价。类似的还有螨虫问题。经专项调研发现，一般人家庭在床铺上和衣橱内无螨虫的不到 3%。由于螨虫很小，眼睛直接观察一般看不见，不为群众注意，很难全面杀灭。螨虫是珠形纲小型节肢动物，体长 0.1 ～ 0.3 mm，主要靠食用人体脱落的表皮屑生活，一般一人一天全身脱落的表皮屑，够 100 万只螨虫食用。因此，床上螨虫最为集中。螨虫生命周期约 4 个月，在此期间，排出及孵卵约 300 个，排出的粪便为其体重的 200 倍。对于人体健康，螨虫本身不是过敏源，但是，螨虫的粪便和死亡后的遗体是诱发人的过敏性鼻炎、过敏性哮喘、皮肤炎症、毛囊炎、疥癣，特别是出血热等疾病的传染源。故使床单、被褥上和衣橱内衣服上没有螨虫是很必要的。只要在床上和衣橱内有驱除螨虫的物品，即可发挥作用。近年发现：木棉纤维具有驱除螨虫的效能。因此，木棉混纺产品在床上和衣橱中各有一件即可达到床上和衣橱中驱除螨虫的作用。对此 2009 年中国已经发布了“GB/T 24253 纺织品　防螨性能的评价”的国家标准。2009 年又发布了纺织行业标准 FZ/T 62012–2009 防螨床上用品。其他类似影响健康的“驱”“防”功能，也对纺织品提出了新的要求。

9. 防紫外线辐射

随着地球上空高层处臭氧的破坏（特别是在南极上空、北极上空和局部地区，如中国广东惠州到西藏拉萨之间等高空臭氧缺失），这些地方太阳光发射到达地球的紫外线大量增加。中紫外线（波长 280 ～ 315 nm），对人体皮肤癌发病率影响甚大。联合国卫生组织联合调查发现，1983 年以来全球皮肤癌发病率以 10% 的速率陡增。从 1986 年开始，澳大利亚、新西兰等国，室外用服装及帽、伞、窗帘等全部必须防中紫外线。近年中国特别是在南方地区，皮肤癌发病率猛增，防紫外纺织品受到欢迎。同时，在近紫外线（波长 315 ～ 400 nm）影响下皮肤易晒黑（人体皮肤表皮层下区、乳头层以上新分裂生长的细胞在近紫外线照射下色素抑制酶被破坏，细胞中黑黄色素生长，皮肤颜色变深。皮肤中的色素抑制酶不受近紫外线破坏时，色素不能生长，皮肤洁白）。不少人认为晒黑了不美观，因此也要求阻挡近紫外线的照射。不少防晒霜就是紫外线吸收剂，相当一部分防晒霜的名称为 UPF 20 等。“UPF”就是“紫外防护系数”的缩号。现在化学纤维纺丝中加入氧化锆、氧化硅等粉体，也是紫外吸收剂。不仅服装使用，浙江杭州生产的“天堂伞”的织物也是防紫外织物。近紫外线虽然有人体皮肤晒黑的缺陷，但是也不宜全盘防止。因为饮食中所有天然生长的主食和副食中，都没有维生素 D。人体需要的维生素 D 是饮食吸收的维生素 A 在血液循环经皮下血管时，受到近紫外线照射转变而成。“事物总是一分为二的”（毛泽东同志语），处理问题不要绝对化。

10. 防静电

棉纤维、麻纤维产品，一般即使在恶劣环境下也不会有静电。但是毛纤维产品，特别是合成纤维产品在互相“接触·离开”或摩擦时有比较严重的静电现象，不仅衣物会黏贴、手接触金属时会“电击”、两人握手时被电击，甚至会出现静电火花等。在北方地区冬季采暖区经常频繁出现，在某些场合会造成严重事故。例如使某些电子元件击毁失效，会引起煤油着火、泄漏的天然气爆炸、油气田引燃、煤矿瓦斯爆炸等。因此，服装、家用和产业用纺织品防静电功能受到相当重视。纺织品防静电方法主要是使摩擦或“接触·分离”中产生和分离的正电荷和负电荷快速导送结合中和。最简单有效的方法是混纺入少量抗静电（导电）纤维。要保证效果时，混纺短切导电纤维约 5% 以上；若混纺交织入导电长丝，只需 0.5% ～ 1%。中国石油和天然气开采的油气田工作人员的工作服，从 1987 年开始，全部采用的抗静电纺织品。几十年来，未发生过油气田静电爆炸事件。但是煤矿工人未采用抗静电工作服，这么多年来，瓦斯爆炸事故及伤亡人数是采矿业中很高的。在历史上也曾使用静电。20 世纪 60 年代生产的聚氯乙烯纤维（氯纶），本身电阻极高。服装和人体摩擦极易产生静电。静电中和时放出能量，既有热，又有电。这对于某些关节疼痛，有缓解作用。1970 年全国禁止聚氯乙烯食品包装袋用膜和聚氯乙烯纤维（因为聚乙烯会降解产生的化合物，有毒性、致癌，因此禁用）时，保留了一些聚氯乙烯纤维针织内衣供老年人缓解关节疼痛。20 世纪 70 年代中期全面停用。

11. 缓慢释放香味

服用、家用纺织品除了“防臭”之外，2005 年来兴起缓慢释放香味的功能。将多种天然香精或人造香精化学品，用微胶囊包裹，在化学纤维纺丝时混入，加入这些纤维混纺的纺织品能长期缓慢释放出香气，制造宜人环境，受到部分人群的欢迎和较广泛使用。美国多年来将其用于儿童生日礼物服装。2013 年 6 月美国“羊毛王子”公司推介的短袖色织含细羊毛男士衬衫也添加了缓释香味纤维。中国在这方面也有一定市场。

12. 遮蔽性

2000—2015 年来，全球趋向服装、服饰轻薄化，推出每平方米重量 100 g 以下，甚至 65 g 以下的棉织品、毛织品、麻织品；甚至推出每平方米重 25 g 的合成纤维长丝织品。这些超轻薄纺织品轻盈、悬垂、飘荡、柔软，但带来问题是透射显著，遮蔽性不足。因此，提出超轻薄织物遮蔽性的问题。化学纤维长丝遮蔽性难度最大，现有办法是纺丝时添加一些二氧化硅或金属氧化物微细粒子，提高遮蔽性，使轻薄织物服装看不见衣内服装的颜色。

13. 电绝缘

有机化合物的电阻比较高，耐击穿电压也较高。但是电绝缘略有泄漏时，电能转变成热能会升温，因此，最好同时是耐高温的材料。目前高性能纤维中的多个品种，都具有这种功能。特别是聚对苯二甲酸对苯二胺（芳纶 1414）、聚间苯二甲酸间苯二胺（芳纶 1313）、聚酰亚胺等都具有这种功能。我国已建成年产千 t 级的示范工厂芳纶 1414 的长丝非织造布（俗称“芳纶纸”），用于超大功率高电压变压器绝缘使用。该产品使大变压器免除油循环冷却设施，不仅显著缩小体积，减轻维护工作量，还显著降低原机设备和运行成本、提高效率、提高安全性、提高使用寿命。至于小型、低电压电子系统，特别是电路板、电子装配基座等已广泛使用有机化工合成纤维增强复合材料。

14. 导电、防电磁辐射

服装、家用纺织品和部分产业用纺织品在许多特殊条件下要超细导电线材。特别是人体服装生理检测系统的导线、精细传感器网络系统等都需要超细导电材料。在金属细纤维方面，已经实现直径 4 ～ 16 μm 不锈钢纤维（最细 2.5 μm）、金纤维、银纤维、铜纤维、镍纤维等的生产。同时，开发了金属化合物的导电纤维，可以生产的有硫化铜纤维、硫化亚铜纤维、碘化亚铜纤维等。再次，大量研制开发了碳黑系列导电纤维，包括以碳黑粉末混合有机化合物为皮层，以高纯度成纤聚合物为芯层的皮芯型复合导电纤维。它们的电导率可达 10^2 ～ 10^4 s/cm，是实现了有机化学纤维或天然纤维上化学镀或电镀金属包膜的纤维，实现纤维良好导电性。同时 30 年来开发研制生产了有机导电纤维，包括：聚苯胺纤维、聚吡咯纤维、聚噻吩纤维、聚对苯撑纤维等，他们的电导率最高可到 10^2 s/cm。同时，也研制了在常规有机合成纤维（涤纶、锦纶、丙纶、超高分子量聚乙烯纤维等）外表面将聚苯胺原位聚合生产复合结构的导电纤维。导电率可达 10^{-2} ～ 10^{-1} s/cm。导电纤维除了能用于电子控制系统等之外，最重要的是可以用于防电磁辐射纺织品的功能性应用。电磁辐射现在已经是地球上水、空气、噪音之后的第四大环境污染。电话、电报、电台、电视台、电力输送线路无处不在；家庭中电视机、微波炉、电脑相当普遍；工厂企业的电动力系统、工业自动化控制系统、中央总控室也有相当强的电磁辐射；某些特殊岗位：变电站、电视台、雷达站的值班人员、大型医院专用电子医疗检测装置（包括 X 光透射、CT 检查）的医生、护士所处环境更加特殊。有关方面需要电磁辐射防护。利用加入导电纤维制成的纺织品分别在不同的波段、分别获得各种相应要求的屏蔽效果。

15. 隔离毒气、隔离病菌、病毒

企业或仓库有毒气体泄漏时的抢救人员和抢修人员、剧烈传染病流行暴发时抢救的医护人员必须有隔离毒气、隔离病菌、病毒的专用工作服。2003 年 4 月 7 日统计，2003 年“非典”（SARS）流行中期，“非典”感染病人中医生、护士占 1/3；“非典”死亡人数中医生、护士占 1/3。给医生、护士配发解放军毒气防护工作服因不透气，每轮班衣内汗水将达到 kg 级。当即研究开发的防病毒隔离防护服，多层结构，要能隔离“非典”病毒，又能让汗气逸出不至积累汗水。制造了专用的包括聚四氟乙烯隔离膜（允许通过直径 37 nm）在内的专用防护服。2003 年 5 月 2 日装备后，以小汤山医院为例，收治“非典”严重病人 1 373 人。医院医生、护士、清洁工人、食堂人员等 1 380 人无一感染。为应对突发重大事件，必须有相应功能要求的纺织品。

16. 释放负氧离子

近年来，全球人口暴增，森林面积大减，许多人一旦放假到森林山区旅游，呼吸新鲜空气，特别呼吸到高浓度负氧离子的空气，非常高兴和怀念。再加上中央电视台播送广西长寿之乡强调负氧离子更引起人们对负氧离子的憧憬，希望在城市内也享受到负氧离子的美遇。这推动了服装和家用纺织品释放负氧离子的研发。初步能在现实环境中利用摩擦静电提供的能量，激发某些专用物质释放负氧离子，将这些物质在合成纤维纺丝中混合纺入，利用合成纤维摩擦产生静电的能量来激发释放负氧离子。这满足了一些人的愿望。但这项工作只能算初步实现，测试技术还未能完全表达清楚，释放出的负离子中有多少是负氧离子。因为只有负氧离子才对人体健康有特别好的作用。

17. 某些有益物质释放性质

利用微胶囊包裹技术，将一些人体需要的、通过皮肤可以吸收的药物制成微胶囊，纺入化学纤维中，作为内衣服装，在穿着中连续缓慢释放，代替口服。这在某些维生素释放中已取得实效。许多慢性疾病缓释试验正在实施中。

18. 生物相容性

许多植入人体的人造皮肤和人造器官都是产业用纺织品生产的。包括人体表面的人造皮肤，以及植入人体的人造器官，例如人工血管、人工血管支架、人工食管、人工心脏瓣膜、人工疝气托等；以及部分体内体外复合器官，例如人工肺、人工肾等已在医院卫生领域广泛使用。所有这些产业用纺织品必须具备的首要功能是纤维和人体细胞的生物相容性。首先它要对人体细胞无毒、无害，不能有重金属、不能有有毒化合物；其次它必须对人体细胞有亲和性和适当尺寸的缝隙、孔洞、蓬松结构和一定的稳态形状和可变形性能；同时，它还必须具备在人体中一定时间后，能在人体环境内自然分解，分解后物质对人体无害，分解后的物质能正常通过人体的排泄系统排出。没有这些功能，不能做人工器官。过去研究采用桑蚕丝素蛋白质，后来采用聚乳酸等高聚物材料，等等。今后这方面的工作还十分繁重，还需要深入研究各种特别专用的材料。

19. 微型人体生理传感器

近代，根据某些特殊需要在服装上安装微型生理传感器，可远程监控人体的生理特征。例如血压、血糖、心律、心电图等，配置微型电池，用导电纤维作导线，汇到微型芯片处理及发送信息。中国第一位升天航天员杨利伟在航天器内穿的服装上就配备了一套微型传感器。在升天阶段，每 15 分钟向地球发送一次心律，心电图信息。现在一些病人的远程监控也开始采用，不需要病人都躺在医院的病床上。

诸如此类，新功能要求已成为新型服装、家用、产业用纺织品新产品开发的重要关注点。

（三）特殊材料、特殊结构、特殊环境、专用人群的特殊需求

1. 特殊材料

包括天然的特殊材料，例如驱除螨虫用的木棉，防紫外线用的麻秆芯微分等及有机纤维材料，如超高强度用的芳纶 1414、超高分子量聚乙烯、高弹性低模量用的聚氨酯，抗化学腐蚀的聚四氟乙烯，阻燃的芳纶 1313、聚苯硫醚等，低摩擦因数的聚四氟乙烯；导电的聚苯胺、聚吡咯、聚噻吩、聚对苯撑纤维等；也包括金属纤维材料如不锈钢纤维、金纤维、银纤维、铜纤维、镍纤维等导电、电磁波反射等；还包括无机纤维材料，如玻璃纤维、碳纤维、碳化硅纤维、玄武岩纤维、活性炭纤维等。具有高强度、耐高温、耐腐蚀、耐烧蚀、绝缘或导电功能的材料等。

2. 特殊结构

多种材料和多种结构复合。例如纤维用两种或两种以上材料复合形成皮 / 芯、分层、海 / 岛等多种结构复合。纱线用混纺、包芯、包缠等方式复合。织物采用机织的双向（经、纬）、三向（左斜经、右斜经、纬）多种织纹组织的织造；纬编针织的单向或多向添纱（经向、纬向、各种斜向）的多种织纹组织织造；经编针织的单向或多向添纱（经向、纬向、各种斜向）的多种织纹组织的织造；编结织造的各种组织的织造；以及上述织机、针织、编结三维立体结构一次成形的织造；还包括多种织造的材料多层复合成形等许多复合方法形成的多种复杂结构。

3. 特殊环境

针对不同的特殊环境和要求，选用不同的材料和结构形成适用的纺织品。例如，火场环境：在火灾救火现场、炮火现场等火场环境下的服装要适应避免火焰烧蚀、高温灼伤等环境。毒气泄漏现场：环境急救队员服装、头盔、呼吸器等。高寒区：北方冬季高寒地区（例如黑龙江省北部山区，冬季温度 -43 ～ -37℃），一些材料在脆折温度以下（例如聚氨酯纤维和聚氨酯塑料）将脆、碎、裂、断，不能使用，需要回避。超低气压环境：例如超高空（气压达到大气压力 70% 以下）、太空（近似真空及大气压力为 0），人体必须保持在 0.7 个大气压条件下（飞机机舱、人造卫星内部都是密封增压的），而出舱时，服装必须密封，并保持 0.7 大气压，绝对不能漏气，同时呼吸需要补氧和排出二氧化碳。超高气压环境：例如海洋深潜探测舰艇内，大气压力显著高于 1 个大气压力，但服装内大气压力不宜太高，也要密封并有撑架。高电磁辐射环境：超高压变电输电中心站、雷达站附近，医院内 X 射线体检、CT 体检的检测室内，许多产业大功率设备车间内等环境中，电磁辐射强度过高，特别是在现场长时间值班工作人员，电磁辐射积累量过高，将引致系列疾病和体

质变化，防辐射服是必须的。持续高温环境和特殊高温材料影响，金属冶炼厂特别是炼铁厂和炼钢厂，不仅环境高温、红外辐射量大，而且可能有铁水、钢水小颗粒飞溅，工作服装不仅要隔热、耐高温，而且要耐受熔融金属颗粒喷射袭击，不仅要能防止袭击熔穿，而且要防止服装内面升温烫伤，同时还需留有体热和汗水输出的途径。传染病流行区检疫人员和收治严重患者医院的医护人员的工作服：必须能防止病毒渗漏而感染，但同时，必须给服装留有体热和汗水输出的途径。特别是在这些特殊环境下工作的专用人群，具有特殊的需求。核辐射现场检测人员的工作服：早在50年前，1964年10月16日下午3时，在新疆罗布泊沙漠中爆炸第一颗原子弹的时候，指挥中心观测所和大量工作人员，都撤离到爆炸中心点外约60 km的白云岗或更远的地方，但当时也有一些人员在原子弹爆炸后立即赶赴现场搜集样品和测试现场数据。首先是负责对放射性烟云取样的空中飞机，迅速起飞进入爆炸蘑菇云取样。其次是负责爆炸作用地面效应进行检测的“防化部队”，在第一时间冲向爆心效应第一线（离爆炸中心23 km处安装了爆炸冲击力超压测试装置；在离中心500 m处安排了一批金属测头、在爆炸中心以外分布了大量放射性物质检测装置，包括光辐射、核辐射、电子脉冲等的量级毁伤效应，布置了许多试验动物：猴、狗、马、驴、兔、白鼠检测核爆炸的生物效应；以及在现场数km^2面积内按不同距离布置了有关机械装置的现场，包括飞机、坦克、火炮、导弹、火车头、汽车和一些建筑物如楼房、车站、人防工程等）立即检查、记录、收集承受破坏的数据和效应。当时着装的防护服包括头罩、眼镜、呼吸过滤器、鞋靴、手套等，要求对放射性同位素和辐射有一定防护功能。

4. 专用人群的特殊需求

不同产业、不同工作岗位的人群工作在不同环境、不同温度、不同气氛、不同要求的条件下，对服装及相应装备有不同的要求。石油和天然气勘探、开采的油气田，露天野外，冬寒、夏暑，烈日当头、风雨无阻，而且地面有遗漏的油滴、空气中有汽油蒸发的成份，遇明火会燃烧及爆炸，油气田工作服必须克服和防范这些困难。战场作战的战士，冬天可能在冰天雪地，夏天可能遭受烈日暴晒，也可能面临狂风大作、大雨倾盆的情况。战火纷飞中，子弹及炮弹的破片高速冲击，明火和燃烧物可能直接喷向人体，特别在潜伏时不能随便移动，还需伪装保护，和周围环境相似。而周围环境多种多样，可能是森林或灌木、建筑物、沙滩、旷野（夏季可能有草，冬季可能有雪）。战士的作战服分冬季和夏季，也要适应不同的环境条件，除了特别重视防弹和阻燃外，现代对单兵作战的要求日益提高，服装、头盔、背囊更要备齐：各种武器、望远镜、红外观察装置、通话的手机和传声器，自己的体温或心率信号测试与发送装置，定位信号系统以及独行数日的饮水和食物等。气象雷达站、天文雷达站和军用雷达站的值班人员和设备维修人员的装备，既要照顾春夏秋冬不同的室外环境，又要便于行动和携带维修操作的工具，更要适应强电磁辐射的环境条件。

长跑比赛运动员服装要求贴身，在快跑时不产生迎面的风阻；要求对肩、腿、踝、髋部的活动不产生牵制性阻力；导汗、快干、透气；希望显示健康体态和掩盖皮肤缺陷，以及色彩、标志、标识清晰。在病疫流行暴发期（例如埃博拉出血热、“非典”SARS等）的医用防护服等也有特殊要求。游泳运动员的服装除了与跑步运动员相似的要求以外，还要求对液态水的相对阻力低，对手、腿、身移动、转动的阻力消耗少。同时要求不仅在干燥状态，而且在水湿下的遮盖率要高（透视率要低）。对于猝发危险疾病（脑卒中、脑血栓、脑出血、心肌梗死、心肌炎等疾病）的患者，检测用的内衣携带生物传感器，随时检测和发送信息。航天员的一般航天服要求贴体，在无重力条件下不会翻卷移位；要便于在无重力条件下行动方便，不会与舱内器件牵挂；要使内衣携带生物传感器，随时检测、显示和发送脉搏、心电图、脑电图、体温等指标。航天出舱、登月时、外部环境为真空，但衣内气压不能低于0.7大气压，服装外层必须有密封隔离层。在0.7大气压压差下，服装不能鼓成气球态，并需保证手臂、手指、腿、脚的活动可能性；要有氧气供应系统，保证呼吸能正常进行；要有循环空气收集二氧化碳及水蒸气防止凝结；同时，在太阳光下，服装表面太阳光照射下的温度一般在185℃左右，而在背太阳一面，服装表面一般在-165℃左右。因而服装表层材料必须高温不软、低温不脆，在朝太阳面要将高温热导走，而在背太阳面要补充热能，保证朝太阳面人体皮肤不会灼伤、背太阳面人体皮肤不会冻伤。因此，服装一般采用均匀分布的循环恒温水管层循环吸热和送热；必须有大量机械设备和足够的电源、氧气源和水源以及完整的通信系统；还要考虑“太阳风”中的辐射粒子的防护和眼睛的防护眼镜等。

（四）精密、精细、精美、精致

1. 精细、精密、精致

纺织品不粗糙、无疵点、纤维和纱线纤细、经纱和纬纱密度高、平挺、无皱、缝隙平滑、印花对位准确、设计合理、版形正确、适当的悬垂性、适当的飘荡性、适用、实用。

2. 精美、精致、精湛

纺织品色彩鲜艳、色牢固度好、花纹和图案适当、造形适当、适应时尚趋势、符合社会需求、结合文化内容、体现艺术内容、符合社会趋势。

3. 健康、绿色、环保、安全

适应人群需求、符合社会发展规则、不仅加工过程中节能、减排、节水、降耗，而且穿着、使用过程中无毒、无臭、无异味、无影响健康和环境的释放、适应环境需求；体现品牌特色。

（五）优异品质

设计和测试指标全面、性能符合内容要求、各项性能离散度小、耐用周期适当，使用、储放简便。不影响环境、维护品牌信誉。

第五节 中国棉纺织产业发展重点

中国棉纺织产业是中国纺织产业中纱锭最多、产能最大、就业人员最多的行业，但也是面临挑战困难最多最大的行业。棉纺织产业在新时期中转型升级面临着多方面的挑战。为了维护国家的经济发展总趋势，棉纺织行业一定要克服困难、转型升级、勇猛前行，在全球方面、多层压力下，突破障碍，努力前行，夺取胜利，为祖国纺织行业发展、为祖国社会安定、经济腾飞贡献自己的力量。

中国棉纺织产业发展必须紧扣“创新驱动、质量为先、绿色发展、结构优化”和“工业化、信息化两化融合”“拓展服务业”的纲领和原则。

一、厘清思路、明确方向、树立目标、规范前进

棉纺织产业首先要清晰理解当前困境的核心问题和困难所在：虽然我国在理论创新、工艺技术创新、设备创新、产品创新等多方面走在国际前沿，但过去原始创新不足、引进、消化、吸收、再创新为主；一定要原始创新、集成创新走出新路，从理论到实践、从工艺到设备、从实验到工程化驱动棉纺织产业的新生。

同时，棉纺织产业一定要认清国际、国内最终纺织产品的趋势，走向欢迎什么？不欢迎什么？要什么？不要什么？并从理论到实际理清它们的理论基础的原因和目的。并在此基础上分析和寻找出我国在其中应该追寻的对象。因为当前国际总形势下，中国纺织产业，特别是棉纺织产业在劳动力成本、能源成本、运输成本、环境治理成本等方面对东南亚、南亚、非洲新兴国家处于严重竞争劣势，不可能在纯棉低、中档产品上竞争。2012 年 8 月至 2013 年末印度生产的纯棉 28tex（21 英克）和 29.5tex（21 英支）纱出口到中国加进口关税平均 17 800 元 /t，比我国棉纤维价格低 2 000 元 /t。同时，还要看到美国、英国、法国、德国、意大利等经济发达的原纺织大国推行“再工业化”方针，在纺织品高档领域和我国竞争。美国 2013 年 6 月开始向中国出口纯棉纱线。我国必须厘清思路，找清楚优点和缺点，发扬优点，回避缺点，才可能在如此激烈的竞争市场上，立于不败之地。

二、基础创新、理论引导

要能在如此激烈的竞争一线立于不败之地，必须依靠原始创新、集成创新引领和驱动，包括：原理（理论）创新、技术创新、工艺创新（包括辅助材料）、设备创新（包括关键零件、部件及其材料的创新）、控制系统创新、纤维原料创新、产品设计创新、过程检测系统创新、手工操作过程创新、产品质量认证创新等包括农业科学、植物学、高分子材料科学、纺织染整工程科学、机械科学、电工及电子工程科学、化学工程科学、检测科学、计算机及软件科学、工程管理科学以及艺术学、人文科学等的交叉协同创新。这许多创新首先在理论原理上要有一定的突破，同时是多学科交叉结合协同工作的结果。在这方面，中国已有一定程度的进展，如前面介绍到的纺纱部的低扭矩纺纱、嵌入式复合纺纱、聚纤纺纱、柔顺纺纱；机织部分的三维立体织造；针织部分的添纱；编结部分的三维立体成形；染整部分的少水无水染色；辉光、等离子体处理等。以上进展为棉纺织产业基础理论打下一定基础，但仍有大量工作需要继续，特别是高性能、新功能纤维原料的基础理论研究，亟待推进。

三、两化融合、数字导引

棉纺织染整服装及家用、产业用纺织品最终产品设计和生产，无论在设计、设备控制、材料理论检测、产品性能检测等方面都离不开数字化、信息化与工业化的融合。棉纺织产业近年已有重大进步，包括棉花纤维性能大容量快速检测、电子计算机自动配棉、自动预测成纱质量、棉纺纱设备全程自动化连续化总线控制及络筒自动检测纱线及剔除疵点、大容量、复杂织纹组织电子计算控制自动织造、全自动过程棉纱筒子染色工程化生产系统、电子计算机数码印花、服装设计前电子计算机三维人体测量及计算机设计、打板、剪裁和计算机模拟试穿等都实现了工程应用。但这些只是棉纺织产业中的一小部分，还有极大量的工作等待突破。特别是部分机械化、自动化、信息化创新研发的工作量还十分巨大。

四、重视产品方向、重视原料材料利用

棉纺织产业超越千年加工棉纤维。我国要学习毛泽东同志的指导思想："事物总是一分为二的。世界上不会存在只有优点没有缺点的事和物；也不会存在只有缺点没有优点的事和物。"需要从基础原理开始分析事物的优缺点，以便发扬优点回避缺点，"扬长避短"，达到合理、适用。棉纤维品种繁多，纤维长、短、粗、细差异极大，不同长短粗细适应不同用途、适用于不同产品。棉纤维较短，成纱毛羽无法避免，需要毛羽很少的纱要用其他纤维补救。棉纤维吸湿性较高，标准回潮率 7.5% ～ 8.5%，饱和回潮率 14% ～ 15%，除去外

层棉蜡后，表面亲水性高，能积蓄液态水，但蒸发性差、干得慢。在一般回潮率下：柔软，尚有弹性、保暖性；但高回潮率下强度低、但湿膨胀低、仍较柔软；但特高湿条件下黏贴、弹性差、柔软、且玻璃化转变温度降到常温以下。纺织品无法保持平展、挺括的形状。棉纤维强度偏低、耐磨损性不高。棉纤维染色比较容易，且易染深色，但湿摩擦色牢度和耐日晒牢度均较低。棉纤维呈扁平形、有转曲、反射光散漫、光泽柔和；丝光处理（浓碱或液氮）使纤维 膨胀成圆管，反射光略高。遇高温易碳化，遇明火易燃，抗酸能力低，但耐碱。棉纤维中段粗、两端细、尖端 3μm、无刺痒感。做一般服装，触感舒适。大汗湿透时，因导汗性差，常黏贴身体，但用于毛巾的低捻、无捻毛圈，擦洗皮肤及揩抹皮肤吸走水液效果良好，其他纤维很难达到。棉纤维织物洗后皱缩不平、不挺，必须经熨烫方可恢复平挺形态。无抑菌、防臭功能，不能防紫外线，且易酶、易蛀。

综合上述特点，棉纤维纯纺纱线只能用于某些特殊环境，例如毛巾的毛圈纱等。一般服装必须增加其他功能纤维混纺才可能达到服装的基本要求（平整、挺括、洗涤后不用熨烫仍然平挺）、悬垂、触感舒适、柔软、无刺痒、湿态导汗、无粘贴、快干、保持色牢度等。所用棉纤维，纺细线密度（高英制支数）纱线时，纤维线密度应细（公制支数应高），纤维长度应较长、短绒率应较低；纺粗线密度纱线（低英制支数）时，纤维线密度可稍粗（公制支数可稍低），纤维长度可不太长。混纺用纤维可以是天然纤维（苎麻、黄麻、无毒大麻；山羊绒、狐绒、貉绒；桑蚕丝、柞蚕丝、木棉、牛角瓜纤维等等），也可以是化学纤维（再生纤维中各种黏胶纤维，特别是高湿模量黏胶纤维如富强纤维、莫代尔纤维；溶剂纺黏胶纤维，如莱赛尔 Lyocell 纤维等；聚乳酸纤维、甲壳素纤维、海藻纤维等；合成纤维中涤纶、锦纶、维纶、腈纶、芳纶、氨纶等）。特别注意根据“取长补短”原则，选取弥补棉纤维功能性不足的对应功能纤维，例如平挺性能、洗涤后不皱的纤维、导汗（导湿）快干纤维、强力较高的纤维、抑菌防臭的纤维、防霉防蛀的纤维、防蚊或驱螨的纤维、防火阻燃的纤维、防水防油防污的纤维、保暖或凉爽的纤维、远红外发射的纤维、防紫外辐射的纤维、防电磁波辐射的纤维、遮蔽性纤维、释放负氧离子的纤维等，根据最终产品的使用要求和使用环境选择合适的纤维匹配混合纺纱。同时，在纤维选择中应考虑到现在纺纱新技术发展和纺纱机的进步，不仅选择化学纤维中的切断短纤维，也可以选择长丝（包括蚕丝），因为现在的棉纺精纺机（细纱机）已经有了赛洛纺纱、弹力纺纱、包缠纺纱、嵌入式复合纺纱、平行纺纱等和拼丝倍捻技术，可以短纤维和长丝拼合纺纱，而且在采用长丝加入混纺时，纱线中不同纤维的混纺比例更加均匀，可以在一定条件下减少这种纤维的混纺比例，使既达到了相应的功能要求，又提高了纱线的均匀度，还降低了成本（高性能和新功能纤维的单价将比棉纤维高），并有可能采用多种功能性纤维混纺的方法，获得不止一种功能要求的产品，适应最终市场发展的要求。

采用这种混纺技术的重要原因是因为1965—2015年来棉织物为了克服原来存在的缺点，具备一些功能要求，采用化学整理的方法，在染整加工过程中利用具有功能性的化学药剂处理纯棉织物，使之具有某些功能。这些加工方法，或者使棉纤维吸附这些化学物质，或者将这些化学物质加入黏结剂中涂敷到棉织物上。这种方法虽然使纯棉织物具备了新功能，但功能不易持久，经不起多次洗涤而功能显著下降；而涂敷方法使棉织物表面状态变化，恶化了棉纤维皮肤接触感觉良好、柔软、悬垂良好的原有功能。而且，这些后加工处理方法，不仅增加了成本，而且耗水、耗能、增加污水处理工作量，并且相当部分材料对环境有不良影响，受到制约。采用高性能、新功能纤维混纺的方法，不仅功能明显、持久，并且可以回避上述问题，成为目前被广泛采用的新方法。

五、密切与市场结合，快速不断开发新产品

任何产品都有新生、发展、流行、普及、被更新品种替代、没落、失去市场的过程。特别服装和家用纺织品，300多年来流行周期发生了重大变化。百年前，新产品使用周期最短的80年，长的150年；50年以前，新产品使用周期近30年；20年以前，使用周期缩短到3～5年；近10年，特别是结合颜色、花型、款式、功能的流行周期新产品只有1年，甚至只有3个月。

在这种发展趋势促进下，现在纺织产品，特别是服装和家用纺织品的生产不得不迎接“多品种、小批量、快交货”的新时代。即使是同一功能性产品，也要做到不同颜色、不同花型、不同轻重厚薄、不同织纹组织的多品种。而每一品种，不宜太大量生产。这也是1985年以来的重大变化。特别是在服装和家用纺织品领域，过去一个新品种、一个新色彩、一个新款式，市场出现后大家一致跟进，形成多国一式，多城一色。但是，现在的消费人群特别是青年，每当市场出现一个新品种，思路是：“我也要有一个新的，但是要和你不一样的”。这促进了我国纺织新品种开发步伐的加快。中国服装大型生产企业，过去同一种布料、同一颜色、同一织纹组织、同一花型、不同号型（不同胖、瘦、高、低）至少生产500件。2012年8月以后，一般最多生产30件，最少生产8件。在这种客观影响的促使下，棉纺织企业织物生产同一品种从过去几百万米，缩减到一万米以下。而且开始由织物染色、印花发展到棉纱筒子纱染色，在织机上用不同颜色、不同排列、不同周期生产“色织布”。尤其是向美国和欧盟出口的衬衫织物，每个百台织机的织造企业不允许有两台织机经纱上色纱配置相同。这是社会的需求所致。因为美国在20世纪60年代由3个州开始，后来由合众国国会通过法律，若有男士受人指认今天穿的衬衣的颜色、花型和昨天一样，昨晚发生的事故可确认为这位男士所为。可以用作刑事判罪的“实证”。因为美国男士每天晚上回家一定要洗澡，一定会换衬衫；如果衬衫没换，一定是昨晚没有回家，因此，20世纪

60 年代末以来，美国男士每人 30 ～ 40 件衬衫不允许有两件同一花型和颜色。所以 20 世纪 90 年代以来，中国大型衬衫生产企业都做到每天生产的同一款式、同尺码的衬衫有 480 个以上不同的颜色和花型，否则，衬衫出口只能在地摊上卖。其实早在 20 世纪 80 年代初，许多国家已有这种趋势。例如日本生产的女士外衣，新型的同一款式、同一颜色和花型的服装，在同一城市只卖 1 件。对于经济发达国家所形成的这种观念，近年来在中国大城市已开始启蒙。因此，纺织品“多品种、小批量、快交货”的规则在中国纺织企业中已无法回避。

在这种环境和条件下，纺织品新品种、新产品开发、创新设计的任务已经沉重地压在纺织企业的头上。

六、注重产品开发，生产“高、新、特、精、优”产品

在当前国际市场和国内市场突飞猛进的发展变化环境下，纺织企业必须在产品开发上精心关注、毫不放松、毫不停顿、不断发展，注意从单功能向多功能方向前进，密切注意将产品的功能和特种岗位、特种环境、特种需求、特种工种群体相结合；同时，密切注意和纱线细度、纱线捻度、织物密度、织纹组织、纱线颜色、织物花型等密切结合，做到精美、精细、精致、精湛；更重视和密切注意与产品的加工过程和最终质量的保证、稳定、安全相结合，保证质量优异；做到与社会文化、历史、品牌结合，吸引社会和人群的眼球，受到人群的关注。

七、密切结合上游、中游、下游企业，联合攻关

要做到新产品真正能走进市场，必须做到整个企业链的联合行动。棉纺织企业对纤维原料要给予特别的关注，首先要特别关注棉纤维；同时，也要关注其他天然纤维和化学纤维。要具备新功能，必须和上游纤维密切结合。同时，特别关注纺织染整的工艺、技术、设备、控制系统、环境温湿度、性能检测产品包装和整个加工过程。更需关注下游服装、家用纺织品、产业用纺织品的用途、需求、加工方式、工艺、技术、设备、检测的配合、不能有矛盾、不能对纺织品的功能和质量有破坏。上、中、下游必须做到围绕最终产品的功能、性能、品质、外观、手感等的市场要求，形成密切结合的产业技术协同创新战略联盟，对任何问题做到“前道工序为后道工序服务，后道工序为前道工序补台”，团结一致，攻克难关、保证质量、适应市场需求。

八、努力为联盟服务，努力为市场服务

纺织产业和上、中、下游技术协同创新战略联盟中每一工序、每一环节都要对自己的

上游和下游做好技术服务。首先要做到对自己的上游供应发现问题、反馈意见、提出建议，同时要做到介绍自己的情况，提醒后道必须提升的问题和必须回避的内容。每道工序检测细致、全面、反馈给上游了解情况；传达给下游，做好准备。同时尽可能地做好服务工作。纤维原料要努力做到批内品质可控、包间类型相同，包内性能均匀、检测结果全面、细致、数据完整；计算机自动配棉包排放细致、合理，均匀效果好；纺纱工艺设计系统全面细致；多品种原料混配计划合理、准确；纺纱各序每道机器自动控制系统合理、稳定、规范、清晰；品种、数量分配清晰、可靠；织造预备系统自动化水平提升，织造系统适应多品种、小批量、快交货要求；织造质量监控检测，疵点及早发现，争取排除；坯布检测自动化、精确化、水平提高，疵点无遗漏，修理细致。染整工序、服装加工工序细致协调。纺织品设计和服装设计工程人、机结合、细致、规范、符合市场市场需求。形成标准和规范体系，保证产品质量，为最终市场应用提供产品使用方法和注意事项（例如服装和家用纺织品洗涤注意事项：水洗、干洗、洗涤剂哪些可用、哪些不可用、干燥允许方法、储放要求是折叠还是悬挂、包装及有关注意事项等）。甚至形成设计、生产、专用标识、承租、使用保养、甚至收集、洗涤、干燥、配用的体系。

九、进一步改进和提高棉花纤维生产和管理供应系统

从 21 世纪初开始，棉花流通体制改革和棉花检测体制改革项目的推进，大大提高了棉纤维的管理工作，统一了棉纤维打包机型号，统一了棉包规格和尺寸，统一了棉纤维品质检测仪器，完善了纤维检测系统（不仅统一了检测方法、统一了管理系统，而且统一了检测条件，例如任何一个检测中心实验室内温度和相对湿度超出标准范围自动停止检测工作，统一了检测数据汇总系统）。同时 2005—2015 年中，逐步推广转基因抗虫棉以致全国 99% 以上种植转基因抗虫棉，植棉虫害影响回避、棉纤维黏性问题（由某些棉花害虫分泌的黏性物质黏附在纤维上）获得最终解决，并稳定和提高了棉花单产，使中国成为稳定的棉花纤维产量的第一大国。这些成果是重大的，必须肯定的。

但是 2012 年下半年起，中国棉纺织产业面临世界发展中新型国家和世界经济发达的原纺织大国的双向打压，出现了新的困难形势。这里主要有两方面的问题：管理问题和棉纤维品种问题。

（一）棉花纤维管理问题

进入 21 世纪以来，中国中央政府非常重视棉花纤维种植加工管理问题（毛泽东同志在 20 世纪 50 年代在整理农业生产工作时提出 12 大类农产品，粮食是第一位、棉是第二位），出台了一系列政策和措施。除上述管理体制改革、检验体制改革和转基因抗虫棉推广外，

还每年拨有“棉补”专项经费并于 2012 年启动国家收储措施等。这些方面，中央做了大量大手笔的工作。

但是国际和国内形势发生了变化，中国纺织产业遭受到国际势力的双重打压，在这种情况下，中国植棉业遇到了千年不遇的特殊问题。

（二）种棉农民财政补贴问题

棉花种植成本 1965 年来不断上升，中国现在已经与国际其他国家相比是成本很高的国家之一。世界上许多植棉国家由于植棉成本较高，都有植棉补贴。特别是经济发到的植棉大国，尤其是美国，许多年来都实施植棉直接补贴。美国 2005—2009 年美国国家直补棉农的经济补贴折合生产皮棉纤维每公斤 0.43 美元（折人民币 2 630 元 /t），2010 年后继续补贴。但 2013 年 1 月美国国会有几位议员联合向国会提出申请议案，建议将棉农直补取消，动员棉农改种粮食（认为全球粮食价格将高涨）。此建议引起棉纤维价格每吨暴涨人民币 2 千多元以上。但到 5 月国会否决了此议案，棉价格又跌回常态。中国的“棉补”经费这些年来并未补贴给种棉的棉农。2012 年底，中国多个机构提议直接补贴给棉农问题。2014 年，中央开始研究棉农直补问题，2014 年 8 月 25 日正式宣布实施试点工作。2014 年 11 月 28 日开始新疆实施对棉农每亩直接补贴 191 元，到 2014 年 12 月 8 日已发放 218.25 万亩、4.168 7 亿元。

此问题牵涉到中国棉纤维市场价格。中国国家储备棉收购价 2012/2013 年度为 19 800 元 /t，2013/2014 年度为 20 400 元 /t。但是美国生产卖到中国的棉纤维（皮棉）的价格只有人民币 14 000 ～ 16 000 元 /t。2014 年九月初，美国皮棉纤维期货价下跌至人民币 11 800 元 /t。更麻烦的是 2012 年 8 月至今印度生产的线密度 28 ～ 29.5 tex（英制支数 21 和 20）纯棉纱出口到中国加进口关税的售价为人民币 17 800 元 /t。进口纯棉纱价格比国产棉花价格低 2 000 元 /t 的条件，制约了中国棉纺织产业生产棉纱的环境。为此，中国棉花对棉农直接补贴以调整棉花市场价格的工作已迫在眉睫。但当前困难仍然很大，因为 2013、2014 年国家棉库储备棉按 20 400 元 /t 收购，现库存仍有 1 200 万 t，不计 2014 年生产量够用一年半，加上储存经费等是一笔相当大的财政支出。中国发展与改革委员会 2014 年 9 月 22 日举行的新闻发布会上已说明“相关政策已明确棉花目标价格将按照‘种植成本 + 基本收益’来确定，目标价格与实际市场价格的差距是应该发放给农民的补贴额”，并说明“为了更好地维护棉农利益，除了新疆试点的区域之外，对于长江、黄河流域等棉花生产区，国家也会适当给予补贴”。如何处理好棉纤维市场价格问题，尚需进一步落实。

（三）市场需求与棉花纤维性能的制约问题

中国棉纺织品市场遭受经济发展中国家低成本（原料、劳动力、能源、运输、环境治理成本）的沉重打击，已完全丧失 30 年前低中档产品的竞争优势。在中国只能生产和发展高档产品为主的棉纺织产业面前，棉纤维原料重点是高档纺织品所需的原料，而高档纺织品所需棉纤维的特点是纤维细、纤维长、强度高、成熟度好、短绒少。因为棉型高档纺织品必须轻、薄、细腻、精密。它必须用较细的棉型纱线。但是要纺纱生产棉型纱，在强度不太低、条干均匀度不太差的条件下，纱截面纤维根数不可少于 37 根纤维。即使按先进技术加入可溶性维纶纤维伴纺，在织成织物后将维纶溶解去除的办法生产特细棉纱织物时，纱线截面中棉纤维根数不能少于 22 根纤维。按此要求可以计算出需要纺出各种线密度棉纺纱达到要求时需要的棉纤维的平均细度（纤维平均公制支数）（表 10-7）。

表 10-7 各种线密度棉纱需要的棉纤维细度

棉纱细度			需要棉纤维的细度（公制支数）	
线密度（dtex）	英制支数（Ne）	公制支数（m/g）	纯棉纯纺	可溶性维纶伴纺
1.97	300	508	18 830	11 180
2.36	250	423	15 650	9 306
2.68	220	372	13 760	8 184
2.95	200	339	12 543	7 458
3.28	180	305	11 285	6 710
3.94	150	254	9 398	5 588
4.92	120	203	7 511	4 466
5.91	100	169	6 253	3 718
7.38	80	135	4 995	—
8.44	70	119	4 403	—

由表 10-8 可知要生产精细、精美的高档棉纱最重要的是有足够细的棉纤维。国际上传统的棉纤维品种有海岛棉（长绒棉）、陆地棉（细绒棉）、亚洲棉（粗绒棉）、非洲棉（草棉）、木本棉。现在全球种植纺织使用的只有海岛棉和陆地棉。（中国 1950 年开始停止亚洲棉品种种植，印度 1993 开始全国停止亚洲棉种植，改种陆地棉美国品种）。美国海岛棉一般平均长度 33 ～ 39 mm，线密度 1.11 ～ 1.43 dtex（9 000 ～ 7 000 公制支数）。美国陆地棉一般平均长度 28 ～ 33 mm，线密度 1.54 ～ 2.00 dtex（6 500 ～ 5 000 公制支数）。埃及海岛棉一般长度 33 ～ 43 mm，最长新品种 46 mm；一般线密度 1.00 ～ 1.25 dtex（10 000 ～ 8 000 公制支数），最细新品种 0.85 dtex（11 800 公制支数）。中国长绒棉长度 33 ～ 37 mm，线密度 1.22 ～ 1.49 dtex（8 200 ～ 6 700 公制支数）。中国陆地棉长度 26 ～ 30 mm，线密度 1.75 ～ 2.35 dtex（5 850 ～ 4 250 公制支数）。美国推广转基因抗虫棉培育品种中，精细挑

选了棉纤维的线密度、长度、成熟度、比强度等指标，与原有品种相近。在转基因抗虫棉品种推广过程中，美国虽然关注了纤维长度和线密度没有变化，但是棉纤维中段复原直径等有了较大变化，导致二次压缩气流法测定棉纤维线密度和棉纤维成熟度的方法和仪器失效，经五年反复校验后，最后 1997 年宣布二次压缩气流仪测试停止使用，并废止该方法标准。二次压缩气流法测定仪近年测试国产棉纤维也发现失效。目前正在进一步分析研究中。目前，棉纤维线密度测试只能采用中断 10 mm 切取称重数根数法测试。中国转基因抗虫棉推广品种选育中，重视了纤维长度，但线密度变粗，在这样的环境中，中国新品种棉纤维是无法满足要求的。因此，中国植棉品种也面临需要进一步改进的必要，以适应当前纺织产业特别棉纺织产业面临的重要困难。力争发展棉纤维平均长度 37 mm 左右，线密度 1.00 dtex（公制支数 10 000）左右的新品种。面上品种也争取发展棉纤维平均长度 30 mm 左右，线密度 1.43 dtex（公制支数 7 000）左右的新品种。

此外，在集约化、机械化棉花纤维种植、收集、挑选、加工的过程中还有一些问题需要研究。2013 年新疆某兵团收获的棉纤维，马克隆值 A 档（3.7 ～ 4.2）只有不到 3%，B1 档（3.5 ～ 3.6）和 C1 档（≤ 3.5）没有，B2 档（4.3 ～ 4.9）很多、特别 C2 档（≥ 4.9）大量，品质堪忧。2014 年 A 档、B1 档、C1 档全无，B2 档为主，C2 档出现超 5.5 特粗纤维。

针对以上问题，提出以下建议：

一是棉纤维性能大容量快速检验的仪器应尽快速突破棉纤维线密度（公制支数）快速检测的方法和仪器设备，保证棉花育种、收购、评级、棉纺厂选配等工作取得快速进展，并兼顾短绒率等指标。

二是棉花新品种培育在解决抗虫等前提要求下，尽量在重视产量、纤维长度的同时，特别关注棉纤维的线密度（公制支数）的要求，以适应中国纺织产业面临国际双重打压下，当前转型升级的需要。

三是适当改变棉纤维性能公检样品现在由子棉加工皮棉的企业送检的方法，以保证第三方检验的可信性。

四是通过广泛的调查、研究、分析，提出目前国储棉使用、处理的有效方法，尽量减少损失和浪费。

参考文献

埃利克·奥森纳（法国）. 2009. 棉花国之旅——世界化的精妙缩影（中文版）[M]. 杨祖功，海鹰，莫伟，译. 北京：新星出版社.

陈振兴. 2006. 高分子电池材料 [M]. 北京：化学工业出版社.

葛陈勇，院志霞. 2014. 阿拉尔：近三年棉花质量状况对比分析 [J]. 中国纤检：23（5）.

国际复兴开发银行、世界银行. 2005. 2005 世界发展数据手册（中文版）[M]. 北京：中国财政经济出版社.

郝新敏，杨元. 2010. 功能纺织材料和防护服装 [M]. 北京：中国纺织出版社.

郝新敏，张建春，杨元. 2008. 医用纺织材料与防护服装 [M]. 北京：化学工业出版社.

西鹏，顾晓华，黄象安. 2006. 汽车用纺织品 [M]. 北京：化学工业出版社.

姚穆主. 2015. 纺织材料学（第四版）[M]. 北京：中国纺织出版社.

中国产业用纺织品行业协会土工用纺织合成材料分会. 2014. 2014 年工程设计创新论坛文集 [C].

中国纺织工业协会. 中国纺织工业发展报告（2008/2009、2009/2010、2010/2011、2011/2012、2012/2013、2013/2014）[M]. 北京：中国纺织出版社.

中国国家统计局、环境保护部. 2013. 2013 中国环境统计年鉴 [M]. 北京：中国统计出版社.

中国科学院、先进材料领域战略课题组. 2009. 创新 2050 科学技术与中国的未来——中国至 2050 年先进材料科技发展路线线图 [M]. 北京：科学出版社.

中华人民共和国国家统计局工业统计司. 2013. 2013 中国工业统计年鉴（上册、下册）[M]. 北京：中国统计出版社.